中　外　物　理　学　精　品　书　系

本 书 出 版 得 到 " 国 家 出 版 基 金 " 资 助

U0300457

国家出版基金项目
NATIONAL PUBLICATION FOUNDATION

中 外 物 理 学 精 品 书 系

固体内耗理论基础：
晶界弛豫与晶界结构

重排本

葛庭燧　著

北京大学出版社
PEKING UNIVERSITY PRESS

图书在版编目（CIP）数据

固体内耗理论基础：晶界弛豫与晶界结构：重排本/
葛庭燧著. —北京：北京大学出版社，2014.12
（中外物理学精品书系）
ISBN 978-7-301-25142-3

Ⅰ．①固… Ⅱ．①葛… Ⅲ．①金属－内耗 Ⅳ．
①TG111.7

中国版本图书馆 CIP 数据核字（2014）第 272385 号

书　　　　名：固体内耗理论基础：晶界弛豫与晶界结构（重排本）
著作责任者：葛庭燧　著
责 任 编 辑：张　敏
标 准 书 号：ISBN 978-7-301-25142-3/O·1026
出 版 发 行：北京大学出版社
地　　　　址：北京市海淀区成府路 205 号　100871
网　　　　址：http://www.pup.cn
新 浪 微 博：@北京大学出版社
电 子 信 箱：zpup@ pup.pku.edu.cn
电　　　　话：邮购部 62752015　发行部 62750672　编辑部 62765014
　　　　　　　出版部 62754962
印　刷　者：北京中科印刷有限公司
经　销　者：新华书店
　　　　　　　730 毫米×980 毫米　16 开本　34.75 印张　622 千字
　　　　　　　2014 年 12 月新 1 版（重排本）　2014 年 12 月第 1 次印刷
定　　　　价：96.00 元

"中外物理学精品书系"
编委会

序　言

　　物理学是研究物质、能量以及它们之间相互作用的科学。她不仅是化学、生命、材料、信息、能源和环境等相关学科的基础,同时还是许多新兴学科和交叉学科的前沿。在科技发展日新月异和国际竞争日趋激烈的今天,物理学不仅囿于基础科学和技术应用研究的范畴,而且在社会发展与人类进步的历史进程中发挥着越来越关键的作用。

　　我们欣喜地看到,改革开放三十多年来,随着中国政治、经济、教育、文化等领域各项事业的持续稳定发展,我国物理学取得了跨越式的进步,做出了很多为世界瞩目的研究成果。今日的中国物理正在经历一个历史上少有的黄金时代。

　　在我国物理学科快速发展的背景下,近年来物理学相关书籍也呈现百花齐放的良好态势,在知识传承、学术交流、人才培养等方面发挥着无可替代的作用。从另一方面看,尽管国内各出版社相继推出了一些质量很高的物理教材和图书,但系统总结物理学各门类知识和发展,深入浅出地介绍其与现代科学技术之间的渊源,并针对不同层次的读者提供有价值的教材和研究参考,仍是我国科学传播与出版界面临的一个极富挑战性的课题。

　　为有力推动我国物理学研究、加快相关学科的建设与发展,特别是展现近年来中国物理学者的研究水平和成果,北京大学出版社在国家出版基金的支持下推出了"中外物理学精品书系",试图对以上难题进行大胆的尝试和探索。该书系编委会集结了数十位来自内地和香港顶尖高校及科研院所的知名专家学者。他们都是目前该领域十分活跃的专家,确保了整套丛书的权威性和前瞻性。

　　这套书系内容丰富,涵盖面广,可读性强,其中既有对我国传统物理学发展的梳理和总结,也有对正在蓬勃发展的物理学前沿的全面展示;既引进和介绍了世界物理学研究的发展动态,也面向国际主流领域传播中国物理的优秀专著。可以说,"中外物理学精品书系"力图完整呈现近现代世界和中国物理科学发展的全貌,是一部目前国内为数不多的兼具学术价值和阅读乐趣的经典物理丛书。

　　"中外物理学精品书系"另一个突出特点是,在把西方物理的精华要义"请进来"的同时,也将我国近现代物理的优秀成果"送出去"。物理学科在世界范围内的重要性不言而喻,引进和翻译世界物理的经典著作和前沿动态,可以满足当前国内物理教学和科研工作的迫切需求。另一方面,改革开放几十年来,我国的物理学研究取得了长足发展,一大批具有较高学术价值的著作相继问世。这套丛书首次将一些中国物理学者的优秀论著以英文版的形式直接推向国际相关研究的主流领域,使世界对中国物理学的过去和现状有更多的深入了解,不仅充分展示出中国物理学研究和积累的"硬实力",也向世界主动传播我国科技文化领域不断创新的"软实力",对全面提升中国科学、教育和文化领域的国际形象起到重要的促进作用。

值得一提的是,"中外物理学精品书系"还对中国近现代物理学科的经典著作进行了全面收录。20 世纪以来,中国物理界诞生了很多经典作品,但当时大都分散出版,如今很多代表性的作品已经淹没在浩瀚的图书海洋中,读者们对这些论著也都是"只闻其声,未见其真"。该书系的编者们在这方面下了很大工夫,对中国物理学科不同时期、不同分支的经典著作进行了系统的整理和收录。这项工作具有非常重要的学术意义和社会价值,不仅可以很好地保护和传承我国物理学的经典文献,充分发挥其应有的传世育人的作用,更能使广大物理学人和青年学子切身体会我国物理学研究的发展脉络和优良传统,真正领悟到老一辈科学家严谨求实、追求卓越、博大精深的治学之美。

温家宝总理在 2006 年中国科学技术大会上指出,"加强基础研究是提升国家创新能力、积累智力资本的重要途径,是我国跻身世界科技强国的必要条件"。中国的发展在于创新,而基础研究正是一切创新的根本和源泉。我相信,这套"中外物理学精品书系"的出版,不仅可以使所有热爱和研究物理学的人们从中获取思维的启迪、智力的挑战和阅读的乐趣,也将进一步推动其他相关基础科学更好更快地发展,为我国今后的科技创新和社会进步做出应有的贡献。

"中外物理学精品书系"编委会　主任

中国科学院院士,北京大学教授

王恩哥

2010 年 5 月于燕园

原 版 序 言

固体内耗研究的起始是对于高或低的阻尼材料的追求. 20 世纪 40 年代末, 由于 C. Zener 的名著《金属的弹性和滞弹性》的出版, 而成为一门专门学科. 1949 年 11 月我由美国回国后, 科学出版社一直要我写一本《金属中的内耗》的专著, 但我一直未能动笔. 我的原意是希望能够写出一本有自己的独立见解的专著, 这就需要自己在这个领域的研究中有自己独特的创新和贡献. 但是后来实践的经验指出, 越进行研究工作就越不敢动笔写专著.

若干年以来, 国外出版了一些关于固体内耗的专著, 主要的有 1972 年出版的 A. S. Nowick 和 B. S. Berry 的《结晶固体中的滞弹性弛豫》和 R. de Batist 的《结晶固体中的结构缺陷所引起的内耗》, 国内关于这方面的介绍除了包含在金属物理教科书以内的章节以外, 还有许多为教学所用的讲义和交流资料. 另外, 国际上已经举行了 12 届固体内耗与超声衰减学术会议, 其中的第 9 届是 1989 年 7 月 17 ~ 20 日在我国举行的. 最近一届 (第 12 届) 是 1999 年 7 月 19 ~ 23 日在阿根廷举行的. 我国、欧洲、日本、苏联、法国也多次举行关于这个领域的学术会议, 大多都出版了会议论文集, 表示这个领域仍在蓬勃发展.

多年的研究工作表明, 内耗测量是探测固体内部的结构特点、结构缺陷和结构变化的非常灵敏的手段, 起着一种原子探针的作用. 特别是这种测量并不需要破坏试样的原来结构, 并且可用同一试样进行反复测量. 因此, 内耗技术的应用越来越广泛, 被用来探测各种类型的试样, 但是其目的只是获得有关的零散数据和信息, 而对于其中的因果关系阐述较少.

固体内耗实际上应该区分为内禀内耗和过程内耗. 前者反映材料本身的 (内禀的) 阻尼性能, 而后者则是由于在测量内耗所用的应变振幅大得足以使试样发生永久变形 (范性形变) 或者在测量过程当中出现了材料的宏观结构的变化 (相变), 从而产生了附加的大的内耗. 因此, 过程内耗并不代表材料本身的内耗. 内禀内耗一般来源于原子在外加的应力的诱导下所发生的原子尺度的热激活弛豫, 是属于滞弹性的范畴, 这就与所谓的黏弹性或静滞后大有区别. 可以认为, 固体内耗理论基础应该主要包括固体的内禀内耗, 主要是阐述固体的滞弹性所表现的内耗和有关的滞弹性效应, 即滞弹性弛豫, 这牵涉到点缺陷弛豫、位错弛豫和晶界弛豫. 本书的副标题是 "晶界弛豫与晶界结构",

着重论述晶界弛豫研究的开拓和新近发展，以我国科学工作者自己的实验工作成果和理论观点为主线，详细叙述了用内耗测量作为主要手段，从研究晶界的性质出发，逐步揭示晶界性能与晶界结构的关系，并提出合乎实验事实的综合的晶界结构模型。在这长达 50 年的研究过程中始终贯穿着一系列的不同论点的争论和澄清，因而全书的内容是自洽的，是一部有独立见解的关于晶界弛豫研究发展史的专著。

在本书正文以前写了一篇较长的绪论，以便于读者在阅读正文之前对于本书的内容有一个初步的概括的了解。

关于这个领域，笔者曾写了一篇长达 113 页的题为 "Contribution of Internal Friction Study on Grain Boundaries and Dislocation Substructures" 的英文稿，刊登在 *Advances in Science of China*：*Physics*, 3, （eds. Zhu Hongyuan and Zhou Guangzhao, Science Press, Beijing, China, 1990），pp. 1~113. 笔者以此为基础，前后用了多年的时间写成此书。写作时在加深学习和消化大量原始文献的过程中，深深感到"学然后知不足"的道理，体会到自己对于"晶界弛豫"这个浩瀚的领域知之甚少，并且领悟不足，因而感慨甚深，但是壮心不已。为了庆祝我们伟大的社会主义祖国的 50 周年盛典，笔者愿意把这本专著献给跨世纪的青年一代，作为他们有朝一日研究这个领域的铺路石。粗浅不当之处，希望读者们评论和指正。

葛庭燧

1999 年 10 月，合肥，中国科学院固体物理研究所

内耗与固体缺陷开放研究实验室

目　　录

绪　　论

《固体内耗理论基础》这本专著主要讨论固体内耗的基础理论问题，这包含着固体中的内耗是怎样产生的，它的基本物理过程是什么．通过这方面的了解，可以阐明固体的性能与固体结构的关系．

内耗研究起始于对于高或低阻尼材料的需求

可以认为，人们最初开始固体内耗研究与固体材料所表现的阻尼性能有密切联系．根据目前的认可，内耗是物体在振动中所引起的能量损耗．使物体发生振动后，如果这振动很快就停止下来，人们就说这种材料的内耗很大，是高阻尼材料．反之，如果物体的振动停止得很慢，人们就说这种材料的内耗很小，是一种低阻尼材料．人们根据实践的需要，有时需要使用高阻尼材料，有时需要使用低阻尼材料，这就提出了如何获得高或低阻尼材料的要求，从而引发了为什么有的材料具有高阻尼而有的材料具有低阻尼的问题．

内耗与滞弹性

人们多年的实验研究表明，内耗除了与材料内部的因素有关以外，还依赖于许多外部条件，这包括振动的振幅、振动的频率和材料的温度等等．因此，要求材料具有高阻尼或低阻尼性能时必须说明材料在使用当中的振动振幅和振动频率以及材料的温度，特别重要的是振动的振幅，因为振动振幅大得足以使材料发生范性形变（即永久变形）时，会产生附加的大的内耗，而这种内耗并不代表材料本身的（内禀的）阻尼性能．由于这个原因，人们测量材料的内耗时，所用的振动振幅应当不使材料发生范性形变，从而这形变是属于弹性的范围．

适用于一般弹性的胡克定律指出，应力所引起的应变与应力成正比，即应力与应变具有线性关系，并且还具有单值的对应关系，这表现为：材料在受到应力时，它立即产生相应的形变，而一旦应力撤去后，它产生的应变立即回复到零值．但是人们很早就发现，有的材料却表现一种特异的性质，即当承受应力时，它并不立即产生根据胡克定律所应当达到的应变，而是随着时间的推移缓缓地达到这个应变，这叫做蠕变. 反之，当撤去应力时，所产生的应变并不立即而是缓缓地回复到零值，这种现象被称为弹性后效. 过去人们把这种现象也叫做非弹性（inelasticity），但是既然这材料最终并没有发生范性形变（永久变形），它应当仍属于弹性的范畴. 1948 年，Zener 在他的著名的《金属中的弹性和滞弹性》专著中，把材料的这种属性叫做 anelasticity 以与 inelasticity 有所区别. 我们把它译为"滞弹性"，反映这种特性既属于弹性的范畴，又包含着在时间上表现滞后现象的特点. 因此，适用于滞弹性现象的普遍胡克定律的方程中包括应力和应变以及它们的时间微分，不过这方程仍属于线性的，即其中并不包括高次项.

滞弹性内耗与固体缺陷的应力诱导热激活弛豫

滞弹性概念的提出大大促进了内耗这个研究领域的发展. 它一方面指出，大量的内耗现象实际上是材料的滞弹性的表现，这反映着材料的内禀的阻尼性能；另一方面指出，内耗的产生是由于应变落后于应力，不过应变和应力仍然保持线性关系而只是在时间上发生滞后. 应该指出，这种"滞后"是对于时间来说的，并不是永久的"落后". 在国外的文献中的 hysteresis 常常包含着"滞后"（暂时的）和"落后"（永久的）两种意义，这引起一定的混淆和概念不清. 因此，"滞弹性"概念的提出可以说是开拓了内耗理论的研究，即提出了产生内耗的动力学过程，并把物理学和化学上的时率理论（rate theory）引入内耗研究，因而在 20 世纪 40 年代以后，内耗研究有了极其迅速的发展.

滞弹性概念的提出使人们意识到材料的内禀阻尼性能和内耗与材料本身结构特点和结构缺陷有密切的联系. 对于晶体材料来说，完整的结构将表现完全的弹性，即不会引起内耗. 结构上的特点和结构上的缺陷会使得材料在承受应力时发生在微观上的结构变化. 对于原子尺度来说，原子将从原来的一个平衡位置移动到另一个新的平衡位置，从而引起微观的位移，而这个过程需要一定的时间，所以应变落后于应力. 这种由应力诱导的原子微观位移一般需要靠着热激活来完成，从而产生滞弹性内耗的过程就是在应力的诱导下的热激活过程，这里所说的弛豫就是原子随着时间的推移的重新排列的过程.

本书的主要内容

我们所遇到的大量的内耗与原子尺度上的晶体缺陷密切有关. 这包括点缺

陷（空位、间隙子和间隙式溶质原子和替代式溶质原子），线缺陷（位错）和界面（晶界，相界，层错），因而内耗的理论基础可以说主要指的是点缺陷弛豫、位错的弛豫和晶界（包括界面）的弛豫．在电子尺度上还应当包括电子弛豫．作为一个初步的尝试，本书将首先系统地介绍晶界的弛豫，因为晶界的结构和形态对于材料的力学性能（范性包括蠕变和疲劳、脆性、断裂……）、化学性能（氧化、偏析……）以及物理性能（电磁和光学特性……）具有重要的影响．另外，晶界与界面甚至于在一定程度与表面有许多共同的特征，对于晶界的深入了解有助于阐明界面和表面的使用性能与其结构的关系．新近关于精密陶瓷、金属间化合物、复合材料、微粒磁性、功能薄膜、纳米块体和纳米材料的重要性日益突出，这说明关于晶界和界面的深入研究不仅对于传统材料的改进和改性是十分重要的，对于发展下一代的新型材料的探求和获得也将会提供有效的途径．在本书的有关章节里，将随时指出晶界弛豫和晶界滞弹性内耗的研究对于上述的新型材料的研究所能提供的重要信息．

　　从学术的角度来看，我国的科学工作者对于晶界弛豫和晶界内耗的研究做了大量的奠基性工作．本书将根据历史的进程系统地介绍晶界弛豫和晶界内耗研究的开拓和发展进程，以及如何用内耗测量作为主要的手段从研究晶界的性能出发来逐步阐明晶界结构与晶界性能的关系，并提出合乎实验事实的晶界模型（晶界结构的综合模型）．在这个长期的研究过程中，始终贯穿着一系列不同论点的争论．事物的发展是辩证的．在科学研究的发展中也总是贯穿着迂回曲折的过程．本书以笔者自己的观点作为主要的框架，但是也充分注意到其他研究工作者的合乎实验事实的研究成果和论点，因而全书的内容是自洽的，是一部有独立见解的关于晶界弛豫和晶界弛豫研究发展史的专著．

　　本书的第一章简略地介绍滞弹性弛豫和滞弹性内耗的内容．

　　第二章介绍晶界弛豫的早期的奠基性研究．首先详细地叙述了测量低频内耗的扭摆内耗仪和扭转线圈装置的设计和应用，因为这对于晶界弛豫研究的迅速发展起了关键性的作用．早在 1947 年，笔者首次用这两种仪器对于完全退火的多晶纯铝进行测量，发现了晶界内耗峰（作为温度的函数），并证明了它与另外三种滞弹性效应，即动态模量随着温度的变化（模量亏损），在恒应力下的滞弹性蠕变，在恒应变下的应力弛豫，在定量上满足根据线性叠加原理所推导出的各种滞弹性效应之间的相互关系式，从而奠定了"滞弹性"这门新学科的实验基础．另外，由于顺利地测出了晶界弛豫的激活能，从而能够定量地计算晶界滑动的速率，算出晶界滑动的黏滞系数以及它随着温度而变化的关系式，得出了在熔化温度的晶界滑动黏滞系数与大体积材料在熔点温度的黏滞系数相等的重要结论，这就证实了晶界的黏滞滑动模型，并首次从实验上证明晶界具有内禀的黏滞性质，即它不能够维持加到它上面的切应力，而是随着时间的推移逐渐发生切应力的弛豫，而这种黏滞性服从牛顿黏滞性定律.

这一章还对晶界弛豫的特征作了进一步分析. 晶界的黏滞性质导致晶界内耗曲线（作为温度的函数）随着振动频率的增加而移向较高的温度，这就提供了一种方便地测定晶界弛豫激活能的方法. 另外，从晶界弛豫的形式理论出发，阐明了晶界弛豫的内部参数的物理意义及其测定方法，这包括弛豫强度、弛豫时间和上述的弛豫过程激活能，笔者在 1947 年所报道的关于晶界弛豫的原始性工作是用完全退火的多晶纯铝（99.991% Al）试样进行的，所用的应变振幅小于 10^{-5}. 在这种情况下所得到的试验结果基本上与晶界的滞弹性弛豫的形式理论所预期的结果相合. 在随后的年代里，各方面用低频扭摆内耗仪对于各种多晶金属的晶界弛豫进行了大量研究，由于所用试样的纯度、预处理、形变类型以及在试验中的操作方式以及应变振幅各不相同，得出了关于晶界内耗峰的不同表现，从而提出了各种不同的看法，这就需要对于用不同试样在不同的条件下所观测的关于晶界弛豫的特征进行严格的剖析.

晶界弛豫的形式理论指出，如果晶界弛豫过程只包含着单一个弛豫时间，则晶界弛豫强度应当等于晶界内耗峰巅值高度的两倍. 笔者用纯铝所得的晶界内耗峰高度在扣除高温背景后是 0.09，由此所推导的弛豫强度是 0.18. 但是对于纯铝动态模量测量所得的弛豫强度值是 0.49，这两者差异很大. 随后的实验指出，这个差别可能来源于实验上观测的晶界内耗峰的宽度大于标准滞弹性固体的晶界内耗峰的宽度，在实验上观测的晶界内耗峰实际上是包含着有一定扩展范围的一系列的弛豫时间谱，即弛豫时间具有一定的分布，弛豫时间存在一种分布使晶界内耗峰变宽，并且峰高降低. 在这种情况下，就不能认为弛豫强度等于内耗峰巅值高度的两倍. Nowick 和 Berry 假定弛豫时间表现对数正态分布，求出内耗峰高度与峰宽的关系，从而求出所对应的弛豫强度.

如果晶界是完全平滑的并且不存在能够减小相邻晶粒间滑动的障碍物，则可以认为在弛豫时间内沿着晶界的宏观滑动距离随着晶粒尺寸（可看做是介于两个晶界三叉结点之间的距离）的增大而增大. 晶粒尺寸越大，则弛豫时间越长，因此，弛豫时间有一个分布可能来源于晶粒尺寸的分布. 但是笔者对于铝的实验结果表明，当试样的晶粒尺寸小于试样的直径时，晶粒尺寸的增大只是使内耗峰向高温移动，而内耗峰的高度不变，这也是滞弹性弛豫理论所预期的结果. 随后的许多研究工作者指出，内耗峰高度对于晶粒尺寸的依赖关系相当复杂. 可以认为，所谓的晶粒尺寸分布并不单单指着晶粒尺寸的大小之不同，而应当也包含着晶界的平滑程度和所含的障碍物的不同. 这就是说，影响晶界弛豫的因素是多方面的，有的是晶界本身的因素，这包括晶界尺寸的分布、晶界的几何学构型，例如它的平滑程度，也就牵涉到晶界两边晶粒的取向错配程度；另一方面是外在的因素，例如杂质在晶界的吸附和晶界附近存在的位错亚结构与晶界的交互作用，这些因素都影响晶界的动性即黏滞系数，并且牵涉到晶界弛豫激活能及指数前因子，根据这个观点可以解释文献中关于晶粒尺寸效应的不同报道.

上述关于晶界内耗的一系列实验的一个非常重要的发现是认识到晶界弛豫激活能与点阵扩散激活能或晶界扩散激活能的联系，这种认识为根据晶界内耗实验推知晶界结构开辟了一条全新的道路，它第一次指出了引起晶界黏滞滑动的结构必然是具有局域结构的某种缺陷. 可把这种缺陷看成是独立的单元，而在这种缺陷单元之间的区域则是较为完整的，这就是说，晶界在原子尺度上的结构是不均匀的，是由一些有序的和无序的区域交迭地组成的，即由一些好区和一些坏区组成的. 笔者根据这种设想而提出了大角晶界的"无序原子群模型"，认为大角晶界是由许多无序原子群（坏区）组成的，各个无序原子群之间的区域是好区. 晶界两侧的两个晶粒的相对宏观滑动是各个无序原子群内的原子重新排列所引起的局域黏滞性位移的总和加上各个无序原子群之间的好区内所发生的弹性形变. 根据无序原子群模型所推导出来的晶界滑动速率和黏滞系数公式与由宏观滑动模型所推导的在形式上一致.

第三章着重介绍杂质和合金元素对于晶界弛豫的影响，这是在早期的晶界弛豫研究中所遇到的复杂问题.

最初的研究结果指出，含有杂质的试样使晶界内耗峰降低并向低温方向移动，但是新近用高纯试样进行的实验却指出，纯度较高试样的晶界内耗峰出现在较低的温度. 这种相互矛盾的结果反映着杂质和合金因素出现在晶界处的状态的不同，例如或是沉淀状态或是固溶状态，从而对于晶界弛豫的过程具有不同的影响，这就会或多或少地改变高纯材料原来的晶界峰的高度、位置或形状. 另外，固溶状态会引起一个新内耗峰，即固溶晶界峰；沉淀状态会引起一个新内耗峰，即沉淀晶界峰. 实际的情况相当复杂，替代式溶质原子和填隙式溶质原子的影响也不相同. 关于这方面的研究报道很多，因为这不但对于晶界弛豫机制和晶界化学具有特殊的意义，在实际应用方面也很重要. 作为例子，本章还特别介绍了稀土元素在晶界的偏析和固溶以及掺杂对于陶瓷材料晶界弛豫的影响.

第四章着重介绍关于晶界内耗峰来源的争论. 第二章介绍了笔者关于铝的晶界弛豫的原始成果以及所提出的晶界黏滞滑动模型. 这些结果基本上得到认可，但是在细节方面需要进一步讨论. 例如内耗峰高度（弛豫强度）、内耗峰位置（弛豫时间）和内耗峰宽度（弛豫参数的分布）与晶粒尺寸和晶界平滑度之间的关系，以及杂质和合金元素的影响. 不管这些意见如何，但却一致同意晶界内耗峰（葛峰）与在晶界发生的过程有关. 直到 20 世纪 70 年代，法国和意大利的一些研究组才提出，葛峰是来源于晶粒内部点阵位错的运动而不是在晶界发生的过程引起的. 他们的主要实验根据是在葛峰出现的温度范围内，在单晶试样特别是在经过微量冷加工变形的单晶试样中，也观测到与葛峰类似的内耗峰，从而可用在晶粒内部发生的过程来说明在多晶体中所观测的现象，而不必把它归因于在晶界发生的过程. 由于这个问题是基本性的，所以在本章里首先用大量的篇幅对于他们所根据的实验事实逐个进行详细地介绍和仔细地检查，然后对于他们所提出的点阵位错假说进行分析，明确地指出他们得出错误结论的原因是他们所用的单晶试样中含有大晶粒，从而并不是真正的单晶体，也由于他们在测量内耗时对于单晶试样不谨慎地进行了冷加工变形，从而出现了与冷加工变形有关的内耗现象. 我国合肥的中国科学院固体物理研究所内耗研究组对于这个问题的澄清做了大量工作，用具有同样纯度（99.999%）的多晶和单晶铝进行内耗对比实验，并肯定所用的单晶试样里并不含有细晶粒和大晶粒，也未经受冷加工. 这个研究组用三种方法（动态退火法、静态退火法和区域熔化法）制备的铝单晶中，在葛峰出现的温度范围内都不出现内耗峰. 另外还发现：（i）单晶试样含有大晶粒时会在略低于葛峰的温度出现大晶粒或竹节晶界内耗峰.（ii）单晶或大晶粒试样含有空间位错网络时会在略高于葛峰的温度出现一个内耗峰.（iii）冷加工试样在低温退火后会在低于葛峰的温度出现归因于位错胞状结构的内耗峰.（iv）当退火温度提高使得冷加工试样发生一定程度的回复、多边化或部分再结晶时，会出现多边化内耗峰或者与晶体点阵中的位错运动有关的各种内耗峰. 上述这些内耗峰的产生机制各有不同，而笔者在 1947 年所发现的晶界内耗峰（葛峰）是经过完全退火所产生的细晶粒试样所特有的，在不含任何晶界并且未经过冷加工的单晶体中不会出现这种内耗峰. 因而葛峰肯定是由于晶界本身的过程所引起的.

第五章介绍竹节晶界内耗峰和非线性滞弹性内耗峰的发现及其机理的研究. 这是关于晶界弛豫问题的突破性新进展，是经典的滞弹性理论所不能解释的.

所谓的竹节晶界就是把冷加工试样经过特定的热处理程序后，使试样（丝状）里只含有竹节状晶粒，其晶界面与试样轴线方向垂直. 在这种试样里并没有三叉晶界交角存在，因而在扭转应力（切应力）的作用下，沿着晶界的宏观黏滞滑动并不受到阻碍，应该不断地滑动下去，所以晶界内耗应该随着温度的增加而单调地增加，不应该出现一个内耗峰. 在双晶试样里只有一个竹节晶粒，情况应当相同. 关于这方面研究的主要实验结果及其机理的提出，是归功于我国的合肥研究组，所用的试样主要是高纯铝.

（i）这个研究组首先从实验上指出竹节晶界内耗峰的表现与细晶粒晶界内耗峰（葛峰）不同，它的高度与试样中所含的竹节晶界数目呈直线关系，并且这直线通过原点，而葛峰的高度则与晶粒尺寸无关. （ii）随后又用片状试样进行实验，指出竹节晶界峰与葛峰同时存在，从而否定了日本学者 Iwasaki 认为竹节晶界峰只是向低温移动了的葛峰的设想. （iii）提出了竹节晶界峰的微观机理，认为它的出现是由于在竹节晶界附近出现的位错亚结构提供了制约竹节晶界的宏观滑动的因素. 这与细晶粒中的三叉交角所引起的制约作用类似但不完全相同，因为三叉交角的制约作用纯粹是弹性的，而竹节晶界在滑动当中能够拖曳位错亚结构进行一定的运动. 由于亚结构中的位错组态能够在亚结构被拖曳的过程中发生变化，所以这种制约作用是弛豫型的. 在细晶粒的情形，晶界的弛豫过程可用一个 Voigt 型的三参数的力学模型来描述，其中用一个弹簧代表晶界三叉角. 在竹节晶的情形，竹节晶界的弛豫过程可用一个四参数的 Voigt 型力学模型来描述，其中用一个弹簧与一个阻尼器串联来代表竹节晶界附近的位错亚结构. 根据这个四参数模型用数值法算出来的竹节晶界峰的出现条件与实验结果相合，还得出竹节晶界峰出现的温度较低于葛峰的推论.

竹节晶界峰的发现及其机理的阐明表示，晶界附近出现的位错亚结构能够影响晶界的黏滞性质，从而使晶界内耗峰出现在较低的温度. 由此可见，晶界本身（内禀的）弛豫行为只在特殊条件下才能够被揭示出来，例如当晶界附近没有位错出现，或者即便有位错出现但是在内耗测量所施加的小应力的作用下位错并不会被驱动，也就是晶界的宏观滑动只需要弹性或扩散过程来加以调节的情形之下. 这种认识把我们带入了一个新境界，在晶界弛豫研究上是一个重要的突破.

合肥研究组随后的实验发现，竹节晶试样在高温淬火后在较高的温度出现另一个内耗峰，叫做高温淬火竹节晶界内耗峰，简称 HT 峰. 前述的竹节晶界内耗峰是在高温退火后炉冷时出现的，简称 BB 峰. 这个 HT 峰具有精细结构，按照温度由低到高的次序分别叫做 HT–1 峰和 HT–2 峰，而 HT–1 峰呈现反常振幅效应. 在内耗测量后的透射电镜观察指出，高温淬火的竹节晶试样中的晶界附近的位错形成一定的网络结构，位错线较长而直，并且大多数与晶界相交. 这与高温退火并炉冷试样的电镜图样不同（出现 BB 峰），这时的位错形成松散的胞状结构，位错是缠结的，位错线段很短. 由此可见，BB 峰和 HT 峰虽然都与竹节晶界附近出现的位错亚结构密切相关，但两种情况下的亚结构的组态大不相同，从而制约竹节晶界的宏观黏滞滑动的程度大不相同. 后者制约的作用较强，也即与竹节晶界发生较强的交互作用，从而它被竹节晶界拖曳时需要借助带割阶的螺型位错的滑移或者刃型位错的攀移，而高温淬火所产生的多余空位促进了这种过程．这也说明为什么 HT 峰出现的温度远高于 BB 峰．关于 HT 峰具有精细结构和 HT – 1 峰呈现反常振幅效应即表现非线性滞弹性内耗峰的问题的研究刚在起步，这把关于竹节晶界内耗峰的研究引向更为深入的层次，是一项有重要意义的研究课题．

应当指出，非线性内耗的发现说明晶界与其附近的位错的交互作用在一定的条件下是非线性的．这应该导致非线性的晶界滑动率，即滑动率并不与所加的切应力成正比．关于这一点，在第七章介绍晶界滑动的范性流变调节机制时将进行讨论．

第六章介绍晶界弛豫的临界温度和晶界结构稳定性的问题．实验指出晶界弛豫强度随着温度的降低而减小，在 $T \approx 0.4 T_m$（T_m 是大块试样的熔点温度）时变为零，即在此温度以下，已观测不到晶界的弛豫．这表示晶界的结构在此温度发生了变化．由于这牵涉到晶界结构模型的问题，所以详细的内容将在第十章讨论晶界结构的综合模型时一起介绍．

第七章讨论晶界弛豫动力学问题，这牵涉到晶界扩散、晶界迁移和晶界滑动的基本过程和机制．首先概述有关的基础知识，相应的实验结果以及这几个过程之间的联系．在第二章报道了笔者首次把晶界弛豫所引起的内耗与扩散过程联系起来，这就为阐明晶界弛豫（晶界内耗）的基本过程指出了重要的途径．

可用示踪原子沿着晶界进入试样的渗透深度（对于特定的扩散时间和温度来说）来标定晶界的扩散率．所有的实验结果都指出，穿透深度是两晶粒间的取向关系的函数，而晶界扩散率随着取向差的增加而增加，不过有的在扩散曲线上出现凹状歧点．对应着凹点的取向差都近似地呈现重合取向关系．呈现重合取向关系的晶界叫做特殊晶界，而一般晶界或无规晶界并不呈现这种重合取向关系．因此，为了完整描述晶界自扩散，必须知道扩散系数作为温度、取向差、晶界倾角以及在晶界内扩散方向的函数．迄今进行的实验结果表明，晶界自扩散对温度的依赖关系可用一个单独激活能（Q）和一个指数前因子（D_0）来标定．因此，应该知道 Q 和 D_0 对于上述各个几何参数的函数关系．文献上已经发表了关于沿一般晶界或无规晶界的晶界自扩散系数的大量测量．由于晶界弛豫（晶界内耗）与晶界自扩散过程的密切联系，晶界内耗的测量提供了测定晶界扩散各种参数的可用手段．

溶质原子和微量杂质原子对于晶界扩散系数有很大的影响，可以大大增强或减弱．第三章所介绍的晶界偏析对于晶界弛豫（晶界内耗）的影响或许能够提供关于晶界扩散机制的有用信息. 倒转过来说, 上述的关于沿着晶界扩散的影响情况对于说明晶界内耗峰 (溶剂峰和溶质峰) 的出现及其变化也发挥了重要的作用.

关于晶界扩散的机制问题, Turnbull 和 Hoffman 根据小角晶界位错模型提出了晶界扩散的 "管道模型" (pipe mechanism). 当然, 这个管道模型并不适用于大角晶界. 但是由于晶界芯区和位错芯区都是高度无规的区域, 所以这两种情况下的基本扩散机制很可能是类似的. 对于大角倾斜晶界的计算结果指出, 倾斜晶界中的自由体积是坐落在与倾斜轴平行的沟道上, 从而所有的取向差都预期具有各向异性的晶界扩散. 但是这种沟道的数目和截面积对于各种晶界是不同的, 从而扩散率也不同. 在 Smoluchowski 以及 James Li 先后提出的大角晶界扩散模型中认为, 当取向差不太大时, 晶界是由被几乎完整的点阵所分隔开来的扩展了的位错核所组成的. 这个观点类似于早期提出的把晶界看成是由好区和坏区组成的无序原子群模型, 其中的坏区就是引起晶界扩散的 "管道" 或沟道.

晶界迁动和晶界滑动的原来意义指的是晶界沿着垂直于和平行于晶界面的宏观移动. 在原子尺度上, 这两种过程与晶界扩散直接有关, 从而也就与晶界弛豫 (晶界内耗) 有密切联系. 在第二章里提出的晶界黏滞滑动宏观模型所对应的微观图像就是以无序原子群内的原子的微观扩散过程为基础的. 从原子尺度上讲, 晶界滑动和晶界迁动是相结合的. 在滑动和迁动中所包含的原子运动并不是无关联的, 而是由一系列的相结合的滑动－迁动序列来描写的集体运动.

关于晶界迁动研究得最多的是晶界的 "宏观" 迁动, 例如在再结晶、回复、晶粒增大等过程中的情况. 一般用晶界动性 (即迁动率与驱动力的比率) 来标定晶界迁动的行为. 有的实验表明, 高密度重合点阵较之非重合晶界似乎具有更多的动性. 最近人们已能够把关于晶界迁动的大量数据与关于晶界的原子结构联系起来, 研究得最多的是关于一般晶界的动性问题. 具有不规则结构的一般晶界里的许多地区很容易被扰乱, 因而原子能够通过局域重新组合的交换机制而由一个晶体输运到另一个邻近晶体. 因此, 原子跨过晶界的输运是通过扩散输运过程进行的. 预期按照原子重组机制所导致的一般晶界的内在动性应该较高于特殊晶界, 因为一般晶界的无序的特点将能够提供较高密度并较易发生原子重组的内在地区.

Gleiter 根据电子显微镜观察提出晶界运动的台阶模型, 所说的台阶是由终止在晶界处的两个晶粒的密堆积面形成的. 在外加切应力的作用下, 一个晶粒表面上的台阶所放出的原子被另一个晶粒的台阶所吸收, 从而引起晶界的移动. 这意指着这种应力诱导的台阶运动在周期性应力作用下将引起内耗. 另外, 有人指出, 晶界处的"突出物"在周期性外加应力作用下通过原子扩散的往复运动以及在晶界处的热激活原子的重新排列都能产生晶界内耗. 这里所讨论的晶界迁动实际上是在局域进行的微观的迁动（与以前介绍的宏观的晶界迁动不同）. Leak 等最早提出晶界内耗迁动机制, 他们根据有些金属的晶界内耗激活能与晶界扩散或晶界迁动激活能相同的报道, 提出晶界内耗的基本过程是晶界迁动. 但是这个模型不能解释理论预期的迁动速率较之实验观测值约高几个数量级的事实. 实际上, 对于晶界弛豫所引起的晶界内耗来说, 所外加的周期性应力是与晶界平行的切应力, 所以晶界弛豫必然引起晶界的切向滑动. 在一般情形下, 这种滑动通过扩散调节而与迁动有密切的联系.

关于晶界滑动的实验大多数是用双晶试样进行的, 所牵涉的滑动距离较大（宏观的晶界滑动）. 另一类实验是内耗和滞弹性测量, 大多数是对多晶试样进行的, 所牵涉的滑动距离较短（微观的晶界滑动）. 晶界内耗的第一个模型是笔者提出的, 认为内耗是由于晶界的黏滞性滑动, 这滑动是沿着晶界的全部长度同时进行并且是可逆的. 对于这种理想的可逆滑动应该没有阻力. 但是对于实际情况来说, 由于一般晶界的结构是不均匀的. 对于所施加的有限速率的切应力, 晶界滑动会受到一种动阻力, 从而表现牛顿黏滞性.

Mott 和笔者提出了用原子层次的语言来解释晶界的黏滞性行为. 在笔者所提出的无序原子群晶界模型中, 假设滑动过程是由于分散在晶界的好区里的"无序原子群"内的原子在切应力的作用下而彼此相对移动. 这就是说, 在有利于原子移动的一些无序原子群里发生原子重组, 然后渗透到整个晶界, 这个过程是热激活的, 从而使晶界具有内在的牛顿黏滞性. Schneiders 和 Schiller 根据晶界中的重新排列的观点, 假定这些原子的新的与旧的位置之间所存在的能垒等同于原子沿着晶界扩散时在不同座位之间的能垒, 推导出一个晶界内耗表达式. 但是迄今似乎还没有能够定量地解释所有实验事实（包括宏观的和微观的）的晶界滑动微观模型.

在滞弹性实验里所测得的晶界滑动率较之在宏观的晶界滑动实验里所测得的滑动率要快 10^3 到 10^9 倍, 这可能是部分地由于前者所测的是初始滑动率, 只适用于平滑的晶界. 在晶界具有周期性结构的情形下, 只在能导致若干个原子或原子组的快速运动的温度下才可能发生黏滞滑动过程. 因此, 可以认为, 晶界滑动中的原子移动过程在较高温度下才是主要的. 已经有人提出, 晶界中的不规则地区例如周期性台阶列阵能够引发晶界滑动, 也有人提出晶界滑动的位错理论. McLean 首先提出在一般意义上来说的晶界滑动"位错模型". 他认为, 如果晶界的某一地区发生了切变 *b*, 就会在晶界里形成一个把切变区与其余地区分开的线和带，这个线或带实际上就是一个位移矢量为 b 的位错. 可以预期，这种"晶界位错"较之组成晶界的所有原子的同时切变更容易引起晶界滑动.

应该指出的是，在低温下的晶界滑动并不一定是经由位错运动所引起的切变. 两个晶体可能像两块刚体似地彼此相对滑动而只需要在晶界面的很小局域内进行原子间重新排列. 对于晶界来说，理论切变应力可能小得可以通过上述机制而进行滑动. 这种机制可能当晶界中的原子形成某种特殊结构时才能发生. 由于晶界的结构基本上决定于两个邻接晶体的点阵结构的取向关系以及晶界的倾角，上述这种特殊结构并不是不可能出现的.

在晶界滑动当中常常观察到晶界迁动. 当晶界不是平面的并且在高应力和高温度下，晶界迁动是很普遍的. 局限于晶界小区域内的亚微观迁动则可能与晶界滑动有联系.

晶界滑动模型必须能够说明由晶界滑动所产生的不协调性是如何得到调节的问题. 根据晶界的结构及其存在状态，这种调节可以是纯粹弹性的也可能是要通过原子扩散以及相关的位错的运动. 本章里详细讨论了弹性调节、扩散型调节和位错调节（范性调节）的问题. 这包括：(i) 平面晶界滑动的弹性调节 (Zener). (ii) 非平面晶界滑动的弹性调节和扩散调节 (Raj 和 Ashby). (iii) 晶界滑动的范性流变（位错运动）调节 (Crossman 和 Ashby). 与晶界滑动密切相关的是多晶体的扩散蠕变. 蠕变是在恒定外加载荷下所发生的形变，它是能在恒应力下连续运转的热激活机制所引起来的. 在高温和低应力的作用下，多晶体能够通过原子输运过程而变形. 多晶体的扩散型蠕变的应变是通过 Nabarro – Herring 蠕变和 Coble 蠕变这两种扩散途径所引起的应变的叠加. 本章介绍了由相同的等轴六边形晶体所组成的二维单相多晶体的扩散蠕变机制，把三维问题大大简化而不损失基础物理的内容.

在第二章中已经指出，笔者在细晶粒多晶体中所观测到的内耗峰是由于在晶界所发生的弛豫过程或扩散控制过程所引起来的. 在多晶体的扩散蠕变过程中的晶界滑动可能会引起晶界状态的变化，从而晶界内耗峰将会发生变化. 孔庆平等研究了铝和铜多晶体的晶界内耗峰的高度、峰温和激活能以及切变模量由于多晶体的扩散蠕变而发生的变化. 选择了不同的蠕变条件以使得最后的蠕变断裂成为不同的类型（沿晶或穿晶断裂），并对蠕变以后的试样进行电子显微镜观察. 把内耗试验结果与所观察的位错组态作对比，得出了关于位错与晶界交互作用的有意义的结果.

最后，本章详细介绍了 Bohn 和苏全民等关于铝薄膜的晶界弛豫（主要是内耗测量）结果，其中牵涉到晶界滑动和晶界迁动的关系以及这两个过程的优先出现的条件的问题，这对于这两个过程的讨论是一个很重要的补充.

第八章讨论晶界弛豫与晶界结构的关系. 晶界的性能决定于晶界的结构，有两条途径来研究二者之间的关系. 第一种是首先假设一个晶界结构模型，然后考验这个模型能否解释实验所观测的晶界性能. 第二种途径是首先观测晶界的性能，然后根据表现这种性能的微观过程来推知晶界的结构. 本书采用第二种途径. 首先证明晶界具有黏滞性质，测定了它的弛豫参数（包括激活能），然后提出了晶界结构模型——无序原子群模型. 由于本书的主要内容是介绍晶界的弛豫（热激活应力弛豫），所以特别着重讨论各种晶界结构模型能否解释已经观测到的关于晶界弛豫的实验结果，特别是晶界的黏滞性质和所引起的晶界内耗.

为了能够提出一个较满意的晶界结构模型，本章将首先介绍历史上所提出的各种晶界模型. 早在 1913 年，Rosenhain 和 Humphrey 就提出了非晶胶结的假设，认为把两个晶粒连接到一起的是一层非晶态物质的薄膜. 随后由于发现了晶界的许多性质具有各向异性，所以又提出晶界是两邻接晶体之间的过渡结构. 这包括 Ashby 的晶界台阶和晶界位错联合模型. 在 20 世纪 70 年代发展起来的重位点阵（CSL）模型，能够定量地描述晶界的几何性质并得出存在特殊晶界的结论. 随着电子计算机模拟技术的应用，发现在晶界重合位置附近的原子弛豫使晶界能大大降低. 这种原子弛豫使晶界内的重合位置原子不再存在，从而原来关于原子在重合位置处的良好匹配并具有低能的传统概念发生动摇，这说明只从几何学的角度来处理晶界结构问题是有限制的.

由于位错理论的发展，人们提出了晶界位错模型. 这种模型成功地应用于小角晶界. 但要推广到大角晶界，则需引入许多人为的假设.

为了说明晶界结构的不均匀性和具有周期性，Mott 提出了大角度晶界的小岛模型，笔者提出了大角度晶界的无序原子群模型，认为晶界是由一些好区（原子匹配较完整）和坏区（原子匹配较混乱）组成的. 随后，Arron 和 Bolling 提出了晶界的自由体积模型. 但是这些模型对于晶界原子排列的组态还提不出定量的描述.

本章的最后将着重介绍特殊大角晶界的晶界能和特殊性能以及与晶界弛豫的关系. 在第七章曾经指出，晶界扩散和晶界迁动与晶界取向差具有依赖关系，在某些特殊取向差时出现凹歧点，可以把在能量曲线上呈现尖凹点的晶界（对应着一定的取向差）叫做特殊晶界，把重位点阵晶界叫做重位晶界. 文献中通常把一般晶界与特殊晶界作对比，一般晶界的晶界能较高于特殊晶界. 也有人把重位点阵晶界叫做特殊晶界，把一般晶界叫做无规晶界（random boundary）.

　　1993 年，Kato 和 Mori 用扭摆测量了含有各种取向差的［001］扭转晶界的铜双晶的内耗，发现内耗与晶界取向差强烈有关，并指出高能晶界较易发生晶界滑动并具有较低的黏性.

　　多晶体含有小角晶界和大角晶界，而大角晶界又有高能的一般晶界和低能的特殊晶界. 因此，研究多晶体中含有何种晶界以及各种晶界的份额将有助于了解多晶体与晶界有关的性质. Watanabe 等用电子通道效应和 X 射线分析的方法测定了 β 黄铜多晶体试样中的晶界分布情况，清楚地看出试样中存在着各种份额的不同类型的晶界，而这种份额是由于多晶体试样所经历的机械加工和热处理的历史情况的不同而变化的.

　　最近，合肥的内耗研究组张立德等提出，根据多晶试样在经过不同的热处理后其晶界内耗峰的峰位、峰高和峰宽的变化来探测多晶体试样中的晶界特征分布情况. 他们认为，可把晶界内耗峰（葛峰）看做是由各种类型的晶界（例如特殊晶界，包括不同 Σ 值的重位晶界）和一般晶界在外力作用下发生滑动所引起的弛豫过程叠加的结果，因而可把葛峰的面貌看做是晶界结构特征分布的一种宏观表征. 这种研究刚刚在起步，通过进一步的探索和验证，将能够提供一种研究晶界结构特征分布的有效途径.

　　第九章概述晶界的位错模型特别是 Frank – Bilby 方程和 Frank 公式，并介绍晶界的位错结构及其与晶界弛豫的关系.

　　在晶界的保守运动中所发生的晶界中的原子转移机制根据晶界类型的不同而有不同，这包括在半共格晶界中的晶界位错的滑动和攀移，以及在非共格晶界中的不相关的无规的原子重组. 另外，有些机制需要不同程度的热激活，从而所有这些因素的联合使得这些机制所引起的不同类型的晶界的运动具有十分不同的物理特征.

　　当含有晶界的多晶或双晶试样发生范性形变时，所产生的点阵位错在各个晶体内滑移当中将会对于晶界进行冲撞并且与晶界发生交互作用，从而对于晶界的滑动发生影响.

　　随着近代重位点阵模型和它的衍生的结构单元模型的提出以及计算机模拟工作的进展，已经能够对于晶界的原子结构作出较明确的描述，认为晶界是由匹配得较好的点阵或者区域（重位点或区）和线缺陷组成的. 后者包括晶界台阶和晶界初级位错或晶界次级位错. 目前还未能把这种晶界模型与晶界内耗现象具体地联系起来. 但是从形式上来讲，预期晶界中的线缺陷的运动和运动变化以及它们在运动当中所受到的各种阻力将会引起相关的内耗现象. 一个很能说明问题的措施是研究各种不同类型的晶界是否能引起内耗以及在何种条件下引起内耗. 例如根据现有的知识，奇异晶界（或特殊晶界）的能量和晶界滑动率都呈现低凹点或低谷的情况. 可以预期这种晶界不会或者很不容易出现内耗现象. 因此, 很可以设计一些有判断的内耗实验来加以验证.

　　近代重位点阵晶界模型所描述的晶界滑动机制是晶界坏区里的相关的位错的滑移和攀移, 而无序原子群模型所描述的晶界滑动机制是晶界坏区 (无序原子群) 里的原子沿着与晶界平行和垂直方向的定向扩散, 即滑动和迁动. 一个可行的措施是把用于处理近代重位晶界模型的计算机模拟程序 (例如关于刚性位移和晶界膨胀和原子弛豫的计算机程序) 转用于处理无序原子群里的原子的定向扩散过程, 从而把相关的位错的滑移和攀移与原子的纵向和横向的定向扩散联系起来, 以便与现有的内耗实验结果作定量的比较, 并进一步共同设计有判断性的内耗实验.

　　关于外赋晶界位错和撞入晶界的位错以及存在于晶界邻域的位错的深入研究是非常有意义的. 第五章详细介绍了有些晶界 (例如竹节晶界和双晶晶界) 的晶界内耗受到晶界邻域所出现的位错的影响, 认为这些邻域位错与晶界的交互作用能够改变晶界本身的固有的黏滞系数, 从而使晶界内耗峰的巅值温度发生变化, 在有的情况下还出现非线性滞弹性晶界内耗峰, 这表示邻域位错与晶界的本身发生了非线性交互作用.

　　最有意义的是, 在 20 世纪 40 年代发现的晶界内耗峰是线性滞弹性内耗峰, 这来源于晶界本身的黏滞性质, 从而把晶界本身的性质与整个双晶体或多晶体的整合性质区分开来. 现在又发现晶界邻域的位错结构与晶界的线性或非线性交互作用所引起的晶界内耗峰, 这就把晶界与它的邻接晶体结合到一起, 从而能够在已经了解晶界本身的性质的基础上进一步研究晶界对于双晶体和多晶体的性质所发生的晶界效应, 这无疑义将对于进一步了解晶界结构以及多晶体的性能方面提供重要信息.

　　本章的最后将介绍几个把晶界位错联系到晶界内耗现象的例子, 显然这只是初步的结果. 这包括: (i) 晶界弛豫的晶界位错滑移机制 (Gates 模型). (ii) 晶界弛豫的位错网络机制 (AZS 模型). (iii) 晶界弛豫的连续分布位错机制 (孙 – 葛模型).

　　第十章 (本书最后一章) 讨论晶界结构的综合模型问题. 早期的晶界弛豫研究证明了多晶金属的晶界具有黏滞性质, 因此, 任何的晶界结构微观模型都必须能够解释晶界的宏观的黏滞性质. 笔者在 1949 年提出的 "无序原子群晶界模型" 是最早的能够对于晶界弛豫和晶界黏滞滑动作出合理解释的晶界模型. 这个模型认为可把晶界中的坏区看成独立单元, 单元中的原子排列较为疏松, 其自由体积决定于邻接晶体之间的取向关系. 在外加切应力的作用下, 当温度足够高时, 无序原子群内的原子将要发生应力诱导的扩散型原子重新排列，从而引起局域切变. 同时，在各个无序原子群之间的好区内也发生相对应的弹性形变，从而邻接晶体的相对滑动是各个局域切变的总和加上好区内的弹性形变. 这种滞弹性形变引起所观测的内耗和滞弹性效应，而晶界的滑动率在小应力的作用下就表现牛顿滞弹性，即滑动率与外加切应力成正比.

随后提出的晶界模型主要有位错模型和重位点阵模型及其衍生模型. 这两种模型也提出了晶界具有不均匀结构，由好区和坏区组成. 但是一般来说，这两种模型对于晶界的黏滞性质的解释是困难的或者是牵强的而不是顺理成章的. 应该强调指出，位错模型只适用于小角晶界，重位点阵模型只是一种只考虑几何学而不考虑温度作用的模型，因此它只适用于低温情况，是一个 OK 模型.

在本书第六章里所介绍的合肥研究组用多晶铝和具有八种取向差的双晶铝试样所进行的大量试验，指出了晶界弛豫的弛豫强度随着温度的降低而变小以及在临界温度 $T_0 \approx 0.4 T_m$ 时变为零. 这说明无序原子群晶界模型不适用于 T_0 以下的温度. 这显然是由于这个模型所依据的应力诱导的原子扩散过程在温度太低时不会发生. 这有两种可能性：第一种可能性是在 $T < T_0$ 时仍具有好区和坏区结构，不过坏区并不是如无序原子群所描述的那种无序结构. 第二种可能性是坏区仍然是这种无序结构，但温度太低，无序原子群内的原子不能发生扩散过程，从而不能引起晶界弛豫和晶界内耗.

前面说到重位点阵模型及其衍生模型是一个 OK 模型. 为了检验这个模型适用的温度上限，合肥研究组在应用滞弹性测量测定弛豫强度的基础上，选取实验测量过的［100］对称倾斜双晶 $\Sigma 3$（70.5°，109.5°）和 $\Sigma 11$（50.5°，129.5°）结构在进行刚性平移后作为进行分子动力学模拟的初始结构，并从原子图像上直接"观测"这些晶界结构随着温度的提高而发生变化的情况. 结果指出，对于取向差为 50.5°（$\Sigma 11$），129.5°（$\Sigma 11$）和 70.5°（$\Sigma 3$）的铝双晶的晶界结构从原来的有序结构转变为无序化的温度分别是 $0.50 T_m$，$0.32 T_m$ 和 $0.38 T_m$，这与滞弹性测量关于弛豫强度所得的晶界弛豫临界温度 $T_0 \approx 0.4 T_m$ 相合. 109.5°（$\Sigma 3$）晶界实际上具有孪晶结构，晶界的行为与晶粒内部相近，所以是很稳定的，并不由于温度的提高而发生有序无序转变.

把分子动力学模拟与滞弹性测量（微蠕变和内耗）的结果联系起来看，可以认为存在着一个临界温度 $T_0 \approx 0.4 T_m$. 在此温度以下，晶界仍然保持有序的低能结构，而在此温度以上，晶界开始出现局域无序化.

根据重位点阵模型或结构单元模型，晶界显示着相当大的有序度. 即便各种类型的结构单元可在晶界芯区内的不同部分出现各种形式的畸变，但是这些畸变总是对称的和有周期性的，因此可以把晶界描述成一种含有高浓度的线缺陷的有序的"晶态"结构. 按照笔者提出的晶界的"无序原子群"模型, 晶界的黏滞性滑动是来源于在"无序原子群"内的应力弛豫. 如果把重位点阵模型中的重位的部分看成是"无序原子群"模型中的"好区", 而把不重位的部分看作"坏区"(如初始结构中在四边形内包围的区域), 则可以根据分子动力学模拟的结果对于重位点阵模型与无序原子群模型三者之间的关系做如下的描述.

在极低温度下, 晶界由好区和坏区构成的重位点阵模型初始结构仍然是有序的. 当温度升高, 原子的动能增加, 在达到 T_0 时, 一部分原子的位置发生变化, 形成无序原子群, 晶界结构开始发生变化. 当温度进一步升高时, 无序原子群的数目开始逐渐增多, 无序原子群中的自由体积也逐渐增加, 从而使得"坏区"扩大, "好区"减少. 达到体熔点时, "好区"完全消失, 晶界与晶体的区别消失而成为液态. 这也就是说, 从 T_0 开始, 无序原子群的数目或其内部结构或二者都开始发生变化, 使得在无序原子群(坏区)内所发生的弛豫过程能够通过目前的滞弹性测量的灵敏度而观测出来.

因此看来, 无序原子群模型与重位点阵模型对于晶界结构变化的描述是一致的, 得到的结论也是相同的. 但重位点阵模型只能描述那些具有周期性结构的特殊晶界, 而无序原子群模型可对任何晶界的结构加以描述. 前者适用于 T_0 温度以下的有序结构的晶界, 而后者适用于 T_0 温度以上的晶界结构. 因此, 这两种晶界模型是互补的, 前者是后者的发展.

因此, 可以认为, 当 $T < T_0$ 时, 重位点阵晶界模型的基本框架还是适用的, 不过它关于好区和坏区的描述必须加以修正. 当取向差很小时, 重位点应当远大于 CSL 模型所提出的范围. 关于这方面, O 点阵表象似乎更合适. 另外, 关于坏区的范围应当较小, 即间界的周期应当小得多.

总的来说, 所提出的大角度晶界综合模型包含着适用于 $T < T_0$ 时的修正了的重位点阵模型和适用于 $T > T_0$ 时的无序原子群模型的组合模型.

显然, 上面所提的看法只是初步的考虑. 实际上, 所提到的两个作为大角晶界的综合模型的基础的两个基元模型都是有其进一步完善的必要. 根据几何学考虑所构建的重位点阵结构是不稳定的, 因而将发生原子弛豫和刚体平移使得能量减小. 这样虽然仍能保持晶界的周期性, 但是重位点阵就不再与原子密合. 特别是当取向差很大或者与重位点阵取向差歧离时, 所形成的坏区将极为复杂. 用引入次级晶界位错的办法来描述, 所包含的物理概念是不清楚的, 从而使这种表象可能只具有数学上的意义.

无序原子群模型所需要解决的问题是如何定量地描述无序原子群内的具体的原子排列组态. 大量的实验事实已经指出, 晶界的性质随着晶界两侧的邻接晶粒的取向差以及晶界本身的取向而变化，并且一些具有特殊取向差的晶界的能量似乎较低于无规取向差的晶界，这就要求无序原子群模型必须考虑晶体学参数的影响．有人以原子的无规定位为基础并考虑原子半径的变化来计算与给定的取向差相对应的无序原子群的自由体积，也有人应用群过程理论对于无序原子群内的原子排列进行数学分析，但这只是刚在起步，需要更为深入地系统研究．

第一章　力学弛豫与滞弹性内耗

§1.1　内耗的意义

力学弛豫引起内耗，研究内耗可以查知弛豫过程，并揭示弛豫的动态过程和微观机制．晶体和晶体缺陷在一定的状态下可以引起力学弛豫，来源于晶粒间界的力学弛豫是迄今研究得较多的一种弛豫．

振动着的固体，即使与外界完全隔绝，其机械振动也会逐渐衰减下来．这种使机械能量耗散变为热能的现象，叫做内耗，即固体在振动当中由于内部的原因而引起的能量消耗．在英文文献中通用"internal friction"表示内耗．日文据此而译为"内摩擦"，这是不恰当的，因为内耗的本质是由于出现了非弹性形变而将弹性振动能耗散为热能，并不是由于摩擦生热．这种不恰当的命名也沿袭为德文的"innere reibung"，法文的"frottement intérieur"，俄文的"внутреннее трение"．另外，在工程上用"阻尼本领"（damping capacity），对于高频振动则称为"超声衰减"（ultrasonic attenuation），其实都是内耗的同义语．

把内耗与固体缺陷联系到一起，其重要的意义是利用内耗的理论和测量技术来研究固体缺陷（特别是晶体缺陷）．对于原子尺度来说，这包括点缺陷、线缺陷、面缺陷和体缺陷．与内耗有联系的体缺陷有沉淀颗粒或其他相变产物．

固体的性质（力、热、磁、电、光）决定于固体的组织成分和内部结构．固体中的原子和电子的微观状态和运动变化又决定了固体的结构和结构缺陷．观察和测量固体中原子和电子的微观状态和运动变化的最有效方法是在固体上施加一种"刺激"，并观察其响应．施加"刺激"的最常用方法是使具有不同能量（频率）的电磁波（包括光波）或粒子与固体发生相互作用，并观测其频谱响应，根据这种响应来分析和了解固体中的原子和电子的微观状态及其运动变化．

20 世纪 40 年代以来，另外一种有效的"刺激"方法得到了迅速的发展，这就是使试样作机械振动，然后观测这种振动的变化或衰减情况．利用这种方法来揭示固体内部的微观状态及其运动变化，已经发展为一门学科，即固体内耗（包括超声衰减）．这门学科的主要研究方向有 3 个方面：（i）固体内耗作为一个学科的本身发展所必需进行的基础研究.（ii）把内耗理论应用于固体缺陷的研究，从而发展固体缺陷理论.（iii）应用内耗理论和技术来解决生产实际中的问题.

§1.2　内耗的量度

内耗的最明显的表现是在自由振动当中的振动振幅的不断衰减. 衰减得越快，内耗越大，因而可用对数减缩量 δ 来量度内耗. 自由振动的意思是在对试样进行"刺激"即施加外力使试样偏离它原来的平衡位置以后，即不再施加外力. 这样，试样由于自身的或者振动系统的惯量而引起的势能和动能的相互转换而开始进行周期性振动，但由于振动能的不断消耗，振动振幅就不断减小，这种情况叫做自由衰减（free decay）.

对于超声测量的情形，人们把一个超声脉冲引入试样，然后测量这个脉冲在试样中通过一定距离以后其幅度的减小，这个道理与测定对数减缩量相同. 超声衰减 α 与超声波的波长 λ 有关.

如果用周期性应力来激发试样，使它发生周期性振动以后，仍然继续施加周期性应力，则试样就进行受迫振动（forced vibration）. 当振动达到稳态以后，试样便按照外加周期性应力的频率 f 而振动，不过其应变 ε 的相位对于应力 σ 的相位落后一个角度 ϕ. 这可表示为：$\sigma = \sigma_0 \sin\omega t$，$\varepsilon = \varepsilon_0 \sin(\omega t - \phi)$，$\omega$ 是振动的角频率，而 $\omega = 2\pi f$. 落后的角度越大，则内耗越大. 因而可用 ϕ 作为内耗的一种量度.

另外一种测量内耗的方法是用不同的频率来激发试样. 当外加应力的频率 ω 等于试样的自振或共振频率 ω_0（resonance frequency）时，则振动的振幅最大. 在同样的情况下，如果试样的内耗越大，则共振振幅越低，共振峰越宽. 因此，可用共振峰半宽度所对应的频率范围与 ω_0 之比来量度内耗. 这与振荡电路中的品质因素 Q 的倒数相对应，因而可把 Q^{-1} 作为内耗的量度.

上述三种内耗量度是根据测量内耗的通用方法而提出来的. 另外，还有一种从能量消耗本身所提出的一种基本量度，即

$$\text{内耗} = \frac{1}{2\pi}\frac{\Delta W}{W},$$

其中 ΔW 是振动一周时单位体积的试样所消耗的能量，$\Delta W = \oint \sigma d\varepsilon$；$W$ 是单位体积的试样在振动当中所贮存的最大弹性能量，$W = \int_{\omega t = 0}^{\pi/2} \sigma d\varepsilon = \frac{1}{2}M\varepsilon_0^2$，$M$ 为弹性模量.

在一定的情况下，上述几种关于内耗的量度可以相互换算.

§1.3 弛豫型内耗的唯象表现

产生内耗的基本机制是物体在周期性应力 σ 的作用下振动时，除了产生一个相应的弹性应变以外，还由于内部的原因（可以是分子的、原子的、声子的或电子的）而产生一个附加的非弹性应变，从而导致了应变 ε 落后于应力 σ. 在完全弹性形变的情况下，应变对于应力的响应是瞬时的，即没有相位差，从而就不产生内耗. 引起这种附加的非弹性形变的一种过程就是弛豫过程（relaxation process），这是一种可回复的过程.

对于一个热力学系统来说，可以假定它在一个外部变量的一系列无限小的变化的作用下，能够取得连续的、一系列的、单值的平衡状态. 因此，一个热力学系统总会满足可回复性的要求. 对于一个非弹性固体来说，在外加的机械力的作用下达到新的平衡需要时间. 人们把一个热力学系统在外部变量的作用下，随着时间的推移而调节到一个新平衡态的现象叫做弛豫. 如果这外部变量是力学量（应力或应变）时，这种弛豫叫做力学弛豫（mechanical relaxation）. 同样地，在电场或磁场的作用下，也可以发生介电弛豫（dielectric relaxation）和磁弛豫（magnetic relaxation）. 如把应力当做独立变量，则力学弛豫就表现为应力的共轭量（即应变）需要时间达到平衡（反过来说也是如此）. 这种弛豫以有限的速率完成而不是瞬时完成的.

§1.4 滞弹性内耗

内耗及其有关现象虽然在很早以前就引起了人们的注意，但是最早得到理论处理的是滞弹性内耗，即由于弛豫过程所引起的内耗（anelastic internal friction）. Zener 在 1948 年提出了滞弹性（anelasticity）这个概念. 滞弹性满足了弹性定律的要求，即应变对于每个应力水平的响应是线性的，所产生的附加的非弹性形变也是完全可以回复的，即没有永久变形. 它与完全弹性不同之处是这种响应不是瞬时达到的，而是在加载或卸载时，应变要通过一种弛豫过程才能完成其变化，从原来的平衡状态达到其新的平衡状态，由于这个原因，所以表现为应变落后于应力，在周期性加载时，在应力 – 应变（σ – ε）图上出现动态滞后回线（dynamic hysteresis loop）. 不过，滞后回线的面积与 ω 有关. 设 τ 表示上述弛豫过程所对应的时间（弛豫时间），如果应力的周期 $P\left(\omega = \dfrac{2\pi}{P}\right)$ 远小于 τ，从而 $\omega\tau \gg 1$，则在应力的半周期中实质上不会发生弛豫，而试样仍保持原来的平衡状态, 应力与应变保持单值函数关系, 滞后回线的面积等于零, 内耗也等于零. 在另一极端情况下, 即当 P 远大于 τ, 即 $\omega\tau \ll 1$ 时, 弛豫过程在周期性振动一起始就完成, 因而在周期性振动的过程中, 应变一直具有它的新的平衡态, 应力与应变保持单值函数关系, 滞后回线的面积也等于零, 内耗是零. 只有当 $\omega\tau \sim 1$ 时, 滞后回线变为一个椭圆, 其面积 ΔW 在 $\omega\tau = 1$ 时最大, 这时的内耗最大.

由于滞弹性而引起的内耗叫做滞弹性内耗, 它的特点是与频率强烈有关. 它的另一个特点是与应力水平或应变振幅无关. 因为当振幅增大时, ΔW 固然增大, 但 W 也同步地增大, 所以 $\dfrac{\Delta W}{W}$ 并不改变. 这种内耗可以叫做线性滞弹性内耗.

应当指出, 上述的动态滞后回线不同于在有些相变过程中和在磁化或电极化过程中所表现的回线, 以及当外加应力很大时的疲劳载荷所表现的回线. 后者与频率无关, 但与振幅有关. 它应当被叫做迟后回线.

"滞" 与 "迟" 不同, "滞" 表示只是时间上落后, 如果时间条件改变, 例如频率改变, 则可以不表现滞后, 而迟后现象则与频率无关.

前面指出, 在试样作自由振动时, 振动振幅将逐渐衰减下来, 这时产生的对数减缩量 δ 等于递次振幅 A 的自然对数之比, 即

$$\delta = \ln\left(\frac{A_n}{A_{n+1}}\right),$$

n 为振动次数. 由于振动的能量与振动振幅的平方成正比, 所以

$$\frac{\Delta W}{W} = \frac{A_n^2 - A_{n+1}^2}{A_{n+1}^2}$$

$$= \frac{(A_n - A_{n+1})(A_n + A_{n+1})}{A_{n+1}^2}$$

$$\approx 2\ln\left(\frac{A_n}{A_{n+1}}\right) = 2\delta$$

$\left(\text{这适用于内耗很小时, 即} \dfrac{A_n}{A_{n+1}} < 2^{①} \text{或} \delta = \ln\dfrac{A_n}{A_{n+1}} < 0.69 \text{ 时}\right),$

$$\text{内耗} = \frac{1}{2\pi}\frac{\Delta W}{W} = \frac{1}{\pi}\delta.$$

因此, 当内耗很小时, $\dfrac{1}{2\pi}\dfrac{\Delta W}{W}$ 与 δ 可以互相换算.

---

① 根据 $\ln x = (x-1) - \dfrac{1}{2}(x-1)^2 + \dfrac{1}{3}(x-1)^3 + \cdots$ 　(当 $2 > x > 0$ 时).

同样，当内耗很小时，各种内耗的量度都可以互相换算

$$\frac{\Delta W}{2\pi W} = \frac{\delta}{\pi} = Q^{-1} = \tan\phi = \phi = \frac{\pi\alpha}{\lambda}.$$

当内耗为 0.1 时，上述的近似关系所引起的误差小于 5%，$\varphi = 5.5° = 0.10\text{rad}$ 时，$\tan\phi = 0.10$.

测量滞弹性内耗所施加的应力必须很低. 一般而言，它要低于 $10^{-5}G$ 的数量级，G 是切变模量. 在这种应力的作用下，试样处于弹性的范围，并不发生范性（塑性）形变，在测量内耗的过程中并不会产生新的位错，在这一点上，金属的情况就与高分子的情况不同. 金属可以表现滞弹性，即出现时间滞后，但并未发生永久变形. 在一般的高分子的情况，即使外加应力很低也会出现一定的永久变形，因而只能说是表现了黏塑性. 有的文献把这种表现称为黏弹性，似乎并不恰当.

滞弹性的表现还有动态模量亏损以及在恒应力下的准静态的微蠕变和弹性后效以及在恒应变下的应力弛豫. 这在一定条件下可以与滞弹性内耗相互换算.

§1.5　滞弹性内耗的微观机制和内耗源

上面说过，机械振动中产生内耗的原因是应变落后于应力，这是从现象上来说的. 从本质上讲，内耗的产生是由于试样内部存在着一些与试样中的短程序或长程序参量有关的内部变量，这些变量牵涉到试样中的原子排列状态、电子分布状态或磁畴电畴的排列状态，与固体的内部结构和结构缺陷及其运动变化以及其间的相互作用的微观过程密切相关. 在外加应力的作用下，这些内部变量由一个平衡值过渡到另一个平衡值时就引起了附加的应变，但是这个过渡需要一定的时间，即弛豫时间来完成，并且需要越过一定的势垒，即需要一定的激活能. 这就导致了应变落后于应力. 上述这种应变落后于应力的具体情况决定于应力或应变状态，并且遵循着一定的数学方程. 出现在这些方程式中的参量与应力－应变方程式中的有关参量的关系，就把内耗的唯象理论与物理本质联系了起来，因而可以应用内耗测量方法来探测物质内部的微观结构、结构缺陷的存在状态及其运动变化，所以内耗测量方法提供了一种极其灵敏的探测物体内部结构但不破坏试样的手段.

物体中存在着大量的内耗源，每个内耗源都有各自的弛豫时间和弛豫强度. 在改变振动频率进行测量时，每个内耗源都会在某一振动频率下引起最大的内耗值，因此，把内耗画成测量频率的函数时，就得到一条出现峰值的内耗曲线，这就是所谓的频率内耗峰. 内耗峰的位置与弛豫时间 τ 有关，它的巅值

出现在 $\tau\omega = 1$ 时，内耗峰高度的两倍表示弛豫强度. 每个内耗峰相当于一条机械振动能量吸收谱线，就如同光谱学的吸收谱线一样.

实验指出，滞弹性内耗除了与频率有关以外，在大多数的物理化学过程，特别是与原子输运现象有关的弛豫过程，还与测量的温度有关. 在这种情况下，Arrhenius 关系式反映了温度与时间或频率的关系，即

$$\tau = \tau_0 \exp\left(\frac{H}{kT}\right) \quad \text{或} \quad \nu = \nu_0 \exp\left(-\frac{H}{kT}\right),$$

式中的 τ 为弛豫时间，ν 为成功跳动的频率，τ_0 和 ν_0 分别是二者的指数前因子，H 是激活能. 因此，如果把内耗画成测量温度的函数，则也可以得到一个内耗峰，叫做温度内耗峰，测出温度内耗峰的位置随着不同测量频率所发生的变化，可以定出激活能. 弛豫时间 τ，弛豫强度 Δ 和激活能 H 是内耗测量的三个最基本的内部参量.

确定一个内耗现象的微观机制必须能够把宏观测量所得到的内耗数据同理论所推导出来的内耗数据符合. 这就首先要建立起这种内耗现象的物理图像，并与其他传统的微观观察和分析手段相印证. 要更进一步地列出内耗的数学表达式，进行理论推导. 只有宏观与微观相结合，实验与理论相结合，才能够更深入地阐明固体的内部结构及结构缺陷与宏观物理和化学性质的关系.

§1.6　内耗研究的新进展及其应用

内耗这个研究领域是在 20 世纪 40 年代发展成为一个专门学科的. 这些年来，内耗的研究对象已由晶体（包括金属、半导体和绝缘体）扩展到高分子、非晶物质和复合材料，研究的范围由试样的内部扩充到试样的表面和薄膜，研究的层次由原子迁动扩展到电子和声子散射. 在深入研究了与点缺陷、位错以及晶界有关的线性滞弹性内耗以后，近年来还初步建立了非线性滞弹性内耗这一新的学科领域. 非线性滞弹性的特点是一方面表现滞弹性弛豫的特征，但在很小的振动振幅下（一般小于 $10^{-5}G$）就出现了非线性，即应力与应变之间不再是线性关系. 非线性滞弹性内耗与迟后内耗不同之处是后者虽与振幅有关，但与频率无关，而前者既与振幅有关又与频率有关.

对于非线性滞弹性内耗而言，不但能够出现频率内耗峰和温度内耗峰，还同时在出现频率内耗峰的频率范围内和出现温度峰的温度范围内出现振幅内耗峰.

另外，还发展了在各种外部驱动的作用下的内耗研究，这种外部驱动不包括测量内耗时所施加的应力. 外部驱动的方式有外加的机械驱动，例如在范性形变过程中的内耗，在高温蠕变过程中的内耗，在疲劳载荷过程中的内耗. 另

外，还有在外加"磁化"驱动力过程中的内耗和在外加"相变"驱动力过程中的内耗. 这种内耗在外加驱动力撤销以后就变为零，因而可称为外部驱动内耗或过程内耗. 前面已经说过，测量内耗时所施加的应力一般是低于 $10^{-5}G$ 的数量级，其作用只是使试样内部从一个稳定状态克服有关的势垒而转变为另一个稳定态，并且这过程是可逆的.

内耗基础研究的目的是发现新的内耗现象并阐明其机理，这是进一步发展内耗这门学科所必需的积累，这是应用内耗现象来解决有关问题的源泉. 前面说过，每一个内耗峰相当于一条机械振动能量吸收谱线，就如同光谱学的吸收谱线，因此，就机械振动而言，各种内耗谱所引起的许多吸收谱线总起来说可以叫做机械振动吸收谱或声吸收谱. 以光谱作为例子，知道了某一条光谱线是由于某一元素内部的电子跃迁所引起的，就能够依靠这条光谱线来进行光谱分析. 从这条标志光谱线的有无或强弱，就可以判断相关元素的有或无，以及其含量的多少. 内耗谱的情况可与此类比，在这方面大有发展的余地. 新近有人提出把机械谱学（力学谱学）作为一门专门的学科领域.

对于弛豫型内耗来说，最值得注意的是从线性滞弹性到非线性滞弹性的新进展.

1948 年，Zener 提出了滞弹性这一名词，他从 Boltzmann 的线性叠加原理出发，推导出各种滞弹性效应之间的定量关系. 葛庭燧在 1947 年发表的关于晶粒间界研究的一系列实验结果完全证实了这种定量关系，从而奠定了滞弹性理论的实验基础. 多年来，关于滞弹性现象的研究得到了迅速的发展，成为研究固体结构特点和结构缺陷及其运动变化的极其灵敏的一种得力的手段，而滞弹性弛豫谱的研究也成为一门新的学科领域.

事物总是不断发展的，Zener 在 20 世纪 40 年代所提出的滞弹性的含义是一种线性的弛豫. 葛庭燧在 1950 年关于位错与点缺陷的交互作用的研究中首次发现非线性滞弹性现象，随后在我国进行了大量的研究. 迄今为止，我国的科学工作者在合肥中国科学院固体物理研究所已经发现了位错与面心立方金属中的替代式溶质原子的交互作用所引起的一系列的表现非线性振幅效应的滞弹性内耗弛豫谱，可以说已经把位错与点缺陷交互作用所引起的各种类型的弛豫谱完整地揭示出来，并且已经提出了各个弛豫谱线的微观机制，这一系列的工作大大拓宽了非线性位错弛豫的突破口.

另外，中国科学院固体物理研究所在 20 世纪 90 年代还发现了含有竹节晶界的铝试样在空淬以后出现一个表现非线性滞弹性弛豫的高温内耗峰（HT峰）. 与电子显微镜观察作对比，认为这种内耗峰可归因于竹节晶界与出现在它周围的位错亚结构的交互作用. 因此，在点缺陷与位错的交互作用方面以及位错与竹节晶界的交互作用方面都发现了非线性滞弹性现象，这些结果突破了线性滞弹性的理论框架，基本上奠定了非线性滞弹性理论的实验基础，提出了非线性滞弹性这一门新的学科领域．为了进一步开拓这门新的学科领域，特别是在理论体系方面，必须继续深入发掘非线性滞弹性现象，并在已有成果的基础上，学习和应用非线性科学所发展起来的理论和方法，系统地建立非线性滞弹性的统一理论．

内耗的应用基础研究的目的是应用内耗测试方法和内耗理论来研究和丰富其他交叉学科的关键问题．

1996 年 7 月在法国召开的第十一次国际固体内耗与超声衰减学术会议的学术报告内容包括以下几个方面．

（i）点缺陷；（ii）位错和点阵效应；（iii）晶界；（iv）相变；（v）超导体、磁效应和电效应；（vi）高聚物、非晶物质和复合材料；（vii）薄膜和界面；（viii）工业应用和技术发展；（ix）其他．这些项目在一定程度上概括了与内耗有联系的主要相关学科及内耗能够发挥重要作用的领域．与这些学科相对应，在内耗方面也就发展了点缺陷内耗、位错内耗、晶界内耗、相变内耗、电子阻尼、热弹性弛豫、介电弛豫和磁弛豫、薄膜内耗和界面内耗．这也包括上面所说的外部驱动内耗或过程内耗．

上述各学科在内耗方面虽然被列为应用基础研究，但在其本门学科上也可能被列为基础研究．在这方面较突出的有：关于位错理论和力学性质的研究、晶界和界面的研究、相变的研究以及扩散和沉淀的研究．

内耗的应用研究的目的是发挥和转化内耗研究成果对于生产实际问题的应用．反过来说，在这些联系实际问题的研究中又可能发现新内耗现象，从而推动了内耗学科的发展．在这方面的突出例子如下．

（i）测定钢中的自由碳和氮．目的是避免出现明显屈服点从而导致轧制钢板时的不均匀变形，以致于引起深冲破裂，所应用的内耗现象是 Snoek 弛豫峰．

（ii）确定稀土元素在钢中是以固溶状态而存在（引起 Snoek 峰），还是聚集在位错附近（引起 Köster 峰，也称 S–K 峰，S–K–K 峰），还是偏析到晶界从而降低晶界峰［葛（Kê）峰］的高度或改变其峰巅温度．

（iii）研究钢的氢脆和回火脆性．应用 Köster 峰和 Gorsky 弛豫（即宏观应力导致的氢扩散）来探测氢的存在状态．已经证明磷在晶界的偏析引起钢的回火脆性．

（iv）高阻尼材料和形状记忆合金的开发和应用，后者所根据的内耗现象是热弹性马氏体相变内耗．

（v）高强度时效铝合金的开发，所根据的内耗现象是试样在热处理和时效过程中发生的扩散相变和沉淀时所引起内耗.

发展高阻尼材料的目的是消除或压抑机械元件的机械振动. 新近有人认为，应该把阻尼本领作为材料的一项重要的力学指标，开发高阻尼材料最有希望的途径是利用位错弛豫效应，各种界面（晶粒间界、相界、孪晶间界、畴界等）的运动以及相转变（玻璃转变、热弹性马氏体相变、沉淀）效应所引起的内耗. 这些阻尼机制主要是牵涉到固体的晶体结构和晶体缺陷问题，但是非晶材料却一直被认为是属于最高阻尼材料的行列. 另外，非晶高分子材料和金属玻璃也都表现高阻尼性能，但是关于这些方面的系统研究很少.

应该指出的是，除了材料本身的阻尼以外，还有所谓的"结构复合阻尼". 它所根据的原理是把高劲度材料与高阻尼材料组合到一起成为一个元件，例如在金属板上涂上一层高黏滞性材料，或者用纤维增强树脂材料，也可以在一定程度上包括"玻璃－陶瓷"一类的情况. 这种类型的阻尼的特点是高阻尼主要产生于两种不同材料之间的摩擦所引起的振动能量的消耗，从而也可以叫做"外耗".

§1.7　内耗测试新方法和新技术设备

在实验固体物理学的发展史中，新的研究工具和实验方法的发明和应用，往往能够极大地深化人们对于各种物理性质及其规律性的认识. 前已说明，用内耗技术可以获得固体内部的微观状态及其运动变化的信息. 把这种宏观测量技术所得到的固体内部结构和结构缺陷的信息与各种传统的微观观察方法结合起来，可以更确切地阐明固体的宏观性能与其微观状态的关系. 扭摆内耗仪和扭转线圈装置的发明大大促进了低频内耗研究的发展. 若干年来，扭摆内耗仪经过了各种改进，特别是由目测方法改进为照相、描绘、光电记录，近年来还发展为由计算机控制的自动记录和自动绘图的正扭摆和倒扭摆. 为了能够测定较大的内耗，作者在 1949 年研制了用受迫振动法测量内耗的简单装置. 由于当时的电子技术不发达，用微电子学方法直接测量应变与应力之间的相角差 φ 还很困难，所以把周期性电流输入两个并联的扭转线圈装置来分别反映外加应力和试样的应变的周期性变化. 用一个马达驱动的圆形电位计产生锯齿状的周期性电流，把这电流分别输入上述的两个转动线圈装置. 这样，观察两个扭转线圈在一个标尺上的偏转之差就能够算出应力与应变的相位差. 用这个简单装置可测得的高内耗达到 0.55. 最近，在中国科学院固体物理研究所（合肥）已经研制了用电子计算机控制的多功能内耗仪，可用自由衰减法、受迫振动法以及准静态方法进行测量，所用的振动频率可以低到 10^{-4} Hz.

关于扭摆内耗仪的下一步发展是研制全息扭摆内耗仪，这种装置能够同时自动地测定应力和应变的振幅和相位的周期变化.

扭摆内耗仪的另一个重要发展方向是测量试样在受到外部驱动的过程中的内耗，例如在范性形变过程中，在高温蠕变过程中和疲劳载荷过程中以及在相变过程中的内耗. 在这方面，中国科学院金属研究所（沈阳）和固体物理研究所已经研制了"中间扭摆"和用高强度尼龙线连接拉伸载荷的扭摆. 建立能够快速加热的扭摆内耗仪还需要继续努力. 另外，固体物理研究所还与法国里昂国家应用科学院（INSA）合作，研究了在拉压疲劳载荷过程中测量超声衰减的装置，进一步的改进是要能够在高温和低温下进行试验.

要能够测量超细的试样或超薄的薄膜的内耗或超声衰减，还需要进一步努力，这对于纳米材料的研究很重要. 在这方面，利用光声效应似乎是有前途的. 把内耗测量与微观观察的结果实时地（in real time）联系起来是很重要的，南京大学物理系在电畴内耗的研究上已经做了成功的尝试.

用内耗的方法来诊断脉搏或心脏跳动是一个令人振奋的设想.

§1.8　晶界弛豫研究的发展

晶界弛豫研究在当前已经成为固体内耗研究的主要内容之一. 目前，力学弛豫过程所引起的内耗峰（作为温度的函数）当中，只有点缺陷弛豫所引起的 Snoek 峰，Zener 峰，位错弛豫所引起的 Bordoni 峰和晶界弛豫所引起的晶界内耗峰是比较稳定的，并得到比较明确的解释. 自 1947 年葛庭燧首次发现晶界的黏滞性弛豫所引起的晶界内耗峰以来，虽然得到了广泛的认定，但是在 20 世纪 70 年代却发生了晶界内耗峰的来源的争论，有人认为它不是来源于晶界弛豫过程，而把它归因于晶内的点阵位错的运动. 这个争论大大促进了关于晶界弛豫的研究，从而加深了对于晶界弛豫的认识，得出了明确的结论. 最引人注意的是，在澄清这次争论的过程中又发现了新的内耗现象，最重要的是关于竹节晶界内耗峰的发现和认定，以及在一定条件下出现的非线性滞弹性弛豫内耗峰，这就大大拓宽了晶界弛豫的研究领域.

在晶界弛豫的初期研究中，其主要目的是研究晶界本身的性质，特别是它的力学性质，并进而揭示晶界本身的结构. 在小振幅下测量内耗和滞弹性效应所发现的晶界内耗峰把晶界本身的表现与晶界的存在对于多晶体所发生的影响区分开来，从而达到了揭示晶界本身的力学性质的目的. 在深入研究当中，关于竹节晶界内耗峰的发现和阐明又进而把晶界本身与它邻域的晶体缺陷（位错）联系了起来，这就为用内耗方法研究多晶体的力学性质开辟了新途径，从而把晶界的结构（静态的）和晶界的弛豫（动态的）以及多晶体的力学性质（例如高温蠕变、疲劳、脆性和断裂）联系了起来. 这样，关于晶界弛豫的动态研究就在关于晶界本身及其邻域的微观结构之间架起了一座宽阔的桥梁，使得微观观察与宏观测量相结合，体现了理论与实际相联系. 可以预期，在这方面的开拓和发展是难以估量的.

晶界弛豫研究的起始是偏重金属和合金，在这方面除去对于金属的力学性质、特别是高温蠕变和超塑性得到重要成果以外，对于晶界扩散、沉淀特别是晶界偏析提供了一种无可替代的灵敏手段. 近年来，研究的对象又扩展到金属陶瓷，复合材料中的界面以及信息材料的薄膜等方面，并得到了迅速的发展.

本书的目的是介绍关于晶界的动态力学性质的研究成果，以及由此而推导出来的关于晶界结构模型的一些设想. 所应用的研究手段是滞弹性测量，这包括内耗和动态模量以及准静态的在恒应力下的滞弹性弛豫和在恒应变下的应力弛豫. 所阐明的基本过程是在热激活作用下的应力诱导弛豫，因而本书的主要内容是晶界弛豫. 晶界弛豫是引起晶界内耗及其有关效应的基本机制. 由于晶界弛豫过程在高温下才变得明显，所以进行滞弹性测量所用的振动频率较低，温度较高或进行试验的时间较长（在准静态的情况），因而所用的实验手段主要是低频扭摆内耗仪和转动线圈弛豫仪.

在本书以下的章节里，将对于上述各个方面作一粗略的介绍，试图使读者对于晶界弛豫有一个概括的图像.

参 考 文 献

［1］葛庭燧，科学通报，**12**，20～25（1954）.

［2］冯端、王业宁、丘第荣编著，金属物理（下册），科学出版社，554～622（1975）.

［3］葛庭燧，物理，**16**（9），547～551，530（1987）.

［4］葛庭燧，物理，**17**（1,2），1～7；69～71（1988）.

［5］葛庭燧，物理通报，**7** 1～4（1990）.

［6］王华馥、吴自勤主编，固体物理实验方法，高等教育出版社，146～179（1990）.

［7］葛庭燧，物理，**22**（10），577～583（1993）.

［8］葛庭燧，物理，**28**（9），529～540（1999）.

［9］冯端等著，金属物理学，第三卷，科学出版社，第21～25章（1999）.

第二章   晶界弛豫的早期研究

§2.1   晶界弛豫与晶界结构的关系

多晶材料中的晶粒间界是一个过渡层，其中的原子代表两个邻近晶粒中的点阵排列的折中状态. 在 1912 年甚至更早些，Rosenhain[1] 等把晶粒间界想象为存在于晶粒之间的非晶胶结层. 这个假设的根据是：金属中的晶粒间界在低温和高变形率下表现为强度高的区域，而在高温和低变形率下却表现为强度低的区域，这正是非晶或黏滞性材料所表现的行为. 究竟在晶界是否存在着一个实际的非晶胶结层，对此曾经引起不断的争论. 这是关于晶界结构研究的一个十分敏感的课题.

1947 年，葛庭燧发表了他关于晶粒间界的力学性质的系统研究结果，从实验上和理论上证明了金属中的晶粒间界确实具有黏滞性质，并且算出它的黏滞系数随着温度而变化的定量关系[2,3]. 他测量了多晶纯铝的滞弹性效应和弛豫行为，并进一步提出了与这种晶界行为相对应的晶界结构模型[4]. 1949 年，King 和 Chalmers[5] 在综述晶粒间界的论文中，认为葛的观测是能够把晶粒间界本身的力学性质与晶界效应截然分开的仅有的定量结果，因而是代表着一个重要的推进.

当然，晶界弛豫之所以能够发生，与晶界结构的特点有不可分割的联系. 葛庭燧关于晶界的研究是把晶界看作一个实体来研究它的力学行为，在搞清楚晶界的弛豫行为以后，就会对于晶界结构提供有判断性的信息. 对于晶界结构的认识又会转过来加深理解晶界弛豫的细节以及各种因素对于晶界弛豫的影响. 因此，关于晶界弛豫的研究将能够在静态的晶界结构观测结果与晶界的力学响应之间架起一座展示动态过程的桥梁，体现微观观察与宏观测量的联系以及理论与实践相结合.

葛庭燧实验的出发点是试图从实验上验证晶界是否表现黏滞性行为. 如果晶界表现黏滞性行为，那么在适当的实验条件下应当观测到所谓的滞弹性效应，即在发生范性（塑性）形变以前，由于应变落后于应力而引起的效应[6]. 因此，滞弹性测量提供了研究金属中晶粒间界力学行为的一种有力工具. Zener 及其合作者[7] 测量了锌、α 黄铜和 α 铁中的内耗和弹性后效，初步研究了这些金属中的晶粒间界的黏滞性行为. 但是，只得到一些定性的信息. 葛的研究是用在扭转形变中的四种滞弹性测量的方法来定量地检查金属中的晶粒间界的黏滞性行为，并且系统地研究各种标准的冶金因素对于这种行为的影响. 这四种滞弹性测量是：低频内耗（频率约为 1Hz）；动态切变模量随着温度的变化；在恒应力下的蠕变和在恒应变下的应力弛豫.

§2.2　滞弹性弛豫的葛型测量[2]

在滞弹性测量中，外加的应力必须很小，从而能够满足以下的条件：（i）在应力撤去后必须没有永久形变，所有的应变在一个足够长的时期内必须能够回复；（ii）所观察到的滞弹性效应对于外加应力或所发生的应变具有线性关系. 因此，内耗和动态模量必须与振动振幅无关；每个单位的弹性应变（或瞬时应变）所引起的蠕变必须与弹性应变的大小无关；每个单位的起始应力所引起的应力弛豫必须与起始应力的大小无关. 有了这样的线性关系，才能够对于所观察的滞弹性效应作简单的解释. 如果金属中的晶粒间界表现黏滞性行为，就可以把多晶看成是由三个单元所组成的系统. 一个单元是晶界本身，它表现黏滞性，满足以下的关系：

$$\dot{\varepsilon} = \eta\sigma, \tag{2.1}$$

其中的 σ 是切应力分量，ε 是切应变，η 是与 σ、ε 和 $\dot{\varepsilon}$ 无关的恒量. 另外两个单元分别是晶粒间界的三叉结点和晶界两边的晶粒，它们是完全弹性性质的，满足以下的关系：

$$\varepsilon = \sigma/M, \tag{2.2}$$

其中的 M 是弹性模量. 上述两个关系对于应力、应变以及它们的时间微分来讲都是线性的.

选用扭转方法的理由如下：（i）扭转方法可以很方便地用来测量全部的上述滞弹性效应，这就易于把各种效应进行比较和相互联系.（ii）当所测量的应变或应力很小时，扭转法在实验上较之其他方法简单得多. 扭转法的不利之处是沿着试样的径向的应变分布不均匀. 但是实验里如果能指明所观察的效应对于应变和应力具有线性关系，则这种不均匀性将不会造成影响，因此，在所有的测量中，必须调节实验条件，并核对线性的程度，如果有偏离的话，也只允许在实验误差范围以内.

葛庭燧用来测量四种滞弹性效应的仪器实际上有两种：一是扭摆；一是扭转线圈装置. 前者用来测量内耗和切变模量，后者用来测量在恒定扭转应力下的微蠕变和在恒定扭转应变下的应力弛豫. McLean[8] 在他的经典名著《金属中的晶粒间界》里把这种进行扭转蠕变和扭转振动实验的方法称为葛庭燧方法，并说：虽然其他工作者在以前也进行过这种实验，但葛是同时应用这种扭转仪器的两种方式来研究晶界滑动的第一人,所以把这种方法用他的名字来命名,在历史上来说是正当的[8].

由于这种仪器及其改进型式在国际上广泛被应用,所以在下面按照葛的原来设计进行较详细的描述.

(1) 测量内耗和切变模量的装置——扭摆 令一根装着扭摆杆的金属丝状试样作自由扭转振动,分别测量它在振动中的对数减缩量和振动频率就可以测出它的内耗和切变模量. 所采用的内耗量度 Q^{-1} 是对数减缩量的 π 分之一,当对数减缩量很小时,假定丝状试样的长度和半径不变,则它的切变模量 G 就与振动频率 f 的平方成正比.

图 2.1(a)所示是测量装置的示意图[2]. W 是直径约为 1mm、长度约为 30cm 的丝状试样. P_1 和 P_2 是把试样两端紧紧夹住的两个钢制小夹头,上夹头 P_1 的把柄很紧地插入一个钢制筒管 C 里,而 C 的顶端则拧入一个硬石棉棒里,并且用水泥黏附剂牢固地黏住. 这石棉棒可以把试样向外传导的热量减至最少,石棉棒的顶端扩大为圆盘状,可以把圆盘底面的沟槽嵌入作为电炉用的钢管 FF 的顶端,并从外面用螺钉固定在炉管壁上,使它不能转动.

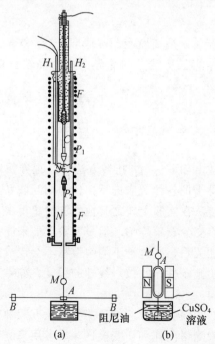

图 2.1 (a) 测量丝状试样的内耗和切变模量的装置[2];
(b) 测量丝状试样在恒应力下的蠕变和在恒应变下的应力弛豫的扭动装置[2].

下夹头 P_2 的把柄焊在一根粗的镍铬合金杆 N（B&S12 号，直径 2.057mm）上，杆的导热性很差，但是它的刚度在各种温度下都远高于试样的刚度. M 是附着在合金杆上的一个凹面反射镜. 由狭缝透出的一束光线经过反射镜而在离反射镜 3m 远处的半透明标尺上形成狭缝的一个清晰的像. BB 是约 20cm 长的套在镍铬杆上的扭动杆臂，它的两端分别担着一块圆柱状软铁作为摆锤，重约 30g. 在两个软铁摆锤的附近分别放着一块电磁铁，可以轻轻地敲打一个电键来激发试样的扭转转动. 把电键放在透明标尺的附近，观测者就能够在注视光缝在标尺上的偏转的同时来敲打电键. 镍铬杆 N 的下端嵌入一个较粗的黄铜管，而这黄铜管则浸入稠密的机器油里. 调节浸入的深度使整个悬挂系统的横振动处于临界阻尼的状态. 用这个方法，在开始扭转振动以后马上就可以进行内耗和切变模量的测量.

FF 是一个电阻炉. 它的构成是把 B&S18 号（直径 1.016mm）镍铬丝绕在直径约 3.8cm、长度约 71cm 的无缝薄钢管上. 炉的两端的镍铬丝绕得密些，为了使沿着炉管纵向的温度均匀. 在 350℃ 时，沿着炉管的 38cm 长的区域的温度变化不大于 2℃. 试样就是放在这个均匀温度区以内. 另外，由于试样的两端已经有效地与外界隔热，所以整个试样的温度是均匀的. 炉管的下端用隔热板封住，板的中部留着一个圆孔，刚好使合金杆 N 伸出炉外而不与隔热板接触.

把铬 - 铝热电偶从 H_1 孔引入炉内以测量温度，从 H_2 孔把盛着许多与试样相同的短段试样的硬玻璃管引入炉内. 在测试当中，可以在一定的时间取出短段试样进行金相观察或其他对比试验，也有时把氮气或惰性气体从 H_2 孔射入炉内，以避免试样在高温下发生过度的氧化.

可用通常的计时方法来测量振动周期. 在套上摆锤 BB 以后，试样的振动周期约为 1.2s，因而很容易用目测的方法来测定光缝在标尺上的偏转. 测定对数减缩量时是在一段适当的时间内测出连续的振动振幅的数值. 在所有温度下进行的所有测量中，所用的最大振动振幅（在距反射镜 3m 远的标尺上）小于 8cm. 如试样的直径为 1mm，长度为 30cm，则这个振幅相当于在试样表面上的最大切应变为 2×10^{-5}. 把连续的振幅值画在半对数纸上作为振动序数的函数，得到一根直线. 这表明，在所用的实验条件下，对数减缩量与振动振幅无关.

（2）测量在恒定应力下的微蠕变和在恒定应变下的应力弛豫的装置——扭动线圈振动仪　设计了一种利用圈转电流计的原理的简单技巧来进行这两种测量. 测试的试样作为圈转电流计的悬丝. 由于实验只是在低应力水平下进行的，所以可用通过“电流计”的电流作为加到试样上的切应力的量度，用

"电流计"的偏转作为切应变的量度. 这个装置的大部分与用来测量内耗和切变模量的扭摆相同, 只是在 A 处把扭转杆臂和摆锤移去, 换上一个具有适当阻尼装置的可动线圈, 其示意图如图 2.1 (b) 所示. 可动线圈的绕制是把 B&S38 号 (直径 0.1016mm) 铜线在尺度为 (1.9 × 6.0cm) 的卵形铜框架上绕约 700 圈, 线圈的总电阻约为 100Ω, 所用的永久磁铁是把 3 个马蹄铁架在一起而成. 在可动线圈的下端引出一根铜杆, 这铜杆成为电解电池的一个电极, 另一个电极是围在铜管外面的铜圆筒, 电解电池的电解液是饱和的硫酸铜溶液, 这个电解电池就提供了一个可动的电流接头. 硫酸铜溶液对于试样的扭转振动所引起的阻尼是可以忽略的. 由于试样在高温下的膨胀而使铜杆伸入硫酸铜溶液较多所引起的电解电池内阻的变化与整个线路中的总电阻相比也是可以忽略的. 因此, 在比较不同温度下的测量结果时可以不必顾虑由于试样的膨胀或收缩所引起的效应. 在硫酸铜溶液上浮着一层重机油, 铜杆上套着的横向杆就浸在重机油里, 横杆的取向与观测标尺的平面垂直. 这个装置可使试样的扭转振动以及与观测标尺平面平行的横向移动都达到临界阻尼状态. 加到试样上的可动线圈和阻尼装置重约 30g.

多少年来, 关于扭摆和扭动线圈弛豫仪的设计已有许多变种, 包括倒扭摆和自动化装置, 但是所根据的基本原理是相同的.

§2.3   多晶铝和单晶铝的滞弹性测量结果

用滞弹性测量的方法来研究金属中的晶粒间界的行为时, 最重要的是在控制的条件下进行测量, 从而能够观察到归因于晶粒间界的效应, 并且能够与归因于其他原因的效应分开. 因此, 需用纯金属开始研究, 以避免杂质可能引起的效应. 选定铝作为研究试样的理由如下: (i) 铝的再结晶温度较低, 在较低温度下退火就能够得到可控制的晶粒尺寸. (ii) 铝具有高度的弹性各向同性, 即便晶粒取向在测量中发生变化, 力学行为也不至于发生显著的变化.

(1) 内耗   所用的 99.991% 铝是美国铝公司提供的浇锭. 把切出的铝块压挤成直径约为 4mm 的铝棒. 把铝棒在 500℃ 退火 1h 后, 让它通过拉丝模板的一系列的模孔沿着相同的方向冷拔, 最后成为直径约 0.84mm 的铝丝而不经过任何中间退火, 这相当于约 95% 面积减缩 (95% RA) 的冷加工. 铝丝经过矫直后, 把它夹在图 2.1 (a) 所示的两个夹头之间, 使两个夹头间的试样长度刚好是 30cm. 把整个悬挂系统 (惯性摆锤除外) 从炉管上端垂入竖直的电炉里, 然后把惯性杆 BB 从阻尼杆的下端套入, 并且用螺丝拧紧. 把铝丝在炉内 450℃ 退火 5h, 以消除内应力和得到比较稳定的晶粒大小, 然后在 450℃ 及其以下的温度测量对数减缩量和切变模量一直到室温，又从室温上升到450℃进行测量. 在测完以后对试样进行金相检查（用2%的氢氟酸进行浸蚀），发现铝试样已经再结晶成很均匀的晶粒，它的平均晶粒尺寸约为0.3mm. 放在H_2孔插入炉内的硬玻璃管内的短段铝丝所承受的热处理与试样相同，只是在退火当中未经受纵向载荷. 金相检查结果表明，这短段铝丝的再结晶晶粒的平均直径与试样的相同.

多晶铝的内耗随着温度的变化情况如图2.2所示，测量频率在室温时约为0.8Hz. 由图2.2可见，内耗在约285℃处达到一个最大值约0.09. 如果承认晶粒间界具有黏滞性的话，这个最大值的存在正是在预料之中的. 内耗决定于沿着晶界滑动的距离与滑动阻力二者的乘积. 在低温下，沿着晶界的黏滞滑动距离很小从而内耗很小；在高温下，沿着晶界滑动所受的阻力很小，从而内耗也很小. 唯有在一个中等温度范围以内，当滑动距离和滑动阻力都不太小时，内耗才达到它的最大值.

为了指明在完全退火的多晶铝中所观察到的这种效应是来源于晶粒间界而不是晶粒内部，也测量了工业纯铝"单晶"体从室温到450℃的内耗，这个"单晶"体在30cm的长度里最多含有几个晶粒. 所得的内耗曲线也画在图2.2里. 这内耗在整个温度范围内都很小，只是在较高温度时略有增加. 但是它在285℃附近肯定没有最大值.

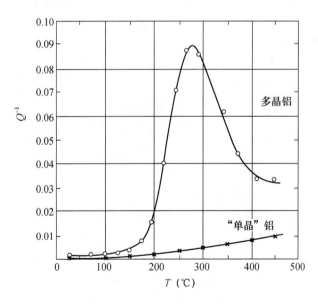

图2.2　多晶铝和"单晶"铝的内耗随着温度的变化[2]（振动频率$f = 0.8$Hz）.

如果在多晶铝中所观测到的内耗完全是由于沿着晶粒间界的滑动所引起的，那么它一旦达到最大值以后，在较高温度下就应该不断地减少. 但是从图2.2 可见，在高温下内耗的减小并不像预料的那样快. 已经发现，内耗曲线的高温侧对于冷加工十分敏感，这表明在较高温度下出现了与冷加工有关的其他效应. 可以把出现在较高温度的内耗叫做高温背景内耗. 它在单晶体中也出现. 随后的系统实验指出，它与试样的冷加工状态和杂质含量都有关系，这将在以后作详细的讨论.

另外一个需要考虑的因素是加到试样上的约 30g 的纵向载荷所可能发生的效应. 由于试样的直径是 0.84mm，这个纵向载荷就相当于 $0.054\mathrm{kg/mm^2}$ （0.53MPa）. 实验指出，当纵向载荷比上述值大 3 倍时，图 2.2 所示的内耗曲线基本上保持不变（两次所用的振动频率相同），这表示实验当中的纵向载荷对于所测得的内耗并没有影响.

总之，在多晶铝中观察到的内耗很明显地不能归因于热弹性弛豫，因为这内耗远远大于热扩散所引起的内耗[9]. 它也不能归因于铝中的自扩散，因为这内耗在单晶铝中并不出现. 它也不能由于杂质沿着晶粒间界的扩散所引起，因为在同样的条件下，较不纯的铝（99.2%）中的内耗较小，最后，它也不像与晶粒增大有关联，因为在 450℃ 退火 5h 已经得到适当稳定的晶粒，而在仅仅需要（1/2）min 的单次测量的时间当中晶粒增大的效应是不会明显的. 因此可以无可争议地说，在完全退火的多晶铝中观察到的而在单晶铝中却不出现的内耗的来源是晶粒间界.

应该指出，上述早期实验所用的铝单晶试样的纯度（99.2%）与多晶铝试样（99.991%）不同，并且还含有几个晶界. 关于随后用同样纯度的单晶和多晶进行的严格实验将在第四章里作详细叙述.

（2）切变模量　在测量内耗的同时也测量了完全退火（95% RA，450℃ 退火 5h）的 99.991% 铝丝的切变模量. 振动频率在室温下约为 0.8Hz. 模量随着温度的变化如图 2.3 所示. 由图可见，在低温下模量曲线基本上是一条直线，在 200℃ 左右发生急剧的变化. 在单晶铝中并没有观察到这种变化①. 这表明在完全退火的铝中所观察到的切变模量急剧变化是由于沿晶粒间界的黏滞滑动所引起的.

---

① 图 2.3 示出铝单晶的切变模量随着温度的提高而线性下降，这种变化可以表示为

$$\frac{\mathrm{dln}G}{\mathrm{d}T} = \left(\frac{\partial \ln G}{\partial \ln V}\right)_T \frac{\mathrm{dln}V}{\mathrm{d}T} + \left(\frac{\partial \ln G}{\partial T}\right)_V,$$

其中的 V 是体积，根据实验数据所作的分析指出：第一项占总的温度系数的三分之二，第二项占三分之一. [参见 T. S. Kê, *Phys. Rev.*, **76**, 579L (1949).]

应该指出，图 2.3 所示的曲线实际上是 f^2 – 温度曲线. 这曲线与模量 (G) – 温度曲线略有不同，因为试样的长度和盲径都随着温度的改变而略有变化，因而 G 并不是严格地与 f^2 成正比. 但是，这样所引入的误差很小，因而可把 f^2 – 温度曲线当做是 G – 温度曲线.

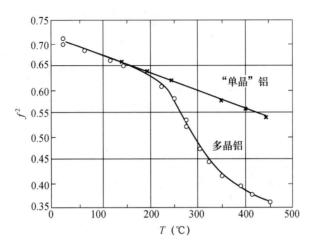

图 2.3   多晶铝和"单晶"铝的切变模量随着温度的变化[2].

可以认为单晶铝的模量曲线代表未弛豫模量 G_U 的温度曲线. 令 $G(T)$ 表示多晶铝在温度 T 时的切变模量，则
$$G(T)/G_U = (f_p/f_s)^2, \tag{2.3}$$
其中的 f_p 和 f_s 分别是多晶铝和单晶铝在温度 T 的振动频率. 图 2.4 中把比率 $G(T)/G_U$ 画成测量温度的函数. 由图可见，在低于 200℃ 时这比率约为 1，随后骤然下降，在高温趋向于一个约为 0.67 或者小些的恒定值. 作为第一级近似，得出 $G_R/G_U = 0.67$，G_R 为已弛豫模量. 因此，可以认为，跨过晶粒间界的切应力所能够得到的弛豫的部分是 $1 - 0.67 = 0.33$ 或 33%.

"如果各个晶粒基本上是等轴的、并且晶粒大小分布是均匀的，那就预期加到晶粒间界上的总的切应力有一部分能够由于晶粒间界的滑动而得到弛豫，这有点像拼板玩具的情况，即虽然在各个相邻板块之间没有切应力存在，但是这个板块仍然具有刚性"[10]. 以这种图像作为引导，Zener 根据应变能的考虑从理论上推导出一个适用于大小均匀的等轴晶粒的公式[10]
$$E_R/E_U = \frac{(7 + 5\chi)}{2(7 + \chi - 5\chi^2)}, \tag{2.4}$$
其中的 E_R 是已弛豫的杨氏模量，即假定多晶试样中的晶粒间界已发生了黏滞滑动而跨过晶粒间界的切应力已经弛豫完毕时的杨氏模量，E_U 是晶粒间界并

不发生黏滞滑动时的杨氏模量，χ 是泊松比. 在切变模量 G 的情形下，可以从众所周知的关系式 $3/E = 1/C + 1/3K$（K 是体积弹性模量）出发，并假定不出现流体静压弛豫，推导出与式（2.4）相对应的公式 G_R/G_U，即

$$G_R/G_U = 2(7 + 5\chi)/5(7 - 4\chi).^{[2]} \tag{2.5}$$

根据 Birch[11]，铝（工业铝）在 30℃ 的泊松比是 0.355，因而 $G_R/G_U = 0.636$，这与图 2.4 中指出的实验值 0.67 符合得很好.

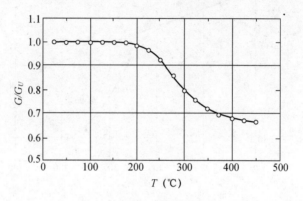

图 2.4　多晶铝中的模量弛豫.

在第七章将详细介绍 Zener 推导方程（2.4）的细节. 可以指出，在晶界的滑动当中，晶界本身及其邻区的应变能将发生变化，对于这种变化的调节方式有弹性调节，扩散调节和位错运动调节等等. Zener 的推导只考虑了弹性调节，这适用于平滑晶界和外加的切应力水平极低时的情况，详细情况见7.5.1 节.

（3）在恒应力下的蠕变　金属中的晶粒间界的黏滞滑动将导致跨过晶粒间界的切应力的弛豫. 当外加应力保持不变时，这种弛豫就将引起金属整体的缓慢屈服或蠕变. 因此，测量在低应力水平下的蠕变将提供关于晶粒间界的黏滞行为的直接信息.

像前面所描述的，把所欲测试的铝丝作为一个圈动"电流计"的悬丝. 当试样的偏转很小时，实验指出，这偏转与通过线圈的电流成正比. 在一切测量中，放在离反射镜 3m 远的标尺上的最大偏转都保持得小于 8cm. 前已说过，这相当于试样表面上的最大切应变为 2×10^{-5}. 在时间 t 的蠕变的量度是 d_t/d_0，d_t 是在 t 时间的偏转，d_0 是在 $t = 0$ 时骤然施加一个恒定扭力时的"瞬时"偏转. 在 99.2% 单晶铝的情形，一直到约 350℃ 时并没有观察到可察知的蠕变. 这证实了在多晶铝中所观察到的蠕变是由于沿晶粒间界的黏滞滑动的观点.

在各种温度下测量的 99.991% 铝（95% RA，450℃ 退火 5h）的蠕变曲线

如图 2.5 所示，其中把 d_t/d_0 画为时间对数的函数. 在所有的测量中，提供扭力的恒定电流是 1.5mA. 由图可见，d_t/d_0 大体上都随着测量温度的增加而增加. 为了判定所观测到的蠕变是否具有一种时间温度关系，首先，假定有一个与蠕变有关的激活能 H，这样就能够通过 H 而把蠕变表示为时间和温度的函数，即

$$d_t/d_0 = Af[t \cdot \exp(-H/RT)],\qquad(2.6)$$

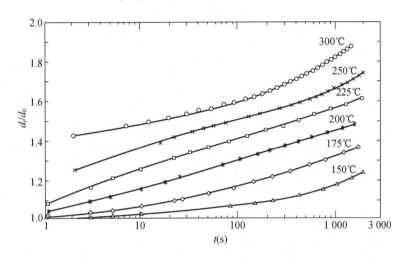

图 2.5　多晶铝在各种温度的蠕变曲线[2].

其中 R 是气体常量，T 是绝对温度，A 是一个与 t 和 T 无关的常量. 在图 2.5 所示出的在不同温度下的 d_t/d_0 对 $\lg t$ 的曲线上找出达到给定的 d_t/d_0 值所需的时间. 这时，d_t/d_0 对于 $1/T$ 的微商是零，从而由方程（2.6）得出

$$d(\lg t)/d(1/T) = H/2.3R.\qquad(2.7)$$

把对应于某一 d_t/d_0 值的 $\lg t$ 画成 $1/T$ 的函数，由所得的图线的斜率可以求出 H. 如果这图线是直线的话，则对于这个 d_t/d_0 值来说，在所讨论的 t 和 T 的范围内，H 是不变的. 如果对于所有的 d_t/d_0 的值都是这样，那么对应于各种 d_t/d_0 值的各直线就是彼此平行的. 实验指出，情形果然如此，而平均的斜率是 7400. 由此得出的激活能是 34kcal/mol. 这样就可以画出一条如图 2.6 所示的复合曲线. 从图 2.5 和图 2.6 可以看出，当 d_t/d_0 值约为 1.5 时，蠕变曲线有一种变平的趋势，表明这个数值约为沿着晶粒间界的黏滞滑动所引起的总体蠕变的极限值.

　　图 2.5 所示的蠕变曲线指明在较高温度下出现另一种效应. 在 250℃ 以及更高的温度下的蠕变曲线并不像蠕变完全由晶粒间界黏滞滑动所引起那样变平. 根据内耗测量时所作的同样推理，可以认为这个在高温下的新效应是与冷

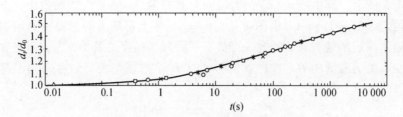

图 2.6 多晶铝在 200℃的蠕变的综合曲线[2].

测量温度: △, 150℃ (时间/71); ○, 175℃ (时间/7.5); *, 200℃; □, 225℃ (时间×6.1); ×, 250℃ (时间×31). 激活能 = 34kcal/mol①. t (s) 是 约化为在 200℃时的时间.

加工有关的.

晶粒间界的黏滞滑动的概念要求所有的微观关系对于应变和应力是线性 的. 为了证实这一概念, 曾进行了蠕变回复实验. 图 2.7 示出, 所观察到的归 因于晶粒间界滑动的蠕变是可回复的, 并且 d_t/d_0 与外加应力和所发生的应变 无关.

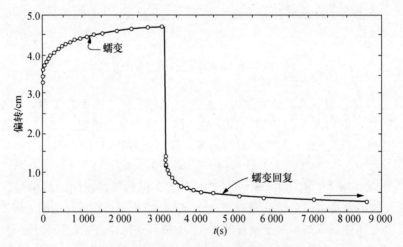

图 2.7 多晶铝在 175℃的蠕变曲线和蠕变回复[2]

(蠕变回复在 5h 时达到的偏转为 0.1cm).

(4) 恒应变下的应力弛豫 由于加到试样上的扭力与通过可动线圈的电流 成正比, 所以可用比率 i_t/i_0 (i_t 是在时间 t 的电流, i_0 是在 $t = 0$ 的初始电流) 来度量在时间 t 把试样保持在恒定应变所需要的应力 (以初始应力为单位).

---

① cal [卡 (路里)] 为非法定单位, 1cal = 4.1868J.

正如所预料的，在单晶铝中并没有发生可察知的应力弛豫．在不同温度下所得到的 99.991% 铝试样（95% RA，450℃退火 5 h）的应力弛豫曲线如图 2.8 所示，图中把 i_t/i_0 画为时间对数的函数，在所有测量中保持的恒偏转是 4 cm．这相当于 10^{-5} 的最大切应变．

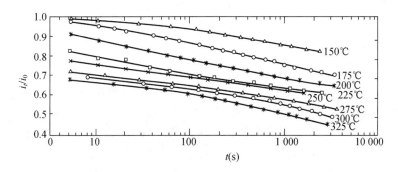

图 2.8　多晶铝在各种温度的应力弛豫曲线[2].

用蠕变测量中所用的同样程序测定了与应力弛豫相联系的激活能．这就是先从图 2.8 所示的曲线中找出在不同温度下达到给定的 i_t/i_0 所需的时间，然后把 $\lg t$ 画为 $1/T$ 的函数．选取几个 i_t/i_0，对于每个 i_t/i_0 画出一根图线．实验发现，这些图线都是直线，并且是彼此平行的．它们的平均斜率是 7 500，从而得出激活能为 34.5 kcal/mol．这个数值与在蠕变测量中得到的很接近．

由图 2.8 可见，应力弛豫在 225℃ 1 h 以后几乎已经完毕，得出一个渐近值 $i_t/i_0 = 0.67$．但是，在更高的温度下，应力又重新开始弛豫，这表明有一个新效应出现，这可能与冷加工有关．把在 200℃ 的应力弛豫时间作为 1，所得出的在不同温度下的综合应力弛豫曲线如图 2.9 所示．这个共同曲线反映了与晶粒间界黏滞滑动有联系的应力弛豫的全部过程．

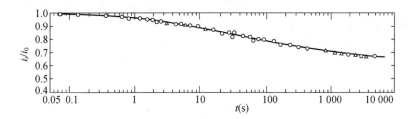

图 2.9　多晶铝在 200℃ 的应力弛豫的综合曲线[2].

测量温度：△，150℃（时间/74）；○，175℃（时间/7.7）；＊，200℃；□，225℃（时间×6.2）．激活能 = 34.5 kcal/mol．t（s）是约化为在 200℃ 时的时间．

上面报道了关于四种滞弹性的测量结果，为了验证它们彼此之间是可以相互转换的，下面先推导表示它们之间关系的数学式.

§2.4　Boltzmann 线性叠加原理及
各种滞弹性效应之间的关系

为了把胡克定律普遍化从而可以解释弹性后效（即蠕变回复）现象，Boltzmann[12]假定应力与应变之间的基本关系对于应力、应变以及它们的时间微商来说，是线性的. 这样所得到的解式就满足线性叠加原理，可以认为应变是应力的过去历史的函数，从而可以认为在任何瞬间的形变是过去所施加的一系列的恒定力的结果. 用线性叠加原理作为工具，Boltzmann 能够把所观测到的弹性后效和有关现象都纳入确切的数学公式里. Zener[13]把线性叠加原理式列为更加简明的形式，推导出一系列关于四种滞弹性效应之间的关系式.

（1）恒应力下的蠕变函数与恒应变下的应力弛豫之间的关系式　令 $\delta(t)$ 表示蠕变函数，其定义：在 $t=0$ 时骤然施加一个单位大小的恒力 F 以后在时间 t 时所发生的形变. 令 $f(t)$ 表示应力函数，其定义为：为了保持在 $t=0$ 时骤然施加的单位大小的恒形变 D 而在时间 t 所必须施加的力. 这样，如果在从 t 到 $(t+\mathrm{d}t)$ 这个时间间隔当中，力从 F 变为 $(F+\dot{F}\mathrm{d}t)$，那就可以认为在这个时间间隔当中施加了一个大小为 $\dot{F}\mathrm{d}t$ 的恒力. 按照这个观点，在任何瞬间 t 的形变都是在以前施加的一个连续系列的恒力所产生的结果，因此

$$D(t) = \int_{-\infty}^{t} \delta(t-t')\dot{F}(t')\mathrm{d}t'. \qquad (2.8)$$

根据同样的推理，可得

$$F(t) = \int_{-\infty}^{t} f(t-t')\dot{D}(t')\mathrm{d}t'. \qquad (2.9)$$

现在讨论下述的情况，即

$$D(t) = \begin{cases} 0, & t < 0 \\ 1, & t > 0, \end{cases}$$

$$F(t) = \begin{cases} 0, & t < 0 \\ f(t), & t > 0. \end{cases}$$

在 $t=0$ 以后，方程（2.8）的左端等于 1，右端可以方便地分为两项：第一项是在 $D(t)$ 从 0 变到 1 的过程中展布于 $t=0$ 附近的时间间隔的积分；第二项是 $D(t)$ 达到 1 以后的积分. 这便得到

$$1 = \delta(t)f(0) + \int_0^t \delta(t-t')\dot{f}(t')\,\mathrm{d}t'. \qquad (2.10)$$

把方程(2.8)的被积函数中的 $\delta(t-t')$ 因子在 $\delta(t)$ 不变的情形下画作 t' 的函数，发现只有当 t' 较大时，$\delta(t-t')$ 才显著地小于 $\delta(t)$。因此，如把 $\delta(t-t')$ 写成 $\delta(t) - \{\delta(t) - \delta(t-t')\}$，则其中的 $\delta(t)$ 是主要的一项。代入方程 (2.10)，得出

$$1 = \delta(t)f(0) + \int_0^t \delta(t)\dot{f}(t')\,\mathrm{d}t' - \int_0^t \{\delta(t) - \delta(t-t')\dot{f}(t')\}\,\mathrm{d}t'$$

$$= \delta(t)f(0) + \delta(t)f(t) - \delta(t)f(0)$$

$$- \int_0^t \{\delta(t) - \delta(t-t')\}\dot{f}(t')\,\mathrm{d}t',$$

$$\delta(t)f(t) = 1 + \int_0^t \{\delta(t) - \delta(t-t')\}\dot{f}(t')\,\mathrm{d}t', \qquad (2.11)$$

其中的被积函数的第一个因子永远是正值，第二个因子永远是负值，所以方程 (2.11) 右端的第二项永远是负值，因此得到

$$\delta(t)f(t) \leqslant 1, \qquad (2.12)$$

式中的等号适合于时间短的情况。应当指出，方程 (2.12) 中的等号或不等号的适用性与 t/τ 的大小有关，τ 是与滞弹性效应有关的弛豫时间。在 $t/\tau < 1$ 时，$\delta(t)f(t) = 1$。因此，除非是在单一弛豫时间的情形下当弛豫在一个很短的时间间隔内就完成时，这个乘积才小于 1。

（2）动态模量与应力弛豫函数之间的关系　对方程 (2.9) 进行部分积分，得到

$$F(t) = f(0)D(t) + \int_{-\infty}^t \dot{f}(t-t')D(t')\,\mathrm{d}t'. \qquad (2.13)$$

用 τ 代替 $t-t'$，得到

$$F(t) = f(0)D(t) + \int_0^\infty \dot{f}(\tau)D(t-\tau)\,\mathrm{d}\tau. \qquad (2.14)$$

由此得出，引起周期性形变 $D(t) = D_0 \sin\omega t$ 所需的力是

$$F(t) = D_0 \Big[f(0) + \int_0^\infty \dot{f}(t)\cos\omega t\,\mathrm{d}t \Big] \sin\omega t$$

$$- D_0 \Big[\int_0^\infty \dot{f}(t)\sin\omega t\,\mathrm{d}t \Big] \cos\omega t. \qquad (2.15)$$

可用一个复模量来表达力与形变的关系，复模量的实数部分叫做"动态模

量"，用 $M(\omega)$ 表示. 从方程（2.15）可在一些重要的情况下推导出动态模量与应力函数的关系，这就是当 $d\ln f/d\ln t$ 小于 1，并且随着 $\ln t$ 而发生的变化很小时的情况.

从方程（2.15）可得

$$M(\omega) = F(0) + \int_0^\infty f(t)\cos\omega t\, dt.$$

经过部分积分，这个方程变为

$$M(\omega) = \int_0^\infty f\left(\frac{x}{\omega}\right)\sin x\, dx.$$

从 $0\sim\pi$，$\pi\sim2\pi$，$2\pi\sim3\pi$，…各区间对于上述积分的贡献是正值和负值交替并且其数值慢慢减小的，这个交替系列的总和的很好的近似表示是展布于第一个区间（$0\sim\pi$）的上半部积分，因此

$$M(\omega) = \int_0^{\pi/2} f\left(\frac{x}{\omega}\right)\sin x\, dx.$$

一个很好的近似是把 $f(x/\omega)$ 当做一个恒量，其值是位于求积范围的中心，即 $\pi/4$，这就得到

$$M(\omega) = f(P/8), \tag{2.16}$$

P 是振动周期，等于 $2\pi/\omega$.

可把方程（2.16）写成

$$M(\omega) = f(t)\big|_{t=P/8}. \tag{2.17}$$

方程（2.17）是 Zener[13] 所推导的动态模量与应力函数之间的关系式. Nowick 和 Berry[14] 在 1972 年从连续弛豫谱的角度推导出各种滞弹性效应之间的近似的关系式

$$M_1(\omega) \approx M(t)\big|_{t=1/\omega}, \tag{2.18}$$

M_1 是动态模量，M 是应力弛豫函数. 方程（2.18）与方程（2.17）的差别在于把动态模量与应力函数作比较时对所选定的 t 值分别为（$1/\omega$）和 $P/8 =$（$\pi/4$）$/\omega$，但二者之间的差别很小.

（3）内耗 Q^{-1} 与应力函数的关系　已知内耗 $Q^{-1} = \tan\phi$，ϕ 是在周期振动中形变落后于应力的相位差. 当内耗很小时，它与每个振动周期当中所消耗的能量与总能量的相对值成正比. 从方程（2.15）来看，$\tan\phi$ 等于 $\cos\omega t$ 与 $\sin\omega t$ 的系数的比值，后者等于 $M(\omega)$，因此

$$\tan\phi = \frac{\int_0^\infty f(t)\sin\omega t\, dt}{f(P/8)}. \tag{2.19}$$

如果把分子项的被积函数写成（df/dln$t$）（sinωt）/t，则可认为第一个因子基本上是不变的. 把被积函数的余项进行积分，得到 $\pi/2$. 这个积分的主要部分（87%）来自于展布于 $0 < \omega \leqslant \pi/2$ 这个区间的积分，因此可以在这个区间的中点来指定这个基本上是不变的因子 df/dln$t$ 之值. 这就得到

$$Q^{-1}(\omega) = -(\pi/2)(\mathrm{dln}f/\mathrm{dln}t)\big|_{t=P/8}. \tag{2.20}$$

在 Nowick 和 Berry 的推导式中所指定的 t 值是 $1/\omega$.

上述这些关系式（2.12），（2.17），（2.20）是根据 Boltzmann 线性叠加原理而推导出来的，如果能在实验上予以证实，并且能够证明所观测到的所有效应对于应力和应变以及它们的时间微商都是线性关系，那么在方程（2.1）和（2.2）所述的微观关系式就是妥当的. 现在让我们把方程（2.12），（2.17）和（2.20）与实验数据作比较.

为了比较上的方便，下面把关于对铝试样所测得的蠕变数据、动态切变模量数据以及内耗数据都转换为在 200℃ 的应力弛豫数据. 图 2.10 示出所得的结果. 图中的实曲线是实验所观测的应力弛豫曲线（图 2.9），△是由蠕变数据转换的，○是由切变模量数据转换的，×是由内耗数据转换的. 所牵涉的试样是 99.991% 铝，经过 95% RA 预先冷加工，在 450℃ 退火 5h，平均晶粒大小 0.3 mm. 图 2.10 中各数据的转换计算程序如下述.

（i）恒应力下的蠕变和恒应变下的应力弛豫. 如前所述，可以认为 $\delta(t)f(t) = 1$. 由于

$$\delta(t) = D(t)/F = D(t)/MD(0),$$
$$f(t) = F(t)/D = MF(t)/F(0), \tag{2.21}$$

所以对于在实验中实际观测到的量来说，有

$$\delta(t)f(t) = \left(\frac{d_t}{d_0}\right) \cdot \left(\frac{i_t}{i_0}\right) = 1. \tag{2.22}$$

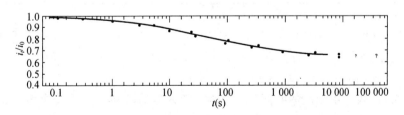

图 2.10　用四种滞弹性效应测量所得出的铝在 200℃ 的应力弛豫[2].

－：应力弛豫测量；△：蠕变测量；○：切变模量测量；×：内耗测量.

t（s）是约化为在 200℃ 时的时间.

表 2.1 列出按照这个公式所算出的 i_t/i_0 的计算值和由图 2.9 的曲线得出

的相对应的观测值. 把表 2.1 所列的 i_t/i_0 的计算值画为相对应的 t 值的函数, 在图 2.10 中用 "△" 表示.

　　(ii) 动态模量与恒应力下的应力弛豫. 动态模量与应力函数之间的关系是

$$G(\omega) = f(t)\big|_{t=P/8}.$$

对于恒形变 D 来说, 应力函数是

$$f(t) = F(t)/D,$$

其中的 $F(t)$ 是在时间 t 所施加的力. 针对着在实验中所实际观测的量来说, 这变为

$$f(t) = G_U(i_t/i_0),$$

从而在给定温度下

$$G(P)/G_U = (i_t/i_0)\big|_{t=P/8}. \tag{2.23}$$

表 2.1　把在 200℃ 的蠕变转换为在 200℃ 的应力弛豫的转换表

t (s)	d_t/d_0	i_t/i_0 (计算值)	i_t/i_0 (观测值)
0.1	1.02	0.98	0.99
0.3	1.03	0.97	0.98
1	1.06	0.95	0.96
3	1.09	0.92	0.93
10	1.15	0.87	0.89
30	1.22	0.82	0.84
100	1.30	0.77	0.79
300	1.36	0.74	0.76
1000	1.44	0.70	0.71
3000	1.50	0.67	0.68

　　现在讨论在 200℃ 的情形. 从图 2.4 可见, 在 200℃ 的 G/G_U 是 0.985, 在 200℃ 的振动周期 P_T 是 1.26s[①]. 因而当 $t = 1/8\,(1.26) = 0.16\text{s}$ 时, 从方程 (2.23) 得出 $i_t/i_0 = 0.985$.

　　用 m_T 表示由温度的时间尺度转换为 200℃ 的时间尺度的转换因子, 可以得出

$$\lg m_T = 7500(1/47^2 - 1/T). \tag{2.24}$$

这样所算出的转换因子综述在表 2.2 的第三列里, 由此可以算出当 $i_t/i_0 =$

---

　　① P_T 值是从图 2.3 中所示的多晶铝的 f^2 曲线上得出的.

$G(P)/G_U$ 时的时间 t 之值. 表 2.2 列出的第六列是相应的 i_t/i_0 值, 这在图 2.10 中用 "○" 表示. 表中的第七列是由图 2.9 的曲线得出的与第五列的 t 值相对应的观测值.

（iii）内耗与恒应变下的应力弛豫. 方程（2.20）表示内耗与恒应变下的应力弛豫之间的关系 $f(t) = C_U(i_t/i_0)$, 可得

$$\mathrm{d}\ln f(t) = \mathrm{d}\ln G_U(i_t/i_0).$$

在给定温度下, 由于 G_U 与 t 无关, 可得

$$Q^{-1}(P) = -(\pi/2)[\mathrm{d}\ln(i_t/i_0)/\mathrm{d}\ln t]t \approx P/8.$$

表 2.2　从模量弛豫转换为在 200℃ 的应力弛豫的转换表

$T(℃)$	$T(K)$	m_T	$P_T(s)$	$t = m_T P_T/8(s)$	i_t/i_0（计算值）	i_t/i_0（观测值）
175	448	1.2×10^{-1}	1.25	1.9×10^{-2}	1.00	—
200	473	1.00	1.26	1.6×10^{-1}	0.985	0.99
225	498	6.25	1.28	1.0	0.97	0.96
250	523	3.23×10	1.32	5.3	0.925	0.915
275	548	1.48×10^2	1.38	2.6×10	0.865	0.85
300	573	5.82×10^2	1.45	1.1×10^2	0.795	0.79
325	598	2.06×10^3	1.50	3.9×10^2	0.75	0.735
350	623	6.55×10^3	1.55	1.3×10^3	0.72	0.70
375	648	1.91×10^4	1.59	3.8×10^3	0.70	0.69
400	673	5.10×10^4	1.62	1.0×10^4	0.68	—
425	698	1.32×10^5	1.65	2.7×10^4	0.675	—
450	723	3.02×10^5	1.67	6.3×10^4	0.67	—

利用时间 – 温度关系式

$$\mathrm{d}\ln t/\mathrm{d}(1/T) = H/R,$$

并且在求积分时把低温极限取为 200℃（因为此时的 $i_t/i_0 = 0.985$, 已经非常接近为 1）, 可得

$$\ln(i_t/i_0) = -0.0092 - 11{,}000 \int_{200℃}^{T} Q^{-1}(T)\mathrm{d}(1/T). \tag{2.25}$$

为了求出方程右端的积分值, 把内耗画为 $1/T$ 的函数, 这样所算出的 i_t/i_0 值列于表 2.3.

把表 2.3 里的 i_t/i_0 计算值画为表 2.2 第五列的 t 的对应值的函数, 在图

2.10 中用"×"表示. 表 2.3 里列出的 i_t/i_0 观测值是从图 2.9 所示的综合应力曲线上得出的.

表 2.3　从内耗转换为在 200℃ 的应力弛豫的转换表:

$T(℃)$	Q^{-1}	$\int_{200℃}^{T} Q^{-1}(T)\mathrm{d}(1/T)$	$t(\mathrm{s})$	i_t/i_0(计算值)	i_t/i_0(观测值)
225	0.040	249×10^{-8}	1.0	0.965	0.96
250	0.071	758×10^{-8}	5.3	0.91	0.915
275	0.088	1368×10^{-8}	2.6×10	0.85	0.85
300	0.086	2053×10^{-8}	1.1×10^2	0.79	0.79
325	0.071	2647×10^{-8}	3.9×10^2	0.74	0.735
350	0.057	3004×10^{-8}	1.3×10^3	0.71	0.70
375	0.044	3327×10^{-8}	3.8×10^3	0.685	0.69
400	0.036	3508×10^{-8}	1.0×10^4	0.675	—
425	0.032	3697×10^{-8}	2.7×10^4	0.66	—
450	0.032	3842×10^{-8}	6.3×10^4	0.65	—

§2.5　晶界的黏滞性滑动模型和晶界的黏滞系数

既然已经得到多晶铝中的晶粒间界具有黏滞行为的自洽的图像,那就完全可以计算或者最低限度估计它的黏滞系数以及它随温度的变化. 考虑一个有效厚度为 d 的晶粒间界,它本身的黏滞系数可以表示为

$$\eta = s/(v/d) \tag{2.26}$$

其中 s 是切应力,v 是间界两边的相对位移的速率. 考虑图 2.11 所示的等轴晶粒的情形,令 Δx 表示在弛豫时间 τ 的时间内沿着晶粒间界滑动的距离,那么

$$v \approx \Delta x/\tau.$$

晶粒间界滑动所产生的应变是 $\varepsilon \approx \Delta x/AB$,其中的 AB 是晶粒的一边,它近似地等于平均晶粒尺寸(G.S). 考虑晶界两边的两个晶粒的弹性应变的情形,则[①]

$$\varepsilon = s/G(T),$$

---

① 在参考文献[2]和[14](第 347 页)中把 $G(T)$ 写成 G_U,但要注意到 G_U 是温度的函数,见 T. S. Kê, *Phys. Rev.*, **76**, 579L(1949).

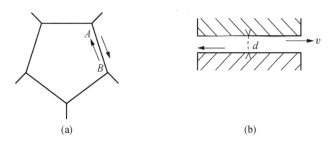

（a）　　　　　　　　　　　（b）

图 2.11　（a）等轴晶粒的示意图[2]；
（b）沿着晶粒间界黏滞滑动的示意图[2]．

其中的 $G(T)$ 是切变模量．这两个应变必须相等，所以可得

$$\Delta x/(\text{G. S.}) = s/G(T),$$

从而 $v \approx s(\text{G. S.})/[G(T)\tau]$．

这样就可以用下面的公式来估计 η 值，即

$$\eta = G(T)\tau d/(\text{G. S.}). \tag{2.27}$$

现在估计一下在 285℃ 时的黏滞系数．在此温度下，内耗出现极大值．铝在室温下的切变模量约为① $2.4 \times 10^{11} \text{dyn/cm}^2$．从图 2.3 可以估算出在 285℃ 的 $G(T)$ 是 $1.66 \times 10^{11} \text{dyn/cm}^2$．实验所用铝丝的平均晶粒直径约为 0.03cm．从实验上很难推知晶粒间界的厚度，但是固体中的原子间力是短程的，只是在几个原子间距的范围内表现明显的强度，所以在估算中认为 d 是一个原子间距的数量级是合理的．选取 $d \approx 0.4\text{nm}$，得到

$$\eta_{285℃} = 4.43 \times 10^5 \tau_{285℃}.$$

从图 2.3 得出在 285℃ 的自然振动频率 $(f_{285℃})$ 约为 0.714Hz．当内耗为极大值时

$$\tau_{285℃} \cdot 2\pi(f_{285℃}) = 1,$$

因而 $\tau_{285℃} = 0.22\text{s}$，$\eta_{285℃} = 9.7 \times 10^4\text{P}$②．可以通过激活能 H 来确定 τ 对温度的依赖关系

$$\tau_T \exp(-H/RT) = k, \tag{2.28}$$

其中的 $H = 34.5\text{kcal/mol}$，k 是一个由 $\tau_{285℃} = 0.22\text{s}$ 来确定的常量，从而

$$\tau_T = 6.74 \times 10^{-15} \exp(H/RT), \tag{2.29}$$

$$\eta_T = 1.80 \times 10^{-20} G(T)\exp(17,250/T). \tag{2.30}$$

由方程（2.30）算出的在不同温度下的 η 值列于表 2.4．所得出的在铝的熔

---

①　$1\text{dyn} = 10^{-5}\text{N}$．

②　P（泊）为非法定单位，$1\text{P} = 1\text{dyn} \cdot \text{s/cm}^2 = 10^{-1}\text{Pa} \cdot \text{s}$．

点温度 659.7℃时的黏滞系数是 0.18P. 在 670℃时是 0.15P. 这很接近于 Polyak 和 Sergee[15] 由实验测出的熔态铝的黏滞系数,在 670℃时是 0.065P.

表 2.4　铝中的晶粒间界在各种温度下的估算黏滞系数

$T(℃)$	$T(K)$	$G_U(\mathrm{dyn/cm}^2)$	$\eta(P)$
25	298	2.4×10^{11}	2.2×10^{16}
100	373	2.3×10^{11}	2.1×10^{11}
200	473	2.1×10^{11}	1.3×10^{7}
285	558	2.0×10^{11}	4.8×10^{4}
350	623	1.9×10^{11}	2.0×10^{3}
450	723	1.8×10^{11}	43.0
550	823	1.7×10^{11}	2.2
660	923	1.5×10^{11}	0.18
670	943	1.5×10^{11}	0.14

§2.6　晶粒间界弛豫特征的进一步分析

上面已经指出,在多晶铝中所观测到的四种滞弹性效应是来源于晶粒间界,这些效应对于应力和应变具有线性关系,并且在实验误差以内满足根据线性叠加原理所推导出的各个效应之间的相互关系,由此推知引起这些效应的微观机制是金属中的晶粒间界具有黏滞性质.与这样一个微观机制相联系的关系式对于应力、应变以及和它们的时间微分是线性的.

下述结果定量地支持黏滞晶粒间界的概念.

(i) 由四种滞弹性测量所测定出来的多晶铝的最大切应力弛豫约为 33%,这与假定晶界具有黏滞性质所计算出来的理论值 36% 符合得很好.

(ii) 所估算出来的晶粒间界在熔点温度的黏滞系数之值与实验测定出来的熔态金属在同温度下的黏滞系数具有相同的数量级.

为了指明上述的滞弹性效应并不局限于多晶铝,葛庭燧也用多晶镁进行了同样的测量[2].所用的 99.7% 镁在 260～282℃压挤而成的 0.3cm 的镁棒.把这根镁棒在 450℃退火 1h,得到平均晶粒直径约为 0.02cm.测量了它在 400℃一直到室温的内耗和动态模量,所用的仪器与图 2.1(a)所示的相同,只是所用的夹头特别牢靠,扭动惯性杆的转动惯量也大得多.振动频率在室温时约为 0.5Hz.内耗和切变模量随着温度的变化如图 2.12 所示.由图可见,曲线变化情况与铝的相对应情况相同,这说明晶粒间界的黏滞行为对于各种金属的晶粒间界是共同的.

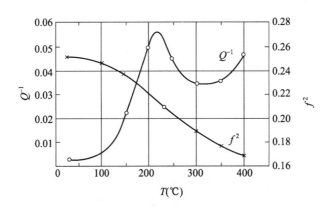

图 2.12　多晶镁的内耗和切变模量随着温度的变化(振动频率 $f = 0.5\,\mathrm{Hz}$)[2].

金属中的晶粒间界具有黏滞性质是就其不能支承切应力的意义来说的. 因此,把应力加到试样上时,无论这应力是多么小,跨过所有的晶粒间界的切应力都要渐渐发生弛豫. 由于这种切应力弛豫,在传统的弹性区域内(不发生永久变形),应力不再是应变的单值函数,反过来说也是如此,从而引起了各种滞弹性效应.

承认晶粒间界具有黏滞性质,振动频率的增加就将把晶界内耗曲线(作为温度的函数)移向较高的温度,这可以说明如下. 跨过晶粒间界的应力弛豫所引起的内耗只有当外加的周期性应力的周期与跨过晶粒间界的应力弛豫所联系的弛豫时间差不多大小时,才是可以查知的. 以前的实验已发现[2],跨过晶粒间界的应力弛豫的速率随着温度的升高而增加,即温度的升高使弛豫时间变小. 因此,当振动频率提高时,就需要在一个较高的温度才能使弛豫时间变小从而使它仍然与振动周期差不多大小. 切变模量弛豫的情形与此完全相同,即振动频率的提高将使切变模量曲线(G/C_U 作为温度的函数)移向较高的温度. 这里的 G_U 是未弛豫切变模量,它相当于在单晶铝情形下的切变模量.

用平均晶粒直径为 $0.02\,\mathrm{cm}$ 的 99.991% 铝丝试样研究了扭转振动频率对于切变模量和内耗的影响[3],这试样经过了 70% 面积减缩的冷加工,并且在 450℃ 退火 2h. 测量所用的两种频率的比率是 3.14. 较高的振动频率的获得是在扭动杆臂上附加较小的摆锤. 频率太高时不能用目测的方法把连续振动振幅记录下来,因而用下面的公式来测定内耗:

$$Q^{-1} = (\ln n)/\pi t_n f, \tag{2.31}$$

其中的 t_n 是振幅减小到起始值的 $1/n$ 时所需的时间, f 是振动频率.

　　由图 2.13 和图 2.14 可见,当频率增加时,模量曲线和内耗曲线果然移向较高的温度.正如所预料的, G_R/G_U 和内耗的最大值并不由于频率的改变而变化,这里的 G_R 是已弛豫模量.

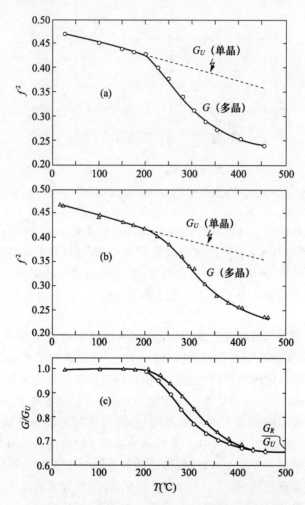

图 2.13　振动频率对于铝(晶粒尺寸 0.2mm)的切变模量和模量弛豫的影响[3].
(a) 振动频率 =0.69Hz;(b) 振动频率 =2.16Hz;(c) 两种振动
频率的模量弛豫;◉ :0.69Hz;△ :2.16Hz. 曲线的最右端是 G_R/G_U.

　　应该指出,这次实验里在试样退火以前加到试样上的冷加工是 70% 面积减缩,而以前的实验里是 95%[2].由于内耗曲线的高温侧对于试样退火以前的冷加工量十分敏感,所以图 2.14 中所示的内耗曲线的高温侧与以前报道的相应曲

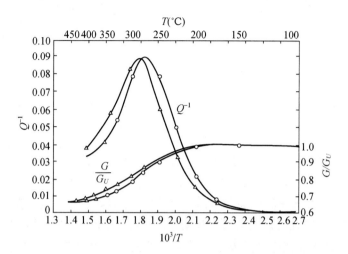

图 2.14　振动频率对于铝(晶粒尺寸 0.2mm)的内耗和切变模量的影响[3].
振动频率:○,0.69Hz;△,2.16Hz.

线的有些不同.

为了得到振动频率和测量温度二者的上述影响之间的定量联系,首先检验一下晶粒间界内耗和切变模量弛豫是否都具有一种激活能.可把所观测的内耗和切变模量弛豫当做参数 $f \times \exp(H/RT)$ 的函数,即

$$Q^{-1}(\text{或 } G/G_U) = fcn[f \times \exp(H/RT)], \qquad (2.32)$$

其中的 f 是振动频率.由这个式子可以看出,要能够用不同频率在不同温度下进行测量时得到相同的 Q^{-1} 或 G/G_U,即 f 对于 $1/T$ 的微商是零,则振动频率与测量温度之间必须有以下的关系:

$$d(\ln f)/d(1/T) = -H/R,$$

或

$$H = R[\ln(f_2/f_1)]/[1/T_1 - 1/T_2], \qquad (2.33)$$

其中的 f_1 和 f_2 是所用的两种频率.

在图 2.14 中,把两种频率测量的内耗和切变模量画为 $1/T$ 的函数.为了使所示的两条曲线密合所需要的 $(1/T)$ 的水平移动在内耗和切变模量的情形都是 0.075×10^{-3}.由于所用两种频率的比率在整个温度范围内都是一个常数 3.14,所以从内耗和切变模量测量都得出

$$H = 32\text{kcal/mol}.$$

表 2.5 列出用四种独立的滞弹性测量所测得的激活能之值,由表可以看出它们在实验误差的范围内是相合的.

表 2.5　用四种滞弹性效应所测得的铝晶界弛豫激活能 H

测量方法	$H(\text{kcal/mol})$
蠕变	34
应力弛豫	34.5
内耗	32
切变模量	32

黏滞性晶粒间界的概念预期,试样晶粒尺寸改变所引起的效应将与振动频率改变的效应相同.由方程(2.27)可见,与晶粒间界应力弛豫有关的弛豫时间 τ 随着晶粒尺寸(G.S.)的增加而增加.考虑到晶粒间界是在一定的整体应力的作用下发生黏滞滑动的,这种情况是很明显的.在较大的(G.S.)的情况下,沿着晶粒间界的滑动能够在它被晶界三叉结点所抑制以前发生较大的相对位移.从而在滑动完全被抑制的时间较长.由于沿晶界的黏滞滑动和跨过晶界的应力弛豫是同时发生的,很显然与这两种过程相联系的弛豫时间由于(G.S.)的增加而增加.因此当振动频率保持不变时,(G.S.)的增加将把内耗曲线和切变模量曲线移向较高的温度.

也能够指出,只要(G.S.)较小于试样的线尺度,则内耗的极大值与(G.S.)无关.这可以由考虑在单位体积试样内的晶粒间界的应力弛豫所引起的内耗来说明.晶粒的总表面积与(G.S.)的平方成正比,晶粒的体积与(G.S.)的立方成正比.因此,单位体积的总的晶粒间界表面积与(G.S.)的倒数成正比.单位体积的内耗与半个振动周期内的能量损耗成正比.在给定的晶粒间界上每个半周内的能量损耗与半周内沿晶粒间界发生的切位移与(G.S.)成正比,从而内耗最大值与(G.S.)无关.

根据同样的考虑可以指出,切变模量弛豫曲线(G/G_U 作为温度的函数)在(G.S.)增加时也移向高温,并且 C_R/G_U 这个比值与(G.S.)无关.

上述的考虑只适合于(G.S.)较小于试样的线尺度的情形.对于丝状试样来说,这意味着(G.S.)必须较小于丝状试样的直径.当(G.S.)完全超过试样直径时,就不能再认为晶粒间界是一个被弹性基体所包围着的孤立的黏滞性区域.晶界三叉结点的抑制作用就不存在,而应力弛豫将是无限的.

研究(G.S.)效应的实验所用的试样是 99.991% 铝丝,它的直径是 0.084cm.试样在退火前的冷加工量是 70% 面积减缩.为了消除或减小由于冷加工所引起的干扰效应,把铝丝在 450℃ 退火 2h,在空气中缓冷至室温,然后升温测量内耗和弹性模量直到 450℃,再降温测量直到室温.在测量以后,取出放在扭摆炉内的玻璃管里的检验试样在金相显微镜下检测其(G.S.).随后把试样连续在500℃退火4h,550℃退火2.5h,600℃退火4h,又在600℃退火12h后进行同样的测量.

表2.6列出热处理条件及得到的(G.S.).(G.S.)是根据传统的方法测定的,即(G.S.)$=1/n^{1/2}$,其中的n是每平方厘米的平均晶粒数.图2.15和图2.16分别示出对应于这些(G.S.)的内耗和切变模量曲线,由图可见,曲线(1),(2),(3)正如所预料的那样,由于(G.S.)的增加而移向较高的温度,曲线(1),(2)所示的内耗极大值(图2.15)和C_R/C_U比值(图2.16)近似相同.对于曲线Ⅲ来说,所对应的试样里的几个晶粒已经完全超过试样的直径,因而内耗极大值略低于曲线(1)和(2)的数值.图2.17所示是对应于曲线(1),(2),(3)的三种(G.S.)的金相图.对应于曲线(4)和(5),大多数晶粒已经完全超过试样的直径,内耗极

表2.6　99.991%铝的退火条件及其相应的(G.S.)（试样直径 =0.084cm）

退火温度(℃)	退火时间(h)	平均晶粒直径(G.S.)(cm)	图2.15,2.16中的曲线号码
450	2	0.021	(1)
500	4	0.04	(2)
550	2.5	0.07	(3)
600	4	>0.084	(4)
600	12	>0.084	(5)

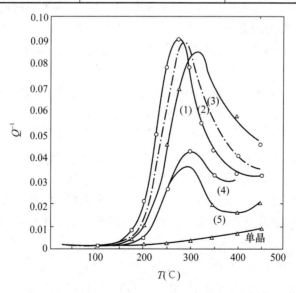

图2.15　晶粒尺寸对于铝的内耗的影响[3]退火前冷加工 =70% RA（试样直径0.84mm）.退火温度,时间和晶粒尺寸:(1)450℃,2h,0.2mm;(2)500℃,4h,0.4mm;(3)550℃,2.5h,0.7mm;(4)600℃,4h,>0.84mm;(5)600℃,12h,>0.84mm.

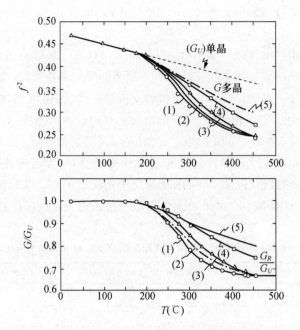

图 2.16　晶粒尺寸对于铝的切变模量和模量弛豫的影响[3].
（退火前冷加工 = 70% RA）. 曲线(1) ~ (5)的注释与图 2.15 相同.

大值变小得很多,而切变模量曲线连续降低,并没有变得平坦的迹象(图 2.16).
这时,只有在极低的应力水平下当最大切应变约为 5×10^{-7} 时,内耗和切变模量
才与应力无关. 为比较起见,图 2.15 也把以前报道过的"单晶"铝的内耗 – 温度
曲线画了进去.

根据与方程(2.32)的类比,也可把所观测到的内耗和模量弛豫表示为参量
$$（G. S.）\times f \times \exp(H/RT) \tag{2.34}$$
的函数.

为了验证这个表达式是否正确,在图 2.18 里把对于两种不同（G. S.）所观
测到的内耗和模量弛豫[图 2.15 和图 2.16 中的曲线(1),(2)]画成 $1/T$ 的函
数. 如果在所研究的温度范围内有一个激活能,那么把 $1/T$ 作水平移动就应该可
以使这两套曲线彼此重合. 事实上果然如此,所需要的水平移动$(1/T_1 - 1/T_2)$对
于二者都是 0.050×10^{-3}. 按照处理振动频率同样的程序,激活能应该是
$$H = R\ln\big[（G. S.）_2 - （G. S.）_1\big]/(1/T_1 - 1/T_2), \tag{2.35}$$
如取 H = 32kcal/mol,则由方程(2.35)可得$（G. S.）_2/（G. S.）_1 = 2.2$,这与表 2.6
所列的晶粒尺寸的测定值相合.

现在可以检验下面陈述是否正确,即所观测到的内耗和切变模量弛豫是

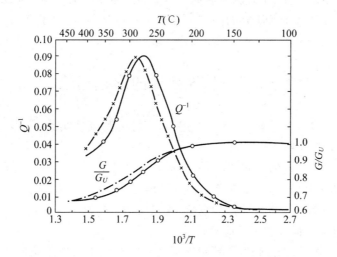

图 2.17 具有不同晶粒尺寸的 99.991% 铝的金相图[3]（试样直径 0.84mm,放大率:5×）.
退火温度,时间和晶粒尺寸:(a),450℃,2h,0.2mm;(b),500℃,4h,0.4mm;(c),550℃,2.5h,0.7mm.

图 2.18 晶粒尺寸对于铝的内耗和切变模量弛豫的影响[3].
（振动频率 =0.69Hz）.晶粒尺寸:○,0.2mm; ×,0.4mm.

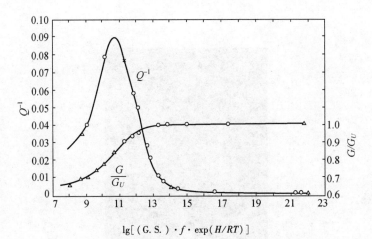

图 2.19　作为参量 (G. S.) $\cdot f \cdot \exp(H/RT)$ 的函数的铝的内耗和切变模量弛豫[3].

$H = 32\text{kcal/mol}$. ○:(G. S.) $= 0.2\text{mm}, f = 0.69\text{Hz}$; ×:

(G. S.) $= 0.4\text{mm}, f = 0.69\text{Hz}$; △:(G. S.) $= 0.2\text{mm}, f = 2.16\text{Hz}$.

$$(G. S.) \times f \times \exp(H/RT) \qquad (2.36)$$

这个复合参量的函数. 在图 2.19 中,把两个 (G. S.) 和两个振动频率所对应的内耗和切变模量弛豫画为上述参数的常用对数的函数,所用的激活能值是 32kcal/mol. 由图可见,所观测的数据基本上都是落在一根平滑的曲线上,这说明上述的复合参量对于所研究的晶粒尺寸范围是适合的. 这对于金属中晶粒间界的黏滞性概念提供了一个进一步的证据.

§2.7　晶界弛豫的形式理论

如上面的 §2.2 到 §2.6 各节所述,葛庭燧的基础性实验[2,3]得到了下述结果(据参考文献[14],438~450).

(ⅰ) 在多晶铝(99.991%)中发现了一个坐落在 285℃(当振动频率为 0.8Hz 时)的内耗峰. 这个峰在单晶铝中不出现,因而它与晶粒间界过程有关. 在其他滞弹性测量中也发现相同的现象,这包括动态模量亏损,在恒应力下的蠕变(应变弛豫)和在恒应变下的应力弛豫.

(ⅱ) 所测得的弛豫强度与假定晶界达到完全弛豫时的理论值相合,具体来说,G_R/C_U 的实验值是 0.67,而理论值(假定泊松比是 0.35)是 0.64.

(ⅲ) 内耗峰高度或弛豫强度与晶粒尺寸(G. S.)无关(当晶粒尺寸小于试样直径时),这与晶界黏滞滑动模型相合.

(ⅳ) 弛豫时间与(G. S.)成正比. 晶粒尺寸的增大和振动频率的提高都使晶

界内耗峰向高温移动,把内耗(Q^{-1})画为$f \cdot$(G. S.)$\cdot \exp(H/RT)$的函数,则不同的f和(G. S.)所得的内耗数据都落在一条曲线上,其中的H是激活能.

（v）所测得的与晶界弛豫过程有关的激活能是34kcal/mol(1.48eV),这与铝的自扩散激活能很相近.所算出的弛豫时间指数因子是$\tau_0 = 10^{-14}$s[当(G. S.)$= 0.03$cm时].

（vi）内耗峰的宽度较之标准滞弹性固体的内耗峰宽度约大3倍,弛豫强度由于不同的弛豫时间而发生的变化比较缓慢.实验结果证实了 Zener 根据 Boltzmann 线性叠加原理所推导的各种滞弹性响应之间的关系,从而奠定了线性滞弹性的实验基础.

（vii）根据弛豫时间随着温度变化的外推值以及假定晶界厚度d为0.4nm,指出晶界在熔点温度的有效黏滞系数与液态铝在熔点温度的黏滞系数相合.

（viii）在多晶镁中也观测到类似的内耗峰,因而这种现象是一种普遍现象.

根据上述结果可以认为,晶界黏滞滑动模型能够满意地描述晶界弛豫的机制.

由于上述实验结果对于滞弹性理论的发展的重要性和独特性,下面将根据标准线性滞弹性固体的力学模型对于晶界弛豫的形式理论进行分析.

滞弹性的定义包含着线性的特征以及应力应变关系的时间依赖性.一般用一个包含着应力、应变以及它们的时间导数的线性微分方程来表征应力应变关系.能够代表滞弹性的最简单的线性微分方程包含着3个独立的参数.用力学模型的语言来说,标准滞弹性固体的行为可用一个含有3个基本单元的模型来表示,这包含着2个弹簧和1个阻尼器.图2.20所示的是1个 Voigt 型的三单元模型.其中用弹簧的顺度J来描述弹簧的变形,J_U是未弛豫顺度,J_R是已弛豫顺度,而$\Delta J = J_R - J_U$.另外,用阻尼器的黏滞系数η来描述阻尼器的黏滞性弛豫,并把η写成$\tau/\Delta J$,ΔJ是差分顺度.关于τ的物理意义将在以后说明,在目前阶段可认为τ只是阻尼器弛豫的一个时间常数.由黏滞系数的定义$\eta = \sigma/\dot{\varepsilon}$得出$\eta = \sigma/(\Delta\varepsilon/\tau) = (\sigma/\Delta\varepsilon)\tau = \tau/\Delta J$.这个模型的定性表现如下:在$t = 0$施加应力时,弹簧a立即发生应变$\varepsilon_a$,但阻尼器c不能立刻对于外加应力作出反应,从而使得弹簧b也不能立即变形.随着时间的进展($t > 0$),阻尼器开始滑动,从而把所承受的应力转移到弹簧b上使它发生同量的变形.这个转移过程一直进行到阻尼器c的应变为ε_c从而它所承受的应力得到完全弛豫,而弹簧b的应变则达到$\varepsilon_b = \varepsilon_c$.至此,这个系统就不再发生变化,而每个单位应力所引起的应变就从瞬时值J_U(对应着ε_a)增加到最后值J_R(对应着$\varepsilon_a + \varepsilon_b$).如果把$\varepsilon_b$叫做$\delta J$,则$J_R = J_U + \delta J$.

对于a,b,c 3个单元可分别得出下述关系式:$\varepsilon_a = J_U\sigma_a$,$\varepsilon_b = J_U\sigma_b$,$\dot{\varepsilon}_c =$

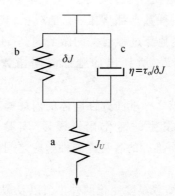

图 2.20　Voigt 型三参数力学模型.

$J_U \sigma_c / \tau_\sigma$. 从这些关系式出发,并考虑图 2.20 所示模型的特点,可知

$$\varepsilon = \varepsilon_a + \varepsilon_b, \quad \varepsilon_b = \varepsilon_c,$$

$$\sigma = \sigma_a = J_U^{-1} \varepsilon_a = \sigma_b + \sigma_c = \delta J^{-1} (\sigma_b + \tau \dot{\varepsilon}_c).$$

由上述各方程消去 $\varepsilon_a, \varepsilon_b, \varepsilon_c, \sigma_a, \sigma_b, \sigma_c$,得出

$$J_R \sigma + \tau_\sigma J_U \dot{\sigma} = \varepsilon + \tau_\sigma \dot{\varepsilon}. \tag{2.37}$$

这个方程正是 3 参数模型的应力 – 应变微分方程,它包含着 3 个独立的参数,它是包含着 $\sigma, \dot{\sigma}$ 和 $\varepsilon, \dot{\varepsilon}$,并且具有常系数的最普遍的线性方程,因而人们把这个力学方程所描述的固体叫做标准滞弹性固体[①].

　　下面用图 2.20 所示的模型来描述晶界黏滞性滑动的情况. 为了这个目的,让弹簧 a 代表晶粒内部,弹簧 b 代表晶界三叉结点,阻尼器 c 代表晶界本身[②]. 假定一种均匀的切应力加到晶界上(如图 2.21 所示),这时构成晶界的两个相邻晶粒立刻发生弹性变形(弹簧 a). 加到晶界(阻尼器 c)上的应力由于晶界(即晶粒 1 相对于晶粒 2)的黏滞滑动而逐渐弛豫(减小),使晶界三叉结点(弹簧 b)承受着越来越多的全部切应力,从而在晶粒 3 和晶粒 4 中引起畸变. 图 2.21 示意地示出这个过程发生的情况. 当晶界的大部分地区完成了滑动增量 Δx,并且其切应力得到完全弛豫时,这个弛豫过程便停止进行. 在外加应力水平很低时,在晶界三叉结点处引起的畸变是纯粹弹性的,所建立起来的应力集中引发了一种

[①]　Zener 原来把这种固体叫做标准线性固体,但是线性固体除了可以是滞弹性的以外,还可以是完全弹性的或黏弹性(黏塑性)的.

[②]　这里所说的晶界本身指的是晶界芯区. 广义地说,可认为晶界区域包括晶界芯区和晶界影响区. 晶界不能脱离两个相邻晶粒而存在. 反过来说,晶界的存在对于相邻晶粒有影响. 这种情况与位错有类似之处,它也包括错位芯区和位错远程应力场区域.

反向应力,在撤去外加应力时,这种畸变使晶界受到一种反转的切应力,引起弹性后效现象. 当回复完成后,在晶界三叉结点的弹性畸变完全消除,试样回复到原来的状态. 这个行为与图 2.20 所示的 3 参数力学模型完全相似,指出含有大量的理想化晶界的多晶试样是与标准滞弹性固体相对应的.

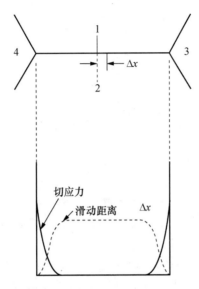

图 2.21　晶界滑动对于原为均匀的切应力分布所引起的弛豫.

用图 2.20 所示的力学模型也能够描述晶界的应力弛豫的过程. 这可以在 $t=0$ 时就开始使这个系统保持在恒应变 ε_0,因而只是弹簧 a 发生变形(对应着 J_U),从而所需施加的初始应力是 ε_0/J_U. 随后阻尼器开始变形,一直达到 δJ,从而加到它上面的应力 σ_c 得到完全弛豫. 这就使总应力降低为 $\varepsilon_0/(J_U+\delta J)$.

图 2.20 所示的模型对于描述系统的滑动(蠕变)行为虽然很为直观和方便,但是其中并未包含模量弛豫这个单元,因而值得考虑另一种最适合于描述应力弛豫实验的 3 参数力学模型. 这个模型如图 2.22 所示,其中包括一个弹簧 a 和与它并联的 1 个弹簧 b 和串联的一个阻尼器 c,在起始时,这个系统具有恒应变 ε_0. 这时 2 个弹簧都被拉长,从而所需施加的应力是 $\sigma=M_U\varepsilon_0$. 随着时间的进展,阻尼器开始滑动直到使得加到弹簧 b 上的应力被完全弛豫. 这时全部应力都由弹簧 a 承担而所需提供的应力变为 $M_R\varepsilon_0$. 因而模量弛豫是 $M_U-M_R=\delta M$. 正像图 2.20 所示的情况一样,弹簧 a 代表晶粒内部,阻尼器 c 代表晶界本身,弹簧 b 代表晶界三叉结点. 因此,图 2.22 所示的模型同样可以描述晶界弛豫的过程,从 $\sigma_a=M_R\varepsilon_a$,$\sigma_b=\delta M\varepsilon_a$,$\sigma_c=\tau_\varepsilon\delta M\dot{\varepsilon}_c$,以及考虑图 2.22 所示模型的特点,可得

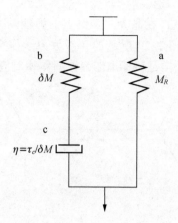

图 2.22　Maxwell 型 3 参数力学模型.

$$\sigma + \tau_\varepsilon \dot{\sigma} = M_R \varepsilon + M_U \tau_\varepsilon \dot{\varepsilon}, \tag{2.38}$$

这个方程在形式上与方程(2.37)相同,从而也是界定标准滞弹性固体的线性微分方程.

　　方程(2.37)和方程(2.38)中的 τ_σ 和 τ_ε 原来只设定是表示时间的任意参数,现在可以看出它们分别是与恒应力下的弛豫和恒应变下的弛豫过程相联系的弛豫时间. 对于方程(2.37)求解,可得[16]

$$J(t) = \frac{\varepsilon(t)}{\sigma_0} = J_R - (J_R - J_U)\exp(-t/\tau_\sigma)$$

$$= J_U + \delta J[1 - \exp(-t/\tau_\sigma)],$$

$$\delta J = J_R - J_U,$$

τ_σ 是在恒应力下的弛豫时间. 当 $\tau = \tau_\sigma$, $J(t)$ 将增加到总变化 ΔJ 的 $1 - 1/e = 0.6$.

　　另外,对于方程(2.38)求解,可得

$$M(t) = \frac{\sigma(t)}{\varepsilon_0} = M_R + (M_U - M_R)\exp(-t/\tau_\varepsilon)$$

$$= M_R + \delta M\exp(-t/\tau_\varepsilon),$$

$$\delta M = M_U - M_R,$$

τ_ε 是在恒应变下的弛豫时间. 当 $\tau = \tau_\varepsilon$ 时,这应力弛豫过程将完成它的总弛豫 $\Delta M = (M_U - M_R)$ 的 $1/e = 0.37$.

　　当外加应力作周期性变化时,可把 $\sigma = \sigma_0 e^{i\omega t}$, $\varepsilon = (\varepsilon_1 - i\varepsilon_2)e^{i\omega t}$ 代入方程 (2.37),并令所得到的代数方程中的实数部分和复数部分分别相等,得到

$$J_R = J_1 + \omega\tau_\sigma J_2, \qquad \omega\tau_\sigma J_U = \omega\tau_\sigma J_1 - J_2,$$

求解得出

$$J_1(\omega) = J_U + \frac{\delta J}{1 + \omega^2 \tau_\sigma^2}, \tag{2.39}$$

$$J_2(\omega) = \delta J \frac{\omega\tau_\sigma}{1 + \omega^2 \tau_\sigma^2}, \tag{2.40}$$

在这里,$\varepsilon = (\varepsilon_1 - i\varepsilon_2)\varepsilon^{i\omega t}$ 中,ε_1 是 ε 的与应力同周相的振幅分量,ε_2 是 ε 的与应力的周相相差为 90°的振幅分量,用 σ 来除,得到

$$J^*(\omega) = J_1(\omega) - iJ_2(\omega),$$

其中 $J_1 \equiv \varepsilon_1/\sigma_0$ 是 J^* 的实数部分,即与应力同相位的部分;$J_2(\omega)$ 是 $J^*(\omega)$ 的虚数部分,即与应力的相位相差为 90°的部分. 由图 2.23 所示的矢量图可见

$$\tan\phi = J_2/J_1, \tag{2.41a}$$

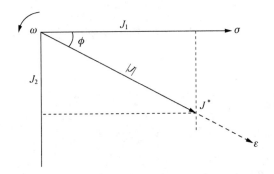

图 2.23　表明应力 σ,应变 ε 与复顺度 J^* 之间的相位关系的矢量图.

在这里,$\tan\phi$ 是内耗的一种量度,它反映着应变落后于应力的情况[①]. 如 $\Delta J/J_U \ll 1$,则方程(2.39)可简化为 $J_1(\omega) \approx J_U$. 因而

$$\tan\phi = \frac{\delta J}{J_U} \frac{\omega\tau_\sigma}{1 + \omega^2 \tau_\sigma^2} = \Delta_\sigma \frac{\omega\tau_\sigma}{1 + \omega^2 \tau_\sigma^2}, \tag{2.41b}$$

如从图 2.22 所示的力学模型出发,把 $\varepsilon = \varepsilon_0 e^{i\omega t}$,$\sigma = (\sigma_1 + i\sigma_2)e^{i\omega t}$ 代入方程(2.38),并令 $M_1 = \sigma_1/\varepsilon_0$,$M_2 = \sigma_1/\varepsilon_0$,则根据上述的同样程序可得

$$M_1(\omega) = M_U - \frac{\delta M}{1 + \omega^2 \tau_\sigma^2} = M_R + \delta M \frac{\omega^2 \tau_\sigma^2}{1 + \omega^2 \tau_\sigma^2}, \tag{2.42}$$

$$M_2(\omega) = \delta M \frac{\omega\tau_\varepsilon}{1 + \omega^2 \tau_\varepsilon^2}, \tag{2.43}$$

---

① 前面用 Q^{-1} 表示内耗,$\tan\phi$ 和 Q^{-1} 是同义词.

$$\tan\phi = M_2/M_1, \tag{2.44}$$

如 $\Delta M/M_R \ll 1$，则从方程 (2.42) 可得，$M_1(\omega) = M_R$，从而

$$\tan\phi = \frac{\delta M}{M_R} \frac{\omega\tau_\varepsilon}{1 + \omega^2\tau_\varepsilon^2} = \Delta_\varepsilon \frac{\omega\tau_\varepsilon}{1 + \omega^2\tau_\varepsilon^2},$$

其中 $\Delta_\varepsilon = \delta M/M_R$.

由于在应力和应变之间存在着一种单一的平衡关系，所以 $M_U = 1/J_U$，$M_R = 1/J_R$，从而 $(\delta J/J_U) = (\delta M/M_R)$，$\Delta_\sigma = \Delta_\varepsilon$，这就指明在 $\Delta_\sigma \ll 1$ 和 $\Delta_\varepsilon \ll 1$ 的情形下，$\tau_\sigma = \tau_\varepsilon$，因此可以写成

$$\tan\phi \approx \Delta \frac{\omega\tau}{1 + \omega^2\tau^2}, \Delta \ll 1 \text{（这时 } \tan\phi \approx \phi\text{）}, \tag{2.45}$$

τ 是弛豫时间.

Zener 指出，可以不引入 $\Delta \ll 1$ 的条件，而把 τ 定义为 τ_σ 和 τ_ε 的几何平均值[12]，即

$$\begin{aligned}\bar{\tau} &= (\tau_\sigma\tau_\varepsilon)^{1/2} = \tau_\sigma(J_U/J_R)^{1/2} \\ &= \tau_\sigma/(1 + \Delta)^{1/2} = \tau_\varepsilon(1 + \Delta)^{1/2},\end{aligned} \tag{2.46}$$

因此

$$\tan\phi = \frac{\delta J}{(J_U/J_R)^{1/2}} \frac{\omega\bar{\tau}}{1 + \omega^2\bar{\tau}^2} = \frac{\Delta}{(1 + \Delta)^{1/2}} \frac{\omega\bar{\tau}}{1 + \omega^2\bar{\tau}^2}, \tag{2.47}$$

由方程 (2.47) 可见，当 $\omega\bar{\tau} = 1$ 时，内耗出现峰值，而

$$(\tan\phi)_{\max} = \Delta/2(1 + \Delta)^{1/2}, \tag{2.48}$$

如用方程 (2.45)，则

$$(\tan\phi)_{\max} = \Delta/2. \tag{2.49}$$

因此，由内耗峰的高度可以测出弛豫强度 Δ，由内耗峰（画为 $\omega\tau$ 的函数）的巅值温度可以测出弛豫时间 $\tau = 1/\omega$，ω 是测量内耗的圆频率. 这个方法的要点是改变 ω 而保持 τ 不变，例如在一定温度下进行实验. 另一种方法是改变 τ 而保持 ω 不变. 这个方法的基础是，在大多数的表现时率机制的物理化学过程中，弛豫时间与温度的关系可用 Arrhenius 关系式来表示，即

$$\tau^{-1} = \nu_0 e^{-H/kT}, \tag{2.50}$$

其中的 ν_0 是频率因子，H 是激活能，k 是 Boltzmann 常量，或者表示为

$$\tau = \tau_0 e^{H/kT}, \tag{2.51}$$

其中 $\tau_0 = \nu_0^{-1}$. 两端取对数得

$$\ln\omega\tau = \ln\omega\tau_0 + (H/k)(1/T), \tag{2.52}$$

在峰巅温度 T_P，$\omega\tau = 1$，从而 $\ln\omega\tau = 0$，则

$$\lg\omega + \lg\tau_0 + (H/2.303k)(1/T_P) = 0, \tag{2.53}$$

改变 ω 测出不同的 T_P,并且把 $\lg\omega$ 画作 $1/T_P$ 的函数,在 Arrhenius 关系式适用的温度范围内,将得出一条直线,而直线的斜率就是 $H/2.303k$,直线的截距是 $\lg\tau_0$.

§2.8 影响晶界弛豫参数的各种因素

以上从晶界弛豫的形式理论出发,阐明了晶界弛豫的内部参数的物理意义及其实验测定方法,这包括弛豫强度 Δ,弛豫时间 τ 和弛豫过程的激活能 H.下面把根据形式理论所推导的理论值与由滞弹性弛豫实验上所得的数据进行比较,并剖析二者相合的条件和产生歧离的原因.在第三章里将讨论合金元素以及晶界吸附杂质对于晶界弛豫的影响.

葛庭燧在 1947 年所报道的关于晶界弛豫的原始性工作是用完全退火的多晶纯铝(99.991%)试样进行的.他系统地研究了丝状试样的扭转形变在准静态的情况下以及在自由衰减的扭转振动的情况下的滞弹性效应,所用的应变振幅小于 10^{-5}.在这种情况下得到的试验结果基本上与晶界的滞弹性弛豫的形式理论所预期的结果相合,从而一方面证实了晶界弛豫的黏滞性滑动模型,另一方面又奠定了滞弹性(线性)弛豫的实验基础.关于葛的早期实验结果已在前几节中做了详细的介绍.在随后的年代里,各方面对于晶界弛豫的问题进行了大量的研究,主要是用扭摆进行各种多晶金属的低频内耗测量,由于所用的试样的纯度,预处理,形变方式以及在实验所用的操作方式以及应变振幅各不相同,得出了关于晶界内耗峰的不同特征,提出了各种不同的看法.因此,对于用不同的试样在不同的条件下所观测的关于晶界弛豫的特征进行严格的剖析是完全必要的.这包括晶界弛豫的弛豫强度 Δ(或晶界内耗峰的高度),弛豫时间 τ 和晶界内耗峰的形状和宽度(或弛豫时间的分布).

关于晶界弛豫强度的最早的理论推算是 Zener[17] 在 1941 年的工作.他计算了一个有规则的多晶体阵列在受到拉伸时的弛豫强度,所作的简单假设是每个晶粒可用一个弹性各向同性的球来表示,他比较了当试样中的平均切应力相同时在两种情况下的应变能:一种是在均匀应力的作用下;一种是全部晶粒所受的切应力已经弛豫为零.由此得到式(2.4)和经过葛庭燧变换的式(2.5).取泊松比 $\chi=0.355$,则 $G_R/G_U=0.636$,从而 $\Delta_G=0.572$.葛庭燧根据对于纯铝动态模量测量所得的实验值是 $G_R/G_U=0.67$,从而 $\Delta_G=0.493$.

另一方面,由纯铝所得的晶界内耗峰高度在扣除背景后为 0.09,根据方程(2.49),由此所推算的 $\Delta_G=0.18$,这两者差别很大.

随后的实验指出,这个差别的来源可能是由于晶界内耗峰的宽度大于标准线性固体的内耗峰宽度. 方程(2.45)指出, 内耗 $\tan\phi$ 在高频和低频($\omega\tau \gg 1$ 和 $\omega\tau \ll 1$)时都很低, 在 $\omega\tau = 1$ 时具有最大值. 把 $\tan\phi$ 画作 $\lg\omega\tau$ 的函数时, 所得的内耗曲线围绕着 $\lg\omega\tau$ 轴线(即 $\omega\tau = 1$)是对称的, 而当峰高减为一半时所对应的内耗峰宽度是

$$\Delta(\lg\omega\tau) = 1.144,$$

这是标准线性固体的内耗峰宽度的理论值.

袁立曦等[18]用受迫振动法测定了 99.999% Al 的晶界内耗峰频率谱, 得到 $\Delta(\lg\omega\tau) = 3.36$, 这比理论值大 2.93 倍.

如把内耗画为 $1/T$ 的函数, 则由方程(2.52)可求出内耗峰高减为一半时所对应的宽度是

$$\Delta(1/T) = (1.144)(2.303k/H) = 2.635k/H, \tag{2.54}$$

采用葛庭燧关于纯铝的数据, $H = 32\text{kcal/mol}$, 则

$$\Delta(1/T) = 1.63 \times 10^{-4}\text{deg}^{-1}. \tag{2.55}$$

根据纯铝的内耗曲线(见图2.18), 当 $f = 0.69\text{Hz}$ 和 $(\text{G.S.}) = 0.02\text{cm}$ 时, 则

$$\Delta(1/T) = 3.92 \times 10^{-4}\text{deg}^{-1}. ① \tag{2.56}$$

这比理论值大 2.41 倍.

因此, 把晶界内耗画作 $\lg\omega\tau$ 的函数或者画作相对应的 $1/T$ 的函数所得到的宽度都较大于只具有一个单一的弛豫时间的标准线性固体的内耗峰. 这个事实表明:在实验上所观测到的晶界内耗峰实际上是包含着有一定扩展范围的一系列的弛豫时间谱, 即弛豫时间具有一定的分布. 实际测得的内耗峰由于弛豫时间存在一种分布而变宽, 并且峰高变低, 在这种情况下, 就不能认为弛豫强度等于内耗峰巅高度的两倍. 孔庆平和常春诚[19]根据晶界内耗曲线所包围的面积(扣除高温背景内耗以后)来计算弛豫强度, 把内耗 Q^{-1} 画作 $1/T$ 的函数, 这个面积 A 是

$$A = \int_0^\infty Q^{-1}\mathrm{d}(1/T) = \frac{\pi}{2}\frac{k}{H}\Delta.$$

假定实验上测出的晶界内耗峰是一系列具有单一弛豫时间的基元过程的叠加, 则晶界内耗曲线所包围的面积与总弛豫强度的关系是

$$\sum A = \frac{\pi}{2}\frac{k}{H}\sum\Delta. \tag{2.57}$$

这里的 H 是一系列具有单一弛豫时间的基元过程的平均值, 用求积仪求出实验曲线与背景内耗曲线包围的面积, 就可以根据上式求出总的弛豫强度. 在工业纯

---

① 根据袁立曦等最近关于 99.999% Al 的实验结果, 在用五种频率测定的晶界内耗峰扣除指数背景后, 所得的内耗峰宽度为 $\Delta(1/T) = 3.28 \times 10^{-4}\text{deg}^{-1}$.

铝(99.6%)的情况,晶界内耗峰($f = 1.47\text{Hz}$)出现在250℃,内耗峰高度为0.014(扣除背景后),实验测得的激活能是38(± 2) kcal/mol.用求积方法求得的总弛豫强度为0.068,这比用内耗峰高两倍所求得的0.028约大2.6倍.

Wiechert[20]为了解释在固体中出现的弹性后效现象,提出了弛豫时间τ的对数正态分布这个概念,并且发现这种分布也可用于晶界弛豫过程. Nowick 和 Berry[21]把τ的对数正态分布引入内耗的理论方程,所采用的函数形式是

$$\Psi(z) = \beta^{-1}\pi^{-1/2}\exp[-(z/\beta)^2],\qquad(2.58)$$

其中的函数$z \equiv \ln(\tau/\tau_m)$.这个函数是$z$的对称分布,以$z = 0$为中心,即对应着$\tau = \tau_m$,$\tau_m$是对数平均弛豫时间.上式中的指数前因子是归一因数,参数β是分布宽度的量度,当$z = \beta$时,$\Psi(z) = \Psi(0)/e$,因而2β是当$\Psi(z)$等于它的最大值$\Psi(0)$的$1/e$时的分布宽度.这个分布的归一化条件是

$$\int_{-\infty}^{\infty}\Psi(z)\,\mathrm{d}z = 1.\qquad(2.59)$$

Nowick 和 Berry 介绍了由内耗和蠕变数据求得代表峰的位置τ_m和判定峰的宽度β和峰的高度的方法.他们还根据数值计算列出相关的动态响应函数与β和弛豫强度Δ的查算表.$\beta = 0$是对应着单一弛豫时间的情形.β增加时峰宽增加而峰高降低.

应当指出,激活能H的分布与β是相关联的.如果β是对数正态的,则H的分布也是对数正态的.另外,可以把β写成与温度无关的β_0和与温度有关的β_H的总和,即

$$\beta = |\beta_0 \pm \beta_H/kT|,\qquad(2.60)$$

式中的加号用于$\ln\tau_0$和H随着内部变量而同时增加和减小的情况,负号用于二者的变化彼此相反的情况.

表 2.7　一些纯金属的β_0和β_H值

金属	β_0	β_H (kcal/mol)
Al	0.25	3.80
Ag	0.79	3.67
Cu	1.23	4.58
Ni	1.50	6.60

表2.7列出对于高纯 Al(99.99%), Ni(99.999%), Cu(99.999%)和 Ag(99.999999%)测量所得到的一系列数据[22].

由表2.7可见,$\tau = \tau_0\exp(H/kT)$中的τ_0和H都有分布,而且它们的变化是

相关联的.但是在 τ 的分布中,H 的分布起着较重要的作用.

当 τ 存在对数正态分布时,令 $z \equiv \beta\omega$,$x = \ln\omega\tau$,则得出[23]

$$\frac{J_1(x) - J_U}{\delta J} \equiv f_1(x,\beta),$$

$$\frac{J_2(x)}{\delta J} \equiv f_2(x,\beta),$$

从而内耗可以表示为

$$Q^{-1} \equiv \tan\phi = \frac{J_2(x)}{J_1(x)} = \frac{\delta J \cdot f_2(x,\beta)}{J_U + \delta J \cdot f_1(x,\beta)}. \tag{2.61}$$

在峰点,$x = \ln\omega\tau = 0$,$f_1(0,\beta) = 1/2$.由于弛豫强度 $\Delta = \delta J/J_U$,所以

$$Q_m^{-1} = \frac{\delta J \cdot f_2(0,\beta)}{J_U + \delta J/2} = \frac{\Delta \cdot f_2(0,\beta)}{1 + \Delta/2}. \tag{2.62}$$

$$\Delta = \frac{Q_m^{-1}}{f_2(0,\beta) - Q_m^{-1}/2}. \tag{2.63}$$

根据 Nowick 和 Berry 算出的关于 $f_2(0,\beta)$ 在各种 β 值时的换算表和 Q_m^{-1} 值就可以算出 Δ 值.根据程波林和葛庭燧[24]关于 99.9999% Al 的竹节晶界弛豫的实验结果,当 $T_P = 139℃$,$Q_m^{-1} = 0.05$,$H = 31\,600\text{cal/mol}$,$\tau_0 = 3.0 \times 10^{-18}\text{s}$,$\beta = 4.95$ 时,$\Delta = 0.36$.

下面我们探讨晶界弛豫时间出现一个分布的原由.

从方程(2.27)得出

$$\tau = \frac{\eta(T)}{G(T)d}(\text{G. S.}), \tag{2.64}$$

由此可见,在温度不变即暂不考虑 $\eta(T)$ 的变化的情况下,τ 与晶粒尺寸(G. S.)成正变关系.如果晶界是完全平滑的并且不存在能够减小两相邻晶粒间滑动的障碍物,则可以认为在弛豫时间 τ 的时间内沿着晶界滑动的距离 Δx 是随着(G. S.)(可以看做是介于两个晶界三叉结点之间的距离)的增大而增大.因而(G. S.)越大,则弛豫时间越长.因此,τ 有一个分布是指着(G. S.)也有一个分布.但是,根据方程(2.36),(G. S.)的增大只是使内耗峰向高温移动,而内耗峰的高度不变.因此,(G. S.)的分布并不能只单单指着晶粒尺寸大小的不同,还含着晶界的平滑程度和所含的障碍物的不同.也就是说,晶粒尺寸的不同可能导致晶界性质的不同,例如晶界的几何形状和所含的障碍物的不同,根据这个观点可以解释文献中关于晶粒尺寸效应的不同报道.

在葛庭燧用纯铝(99.991%)所作的实验里,当(G. S.)小于试样的直径时,内耗峰的高度与(G. S.)无关,而弛豫时间 τ 与(G. S.)成正变关系.这可能是由于在完全退火的高纯铝中的晶粒分布比较均匀,晶界面较为平滑并且不含有抑

制晶界滑动的障碍物.在这种情况下,τ 才与 Δx 从而与(G. S.)成正变关系.

应该指出,在许多纯金属的情形,即便晶粒尺寸小于试样的直径,其内耗峰的高度也远小于 99.991% Al 的情形(0.09).例如在 Fe,Cu,Mg 等的峰高只有 0.02 到 0.06,如图 2.24 所示[25].它们的 G_R/G_U 比也远小于 Al 的 0.67.按照晶界弛豫的宏观模型的理论推导结果,G_R/G_U 只是泊松比的函数,而各种纯金属的泊松比的差别(约为 1/3 到 1/4)并不大,从而各种纯金属的内耗峰高度和 G_R/G_U 应该约略相同.但是,理论推导是假定沿着晶界已经发生完全弛豫,这就要求在长度约为晶粒尺寸的晶界上完全不出现对于晶界滑动的障碍,这包含着晶界必须是平滑的,是理想的平面;还必须不含有杂质.关于这方面的问题将分别在第三章里详细讨论.实际的金属即便纯度极高,但晶界不会是理想的平面,它会含有台阶和坎.这种台阶和坎会影响晶界滑动并且把应力弛豫的广度限制为台阶间距的量级.因此,弛豫时间就不再与晶粒尺寸成正比并且弛豫强度变小.

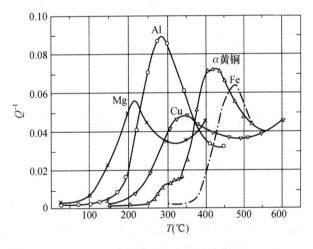

图 2.24　几种金属中的内耗峰[25].

葛庭燧关于 99.991% Al 的早期报道指出[3],内耗峰的高度与(G. S.)无关.随后关于这个方面的工作有 Fe[26],Al[27,28] 和 Cu[29],报道的结果指出,内耗峰高度与(G. S.)^n 成正比,n 是介于 1 与 2 之间的指数.对于高纯 Cu(99.999%)[30,31],Al[32],Au[33],工业纯 Cu(0.3% O$_2$)[29],Fe[26,34],Ni(99.95%)[35,36] 和 Zr[37] 进行了关于弛豫强度 Δ 作为(G. S.)的函数的系统测量.对于 Ni,发现当(G. S.)在 0.062 到 0.75mm 之间时,Δ 与(G. S.)成反比,在 0.75mm 以上,内耗峰不出现,在 Cu 和 Fe 也观测到类似的情况.有一些研究者[28,30]发现,Δ 与(G. S.)无关.对于 Al,当(G. S.)增加到 0.38mm 时,Δ 不变;但是对于 Cu,当(G. S.)大于 0.115 mm 时,Δ 就开始降低.关于这个问题,Peters 等[28]关于高纯 Cu(99.99%)的报道对

于说明(G.S.)的影响可能很有启发意义.他们用弛豫时间 τ 的对数正态分布来拟合晶界峰并且得出铜在 280℃ 的 β 高达 5.85.另外,他们发现,β 随着(G.S.)的增大而增大如图 2.25 所示.固然晶界内耗峰的高度随着(G.S.)的增大而减小,但是根据对数正态分析所得到的 $\Delta_G = 0.14$ 却与(G.S.)无关.他们还发现 β 随着温度的提高而增加,这意味着 τ 值的宽广的分布最少有一部分是由于激活能的分布.他们指出,固然(G.S.)的分布常常是一种对数正态分布,但是由于(G.S.)的分布所导致的 β 值很小(小于1),因而(G.S.)的分布只能说明晶界拟合峰变宽的一部分原因.

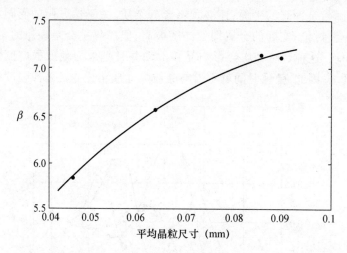

图 2.25　99.999% Cu 的晶界弛豫正态对数分布参数 β 随着晶粒尺寸(G.S.)的变化[28].

　　有两组实验报道可以很明显地说明不能单独从晶粒的尺度上说明(G.S.)对于晶界内耗峰高度的影响.一个是 Bungardt 和 Preisendanz[37] 关于 99.8% Zr 的工作.图 2.26 示出晶粒尺寸对于晶界内耗峰的影响.由图可见,(G.S.)的增大使内耗峰高大大降低并使峰温向低温移动(表示 τ 的减小).这两种效应都可能反映着在 Zr 试样晶界吸附的杂质随着(G.S.)的增大而增加,因而峰高的降低和峰温向低温移动并不完全(甚至不是主要)由于(G.S.)的增加.Leak[26] 关于 Fe 的报道(见图 2.27)属于类似的情况.应该指出,上述关于 Zr 和 Fe 的实验所用的试样的(G.S.)都小于试样的直径,因而所观测的效应并不是由于(G.S.)超过试样的直径,这与葛庭燧关于铝的实验情况不同(图 2.15)[3].

　　另一组实验是 Köster 等[38](1956)关于 Au(99.99%)的实验.他们指出,晶界内耗峰的高度和峰宽并不只是依赖于进行拟合测量时的(G.S.),而与试样具有这种(G.S.)所经历的预先热机械加工处理有关.图 2.28 中所标明的数码表示实际的(G.S.)(以 μm 计).其中的(a,b)分别表示原来的(G.S.)(在加工和

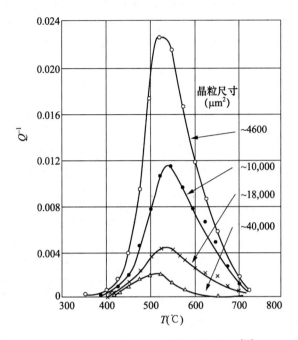

图 2.26 晶粒尺寸对于 Zr 的内耗曲线的影响[37].

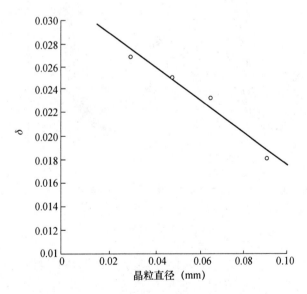

图 2.27 铁的晶界内耗峰高度随着晶粒尺寸的变化[26].

再结晶以前）为 $10^3 \mu m^2$ 和 $8600 \mu m^2$ 的内耗曲线，可见原始（G.S.）较大而实际

（G. S.）相同的试样的内耗较大，葛庭燧在早期工作中报道了预先冷加工对于99.991% Al 的晶界内耗峰的影响[4]，结果指出上述的类似的效应. 图 2.29 中的曲线(1)和(2)是两个试样分别经过 70% 和 34% 面积减缩（RA）的预先冷加工然后在 450℃退火 2h 再进行内耗测量所得到的曲线. 金相观察指出 34% RA 试样的平均（G. S.）较之 70% RA 试样的大两倍，从而晶粒大小效应将使内耗曲线(1)向高温移动 15~20℃（按照激活能 $H = 32\text{kcal/mol}$ 来推算），但是实际上的移动却约为 65℃，并且峰高也有所增加. 这个效应显然与预先冷加工量的不同有关. X 射线检查指出这两种试样中的结构并没有显著的差别. 这个效应可以根据晶界"无序原子群"模型得到解释，这将在 §2. 10 中介绍.

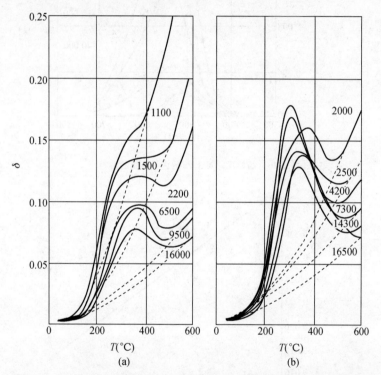

图 2.28　再结晶前的晶粒尺寸对于多晶 Au 的内耗曲线的影响[38]. 再结晶前的晶粒尺寸：(a) 100μm²；(b) 8600μm². 曲线上所注的数目是进行内耗测量时的实际晶粒尺寸. 虚线表示背景内耗.

颜鸣皋和袁振民[39] 研究了不同冷轧变形量的冷轧铜板（99.97% Cu）经950℃的再结晶退火后的晶界内耗峰的变化. 当形变量为 51.8% 时，出现在280℃的内耗峰高度为 0.028. 峰高随着变形量的增大而逐渐下降，当形变量为90.3% 时，内耗峰消失不见. 金相观察和 X 射线检测指出，冷轧变形量为 51.8%

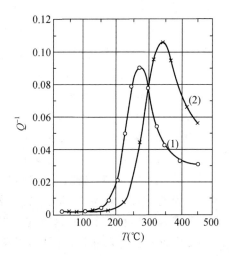

图 2.29　预形变对于 99.991% 多晶铝的晶界内耗峰的影响[4].(1)70% RA;(2)34% RA.

的试样中的晶粒取向是混乱的,而变形量为 90.3% 试样中的(100)[101]立方织构则十分集中.由此可见,只有晶粒取向是无规的(即晶粒取向差较大),晶界内耗才较高;而当试样中的混乱取向晶粒集中成(100)[110]立方织构时,则晶粒取向差减小,晶界结构变为类似于小角晶界的位错结构的情况,从而不出现内耗峰.这说明晶粒在多晶中的取向关系对于晶界内耗峰有重要的影响.

　　从上面介绍的关于晶界弛豫的大量实验结果可以看出,影响晶界弛豫的因素是多方面的,有的是晶界本身的因素,这包括晶界的几何学构型,例如它的平滑程度.进一步讲,也就牵涉到晶界两边的取向和错配关系.另一方面是外在的因素,例如杂质的吸附.这些因素都影响晶界的动性,即黏滞系数,并且牵涉到晶界弛豫的激活能.

　　由此可见,晶界弛豫的形式理论只适用于理想的晶粒间界,即在几何学上讲是完全平滑的,且不含杂质,从而沿着晶界的滑动是完全自由的,即在弛豫时间 τ 的期间内所滑动的距离 Δx 只依赖于在两个晶界三叉结点之间的距离[近似地等于(G.S.)].但是,从晶界弛豫的形式理论出发,考虑各种影响因素,对比实际试样的实验结果,可以了解关于晶界弛豫的许多细节.第三章将介绍杂质对于晶界弛豫的影响.

　　最后讨论一下应变振幅对于晶界弛豫的影响.按照晶界弛豫的形式理论,当应变振幅很低时,内耗与应变振幅无关.在 99.991% Al 的情形,最大的应变振幅要保持在 1 到 2×10^{-5} 以下[2,3].对于各种材料以及它们的不同状态,这个临界振幅当然可以不同.Smith 和 Leak[40] 首先研究了晶界内耗的振幅效应,测量是对于晶粒尺寸约为 0.14mm 的多晶镁(99.98%)在频率为 1Hz,温度范围为 400 ~

500℃,真空度为 10^{-5}torr① 的倒扭摆装置中进行的,应变振幅为 $10^{-6}\leqslant\varepsilon\leqslant1.5$ $\times10^{-4}$. 根据对测量结果的分析,他们提出,晶界内耗峰包含着 3 个部分:(ⅰ) 在低振幅($\varepsilon<10^{-6}$)时与振幅无关,这一部分可能来源于滞弹性.(ⅱ) 与振幅有关的部分,这一部分当 $\varepsilon\approx4\times10^{-5}$时达到饱和. 最可能的解释是由于晶界位错的微小的可逆运动. 这些位错被约束得只能在晶界内运动,因而对于内耗的贡献受到限制. 振幅效应的出现是由于被激活的晶界位错数目因振幅的增大而增加. 晶界位错的现存数目以及能够对于内耗有贡献的位错总数目决定于晶界的精细结构. 当所有的有效内耗源都运行以后,这个效应就达到饱和.(ⅲ) 另一个与振幅有关的部分表现较(ⅱ) 为微弱的振幅效应. 提出的机制是:当应变振幅增加时,跨过晶界区域的尚未经由滞弹性效应和晶界位错的贡献而被弛豫的应力由于在晶界坎(ledges)等地处的位错萌生而得到弛豫. 这种位错并不需要保留在晶界里以维持晶界的取向关系,从而能够进入晶粒,并且对于总的内耗作出贡献. 李振民[41] 以及 Price 和 Hirth[42] 曾经提出切应力在晶界坎处萌生位错的机制.

　　图 2.30 示出晶界内耗峰的振幅效应,图 2.31 示出内耗 δ_H 对振幅的依赖关系. 由图可见,出现振幅效应时的振幅都大于 10^{-5}. 很明显,当振幅大到一定程度时,晶界三叉结点处的畸变可以不再是弹性的,晶界附近的位错也可能被启动.

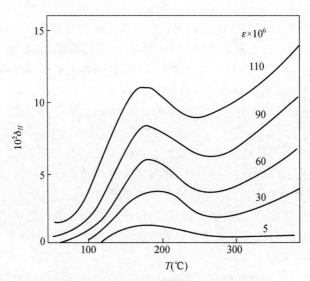

图 2.30　应变振幅对于镁的晶界内耗峰的影响[40].

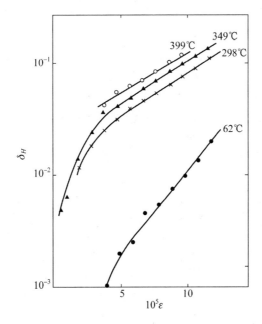

图 2.31　δ_H 与应变振幅 ε 的关系[40]（扣除背景内耗以后）．曲线上标明的温度是测量温度．

§2.9　晶界弛豫激活能与点阵扩散和晶界扩散激活能的联系

前面已经介绍了根据晶界弛豫与测量温度的关系可以测出晶界弛豫的激活能（或激活热，激活焓）．在测量了 99.991% Al 的晶界内耗以后，葛庭燧又测量了 $\alpha-Fe$[43] 和 α 黄铜[44] 的晶界内耗．他发现在 α 黄铜中与晶界滑动有关的激活能接近于锌（同样成分）在 α 黄铜内扩散的激活能．随后又测得 $\alpha-Fe$ 的晶界滑动激活能与 Birchenall 和 Mehl[45] 报道的 $\alpha-Fe$ 的自扩散激活能在实验误差以内相合．由于在铝的情形已经发现了这种符合，葛在 1947 年 12 月投寄 Phys. Rev. 的编者信中首次提出[46]："如果发现这种激活能在数值上的符合是所有金属的一种普遍现象的话，这就意味着，至少在牵涉到局域有序的时候可以这样说，在晶粒间界处的过渡区域的结构不能与晶粒内部的结构毫无相似之处"．表 2.8 所列出的是葛当时所提出的一些数值．

表 2.8 中所列的关于 α 黄铜的体积扩散和晶界弛豫激活能数据是很值得注意的，因为这两种数据是用同一根试样进行滞弹性效应（内耗和切变模量）测量所同时得出的[44]．试样的含铜量是 70.14%（其余为 Zn），所含的杂质是 Fe，0.005%；Pb，0.002%；Ag，0.001%；Cd，0.001%；As，0.005%；Sb，0.002%．图

2.32 所示的是测得的多晶和单晶试样的内耗曲线,晶界内耗峰出现在约 430℃
(约 1Hz).用变换频率的方法所测得的晶界弛豫的激活能是 41kcal/mol(见图
2.33),这个数值准确到 5% 以内.在图 2.32 的多晶和单晶试样中都出现的较低
的内耗峰是锌原子对在 α 黄铜中的应力感生择优取向所引起的内耗峰[47],这是一
种扩散过程(被称为 Zener 峰).关于这个内耗峰的变频测量所得出的激活能是
40kcal/mol(见图 2.34).这两个激活能数值基本上相同,并且等于锌在 α 黄铜
(29.08%/Zn)中的扩散激活能如表 2.8 中所示.

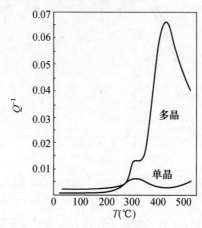

图 2.32　多晶和单晶 α 黄铜的内耗 – 温度曲线[44](振动频率≈0.5Hz).

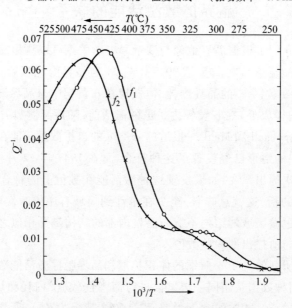

图 2.33　振动频率对于 α 黄铜的晶界内耗峰的影响[44].

○:0.5Hz; ×:1.5Hz.

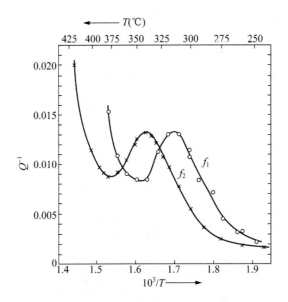

图 2.34 振动频率对于 α 黄铜的 Zener 峰的影响[44].

∘:0.6 Hz; ×:2.3 Hz.

表 2.8 几种金属的各种类型的激活能(单位:kcal/mol)

金属	体积扩散	晶界弛豫	蠕变
α 黄铜	41[a,*]	41[b,*]	41[c,**]
α 铁	78[d,***]	85[e,***]	90[f]
铝	37.5[g]	34.5[h]	37[i,f]

* 29% Zn, * * 40% Zn, * * * Westinghouse Puron,99.991% Al

a. A. E. Van Arkel, *Matallwirtschaft*, **7**, 656(1928); R. F. Mehl, Trans. AIME, **122**, 11(1936)

b. Ref. [44].

c. H. Tapsell, W. A. Johnson and, W. Clenshaw, Eng. Res. Report, **18**, Dept. Sci. and Ind. Research, London (1932).

d. Ref. [45].

e. Ref. [43].

f. J. J. Kanter, Trans. AIME, **131**, 385(1938).

g. 按照 W. A. Johnson, Trans. AIME, **143**, 107(1941)所提出的关于 fcc 金属的一个经验法则而根据结合能和熔点温度所估算出来的数值.

h. Ref. [2].

i. S. Dushman, L. W. Dunbar, H. Huthsteiner, J. Appl. Phys., **15**, 108(1944); 由 C. Zener 和 J. H. Hollomon 外推到零应力.

关于 α 铁的晶界弛豫激活能随后由葛庭燧和孔庆平做了进一步的测定[48]. 他们用以前关于纯铝的实验[2]的同样的程序对于 99.95% 的多晶纯铁做了扭转微蠕变和应力弛豫试验. 所得的晶界弛豫激活能都是 78 ±4kcal/mol. 表 2.8 所列入的是以前用内耗测量所测得的纯铁晶界弛豫激活能 85(± 10%) kcal/mol[43], 这与上述结果在实验误差范围以内还是相合的. 不过根据图 2.35 和图 2.36 中所示的微蠕变曲线和由应力弛豫曲线求激活能的各直线的平行程度来看, 根据蠕变实验和应力弛豫实验所测得的激活能要比用内耗实验所测得的较为准确.

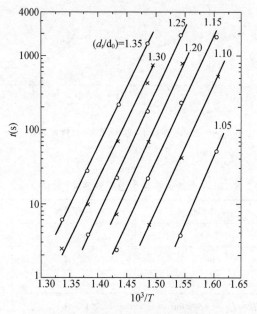

图 2.35   由蠕变曲线测得的激活能[48].

随后关于 α 铁的晶界弛豫激活能数值的报道差别很大, Leak 的数据是 $2.0eV$[26], $1eV = 23.05$kcal/mol. Miles 和 Leak 关于 Fe – C, Fe – N 的数据分别是 $2.6eV$ 和 $2.9eV$[49]. 这种差别显然是由于所用试样的纯度、晶粒尺寸以及所经历的不同的力学和热学的处理所引起来的.

葛庭燧还提出, 可以认为晶界滑动是微观尺度下的蠕变. 由于在晶粒间界处的结晶度被扰乱, 所以与晶界有关的蠕变发生在低于单晶体蠕变所发生的温度. 表 2.8 中所列的金属(多晶体)的蠕变激活能与晶界滑动激活能相近的事实, 支持了这一观点.

葛庭燧把晶界激活能与体积扩散激活能联系起来的观点引起了人们极大的注意, 也引起了人们极大的争论. 但是, 无论如何, 这个观点却开拓了人们对于大

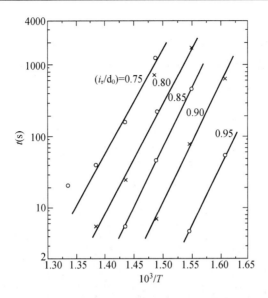

图 2.36　由应力弛豫曲线测得的激活能[48].

角度晶界结构的理解,即它不同于非晶物质的结构.另外,也澄清了有人错误地把葛庭燧的一系列证明晶粒间界具有黏滞性质的实验事实是支持了 Rosenhain[1] 把晶粒间界看做是一层非晶物质或过冷液体薄层的假设①.事实上,晶粒间界具有黏滞性质的意义指的是晶粒间界作为一个实体来说,不能够永久支持外加的切应力,并且具有一个随着温度的升高而增加的黏滞系数,这并不能断定这个过渡层具有怎样的结构,因为任何一层结晶度受到扰乱的过渡结构在作为一个实体来考虑时都可以显示黏滞性质.目前,高分辨电子显微镜和场离子显微镜技术已经开始广泛地用来直接观察晶界结构,但是所提出的任何原子层次的晶界结构模型必须能够解释大角晶界的黏滞性行为和晶界弛豫激活能和扩散机制问题.

　　随后,关于晶界扩散激活能的测定也有了若干的报道.在表 2.9 里汇总了关于晶界弛豫(内耗)激活能 E_p、自扩散激活能 E_{sd} 以及晶界扩散激活能 E_{gb} 的数据[50].当可能把这三者进行比较时,晶界弛豫激活能 E_p 似乎是较小于自扩散激活能 E_{sd},并且位于自扩散激活能和晶界激活能之间.

　　表 2.9 所列出的是若干种标称纯金属的激活能参数.

　　在表 2.9 中,T_m 是熔点温度,T_p 是当振动频率为 f_p 时内耗峰的峰巅温度,τ_0

────────────

①　在《金属物理学》第一卷《结构与缺陷》[冯端等著,科学出版社(1987)],第 435 和 448 页仍然做了这样的叙述.

是弛豫时间 τ 的指数前因子.应该指出的是:各个研究者测定激活能所用的试样的纯度和热机械加工历史可能不同,所改变的频率范围可能太窄,因而准确度很差,特别在扣除高温内耗背景时可能带来相当大的任意性,因而对于表2.9中所列的数据只能从整体方面来看.根据这种观点,可以认为

$$E_{sd} \leqslant E_p \leqslant E_{gb},$$

表 2.9　若干种标称纯金属的激活能参数

元素 T_m(K)	T_P(K)	T_P/T_m	f_p(Hz)	$-\lg\tau_0$	E_p (kcal/mol)	E_{gb} (kcal/mol)	E_{sd} (kcal/mol)
Ag 1234	629	0.51	1.0	20	56[22]	22[51]	46[22,52]
	617	0.50	0.8	15	40[53,54]	20[51,55]	46[56]
							45[57]
							44[58]
Al 933	558	0.60	1	14	32[2,3]	21 *	34[59]
	548	0.59	1.3	14	32[60]		33[61]
	573	0.61	0.8	14	35[22]		31[60]
	568	0.61	1.1	14	38[30]		
	562	0.60	1.0	12	34[27,54]		
	543	0.58	1.0	16	39[62]		
	553	0.59	1.0	14	37[63]		
	563	0.42	1.8				
Au 1336	543	0.41	0.7	14	34[64]	28 *	42[65]
	513	0.38	1	16	35[66]		40[67]
	689	0.52	1	14	41[68]		
	673	0.50	1	20	58[66]		
Cu 1356	543	0.40	1	12	27[54]	29 *	56[69]
	542	0.40	1.0	13	31[68]		55[70]
	473	0.35	1.2	16	32[22]		47[71]
	573	0.42	1	14	33[72]		
	523	0.39	1.0	16	36[30]		
	563	0.42	1.0	15	37[73]		
	553	0.41	5.0	16	38[74]		
	633	0.47	1.2	15	40[75]		
	692	0.51	1.2	14	42[27,54]		
	773	0.57	1.4	14	45[27,54]		

续表

元素 T_m (K)	T_P (K)	T_P/T_m	f_p (Hz)	$-\lg\tau_0$	E_p (kcal/mol)	E_{gh} (kcal/mol)	E_{sd} (kcal/mol)
Ni	742	0.43	0.4	17	58[54]	26[76]	
1726	663	0.38				67[77]	
	783	0.45	0.4	20	64[78]	66[76]	
	689	0.40	0.3	22	70[80]	63[79]	
	700	0.41	1.4	24	74[22]		
	888	0.51	0.3	15	59[80]		
	1075	0.62	0.3	16	78[80]		
Pb	384	0.64	0.8	10			
601	426	0.71	0.8	13			
Fe	803	0.44	1	13	46[81]	45[82]	61[83]
1089	873	0.43	1	17	58[84]	40[85]	57[83]
	790	0.44					
Mo	1573	0.54					
2890							
Nb	1373	0.50					
2740	1573	0.57					
Ta	1373	0.42	0.7	17			
3250							
W	1723	0.47	0.4	15	115[86]	92*	136[87]
3653							
Cd	378	0.64	41.5	21	32[88]	13[89]	18(∥C)[89]
594							19(⊥C)[89]
Mg	493	0.53	1	15	32[2]		20[89]
922							32[90]
Zn	383	0.55	1.1	14	23[91]		22(∥C)[92]
693							23(⊥C)[92]
							21[93]
Zr	1048	0.56	3.7	13	74[94]		
1857	826	0.44	1	18	64[95]		
	893	0.48	70.6				
	938	0.51	67.7				
Sn	293	0.58	1	15	19[96]	9[97]	26(∥C)[98]
505							23(⊥C)[98]

* 估计值.

具体的相互关系要根据具体的事例情况来判定,这一点还将在第三章里进行讨论.

表 2.9 表明,对于一些 fcc 金属来说,τ_0 的数值似乎接近于单个原子过程的数量级.由于对铝和铜的测量还是相当准确的,所以这种一致性不会是偶然的巧合.这在考虑晶界弛豫的原子模型时值得注意,即晶界过程作为实体来看虽然是一个群体过程,但控制晶界弛豫的具体单元有时也可能是单个或少数几个原子.

表 2.9 中列举的只是一些纯(标称的)金属的数据,固溶体或含有杂质的金属的情况很不相同,这方面将在第三章中讨论.

§2.10　晶界结构的小岛模型和无序原子群模型

图 2.11 所示的是晶界滑动的宏观模型的示意图.关于这种黏滞性滑动的激活能的研究进一步把晶界滑动与扩散过程联系起来,这就对于晶界结构的本身提供了有用的信息.不管怎样,如果晶界滑动与扩散过程有联系,那么引起晶粒之间的黏滞滑动的局域结构必然是遍布在晶粒间界区域的某种缺陷.如果这种缺陷具有一种局域结构,并且可以看做是一个独立单元的话,那么在这些"缺陷单元"之间的区域应当是相当完善的,并且具有正规的点阵结构.因此,可以假定晶界结构是不均匀的,并且由有序的和无序的区域所构成,这与非晶胶结理论完全不同,因为它假定晶界是一个无组织的非晶层.

Mott[99] 的"小岛"模型和葛庭燧[4] 的"无序原子群"模型是最早提出来的大角晶界结构的原子模型.McLean 指出[100],在关于晶界看法的发展史中,这两个模型占着重要的位置,因为它们是能够解释仅仅含有一两个原子层的晶界怎样能够容许两个晶粒在高温下作相对滑动的最早理论.这两个模型的共同特色是假定晶界区域是不均匀的.

就在葛庭燧发表他关于铝的晶界内耗的工作不久,Mott[99] 在 1948 年发表了一篇很重要的论文,对于葛庭燧的研究成果进行了很细致的分析.他指出,葛庭燧在纯铝所得出的关于每个晶界的滑动速度是

$$v = A\sigma e^{-B/RT} \text{cm/s}, \tag{2.65}$$

σ 是加到晶界上的应力(dyn/cm^2),$B = 34.5$kcal/mol,$A \approx 18$(cm/s)/(dyn/cm^2).葛庭燧还指出下列的事实,即如果为了计算的目的而假设晶界是一层厚度为 t 和黏度为 η 的流体①,则流变速度可由下列公式给出:

$$v \approx \sigma t/\eta.$$

----

① 假定晶界是一层厚度为 t 和黏度为 η 的流体只是为了计算的目的,实际上葛的工作只是证明了晶界具有黏滞行为(具有黏度 η),而并未认为晶界是一层流体.

如从实验所得的公式(2.65)外推到铝的熔点然后与上式比较,并设定 η 是液态铝在熔点的黏滞系数,则所推导出 t 的数值只有零点几个纳米. 这就指出晶界并不是一层厚的非晶物质,而只是两块晶体尽可能按照它们的不同取向所允许地匹配在一起的接触面.

很值得令人回味的是,Mott 受到葛庭燧关于把晶界的黏滞系数外推到熔点温度时与液体在该温度的黏滞系数相同的实验结果的启示而联想到晶界滑动与熔化的联系. 他料想这个表现得如同一个液体薄层的晶界的滑动机制可能与熔化过程有关. 首先证明由两块匹配得很好的晶体所形成的晶界的整体滑动的激活能是熔化潜热的数量级. 但是整个晶界不能是完全匹配的,因而晶界的滑动不能是晶界的整体滑动,于是他提出晶界是由一些匹配得很好的小岛被一些匹配得不好的线所隔开,而晶界的滑动是由于含有少数原子的各个小岛上的各层原子面之间的滑动. 可是根据这个过程所得的滑动速率远小于葛的实验结果,他最后提出了晶界滑动的元过程是小岛边缘的一些原子的熔化,这种熔化过程引起组成晶界的邻接晶粒的相对滑动. 这个模型就是有名的大角晶界小岛模型,图 2.37 所示的就是这个模型的平面示意图. 未打影部分是匹配得好的小岛(好区),打影的部分是把小岛分隔开来的匹配不好的坏区. 一个晶粒坐落在纸面以上,另一个晶粒在纸面以下.

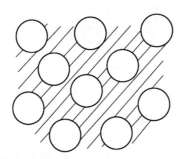

图 2.37 大角晶界的小岛模型的示意图[53].

下面详细介绍 Mott 的原著,借以了解 Mott 关于这个重要问题的思路的发展和演化过程.

为了提出晶界滑动过程的理论,Mott 首先讨论两块具有相同取向的密堆积金属的表面彼此接触在一起的情况,并且推算使这两块金属发生相对滑动所需要的激活能. 如果两个平面间的距离是 h,则引起位移 x 所需的应力 σ 是

$$\sigma = Gx/h,$$

其中的 G 是所考虑的切变方向的切变模量. 这个式子只适用于小的位移 x,对于大的 x 可以假设一个近似的正弦函数

$$\sigma = (Ga/2\pi h)\sin(2\pi x/a),$$

a 是到一个最近的稳定平衡位置的距离. 这个应力的最大值是 $Ga/2\pi h$, 等于同时整体滑动所需的应力. 按照这个近似式, 每个单位面积的激活能是

$$\int_0^a 2\sigma \mathrm{d}x = Ga^2/2\pi^2 h.$$

如果点阵常数是 $2d$, 则可设定 $d=a, h=2d/\sqrt{3}$[①], 并且单位面积内的原子数目是 $1/\sqrt{3}d^2$. 因此, 使上面平面的 n 个原子滑过下面平面所需的激活能是

$$nU = 3nGa^3/4\pi^2,$$

对于 Al, $a = 2.02 \times 10^{-8}$cm. 由于 Al 是各向同性的, 可设定 G 等于大块材料的切变模量 2.5×10^{11}dyn/cm^2. 因此得出 $U = 0.066$eV ≈ 1.5kcal/mol. 这个数值远小于汽化热 $(76$kcal/mol$)$, 但却是熔解热 $(2.55$kcal/mol$)$ 的量级.

上面讨论了两个晶体平面彼此紧密接触的情况, 但是由于取向指数不同的关系, 这接触不能是完全匹配的. 在这种情况下, 可以假设接触面是区分成一些匹配得相当好的小岛, 它们被一些线所分开, 而在这些线的附近匹配得很不好. 可以假设小岛上最上边的一个面相对于它下边的一个面的移动作为晶界滑动的元过程, 并且以此为根据来估算滑动率.

设每个小岛含有 n 个原子从而覆盖 $n\omega$ 的面积, ω 是每个原子所占的面积. 上面已经指出, 在小岛上滑动的激活能是 nU. 在进行内耗测量时, 假定所加的周期性应力是 σ, 并且假定两个平衡位置之间的势谷的距离是 $a/2$, 则激活能是 $nU \pm \dfrac{an\omega}{2}$. 因此, 每个小岛沿着应力正反方向移动距离 a 的频率分别是

$$\nu\exp\left\{-\left(nU - \frac{1}{2}an\omega\right)\Big/kT\right\}$$

和

$$\nu\exp\left\{-\left(nU + \frac{1}{2}an\omega\right)\Big/kT\right\},$$

其中的 ν 是原子振动频率, 因此, 滑动速率是

$$v = 2a\nu\exp(-nU/kT)\sinh^{\frac{1}{2}}(\sigma na\omega/kT).$$

如果 σ 不太大, 这变为

$$v = (2\sigma na\omega/kT)\exp(-nU/kT),$$

与方程 (2.65) 或 $v = A\sigma\exp(-B/kT)$ 做比较, 如认为 nU 等同于葛庭燧的实验观

---

① 对于 fcc 或 hcp 结构的两个密堆集面沿着孪生方向的切变来说, $h = \sqrt{2}a$, 从而同时滑动所需的应力是 $G/2\sqrt{2}\pi$, 而应变是 $\tan^{-1}(1/4\sqrt{2}) = 10°$. 见 H. F. Mott, F. R. N. Napano, Report of a Conf. on Strength of Solids, The Physical Society, London, 1 (1948).

测值 $B = 34.5\text{kcal/mol}$,由于 $U = 1.5\text{kcal/mol}$,则 $n = 23$.

取 $\nu \approx 10^{12}\text{s}^{-1}$,$a \approx 2 \times 10^{-8}\text{cm}$,$\omega \approx 7 \times 10^{-16}\text{cm}^2$,$\text{T} = 600\text{K}$,则得 $A = \nu n a\omega/kT$ $\approx 6 \times 10^{-5}$. 这里所取的滑动应力等于外加应力,但可能有应力放大效应发生,因而 A 将较上面的数值大些.

对于上述理论处理的异议有:(i) 计算的 A 值小 10^4 到 10^5 个数量级. (ii) 葛庭燧所测得的晶界滑动在熔点时与一个单分子层的液体相同的事实在上述理论中作为一个偶然事件而出现. 在液体 Al 里的流体机制不可能像上面所描述的那样,因为在上面描述中的黏度对于温度的依赖关系要小 10 ~ 20 倍;液体金属的黏度对于温度的依赖关系是按照下属的公式:

$$\eta = \eta_0 \exp(w/kT),$$

w 为熔解热的量级 [见 J. Frenkel, Theory of Liquids, Clarendon Press, Oxford (1946)]. 因此,必须修改上述的假说. 现在假设引起滑动的元过程是在匹配得很好的小岛的边缘上的原子的无序化(disordering),所需的自由能 F 在熔点时接近零,而在绝对温度为零时是 nL,L 是每个原子的熔解潜热. 可以假设在任何其他温度时所需的自由能 F 是

$$F = nL(1 - T/T_m),$$

其中 T_m 为熔点温度. 假设无序化导致滑动一个距离 a,而应力将使 F 改变 $\pm\frac{1}{2}\sigma n a\omega$,则滑动速率是

$$v = 2\nu a\exp\{-nL(1 - T/T_m)/kT\}\sinh(\sigma n\omega a/2kT),$$

当 σ 很小时就简化为

$$v = \frac{\nu a^2 n\omega\sigma}{kT}\exp(nL/kT_m)\exp(-nL/kT), \qquad (2.66)$$

Al 的熔解热 $L = 2.55\text{kcal/mol}$. 因而,n(无序化原子的数目)应当约为 14. 因数 $\exp(nL/kT_m) = (34000/2 \times 930) \approx 10^8$,因而指数前因子 $A \approx 6 \times 10^{-5} \times 10^8 = 6 \times 10^3$.

McLean[100] 对于 Mott 的想法作了进一步的阐述. 他指出,Mott 所说的位于边缘上的一个原子单元的原子数目 n 等于无序化的自由能(包括表面能)最小时的原子数目. 这 n 个原子的熔化自由能在熔点 T_m 时是零,在 OK 时是 nL,L 是原子熔化潜热. 假定可用线性内插法,则在任何中间温度 T 时的熔化自由能是 $nL(1 - T/T_m)$. 在外加切应力的作用下,熔化或无序化使这一组 n 个原子产生约为一个原子直径 b 的滑动,从而应力在这个元过程所做的功是 $\pm\sigma n b^3$,b^2 是一个原子的截面积. 如果滑动沿着外加切应力的方向发生,则功是正的,如果沿相反方向发生作的功是负的. 这使无序化所需要的自由能相应地增加或减小. 因此滑动速率是

$$v = \nu b \left\{ \exp\left[-\frac{nL}{kT}\left(1 - \frac{T}{T_m}\right) + \frac{\sigma n b^3}{kT} \right] \right.$$

$$\left. - \exp\left[-\frac{nL}{kT}\left(1 - \frac{T}{T_m}\right) - \frac{\sigma n b^3}{kT} \right] \right\},$$

其中的 ν 为原子振动率. 如果 $\sigma n b^3$ 较小于 kT,则上式简化为

$$v = \frac{2\nu b^4 \sigma n}{kT} \exp(nL/kT_m) \exp(-nL/kT). \tag{2.67}$$

从方程(2.67)可见,整个晶界不能同时发生滑动,因为这样,n 就要极端地大,从而除非在熔点,滑动速率就将小得可以忽略.

McLean[101]试图把方程(2.67)与它所根据的晶界内耗实验结果进行比较. 滑动速度 v 与外加应力 σ 和温度 T 的联系是通过下述方程:

$$v = A\sigma \exp(-H/kT),$$

因而

$$A = \frac{2\nu b^4 n}{kT} e^{nL/kTm}.$$

假定 $nL = H, H$ 是由晶界内耗实验所得出的晶界弛豫激活能,则可得出 A 的理论值(见表2.10).

由内耗实验所得出的 A 的实验值列于表2.10. 表中列入 Al,Cu,Ag 的有关数据.

由表2.10的数据可见,根据 Mott 模型所算出的 A 值远大于实验值,从而所算出的滑动率也远大于根据实验结果所推算出来的数值.

表 2.10　由 Mott 模型算出的 A 值与实验值的
比较[A 的单位是 $(cm/s)/(dyn/cm^2)$]

金属	Al[1]	Al[1]	Al[2]	Cu[3]	Ag[3]
测量方法	内耗	模量弛豫	模量弛豫	内耗	内耗
n(由 $nL = H$ 求出)	14.6	13.6	16.2	12.4	7.8
A 的理论值	3.0×10^4	7.0×10^3	1.9×10^9	28	0.90
A 的实验值	11.2	0.9	0.4	1.0	4×10^{-2}

(1) T. S. Kê, *Phys. Rev.* ,**71**,533(1947);**72**,41(1947).

(2) C. D. Starr,et al. ,*Amer. Soc. Metals.* ,**45**,275(1953).

(3) L. Rotherham,S. Pearson,*J. Metals*,**8**,881,894(1956).

Mott 还把同样的想法应用到再结晶过程中的晶界迁动. 所假设的基元机制是一个晶粒的边缘处的一组 n 个原子变为无序的或者熔化,并且以结晶的形式而进入相邻晶粒. 这就是说,在再结晶当中,未受应变的晶粒长入受应变的晶粒.

当受应变的晶粒的 n 个原子熔化,并且结晶而进入未受应变的晶粒时,将得到 nw 的能量,w 是每个原子的应变加工能量.因此,要未受应变晶粒中的 n 个原子并入受应变晶粒的点阵,那必须提供 nw 的能量,这样,方程(2.67)中的 σnb^3 就应当换为 nw.在这种转换当中,晶界就移动一个距离 b(如果所讨论的原子组是一个原子厚度),这个位移 b 与以前讨论晶界时相同,从而方程(2.67)不变,因此晶界迁动率是[100]

$$v = \frac{2\nu bnw}{kT}e^{nL/kTm}e^{-nl/kT}.$$

与实验数据比较,Mott 所给出的晶界迁动率如他所给出的晶界滑动率一样,都远高于实验值.

有人根据 Mott 的理论提出了在交变应力作用下晶界内耗的迁动模型,但由于它给出的迁动率过高,所以迁动机制在一般情况下不能说明晶界弛豫的微观机制.关于晶界滑动与迁动的联系将在第七章中介绍.

葛庭燧提出的大角晶界的"无序原子群"模型[4]是假定晶界区域里含有众多的点阵不完整区域或原子尺度的无序区,每个无序区里包含着一组原子.在这些不完整区之间是原子匹配较好的点阵区.这里所说的不完整区指的是弥散成为一种或多或少的扩展的无序化区域,其平均密度较低于结晶的金属.这样一个无序区可以叫做"无序原子群".

图 2.38 所示的是"无序原子群"的示意图.围绕着图中打影的两个原子的应力分布与其他地方不同,它们可以通过挤压周围原子而彼此相对地移动.如果温度足够高,则热骚动能够提供一个激活能 H_i.在热骚动当中,这两个打影原子的周围将经历着众多的快速变化的应力状态,每个状态都代表一定的能量.能量超过 H_i 的应力状态数目与 $\exp(-H_i/kT)$ 成正比.每当这能量超过 H_i 时,便完成了一次原子的重新排列,这就产生一个局域应力或应力弛豫,引起少量的滑动.如果原子重新排列每次只包括两个或少数几个原子,那就预期在晶界区域里的每个"无序原子群"中的原子重新排列激活能将聚集到一个平均值 H.每个原子群中的原子重新排列所引起的宏观相对位移也预期将有一个平均值.

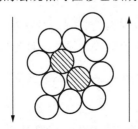

图 2.38　无序原子群示意图[4].

在没有外加应力时,各个原子群中所产生的宏观位移是沿着无规方向,从而作为整体来看并没有净量位移. 如果像图 2.38 所示的那样施加一个切应力,则无论这个切应力是多么小,则都将影响位移的方向. 如果外加切应力 σ 很小,则可把沿着应力方向的原子重新排列的激活能表示为 $H - \frac{1}{2}V_a\sigma$, V_a 是激活体积,假定它与应力无关. 这样,沿着外加应力方向的滑动率是

$$n\nu\exp\left[\left(-H + \frac{1}{2}V_a\sigma\right)/kT\right],$$

n 为无序原子群的密度, ν 是在外加应力作用下原子从一个位置移到另一位置的概率. 另外,与外加应力相反的激活能可以表示为 $H + \frac{1}{2}V_a\sigma$,从而沿着与外加应力相反的滑动率是

$$n\nu\exp\left[\left(-H - \frac{1}{2}V_a\sigma\right)/kT\right].$$

因此,沿着应力方向的净量滑动率是

$$2n\nu\exp(-H/kT)\sinh\left(\frac{1}{2}V_a\sigma/kT\right).$$

如果外加应力 σ 很小,从而 $\frac{1}{2}V_a\sigma \ll kT$,则滑动率是

$$v = (n\nu V_a\sigma/kT)\exp(-H/kT), \tag{2.68}$$

这与切应力 σ 成正比,从而这是一种"纯粹"的黏滞滑动,具有牛顿黏滞性.

按照黏滞系数的定义, $\eta = \sigma/(v/d)$,由方程(2.68)可得

$$\eta_T = \frac{kTd}{n\nu V_a}\exp(H/kT). \tag{2.69}$$

对于厚度 d 约为一个原子直径的晶界来说,可以假定在晶界区域的无序原子群数目与晶粒大小(G.S.)成正比,把 $(1/\nu)\exp(H/kT)$ 看成是晶界黏滞滑动的弛豫时间,最后得出

$$\eta_T = \frac{kT\tau_0}{V_a(\mathrm{G.S.})}\exp(H/kT), \tag{2.70}$$

其中 $\tau_0\exp(H/kT)$ 和 H 分别是晶界弛豫的弛豫时间和激活能,可以由内耗实验测定出来. 以晶界的黏滞性滑动实验为根据所推导出来的 η_T 式子是

$$\eta_T = \frac{G(T)\tau_0 d}{(\mathrm{G.S.})}\exp(H/kT).$$

对比方程(2.70)和(2.27),可见二者在形式上是相同的. 其中的 kT/V_a 对应着 $G(T)$. 这种对应是合理的,因为在一定意义上讲, V_a 与原子排列的紧密度有一定的联系. 紧密度越小,则 V_a 越大,当 V_a 大到一定程度时才能够发生应力

弛豫,导致 $G(T)$ 的降低和内耗的增加.因而 $G(T)$ 与 V_a 有反变的关系.另外,在方程(2.70)中的指数前因子含有 T 而在式(2.27)中则否,但这个 T 的影响远小于指数项 H/kT.

前已指出,使图 2.38 中所示的两个打影原子进行相对滑动所需要的激活能决定于这两个原子周围的局域有序程度,从而又决定于材料的点阵能.固然众多的无序原子群的有关激活能可能不同,但可以认为它们是分布在一个平均值的周围.内耗及其有关实验只是宏观的观测手段,所测定的激活能只能是这个平均值.在早期的工作中发现,对于有些金属来说,这个激活能与体积扩散激活能相近(见表 2.8),但是随后的实验表明,这个激活能可能接近于晶界扩散激活能(见表 2.9).考虑到晶界形状和杂质的影响,情况就更为复杂.很显然,上述的激活能平均值会受到许多几何学的和冶金因素的影响,这必然会影响到无序原子群的实际组态和位形.但是,无论如何,方程(2.70)中的 H 值是存在的,它的数值要由实验来确定.在这方面,内耗和滞弹性实验似乎是一种最直接的测量手段.

应当指出,用图 2.38 所示的"无序原子群"模型来说明晶界的黏滞性质只适用于外加切应力很小时的情况.这时由于外加应力所引起的两个打影原子对于周围原子的不协调可以通过弹性形变来予以调节(弹性调节),因而所发生的相对位移是弹性的,不过由于需要热骚动来完成,所以控制因素是扩散过程,从而就表现为滞弹性的机制.

§2.8 已谈到预先冷加工对于铝的晶界峰的峰高和峰温都有影响(见图 2.29),这可以用晶界的无序原子群模型来进行解释.预先冷加工度的不同可以使再结晶以后所形成的新晶界具有不同的原子无序度.可以想象,预先冷加工在金属中产生了许多无序原子群,无序原子群的数目随着加工量的增加而增加,在随后的退火当中,这些无序原子群由于热骚动的作用而进行调整和重组,并且向晶界迁移,最后有一部分进入晶界,在再结晶完成后所产生的新晶界里形成无序原子群.显而易见,在预先冷加工较大的情形下,在新晶界所形成的无序原子群数目将较大[对于相同的(G.S.)].按照方程(2.42),这使晶界的黏滞系数 η 降低,从而使弛豫时间变短,导致晶界内耗峰向低温移动.

崔平、关幸生、葛庭燧[102]最近进行的淬火实验结果也支持晶界的无序原子群模型.他们把 99.99%,99.999% 和 99.9999% Al 多晶试样在不同温度淬火后进行内耗测量,并与炉冷试样进行比较.发现淬火试样的晶界内耗峰明显地向低温移动,而移动量随着淬火温度的提高和试样的纯度的增加而增加.已知试样的空位浓度在高温下较高,而淬火处理能够使试样在低温下保留过饱和的空位.在随后进行的内耗测量过程当中,有些多余的空位将进入晶界.由于试样在淬火前已经完全退火,所以试样已经完全再结晶,在晶界里已经有大量的无序原子群,从而晶界的无序原子群的框架已经基本上建成,进入晶界的空位主要是加入原有的无序原子群,这就降低了无序原子群的紧密度,使有关的激活体积增加.按照方程(2.42),这将使晶界的黏滞系数降低,使弛豫时间 τ 变短.由于在较高温度淬火引入较多的过饱和空位,所以晶界黏滞系数降低得较多,而晶界内耗峰向低温移动得较多.

超纯铝(99.9999%)的淬火效应较显著,指明杂质有影响.可以认为,如果已有杂质进入无序原子群,则空位随后再进入无序原子群就将不容易降低无序原子群的紧密度.可以预期,无序原子群能够容纳空位的程度是有限的,因而晶界内耗峰向低温移动的程度也有一定的限度,即便在更高温度下淬火也不能移动得更多.用 99.999% Al 进行的实验证明了确实如此.

Nowick 和 Li(李继尧)[103] 曾进行 Al – Cu 和 Ag – Zn 合金的淬火实验,发现淬火使晶界弛豫过程加速.他们认为晶界弛豫过程包含着原子的运动,从而可由点阵空位的引入而加速.Panin 等[104] 发现淬火使 Cu – Al 合金的晶界内耗峰移向低温,并且峰高降低,认为淬火使晶界弛豫过程加速并且由于溶质原子在晶界的不平衡偏析,晶界峰高度可以降低或增高.上述两个实验结果显然也可用晶界的无序原子群模型来解释.

§2.11　高温背景内耗

如果在多晶 Al 所观测到的内耗峰完全是由于沿着晶界的黏滞滑动,那么一旦超过最大值以后,内耗应当继续相对应地降低.但是如图 2.2 所示,在高温侧的内耗的降低并不如预料地那样快.另外还发现,内耗曲线的高温侧对于在试样退火以前所经受的预加工量很敏感[25].图 2.39 示出的曲线(1)和(2)表明,在再结晶以前经受较小冷加工量的高温侧内耗较低于经受较大量冷加工的情况,如在试样再结晶后对它施加小量的冷加工,则高温侧内耗显著增加(曲线(3)).这表明在极高温度时出现了与冷加工有关的另外的效应.

已经发现,这高温侧附加内耗由于退火温度的不断提高而降低,最后达到一个稳定状态(图 2.40).

图 2.41 示出的曲线(4)指出单晶铝(99.6%)也出现高温内耗.这内耗由于在制备单晶时对试样的预先冷加工量的增加而增加.曲线(1)~(3)表示 3 个单晶试样经受不同的冷加工量再在 450℃退火 1h 后测得的内耗曲线.这表明所出现的高温内耗来源于冷加工在晶粒内部所引入的效应.

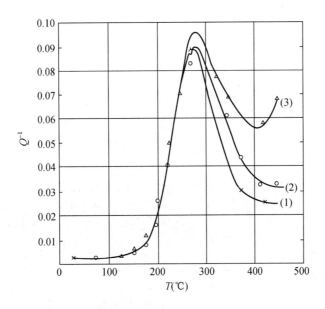

图 2.39　在结晶前和后对于试样施加冷加工对于晶界内耗峰的影响[25].
（1）预冷加工 70% RA;（2）预冷加工 90% RA;（3）退火后对试样施加轻度冷加工.

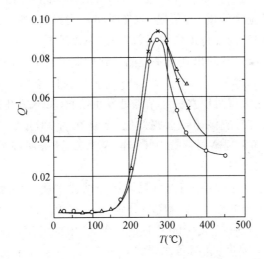

图 2.40　连续高温退火对于 99.991% Al 的晶界内耗的影响[25].
△ :350℃ ; × :400℃ ; ○ :500℃.

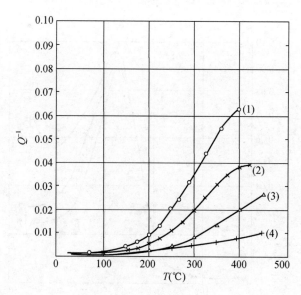

图 2.41　单晶 Al 的高温内耗[25].

(1),(2),(3):50%,2%,1% 伸长;(4):原试样.

　　如把这种高温内耗看成是背景内耗,则可以认为所测得的晶界内耗峰是由于实在的内耗峰与高温背景内耗的叠加而成,从而扣除背景以后就可以确定实在内耗峰的高度(弛豫强度)和位置(弛豫时间).当然扣除高温背景的程序并不简单,如果处理不当,则会得出错误的数据,这在以后再讨论.

　　实验表明,高温内耗的出现总是在晶界弛豫完成以后,在加到晶界上的切应力得到弛豫的同时,晶界三叉结点处会出现应力集中.在适当的条件下,这种局域的应力集中可能大得足以在三叉结点处发生滑移.如果发生这种情况,那就会使内耗大大增加,并且应该出现振幅效应.但是在 450℃ 进行内耗实验时(应变振幅小于 10^{-5}),却发现高温背景内耗与振幅无关.这表明高温背景内耗的产生与晶界弛豫过程的本身无关.

　　另一些实验结果也表明,高温背景内耗与试样中所含的处于固溶状态的杂质无关.图 2.42 示出的曲线(1)和(2)分别表示 99.991% Al 和它含有 0.5% 高纯 Cu 时的晶界内耗曲线.在 300℃ 时,Cu 在 Al 中的溶解度是 0.45%.由图可见,在 300℃ 以上的温度,这两条曲线完全重合,这表示处于固溶状态的外来原子并不影响晶界内耗的高温部分,从而也就不影响高温背景内耗.在低于 300℃ 的温度,含 0.5% Cu 试样的晶界内耗大大降低,这显然是由于在低于 300℃ 时 Cu 在晶界的沉淀阻碍了晶界的黏滞滑动.

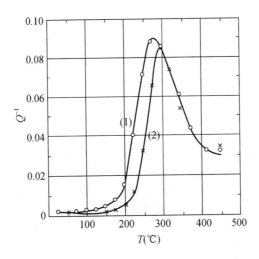

图 2.42　可溶杂质对于铝的晶界内耗峰的影响[25].
〇:99.991% Al; × :99.991% Al + 0.5% Cu.

　　图 2.43 示出杂质含量不同的多晶铝试样的晶界内耗曲线,各个试样的预先冷加工量和随后的退火处理以及所得的晶粒尺寸都相同.Al - 2S 试样所含的杂质是 0.14% Cu,0.48% Fe 和 0.11% Si. 由图可见,当 Cu 含量为 4% 时,晶界内耗完全被压抑,而在 450℃ 的高温背景内耗则较之不含 Cu 时大 3 倍. 图 2.44 所示的是晶界内耗和高温背景内耗在热处理过程中所发生的变化情况.曲线(1)表示试样从 525℃ 淬火到室温然后快速加热到 200℃ 测量内耗,在 210℃ 出现一个内耗峰.这个峰较纯 Al 的峰低并移向低温,说明在加热期间已经在晶界处发生 Cu 的沉淀.把试样在 250℃ 快速加热到 450℃ ,发现在 450℃ 的高温背景内耗随着时间顺序而增高,如(1),(2),(3)曲线所示.这显然是由于在 450℃ 的时效使得 Cu 的沉淀增加,因为在 450℃ 时 Cu 在 Al 中的溶解度只有 2.6wt%[①]. 在时间顺序(3)以后,把试样快速由 450℃ 冷却到 200℃ ,所测得的内耗(4)远较原来的曲线(1)为低,这表示在 450℃ 的时效使 Cu 在晶界的沉淀增加.

　　总起来说,高温背景内耗在多晶和单晶金属中都出现,它随着预先冷加工的增加而提高,并且随着随后的退火温度的提高而降低.试样中所含的溶质原子对于高温背景内耗并没有显著地影响,但是沉淀相的出现却使高温内耗增加.

　　应该指出,在 Al - 4wt% Cu 多晶和单晶中出现的 θ 相的界面弛豫能够在高温背景上出现一个滞弹性弛豫内耗峰[105],而高温背景也由于对试样的不同时效处理而变化.

────────────

　　①　wt% (重量百分)是无量纲量质量分数,非法定单位.

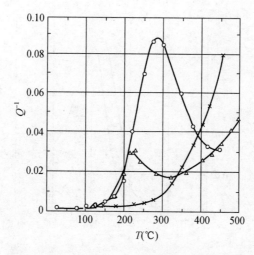

图 2.43　杂质的含量对于多晶铝的晶界内耗峰和高温背景内耗的影响[25].
○ :99.991% Al; △ :Al − 2S; × :99.991% Al + 0.5% Cu.

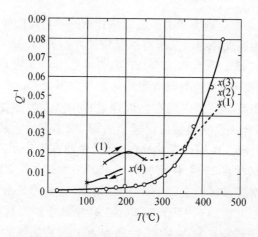

图 2.44　热处理和沉淀状态对于 Al − 4% Cu 的高温内耗的影响[25].
○:从 525℃ 缓冷; × :从 525℃ 淬火.

　　固然杂质和沉淀对于高温内耗的影响机制在目前还不清楚,但是可以认为,无论对于纯金属或对于合金来说,高温背景内耗的来源主要是晶粒内部所发生的过程,对比图 2.39 和图 2.41 的情形就可以很清楚地说明这一点. 实际上,所谓的"高温"背景内耗在低于晶界内耗峰出现的温度下就已经出现,并且一直随着温度的提高而增加(参看图 2.41). 在多晶试样中出现晶界内耗峰只是在这个连续的背景内耗曲线上叠加一个晶界弛豫峰,在 Al − 4wt% Cu 的情形,θ 相在晶界上的沉淀压抑了晶界内耗峰,剩下的背景内耗曲线就与单晶试样类似.

葛庭燧[106] 把 99.991% 多晶铝试样进行 95% RA 的冷加工,并且在室温测量内耗,然后在 50℃ 退火 1h,并且在 50℃ 以下温度测量内耗.把试样连续在较高温度测量内耗,这一系列温度一直进行到 450℃.当退火温度是 290℃ 或较高时,内耗急剧下降,在 350℃ 退火后,晶界内耗峰就完全展显出来.由此可见,在冷加工金属未完全再结晶以前,内耗总是随着温度的提高而增加.在完全再结晶的温度以前,冷加工金属已经出现了回复过程,因而要揭示冷加工金属的内耗曲线的特征,必须选择尽量低的温度来进行进一步的实验,使回复的程度尽量地小.由于内耗 $\tan\phi(\omega)$ 与蠕变应变 ε 之间具有下述关系:

$$\tan\phi(\omega) = (\pi/2)(\mathrm{d}\ln\varepsilon/\ln t)\big|_{t=1/\omega}, \qquad (2.71)$$

所以增加在恒应力下的蠕变试验的时间 t 就可以得到在极低频率下进行内耗测量的结果,使试验温度大大降低从而减慢冷加工金属在试验过程中的回复.

图 2.45 示出在 200℃ 进行试验的结果[107],蠕变试验前在 250℃ 退火 3h,以保证试样在 200℃ 蠕变的过程中不发生内部结构的变化.由图可见,蠕变试验 4h 所达到的总的蠕变应变较之起始弹性应变大 9 倍,但是在撤载后基本上得到完全蠕变回复.这样的蠕变回复表示所观测的蠕变行为及其对应的内耗归因于滞弹性机制.根据在不同温度下所做的蠕变试验测得控制蠕变的激活能 H 是 31kcal/mol.由图 2.45 所示的蠕变数据按照式(2.71)推导出在 200℃ 用不同的频率($\tau = 1/\omega = 1/2\pi f$)所测得的内耗值,然后按照 Arrhenius 关系式

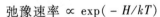

弛豫速率 $\propto \exp(-H/kT)$

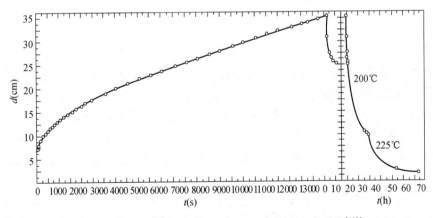

图 2.45 部分回复的冷加工铝在 200℃ 的蠕变和蠕变回复曲线[107].

从在固定温度 200℃ 用不同频率测得的内耗值转换为用固定频率 $f = 1$Hz 在不同温度下所应该具有的内耗值.这就得到图 2.46 所示的曲线,可见在 450℃ 的内耗值达到 0.7.这样由蠕变数据转换得到的在 450℃ 的内耗值是在 200℃ 进行蠕变测量后所得到的,因而试样并不会发生超过原来在 250℃ 退火 3h 的回复.由于

所进行的蠕变是完全可回复的,所以由上述结果可以认为冷加工金属的内耗直到450℃都是归因于滞弹性弛豫并且可用

$$tan\phi = Aexp(-C/kT) \tag{2.72}$$

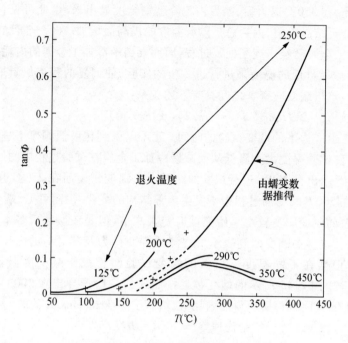

图 2.46 根据蠕变测量推算在高温的内耗数据[106].

的形式来表示,其中的 A 和 C 是经验常数.

为了解释所出现的这种特大的滞弹性内耗,葛庭燧和 Zener[107] 提出了耦合弛豫的概念.假定冷加工金属中存在着各种长度的表观黏滞性质的滑动带(与晶界的黏滞性质类似),其弛豫时间与其长度成正比,从而较短的滑移带首先发生弛豫.但是当较长的滑移带随后发生弛豫时又把应力施加到已经完全弛豫的短滑移带上,使它在长滑移带发生弛豫过程中又被迫继续弛豫.随着时间的进行,更长的滑移带逐次发生弛豫,从而合成的弛豫量累积增加一直继续到最长的弛豫时间.应该指出,在上述概念中,各个单独的滑移带是高度耦合的,从而在滑移带与弛豫时间之间不应该具有一一对应关系.但是这并不矛盾,因为从弛豫简正模式的意义来说是退耦的,因而具有单独的弛豫时间.

上面提出的耦合局域弛豫单元是长度不同的滑移带.按照位错理论的术语,可以把滑移带看成是一个位错塞积组.

上述的实验结果意指着高温背景内耗主要归因于晶粒内部的过程,与晶界

本身并没有直接的关联. 但是 Pearson 和 Rotherham[108] 根据他们对于完全退火的铜合金多晶试验的研究结果认为高温背景内耗不是滞弹性弛豫过程. 他们指出, 由于晶界弛豫而集中在晶界三叉结点的应力引起一种线性的热激活类型但却是局域的不可回复的(塑性)蠕变. 这意指着材料表现为一种 Maxwell 固体, 而不是标准滞弹性固体, 因为这蠕变是不可回复的. 这与葛庭燧和 Zener[107] 的实验结果相矛盾. 另外, 这也表明高温内耗将表现明显的正常振幅效应, 这与大多数的实验结果不符合. 因此, Pearson 和 Rotherham 的建议可能只适合于外加应力较大时的情况.

早在 1948 年, Zener[13] 就提出了在晶界三叉结点的应力集中将会引起塑性形变和微裂纹的萌生, 特别是在高温的情况下, 这显然会引起额外的内耗. 但是内耗不会是滞弹性的, 将要呈现明显的振幅效应.

在不出现新的内耗峰的情况下, 可以认为与振幅无关的高温背景内耗总是遵循如方程(2.72)所示的指数规律, 因而在处理晶界内耗峰时按照指数规律来扣除高温背景内耗, 是合理的.

既然在外加应力很小($<10^{-5}G$)的情况下, 高温背景内耗与晶界弛豫无关, 所以这种内耗实际上就是晶粒内部的晶体缺陷(归根到底与位错和空位有关)所引起的一种高温内耗. Friedel 等[109,110] 提出了在位错割阶处的空位的发射和吸收所导致的位错列阵的应力感生滑移和攀移模型. Schoeck 等[111] 指出, 背景内耗所具有的滞弹性特性是由于扩散控制的弛豫过程所引起的宽阔的弛豫谱, 因而应当把背景内耗看成是几种机制的复合结果, 其中的一些与晶界和位错的高温行为有关. 这是一个很广泛的领域, 需要进行专题的讨论.

关于葛和 Zener 的实验结果的一个问题是为什么蠕变量达到起始弹性应变的 9 倍以后, 内耗仍然单调上升而并没有出现峰值的迹象? 关于这一点, 只能是认为在 200℃ 的蠕变实验时间仍然太短, 因而蠕变曲线的坡度仍然不断增加. 但是如果蠕变时间太长, 则冷加工试样的状态可能过度地回复, 从而改变了试样的内部状态. 实际上, 在高于晶界峰的温度所出现的内耗, 并不会总是单调上升的. 1984 年, 葛庭燧、崔平、苏全民发现, 高纯铝单晶在 365℃ 出现一个内耗峰[112], 1986 年颜世春和葛庭燧[113] 发现铝在 580℃ 出现一个与多边化有关的内耗峰, 这些内耗峰也在多晶试样中出现, 出现的温度远高于晶界内耗峰.

参 考 文 献

[1] W. Rosenhain, D. Ewen, *J. Inst. Metals*, **8**, 149 (1912); Z. Jeffries, R. S. Archer, Science of Metals, McGraw – Hill, New York, Chap. Ⅳ (1924).

[2] T. S. Kê, (葛庭燧), *Phys. Rev.*, **71**, 533 (1947).

[3] T. S. Kê, *Phys. Rev.*, **72**, 41 (1947).

[4] T. S. Kê, *J. Appl. Phys.*, **20**, 274 (1949).

[5] R. King, B. Chalmers, *Prog. Met. Phys.*, **1**, 127, 148 (1949).

[6] C. Zener, Trans. *AIME*, **167**, 155 (1946).

[7] A. Barnes, C. Zener, *Phys. Rev.*, **58**, 871 (1940); C. Zener, D. Van Winkle, H. Nielson, *Trans. AIME*, **147**, 98 (1942); W. A. West, *Trans. AIME*, **167**, 192 (1946).

[8] D. McLean, Grain Boundaries in Metals, Oxford, at the Clarenden Press Chap. X, § 10.1, § 10.2, 258 (1957); 中译本:D. 麦克林 著, 金属中的晶粒间界, 杨顺华译, 科学出版社出版, § 10.1, § 10.2, 228 (1965 年).

[9] C. Zener, *Phys. Rev.*, **53**, 90 (1938).

[10] C. Zener, *Phys. Rev.*, **60**, 906 (1941).

[11] F. Birch, *J. Appl. Phys.*, **8**, 129 (1937).

[12] L. Boltzmann, *Ann. Physik.*, **7**, 624 (1876).

[13] C. Zener, Elasticity and Anelasticity of Metals, The University of Chicago Press, Chicago, Illinois, 48 ~ 52; (1948) 中译本:金属中的弹性和滞弹性, 孔庆平 等译, 科学出版社出版, 45 ~ 52 (1965 年).

[14] A. S, Nowick, B. S. Berry, Anelastic Relaxation in Crystalline Solids, Academic Press, New York, § 4.4 (1972).

[15] E. V. Polyak, S. V. Sergee, *Comptes rendus Acad. Sci. U. S. S. R.*, **30**, 137 (1941).

[16] 同[14], § 3.3.

[17] C. Zener, *Phys. Rev.*, **60**, 906 (1941).

[18] L. X. Yuan (袁立曦), T. S. Kê, *Phys. stat. sol.* (a), **188**, 83 (1996).

[19] 孔庆平, 常春诚, 物理学报, **24**, 168 (1975).

[20] E. Wiechert, *Ann. Phys.*, **50**, 335, 546 (1893).

[21] A. S. Nowick, B. S. Berry, *IBM J. Res. Develop.*, **5**, 297, 312 (1961) (见 [14] § 4.5B).

[22] J. N. Cordea, J. W. Spretnak, *Trans. AIME*, **236**, 1685 (1966).

[23] 同[14], p. 96.

[24] 程波林, 葛庭燧, 金属学报, **26**, A317 (1990); Cheng Bolin, Ge Tingsui (T. S. Kê), *Acta Metallurgica Sinica*, *Series A*, **4**, 79 (1991).

[25] T. S. Kê, *J Appl. Phys.*, **21**, 414 (1950).

[26] G. M. Leak, *Proc. Phys. Soc.*, **78**, 1520 (1961).

[27] C. D. Starr, E. C. Vicars, A. Goldberg, J. E. Dorn, *Trans. ASM*, **45**, 275 (1953).

[28] D. T. Peters, J. C. Bisseliches, J. W. Spretnak, *Trans. AIME*, **230**, 530 (1964).

[29] W. Köster, L. Bangert, J. Hafner, *Zeits. f. Metallk.*, **46**, 84 (1955).

[30] M. Wiliams, G. M. Leak, *Acta Met.*, **15**, 1111 (1967).

[31] K. J. Marsh, *Acta Met.*, **2**, 530 (1954).

[32] A. V. Grin, *Fiz. Metal. i. Metalloved.*, **4** (2), 383 (1957).

[33] M. E. de Morton, G. M. Leak, *Met. Sci. J.*, **1**, 166(1967).

[34] G. M. Miles, G. M. Leak, *Proc. Phys. Soc.*, **78**, 1529(1961).

[35] J. T. A. Roberts, P. Barrand, *J. Inst. Met.*, **96**, 172(1968).

[36] I. B. Kekalo, B. G. Livshits, *Fiz. Metal. i. Metalloved.*, **13**(1), 48(1962).

[37] K. Bungardt, H. Preisendanz, *Zeits. f. Metallk.*, **51**, 380(1960).

[38] W. Köster, L. Bangert, J. Haner, *Zeits. f. Metallk.*, **47**, 224(1956).

[39] 颜鸣皋，袁振民，物理学报，**24**(1)，51(1975).

[40] C. C. Smith, G. M. Leak, *ICIFUCAS* – 5, **I**, 383(1975). Ⅱ Nuovo Cimento, **B33**, 388(1976).

[41] J. C. M. Li(李振民), *Trans. AIME*, **227**, 239(1963).

[42] C. W. Price, J. P. Hirth, *Mater. Sci. Eng.*, **9**, 15(1972).

[43] T. S. Kê, *Trans. AIME*, **176**, 488(1948).

[44] T. S. Kê, *J. Appl. Phys.*, **19**, 285(1948).

[45] C. E. Birchenall, R. F. Mehl, Mining and Metallugy(November 1947).

[46] T. S. Kê, *Phys. Rev.*, **73**, 267L(1948).

[47] C. Zener, *Trans. AIME*, **152**, 122(1943); *Phys. Rev.*, **71**, 34(1947).

[48] 葛庭燧、孔庆平，物理学报 **10**，365(1954); Scientia Sinica, **4**, 55(1955).

[49] G. M. Miles and G. M. Leak, *Proc. Phys. Soc.*, **78**, 1592(1961).

[50] 根据 K. Iwasaki 所作的统计(私人消息). 较简略的数据见参[14]，444 页.

[51] R. E. Hoffman, , D. Turnbull, *J. Appl. Phys.*, **22**, 634(1951).

[52] W. A. Johnson, *Trans. AIME*, **143**, 107(1941).

[53] J. Woirgard, J. P. Amirault, J. de Fouquet, *Acta Metall.*, **22**, 1003(1974).

[54] J. Woirgard, *Scripta Met.*, **9**, 1283(1975).

[55] G. M. Leak, *Prog. in Appl. Mat. Res.*, **4**, 1(1964).

[56] L. Slifkin, D. Lazarus, C. Tomizuka, *J. Appl. Phys.*, **23**, 1032(1952).

[57] H. Krueger, H. N. Hersh, *Trans. AIME*, **203**, 125(1955).

[58] C. Tomizuka, E. Sonder, *Phys. Rev.*, **103**, 1182(1956).

[59] T. S. Lundy, J. F. Murdock, *J. Appl. Phys.*, **33**., 1671(1962).

[60] M. A. Quader, *J. Appl. Phys.*, **33**, 1922(1962).

[61] A. S. Nowick, *J. Appl. Phys.*, **22**, 1182(1951).

[62] E. Bonetti, E. Evangelista, P. Gondi, R. Tognato, *Phys. stat. sol.* (*a*), **39**, 661(1977).

[63] K. Iwasaki, *Phys. stat. sol.* (*a*), **79**, 115(1983).

[64] 参阅[38].

[65] S. M. Makin, A. H. Lowe, A. D. Le Claire, *Proc. Phys. Soc.*, **70B**, 545(1957).

[66] D. R. Marsh, L. D. Hall, *J. Metals*, **5**, 937(1953).

[67] B. Okkerse, *Phys. Rev.*, **103**, 1182, 1246(1959).

[68] M. de Morton, G. M. Leak, *Acta Metall.*, **14**, 1140(1966).

[69] G. L. Kuezynski, *Trans AIME*, **185**, 169(1949).

[70] J. H. Dedrick, A. J. Gerds, *J. Appl. Phys.*, **20**, 1042(1949).

[71] A. Kuper, H. Letaw Jr., L. Slifkin, E. Sonder, C. Tomozuka, *Phys. Rev.*, **96**, 1224 (1954); **98**, 1870 (1955).

[72] L. Rotherham, S. Pearson, *Trans. AIME*, **206**, 881(1956).

[73] K. J. Marsh, *Acta Metall.* ,**2**,530(1954).

[74] D. T. Peters, J. C. Bisseliches, J. W. Spretnak, *Trans. AIME*, **230**,530(1964).

[75] S. Weinig, E. S. Machlin, *J. Metals*, **9**, 32(1957).

[76] W. R. Upthegrove, M. J. Sinnott, *Trans. ASM*, **50**, 1031(1958).

[77] R. E. Hoffman, F. W. Pilus, R. A. Ward, *Trans. AIME*, **206**, 483(1956).

[78] T. Ichiyama, *Trans. Japan Inst. Metals*, **24**, 191(1960).

[79] H. Burgess, R. Smoluchowski, *J. Appl. Phys.* , **26**, 491(1955).

[80] J. T. A. Roberts, P. Barrand, *J. Inst. Met.* , **96**, 172(1968).

[81] G. M. Leak, *Proc. Phys. Soc.* , **78**, 1520(1961).

[82] C. Leymonie, P. Lacoimbe, C. Libanati, *Compt. Rend. Acad. Sci.* , **246**, 2614(1958).

[83] D. W. James, G. M. Leak, *Phil. Mag.* , **14**, 701(1966).

[84] R. de Batist, *J. Nucl. Mater.* , **31**, 307(1969).

[85] C. Leymonie, Y. Adda, A. Kirianenko, P. Lacombe, *Compt. Rend. Acad. Sci.* , **248**, 1512(1959).

[86] L. N. Aleks, rov, *Fiz. Metal. i Metalloved.* , **13**, 836(1962).

[87] R. L. Eager, D. B. Langmuir, *Phys. Rev.* , **89**, 911(1953).

[88] Y. L. Yousef, R. Kamel, *J. Appl. Phys.* , **25**, 1064(1954).

[89] E. S. Wajda, *Acta Metall.* , **2**, 184(1954).

[90] G. A. Shirn, E. S. Wajda, H. B. Humtington, *Acta Metall.* , **1**, 513(1953); **3**, 409(1953).

[91] G. Roberts, P. Barrand, G. M. Leak, *Scripta Metall.* , **3**, 409(1969).

[92] N. L. Peterson, S. J. Rotherham, *Phys. Rev.* , **163**, 645(1967).

[93] W. J. M. Tegart, O. D. Sherby, *Phil. Mag.* , **111**, 1287(1958).

[94] I. G. Ritchie, K. W. Sprungmann, Atomic Energy of Canada Report AECL – 6810(Pinawa, 1981).

[95] F. Povolo, B. L. Molinas, *J. Nucl. Mater.* , **21**, 85(1983).

[96] L. Rotherham, A. D. N. Smith, G. B. Greenough, *J. Inst. Met.* , **79**, 439(1951).

[97] S. Z. Bokstein, S. T. Kishkin, L. M. Moroz, Conf. Inst. Radioisotopes UNESCO, Paris, Memoire RIC/193. (1957)

[98] J. D. Meakin, D. Klokholm, *Trans. AIME*, **218**, 463(1960).

[99] N. F. Mott, *Proc. Phys. Soc.* , **60**, 391(1948).

[100] 同参[8], pp. 17 ~ 20.

[101] 同参[8], pp. 277 ~ 279.

[102] P. Cui(崔平), X. S. Guan(关幸生), T. S. Kê, *Scripta Metall. Mater.* , **25**, 2521(1991).

[103] A. S. Nowick, C. Y. Li(李继尧), *Trans. AIME*, **22**, 108(1961).

[104] V. Y. Panin, L. A. Kudryavteva, T. S. Siderova, L. S. Bushnev, *Fiz. Metal. i. . Metalloved.* , **12**(6), 927 (1961).

[105] P. Cui, T. S. Kê, *Mater. Sci. Eng.* , **A159**, 281(1992).

[106] T. S. Kê, *Trans. AIME*, **188**, 575(1950).

[107] T. S. Kê and C. Zener, A Symposium on the Plastic Deformation of Crystalline Solids, Mellon Institute, Pittsburgh, 185, (1950), *Chinse J. Phys.* , **8**, 131(1951).

[108] S. Pearson, L. Rotherham, *Trans, AIME*, **206**, 886(1956).

[109] J. Friedel, C. Boulanger, C. Crussard, *Acta Metall.* , **3**, 380(1955).

[110] J. Friedel, *Metaux et Corrosion*, **36**, 148(1961).

[111] G. Schoeck, E. Bisogni, J. Shyne, *Acta Metall.*, **12**. 1466(1964).

[112] T. S. Kê, P. Cui, Q. M. Su(苏全民), *phys. stat. sol. (a)*, **84**, 157(1984).

[113] S. C. Yan(颜世春), T. S. Kê, *phys. stat. sol. (a)*, **104**, 715(1987).

第三章　杂质和合金元素对于晶界弛豫的影响

§3.1　晶界弛豫与晶界偏析

在平衡状态下溶质元素有时会偏析到晶粒间界上，但仍能保持固溶状态，当偏析的溶质元素达到一定浓度时，会在晶界上形成第二相颗粒或沉淀. 这是杂质和合金元素对于晶界弛豫的发生影响的根本原因. 用宏观热力学方法确定晶粒间界上溶质原子的聚集状态是根据 Gibbs 的思路发展而来的. 这就是说: 使一个表面的自由能降低的溶质元素将聚集到该表面上，而使它的表面自由能增高的溶质元素将离开这个表面. 这条规律也适用于晶粒间界. 但是较为直观的是从溶质原子形成固溶体时它在周围所引起的点阵畸变能量来说明这个问题[1]. 如果溶质原子比它所占据的基体点阵座位的大小要大一些，那么，它就比较容易坐落在那些已经扩张了的座位上. 因为在这种地方会引起比较小的附加点阵畸变. 反之，如果溶质原子比它所占据的基体点阵座位的大小要小一些，则它比较容易坐落在受到压缩的点阵座位上. 对于晶粒间界来说，在某些原子周围的空区较大，而另一些原子周围的空区较小，较大的溶质原子倾向于占据前面那种位置，而较小的溶质原子倾向于占据后面那种位置.

一般说来，在形成固溶体时，如果溶质原子的大小与所要填充的溶剂点阵中的空间容积不同（对于替代式固溶体，这指的是两种原子的大小不同；对于填隙式固溶体，是溶质原子大小与点阵间隙的大小不同），所造成的点阵畸变能是很大的，从而形成固溶体就需要很大的应变能. 但是，对于某些已经畸变过的地区或者原子排列不规则的地区（例如晶界），形成固溶体所需要的应变能会变小，这就提供了溶质原子向晶界偏析的驱动力.

上面只从原子尺度来考虑晶界与溶质原子的弹性交互作用，这可能是问题的主要方面. 但是对于有些合金系统，还需要考虑晶界与溶质原子的电子交互作用. 由于溶剂原子与溶质原子的电子壳层的交互作用，溶质原子或许发生电荷的局域再分配（屏蔽），从而导致溶质原子的有效原子半径增加.

查知晶界偏析的实验方法可以区分为两类[2]: 直接法和间接法. 前者有: 化学侵蚀、Auger 谱、自动射线照相法、活化分析法、电子束微探针、场离子显微术、发光法、电子的非弹性散射等. 后者有: 晶界侵蚀、电位测量、X 射线测量、晶界能和晶界迁动速率测量、电阻测量、微硬度测量、晶界脆化法、晶界内耗测量、在共格孪晶界的偏析、表面效应等.

关于晶界偏析的实验结果可以概述如下.

（i）晶界内耗测量的结果支持在晶界处出现平衡偏析的概念.

（ii）场离子显微镜观察结果提出晶界处的局域溶质浓度相对于基体浓度可以增强 10 倍. 对于不同的合金系，这增强原子可以是 10 到 1000 倍.

（iii）场离子显微镜观察、微硬度测量、X 射线散射实验和化学侵蚀行为观察指出，根据基体中的溶质原子浓度、温度以及溶质原子与晶界之间的交互作用的不同，偏析区域的宽度可从 0.4nm 到几十个纳米.

（iv）微硬度测量和内耗测量指出，当基体浓度很低时，偏析的溶质原子数目在初始时近似地与基体浓度含量成正比，并且在高含量时接近一个饱和值.

（v）关于晶界能、晶界迁动速率、晶界腐蚀、场离子显微镜、晶界扩散、微硬度和液态金属脆变的测量结果指出，溶质原子在晶界的偏析与晶界两侧的晶粒之间的取向关系以及晶界的倾角有依赖关系. 非重合晶界较之重合晶界具有较高的溶质浓度.

这一章将介绍晶界偏析对于晶界弛豫（晶界内耗）所引起的变化情况. 众多的实验结果表明，极微量的晶界偏析就足以使晶界内耗发生显著的变化. 这说明内耗测量是查知晶界偏析的极灵敏的手段. 由于晶界内耗来源于晶界的某种足以引起弛豫过程的结构状态，而晶界偏析将在一定程度上改变这种状态，所以晶界偏析的出现就将改变引起晶界内耗的弛豫参数，例如弛豫时间（峰温）、弛豫强度（峰高）和弛豫过程的激活能. 因此，晶界内耗和晶界偏析就与晶界结构紧密联系起来，而研究晶界偏析对于晶界弛豫的影响就能够提供关于晶界结构的有用信息. 目前，关于这方面还只有定性的或半定量的理论，需要更深入地进行系统研究. 也应该指出，关于这方面的内耗测量结果还必须与相对应的微观观察结果作对比，这样才能得出明确可靠的结论.

§3.2　关于杂质对晶界弛豫影响的一般叙述

最初用 99.991% Al 测得的晶界内耗峰出现在 285℃ （振动频率 0.8Hz，晶粒尺寸 0.3mm），峰高 0.09[3]. 试样所含的杂质是：0.002% Si，0.002% Fe，0.002% Cu 和 0.003% Mg. 用 99.6% 工业纯铝（含杂质 0.18% Si，0.053% Fe. 0.13% Cu），测得的结果如图 3.1 所示[4]. 试样经过不同的预先冷加工，然后在 450℃ 退火 2h. 内耗峰出现在 225℃，峰温远较 99.991% Al 试样为低，并且与晶粒尺寸无关. 峰高也较低并且随着预先冷加工量的减小而降低. 这些差别显然是由于所含杂质的影响.

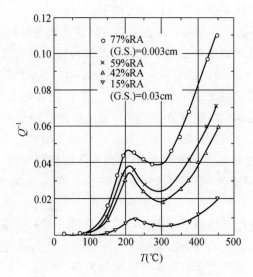

图 3.1　多晶工业纯 Al 的晶界内耗[4].

　　实验也指出, 铁的晶界内耗峰在试样含 0.07wt% 和 0.0004wt% 碳时就完全被压抑[4,5]. 在铜的情形下, 曾用预先冷加工 90% RA (面积减缩) 并且在真空中 600℃ 退火 1.5h, 而且晶粒尺寸约为 0.3mm 的高纯铜试样在氩气氛中进行内耗测量, 发现在连续退火以后, 晶界内耗峰高度逐渐降低, 并且逐次移向较低温度 (图 3.2). 这显然是在退火当中有氧气渗入从而在晶界处形成氧化物颗粒所致. 根据晶界黏滞滑动模型, 沉淀颗粒在晶界处的形成意指着平均滑动距离与颗粒间距 $l = n^{-1/2}$ 成正比 (n 是单位晶界面积中的颗粒数), 而不是与晶粒尺寸 d 成正比, 由于沉淀使 $l \ll d$, 所以弛豫强度必然相应地大大降低.

　　上述实验结果指出, 含有杂质的试样使晶界内耗峰向低温移动, 但是新近的试验却指出, 在 99.999% 和 99.9999% Al 试样中的晶界内耗峰却分别出现在 270℃ 和 220℃ ($f = 1 \mathrm{Hz}$)[6,7], 这表明纯度较高的试样的晶界内耗峰较之纯度较低的 99.991% Al 试样的晶界内耗峰 (285℃) 出现在较低的温度. 这种相互矛盾的结果很可能是反映着杂质和合金元素出现在晶界处的状态的不同, 例如或是沉淀状态或是固溶状态, 从而对于引起晶界弛豫的过程具有不同的影响.

　　葛庭燧和崔平新近对于杂质含量差别很大的一系列多晶铝试样的晶界内耗峰出现的温度做了深入的分析和讨论, 对于上述的问题提出了解答[8]. 所用的试样是 99.9999%, 99.999%, 99.99% Al 和含有 0.015wt%, 0.13wt%, 0.5wt% 和 1.2wt%Cu 的 Al. 选择了适当的预冷加工量和退火温度及时间, 使得各种试样在完全再结晶后的晶粒尺寸都约为 0.2mm (试样的直径为 1mm).

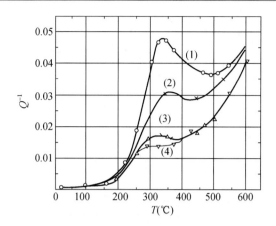

图 3.2　高纯 Cu 及在渗氧后的晶界内耗[4].

(1) 高纯铜；(2)，(3)，(4) 高纯铜在空气中连续退火以后.

图 3.3 所示的是三种高纯铝的晶界内耗曲线，内耗峰的巅值温度 T_P 分别是 220℃，270℃ 和 290℃（$f=1\,\mathrm{Hz}$），可见较低纯度的内耗峰出现在较高温度. 图 3.4 所示的是四种含 Cu 量较高的试样的晶界内耗曲线，内耗峰的 T_P 分别是 270℃，267℃，260℃，240℃，可见高含 Cu 量的 T_P 高于低含 Cu 量. 为了核实所测得的内耗峰是来源于晶粒间界，用动态退火法制备了上述各种试样的竹节晶试样，其中只含有少数的极大的竹节晶. 图 3.5 所示的是 Al – 0.015% Cu，Al – 0.12% Cu 和 99.999% Al 三种极大晶粒试样的晶界内耗曲线，可见相应的内耗峰高度大大降低或者不出现峰，这就说明图 3.3 和图 3.4 所示的内耗曲线是由于细晶粒中的晶粒间界所引起的.

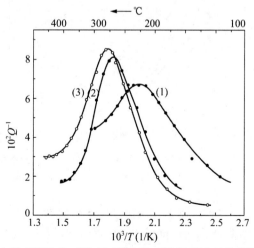

图 3.3　(1) 99.9999% Al；(2) 99.999% Al；(3) 99.99% Al 的晶界内耗峰[8].

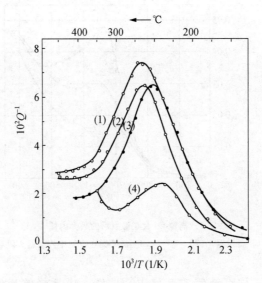

图 3.4　含 (1) 0.015wt%, (2) 0.13wt%, (3) 0.5wt%, (4) 1.2wt% Cu 的 Al – Cu 合金的晶界内耗峰[8].

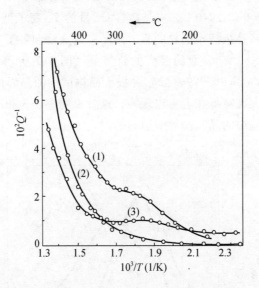

图 3.5　(1) Al – 0.015wt% Cu; (2) Al – 0.012wt% Cu (2) 和 (3) 99.999% Al 的粗大晶粒试样的晶界内耗[8].

　　上述结果指出 99.99Al 似乎是 Al 的晶界峰的 T_P 的转变点. 当纯度高于 99.99% 时, T_P 不断降低; 当纯度低于 99.985% 时 (含 Cu 0.015, 0.13, 0.5, 1.2wt% 对应着 99.98%, 99.86%, 99.49%, 98.79%), T_P 也不断降低. 图

3.6 所示的就是这种转变的示意图，其中也包含了 Williams 和 Leak[9] 以及
Quader[10] 的数据.

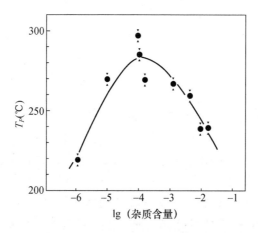

图 3.6　内耗峰的峰巅温度 T_P 与 Al 的杂质含量的关系[8].

电镜观察表明，在 99.99% Al 试样的晶界处并没有观察到沉淀，而在 Al –
1.2wt% Cu 试样的晶界处则出现明显的沉淀颗粒（图 3.7）[8]. 这说明在含 Cu
的 Al 试样的晶界处出现沉淀颗粒是使晶界峰移到较低温度的原因.

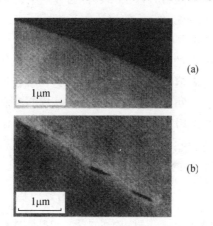

图 3.7　（a）99.99Al 和（b）Al – 1.2wt% Cu 在 250℃ 充分退火后的晶界电子显微镜照相[8].

Miles 和 Leak[11] 也在含碳的 Fe 试样中观测到上述这种转变. 他们发现，
在含碳量增加时，T_P 开始升高然后减小.

在 §3.1 中已指出，偏析到晶界的原子的分量依赖于杂质含量和杂质的类
型，也与晶界的结构和状态有关. 因此，杂质在晶界可以是固溶状态，可以形

成团簇, 成为薄膜、颗粒或者成为各种结合态. 总之, 杂质在晶界的存在, 无论其状态如何, 都会影响晶界的弛豫过程, 从而影响晶界内耗峰的位置、高度和形貌. 对于 Al 的情形来讲, 可以认为试样的纯度越高, 其晶界则越洁净, 从而可把在最纯的 Al 试样中测得的晶界内耗峰看做是 "真正的" 晶界峰的合理代表. 在 1947 年[3] 所能得到的最纯 Al 是 99.991%, 用这种成分的细晶粒试样所得到的晶界峰出现在 290℃ (f = 1Hz). 当时认为这个 290℃ 峰就是真正的晶界峰, 这个峰的激活能是 1.45eV①, 接近于 Al 的自扩散激活能. Nowick 和 Berry[12] 根据激活能的考虑, 提出了这个峰可能仍然与晶界中含有固溶态的杂质有关. 葛庭燧[13] 在评述 Esnouf 和 Fantozzi[14] 关于超纯 Mg 多晶 (99.9999%) 的内耗峰的工作时提出并引证了这一观点. 从图 3.3 所示的曲线来看, 可以认为实质的情况确实如此.

可把 "完全" 不含杂质的晶界内耗峰叫做纯净晶界峰 (也叫做溶剂峰或 PM 峰), 把含有固溶态杂质的晶界峰叫做固溶晶界峰 (也叫溶质峰或 SS 峰). 如把 99.9999% Al 的晶界峰看成纯净晶界峰, 则图 3.6 中左端曲线的上升部分相当于固溶晶界峰. 固溶峰出现的温度较高于纯净峰说明与固溶峰有关的弛豫时间较大于纯净峰.

Rotherham 和 Pearson 曾在铜合金[15] 和银合金[16] 观测到纯净峰和固溶峰同时存在. 这可能是由于在适当的合金元素含量和适当的条件下, 晶界的一部分是纯净的而另一部分则存在着偏析的溶质原子.

按照上面关于固溶晶界峰和沉淀晶界峰的分类, 可以认为图 3.6 所示的曲线的右端 (高杂质含量) 的下降是对应着沉淀晶界峰, 而曲线左端 (低杂质含量) 的下降是对应着固溶晶界峰. 下面对于这两种情况分别进行分析.

沉淀颗粒一旦在晶界处形成, 就会对于沿晶界的黏滞滑动发生阻碍, 起着类似于晶界三叉交点的作用, 这就使晶界滑动的距离限制为两个沉淀颗粒之间的距离, 使弛豫时间变短, 从而晶界峰出现在较低温度而峰高较低. Mori 等[17] 计算了含有沉淀颗粒的晶界弛豫时间, 得出

$$\tau = \tau_a \Big/ \Big(1 + \frac{\pi dr}{\lambda^2} \Big), \tag{3.1}$$

其中的 λ 是沉淀颗粒的间距, r 是颗粒的半径, $2d$ 是晶粒尺寸, τ_a 是不存在沉淀颗粒时的相应的弛豫时间. 在葛庭燧和崔平[8] 用 Al – 1.2wt% Cu 试样进行的实验里, 电子显微镜测得的颗粒半径是 $r \approx 0.25 \times 10^{-3}$ mm, $\lambda \approx 3 \times 10^{-3}$ mm, $2d \approx 0.2$ mm. 代入上式得到, $\tau = \Big(\frac{1}{9} \Big) \tau_a$. 引用激活能值 1.5eV, 则 Al –

---

① 1eV/mol = 23.05kcal/mol.

1.2wt% Cu 的 T_P 应当较 99.99% Al 的 T_P 值低约 30℃．这个数值略小于图 3.6 所示的值但是很接近．因此可以认为，对于沉淀晶界内耗峰来说，决定晶界弛豫的弛豫时间的主要是沉淀颗粒的间距，从而这个间距也是决定 T_P 的主要因素．

对于固溶晶界峰来说，可以认为决定晶界弛豫的弛豫时间主要是弛豫过程的激活能 H，根据

$$\tau = \tau_0 \exp(H/kT), \tag{3.2}$$

H 的减小将导致 τ 的减小（对应着 T_P 的降低）．表 3.1 列出杂质含量不同的铝的有关激活能 H．

表 3.1　纯度不同的铝试样的晶界弛豫激活能[8]

铝的纯度	99.9999%	99.999%	99.99%	0.015 wt% Cu	0.13 wt% Cu	0.5 wt% Cu	1.2 wt% Cu
H（eV）	1.38 ± 0.06	1.40 ± 0.03	1.42 ± 0.03	1.40 ± 0.05	1.43 ± 0.04	1.40 ± 0.05	1.40 ± 0.07

由表中列出的激活能数据来看，在固溶晶界峰的情形下，激活能表现出随着纯度的增加而减小的趋势（应当承认激活能的测量并不是很准确的）．这说明激活能 H 与 T_P 是有联系的．但是还应当考虑方程（3.2）中的 τ_0 的影响．杂质原子掺入晶界时的组态的不同及由此而引起的晶界结构的变化将引起 τ_0 的变化，因而 T_P 与杂质偏析的关系是相当复杂的．下面将试图根据大角度晶界的无序原子群模型[18]对于这个问题进行定性的分析．

根据无序原子群模型，晶界里含有一些局域无序的原子群．每个无序原子群所含的原子数目较少于同体积的正常晶体．晶界滑动过程的时率控制步伐是这种无序原子群里成对原子在外力作用下的移动．当杂质含量较少时，存在于晶界处的外来原子是处于固溶状态．例如在 99.9999% 和 99.999% Al 的情形，总的杂质含量很低，偏析到晶界的外来原子数目很少，从而很容易以替代的形式进入无序原子群，成为替代式固溶体．在这种情况下的无序原子群内的弛豫过程就引起固溶晶界峰，其弛豫时间较长．另一方面讲，当杂质含量大于 0.015wt% 时，有些无序原子群里的替代式原子或许就有助于第二相沉淀的成核，从而当杂质含量进一步增加时就形成沉淀颗粒，这就导致了弛豫时间的减小如前所述．可用图 3.8 来定性地表征在不断增加杂质含量时的过程．

图 3.8(a) 示出真正的（纯净的）晶界，其中的大圆圈代表无序原子群（坏区），小圆圈代表溶剂（基体）原子．各个大圆圈之间的区域代表晶界里的"好"

区.由图可见,无论在好区和坏区里都不出现杂质原子(以小黑点表示).这样一个纯净晶界的弛豫激活能应当接近晶界扩散激活能 H_{GB}.图 3.8(b)示出低杂质含量的情形.这时偏析原子(以黑点表示)进入原子群形成替代式固溶体,而替代式溶质原子在外力的作用下的移动是无序原子群里的弛豫过程的控制因素,从而弛豫激活能应当接近于或者略小于溶质原子在基体中扩散的激活能 H_V.这就引起固溶晶界内耗峰.应当指出,也有的杂质原子同时进入好区如图 3.8(b)所示,但是这些杂质原子并不参加无序原子群内的弛豫过程,从而与固溶晶界内耗峰无关.图 3.8(c)示出已形成沉淀颗粒(以打影的大圆圈表示)的情形.这种颗粒在一部分的无序原子群处成核,并在形成过程中吸引原在另一些无序原子群里以及好区里的杂质原子.因此,在各个沉淀颗粒之间的晶界区域又变为类似于图 3.8(a)所示的情形,不过由于晶界的黏滞滑动的距离变短,所以相关的弛豫时间变小,从而所引起的沉淀晶界内耗峰的 T_P 变低.在杂质含量进一步增加时,沉淀颗粒间的距离变得更短,导致 T_P 的进一步降低.

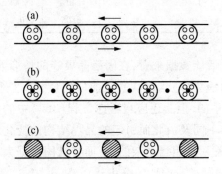

图 3.8　大角度晶界的状态示意图.(a)不含杂质时,(b)含少量杂质时,(c)含大量杂质时;
大圆圈代表无序原子群,小圆圈代表溶剂原子,小黑点代表溶质原子,打影的圆圈是沉淀颗粒[8].

　　从表 3.1 所列的激活能数据来看,99.9999% Al 的晶界内耗峰似乎仍然只是一个固溶内耗峰.因为与它相关的激活能虽然比 99.99% Al 的降低,但降低的很不够.纯净晶界内耗峰的激活能应当等于晶界扩散激活能 H_{GB},它约为体积扩散激活能 H_V 的一半(~0.75eV).

　　上面把固溶峰和沉淀峰区分开来的目的只是为了在大的框架下进行讨论的方便.实际上这二者之间有一个过渡阶段,从而在讨论实际实验结果时常常出现混淆不清,这就需要根据实际的情况进行具体的分析.

　　上面讨论了杂质在晶界处的固溶和沉淀所引起的晶界弛豫变化的一般情况及其可能的机制.下面介绍一些特殊的情况.葛庭燧[19]关于 Cu 中含 Bi 的实验

表明,用1000Hz的振动频率进行内耗测量,Cu的晶界内耗峰出现在508℃,含Bi后在290℃出现另一个晶界内耗峰.试样中含Bi使原来的纯Cu内耗峰降低,并且与新峰有互补关系,这说明一些Bi确已进入Cu的晶界里.

图3.9示出,随着Bi含量的增加,新峰的高度近似地线性增高,但是峰温并没有明显的变化.这个"Bi内耗峰"与含Bi使Cu变脆有联系,并且随后被用来研究冷加工、热处理以及冷却速率对于含Bi使Cu变脆的影响.内耗测量的数据与Voce和Hallowes[20]关于含Bi使Cu变脆是由于Bi在Cu晶界出现的看法相合.但是,Bi峰和Cu内耗峰的同时出现表明.Bi在Cu晶界里的分布是不均匀的.在大部分的晶界处并没有Bi的偏析或者只有很少,不足以影响晶界的黏滞性,只在少部分的晶界处出现足够多的Bi.应该指出,Bi在晶界处的存在状态并不同于沉淀颗粒,因为Bi含量的增加使Bi峰增高,而不像沉淀颗粒数目的增加使沉淀峰降低.它也不是处于替代式固溶状态,因为Bi峰出现在较Cu峰为低的温度而固溶峰出现在较纯净峰为高的温度.在实验当中,当测量通过纯Bi的熔点温度时,并没有观测到一般结晶固体所显示的不连续的情况,这就使人们联想到,Bi可能是以薄膜的状态存在于Cu晶界的.由于膜的厚度很薄,从而远不足以使Bi膜得到结晶Bi的性质.图3.9示出Bi峰的高度随着Bi含量的增加而增高,可能表示在晶界里出现的Bi膜面积随着Bi含量的增加而增加.

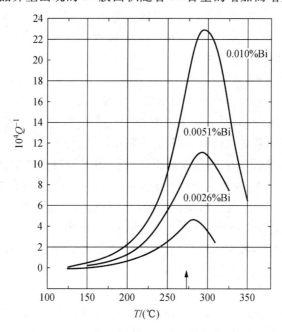

图3.9　含微量Bi的Cu试样中的新的内耗峰[19].振动频率约为1000Hz.
水平线表示不含Bi时的内耗.箭头表示Bi的熔点温度(271℃).

　　另一种特殊情况是 Gondi 和 Mezzetti[21] 关于 Zn – Pb 合金的工作. 加入 Pb
后, 晶界峰出现在低于正常晶界峰(403K)的温度. 热处理可以使位于 333K
(1Hz)的杂质峰增高, 其激活能约为 0.64eV. 他们认为这个激活能与原子沿着晶
界的扩散有关(纯 Zn 中的内禀晶界扩散激活能是 0.82eV), 杂质峰高度的平衡
值与温度有关. 他们认为这个温度依赖关系与晶界 Pb 含量的温度依赖关系相对
应, 这就意味着峰高与晶界杂质浓度有一种比例关系. 这种情况是否与 Cu – Bi
的情况类似, 还需进一步研究.

§3.3　杂质在晶界的沉淀过程中和再溶
过程中所引起的过程内耗峰

　　§3.2 讨论了杂质在晶界处的沉淀引起的沉淀晶界内耗峰, 但是如何辨别
和区分固溶晶界内耗峰和沉淀晶界内耗峰, 常常是很困难的. 下述实验对于在沉
淀过程中和再溶过程中引起的内耗进行了较为深入的研究[22]. 用含 Cu
0.015wt% 到 1.2wt% 的铝试样进行内耗和切变模量(f_0^2)测量. 按照图 3.6 所示
的实验结果, 在这些试样都应当出现沉淀晶界峰.

　　图 3.10 示出含 0.015, 0.045, 0.13 和 0.29wt% Cu 的铝试样的内耗和切变
模量(相对于室温值 f_0^2 进行了归一化)随着测量温度的变化情况. 这些试样都放
入扭摆装置中在 450℃ 原位退火 2h. 无论是降温测量或是升温测量都出现一个
P_1 内耗峰. 切变模量在内耗峰出现的温度范围内急剧下降. 用变换频率法测得
的激活能约为 32kcal/mol, 与 99.99% Al 类似. 峰的高度略低一些(0.07 对比
99.99% Al 的 0.09), 并且不由于时效处理而发生显著的变化. 峰的巅值温度 T_P
约为 275℃(f = 2Hz), 似乎不因 Cu 含量的不同而变, 但却肯定地低于 99.99%
Al. 图 3.10 中所示各曲线的高温部分下降得较慢, 而且峰较宽, 这表示 P_1 峰很
可能是由沉淀晶界峰和出现在较高温度的固溶晶界峰叠加而成的. 另外, 峰的
T_P 与 Cu 含量无关, 也说明这个峰可能是由于两种不同的内耗峰叠加:(i)较低
含量的 Cu 只能以固溶状态出现在晶界, 从而当含 Cu 量增加时, T_P 应当向高温
移动. (ii)较高的含 Cu 量在晶界处发生沉淀, 从而当含 Cu 量增加时, T_P 应当向
低温移动. 含 0.015 ~ 0.29wt% Cu 这个含量范围可能是低 Cu 和高 Cu 含量的分
界线, 从而给出相反的效应.

　　图 3.11 示出对于含 0.8wt% Cu 的 Al 试样的测量结果. 试样在 450℃ 退火
2h 后降温测量时, 出现一个宽大的 P_1 峰如曲线(1)所示, 峰巅温度约为 270℃.
从 Al – Cu 的平衡图上得知, 0.8wt% Cu 已经大大超过 Cu 在 P_1 峰的温度范围内
的溶解度, 因而应该有沉淀发生, 但是当试样由 450℃ 降到 P_1 峰的温度范围还

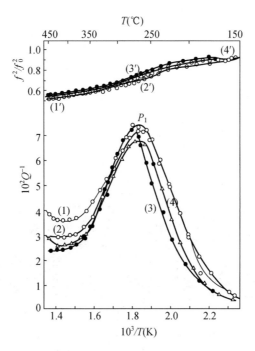

图 3.10　含(1)0.015wt%,(2)0.045wt%,(3)0.13wt% 和(4)0.29wt% Cu 的 Al
试样中的内耗和切变模量曲线[22].振动频率 = 2Hz.

来不及发生大量的沉淀,因而这时的 P_1 峰包含着固溶峰和沉淀峰的叠加,与图
3.10 相似,但固溶峰是 P_1 峰的主导部分.当试样的温度降至室温后再进行升温
测量,P_1 峰大大降低如曲线(2)所示.这表明沉淀已经大量发生,固溶峰进一步
降低.把试样保持在 270℃(略低于 P_1 峰的巅值温度)进行时效,内耗急剧降低
如曲线(2)的高温部分所示.在 270℃ 时效 3h 后,内耗降低达到一个饱和值.降
至室温以后再升温测量得到曲线(2'),可见内耗大大降低,与原来的 P_1 峰相比
明显地向低温移动到约 250℃(f = 2Hz).可以认为,这时的固溶峰已经完全消
失,曲线(2') 所示的内耗峰是已经稳定的沉淀峰,这个沉淀峰出现的温度较低
于固溶峰.随后用较低频率 0.4Hz 把测得曲线(2)的实验程序重复进行一次得
到曲线(3)和(3').由曲线(2')和(3')测得的沉淀峰的激活能约为 1.40eV. 曲线
(3')所示的沉淀峰的巅值温度约为 227℃,与以前用 99.2% 和 99.6% Al 所测得
的值相合[18].

　　应该指出,在升温测量所得到的曲线(2')上还在 390℃ 附近出现一个 P_2
峰,这个峰不因改变频率而移动,因而它不是一个热激活弛豫型的内耗峰.伴随
着 P_2 峰的出现,切变模量急剧下降,表明沉淀颗粒在这样高的温度下发生再溶

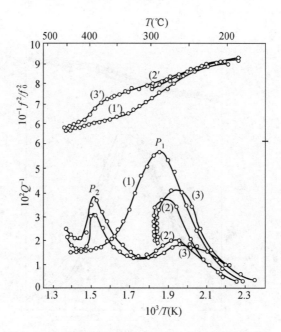

图 3.11　各种热处理对于含 0.8wt% Cu 的 Al 试样的内耗和
切变模量的影响[22]，各曲线的说明见正文.

过程,因而这个峰是一个与再溶过程有关的过程内耗峰,引起内耗的原因是由于
外加应力促进了局部再溶过程. 这个"内耗峰"只在升温过程中出现而在降温过
程中不出现. 由于 Cu 在 Al 中的溶解度随着温度的升高而增加,所以在较低温度
下形成的沉淀颗粒在较高温度下发生再溶. Quader[10]在含 2wt% 和 2.95wt% Cu
的 Al 中也观测到这种再溶过程所引起的内耗峰.

　　上述的 P_1 峰和 P_2 峰也在 Al – 0.51wt% Cu 的 Al 试样中出现,其表现与含
0.8wt% Cu 的试样相似,只不过 P_1 峰饱和时的峰高较高而向低温移动的很小.
P_2 峰则出现在约 360℃ ,较低于含 0.8wt% Cu 的试样.

　　把 Al – 1.2wt% Cu 的 Al 试样在 450℃ 退火 2h 后进行降温测量($f = 2Hz$)时,
在 P_1 峰以外还出现了一个 P_3 峰,如图 3.12 的曲线(1)所示. 在 P_3 峰的巅值温
度进行时效处理的过程中,内耗降低而模量渐增如曲线(2)所示. 模量在试样时
效过程中的增加表示试样发生了硬化,这显然是一个沉淀硬化过程. 时效 2h 后,
P_3 峰消失,而 P_1 峰降低,并向低温移动,升温测量时 P_2 峰出现(曲线(3)).用 f
$= 0.4Hz$ 进行降温测量时得到曲线(4),可见 P_3 峰并不是由于频率的变化而发
生移动.比较曲线(3)和(5),可见 P_2 也不受频率的影响,因而 P_3 和 P_2 都不是
热激活型的弛豫峰.

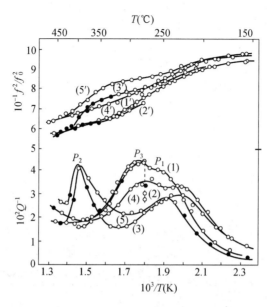

图 3.12　各种热处理对于含 1.2wt% Cu 的 Al 试样的内
耗和切变模量的影响[22]，各曲线的说明见正文．

辅助的实验指出，P_3 峰只在降温过程中出现而在升温过程中不出现．这表明当温度降低时，原在高温下形成固溶的 Cu 的溶解度降低，发生了沉淀，使模量增加，因而 P_3 峰是一个与沉淀过程有关的过程内耗峰．

用静态和动态退火法制备了含 0.8wt% 和 1.2wt% Cu 的 Al 试样的"单晶体"，其中只含有几个竹节晶界．用这种试样进行了类似于细晶粒试样的实验，并没有发现 P_1，P_2 和 P_3 峰．图 3.13 示出用含 1.2wt% Cu 的 Al 试样所得的结果．这些结果确切表示 P_1，P_2 和 P_3 峰都与试样中的晶界有关．

用含 4wt% Cu 的 Al 试样进行的实验指出，当含 Cu 量很高时，在晶粒内部也能够出现类似于 P_2 和 P_3 的内耗峰．图 3.14 示出的曲线（1），（2）是用多晶试样在 550℃ 退火 2h 后进行降温测量和升温测量所得的结果；曲线（3），（4）是用"单晶"试样进行降温和升温测量所得的结果．在曲线（1）上出现 P_3 峰，这与以前低含 Cu 量试样的结果相同．但在曲线（2）上还出现了另一个内耗峰，暂时称之为 P'_2 峰．这个峰在曲线（4）上也出现，表明它是来源于晶粒内部的过程．P_2 峰的温度较 P'_2 峰为高，表明在较高温度才能出现晶界处的再溶过程．另外在曲线（3）上出现 P'_3 峰，这个峰也在"单晶"试样中出现，并且只在降温测量过程中出现，所以它是来源于晶粒内部的沉淀过程．把 P'_3 峰和 P_3 峰比较，可见在较高的温度就首先在晶界发生沉淀．

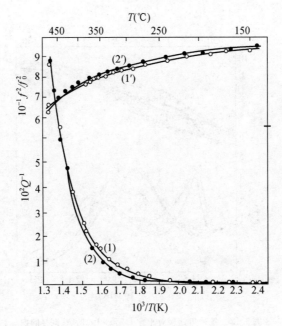

图 3.13　Al-1.2wt%Cu 的"单晶"试样的内耗和切变模量曲线[22].
(1) 在 450℃退火 2h 后降温测量;(2) 升温测量,$f = 2$Hz.

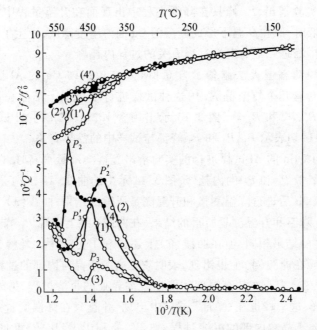

图 3.14　Al-4wt%Cu 的 Al 多晶和"单晶"试样的内耗和切变模量曲线[22].

X 射线衍射分析表明:(i) P_2 和 P'_2 出现的条件是试样中已有 θ 相($CuAl_2$)存在,而随着 P_2 和 P'_2 的出现,θ 相逐渐消失.因此 P_2 或 P'_2 峰与 θ 相在晶界和晶粒内部的再溶有关.(ii) P_3 和 P'_3 峰出现的条件是试样经过了固溶处理(没有 θ 相),而随着 P_3 和 P'_3 峰的出现,θ 相逐渐形成,因此 P_3 和 P'_3 峰与 θ 相在晶界和晶粒内部的沉淀有关.

上面对于各种铜含量的铝试样的内耗测量结果作了较详细的介绍,是为了说明和澄清晶界弛豫内耗峰在各种不同情况下的表现和其变化.另外,应当指出,在晶界处出现 θ 相时,它只是使原来的晶界峰发生变化(峰高降低和峰温移向低温),而在晶粒内部出现 θ 相时,则对于晶界峰并不发生影响.不过 θ 相与基体之间的界面(相界)的弛豫也会引起一个内耗峰(界面内耗峰)[23].

§3.4　固溶晶界内耗峰

前面说明了杂质偏析到晶界后可以存在两种状态:一是固溶状态;二是沉淀状态.这两种状态都会或多或少地改变高纯材料原来的晶界峰的高度、位置或形状.另外,前者还会引起一个新峰,即固溶晶界峰,后者也会引起一个新峰,即沉淀晶界峰.但是,实际的情况是相当复杂的,杂质的影响在替代式溶质原子和填隙式溶质原子的情形并不相同.详细讨论迄今已在文献中报道的所有系统的实验结果,将是十分冗长的.因此,下面将概述关于各种合金系统的共同特征,并且举出一些可供参考的例子.本节将讨论固溶晶界内耗峰,下节将讨论沉淀晶界内耗峰.当然,这二者的区别在有些情况下并不十分明显.应该指出,目前似乎还找不出固溶峰的高度和位置与合金系的基本微观物理参数的定量的联系(例如,扩散系数和激活能,原子体积,溶质和溶剂原子的电子组态的不同,等等).

3.4.1　替代式固溶体

Pearson 和 Rotherham[15,16]在 Cu 和 Ag 掺入了几种高价溶质原子,发现当溶质含量接近 1% 时,原来纯金属的晶界内耗峰被抑制,而在较高温度出现一个新的峰.这个出现在 420℃ ~ 500℃($f = 1Hz$)的峰是一个与晶界有关的峰,因为它在极粗大的试样中不出现.对于适当的低溶质浓度,两个峰都出现,这使他们认为原来的晶界峰(PM 峰)并未移动而是当新的峰(SS 峰)形成时逐渐被压抑.SS 峰较 PM 峰为窄,但它仍然较标准滞弹性固体的峰更宽.很多 Cu 和 Ag 固溶体的 SS 峰的激活能落入 1.7 ~ 2.2eV 这个范围以内,就是说,接近于这些合金的自扩散和溶质体积扩散的特征值.τ_0 则落入典型的 $10^{-14} \sim 10^{-16}$s 以内.

Wienig 和 Machlin[24]大大地扩展了 Pearson 等的发现. 他们把较小差值的杂质含量加入 Cu(从 0.03at% ~ 1at%),从而能够更清楚地看到当 SS 峰形成时 PM 峰的降低. 在 Cu − 0.03% Al 试样中观测到两个峰,低温峰与高纯 Cu 的 PM 峰密合,高温峰则出现在 480℃ ($f = 1.4$ Hz),见图 3.15. 发生这种从 PM 峰过渡到 SS 峰的溶质含量与溶质原子的种类有关. 例如对 Si 便比 Ni 较早出现. 他们还发现,在中间阶段,两个峰的激活能的变化很奇特:当 PM 峰降低时它的激活能增加,而当 SS 峰首次形成时它具有极高的激活能. 峰温的变化并不与激活能的变化相对应,这可能表示所测得的激活能并不太准确,因为用变频法测定在不稳定状态下的 PM 峰和 SS 峰的激活能时,内耗背景、峰高或峰形的本身都会发生变化. Meltseva 等[25]在测量含 5% Sn 的 Cu 合金的高温内耗时,观测到两个拐点和一个内耗峰,认为出现在 330℃ 的拐点是铜的 PM 峰,出现在 520℃ 的峰是 SS 峰,在 720℃ 的拐点可能与晶粒中的亚间界结构有一定联系.

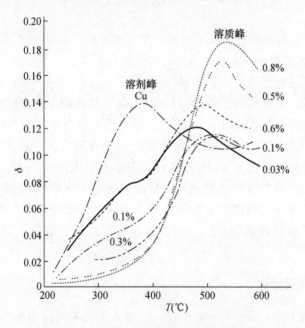

图 3.15　铝含量对于铜的晶界内耗峰的影响[24].

Panin 等[26]对于 Al − Cu 合金同时进行了内耗测量、侵蚀实验、微硬度和点阵参数测量,指出 Al − Cu 的 SS 峰与 Cu 原子的晶界偏析有联系,对于无偏析的试样没有观测到 SS 峰.

Ogino 和 Amano[27]测量了含微量 Fe 的 Al 竹节晶试样的晶界内耗,得到铝的 PM 峰的激活能是 116kJ/mol①,含有极微量 Fe 的试样的激活能是 216kJ/mol.

应当指出,在讨论 PM 峰和 SS 峰出现的温度时应当考虑晶粒尺寸的影响,因为在对试样进行退火处理时,试样的晶粒尺寸可能会发生变化,这对于峰高可能有影响. Wienig 和 Machlin[24] 在 Cu - 0.8at% Si 试样中观察到晶粒尺寸的增大,使 SS 峰移向高温,并使峰高降低.图 3.16 所示的是 Grin[28] 关于 Al - 0.5% Mg 的结果.晶粒尺寸改变对于纯铝的 PM 峰和 SS 峰的峰位和峰高的影响并不相同,对于 SS 峰的影响较大.

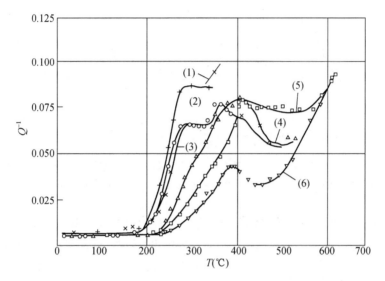

图 3.16　晶粒尺寸对于 Al - 0.5% Mg 合金的晶界内耗的影响[28].
晶粒尺寸:曲线(1)~(6)对应着 0.07,0.1,0.15,0.3,0.5,2mm.

综上所述,可见在含杂质的 fcc 金属,如 Cu,Ag,Al 等中都观测到固溶晶界峰(SS 峰),其峰温都高于纯金属峰(PM 峰).下面介绍关于在 bcc 和 hcp 金属的情况.

Bungardt 等[29] 和 Barrand[30,31] 对于 Fe - Cr 合金的晶界内耗做了详细研究,结果如图 3.17 所示[30]. Cr 的加入使纯 Fe 的晶界峰(497℃)逐渐降低,在约 597℃ 出现另一个峰. Cr 含量的增加使 597℃ 峰(固溶峰)进一步增强,使纯 Fe 峰完全消失.直到 14% Cr,固溶峰的高度一直随着 Cr 的浓度的增加而增加.浓度再高时出现异常现象,可能是由于铁磁自旋有序对于弛豫过程的影响.

---

① 1kJ/mol = 239.8kcal/mol.

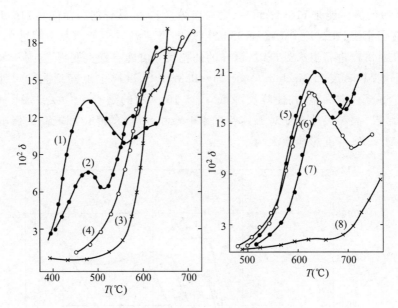

图 3.17 含 Cr 量对于 Fe-Cr 合金的晶界内耗的影响[30].

Cr 含量:曲线(1)~(7)对应着 0.62,1.21,2.94,5.26,12.9,14.0 和 19.2%. 曲线(8):Cr 含量 14.0%,大晶粒.

Winter 和 Wienig[32]研究了几种三元的 Ti 合金(含 0.04at% Zr 和 0.04at% Al;0.04at% Al 和 0.04at% V;0.08at% V 和 0.08at% Zr)的固溶峰.合金成分的选择是其中包含着原子体积小于和大于 Ti 的合金元素.他们发现,在饱和极限以下,溶质的联合对于晶界内耗(激活能、峰温和峰高)起着积累效应.把一种 Ti-V 合金在不同温度下退火(800℃,700℃,650℃又在 800℃)进行可逆性测量,发现这些效应都是可逆的,这强烈支持溶质原子在晶界有一种平衡偏析的概念. Aleksandrov[33]和 Grin[34,35]用 W 丝同时进行内耗和电阻测量,观测到当溶质原子由晶粒进入晶界时,W 中的固溶峰升高. Wienig 和 Machlin[36]以及 Wert 和 Rosenthal[37]也得到类似的结果.

3.4.2 填隙式固溶体

关于填隙式固溶体的研究比较少,较详细的研究是关于 Fe-C[11,37,38],Fe-N[11,37],Zr-H$_2$[39] 和 Ti-O[40] 合金.

Miles 和 Leak[11]关于稀 Fe-C 和 Fe-N 合金的研究指出,溶质的效应使峰温向高温移动,并使峰高发生变化,这表明溶质的加入使激活能提高. Wert 和 Rosenthal[37]的工作也指出,C 和 N 加入 Fe 里并不产生分立的固溶峰,而只是影响纯 Fe 峰的峰温.当含量低时,峰向高温移,随后又向低温移,最后似乎趋于稳定.峰高也有类似情况,先增后减,激活能也是如此(见图 3.18 和图 3.19)[11].
这说明晶界偏析已达到饱和状态.应当指出,C 和 N 的饱和含量分别是 0.09%
和 0.02%,都远大于 C 和 N 的点阵浓度.扩散实验也得到 C 和 N 在晶界的溶解
度大于点阵浓度的结果.

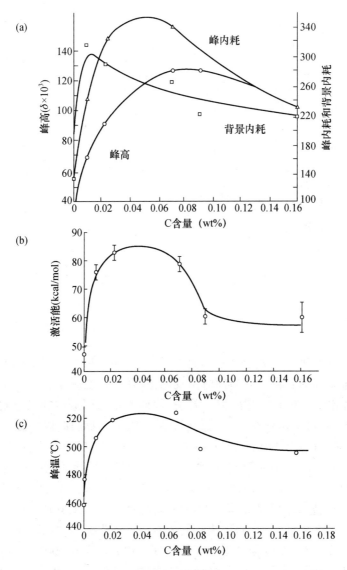

图 3.18　C 对于 Fe 的晶界内耗峰的影响[11].(a) 内耗;(b) 激活能;
(c) 峰巅温度.

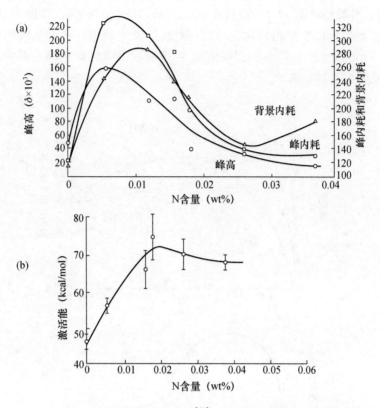

图 3.19 N 对于 Fe 的晶界内耗峰的影响[11].(a) 峰高和背景内耗;(b) 激活能.

王业宁和朱劲松[38]对于含极微量 C 的 Fe 的多晶和"单晶"试样进行了细致的内耗测量,观测到与纯 Fe 峰同时出现的固溶峰,这就改变了多年来认为在填隙式固溶体中不存在固溶峰的传统看法.他们所用的原始试样是电解纯 Fe,试样的直径约 1mm.把试样在 720℃进行湿氢处理和干氢处理,以去除试样中所含的 C 和 N,然后在 600℃的干氢和苯的混合气氛中在试样中渗入预定含量的 C,渗 C 的试样在真空中加热 7h 进行均匀化处理后淬入冷水中,并且用测量 Snoek 峰的高度的方法测出试样中的含 C 量.实验指出所掺入的 C 远低于在 600℃的溶解度,用金相显微镜测得的晶粒尺寸约为 0.04mm.图 3.20 所示的是内耗测量的结果(f = 0.63Hz).曲线(1)上出现在 480℃的峰是纯 Fe 的晶界峰,这个峰在极粗晶粒试样中不出现如曲线(2)所示.曲线(3)表示含 0.0002wt% C 的内耗曲线,在 550℃附近出现了一个新的内耗峰,这显然是固溶峰.扣除高温背景后,可见原来的纯 Fe 峰除了略向高温移动以外,峰高也降低.曲线(4)表示含 C 为 0.0005wt%的情况,纯 Fe 峰进一步向高温移动并降低(扣除高温背景后),而固溶峰则增高.测得的激活能对于纯 Fe 峰是 49 ± 3kcal/mol,对于固溶峰是 85 ±

4kcal/mol,这分别与 Miles 和 Leak[11]测得的纯 Fe 以及含 C 的激活能相合.但是 Miles 和 Leak 并没有观测到这两个峰同时在一根内耗曲线上出现,因而便认为原来的纯 Fe 峰的激活能在含 C 量增加时开始急剧增加而后来降低到一个恒定值.他们所用的试样的最低含 C 量是 0.009wt%,可能在这个较高的含 C 量时原来的纯 Fe 峰完全被压抑.王业宁和朱劲松还测量了含 C 量为 0.0027wt% 时的情况,发现只有一个峰(固溶峰)出现在较高温度.葛庭燧和孔庆平[5]也发现,当含 C 量为 0.005wt% 时,纯 Fe 的晶界峰完全被压抑.

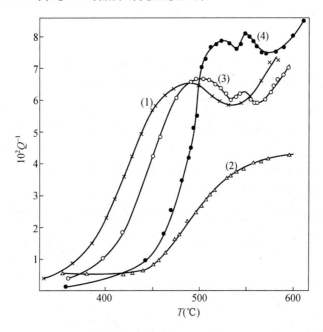

图 3.20 多晶纯 Fe 的晶界峰和加 C 后的固溶峰[38].(1) 纯 Fe,30 晶粒/mm;(2) 纯 Fe 大晶粒;
(3) 含 0.0002wt% C,29 晶粒/mm;(4) 含 0.0005wt% C,26 晶粒/mm.

Miles 和 Leak[11]的工作还指出,Fe－C 的晶界内耗峰高随着晶粒尺寸的增加而降低,当晶粒尺寸小于 0.1mm 时,这种降低是线性关系.

在六角密堆积的 Ti－O 合金中,氧或许占据着八面体间隙位置 $\left(\frac{2}{3}, \frac{1}{3}, \frac{1}{4}\right)$ 和 $\left(\frac{1}{3}, \frac{2}{3}, \frac{2}{7}\right)$[39],因而形成填隙式固溶体.Pratt[40]等研究了含 0.8at% 到 4.5at% 氧的 Ti 合金,观测到两个内耗峰.一个出现在 750℃ ($f =$ 0.5Hz),它与晶粒尺寸有关,从而是由晶界弛豫引起的.当氧的含量为 4.5at% 时,这个峰的巅值温度较纯 Ti 晶界峰的高 95℃,当氧含量增加时,峰高降低并移向较低温度.认为这个峰是固溶晶界峰,纯 Ti 的晶界峰之所以不同时出现,可能是由于即便在最低氧含量时纯 Ti 峰也极低从而观测不出来.

上述作者认为 750℃峰是固溶晶界峰的看法是值得讨论的.固溶晶界峰一般是由于溶质含量的增加而增高,并且向高温移动,而这个峰却由于氧含量的增加而降低,并向低温移动.这个峰的表现很像沉淀晶界峰,不过沉淀晶界峰一般是出现在低于晶界峰的温度,而这个峰的巅值温度却较之纯 Ti 晶界峰高 95℃.因此,可以认为,作者所认定的纯 Ti 晶界峰或许是有问题的.因为既然在最低的氧含量时纯 Ti 峰也极低从而观测不出来,那么当氧含量为 4.5at% 时,纯 Ti 晶界峰肯定是不应该出现的,因此上述作者所说的纯 Ti 晶界峰很可能并不是晶界峰,而是由另外的过程所引起来的内耗峰.

关于类似问题,还可以举出另外一个例子.

在 Rotherham 和 Pearson 的早期工作中曾发现[15],用微量的 Ge 加入高纯 Cu 中时,固溶峰出现的温度较纯 Cu 的晶界峰约高 150℃($f = 1$Hz).当 Ge 的含量为 4.9% 时,纯 Cu 峰完全被压抑.图 3.21 示出的是 Mosher 和 Raj[41] 用 Cu − 0.2% Ce 所得的结果($f = 1.5$Hz).作者们认为,出现在较高温度的峰是由于试样发生内氧化而形成 Ge_2O 颗粒所引起的.不过 Ge_2O 的沉淀应当引起沉淀内耗峰,而沉淀峰一般应出现在低于纯 Cu 峰的温度.因此,可以认为,较低的一个内耗峰(图中标明内氧化之前的峰)可能是 Cu 中含 Ge 所引起的固溶峰.试样在发生内氧化以后,纯 Cu 峰和固溶峰都完全被压抑,升温测量到接近 700℃时,Ge_2O 沉

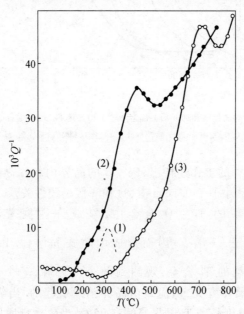

图 3.21 Cu − 0.2% Ge 试样在内氧化以前和以后的内耗曲线[41].振动频率 1.5Hz.
(1) 纯 Cu;(2) 内氧化之前;(3) 内氧化之后.

淀颗粒被溶解,因而所谓的氧化峰实际可能是在升温过程中所出现的一个再溶过程峰(见 §3.3).

3.4.3 固溶晶界峰的峰温、激活能及其影响因素

前几节指出,溶质原子在晶界的偏析(未发生沉淀时)有两种主要效应:一是使原来的晶界峰(PM 峰)发生变化;二是引起一个新的内耗峰(SS 峰).当 SS 峰和 PM 峰同时出现时,它一般出现在较 PM 峰为高的温度,并且激活能较高.应该指出,这里所说的 PM 峰指的是在加入溶质原子以前的"纯"试样的晶界内耗峰,所说的 SS 峰出现在较高温度是相对这个"纯"试样的晶界峰来说的.在加入溶质原子后并不出现一个新峰的情况下,很难区分所观测到的晶界峰的变化是由于 PM 峰单独的变化还是其中也包括 SS 峰的贡献.为讨论方便起见,也把所观测到的发生了变化的晶界峰叫做固溶峰.

对于上述这种意义的固溶峰来说,当溶质含量增加时,它的高度降低,在某一临界溶质含量时,峰开始消失,但具体情况由于溶质的不同而异.

Iwasaki[42,43]对于 Al – Sn, Al – Cu 和 Al – Ag 三种铝合金进行了一系列实验,表 3.2 列出了所得的结果.

表 3.2 三种铝合金的固溶晶界峰的有关数据

试 样	Al – Sn	Al – Cu	Al – Ag	"纯" Al
溶质总含量(at%)	0.011	0.068	0.032	—
晶界富集因数(β)	13000	150	18	—
晶界中的溶质含量(at%)	140	10	1	—
峰巅温度(℃),$f = 1$ Hz	286	298	319	260
峰高($\times 10^2$)	4.23	9.37	8.25	6.69
激活能(kcal/mol)	41	39	41	37
弛豫时间(s)	10^{-17}	10^{-15}	10^{-16}	10^{-15}
峰宽比	1.9	1.9	2.0	2.2

表中的晶界富集因数(β)表示晶界溶质含量与晶粒溶质含量之比,可由这个 β 值来估算晶界处的溶质含量.假定晶界的厚度是一个原子间距,则 Al – Sn 的 140% 之值意指着它的晶界已经被厚度为 1.4 个原子的晶界层的 Sn 原子所饱和,而在 Al – Cu 和 Al – Ag 的情形,只有分别为 10% 和 1% 的晶界座位被溶质原子所占据.可以认为,在晶界未被饱和的情形(Al – Cu 和 Al – Ag),晶界的滑动被溶质的出现所阻碍,从而使晶界峰向高温移动.在晶界已被溶质所饱和的情形

（Al－Sn），就形成一定厚度的晶界层，从而引起了类似于滑润层的作用，晶界峰向高温移动就小于 Al－Cu 和 Al－Ag 的移动.

Wienig 和 Machlin[24] 在研究 Al 和 Si 对于 Cu 的晶界峰的影响时指出，当溶质含量增加时，固溶峰先是增高随后变为饱和或者略有降低. 峰温和激活能也出现这种饱和现象如图 3.22[24] 所示. 开始出现饱和的临界溶质浓度依赖于失配参量及溶质原子与溶剂原子的相对差值，这在图 3.23[44] 中作了概述.

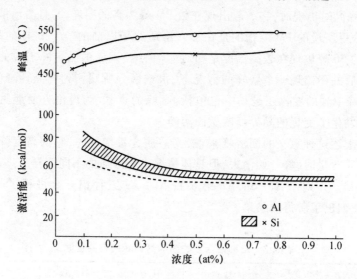

图 3.22　Al 和 Si 的含量对于 Cu 的晶界内耗峰的峰温和激活能的影响[44].

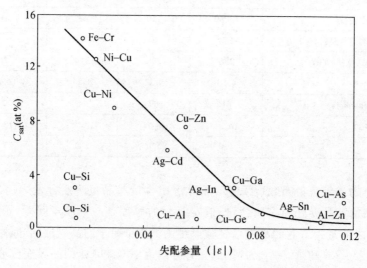

图 3.23　固溶峰的峰温和激活能的饱和溶质浓度（C_{sat}）与溶剂原子/溶质原子的失配参数的关系[44].

在大多数合金系统中,随着溶质含量的增加,固溶峰的激活能增加而峰温移向高温,如表 3.3 所列.

表 3.3　Cu－Al,Cu－Si,Ti－V 和 Ti－Zr 合金的固溶晶界峰
的峰值 T_P 和激活能 $Q^{[24,32]}$

试样成分(at%)	晶粒尺寸(mm)	Q(kcal/mol)	T_P(℃)
Cu:0.03,0.06,0.10 Al	0.15,0.15,0.10	57,73,81	360,360,340
Cu:0.03,0.06,0.10 Si	0.12,0.15,0.17	53,64,61	385,375,325
Ti:0.02,0.04,0.06,0.08, 0.12V	0.09,0.053,0.056, 0.06,0.056	55,60,70,79,80	700,650,670,700,675
Ti:0.02,0.04,0.08,0.10, 0.12Zr	0.05,0.07,0.05,0.07, 0.05	60,70,95,100,120	700,650,700,700,700

有一些测量企图找出所观测的固溶峰激活能的增加与溶剂和溶质原子的原子数据的联系. Winter 和 Wienig[32] 测量了几种二元 Ti 合金 (Ti－Cb, Ti－Au, Ti－Al, Ti－V 和 Ti－Zr) 的固溶峰激活能的变化. 根据测量的结果认为, 晶界固溶峰的激活能随着溶质浓度的增加而增加主要决定于溶质和溶剂原子的失配. 这个结论与前面所述的关于 Cu 的二元合金的发现以及上面所引证的 Iwasaki 的结果相合, 但是 Starr 等[45]关于 Al－Zn, Al－Ag, Al－Cu 所测得的激活能却没有变化. 关于这个问题, 可以认为, Starr 等所测量的内耗峰可能是沉淀峰. 在 Al－Mg 合金的情形, 发现固溶峰的激活能随着溶质 Mg 含量的增加而线性增加. 这些结果说明在有些情况下原子失配或许是激活能变化的主导因素, 而在另一些合金里, 其他的判据例如电子的因素表现为重要的.

§3.5　沉淀晶界内耗峰

关于沉淀晶界内耗峰的研究对象以 Al 系, Cu 系和 Fe 系较多. 最早的工作是葛庭燧发现工业纯 Al 的晶界内耗峰远较高纯 Al 的为低, 并出现在较低温度[4], 而含氧的 Cu 也表现类似的情况[4]. 这都是杂质或氧化物在晶界的沉淀所引起的. 概括地说, 由于内氧化而形成的氧化物和在晶界的沉淀所形成的第二相颗粒是引起沉淀内耗峰的根本原因. 关于 Au－Cu 的工作, 在 §3.2 和 §3.3 里已经做了详细的介绍[10,22].

雷廷权[46]为了研究工业 Al 合金的高温蠕变断裂强度与晶界内耗的关系,测量了含 Cu, Fe, Si 的工业纯 Al 的晶界内耗随着杂质含量的变化, 所得的内耗曲线如图 3.24 所示. 由图可见, 随着杂质含量的增加, 内耗峰高度降低, 但是峰温却没有明显的变化. 由于原始试样是工业纯 Al, 所以图中所示的内耗峰都是沉淀晶界峰, 峰的巅值温度都较纯 Al 的低, 这与上节所述的 Iwasaki 关于含少量合金元素的 Al – Cu, Al – Ag 和 Al – Sn 的结果不同, 那时峰的巅值温度较纯 Al 的高, 所以那些峰都是固溶晶界峰. 当然, 引起转变 (由固溶晶界峰转变为沉淀晶界峰) 的临界溶质含量与溶质在溶剂中的溶度有关, 例如 Fe 和 Si 在 Al 中的溶度就非常低.

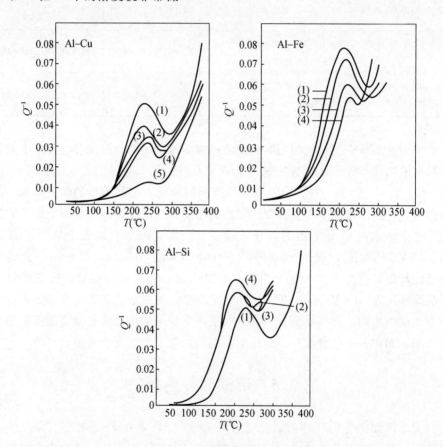

图 3.24　Al – Cu, Al – Fe 和 Al – Si 合金中的沉淀晶界峰[46].

Al – Cu: 曲线 (1) ~ (5) 对应的 Cu 含量分别为 0, 0.09%, 0.39%, 0.95%, 3.08%. 晶粒尺寸 0.05mm; Al – Fe: 曲线 (1) ~ (4) 的 Fe 含量分别为 0.07%, 0.31%, 0.47%, 1.0%, 晶粒尺寸 0.01mm; Al – Si: 曲线 (1) ~ (4) 的 Si 含量分别为 0, 0.27%, 0.55%, 1.17%.

晶粒尺寸 0.05mm.

Baik 和 Raj[47] 研究了 Al – 5% Mg 合金的晶界内耗受到外界环境的影响. 他们发现，当试样在空气中退火使内耗峰向高温移动，再在真空中退火，内耗峰又移回原来的温度（见图 3.25）. 这个结果可能与 Al – Mg 合金中所含的微量杂质（例如 Cu）的内氧化和还原有关. 在空气中被氧化了的 Cu 粒子使滑动阻力增加，使弛豫时间增加，从而内耗峰移向高温. 再在真空中退火使氧气气氛减为 10^{-6}torr 时，氧化物就分解为元素型的固溶体杂质，从而恢复了原来的弛豫时间. 这个实验结果在表面上看起来似乎是沉淀晶界峰出现在较高温度，类似于图 3.21 所示的 Cu – 0.2% Ge 的内耗曲线的情况，但是进行深入的分析指出实际的情况并非如此. 已知一般的纯 Al（99.99%）的晶界内耗峰出现在 290℃（563K，f = 1Hz），而图 3.25 的曲线（a）上的内耗峰是出现在 475K（203℃），说明这显然不是纯 Al 的晶界峰，有可能是由于第二相的形成而引起的沉淀晶界峰. 图 3.25 中的曲线（b）和（c）表明，试样随后在 583K 的空气中连续退火并进行测量时，这个峰降低并移向较高温度，还有出现另一个峰的迹象［曲线（b）］. 峰高的降低和向高温的移动可能由于第二相的部分再溶与分解. 另外，在空气中退火由于有氧气渗入试样与试样中所含的微量杂质 Cu 形成氧化物，所以曲线（b）上所出现的小凸包可能就是由于氧化物的出现. 曲线（d）和（e）表明，试样继续在真空中退火和进行测量时，由于氧化物的再溶和分解，峰高又增加而曲线上的小凸包消失，峰也变得比较对称，发生了与曲线（b），（c）相反的逆过程.

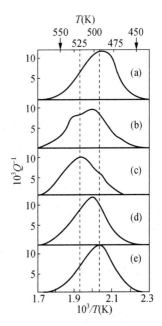

图 3.25　在 583K 连续退火对于 Al – 5% Mg 的晶界内耗峰的影响[47].
（a）在真空中退火和测量；（b）在空气中退火和测量；（c）继续在空气中退火和测量；（d）在真空中退火和测量；（e）继续在真空中退火和测量.

为解释氧化物的形成使沉淀峰向高温移动的问题，可以认为沉淀物在晶界的出现能够发生两种作用. 如果沉淀颗粒使晶界滑动完全受阻，则晶界的滑动距离变短，从而弛豫时间变短而内耗峰出现在较低的温度. 如果沉淀颗粒只是使晶界滑动受到较大的阻力而并不阻挡晶界的滑动，则弛豫时间变长，从而内耗峰出现在较高温度. 按照这个看法，则微量 Cu 所形成的氧化物对于晶界弛豫只是起着后一种作用.

由 Al 粉末烧结所制备的 Al – Al$_2$O$_3$ 弥散合金也由于晶界的滑动而显示滞弹性行为[48,49]. Yoshinari 等[50] 对于用更细的粉末所制备的类似合金进行了详细研究，在约 130℃ 发现一个峰并认为它是来源于沿着 Al$_2$O$_3$ 粒子和 Al 粒子的界面的扩散弛豫.

在 Cu 系方面，因晶界沉淀而出现的沉淀晶界峰的最早研究有关于 Cu – O$_2$[43] 和 Cu – Bi[19] 的工作，这在前面已经做了报道.

Mori 等[17] 研究了 Cu – 0.006wt% Si 多晶体在由于内部氧化而产生球状 SiO$_2$ 颗粒以后对于晶界弛豫的影响，所用的是片状试样. 他们观测到两个峰：一个坐落在约 460K（1.9Hz），激活能是 125kJ/mol，认为是由于含有起阻挡作用的沉淀颗粒的晶界弛豫，因而是沉淀晶界峰，它出现在较低于纯 Cu 的晶界峰（800K，1Hz）的温度，这与 Al 的结果相合，也适合 Mori 等所推导的关于弛豫时间的式（2.1）. 另一个内耗峰坐落在约 660K（1.8Hz），激活能是 164 kJ/mol，这个峰较第一个峰高 3 倍，在单晶体中也出现并且具有相同的激活能，不过峰高却低得多. 认为这个峰的基本弛豫过程是 Cu 原子在 Cu 和 SiO$_2$ 这两相之间的扩散. 这个过程在晶界处和晶体点阵中同时发生.

沉淀颗粒对于晶界弛豫有强烈的影响. Ashmarin 等[51] 发现，含有几种不融氧化物颗粒的 Cu（Cu – Sn，Cu – Si，Cu – B）不但抑制了 Cu 的晶界弛豫，而且当颗粒间距减小时，峰温降低. 当这间距小于 5μm 时，峰消失. 这相当于强化相对于晶界的钉扎度（被颗粒钉扎的面积与总的晶界面积之比）约为 0.16. 图 3.26 表明[52]，在氧化颗粒沿晶界作均匀分布的情况下，Cu 的晶界峰的归一化弛豫强度 Δ_1/Δ_0 和峰温 T_P 作为颗粒间距 L_1 的函数时，理论值与实验值之间的联系. 图 3.26（a）中 GeO$_2$（△），SiO$_2$（▲），B$_2$O$_3$（□）的沉淀颗粒子直径是 0.4μm. SiO$_2$（●）和 SnO（○）的颗粒直径 0.3μm. 他们进行计算时采用的模型是 AZS 晶界模型（将在第九章中介绍）. 他们并没有给出详细的计算，但是他们的计算结果很清楚地指出晶界峰的弛豫强度和弛豫时间都遵循 Mori 等[17] 所给出的与方程（3.1）类似的规律. 这与大多数的实验结果相合. 但是 Mosher 和 Raj[41] 所给出的实验结果却指出 T_P 随着颗粒间距的增加而降低. 关于这一点，前面已对于 Mosher 和 Raj 的实验结果作了另外的解释.

Mori 等[53~56] 新近从理论上和实验上研究了坐落在晶界上的 SiO$_2$ 和 Fe 粒子对于 Cu 晶界峰的影响. 他们指出，颗粒的出现使晶界峰移向低温，并且竹节晶界也能显示滞弹性行为.

Peters 等[57] 研究了共格沉淀对于晶界弛豫的影响. 把经过固溶处理的 Cu – 2% Co 合金进行时效处理，并测量含不同尺度沉淀颗粒的晶界弛豫. 一起始，Co 在 Cu 基体中沉淀为共格的球状颗粒. 当颗粒大于 50nm 时，它就失掉

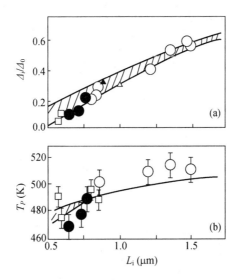

图 3.26　含氧化颗粒的 Cu 晶界的归一化弛豫强度 Δ_1/Δ_0 和峰温 T_P 曲线（作为颗粒间距 L_1 的函数）的理论曲线和实验值的联系[52]. $\triangle$：GeO_2，$\blacktriangle$：SiO_2，$\square$：B_2O_3，$\bullet$：SiO_2，$\bigcirc$：SnO.

了共格性. 实验表明，极小的 Co 颗粒（约 1nm）使晶界峰高降低 10 倍，颗粒的增大及间距的增大使峰增高而激活能降低. 这表明弛豫时间变短从而 T_P 降低. 另外，还指出共格性的消失对于晶界弛豫并没有引起可测知的变化. de Pereyra 等[58]根据晶界位错滑动模型对此进行了讨论. 一般地说，沉淀无论是与晶体共格或不共格都有影响.

在高浓度合金和有序合金例如 Cu - 30% Zn[59]，Cu_3Au[60]中也观测到晶界峰. Morton 和 Leak[60]关于 Cu - Au 系的实验指出，长程有序程度并不改变基本的弛豫过程，而只是对于峰高有影响. Cu - Mg 合金也表现类似的情况.

Cosanday 等[61]测量了 Ni - Cr - Ge 合金中的晶界内耗，其目的是研究延性合金的晶界化学. 用表面技术（如 Auger 谱）对于延性合金进行直接测量是困难的. 为了解 Ge 对于晶界性质的影响，他们测量了不含 Ge 和含 0.018at% Ge 的 Ni - 20% Cr 合金的低频扭转自由衰减内耗，都在约 820℃ 测得一个归因于晶界弛豫的内耗峰，但是对于含 Ge 的试样，这个内耗峰在升温和降温测量中出现很强的滞后现象. 这种滞后现象很可能由于晶界状态因含 Ge 而变得不稳定. 在低温时晶界处于被钉扎的状态，而在高温时晶界所含的钉扎点消失或者变得不起作用. Ge 的作用是在高温时使晶界的钉扎点变得不稳定. 在这种情况下，内耗峰的机制主要是钉扎点周围的扩散流所调节的晶界滑动.

Iwasaki 和 Fujimoto[62]研究了 Sb 在 Fe - Si 合金中的晶界偏析对于晶界弛豫的影响. 把不含 Sb 的 Fe - 3% Si 试样在 500℃ 退火 7d（天）后进行升温和降

温的内耗测量. 得到了相同的固溶晶界峰, 峰很高, 接近 10^{-1}. 当试样仅含 0.018% 的 Sb 时, 在 500℃ 退火后所测得的升温内耗峰的峰高降低到原来峰高的 1/3, 而降温内耗峰又恢复到原来的高度. 这是由于 Sb 在晶界偏析所引起的使升温内耗峰降低的效应在高温下消失 (图 3.27). 由此他们推知在 Si 和 Sb 之间的相互作用具有相斥的特点.

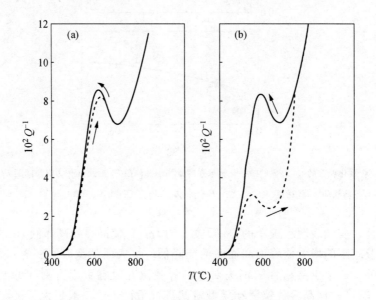

图 3.27　Sb 对于 Fe–Si 合金的晶界峰的影响[62].
左图, 不含 Sb; 右图, 含 0.018% Sb, $f = 0.5\,\mathrm{Hz}$.

Povolo 和 Molinas[63,64] 分析了含杂质或粒子或二者兼有时对于 α–Zr ("核"纯度) 和 Zircalloy–4 的晶界弛豫的作用. 他们用丝状试样作持续不断的扭转振动, 发现极少量的杂质对于内耗谱具有剧烈影响. 如同上述的 Iwasaki 和 Fujimoto[62] 在 Fe–Si–Sb 合金所测得的滞后回线的情形, 也观测到一种可逆效应. 在 α–Zr 的情形, 升温测量时出现两个小峰 (P_1^H 和 P_2^H), 见图 3.28 (a), 图中的虚线表示背景内耗. 当升温测量到足够的高温时, 在降温测量当中 P_1^H 消失, 并且只有高达数倍的 P_1^C 出现, 见图 3.28 (b). 峰的高度与所达到的温度成比例. 在该温度停留的时间并没有重要的影响. 另一方面说, 如果在降温测量当中的温度并没有降到某一温度范围 (转变温度 T_t) 以下, 则在随后的升温测量当中只能观察到低温峰. 作者们发现, T_t 强烈地与晶粒尺寸有关, 当晶粒尺寸减小时变低. 例如晶粒尺寸为 87μm 时, T_t 坐落在 486K 和 685K 之间, 而当晶粒尺寸为 160μm 时, T_t 等于 815K 或更高. 要观测到这种滞后效应并不需要对试样进行特殊处理. 这个事实以及转变温度对于晶粒尺寸的依赖关系说明所观测的内耗现象与发生在晶界的过程有关. 在这当中, 氧似乎起着重要作用, 这提示所观测到的内耗现象可能与氧化物沉淀颗粒的沉淀或再溶过程有关 (参看 §3.3).

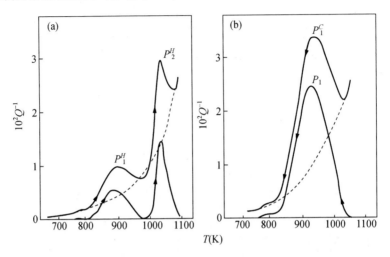

图 3.28　杂质 (主要是氧) 对于多晶 Zr 的晶界内耗所引起的滞后现象[64].
(a) 升温测量的内耗曲线; (b) 降温测量的内耗曲线. 晶粒尺寸 87μm,
最大应变振幅 4.6×10^{-5}.

少量氧、氮或碳可以导致 Mo 在室温变脆. 一般认为变脆是氧化物沿晶界沉淀所引起的. 加入少量合金元素 (如 Ti) 或少量的碳或氮与氧同时存在时可以改善脆性, 因此研究少量杂质对于晶界弛豫的影响有助于脆化机理的了解. Maringer[65]以及马应良和宋居易[66]进行过 Mo 中含氧和含氮的内耗研究. Maringer 只测到850℃左右, 并未测得 Mo 的晶界峰, 只是在渗氧后在内耗曲线上发现一个弯折 (800～900℃之间). Schnitzel[67]测量了含 SiO$_2$, Al, K 等杂质的内耗. 在1250℃和1500℃分别观测到两个峰. 王业宁、许自然、韩叶龙[68]在 1966 年对于钼的晶界内耗峰及少量间隙杂质的影响做了系统的研究, 并随后作了概括分析[38]. 所用的试样是工业纯钼丝 (用退火再结晶法制备单晶) 和接近光谱纯的钼丝 (Si, Cr, Pb, Ni < 0.001%, Fe 0.001～0.003%, Al < 0.001%). 先在通有湿氢的玻璃管内用电流直接通过试样加热到1200℃以上保温 2h 去除 C 和 N, 然后在 10^{-5}torr 真空中加热到 1500℃以上去氧 1～2h. 试样的渗 C 在碳氢化物 (苯或硅油) 的蒸气中进行, 渗氢在氢和水蒸汽的混合气氛中进行. 扭摆内耗炉是用石英管制成, 炉温可达 1100℃, 内耗测量大部分在氢气保护气氛中进行, 也有一部分在真空 (10^{-1}torr 以上) 扭摆炉中进

行. 在两种情况下所得的结果一致. 由于升温测量的重复性较差, 所以将试样装入内耗炉后先加热到 1050℃ 保温半小时以消除操作效应然后进行降温测量. 测量的结果有三部分: 渗氧, 渗 C, 渗氧又渗 N.

图 3.29 示出纯 Mo 多晶和工业纯 Mo 单晶去除 C, N, O 后的内耗曲线[68]. 曲线 (1) 和 (3) 是多晶 ($f = 1.1, 1.3 \text{Hz}$), 曲线 (2) 是单晶. 图 3.30 的曲线 (1) 和 (2) 表示纯 Mo 在去掉 C, N, O 后在渗 O 以前和以后的内耗曲线 ($f = 1.2 \text{Hz}$), 曲线 (3) 是在测完曲线 (2) 以后换用 $f = 0.67 \text{Hz}$ 测量的情况, 曲线 (4) 是再次渗氧以后的情况, 曲线 (5) 是工业纯 Mo 单晶渗氧后的情况 ($f = 0.55 \text{Hz}$). 图 3.31 示出纯 Mo 再渗 C 的内耗曲线, 曲线 (1), (3) 是多晶, 曲线 (2) 是单晶.

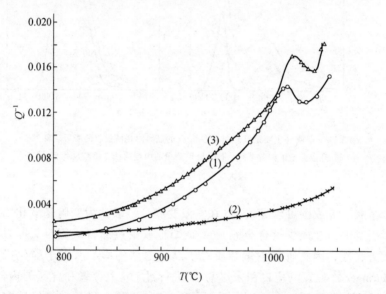

图 3.29　纯 Mo 多晶和工业纯单晶去除 C, N, O 后的内耗曲线[68].
曲线 (1), (3) 是多晶 ($f = 1.1, 1.3 \text{Hz}$), 曲线 (2) 是 "单晶".

用两种方法测出了激活能. (i) 内耗峰低温边平均平移法. 因为背景内耗对峰的低温边贡献较小, 先求出两条曲线 (f_1, f_2) 上峰的低温边各对应点的温差再求其平均值作为峰温差 ΔT. 按此法求得纯 Mo 晶界峰的激活能为 119kcal/mol, 渗氧峰的激活能为 81kcal/mol. (ii) 扣除背景法, 这要假设背景内耗满足指数型的变化. 用此法求得的纯 Mo 的激活能为 118kcal/mol, 渗氧峰的激活能为 81kcal/mol. 渗 C 峰的激活能是用峰平移法求得的, 误差稍大, 四次测量后的平均值约为 98kcal/mol.

为了观察 C 和氧在晶界处所出现的交互作用, 他们又对渗氧的试样进行渗

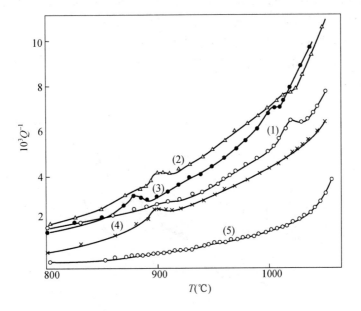

图 3.30 在 Mo 中渗入氧后的内耗曲线[38].

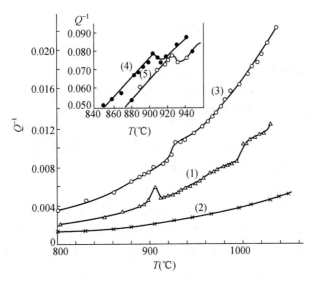

图 3.31 在 Mo 中渗入 C 后的内耗曲线[38]. (1)、(3) 是多晶
(f=0.6, 1.1Hz), (2) 是"单晶".

C，所得的内耗曲线如图 3.32 所示. 此时在 895℃的氧峰变低，930℃的 C 峰出现，1020℃的纯晶界峰也出现. 另外，在 965℃和 990℃附近（$f=1.23\mathrm{Hz}$）还出现两个新内耗峰. 再把试样渗 C，新峰和 C 峰都有增加趋势. 用较低频率进行测量，各峰均向低温方面移动，所以这两个新峰是 C 和氧同时存在时出现的交互作用峰.

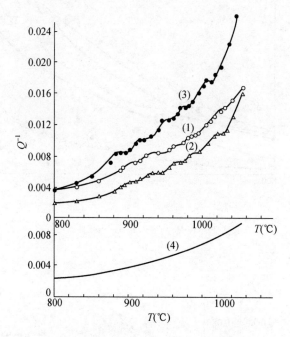

图 3.32　在 Mo 中又渗入 N 后的内耗曲线[68].　(1) 纯 Mo 在 1200℃渗 O 75min 后又在 1050℃渗 C 0.5h，$f=1.23\mathrm{Hz}$；(2) 又在 1100℃渗 C 1h，$f=1.23\mathrm{Hz}$；(3) $f=0.7\mathrm{Hz}$；(4) 工业纯 Mo 单晶渗 O 后又在 1150℃渗 C 1h，$f=0.7\mathrm{Hz}$.

　　在内耗测量以后，把试样在液态氮中断开以获得脆性断口并进行断口金相试验，可见在渗氧试样的沿晶面上有黑色氧化物沉淀颗粒，与前人观察相同. 晶界的显微硬度也高于晶内，而且晶界变宽. 由此可以肯定，氧峰是由于氧化物在晶界处的沉淀所引起的，因而出现在低于纯晶界峰温度的氧峰是沉淀晶界峰. 关于渗 C 试样的断口金相观察也发现，沿晶面上出现具有羽毛状的碳化物，显微硬度也是晶界高于晶内，因而这个 C 峰也是沉淀晶界峰. 这些观察都强烈支持图 3.6 所示出的关于沉淀晶界峰的特征. 值得注意的是，当 C 与氧同时存在时，晶界处出现新的沉淀物，使晶界强度增加，因而改善了脆性. 总结以上事实，内耗测量有希望成为定量比较各种合金元素对晶界脆性影响的有效工具.

Ashmarin 等[52]测量了在氧气气氛中饱和了的 Fe 基合金（Fe – Si, Fe – Sn, Fe – Re 和 Fe – Ti）的丝状试样的低频扭摆内耗，并且对试样进行了预先的透射电镜和金相观察，认为其中的晶界弛豫对于晶粒尺寸的依赖关系较之对纯 Fe 的情形更为强烈. 这也说明杂质或沉淀的影响与发生在晶界的过程直接有关.

§3.6　稀土元素在晶界的偏析和固溶

关于稀土元素对金属中的晶界弛豫的影响是 Свистунова 等[69]首先报道的. 他们发现，稀土使 XH77T – Ю 合金的晶界峰降低. 由森等[70]报道了稀土（混合）对于工业纯 Fe 中的 Snoek 峰, Köster 峰（或称 S – K 峰, S – K – K 峰）和晶界峰都有影响. 这表明稀土元素可以固溶于点阵的内部，也能够进入位错和晶界. 李文彬等[71]研究了纯 Fe 加入 0.009 和 0.06wt% La 后的晶界内耗，观测到两个内耗峰，在 570℃ 的峰（$f = 0.73\text{Hz}$）是纯 Fe 的晶界峰，在 707℃（0.64Hz）的峰则是 La 在 Fe 中的固溶峰. 图 3.33 所示的是 Fe – 0.009wt% La 的高温内耗曲线，这两个峰的激活能分别是 2.68eV 和 3.68eV. 他们也发现加 La 对于氮的 Snoek 峰的变化. 李文彬等[72]还研究了在几种 Fe – Cr – Al 合金中加入少量的 Ce（0.05wt%）或 Y（0.065wt%）对于晶界弛豫的影响. 在纯 Fe 晶界峰的较高温度观测到 Fe – Cr, Fe – Ce 或 Fe – Y 的固溶晶界峰. 这表明 Fe – Cr – Al 中加入稀土元素后，晶界强度增加，从而合金的高温蠕变（晶界滑动）阻力增加. 它们的激活能约为 3.4eV 到 4.0eV，都高于纯 Fe 晶界峰的激活能. 戴景文等[73]研究活性元素 P, La 对于 Fe 和 Fe – Nb – C

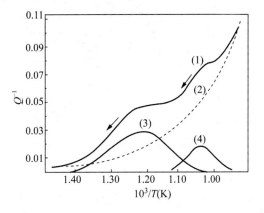

图 3.33　Fe – 0.009wt% La 的 PM 峰（546℃, $f = 0.93\text{Hz}$）和 SS 峰（680℃, $f = 0.79\text{Hz}$）[72].

（1）实验曲线；（2）内耗背景.

合金的高温内耗的影响时发现，在含 0.49wt% P 和 0.584wt% La 的 Fe 合金的晶界处析出的 La – P 化合物使晶界峰大大降低，而在含 1.0wt% Nb，~0.1wt% C 的 Fe 合金晶界处的析出物使晶界峰完全消失. 这时 La 的含量远高于 La 在 Fe 中的溶解度，从而在晶界处出现沉淀物，压抑了晶界的滑动.

邱宏、杨国平等[74]关于纯 Fe 含 P 的高温内耗的研究指出，在含 P 量较低时，纯 Fe 晶界峰与 Fe – P 固溶晶界峰同时出现，而当含 P 量为 0.33wt% 时，只出现 Fe – P 固溶峰.

我国关于稀土元素对于 Al 的晶界内耗峰的影响做了一系列的研究工作. 米云平、李文彬等[75]采用 99.9993% 的高纯 Al，加入 99.999% 纯 La 制成含 La 量（wt%）分别为 0，0.007，0.009，0.033，0.55 和 3.60 的试样，在 450℃ 退火 1.5h 后，用频率约 1.5Hz 进行降温内耗测量，最大应变振幅小于 1.5×10^{-5}. 图 3.34 所示的是测得的内耗曲线. 由图可以看出，随着合金中 La 含量的增加，晶界内耗峰的高度下降，峰温向低温移动. 实验结果列入表 3.4.

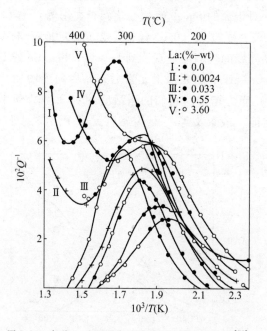

图 3.34　各种 La 含量对高纯 Al 晶界内耗峰的影响[75].

表 3.4　各种 La 含量对高纯 Al 晶界弛豫参数的影响

La 成分 （wt%）	激活能 （eV）	弛豫时间 因子（s）	内耗极大值 Q_{max}^{-1}（10^2）	峰值 T_P（℃）	峰宽	频率 （Hz）
0	1.44	3.5×10^{-14}	5.70	308	2.06	1.66
0.033	1.40	1.4×10^{-14}	4.33	276	2.03	1.4
0.55	1.20	1.1×10^{-13}	3.35	249	1.97	1.45
3.60	1.01	1.0×10^{-13}	2.78	235	1.85	1.45

用 X 射线衍射对 3.60wt% La 试样进行分析的结果表明，La 在 Al 中形成 Al_4La 的第二相化合物. 因此，表中各内耗峰显然都是沉淀晶界峰，它们的峰温较纯 Al 晶界峰的温度为低，这与图 3.6 所示的曲线趋向相合. 另外，掺入 Al 中的稀土元素使晶界峰降低，但峰的位置并不因稀土元素含量的增加而变[76].

§3.7　掺杂对于陶瓷材料晶界弛豫的影响

以上各节只讨论了杂质和合金元素对于金属和合金的晶界弛豫的影响. 实际上，晶界在陶瓷材料中所起的作用远大于在金属和合金. 陶瓷材料一般用粉末烧结制成，由于陶瓷的熔点很高，必须用熔点较低的添加剂才能把陶瓷粉末烧结到一起. 因此在陶瓷材料的晶界处就形成具有一定厚度的层或膜，其组织成分与晶粒的成分大不相同. 添加剂或掺杂在晶界处的偏析将对陶瓷的晶界弛豫产生很大的影响. 关于陶瓷材料晶界弛豫研究的报道很少. Mosher[77] 等根据晶界峰估算了在热压的 Si_3N_4 中的非晶晶界相的黏滞度. 晶界峰坐落在约 900℃，激活能约为 163kcal/mol. Tsai 等[78] 讨论了晶界滑动对于这种材料的断裂过程的作用. Shioiri 等[79] 测量了几种 Si_3N_4 中的晶界内耗和模量弛豫，发现热压烧结试样中出现的晶界弛豫强度较低于无压烧结的试样（图 3.35）. 这个差别反映着晶粒之间的黏附力的不同，前者很强，后者较差. 他们由此测出了由添加剂组成的晶界层的黏滞度及相关的激活能，其值由 150 到 220kcal/mol 依赖于烧结条件. Rena 等[80] 关于 Al_2O_3 和 Si_3N_4 的晶界内耗也做了一些工作. Sakaguchi 等[81] 也报道了 Si_3N_4 的高温内耗，但没有指明晶界峰.

最近，Ota 和 Pezzotti[82] 报道了对于 sialon 陶瓷（Si–Al–O–N）的晶界弛豫所进行的细致研究. 这种陶瓷的获得是把 Al 和氧原子溶入 Si_3N_4 结构来替换 Si 和 N 原子. 在 Si_3N_4 粉末的烧结过程中，用 Al_2O_3，Y_2O_3 和（或）AlN 作添加剂以形成一种 β - sialon 结构. 这种陶瓷在高温下具有诱人的性质，但是

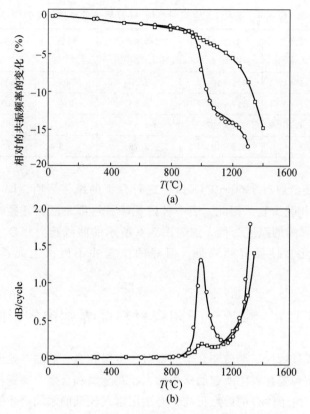

图 3.35　烧结 Si_3N_4 中的晶界弛豫[79]．（a）相对的共振频率
的变化，（b）阻尼（dB/cycle）；□：热压烧结，○：无压烧结．

它的力学性能却由于成分和（或）烧结操作的微小变动而改变．根据金相和
高温力学检验，决定这种材料的总体性能的主要因素是晶界相的行为．在烧结
以后，晶界处总是含有残留的未起反应的低熔点相．因此，严格控制这种低熔
点相的量和成分以及采用精密的标定技术可以得到这种材料的最佳高温力学性
质．内耗测量技术提供了很有效的标定技术．因为它能够查知在晶界处发生的
微观扩散现象．

　　Ota 等所用的原始试样是气压烧结的 sialon 陶瓷，添加剂粉末是 8.0wt%
Y_2O_3，8.0wt% Al_2O_3 和 2.0wt% AlN，其余的是 $α-Si_3N_4$．经过在 2023K 和 4
个 atm 的氮气气氛里 2h 的烧结周期以后，所得的材料十分密致．把它切割成 3
×5×85mm 的尺寸，并用金刚石膏进行表面抛光后，装入具有碳管加热装置
的倒扭摆[83]进行内耗测量，振动频率是 1～20Hz．图 3.36 所示的是烧结试样
在第一轮测量时的内耗 Q^{-1} 和切变模量 G 的曲线．可见在约 1223K 处出现一个
内耗峰，伴随着内耗峰的出现，模量急剧下降．图 3.37 示出连续进行测量时

内耗峰不断降低, 曲线 (1), (2), (3) 分别表示第一、二、三轮测量的情况, 而模量也同时相应增加. 在内耗曲线达到了稳定以后 (曲线 (3)), 把试样先后在 1373K 和 1473K 退火 6h, 得到的内耗曲线和模量曲线如图 3.38 中的曲线 B 和 C 所示. 在曲线 C 上出现了两个内耗峰而模量增加到远高于原来的烧结态, 这反映着高温退火使得晶化了的晶界相发生了微结构变化. 用峰位移动法对各个内耗峰的激活能进行了测定, 坐落在约 1256K 的新出现的内耗峰的激活能约为 500 ~ 600kJ/mol, 这与 Raj 和 Morgan[84] 对于含氧化物添加剂的 Si_3N_4 陶瓷根据蠕变过程测得的激活能相近.

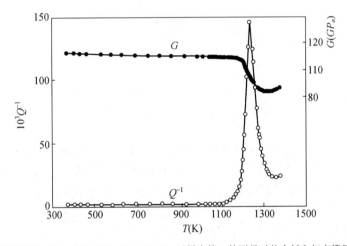

图 3.36　烧结后的 sialon 陶瓷 (Si - Al - O - N) 试样在第一轮测量时的内耗和切变模量曲线[82].

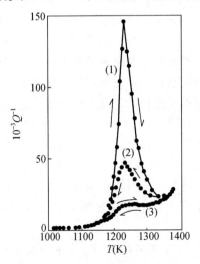

图 3.37　Sialon 陶瓷 (Si - Al - O - N) 试样在第一轮 (1)、第二轮 (2) 和第三轮 (3) 测量时的内耗曲线[82].

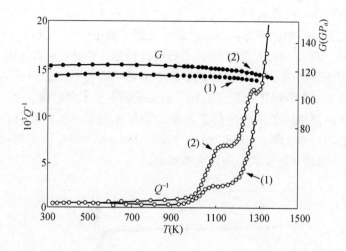

图 3.38 Sialon 试样在 1373K 退火 6h 后 ［曲线（1）］ 和在 1473K 退火
后 ［曲线（2）］ 的稳定的内耗和切变模量曲线[82].

Ota 等认为，烧结材料的内耗峰的热滞后现象充分反映着晶界相从玻璃态转变为结晶态的 $Si_3N_4 - 2Y_2O_3$ 相. 这个看法被 X 射线衍射和电子显微术分析数据所证实. 激活能分析指出，在 1373K 退火 6h 后所出现的稳定的单弛豫峰很可能与在晶化了的晶界相里由于 Al 原子替换了部分 Si 原子而形成的氧空位有关. 在更高温度的退火过程促进了在晶界处形成 YAG，Y_3Al_2 （AlO_4） 和 $Y_2Si_2O_7$ 相似替换 $SiN_4 \cdot 2Y_2O_3$ 晶体. 因此，材料的内耗发生了显著的变化. 根据激活能的数据，出现在 1131K 的低温峰很可能与晶化了的晶界相所发生的扩散现象有关. 但是出现在 1256K 的高温峰的来源还不能明确肯定.

关于多晶陶瓷的晶界弛豫以及遇到的困难有两个方面：一是需要在非常高的温度进行有意义的内耗测量；二是很难可靠地改变陶瓷晶粒间的接合而不严重影响其形状特征及宏观形变行为. 新近进行了一系列具有共价键的陶瓷多晶体的晶界弛豫的系统工作[85,86]. 这种材料的微观结构特征是在晶界处存在着高纯玻璃 – SiO_2 的纳米尺度的连续膜，从而通过增加阴离子或阳离子杂质的量来改变 SiO_2 的化学性质从而改变晶界薄膜的黏滞度. 由于这种添加剂并不溶入晶体结构，所以单个晶粒对于内耗和蠕变响应与未掺杂质的材料相同. 在这种重要的情况下，晶界滑动对于多晶材料的宏观阻尼响应就明确地单独区分出来.

最近，Ota 等[87] 对于 Cr 在多晶 Al_2O_3 中的固溶所引起的晶界弛豫进行了报道. 由于 Al_2O_3 多晶的高纯度，所以在晶界处出现直接的晶体键合. 掺入不同量的 Cr_2O_3，可以通过替换式固溶体的形成而得到一系列的多晶合金结构.

为了把晶界在多晶材料的滞弹性响应单独区分出来，还研究了标称纯的蓝宝石和含有不同量 Cr 的 Al_2O_3 的单晶体. 多晶体试样是在 1723～1823K 在 30MPa 热压 2h 制成. 图 3.39 示出的是蓝宝石（纯度大于 99.99%）单晶体的内耗曲线，振动频率是 10Hz（曲线 ●，△，◇ 分别表示未掺 Cr，掺 0.3wt% 和 3.0wt% Cr）. 由图可见，各曲线上都没有内耗峰出现. 在接近试样熔点温度（2323K）时，各曲线迅速增高，并且受到掺 Cr 的影响. 图 3.40（a）所示的是未掺 Cr 及掺 Cr 为 0.1，0.5，1.0，5wt% 的多晶体的内耗曲线. 由图可见，在未掺 Cr 的多晶体中只有不断上升的内耗曲线，与图 3.39 中单晶体内耗曲线类似. 而掺 Cr 的多晶体试样的内耗曲线在扣除指数背景后都出现一个明显的内耗峰，见图 3.40（b），随着掺 Cr 量的增加，峰高增加并且向低温移动. 用峰宽法测得的激活能对于掺 Cr 为 0.1，0.5，1.0，5wt% 的试样分别是 243，234，176 和 121kJ/mol. 内耗峰的出现显然是晶界结构由于掺 Cr 而发生了一定的变化.

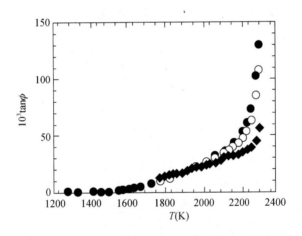

图 3.39　蓝宝石单晶体（未掺 Cr 和掺 Cr）的内耗曲线[87].
●：未掺 Cr；○：掺 Cr 0.3wt%；◆：掺 Cr 3.0wt%.

图 3.41 所示的是掺 5wt% Cr 的多晶试样中的晶界的高分辨电子显微镜图像[87]. 由图可见，并没有出现非晶态晶界相的迹象. 相邻晶粒总的看起来是直接键合的就像高纯 Al_2O_3 的情况一样，只不过是晶界更有些蜿蜒起伏. 作为例子，图中展示了一个约有几个纳米大小的波状轮廓. 弥散 X 射线分析指出在晶界处和在晶粒内部的 Cr 峰并没有能够测得出来的差别. 因此，除了可以认定晶界的低共格性（即较高的能量）与 Cr 含量有关外，对于所观察的现象还提不出明确的解释. 从现在的数据看来，随着含 Cr 量的提高，内耗峰的高度、宽度都增加并且峰向低温移动. 可以认为晶界的滑动当 Cr 含量增加时变

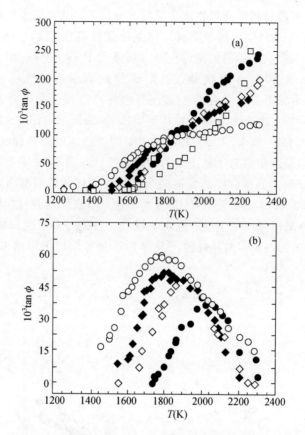

图 3.40　未掺 Cr 和掺 Cr 的 Al_2O_3 多晶体的内耗曲线[87].

□: 未掺 Cr; ●: 掺 0.1; ◇: 0.5; ◆: 1.0; ○: 5.0wt% Cr.

(a) 未扣背景. (b) 已扣背景.

得更容易些, 即晶界的结构发生变化并且黏滞度降低.

前面概述了 Raj 等以及其他一些工作者关于 Si_3N_4 材料的晶界弛豫的报道. 他们指出, 在 Si_3N_4 中掺入氧化物添加剂以后, 由于在 Si_2N_4 的晶界处出现低熔相的黏性较低, 晶界内耗峰出现在较低温度. 但是, 这些低熔相的成分很复杂, 并且在高温测量中容易结晶和发生其他的扩散过程, 与晶界滑动的行为发生重叠, 从而难以对于内耗和蠕变数据进行解释.

为了解决这个问题, Pezzotti 等[88]用在相界处只含有 SiO_2 的 Si_3N_4/SiC 复合材料进行了内耗和蠕变测量. 他们测量的温度只达到了 1350℃, 并没有观测到晶界内耗峰, 但是发现, 当含有微量杂质时, 内耗曲线明显地向低温移动. Tanaka 等[85]用含有 SiO_2 玻璃相, 并掺入几百个 ppm (10^{-6}%) 的阴离子或阳离子杂质的试样进行了类似的工作. 后来, Pezzotti 和 Ota[86]把测量的温

图 3.41　掺入 Cr 5wt% 的 Al_2O_3 多晶体的高分辨电子显微图[87].

度提高到 1600℃（用碳管加热装置），接近了纯 SiO_2 的熔点 1730℃．所用的粉末原料是高纯 Si_3N_4 粉末和 25wt% 的 SiC 单晶小片．在混合过程中加入粉状的 teflon（聚四氟乙烯）提供掺入复合材料里的氟添加剂．把这混合物在 1200℃ 真空中预热，使 teflon 结构解聚为 C_2F_4，并消除 CO 气体．这个操作程序可保证把氟掺入 SiO_2 结构[89]．用均衡热压法在 180MPa 的氟气氛中在 2050℃ 进行烧结 2h，得出的密度大于 99.5%．

　　所用的试样的尺寸是 2mm × 3mm × 50mm．测量内耗和扭转蠕变的仪器与葛庭燧[3] 所用的类似，只是用一个围绕着试样的碳管加热器在氩气氛中加热，可达 1600℃ 以上．用自由衰减法进行内耗测量，振动频率是 10Hz．蠕变实验也是在同一个扭摆装置中进行的，通过一根刚硬的横向杆把一定的磁力加到试样上．图 3.42 示出掺氟和未掺氟试样的内耗曲线，可见掺氟使曲线向低温移[86]．图 3.43 示出扣除指数型背景后所得的内耗峰[86]，可见掺氟使内耗峰的高度降低并变得较宽．用峰宽法测出的表观激活能随着掺入 SiO_2 结构的氟的分量的增加而减小．

　　透射电子显微术分析表明，留存在晶界膜和三叉结点处的氟约为晶间 SiO_2 玻璃相的几个 wt%．应用高分辨电子显微镜和原子力显微镜对于晶粒和相界结构进行了详细的标定．根据扭转蠕变率和内耗的变化（直到 1600℃）对于掺氟和未掺氟的 SiO_2 相的高温力学行为进行了标定．掺氟材料的蠕变率较之未掺氟材料高几个数量级，而它的内耗曲线也显著地向低温移动．根据上述这

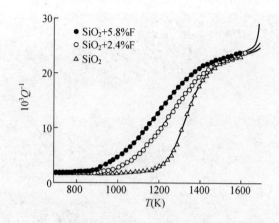

图 3.42　掺 F 和未掺 F 的 Si_3N_4/SiC 复合材料的内耗实验曲线[86].

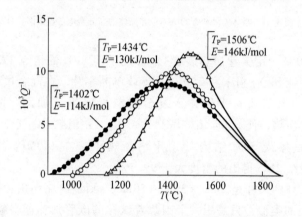

图 3.43　图 3.42 的背景内耗曲线扣除背景后所得的内耗峰[86].

一组显微结构观察和力学测量数据对于 SiO_2 晶间相的内禀黏性以及其黏滞滑动机制作出了定量的评价.

　　以上对于最近发表的几项关于陶瓷的晶界弛豫和其影响因素的研究工作做了篇幅较长的介绍,原因是这方面的工作具有学术上和实际上的重要意义. 由于是刚在起步的阶段,在有些实验程序和测量结果分析方面,特别是扣除内耗背景和测定表观激活能方法,还值得慎重地考虑和改进.

参 考 文 献

[1] D. McLean, Grain Boundaries in Metals, Oxford University Press, Chapter 5 (1957); 金属中的晶粒间界, 杨顺华译, 科学出版社, 第五章 (1965).

[2] H. Gleiter and B. Chalmers, High-Angle Grain Boundaries, Pergamon Press, Oxford, Chapter 3 (1972).

[3] T. S. Kê (葛庭燧), *Phys. Rev.*, **71**, 533 (1947).

[4] T. S. Kê, *J. Appl. Phys.*, **20**, 274 (1949).

[5] 葛庭燧, 孔庆平, 物理学报, **10**, 365 (1954).

[6] T. S. Kê, L. D. Zhang (张立德), P. Cui (崔平), Q. Huang (黄强), B. S. Zhang (张宝山), *Phys. stat. sol.* (a), **84**, 465 (1984).

[7] T. S. Kê, P. Cui, S. S. Yan (颜世春), Q. Huang, *phys. stat. sol.* (a), **86**, 593 (1984).

[8] T. S. Kê, P. Cui, Scripta Metall. Mater., **26**, 1487 (1992).

[9] M. Williams, G. M. Leak, *Acta Metall.*, **15**, 1111 (1967).

[10] M. A. Quader, *J. Appl. Phys.*, **33**, 1922 (1962).

[11] G. W. Miles, G. M. Leak, *Proc. Phys, Soc. London*, **78**, 1529 (1961).

[12] A. S. Nowick, B. S. Berry, Anelastic Relaxation in Crystalline Solids, Academic Press, New York and London, 44 (1972).

[13] T. S. Kê, *J. de Physique*, **42**, C5 – 421 (1981).

[14] C. Esnouf, G. Fantozzi, *J. de Physique*, **42**, C5 – 451 (1981).

[15] L. Rotherham, S. Pearson, *J. Metals*, **8**, 881 (1956); Trans. AIM, **206**, 881 (1956).

[16] S. Pearson, L. Rotherham, *J. Metals*, **8**, 894 (1956); *Trans. AIM*, **206**, 894 (1956).

[17] T. Mori, M. Koda, R. Monzen, T. Mura, *Acta Metall.*, **31**, 283 (1982).

[18] T. S. Kê, *J. Appl. Phys.*, **20**, 274 (1949); *Scripta Metall. Mater.*, **24**, 347 (1990).

[19] T. S. Kê, *J. Appl. Phys.*, **20**, 1226 (1949).

[20] E. Voce, A. P. C. Hallowes, *J. Inst. Metals*, **73**, 323 (1947).

[21] P. Condi, F. Mezzetti, *Ric. Sci.*, **8**, 671 (1966).

[22] P. Cui, T. S. Kê, *J. de Physique*, **48**, C8 – 417 (1987).

[23] P. Cui, T. S. Kê, *Materials Science and Engineering*, A150, 281 (1992).

[24] S. Wienig, E. S. Machlin, *Trans. AIME*, **209**, 22 (1957).

[25] K. G. Meltseva, I. V. Zolotukhin, V. S. Postnikov, *Fiz. Metal. i Metalloved.*, **16** (5), 754 (1963).

[26] V. Ye. Panin, L. A, Kudryavteva, T. S. Siderova, L. S. Bushnev, *Fiz. Metal. i Metalloved*, **12** (6), 927 (1963).

[27] Y. Ogino, Y. Amano, *Trans. Japan Inst. Metals*, **22**, 81 (1979).

[28] A. V. Grin, *Fiz. Metal. i Metalloved.*, **4** (3), 561 (1957).

[29] K. Bungardt, H. Preisendanz, *Arch. Eisenhüttlenwesen*, **27**, 715 (1956).

[30] P. Barrand, *Acta Metall.*, **14**, 1247 (1966).

[31] P. Barrand, *Met. Sci. J.*, **1**, 127 (1967).

[32] J. M. Winter, S. Wienig, *Trans. AIME*, **215**, 74 (1959).

[33] L. N. Aleksandrov, *Fiz. Metal. i Metalloved.*, **13** (4), 636 (1962).

[34] A. V. Grin, *Trud, IFM Akad. Nauk*, SSSR **22**, 101 (1959).

[35] A. T. Simatov, A. V. Grin, *Fiz. Metal. i Metalloved.*, **8** (6), 829 (1959).

[36] S. Wienig, E. S. Machlin, *J. Metals*, **9**, 32 (1957).

[37] J. J. Wert, P. C. Rosenthal, *Trans. ASM*, **55**, 439 (1962).

[38] Y. N. Wang (王业宁), J. S. Zhu (朱劲松), *J. de Physique.*, **42**, C5-457 (1981).

[39] P. Ehrlich, *Zeitschr. Anorg. Allgem. Chem.*, **247**, 53 (1941); *Angew. Chemie*, May/June, 163 (1947).

[40] N. J. Pratt, W. J. Britina, B. Chalmers, *Acta Metall.*, **2**, 203 (1954).

[41] D. R. Mosher, R. Raj, *Acta Metall.*, **22**, 1469 (1974).

[42] K. Iwasaki, *Phys. stat. sol.* (a), **86**, 637 (1984).

[43] K. Iwasaki, *Phys. stal. sol.* (a), **100**, 453 (1987).

[44] J. T. A. Roberts, *Met. Trans.*, **1**, 2487 (1970).

[45] C. D. Starr, E. C. Vicars, A. Goldberg, J. E. Dorn, *Amer. Soc. Metals*, **45**, 275 (1953).

[46] T. C. Lei (雷廷权), *J. de Physique*, **42**, C5-487 (1981).

[47] S. Baik, R. Raj, *Acta Metall*, **30**, 499 (1982).

[48] F. Mezzetti, L. Pasari, *J. Nucl. Mat.*, **8**, 70 (1966).

[49] A. Schneiders, P. Schiller, *Acta Metall.*, **16**, 1075 (1966).

[50] O. Yoshinari, S. Tsunekawa, M. Koiwa, *Trans. Jap. Inst. Metals*, **28**, 898 (1987).

[51] G. M. Ashmarin, M. Y. Golubev, *Phys. Chem. Mech. Surf.*, **5**, 3290 (1990).

[52] G. M. Ashmarin, M. Y. Golubev, A. I, Zhikherev, Ye. A. Shvedov, *J. de Physique*, **48**, C8-401 (1987).

[53] T. Mori, M. Koda, R. Monzen, *Acta Metall.*, **31**, 275 (1983).

[54] N. Shigenaka, R. Monzen, T. Mori, *Acta Metall.*, **31**, 2087 (1983).

[55] T. Mori, T. Mura, *J. Mech. Phys. Solids*, **35**, 631 (1987).

[56] S. Shibata, I. Jesiuk, T. Mori, T. Mura, *Mech. Meter.*, **9**, 229 (1990).

[57] D. T. Peters, J. C. Bisseliches, J. W. Spretnak, *Trans. AIME*, **230**, 530 (1964).

[58] U. de Pereyra, E. C. Morelli, A. A. Ghilarducci, *Scripta Metall.*, **23**, 1691 (1989).

[59] Z. A. Farid, S. Saleh, S. A. Mahmoud, *Mat. Sci. Eng.*, **A110**, 131 (1987); *J. Mater. Sci.* **25**, 519 (1990).

[60] M. E. de Morton, G. M. Leak, *J. Mat. Sci.*, **1**, 166 (1967).

[61] F. Cosanday, J. J. Amman, R. Schaller, W. Benoit, *Scripta Metall.*, **22**, 395 (1988).

[62] K. Iwasaki, K. Fujimoto, *J. de Physique*, **42**, C5-475 (1981).

[63] F. Povolo, B. J. Molinas, *J. Mater. Sci.*, **21**, 3539 (1986).

[64] F. Povolo, B. J. Molinas, *J. Mater. Sci.*, **20**, 3649 (1985).

[65] R. E. Maringer, A. D. Schwops, *Trans. AIME*, **200**, 1529 (1954).

[66] 马应良、宋居易, 金属学报, **7**, 68 (1964).

[67] R. H. Schnitzel, *Met. Soc. Conference on Reactive Metals*, 245~263 (1959).

[68] 王业宁、许自然、韩叶龙, 物理学报, **22**, 647 (1966).

[69] Т. В. Свистунова, Г. В. Эстуаин, *Митом*, **8**, 27 (1963).

[70] 由森、杨继先、陈德源, 物理学报, **33**, 292 (1974).

[71] Li Wen-bin (李文彬), Lin Zheng-qun, Yang Guo-ping (杨国平), Li Cheng-ksiu, Zhang Bin, *J. de*

Physique, **42**, C5 – 469 (1981).

[72] Li Wen-bin, Yang Guo-ping, Li Cheng-ksiu, Liu Zheng-qun, *J. de Physique*, **42**, C5 – 463 (1981).

[73] 戴景义、魏金全、吴玉琴等，金属学报，**26**，A14 (1990).

[74] 邱宏、杨国平、李文彬、张立德，第二次全国固体内耗与超声衰减学术会议论文集，原了能出版社，15 (1989).

[75] 米云平、李文彬、杨国平，同上，31.

[76] Wei-Ping Cai, *J. Mater. Sci.*, **26**, 527 (1991).

[77] D. R. Mosher, R. Raj, R. Kossowstey, *J. Mater. Sci.*, **11**, 49 (1976).

[78] R. L. Tsai, R. Raj, *J. Am. Ceram. Soc.*, **63**, 513 (1980).

[79] J. Shioiri, K. Satoh, Y. Fujisawa, *Prog. Sci. Eng. Compos.*, **2**, 1239 (1982).

[80] A. P. S. Rana, *J. Ceram. Soc. Japan*, **94**, 1029 (1986).

[81] S. Sakaguchi, N. Murayame, F. Wakai, *J. Ceram. Soc. Japan*, **95**, 1219 (1987).

[82] Kenichi Ota, Giuseppe Pezzotti, *Phil. Mag.*, A**73**, 223 (1996).

[83] K. Matsushita, T. Okamoto, M. Shimade, *J. de Physique*, C10 – 349 (1985).

[84] R. Raj, P. E. O. Morgan, *J. Am. Ceram. Soc.*, **64**, C143 (1996).

[85] I. Tanaka, K. Igashira, H. J. Kleebe, M. Rühle, *J. Am. Ceram. Soc.*, **77**, 275 (1994).

[86] G. Pezzotti, K, Ota, H. J. Rleebe, Y. Okamoto, T. Nishida, *Acta Metall. Mater.*, **43**, 4357 (1995).

[87] Kenichi Ota, Giuseppe Pezzotti, *Scripta Materialia*, **34**, 1467 (1996).

[88] G. Pezzotti, I. Tanaka, T. Okamoto, *J. Am. Ceram. Soc.*, **74**, 326 (1991).

[89] G. Pezzotti, *J. Am. Geram. Soc.*, **76**, 1313 (1993).

第四章 关于晶界内耗峰来源的争论

§4.1 争论的主题

在第二章里介绍了葛庭燧关于铝的晶界弛豫的最初研究成果以及所提出的晶粒间界黏滞滑动模型. 这些结果基本上得到认可, 但在某些细节方面需要进一步讨论. 例如内耗峰高度 (弛豫强度), 内耗峰位置 (弛豫时间) 和内耗峰宽度 (弛豫参数的分布) 与晶粒尺寸之间的关系, 以及杂质和合金元素的影响. 也有人认为晶界内耗峰的基本过程是晶界迁动而不是晶界滑动. 关于晶界弛豫对于应变振幅的依赖关系也有一些不同的报道. 在第二章和第三章里已经对于产生这些意见的原因做了初步的分析.

关于晶界弛豫的理论模型方面, 除了早期的原子模型 (小岛模型和无序原子群模型) 以外, 随着位错理论的发展已经提出了许多位错模型, 用位错的运动来描述晶界滑动和迁动. 不管这些意见如何, 但却一致同意葛峰 (晶界内耗峰) 与在晶界发生的过程有关. 直到 20 世纪 70 年代, 法国 Poitiers 研究组和意大利 Bologna 研究组提出葛峰是由于晶粒内部点阵位错的运动而不是由于晶界过程所引起的. 他们的主要实验根据是在葛峰出现的温度范围内 ($0.6 \sim 0.7 T_m$, T_m 为熔点温度), 用相同的振动频率在多晶和单晶试样都观测到几个弛豫型内耗峰. 他们认为, 既然在单晶试样中也出现类似的内耗峰, 那就可以用在晶粒内部所发生的过程来说明在多晶中所观测的现象, 而不必把它归因于出现在晶界的过程. 由于这个问题是极其基本性的, 所以下面将首先对于他们所根据的实验事实进行仔细的检查, 然后对于他们提出的点阵位错假说进行分析. 关于这方面已有一些综述性的评论[1~3].

§4.2 法国 Poitiers 研究组的实验

1973 年在联邦德国亚琛高工举行的第五届国际固体内耗和超声衰减学术会议 (ICIFUACS-5) 上, 法国 Poitiers 航空机械学院的 Woirgard 等[4] 做了题为 "纯面心立方金属的晶粒间界内耗峰的位错模型" 的报告, 报告的内容在 1975 年出版的会议文集上发表. 他们提出: "随着葛庭燧的基本性工作的发表[5,6], 一般都认为纯多晶金属在 $0.3 \sim 0.5 T_m$ 范围内出现的内耗峰本质上是由于晶界的黏滞性行为. 支持这个假说的实验是在单晶体中并不出现这种现象, 并且当晶粒尺寸大于试样的直径时, 内耗峰不出现. 但是应当注意, 产生大尺寸的晶粒时所进行的高温退火也引起位错密度的降低, 因而还不能从文献中的已有实验数据来排除点阵位错可能发生的影响. 本文报道对于一些纯 fcc 金属的单晶、双晶和多晶试样所得到的结果, 并提出了关于在单晶和多晶体所观测到的各种不同的内耗峰以及高温内耗背景的位错通过空位扩散而攀移的定量模型".

内耗测量是用 50mm × 6mm × 2mm 的平板试样在 20℃ ~ 1100℃ 之间用低频弯曲实验[7]进行的. 试样所含的金属杂质小于 10^{-3} wt%. 双晶试样的取向差是 50° 和 53° (围绕着 ⟨100⟩ 轴线), 这分别对应着低的和高的重位点阵密度. 图 4.1 示出的是施加交变拉伸应力装置的示意图.

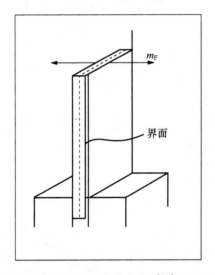

图 4.1 对双晶试样施加交变拉伸应力的装置[7,4], 虚线表示晶界面.

图 4.2 所示的是 Cu 多晶 (晶粒尺寸 1mm) 和轻微加工变形后在 600℃ 和 900℃ 退火的 Cu 单晶的内耗曲线. 由图可见, 在多晶的晶界弛豫内耗峰的同一温度范围内也在单晶中出现了显著的弛豫效应.

图 4.3 示出在 Cu 单晶和 Cu 双晶 (53°, 围绕⟨100⟩轴) 所得的内耗谱, 两者并没有可测出的差别. 另外, 取向差为 50° 和 53° 的双晶试样的内耗谱也没有显著差别.

图 4.4 示出经过轻微弯曲加工的 Cu 单晶体所出现的内耗谱随着连续的退火而发生变化的情况. 图 4.5 和图 4.6 示出较高温度退火 (600℃ 和 900℃) 使内耗谱的高温部分 ($0.5 \sim 0.6 T_m$) 升高, 而低温部分几乎消失.

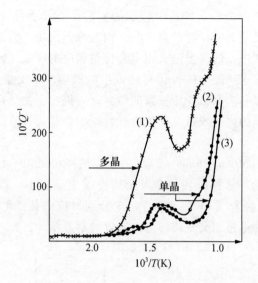

图 4.2 99.999Cu 多晶和轻度弯曲加工并在 900℃ 退火后的 Cu 单晶的内耗曲线[4].

(1) 多晶 (1Hz)；(2) 单晶 (0.4Hz)；(3) 单晶 (4Hz).

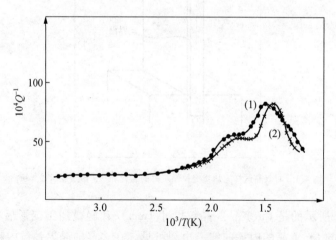

图 4.3 Cu 单晶和 Cu 双晶的内耗曲线[4].

(1) 单晶 (0.67Hz)；(2) 双晶 (4Hz).

他们把所观测的内耗谱分解为四个组成部分 P_1，P_2，P_3 和 P_4 峰. 在分解处理当中所作的假定是各个组元峰在频率不变时具有固定的宽度和峰巅温度，因而弛豫强度（峰高）是仅有的可变参数. 另外还假定高温背景内耗是 $1/T$ 的接近于指数型的函数，其强度是 $\Delta_\tau = \dfrac{A_0}{T}\exp\left(-\dfrac{H_c}{kT}\right)$，其中的 H_c 接近于沿位

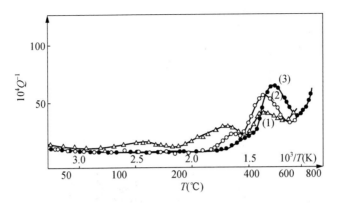

图 4.4 经过弯曲加工的 Cu 单晶在连续退火后的内耗曲线[4].
(1) 第一次升温 (4.95 Hz); (2) 第二次升温 (4.95 Hz);
(3) 第三次升温 (5 Hz).

错芯区的自扩散能, 即 $0.5H_V$, H_V 为体积自扩散能. 图 4.5 和图 4.6 表明分解以后所得到的 4 个单元内耗峰.

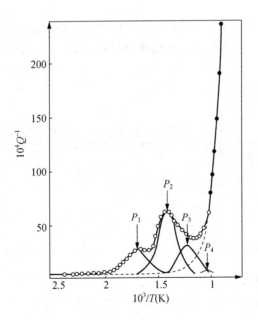

图 4.5 轻度加工 Cu 单晶在 600℃ 退火后的内耗谱 (4 Hz)[4].

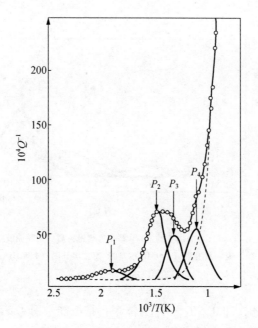

图 4.6　轻度加工 Cu 单晶在 900℃ 退火后的内耗谱 (0.4Hz)[4].

　　表 4.1 列出 Cu 单晶和多晶的弛豫谱中的峰温最低的 P_1 峰和最高的 P_4 峰的弛豫参数, 其中的 H 是用变频法测得的激活能, τ_0 是极限弛豫时间, β 是对数正态分布参数, Δ_j 是各个组元峰的弛豫强度. 可见单晶与多晶之间的差别只在于多晶峰的弛豫强度远大于单晶峰.

表 4.1　Cu 单晶和多晶的 P_1 和 P_4 峰的弛豫参数

	H（kcal/mol）	τ_0（s）	β	$\Delta_j \times 10^{-4}$	
单晶	25.1	1.1×10^{-11}	1.5	32	P_1
	53	3.4×10^{-14}	2.5	169	P_4
多晶	26.9	2.6×10^{-12}	3.5	1087	P_1
	48.2	1.2×10^{-12}	2.5	765	P_4

　　Poitiers 研究组的 Woirgard 等用铝多晶和单晶进行了类似的实验[8]. 图 4.8 和图 4.7 所示出的是多晶铝和未经变形的单晶铝的内耗曲线, 后者的弛豫强度很弱, 图 4.7 所示的是取向为 〈100〉 的铝单晶的内耗曲线, 他们把这个曲线分解为 3 个对称的内耗峰: P_1, P_2 和 P_3 峰.

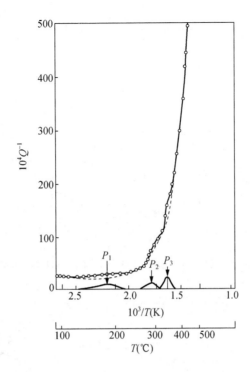

图 4.7　未经变形的单晶铝（取向〈100〉）的内耗谱（0.85Hz）[8].

　　Woirgard 等还对于经过各种冷加工量并且随后在不同温度下进行退火的 Ag 多晶试样进行了弯曲内耗测量[9]，频率约为 1Hz. 所用的试样是厚度分别为 1mm，1.5mm 和 2mm 的 99.999% Ag 板. 图 4.9 所示的一系列内耗曲线是厚度为 1mm 的 Ag 多晶体试样经过 850℃退火 4h 后冷轧 60%，再经过以下的热处理程序后进行测量的. 曲线（1）：以 300℃/h 的速度升温达到 850℃. 曲线（2）：测后再以 50℃/h 的速度达到 850℃. 曲线（3）：再以 50℃/h 的速度升温达到 850℃. 曲线（4）：在 600℃退火 2h. 曲线（5）：在 600℃退火 12h. 曲线（6）：曲线（4）测完后在 850℃退火 4h. 所用的振动频率除曲线（4）是 0.3Hz 以外，其余都是 3Hz. 在各次热处理后的金相观察指出，在曲线（4），（5）所对应的情形下，试样的晶粒很不完整，分布也不均匀，平均晶粒尺寸约为 0.2mm，小于试样的厚度. 在曲线（6）所对应的情况下，试样已经具有较完整的新晶粒和比较平滑的晶粒间界，但晶粒粗大超过试样厚度. 作者根据若干人为的假定，把图 4.9 中的曲线（6）和曲线（4）所示的内耗曲线分解为 4 个组元内耗峰如图 4.10 和图 4.11 所示. 他们用 Nowick 和 Berry[10] 所提出的公式算出各弛豫参数的值并用 Monte Carlo 方法求出激活能

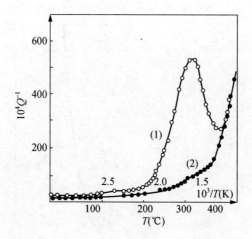

图 4.8　多晶铝（1）和未经形变的单晶铝（2）的内耗谱（0.85Hz）[4].

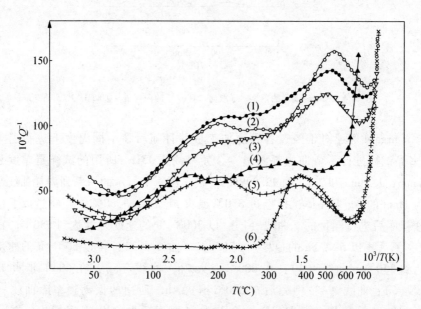

图 4.9　99.999% Ag 多晶经过 60% 冷轧再进行各种热处理后的内耗曲线[9].

曲线（1）~（6）的热处理程序见正文.

和极限弛豫时间.

　　表 4.2 列出多次实验所得的平均值（Ag 的自扩散激活能 $H_V = 44.1$ kcal/mol）.

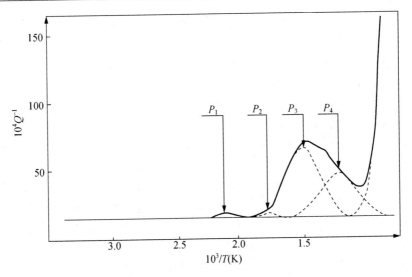

图 4.10 图 4.9 中的曲线（6）分解为 4 个内耗峰[9].

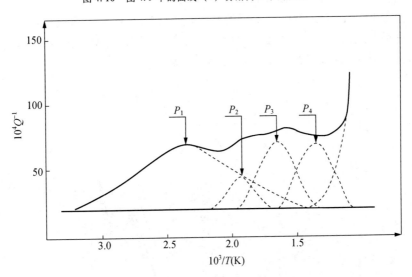

图 4.11 图 4.9 中的曲线（4）分解为 4 个内耗峰[9].

表 4.2 纯 Ag 弛豫峰的弛豫参数

	H（kcal/mol）	τ_0（s）	β
P_1	20.3 ± 2	2.3×10^{-11}	4.8
P_2	26.0 ± 2.6	4.9×10^{-12}	2.8
P_3	29.7 ± 4	2.1×10^{-15}	3.0
P_4	46.2 ± 4.6	1.5×10^{-14}	5.0

　　事实上，图 4.10 所示的曲线 ［即图 4.9 中的曲线 （6）］ 是冷加工的 Ag 试样在 850℃ 经过 4h 的退火已经达到完全再结晶、并且发生晶粒增大从而晶粒尺寸超过试样厚度的情形，而图 4.11 所示的曲线 ［即图 4.9 中的曲线 （4）］ 是冷加工试样在 600℃ 经过 2h 的退火，只是发生部分再结晶，而所得的不完整晶粒的尺寸还未超过试样厚度的情形. 这两种情形下的晶界状态很不相同. 作者把它们进行同样对待并把平均值列入表 4.2 中是不适当的.

　　1976 年，Poitiers 研究组在罗马召开的第三届欧洲固体内耗与超声衰减学术会议上报道了他们对于多晶 Ag 的内耗实验的新结果[11]，发现冷加工随后退火的试样的内耗对于振幅极为敏感，但在较高温度，内耗似乎与振幅无关. 他们认识到以前的结果的重复性不好以及内耗谱所表现的复杂性可能是由于振幅效应的干扰. 他们仍用弯摆进行内耗测量，最大的应变振幅是 2×10^{-6}，振动频率是 3Hz，把试样在接近熔点的温度 （925℃） 在 Ar 气氛中退火 24h，得到数量级为毫米级的较大晶粒，在随后的实验中很稳定. 试样在实验中的加热和冷却速度很慢 （6℃/h） 以保持平衡结构.

　　图 4.12 示出的是对应着不同的最大应变振幅所得到的内耗曲线. 由图可见，内耗曲线随着应变振幅的增加而普遍提高. 这种振幅效应对于中间温度最为明显. 曲线 （4） 是外推到最大振幅 ε_m 为零时的内耗曲线. 图中插图的曲

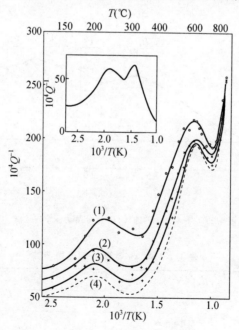

图 4.12　在 925℃ 退火 24h 的 Ag 试样的内耗曲线 （3Hz） 的振幅效应[11]. （1） ~ （3） 对应着应变振幅 ε_m 分别为 2×10^{-6}，1×10^{-6} 和 5×10^{-7}；（4） 对应着把 ε_m 外推到零时的内耗曲线.

线对应着由曲线（1）减去曲线（4）. 图 4.13 中的曲线（1）就是图 4.12 中的曲线（4），曲线（2）是假定的高温背景曲线，曲线（3）是减去背景后的内耗曲线. 可见在 200℃ 和 600℃ 显示出两个对称的内耗峰，被叫做 P_d 峰和 P_v 峰. 应当指出，Poitiers 研究组以前工作中指出有 4 个内耗峰，这种差别显然与对于试样所进行的不同热机械处理有关，但他们并未加以说明. 他们在讨论中指出，这两个峰都出现在所谓的 Ag 的晶界内耗峰的温度范围以内，而上述实验结果证明了激发振幅对于它们的影响，因而无论在多晶或单晶的情形，振幅效应的出现都指出位错的贡献是占优势的. 因此，他们认为 P_d 峰是来源于位错割阶通过空位的扩散而沿着位错线的攀移，P_v 峰是来源于位错通过空位的体扩散的攀移. 实际上，把振幅效应的来源不加分析地就与位错的贡献联系起来是很牵强的. 从实验上讲，Ag 试样经过接近熔点温度（925℃）的退火可能已变得很软，在 P_v 峰出现的温度下很可能在测量当中出现一定的范性（塑性）形变，从而才出现微弱的振幅效应. 如果作者们认为 P_v 峰（或 P_4 峰）是对应着 Ag 的晶界内耗峰的话①，则它的来源显然与出现强烈振幅效应的 P_d 峰不同.

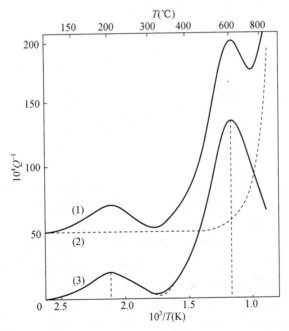

图 4.13　图 4.12 中的曲线减（1）曲线扣除背景（2）后的内耗曲线（3）[11].

---

① 按照 J. N. Cordea 和 J. W. Spretnak［*Trans. Matall. Soc. AIME*，**236**，1685（1966）］的实验结果，Ag 的晶界内耗峰出现在 350℃，激活能是 56kcal/mol，$-\ln\tau_0 = 20$.

1977 年，Poitiers 研究组报道了他们对于 99.999% Ag 多晶和单晶所做的进一步的内耗测量工作[12]. 对于多晶 Ag 所测得的低温峰和高温峰分别出现在 400℃ 和 600℃ 附近，弛豫参数 H 和 τ_0 分别是：20 和 26kcal/mol；6×10^{-11} 和 2×10^{-8} s. 一个重要的发现是与振幅有关的内耗与频率无关.

所用的 Ag 单晶试样是用火花切割法从多晶试样上切割下来并经过化学减薄的. 在内耗测量以后，把试样放在含同量的氨和过氧化氢的浴槽中浸泡，以显示金相结构，发现在试样夹头区域出现一定的再结晶，作者们认为这不会对实验结果发生影响.

Ag 单晶试样在第一次升温测量时出现与振幅有关的内耗，但没有明显的峰，随后在 700℃ 原位退火 24h，在 500℃ 附近出现一个内耗峰，如图 4.14 所示（3Hz）. 图中曲线（1）（$\varepsilon_m = 2 \times 10^{-6}$）上在 400℃ 附近出现的小凸包，这是由于与振幅有关的内耗. 用改变频率（3，0.3Hz）法测得弛豫参数是 $H = 31$kcal/mol 和 $\tau_0 = 2 \times 10^{-9}$ s.

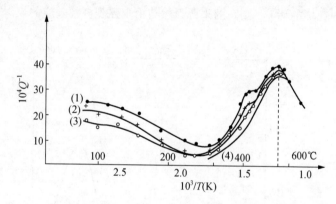

图 4.14 99.999Ag 单晶在 700℃ 退火 24h 后的内耗曲线（3Hz）的振幅效应[12].（1）~（4）对应的应变振幅 ε_m 分别为 2×10^{-6}，10^{-6} 和 5×10^{-7} 和 0（外推）.

作者在讨论中指出，单晶和多晶都在约 550℃ 处出现相同的弛豫效应证实了原来认为是晶粒间界的特征的晶界内耗峰必然与单个位错有联系. 这个峰只在含有粗大的位错网络的退火试样中出现证明这一观点. 但是应该指出，单晶在 700℃ 原位退火后在试样夹头区域既然发生了一定程度的再结晶，那就不能不考虑这会使得单晶体的一部分地区变为多晶体的问题.

Poitiers 研究组总结了关于多晶和单晶 Pb，Ag，Cu，Al，Ni 和 α-Fe 的内耗峰的弛豫参数 H 和 τ_0，见表 4.3[13]. 表中的 H_V 是各元素的自扩散激活能，T_p 和 T_m 分别是峰巅温度和熔点温度. 关于 α-Fe 的数值是引自 M. E. de Morton and G. M. Leak, *Acta Met.*, **14**, 1140 (1966).

表 4.3　几种元素的内耗峰的弛豫参数

金属	内耗峰	H（kcal/mol）	ν_0（s^{-1}）	T_P/T_m	H_V（kcal/mol）
Pb	P_1	17	2.7×10^{10}	0.64	24.2
	P_2	23	1.9×10^{12}		
Ag	P_1	20	4.3×10^{10}	0.36	44.3
	P_2	26	3.0×10^{11}	0.43	
	P_3	40	4.8×10^{14}	0.50	
	P_4	46	6.7×10^{13}	0.62	
Cu	P_1	27	3.8×10^{11}	0.40	47.1
	P_2	42	9.1×10^{13}	0.51	
	P_3	45	3.4×10^{13}	0.57	
	P_4	48	8.3×10^{11}	0.69	
Al	P_1				34.0
	P_2	34	1.5×10^{14}	0.60	
Ni	P_1	58	1.6×10^{17}	0.43	65.0
	P_2	56	5.0×10^{16}	0.50	
$\alpha - $Fe	P_1	33	1.7×10^9	0.45	
	P_2	53	2×10^{13}	0.49	

　　由表中的数值可见，内耗谱中出现在最低温度的内耗峰的激活能接近 $0.5H_V$，而出现在最高温度的内耗峰的激活能则接近 H_V.

　　上述的实验结果表明，在多晶体的晶界内耗峰出现的相同温度范围内也在轻度冷加工的单晶体和双晶体试样观测到一定的弛豫效应，在单晶和双晶中所得到的分立的内耗峰与在多晶体中得到的相合，而在单晶的实验中并没有发生再结晶，即没有晶界出现[①]. 另外，在各种金属中都观测到出现在最低温度（从 $0.3T_m$ 到 $0.4T_m$）和最高温度（$0.5T_m$ 到 $0.6T_m$）的内耗峰的激活能分别接近于 $0.5H_V$ 和 H_V. 这就强烈地表明，所有这些弛豫现象都与位错攀移的弛豫过程有关. 他们进一步指出[4]，前者是归因于位错芯区内的自扩散，后者是归因于位错的体积自扩散. 在多晶体的情形，可认为对弛豫过程负责的是能够通过滑移和攀移而在晶界面内运动的晶界位错，而空位以扩散系数 D_V 在晶界面内移动. 应当指出，作者在实际上是承认了最高温度的内耗峰是来源于出现在晶界面内的过程而不是来源于出现在晶粒内部的过程.

---

① 事实上，作者们并不能证实试样在实验过程中没有发生再结晶.

　　Poitiers 研究组在此前是用板状试样在弯摆上进行内耗测量的，这种振动方式使试样上的应变振幅分布很不均匀和复杂，测量的精确度不高，因而在内耗峰的峰位和弛豫参数方面得出许多自相矛盾的结果．1979 年在英国曼彻斯特召开的第四届全欧内耗与超声衰减学术会议上，他们首次报道了在扭摆上用受迫振动方法测量内耗频率谱的结果[14]．他们的 3N 铝单晶是用动态再结晶法制备的，用火花切割法切成与（100）面平行的 60mm×4mm×1mm 的板状试样．用透射电子显微镜术、侵蚀斑法和细焦 X 射线法观察试样的亚结构．试样中的位错密度约为 $6\times10^8\mathrm{cm}^{-2}$，分布为直径约 0.1mm 的粗大胞状结构，但是并未观察到真正的多边化．把试样在 203℃ 退火 24h，并在这个恒定温度下测量内耗的频率谱（由 $10\sim10^{-4}$Hz），所测得的内耗很低，当退火温度逐步提高到 350℃ 时，位错密度减小为约 $10^8\mathrm{cm}^{-2}$，冷加工胞状结构几乎完全消失，X 射线观测也发现开始出现多边化．图 4.15 示出的是铝单晶试样在 300℃ 退火 48h 后在 203，215，300℃ 测得的内耗频率谱．

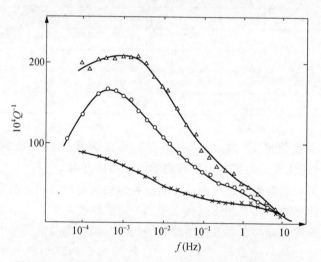

图 4.15　3N 铝单晶在 300℃ 退火 48h 后在各种温度测量的内耗
频率谱[14]．×：203℃；○：251℃；△：300℃．

　　图 4.15 可见，在 300℃ 测量时，一个峰出现在 10^{-3}Hz，这个峰反映着胞壁中的位错段的不断变长．他们认为它对应着晶界内耗峰（葛峰），然而这时并不存在晶界．实际上，这个峰并不与葛峰对应，如在 300℃ 测量，葛峰应出现在高于 1Hz 处，它可能对应着曲线上在 1Hz 附近出现的小凸包．试样在 595℃（$0.93T_m$）退火后，多边化已经展布于整个试样，原来的粗大胞状结构已经完全消失，变为直径为几个微米的亚晶粒．图 4.16 示出 Al 单晶试样分别在 503℃ 退火 100h 和在 595℃ 退火 200h 后在 350℃ 测得的内耗频率谱，可见图

4.15 所示的峰逐渐消失，而在 10^{-5} Hz 处出现与多边化有关的内耗峰．他们还指出，把细晶粒多晶试样（0.1mm）在 616℃保温 3h 后在 616℃进行测量，在 10^{-2} 到 10^{-1} 之间也出现一个很高的内耗峰①，但是这个峰并未分裂成两个峰，而是在 616℃退火 24h 后消失，这可能是由于试样出现了再结晶．

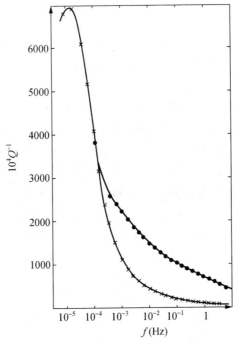

图 4.16　图 4.15 的试样在 503℃（●）和 595℃
（×）退火后的 350℃测量的内耗频率谱[14].

　　他们根据以前的结果，特别是关于多边化和再结晶两种状态的实验结果的比较，提出关于铝的高温内耗来源的假说如下："晶界"峰可以归因于冷加工单晶试样中那种粗大胞状结构中的位错的运动；不过点阵位错所形成的位错排垫（mattress）被多晶中的晶界所钉扎．在多晶试样观测到的内耗峰之所以非常稳定，或许与只有在高温下长期退火才能消除位错排垫被钉扎有关，这个过程在晶粒增大的过程中才能发生．在冷加工单晶体的情形，粗大的胞状结构很容易被消除从而有利于多边化．明显的内耗峰只在多边化状态才能出现的事实表明，在多边化情形下，位错的运动受到所出现的亚晶界的制约从而成为有效

_____

　　① 细晶粒试样在接近熔点温度所出现的内耗峰可能是由于晶界的熔化过程所引起的，以前已经有过关于铝（99.96%，99.99%），Al－0.15% Si，Al－0.4% Cu 和 Al－0.4% Mg 试样的报道[15]，作者们在所谓的铝单晶试样里所观测到的一些出现在极高温度的内耗峰可能与此有关.

的障碍.

应当指出，他们所用的试样是纯度不高的 3N 铝，所含杂质会引起复杂的效应，因而对于所观测到的内耗现象的分析应当特别慎重. 另外，内耗峰都出现在很高的温度，把它们与细晶粒晶界内耗峰（葛峰）相联系是完全没有根据的. 99.991% Al 的葛峰在振动频率为 1Hz 时出现在 290℃，这个温度远低于他们所讨论的内耗峰的温度.

Poitiers 研究组在 1981 年发表了关于 Cu 和 Cu – Al 固溶体的高温内耗频率谱的研究结果[16]. 所用的 Cu 试样是 54mm × 4mm × 1mm 的 99.999% 铜片，在780℃原位退火 24h. 测量内耗时的恒定应变振幅范围是 10^{-6} 到 10^{-5}. 在 10^{-5}到 10Hz 的频率范围内，所测得的相角差 ϕ（$Q^{-1} = \tan\phi$）的准确度约为 10^{-4}rad. 图 4.17 示出的是在各种温度下的内耗 – 频率曲线. 可见各条曲线上都只出现着一个很平滑的内耗峰和单调上升的低频内耗背景，这与他们以前报道的（见图 4.4 和图 4.5）可以分解为几个组元的内耗峰大不相同. 另外，所测得的激活能和极限弛豫时间是 56.7kcal/mol，$\tau_0 = 1.26 \times 10^{-15}$s，与他们过去所报道的 48.2kcal/mol 和 1.2×10^{-12}s 相差很多，也与他们过去认为应当接近相等的自扩散激活能（47kcal/mol）相差 10kcal/mol 之多，而他们宣称所测定的激活能的精确度为 ±0.25kcal/mol.

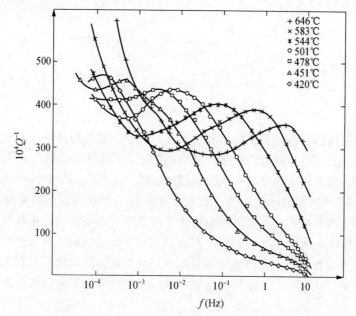

图 4.17　5NCu 在各种温度测量的内耗频率谱[16].

图 4.18 示出的是他们对于多晶和单晶 99.999% Cu 在 583℃ 和 585℃ 所进

行的平行实验，但未说明单晶试样是否经过轻度冷加工. 作者认为这两个内耗峰的差别只在于单晶试样的低频背景内耗很低，但是从图中的曲线并不能说明这一点，因为没有可比的数据. 另外由图中可见单晶峰是出现在较多晶峰为低的频率或较高的温度.

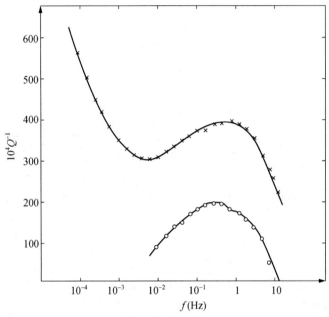

图 4.18   99.999% Cu 多晶在 583℃（×）和单晶在 585℃（○）测
量的内耗 – 频率曲线[16].

令人困惑不解的是，在这种情况下，他们仍在文中指出："这种内耗峰（指多晶峰）曾被认为是由于应力激活的低振幅晶界滑动（葛，1947），但事实上这种晶界内耗峰已被指出是由于晶粒内部的位错运动所引起的（Woirgard，Amirault 和 De Fouqnet，1973/1975[4]）. 这已经由对于多晶和单晶所进行的平行实验（指图 4.18）清楚地予以指明." 这种牵强附会的提法是违反实验事实的.

1981 年在瑞士洛桑举行的第七次国际固体内耗与超声衰减学术会议上，Poitiers 研究组报道了关于 Al，Ag，Cu，Ni 多晶和单晶的高温内耗的研究结果[17]. 他们认识到：过去的文献报道的在 fcc 金属中出现的叠加在随着温度而单调上升的内耗背景上的几个内耗峰，有的峰并不是真正的弛豫峰，而是与实验条件有关的. 温度的升高能够引入过渡效应，从而引起赝峰，有的内耗在极低的应变振幅下也出现很敏感的振幅效应. 因此要准确地测定弛豫参数就需在恒温下用尽可能低的应变振幅进行测量. 文中报道的结果是用低频弯曲振动在高真空或氩气氛中测量的，有些实验则是用经典扭摆（葛摆）和变频摆进行的．最大的应变振幅是从 2×10^{-7} 到 8×10^{-6} 的范围．试样在测量温度进行 4h 的稳定化后才进行测量．采用了这些措施能够分出几个内耗峰和大的振幅效应．表 4.4 总结了他们关于多晶和单晶所得的结果．

表 4.4 Al，Ag，Cu，Ni 多晶和单晶的弛豫参数，H_p 是内耗峰的激活能

（ $1eV = 23.05kcal/mol$ ）

	Al			Ag			
T_P/T_m （1Hz）	0.43	0.65	0.73	0.37	0.54	0.60	0.74
H_p （eV）	0.95	1.02	0.98	0.97	1.03	1.54	1.20
H_p/H_V	0.64	0.69	0.66	0.51	0.53	0.80	0.62
τ_0 （s）	3×10^{-13}	5×10^{-10}	1×10^{-10}	3×10^{-12}	1×10^{-9}	1×10^{-11}	3×10^{-8}
	Cu			Ni			
T_P/T_m （1Hz）	0.41	0.54	0.64	0.42	0.49	0.61	
H_P （eV）	0.95	1.74	2.6	1.3	2.2	1.9	
H_p/H_V	0.47	0.85	1.27	0.45	0.74	0.67	
τ_0 （s）	3×10^{-10}	2×10^{-13}	3×10^{-16}	2×10^{-10}	1×10^{-13}	2×10^{-10}	

注：文中并没有说明每个峰是在单晶或在多晶中出现，或者是在单晶和多晶中都出现，也没有清楚说
明试样的纯度．

他们认为，所列的结果与其他作者的结果的差别或许可用实验条件不同来加以说明．

所研究的 4 个金属都出现一个坐落在 $0.4T_m$ 附近（1Hz）的低温内耗峰．这个峰在冷轧的多晶试样中不出现，在高于再结晶温度退火后才出现，但在更高温度退火使它完全消失．在单晶试样（99.999% Al，99.995% Ni）中也观察到这个峰，可能试样在制备和实验当中受到轻微的冷加工．在 650K（对于 Al）和 1150K（对于 Ni）退火使峰消失．

在 Ag 试样发现了第二个峰（ $0.5T_m$,1Hz）．中温退火使它增加而高温退火则使它消失．这个峰对于振动方式很敏感，弯曲振动的峰较低于扭转振动．

高温退火得出坐落在 $0.6T_m$ 和 $0.7T_m$ 附近的两个峰．在 Cu 和 Ni 中未观测到后一个峰．或许是由于退火温度不够高．Al 中出现两个峰或许与在内耗测量以前在 770K 的蠕变拉伸有关．在略低于熔点温度下退火使第一和第二个峰先后消失．

上述的情况指出，在四种 fcc 金属中，从室温到熔点温度之间观测到几个弛

豫峰(1Hz),在峰的位置(温度峰和频率峰)以及在连续退火当中所表现的行为对于多晶和单晶试样相同.峰的高度与晶粒尺寸没有直接关系,但与预先的机械热处理有关.这就表明位错排列的几何学具有重要的影响,并且证实了晶粒间界只是通过与位错网络的交互作用而发生间接的影响.这些结果与以前的报道结合起来能够提出关于弛豫机制的一些假设.例如,可把弛豫谱的各个组元与位错的自由度联系起来.

应该强调地指出,多晶体是由许多晶粒(单晶体)组成的,因而在单晶体中出现的弛豫现象也在一定程度上(并不一定完全一致)会在多晶体中出现.因此,只有在多晶体(含有晶界)中出现的弛豫现象并不在单晶体(不含晶界)中出现时才说明这种弛豫现象是来源于在晶界区域发生的过程.上述 Poitiers 研究组所作的一些引起混淆的论断似乎是由于没有考虑上述的逻辑和推理过程.1984年,葛庭燧等[18]用高纯铝做了一系列的实验来澄清这一问题,这将在后面的4.4.1 节中作详细介绍.

在 1981 年的国际会议上,Poitiers 研究组做了题为"纯金属中高温阻尼的实验和理论概况"的综述性报告[19].指出:"过去的大量工作清楚地说明纯金属中的高温内耗谱是包含着坐落在 $0.4 \sim 0.7 T_m$ 之间的一个或多个内耗峰以及一个有规则地随着温度的增加而增加的高温背景内耗,但是对于一些假设的过早认可大大阻碍了关于所包括的过程的真正理解.很早就认为所观测的晶界内耗对于应变振幅不敏感,但是新近的工作却指出非线性效应对于晶界内耗产生一定的微扰.自从葛庭燧[5,6]的原始工作以来,这些峰被认为是多晶状态的特征,但是新近的结果却指出单晶体也存在显著的效应,从而导致在蠕变理论里赋予晶体位错以显著的地位,并且显示出试样的历史即试样的微结构状态的重要性".

应当指出,他们所介绍的一些"高温"内耗峰的实验结果是相当零散的,有的是关于单晶的,有的是关于多晶的,有的是经过冷加工的,有的是经过退火的,也牵涉到杂质的影响,所讨论的出现内耗峰的温度范围从室温一直到熔点,其中大部分的弛豫现象与晶界弛豫毫无联系,这就很难说明晶界峰的来源问题.

Poitiers 研究组最后作了以下的总结:文献中关于"高温"内耗峰出现的原因提出了各种模型,大多数的模型的根据是假设弛豫的来源是晶粒间界(intergranular origin),从而引导出晶界滑动模型和晶界迁动模型,新近还提出晶界位错运动模型.另外孙宗琦和葛庭燧[20]最近提出了晶界位错连续分布模型.但是这些模型的不足之处是很难测量有关的参数,例如晶界位错密度,钉扎点之间的平均距离等等,因而根据上述结果,认为点阵位错运动的假设是更可能的解释,即纯金属在高温出现的内耗峰是来源于点阵位错的应力激活运动.

在 1981 年的国际会议上,葛庭燧[21]所作的题为"与位错的高温动性有关的内耗"的综述性论文中对于 Riviere,Amirault 和 Woirgard[17] 的论文做了针对性的分析. 他指出:"这些作者一而再地宣称多晶体和单晶体中所出现的内耗峰在峰的位置(温度峰和频率峰)和内耗峰对于连续退火所表现的行为上都是一致的(identical),因而断定位错排列的几何学对于这些内耗峰具有最重要的影响,而晶粒间界只是通过与位错网络的交互作用而发生间接的作用. 这些作者在这篇论文中以及以前所发表的报道中所指出的在轻度冷加工的单晶体中出现的弛豫峰是与多晶体的'传统的'晶界内耗峰坐落在同一温度范围的实验结果是需要严格查证的. 在许多事例中,他们把具有不同纯度,或者处于不同冷加工状态的多晶和单晶试样的实验结果加以比较,纵然在有些情况下,多晶和"单晶"(可能并不是真正的单晶)试样的内耗峰出现在接近相同的温度范围以内,但是经过细致的分析,它们肯定不是一致的. 他们所采用的扣除高温背景内耗的程序应当进行极端仔细的检查. 另外,多晶试样的晶界内耗峰的高度远远高于单晶试样中所出现的相关的内耗峰,这就引起了他们所用的单晶试样是否不含有任何晶界的疑问".

在经过冷加工的单晶体中当然也可以出现真正的弛豫峰,但是正如同他们所强调的,由于缺乏足够准确的关于激活参数的数值,要是贸然地提出关于晶粒内部的位错运动的基本机制的确切假设是不成熟的. 另外,对于轻度冷加工晶体进行升温测量内耗时要特别谨慎,因为退火效应会引起"意义不明确的内耗峰"或者赝峰. 在把高度软化了的单晶试样装入测量内耗的装置时很难避免引入冷加工效应,而这种效应只有在极高温度的长时间退火后才可能被"消除".

应当肯定的是,晶粒内部的冷加工状态和位错组态会影响晶界的行为以及在晶界内部的位错组态,但是在多晶试样所观测到的晶界内耗峰并不必然与引起轻度冷加工单晶体中可能出现的弛豫峰的位错组态有联系. 冷加工单晶和多晶中的滑移带(位错塞积组)以及大角度晶界里的位错组态的弛豫行为可能类似,并且或许引起类似的内耗峰,但它们的峰位以及在连续退火当中的行为并不一定是完全等同的. 因此,认为在完全再结晶后的多晶试样中所观测到的"传统"晶界峰并不是来源于晶界弛豫过程是不恰当的.

似乎值得附带地引证几个例子来说明晶粒内部的状态或晶界与相邻晶粒的交互作用能够影响晶界的行为. 已经指出,99.991% Al 试样在再结晶以前的冷加工对于晶界弛豫行为具有很大的影响. 较大的预先冷加工量使晶界峰移向低温[22]. 认为这可能是由于相邻晶粒的相互取向的不同所致. 颜鸣皋和袁振民关于 99.97% 电解 Cu 的实验也指出,坐落在 280℃ 的晶界内耗峰($f = 1.8$Hz,试样的晶粒尺寸是 0.04mm)的高度随着退火前的冷轧量的增加而降低[23]. 当预先冷轧量达到 90.3%,内耗峰消失. 认为这与 (100)[001] 立方结构的形成有关,这使晶界由原来引起"传统的"晶界内耗峰的大角度晶界变为不能引起内耗峰的小角度晶界.

关于纯金属(fcc)的高温内耗方面的工作,在 1983 年以后,Poitiers 研究组进行了冷轧的多晶 Pd(纯度 99.995%)的试样的弯曲内耗的测量[24]. 升温测量时观测到一个与振幅有关的"内耗峰". 连续的高温退火后出现四个弛豫峰. 低温的两个峰$(0.3$ 到 $0.4T_m)$在中温退火后出现,在高温退火后消失而出现高温的两个峰$(0.5$ 到 $0.6T_m)$. 由于并没有进行单晶试样的实验,很难断定高温的两个峰是否是 Pd 的晶界内耗峰. 1985 年,这个研究组用弯摆重复了他们关于纯金属的坐落在 $0.4T_m$ 温度范围内的温度最低的内耗峰(1Hz). 这包括多晶和单晶 Ag(5N)①,Ni(4N5),多晶的 Pd(4N)和 Cu(5N),以及多晶和单晶的 Al(3N 和 5N)[25]. 他们的指导思想是,过去所观测到的许多内耗峰有一些并不是真正的弛豫峰,已经证明只是一些瞬变效应,与实验条件有关,例如加热和冷却速率,或者只是对于振幅敏感而与频率无关的落后(hysteristic)效应. 但是根据在恒温和极低应变振幅下对于弛豫参数的准确测定指出,确有几个真正的弛豫峰出现. 在不同纯度的试样并且在单晶和多晶中观测到"相同的峰"(same peaks). 因此,他们又用 1Hz 频率对于出现在 $0.4T_m$ 的最低温度的峰进行测量,表 4.5 列出他们所得的结果.

他们指出,根据 TEM 和 X 射线观察的结果,$0.4T_m$ 的峰与位错段的运动有关. 这些位错段或者是属于高度冷轧试样中的胞状结构被破坏以后的零碎片段,或者是多晶或单晶试样在高温退火时所产生的. 胞状结构的破坏一般由于位错的攀移,因而在层错能较低的金属(如 Ag,Cu),破坏胞壁所需的退火温度较高于层错能较高的金属,如 Al,Ni,Pd. 关于位错运动的基本机制,由于激活能都接近 $0.5H_V$ 如表 4.5 所示,而这个数值对应着位错通过空位沿着位错线的管道扩散而攀移的激活能,所以认为 $0.4T_m$ 的峰包含着被空位沿位错芯区扩散所增强的位错攀移机制.

表 4.5　几种金属在 $0.4T_m$ 附近出现的内耗峰的激活参数

金属	Al	Ag	Cu	Ni	Pd
T_P/T_M(1Hz)	0.43	0.37	0.41	0.42	0.40
H_p(eV)	0.74	1	0.96	1.39	1
H_p/H_V	0.50	0.52	0.47	0.46	0.40
τ_0	10^{-10}	10^{-12}	10^{-10}	10^{-11}	10^{-15}

注:H_p 是内耗峰的激活能,H_V 是自扩散激活能.

———————————

① 　5N 表示 99.999%,4N5 表示 99.995%,4N 表示 99.99%,其他的类推.

　　需要特别指出的是,表 4.5 中所列的关于 Al 的数据似乎对于单晶($5N$)和多晶($5N$ 和 $3N$)都适用.姑不论在测量当中的问题,例如对冷轧试样进行升温测量所带来的问题,而这些坐落在 $0.4T_m$(1Hz)的峰是对应着 102℃,这就远低于完全再结晶的 99.991% Al 多晶试样的晶界内耗峰的温度(0.8Hz 时在 285℃)和 99.6% Al 的晶界内耗峰的温度(1Hz,225℃).因此,作者们根据 $T_P = 0.4T_m$ 的峰在单晶和多晶都出现而作出葛峰不是由于晶界过程所引起的论断是不合理的.

　　Poitiers 研究组关于纯金属内耗的研究工作停顿了一个时期以后,在 1991 年的 Krakow 的第五届全欧内耗与超声衰减学术会议上报道了他们最后一轮工作,题目是用测定力学弛豫频率谱的方法研究 Al 的高温内耗[26].随后又在 1993 年在罗马召开的第十一届国际内耗与超声衰减会议上报道了同样的内容[27].他们在提要中宣称:用力学弛豫谱实验在固定的温度下测定冷轧 Al 试样在退火过程中内耗谱指出:高度冷加工的试样并不出现传统的葛峰.在高于 474K 的退火当中葛峰增高,在更高的温度退火时降低.认为这些实验进一步证实葛峰肯定与点阵位错结构(lattice dislocation structure)相关而不是与某种晶界弛豫相关.他们认为,纵然有大量的已发表的结果,但是关于金属中的高温弛豫即"所谓的"晶界弛豫的来源的争论并没有完全解决.一些人认为这弛豫是由于晶间滑动(用位错运动或不用位错运动来解释),另一些人则认为纯粹是晶粒内部效应.新近提出了一种中间解释,包含着晶界经由它邻近的晶体缺陷的运动而发生间接的影响.关于晶内效应的论辩的根据是在多晶体和轻度冷加工变形的单晶体中都观察到在温度、弛豫特性和退火影响完全相同的(identical)的一些内耗峰的实验事实,并且对于纯金属 Cu,Ni,Fe,Ag 和 Cu – Al 都是如此,从而认为多晶和单晶的峰高之不同是由于位错密度的不同.

　　关于 Al 的情形较复杂.在单晶中观测到几个内耗峰,但是不容易与多晶体的进行比较,因为文献中报道的结果有很大的差别.这可能是由于在 Al 中的弛豫效应对于许许多多的被控制的或未被控制的实验参数极为敏感,例如纯度,应变振幅,温度变化速率,预先热机械处理等.

　　在 Al 中观测到的高温(较低温度和中间温度)内耗峰的温度范围($f = 1\text{Hz}$)有:(i) 位于 0.4 到 $0.5T_m$.这在轻度形变的多晶和单晶中都出现,在 670K 退火后消失.(ii) 位于 0.6 到 $0.7T_m$,这是历史上有名的葛峰的中等温度范围,也是关于"晶界弛豫"的主要争论之所在.事实上,在这个温区内在单晶和多晶都观测到几个峰温略有不同(频率相同)的弛豫峰.Riviere 等[27]应用在固定温度下测量内耗频率谱的方法测定不同纯度的 Al 试样的确切弛豫参数,所用的试样是经过高温退火后冷轧 67% 的 $3N$ 铝板,尺度为 60mm × 5mm × 1mm.在各种温度进行稳定化退火 30h 后开始用低频受迫振动扭摆在 10^{-5} torr 真空下测量内耗. 在振动频率为 $160 \sim 10^{-4}$ Hz 之间进行扫描当中,温度保持恒定. 在每个测量温度都用三种应变振幅进行内耗测量: 5×10^{-6}, 10^{-5} 和 2×10^{-5}.

图 4.19 示出在逐渐增加退火温度以后所得到的内耗谱[27]. 当退火温度低于 480K 时观测到一个随着退火温度的提高而很快增加的低频背景[图 4.19(a)]. 当退火温度高于 480K 时,在背景上逐渐出现一个弛豫峰[图 4.19(b)]. 按照参考文献[4]所用的程序扣除背景后,可以看出弛豫峰的演变过程如图 4.20 所示. 在 577K 以下的温度退火,内耗峰的高度增加,在高于该温度的退火使峰高降低. 在上述实验中,测量温度与退火温度相同. 如果在高温退火以后在较低的温度进行测量,则得到如图 4.21 所示的峰巅频率演变过程. 在高温退火后使峰移向低频. 图 4.22 示出在 $501 \sim 659$K 这个温度范围退火以后的温度和频率峰的位置,可见激活参数强烈地与退火温度有关(表 4.6).

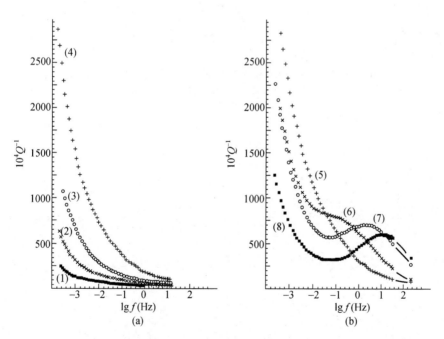

图 4.19　冷轧 57% 的 3N Al 在各种温度稳定化退火 30h 后所得的内耗 – 频率曲线[27]. $\varepsilon_m = 10^{-5}$. 曲线(1) ~ (8)的测量温度分别为 327K,363K,400K,424K,489K, 528K,577K,700K.

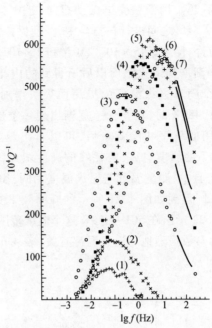

图 4.20   扣除背景后的内耗曲线[27]. 曲线(1) ~ (7)的测量温度分别为
489K,502K,528K,550K,577K,600K,700K.

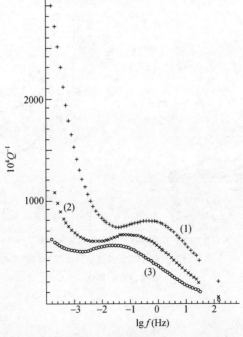

图 4.21   在不同温度退火后在570K测量的内耗曲线[27].(1):570K;(2):618K;(3):659K.

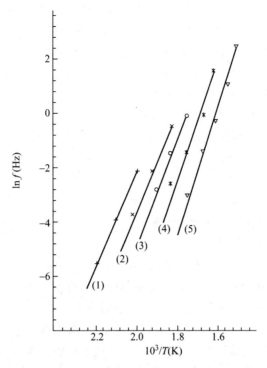

图 4.22　在不同温度退火后得到的 Arrhenius 图[27].
退火温度:(1)501K;(2)548K;(3)570K;(4)618K;(5)659K.

表 4.6　冷轧 3N Al 的内耗峰的激活参数作为退火温度的函数
（峰巅温度是对应着 1Hz）

退火温度(K)	峰巅温度 T_P(K)	T_P/T_m	激活能(eV)	τ_0(s)
501	538	0.58	1.5	10^{-15}
548	555	0.60	1.45	2×10^{-14}
570	568	0.61	1.7	10^{-16}
618	588	0.63	1.7	10^{-15}
659	613	0.66	2	10^{-17}

　　由上述结果可见,铝的中温内耗峰的峰巅频率或峰巅温度并不是固定的,而是与机械热处理强烈有关. 因此,用传统的变温恒频方法绘制在 1Hz 的中温内耗峰时需要预先在 660K 退火. 但是弛豫参数在这个温度以下也可能发生变化,所以 Woirgard 和 Riviere 认为,恒温力学弛豫频率谱是能够得到关于 Al 的中温内耗峰的有价值结果的唯一方法[27].

由于所观测到的内耗谱的演变过程，即在低温退火并不出现内耗峰，而这个内耗峰随着退火温度的提高而增加，以及弛豫参数的变化，所以 Riviere 等认为难以把这个峰归因于晶界弛豫. 这种演化可以联系到位错网络在退火当中的变化. 因此，关于这个内耗峰的来源是晶粒内部的位错机制的强烈的论据是这个峰的弛豫强度和极限弛豫时间随着退火温度的提高而变化的实验事实. 而弛豫结构中的位错段的平均自由长度随着退火温度的提高而越来越增加. 但是应该指出，所测得的激活能之值对于位错机制来说是太高了（见表 4.5）. 不过，应该指出，由于峰的宽度对应着一种展宽的（stretched）指数弛豫参数（即 KWW 模型）[28]，而不是一种单纯的指数函数，所以按照 Ngai 和 White 模型[29]，激活能和极限弛豫时间的对数必须乘上一个小于 1 的因子，从而所得出真实数值小于表 4.5 中所列出的表观数值. 关于这一点，还需要进一步的等温实验来提供定量的信息.

包括最近的两篇文章[26,27]，以 Woirgard 和 Riviere 为代表的 Poitiers 研究组先后发表的十几篇文献的主题是要指明葛峰的来源不是晶界弛豫而是归因于晶体内部的位错运动. 为了弄清楚这场争论的本质，需要首先说清楚葛峰的意义. 早在 1947 年葛在 99.991% Al 中发现了晶界内耗峰，这个峰在单晶中不出现，因而它是来源于晶界本身的弛豫过程. 这个峰的出现条件是预先高度冷加工的试样经过充分的高温退火（450℃，2h）达到完全再结晶，形成在金相显微镜的观察下的新晶粒和平滑的晶界. 当振动频率为 0.8Hz，晶粒尺寸为0.2mm（丝状试样直径 1mm），这个峰出现在 285℃，测得的激活能是32kcal/mol. 这个峰的位置与频率、晶粒尺寸、试样纯度以及预先热机械处理有关，在最大应变振幅小于 10^{-5} 的情形下与振幅无关. 在上述的条件下，葛峰是非常稳定的，例如在 450℃ 退火 2h 后，只要测量温度不超过 450℃，则多次重复升温或降温测量所得到的葛峰是一致的，弛豫参数不变. 这表明经过450℃ 退火所稳定化了的引起葛峰的晶界状态在低于 450℃ 时是不变的，因而葛峰也不变. 这些情况在葛的原始报道[5,6]中已经做了充分的叙述. 在葛的另外一篇早期关于冷加工金属在各种温度下的内耗论文中[30]也详细报道了冷加工金属经过各种温度退火后降温测量内耗的结果. 图 4.23 示出关于经过 95%RA（面积减缩）的 99.991% Al 的内耗测量结果[30]. 首先在室温进行测量，然后在 50℃ 退火 1h 后在 50℃ 和室温进行测量. 把试样逐次在较高温度退火 1h并在退火温度及较低温度测量内耗. 这一系列测量一直延续到在 450℃ 退火. 每次退火以后都对于经受过同样处理的"哑试样"进行金相观察. 由图 4.23可看出，在 290℃ 退火以后，内耗曲线呈现弯曲，表明有出现内耗峰的迹象. 350℃ 退火已经使内耗峰略有变化，特别是高温背景内耗逐步降低，直到

450℃退火后变得稳定，这时冷加工试样已经完全再结晶并且经历了一定的晶粒增大．因此，经过 450℃退火后得到的内耗峰才是真正的葛峰．在此以前，被高度冷加工所破坏的原始晶粒结构并未回复，也还没有通过再结晶而形成新的完整的晶粒和晶界，因而所引起的内耗主要是反映冷加工的效应．在中间温度退火后所出现的内耗峰则可能是冷加工效应与新形成的不完整晶界效应的叠加．

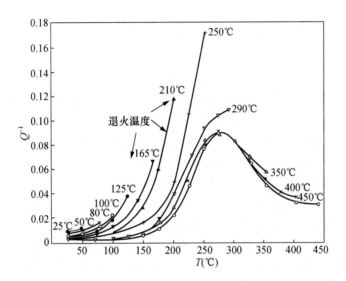

图 4.23 退火温度（1h）对于冷加工 99.991% Al 多晶的内耗曲线的影响[30].

Woirgard 和 Riviere 所得的实验结果[27]与葛的上述结果基本相同，只不过前者是用受迫振动法进行恒温变频测量，而后者是用自由衰减法进行恒频变温测量．根据袁立曦等最近进行的对比实验[31]，两种方法对于晶界内耗的数据是相对应的，Arrhenius 关系式是适用的．关于振幅效应问题，曾先用小振幅进行自由衰减测量逐渐增用大振幅测量，在最大振幅不大于 10^{-5} 左右的情形下，所得的结果与先用大振幅进行自由衰减测量所得的结果一致．因此，Woirgard 和 Riviere[27]宣称恒温变频法是能够得 Al 的中温内耗峰（特指葛峰）的有价值结果的唯一方法是不适当的．从另一方面说，根据袁立曦等的实验结果[31]，在具有弛豫时间 τ 的分布例如在葛峰的情况下，用恒温变频法所得到的频率内耗峰远较温度内耗峰为宽，从而不易得到完整的频率内耗峰［图 4.21 所示的曲线（1），（2）和（3）充分显示了这种情况］，因此使得扣除低频背景内耗（对应着恒频变温测量中的高温背景内耗）非常困难．关于这方面，对于他们[27]所采用的扣除背景的方式不能不引起疑问．他们声称他们用参考文献［4］中所说的方法来扣除背景，即假定背景内耗遵从下列关系式：$\delta_T = (A_0/T) \exp(-H_c/kT)$. 其中 H_c 是沿着位错芯区自扩散的激活能而 $H_c = 0.5H_v$，H_v 是自扩散激活能. 这种假设是非常牵强的，这可能是导致表 4.6 中所列的激活参数不合理的原因.

参照葛在 1950 年的结果（见图 4.23）[30]，Riviere 和 Woirgard[27] 所观测到的内耗随着退火温度的提高而演变的现象很容易得到解释. 当退火温度很低时，例如低于 200℃ 时，所观测的内耗是冷加工内耗. 退火温度渐增时，冷加工试样逐渐发生回复和部分再结晶，从而渐渐出现晶界内耗峰，但是由于冷加工效应的叠加，峰高与峰温都略有变化，退火温度再增加时，再结晶后的晶粒尺寸增大，使得晶界内耗峰向低频移动（相当于温度内耗峰向高温移动）. 当退火温度提高到使晶粒尺寸增加到超过板状试样的厚度（或超过丝状试样的直径）时就出现大晶粒晶界内耗峰或竹节晶界峰. 全部晶粒都超过试样厚度时，葛峰消失，而竹节晶界峰的高度随着晶粒的进一步增大和竹节晶界数目的减小而降低，直至形成单晶时完全消失. 在一定的退火温度，试样中可能有细晶粒和竹节晶粒并存，这时会出现葛峰和竹节晶界峰并存. 葛庭燧和朱爱武已观测到两峰并存的情况[32]，而竹节晶界峰总是出现在略低于葛峰的温度，这在第五章里将详细介绍.

上面谈到冷加工会引起所谓的冷加工内耗，这种内耗显然与冷加工所产生的点阵位错和空位有关. 这种效应在退火温度不太高时仍继续存在. 现在不预备讨论冷加工内耗的机制，只是指出，这种效应在多晶和单晶中都出现，因为多晶是由于许多单晶集合而成的. Poitiers 研究组所观测到的在较低温度下的内耗大多与冷加工有关. 这可以说明为什么单晶和多晶试样会出现近乎相同的内耗现象. 应当顺便提起，这种冷加工内耗与试样的纯度有关，因为试样的杂质原子会与位错发生交互作用而引起复杂的内耗. 很不幸的是，他们选用 $3N$ Al 作为试样[27]，这就使他们的实验结果的解释更为复杂. 为说明这一问题，图 4.24 示出关于 99.5% Al（含 0.5% Cu）的与图 4.23 所示相对应的实验结果[33]. 由图可见，在冷加工试样的退火温度还未引起完全再结晶以前，内耗的变化相当复杂，与 99.991% Al 试样很不相同，Al - 0.5% Cu 试样只有在 400℃ 退火以后才得出完整的晶界内耗峰.

可以认为，要对比单晶和多晶中出现的内耗峰应当非常严格地指明峰的位置，不能用 $0.6T_m$ 温度范围内的笼统语言. 关于这方面的对比将在以后的 §4.4 中介绍.

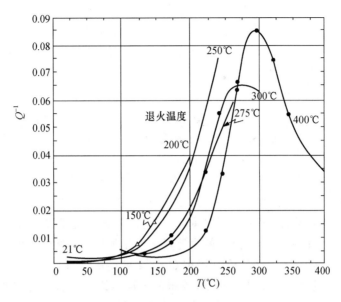

图 4.24 退火温度 (1h) 对于冷加工 Al − 0.5wt% Cu 多晶
的内耗曲线的影响[33].

§4.3 意大利 Bologna 研究组的实验

1975 年在罗马举行的第三届欧洲固体内耗和超声衰减学术会议上，以 Gondi 教授为首的意大利 Bologna 大学研究组在题为 "位错对于葛峰的贡献" 的报告里指出，99.6% Al 的单晶体或大晶粒片状试样在葛峰的温度范围内出现了内耗的不稳定性，对试样进行轻度弯曲加工后出现了与葛峰相同的内耗峰[34]. 因此，认为葛峰可能决定于晶粒内部的自由位错或形成多边化的位错. 他们指出，许多研究工作者认为在多晶金属观测到的所谓葛峰与晶粒间界里的弛豫过程有关，因为它在单晶里不出现. 但是单晶体的特点并不只是没有晶粒间界，也具有特殊的位错产生方式、退火速率、位错分布等等. 因此，除了用晶界过程对葛峰进行说明以外，还值得考虑其他解释的可能性，特别是根据位错阻尼的语言.

他们所用的是不出现葛峰的单晶试样，研究的意图主要是检查由于小形变在单晶试样里引入的位错内耗效应是否也在多晶试样发生. 所用的试样是 0.05cm 厚的 99.6% Al 片. 通过第二次再结晶得到的晶粒尺寸约为 0.1cm 和 1.0cm. 这种试样的行为与单晶体相同，即未观察到葛峰. 用静电弯曲振动法在 10^{-5}torr 真空下测量内耗，频率为 620Hz，振幅小于 10^{-6}，测量的温度范围是 20℃ ~480℃.

图 4.25 所示的是所得的实验结果. 曲线 αα 是多晶铝的内耗曲线, 有两个内耗峰出现 (图中的 k_1 和 k_2 被称为 K – 1 和 K – 2 峰), 对于 K – 2 峰所测得的激活能是 38kcal/mol, 指数因子是 $\tau_0 = 10^{-18}$s. 他们认为 K – 2 峰对应着葛在 1947 年观测到的多晶 99.991% Al 的晶界内耗峰 (如曲线 aa 所示). 实际上, 这种对应是错误的. （ⅰ）他们所说的铝多晶体可能就是冷轧而成的 0.05cm 厚的 99.6% Al 薄片, 但未说明这冷轧片是否进行过高温退火以得到再结晶后的稳定晶粒, 晶粒尺寸是多少, 以及是否小于试样的厚度 0.05cm. 另外, 也并未说明内耗是升温测量还是降温测量的. 应该指出, 引起葛峰的多晶 Al 是经过充分退火出现完全再结晶以后降温测量的. （ⅱ）葛的结果是内耗峰出现在 285℃ （$f = 0.8$Hz）, 他们把它转换到频率 620Hz, 得出如图 4.25 中所示的曲线 aa, 这时的内耗峰出现在 360℃, 峰的位置与 K – 2 峰接近. 但是, 葛峰的高度是 0.09, 而现在 K – 2 峰的高度只有 0.017. （ⅲ）他们最重要的错误之处是把用 99.6% Al 测得的内耗曲线与葛的 99.991% Al 的内耗曲线作比较, 从而得出 K – 2 峰与葛峰出现在同一温度范围的结论. 实际上, 他们应当把 K – 2 峰与文献中关于多晶 99.2% Al 的晶界内耗峰[35] 作比较, 而这个峰出现在 220℃ （$f = 1$Hz）. 因此可见, K – 2 峰出现的温度显然较高于纯度相同的多晶 Al 的晶界内耗峰.

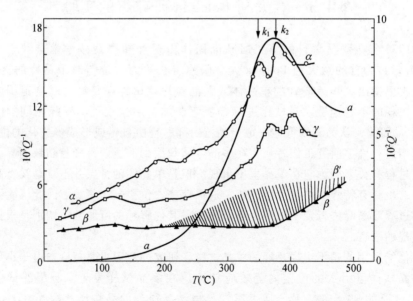

图 4.25　99.6wt% Al "多晶" (晶粒很粗大) （α）, 大晶 (由二次再结晶获得),
未变形 （β）, 轻度变形 （β'） 以及弯曲变形 （γ） 的内耗曲线 （$f = 602$Hz）[34], a 是葛峰.

图 4.25 中的曲线 $\beta\beta$ 是经过第二次再结晶的长期处理所得到极大晶粒的内耗曲线，这时内耗大大降低而内耗峰不再出现. 曲线 $\beta\beta'$ 表示极大晶粒试样经过轻度变形后的情况，这时的内耗极不稳定，如图中的阴影区域所示. 把再结晶后的单晶试样在室温进行弯曲后得到曲线 $\gamma\gamma$. 可见 K - 1 和 K - 2 峰又出现. 金相显微镜观察并未发现在形变后产生新晶粒，TEM 观察指出只有位错出现.

对于出现 K - 1 和 K - 2 峰的已发生再结晶并且经过形变的试样进行退火处理，在 630℃退火 2h 后，试样回复到形变以前的状态.

他们认为，上述各种观测指出，对于葛峰或 K - 1 和 K - 2 峰的解释不能只注意以晶界弛豫为依据，也应当合理地注意下述的假设，即葛峰和 K - 1 或 K - 2 峰是由于一些与晶界有关的生长过程而引入多晶体内的位错的阻尼现象. 在微形变以后所引起的内耗不稳定现象支持这个观点，因为这种不稳定或许与位错的退火、多边化或脱钉有关.

上面已经说明 K - 2 峰实际上并不与葛峰相对应，因而不能把他们提出的 K - 2 峰的机制套用于葛峰，从而不能认为葛峰也是来源于晶体内的位错所引起的阻尼现象.

Bologna 研究组随后用弥散硬化 SAP（烧结 Al 粉末）进行了类似的实验[36]. 试样 SAP960（4% Al_2O_3）含杂质 Fe 0.07，Cu 0.004，Mg 0.06，Si 0.05，Ag 0.04 和 Zn 0.004at%. 从直径 1.5cm 的棒材冷轧成厚度为 5×10^{-2} cm 的片材，并切成试样. 一部分试样是冷轧状态，另一部分在 880K 退火 30min 进行再结晶处理. 在 SAP960 中的氧化物颗粒之间的平均距离约为 2×10^{-5} cm，冷轧片材的晶粒尺寸约为 5×10^{-5} cm，再结晶处理后约为 10^{-1} cm，用静电激发法测定内耗，弯曲振动振幅小于等于 10^{-6}. 频率从 200 到 2000Hz.

根据 TEM 观察，再结晶后经受轻度室温弯曲形变的试样中在氧化物颗粒之间出现了一些比较平直的位错线. 用 SAP 试样进行内耗测量的目的是这种材料中的弥散相能够维持大的位错密度，即便在单晶体中也是如此.

图 4.26 中所示出的曲线（1）是再结晶试样在经受轻微弯曲形变以前的内耗曲线（$f = 1250\text{Hz}$），曲线上出现一个微弱的峰（P_4 峰）. 经受弯曲形变后出现 3 个新峰（P_1，P_2，P_3），并使原有的 P_4 峰升高［曲线（2）］. 图 4.27 示出退火对于这几个峰的影响. 在 650K 退火 30min，使 P_1 峰和 P_2 峰基本消失，使 P_3 和 P_4 峰减低. 在 880K 退火 30min，使 P_3 峰基本消失，使 P_4 峰大大降低有时使它消失. 测得的激活能（kcal/mol）和 $-\lg\tau_0$ 分别是：P_3（30 ± 4，15.3 ± 1.5），P_4（33 ± 5，14.2 ± 1.6）.

他们认为，在高温的轻度弯曲就能出现的 P_1 峰，P_2 峰和 P_3 峰或许与某种位错阻尼机制有关. 其中的 P_1 峰和 P_2 峰在 650K 退火后就消失，而这时的

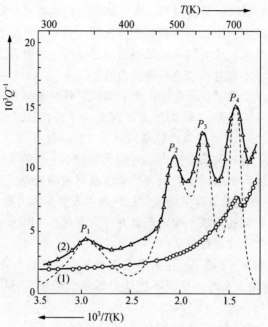

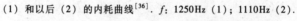

图 4.26　再结晶后的 SAP 960 试样在轻度弯曲形变以前

（1）和以后（2）的内耗曲线[36]．f：1250Hz（1）；1110Hz（2）．

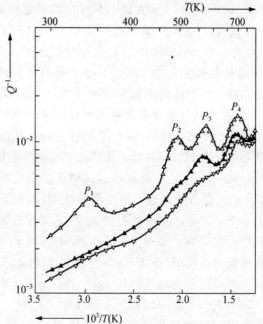

图 4.27　退火对于图 4.26 所示的几个内耗峰的影响[36]．

△：图 4.26 的曲线（2）；▲：在 650K 退火 30min；▽：在 880K 退火 30min.

位错密度仍然很高，表示这两个峰可能也与点缺陷有关，即来源于位错与点缺陷的交互作用．P_3峰只在极高温度（880K）退火从而位错密度极低时才消失，所以它似乎只与带着弯结或割阶的位错有关．作者们没有讨论P_4峰的机制，因为它的再现性不好．

　　在以前的文献里，有人认为P_3峰来源于晶界弛豫[37,38]．理由是峰的高度由于再结晶退火温度的提高而降低，这可能反映着晶粒的增大使晶界面积减小．但是他们认为，在弥散硬化合金里的位错被钉扎得很牢固，只有高的再结晶退火温度才能得到极低的位错密度，因而也应该考虑用位错阻尼机制来说明P_3峰．P_3峰的激活能接近 Al 的自扩散激活能，这个事实支持基于位错攀移的内耗机制．进一步的分析指出，可以考虑被扩散攀移控制或拖曳的带着割阶的螺型位错的运动．应该指出，姑且不讨论他们所提出的位错机制，但是P_3峰肯定不是晶界弛豫峰，因为它出现的温度约为 283℃（$f = 1250\text{Hz}$），如果与纯铝试样的葛峰的峰温（285℃，$f = 0.8\text{Hz}$）相比，则显然是太低．不过 SAP 合金试样很复杂，实验数据又很不充分，所以很难下确切的判断．

　　他们最后指出P_4峰似乎对应着葛峰，这可能是对的．这个峰出现在441℃（$f = 1250\text{Hz}$），如用激活能（33 ± 3）kcal/mol 来换算，则当为 $f = 0.8\text{Hz}$ 时，它应出现在 269℃．试样经过 880℃ 退火，再结晶后的平均晶粒尺寸是 10^{-1} cm，已经大于片状试样的厚度 5×10^{-2} cm，但可能还有少数晶粒的尺寸较小于试样厚度，因而仍出现微弱的P_4峰 [见图 4.26 的曲线（a）]．经过室温轻度弯曲后，在升温测量的过程中，可能由于再结晶而产生了更多的细晶粒，因而P_4峰升高．在 650K 退火后的晶粒尺寸约为 10^{-2} cm，仍小于试样厚度，因而P_4峰仍然出现但略有降低，在 880K 退火后由于产生极大的晶粒，所以只剩下极微弱的峰，因此，如果P_4峰与葛峰对应是对的话，则它的机制完全可用晶界弛豫的观点来说明而不必求助于他们所提出的晶粒内部的点阵位错的阻尼机制．

　　Bologna 研究组在 1977 年发表的题为"形变和退火对于铝单晶和多晶中的高温内耗峰的影响"[39]的论文是很关键的，因为它明确地指出，在形变后退火的 99.99% 多晶铝试样里的葛峰分解为两个峰：K_1 和 K_2 峰．这两个峰也在弯曲变形的铝单晶中出现，而这时的试样中只有自由位错或形成多边化的位错存在．因此，他们认为 K_1 和 K_2 峰以及相对应的葛峰是归因于位错阻尼．由于多晶体中不但有晶粒间界，也有位错存在，并且位错的密度高于单晶体，因此葛峰是来源于晶体内部的位错．固然晶粒间界里也含有内禀的位错和外来的位错，但是他们认为用晶粒内部的位错所引起的阻尼的观点来解释葛峰是适当的．

　　这篇论文中所用的试样是 99.99% Al，这与葛及其研究组所用的试样相近，因而便于把所得的实验结果进行比较和进行深入的分析，以澄清问题的真相.

　　所用的 99.99% Al 试样含有杂质 0.0003Fe，0.00175Si，0.0015Cu，0.0002Zn 和 0.0003Mg. 测量内耗所用的多晶试样是从 0.05cm 厚的冷轧（96% 减缩）薄板片切割下来的. 冷轧以后立即进行观测. 也在进行了各种热处理之后进行观测. 单晶片状试样是用改进了的 Bridgman 技术制备的，依靠 Al 表面上的氧化膜来维持试样的形状. 其他的实验程序与以前相同. 加热速率是 2K/min，用 1～10K/min 的不同加热速率所得的结果相同.

　　图 4.28 所示的是冷轧板材试样在原态和各种退火态的内耗曲线（$f =$ 80Hz）. 曲线（1）（○）表示冷轧态的情况，这出现一个高的内耗峰，应注意试样在升温测量当中发生一定的再结晶. 曲线（2）（●）和曲线（3）（□）分别表示在 500℃ 退火 1h（晶粒尺寸 0.04cm）和在 620℃ 退火 10h（晶粒尺寸 0.1cm）后的内耗曲线，可见内耗降低，并且分裂为两个峰（K_1 和 K_2），它们近似地坐落在较宽的葛峰所包含的温度范围以内. 在 654℃ 退火 20h（晶粒尺寸 1cm）发生第二次再结晶以后，两个峰降低得湮没在背景之中［曲线（4）（▼）］. 曲线（5）（▽）表示单晶片状试样的情况. 可见单晶的表现与多晶

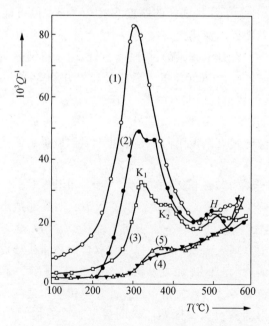

图 4.28　退火、晶粒增大和二次再结晶对于 99.99% Al
板状试样的内耗曲线的影响（f 约为 80Hz）.

经过第二次再结晶所得到的大晶粒多晶试样相同. 应当注意到, 在各曲线的更高温度处出现了一个 H 峰, 但作者们对于它的机制并没有进行讨论. 所测得的 3 个峰的弛豫参数如下述: 激活能 (eV): 1.3 ± 0.1 (K_1 峰), 1.7 ± 0.1 (K_2 峰), 2.5 ± 0.2 (H 峰); 指数前因子 ($1 - \lg \tau_0$): 14 ± 0.5 (K_1 峰), 16 ± 0.5 (K_2 峰), 19 ± 1 (H 峰). 准确度指的是对于同一试样重复测量的误差.

图 4.29 示出形变对于单晶和大晶粒多晶的内耗曲线的影响 ($f = 70\text{Hz}$). 曲线 (1) (●) 表示未变形的单晶体的内耗, 在 K_1 和 K_2 峰的温度范围内, 内耗值很不稳定, 重复测量时的分散度可达 30%. 曲线 (2) (○) 是单晶试样在经过弯曲成 1cm 半径再扶直后的内耗曲线, 这时 K_1 和 K_2 已经出现 (在 540℃ 退火 12h 就可以完全恢复到形变以前的状态). 曲线 (3) (△) 和曲线 (4) (□) 表示大晶粒的多晶试样 (晶粒尺寸 1cm) 分别经过 12% 和 20% 的拉伸形变后的内耗曲线, 后者接近回复到冷轧多晶试样的状态 [见图 4.28 的曲线 (1)].

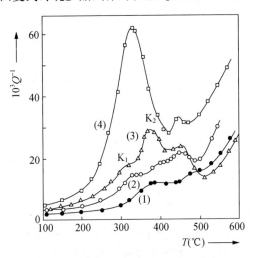

图 4.29 形变对于铝单晶和大晶粒多晶的内耗曲线
的影响 ($f = 70\text{Hz}$)[39].

图 4.30 (a) 示出退火以后的多晶试样的 TEM 图, 图 4.30 (b) 所示的是经受 1cm 半径的弯曲形变的单晶体在测量当中加热到 360℃ 时的 TEM 图. 要注意 (a) 图所示的晶界附近有大量的位错线出现, 而 (b) 图中的位错则形成网络结构. 这对于阐明各个内耗峰的机制非常重要. 根据合肥研究组后来实验的结果, (a) 图的情况会引起大晶粒间界 (竹节晶界) 内耗峰[40], 而 (b) 图的位错组态则引起 (在单晶或多晶中) 冷加工高温内耗峰[41,42].

他们的最后结论是: 在经过形变的单晶体中出现的 K_1 和 K_2 峰是经由位错引起来的, 因为在单晶体中既没有晶界并且在多边化墙内的位错数目也很少.

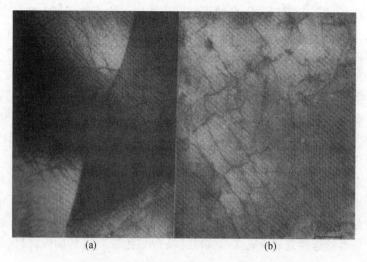

(a) (b)

图 4.30　(a) 未经形变的铝多晶在退火后的 TEM 图；

(b) 经过弯曲形变的 Al 单晶在 360℃ 退火后的 TEM 图[39].

因此，由于在多晶中出现的 K_1 和 K_2 峰以及相对应的葛峰所坐落的温度范围和激活能与单晶体的情况可比拟，所以可认为多晶体中的 K_1 和 K_2 以及葛峰是由于晶粒内部的位错引起来的. 这种解释要求退火多晶体里存在着相当大的位错密度. 可以假定晶界的存在使所要求的位错高密度能够出现，而 TEM 观察支持这个观点. 另外，冷轧单晶试样的内耗峰很高也符合这个解释，因为试样在冷轧后的位错密度很大.

应该指出，Bologna 研究组只注意到在不同的情况下位错密度和位错组态的变化，而完全忽略了晶粒尺寸对于内耗峰的影响. 合肥研究组随后的大量的关于纯 Al 的晶界内耗的实验指出（见后第五章）：当试样的晶粒尺寸大于丝状试样的直径或片状试样的厚度时，所出现的内耗将不同于细晶粒多晶试样的内耗. 如果晶粒尺寸大到一定程度从而形成竹节晶界时，则出现一个坐落在较葛峰（细晶粒晶界峰）温度为低的竹节晶界峰（BB 峰）. 这个峰是一个单独的峰，它的基本过程是由于出现在竹节晶界附近的位错与晶界的交互作用控制了晶界的黏滞滑动，其作用在现象上讲与晶界三叉结点的作用类似. 另外，大量的实验指出，BB 峰出现在较葛峰为低的温度. 图 4.30 的 TEM (a) 图支持上述的观点. 因此可以认为，所说的 K_1 峰对应着 BB 峰，K_2 峰①对应着葛峰，

---

① 这里的 K_2 峰指的是在 99.99% Al 多晶试样中所观测的内耗峰[39]，这不同于图 4.25 所示的 k_2 峰或 K – 2 峰.

所谓的 H 峰来源于试样经过弯曲形变后再进行高温退火所形成的一种空间位错网络结构. 这是一种晶粒内部的过程, 因而它在单晶和多晶中都出现 (见图 4.28 和图 4.29). 这包括位错的攀移机制, 由于需要形成位错割阶, 所以激活能较高, 并且出现在较葛峰 (K_2 峰) 为高的温度.

按照上述的观点, 可以对图 4.28 各曲线的变化情况作出合理的解释. 曲线 (1) 是冷轧多晶试样在冷轧后升温测量的, 在升温当中试样由冷加工所引起的内耗随着温度的升高而增加, 但是冷加工状态随着温度的升高而逐渐回复或者出现部分再结晶, 因而这个内耗峰是一个 "赝峰", 即不稳定的过程内耗峰. 曲线 (2) 经过 550℃ 退火 1h, 试样已经再结晶, 晶粒尺寸 0.04cm, 已经接近试样厚度 0.05cm, 这时 K_1 峰与 K_2 峰并存, 即 BB 峰和葛峰分别反映竹节晶界和细晶粒晶界所引起的内耗峰. 曲线 (3) 经过 620℃ 退火 10h, 晶粒尺寸 0.1cm 已大大超过试样厚度, 从而 K_1 峰 (BB 峰) 增高而 K_2 峰 (葛峰) 大大降低.

关于单晶的情况, 在未经变形时由于没有晶界存在, 所以 K_1 和 K_2 峰都不出现. 图 4.29 所示出的曲线 (1) 可能反映着所用的试样并不是真正的单晶, 而是仍含有极少量的粗大晶粒, 从而在 K_1 峰附近出现一个小凸包. 单晶试样经过弯曲变形以后在升温测量当中可能发生了轻度的回复、多边化和再结晶, 因而曲线 (2) 上出现了与 K_1, K_2 和 H 峰相对应的 3 个小凸包. 在大晶粒多晶体经过 12% 的拉伸形变的升温测量达到 300℃ 以后, 试样必然发生再结晶, 产生新的细晶粒, 因而曲线 (3) 上出现了明显的 K_2 峰. 曲线 (4) 上出现的很高的内耗峰显然是由于 20% 拉伸形变而随后发生的再结晶所引起的 K_2 峰或葛峰, 在较高温度处出现的小凸包则是 H 峰.

随后, Bologna 研究组进行了多晶和单晶纯 Al 试样在形变过程当中的内耗谱的变化, 其指导思想是单晶体的形变在产生具有相当均匀分布的钉扎点方面与多晶体中的晶界的效应等同, 从而所引起的内耗峰的弛豫时间都与钉扎间距 L 的平方成正比. 在蠕变过程中, 钉扎点转换为拖曳点, 因而如果葛峰是来源于位错的话, 则它应当逐渐消失.

他们用 99.99% Al 单晶和多晶进行了在蠕变 (从室温到 500℃) 过程中的内耗实验, 试样的振动方向与形变方向垂直. 用静电法激发振动, 并用频率调幅法进行测量. 振动频率 80Hz, 振幅小于 10^{-6}, 在 10^{-5}torr 的真空中进行测量. 多晶试样的晶粒尺寸是 0.05cm, 预先在 500℃ 退火 5h 以后达到晶粒稳定化. 单晶体在蠕变以前经受了形变以使 "葛峰" 出现. 进行蠕变试验时所用的蠕变率的范围是 $10^{-3} \sim 10^{-6}$s^{-1}.

图 4.31 示出的是在未进行蠕变和进行蠕变达到稳定蠕变状态时的内耗曲线[43] (80Hz). (a) 和 (b) 分别表示单晶和多晶试样的情况. 最高的一条曲

线表示未进行蠕变. 曲线 (1), (2), (3), (4) 分别表示蠕变率是 $10^{-4}\mathrm{s}^{-1}$, $10^{-3}\mathrm{s}^{-1}$, $10^{-5}\mathrm{s}^{-1}$ 和 $10^{-4}\mathrm{s}^{-1}$ 的情况. 由图可见, 葛峰在较低蠕变率时降低, 而在较高蠕变率时消失.

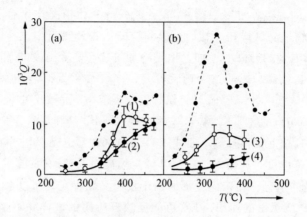

图 4.31 未进行蠕变和进行蠕变后的 Al 单晶 (a) 和多晶
(b) 的内耗曲线 ($\sim 80\mathrm{Hz}$)$^{[43]}$.

● : 未进行蠕变; ○, ▲: 在稳态蠕变过程中, 曲线 (1), (2), (3),
(4) 分别表示蠕变率为 10^{-4}, 10^{-3}; 10^{-5}, $10^{-4}\mathrm{s}^{-1}$.

对于以上的结果, 可以暂不讨论他们如何运用位错语言来进行解释, 不过要首先强调地指出, 图 4.31 的 (a) 和 (b) 所指出的内耗峰并不是出现在同一个温度范围. 前者的主峰 (单晶) 出现在略高于 400℃, 而后者的主峰 (多晶) 则出现在 350℃ 附近. 因而按照前面的分析, (b) 中的主峰是葛峰 (K_2 峰) 而其右侧的小峰是 H 峰, (a) 中的主峰是 H 峰而其左侧的小峰则是 BB 峰 (K_1 峰). 这表明多晶的情况并不与单晶相对应, 因而他们的指导思想是不能成立的. 至于蠕变加载使葛峰消失的机制也可以用蠕变加载改变了晶界结构从而改变了引起晶界弛豫的过程来解释, 并不一定完全归因于晶界内部位错的运动状态的改变.

1979 年以后, Bologna 研究组连续报道了关于在蠕变过程中多晶高温纯铝在葛峰的温度范围内的内耗和弹性模量的研究成果$^{[44]}$. 为了便于与文献中观测葛峰所用的实验条件一致, 他们改用扭摆振动来进行测量 (他们以前用弯摆振动). 初步的实验结果指出, 在蠕变过程中葛峰降低, 而动态模量弛豫近似地保持不变. 他们认为, 内耗峰的出现一般伴随着动态模量从未弛豫模量 M_U 降低到弛豫模量 M_R, 内耗峰的消失意指着动态模量从 M_R 增加为 M_U. 他们认为未出现这种增加表明峰的变宽或者同时出现峰的向低温移动. 固然并不能排除根据晶界滑动概念所作的解释，但是似乎值得提出一个根据位错阻尼的语言的直截了当的解释，就是认为位错在形变过程中由被钉扎状态变为自由的. 这就能够合乎道理地证明葛峰对于点阵位错的依赖关系.

在随后的报道中[45]，作者们研究了内耗和动态模量在蠕变形变过程及蠕变以后所发生的变化，所用的试样是具有各种晶粒尺寸的多晶铝，研究的温度范围从 400～700K. 结果指出，适当的形变和热处理能使葛峰的高度增加或降低，也能使坐落在葛峰的温度范围内的 K_1 和 K_2 峰彼此分解开来个别地加以控制，从而讨论了这些现象是否由于晶粒内部的位错的贡献. 他们提出了比较有保留的新的指导思想，认为，既然单晶体的 K_1 和 K_2 峰不可能是晶界现象而更可能是由于位错阻尼，而它们出现的温度范围对应着多晶体的葛峰，所以说葛峰也可能依赖于点阵位错. 不过葛峰的高度一般较高于单晶体的相对应的内耗峰. 另外，虽然葛峰的宽度较大于单一弛豫的内耗峰，但是它表现为一个单独的峰，而单晶体在相对应的温度范围内所出现的是两个分开的 K_1 和 K_2 峰. 因此，不能否认葛峰和 K_1 和 K_2 峰的来源和机制是存在区别的. 如果能在同一个多晶试样把葛峰转换为 K_1 和 K_2 峰而保证试样并没有发生再结晶，则二者相对应的可信性就将增加. 这就是他们研究的目标.

他们所用的试样是 99.99% Al（0.25cm 宽，14cm 长，0.08cm 厚），有的晶粒尺寸是 0.01cm（在 720K 进行再结晶退火），有的晶粒尺寸是几个毫米（在适当的机械加工处理以后在 890K 进行再结晶）. 用扭转振动方式测量蠕变过程当中和蠕变以后（达到约 1% 伸长以后卸载）的内耗和动态模量（M），振幅约 10^{-4}，频率 8Hz.

图 4.32（a）所示的是细晶粒多晶的情况，可见在葛峰的温度范围 500～700K 的蠕变使葛峰大大降低，同时出现一个与 K_2 峰相对应的新峰，而在较低温度（<500K）的蠕变则使葛峰略有升高 [图 4.32（b）].

图 4.33 所示的是大晶粒多晶的情况，可见在进行蠕变以前只出现极低的刚能观测得出来的 K_1 和 K_2 峰. 在低于约 500K 的蠕变主要使 K_1 峰较大增加 [图 4.33（a）]，而在 550～700K 的蠕变则主要使 K_2 峰增加 [图 4.33（b）]. 他们认为葛峰和 K_1 峰的温度接近相等，因而在 550～700K 的蠕变以后，细晶粒和大晶粒试样虽然从具有多晶和单晶特点的不同条件出发，仍然表现接近于相同的行为.

图 4.33 中也示出动态模量的行为. 在各种条件下，动态模量都出现与各个内耗峰相对应的弛豫. 值得注意的是，在较高温度蠕变以后，纵然葛峰降低但在 650K 的弛豫模量却表现很有限的变化.

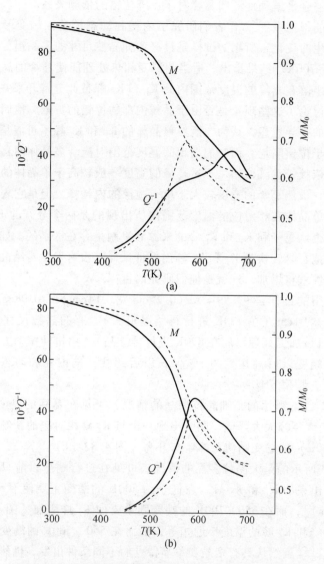

图 4.32 细晶粒铝试样在蠕变前（点曲线）和蠕变后（实曲线）
的内耗（Q^{-1}）和模量（M）曲线（~8Hz）[45]. (a) 和 (b) 表
示分别在 580K 和 420K 进行蠕变实验，稳态蠕变率 $10^{-7}s^{-1}$，卸
载时的伸长 0.8%，M_0 表示未形变前在室温的模量.

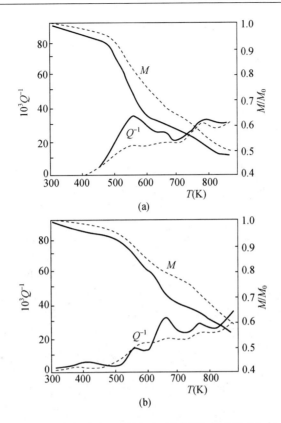

图 4.33　大晶粒铝试样在蠕变前（点曲线）和蠕变后（实曲线）的内耗（Q^{-1}）和模量（M）曲线，（$\sim 8\,\mathrm{Hz}$）[45]．（a）和（b）表示分别在 420K 和 580K 进行蠕变实验．稳态蠕变率：（a）$3 \times 10^{-7}\,\mathrm{s}^{-1}$；（b）$10^{-6}\,\mathrm{s}^{-1}$．卸载时伸长：（a）0.9%；（b）1.2%．

　　他们最后指出，基本的问题是葛峰与 K_1 和 K_2 峰是不同的过程还是具有相同的机制．虽然不能排除第一种可能性，但是他们考虑第二种假设，即葛峰决定于点阵位错，因为这些峰在单晶和大晶粒多晶中都出现．

　　他们的实验是用厚度为 $5 \times 10^{-4}\,\mathrm{m}$ 的 99.99% Al 的片状试样进行的[46]，在冷轧以后经过了一次和二次再结晶化处理．测量是用扭转和弯曲方式，频率从 $5 \sim 100\,\mathrm{Hz}$，从室温到 850K 在 $10^{-2}\,\mathrm{Pa}$ 的真空中进行的，振幅小于 10^{-5}．在抛光并进行恒载荷蠕变达到稳定蠕变阶段时对试样进行扫描电镜（SEM）观察，在抛光试样表面上划上格子以观察晶界滑动．

　　图 4.34 示出再结晶铝试样在形变以前和以后的内耗和动态模量作为温度函数的曲线．图中的（a），（b），（c），（d）所对应的晶粒尺寸分别是 3×10^{-4} m，7×10^{-4} m，3×10^{-3} m 和 3×10^{-4} m，并形变 5%．可见在所有情况都出现了 3 个峰：K_1 峰（600K），K_2 峰（670K）和 HT 峰（800K）．测得的弛豫参数 H

（kJ/mol）和 τ_0 分别是：120 和 10^{-14}（K_1 峰），159 和 10^{-16}（K_2 峰），241 和 10^{-19}（HT 峰），这些峰的宽度一般都大于 Debye 峰.

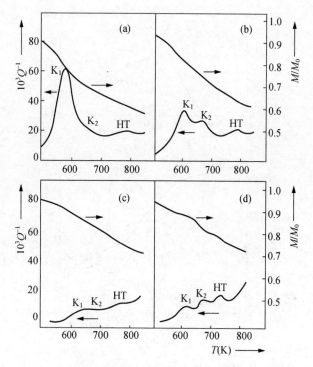

图 4.34　再结晶后具有不同晶粒尺寸的铝板试样的内耗
（Q^{-1}）和模量（M）曲线[46]. 晶粒尺寸：（a）3×10^{-4}m，（b）7×10^{-4}m，（c）3×10^{-3}m，（d）3×10^{-4}m 并经受 5% 形变.

　　图 4.35 示出 SEM（扫描电镜）观察的结果，其中的（a），（b），（c）是在 500，775 和 855K 蠕变以后，晶界和其邻近晶粒的 SEM 图. 蠕变率是 10^{-4} s^{-1}. 图 4.36 表示 5% 蠕变以后的滑移线密度随着温度的变化. 由图可见，第一次滑移线密度减小从温度 T_1 开始，这对应着晶界滑动的出现. 第二次减小从 T_2 开始，与此同时，许多晶界都完全没有滑移线出现. 他们指出，要注意 K 峰（包括 K_1 峰和 K_2 峰）和 HT 峰的温度都落在滑移线密度下降的温度范围，从而可以把 K 峰和 HT 峰的过程与引起这两个临界温度的过程联系起来，即都与晶界的外赋和内禀滑动有联系，从而认为，晶界外赋滑动是由于点阵位错进入晶界而晶界的内禀滑动则由于简单的晶界位错运动. 应该指出，他们的立论根据是 K 峰和 HT 峰出现在两个临界温度的范围，但是众所周知，如果 K 峰和 HT 峰是弛豫峰的话，它们出现的温度范围与所用的测量频率有关. 然

而，他们对于图 4.34 的结果只说明所用的频率是从 5 ~ 100Hz．进一步说，即便 K 峰和 HT 峰的机制与出现两个临界温度的机制相同，则既然用晶界滑动来说明，则无论是外赋的还是内禀的，都是晶界滑动，从而 K 峰和 HT 峰都是由于在晶界处所发生的过程，这与他们提出的葛峰和 K 峰是来源于点阵位错而不是晶界效应的假设是互相矛盾的．

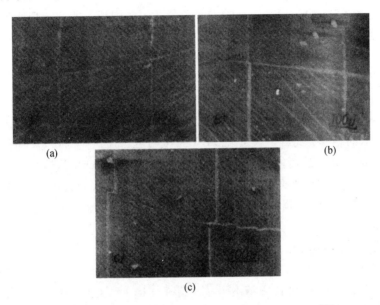

图 4.35　在不同温度下形变后铝晶界及其邻近晶粒的 SEM 图[46].
(a) 500K；(b) 775K；(c) 855K. 形变率 $10^{-4}s^{-1}$.

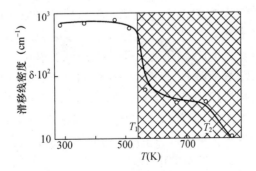

图 4.36　滑移线密度与形变温度的关系[46]，形变 5%，形变率 $10^{-4}s^{-1}$.

最后，应该对于他们所提出的关于 K_1，K_2 和 HT 峰（即图 4.28 中的 H 峰）的来源进行严格的分析．以前已经指出，K_1 峰所对应的是大晶粒晶界峰或 BB 峰, K_2 峰所对应的是细晶粒晶界峰, 而 H 峰是空间位错网络所引起的与位错攀移过程有关的内耗峰, 它在单晶和多晶中都出现, 但它与晶界无关. 因为多晶中也有晶粒存在, 所以在单晶 (或晶粒) 出现的现象也能够在多晶中出现. 反之, 只在多晶中出现而在单晶中不出现的现象才显然与晶界过程有关.

根据上述对于 K_1, K_2 和 H 峰的来源的认定, 则他们所观测到的各种现象都可以得到合理的解释. 图 4.32 (a) 中打点内耗曲线是关于未经形变的细晶粒试样, 所出现的内耗峰是地道的葛峰. 这个峰在频率为 8Hz 时出现在约 317℃. 99.991% Al 的葛峰当频率为 0.8Hz 时 (晶粒尺寸 0.2mm) 出现在 280℃ (553K), 用激活能 34kcal/mol 来进行换算, 则在 8Hz 时将出现在 325℃ (598K). 这与图中所示的相近. 另外, 图中所示的实线内耗曲线是试样经过了在 307℃ 的蠕变, 试样的尺寸在 307℃ 蠕变过程中所产生的 0.8% 伸长变形导致晶粒过度增大, 从而使葛峰降低, 但由于在晶粒内部产生位错并形成空间位错网络, 从而使 H 峰明显出现. 在图 4.32 (b) 所示的情况中, 由于是在 147℃ 进行蠕变, 温度很低, 不足以使晶粒增大, 因而葛峰的变化不大. 由于这种低温蠕变并不足以在蠕变过程中所产生的位错形成空间位错网络结构, 所以 H 峰的增加并不明显.

关于图 4.33 (a) 所示的大晶粒试样的情况, 可以认为, 在未进行蠕变时, BB 峰 (K_1 峰) 和 H 峰都不明显, 葛峰 (K_2 峰) 根本不出现. 经过低温 (197℃) 蠕变以后, K_1 峰显著增加, 而 H 峰略有增加, 葛峰 (K_2) 仍不出现. 在高温 (317℃) 蠕变后, H 峰明显增高, 而 K_1 峰大大降低, 这时的晶粒可能已变得极为粗大. 值得指出的是, 在较 H 峰更高的温度处出现一个小峰见图 4.28. 根据文献中的报道[47], 这个峰可能与多边化边界有关, 这将在下面的第 4.4.3 节中介绍.

在上述工作以外, Bologna 研究组还连续报道了铝在蠕变过程中的内耗和动态模量变化 (等温和等时), 包括在再结晶和晶粒长大过程中的变化, 对于所观察到的一些内耗峰用位错的语言加以解释[48]. 由于现在所讨论的是经过完全再结晶得到的稳定的新的细晶粒以后的晶界弛豫所引起的内耗峰 (葛峰) 的机制问题, 对于许多在蠕变过程中出现的并不稳定的内耗峰, 由于与现在的主题无关, 将在以后的有关章节中讨论.

最后, 应当指出, 图 4.34 所示的内耗曲线是有问题的. 作者[46]只说明测量是用扭转和弯曲方式, 频率从 5 ~ 100Hz. 这就难以同图 4.32, 图 4.33 的曲线 (频率≈80Hz) 作对比. 因此, 作者把曲线上的 3 个峰标明为 K_1, K_2 和 HT 峰是牵强的. 可以认为, 图上标明的 K_1 峰应当是 K_2 峰. 这个峰在晶粒尺寸（3×10^{-4}m）较小于试样厚度（5×10^{-4}m）时，明显出现，而当晶粒尺寸（7×10^{-4}m，3×10^{-3}m）大于试样厚度时大大降低或消失，说明这个峰是葛峰（K_2 峰）. 图 4.34 上所标明的 K_2 峰很不明显，可能并不是一个峰.

§4.4　中国合肥研究组的实验

在 §4.2 和 §4.3 里详细介绍了法国 Poitiers 研究组和意大利 Bologna 研究组关于晶界内耗峰来源问题所进行的实验细节，为的是确切了解他们所提出的论点的根据. 已经在介绍他们的实验的过程中，适当地提出了不同意见. 在这一节里，将详细介绍合肥研究组在几个关键问题上所进行的判断性澄清实验，主要的有三个方面，即：（i）在单晶试样里是否会出现峰位和弛豫参数与葛峰相同的内耗峰？这里所说的葛峰是充分退火和完全再结晶的细晶粒多晶试样里所出现的晶界内耗峰.（ii）葛峰与大晶粒内耗峰（竹节晶界内耗峰）的关系及其演变.（iii）冷加工后的多晶体和单晶体随后在不同的温度退火后所出现的内耗峰的来源问题. 实验所用的试样是高纯铝（$4N$，$5N$ 和 $6N$），因为关于晶界内耗峰的基础性工作大多是用 Al 进行的，所得的结果便于比较. Bologna 组的工作完全用铝作为试样，Poitiers 组则用 Cu，Ag，Al，Ni 等金属.

4.4.1　多晶和单晶 Al 的内耗的精确比较

在第二章里介绍了葛庭燧在 1947 年在充分退火的多晶铝中发现了一个很高的内耗峰. 当振动频率为 0.8 Hz 时，这个峰出现在 285℃，但在铝单晶中不出现. 根据这个实验结果以及相关的理论分析，认为这个内耗峰来源于跨过晶界的应力弛豫或沿着晶界的黏滞滑动，并且称为晶界内耗峰. 实际上，葛在他的原始实验中所用的单晶并不是真正的单晶，而是在约 30 cm 长的丝状试样中含有约 20 个"竹节"晶，也就是含有 20 个晶界. 另外，所用的多晶和单晶的纯度也不相同，前者是 99.991%，后者是 99.2%. 这就使得随后的研究者忽略了关于试样是否是真正的单晶以及多晶和单晶试样是否具有同样纯度的详细说明. 为了澄清这一问题，葛庭燧、崔平和苏全民[18] 进行了具有同样纯度的多晶和单晶 Al 的内耗的对比实验，并肯定所用的单晶试样里并不含有细晶粒和竹节晶界，也未经受过冷加工.

所用试样是 99.991 和 99.999% 的高纯铝. 前者就是葛庭燧在 1947 年所用的试样，后者是中国抚顺铝厂出产，含有极微量的 Mg 和 Si 以及痕量的 Cu，Fe，Mn. 多晶试样的制备是把经过高度冷加工（冷挤和冷拉）的铝在 450℃ 退火 2h. 在这种退火处理后，试样已经达到完全再结晶，所得到的新的晶粒的尺寸小于丝状试样的直径（约 1mm）. 制备很长的铝单晶试样是很困难的，所用的 Al 越纯就越困难. 用如下三种方法得到了满意结果.

（1）**动态退火法**　把高度冷加工的铝丝在 300℃ 退火 2h，然后在室温下拉伸约 3%，把它密封在石英管里并放入管式电炉. 这个电炉沿着纵长的方向具有预先规定了的温度梯度. 用 5cm/h 的均匀速度驱使石英管和试样一起在炉中移动. 使试样的最热部分的温度保持在比铝的熔点温度低 20 到 30℃. 这样就得到长度为 20cm 以上的不含任何晶界的单晶体，它的表面也不含局部化的细晶粒. X 射线劳厄分析指出，这单晶体具有相当均匀的结构. 用蚀斑技术进行金相检查指出其中的位错密度约为 $4 \times 10^4/cm^2$.

（2）**静态退火法**　把经过在室温拉伸 1% ~ 3% 的细晶粒试样放入不具有温度梯度的电炉里，在高温（一般是高于 550℃）下进行长期退火. 试样在炉内保持不动. 用这种方法一般只能得到低纯铝（低于 99.99%）的较长的单晶体. 但是经过多次的实验，找到一种可行的方法，即把高度冷加工的试样在 380℃ 预退火 2.5h 并采用 3.3% 的临界形变，然后在低于传统上所用的退火温度即在 450℃ 长期退火，得到了 99.999% Al 的丝状单晶体，而整个试样只含 6 或 7 个竹节型的晶界. 蚀斑法金相检查指出这样制备的单晶中的位错密度较高于用动态退火制备的单晶，而位错的分布也较不均匀.

（3）**区域熔化法**　把高纯 Al 丝（99.999%）密封在石英管里并且用二氧化铝粉末塞紧. 驱使石英管在一个具有温度梯度的管式电炉里以均匀的速度移动如同在动态退火法所作的一样. 主要的差别是现在沿着铝丝的最高温度是控制在较 Al 的熔点略高的温度，从而沿 Al 丝的一个局域部分已经处于熔化状态. 但是 Al 丝并不能向外散开，这是由于氧化铝粉末的紧塞效应以及 Al 丝表面的氧化膜的束缚作用. 这样所得的 20cm 长的单晶并不含任何的晶界. X 射线劳厄分析指出，这单晶具有相当均匀的结构，单晶的硬度远大于用动态退火法得到的单晶，这可能是由于制备的单晶存在的位错数目较少. 用石墨粉作塞紧剂所得的结果与用二氧化铝粉相同.

用低频正扭摆测量内耗. 为了消除在装入试样时所可能引入的冷加工效应，把试样在扭摆炉中进行 450℃ 原位退火 1h 以后再降温进行内耗测量. 振动频率是 1Hz，在试样表面上施加的最大应变振幅低于 10^{-5}，并没有观测到振幅效应.

图 4.37 示出的曲线（1）是 99.991% 多晶铝的内耗曲线. 试样的晶粒尺寸约为 0.2mm（450℃ 退火 2h），振动频率在室温时是 1.4Hz. 由图可见在 304℃ 出现一个高度为 0.087 的内耗峰. 用变动频率法测得这个峰的激活能是 32kcal/mol（1.4eV），与葛在 1947 年所测得的相同. 试样的晶粒尺寸较之试样

的直径小5倍，因而它肯定是细晶粒的多晶体．图4.37示出的曲线（2）是用动态退火法制备的99.991% Al 单晶的内耗曲线，振动频率也是1.4Hz．由图可见，内耗随着温度的提高而平滑地单调上升，在99.991% Al 多晶出现晶界内耗峰的温区（304℃附近）内肯定没有出现内耗峰的任何痕迹．这令人信服地指出，在多晶体中出现的晶界内耗峰（葛峰）的温区内，纯度相同的单晶体（未经过冷加工）不出现内耗峰．

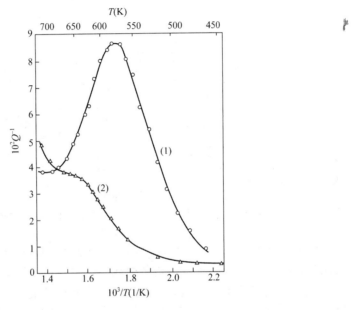

图4.37　99.991% Al 多晶（1）和用动态退火法制备的99.991% Al 单晶（2）的内耗曲线[18]．振动频率：（1）1.4Hz；（2）1.4Hz．多晶铝的晶粒尺寸：0.2mm．

　　图4.37示出的曲线（2）指出在365℃附近出现一个新的凸包．这个凸包在多次降温和升温测量中保持不变，它出现的温度远高于葛峰，因而它与葛峰无关．随后的多次实验指出它与单晶试样中所存在的位错的某种分布组态有关．

　　图4.38示出的曲线（1）和（2）分别表示99.999% Al 多晶和单晶的内耗曲线．多晶试样的晶粒尺寸约为0.5mm，振动频率是1.8Hz．晶界内耗峰出现在290℃，高度为0.082．所测得的激活能是34kcal/mol（1.48eV），与9.991% Al 的情形相近，在单晶 Al 中并不出现多晶中出现的晶界峰（葛峰），但是在365℃（频率1.7Hz）附近出现一个峰高约为0.047的新内耗峰．应当指出，这个峰在99.999% Al 的情形下较之在99.991% Al 的情形下（只表现为一个凸包）更为明显，这表示在较高纯度下的位错密度及其分布组态情况更

有利于这个峰的出现.

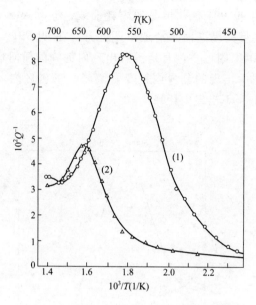

图 4.38　99.999% Al 多晶（1）和用动态退火法制

备的 99.999% Al 单晶（2）的内耗曲线[18]. 振动频率：（1）1.8Hz；（2）1.7Hz.

　　图 4.39 示出的曲线（1）和（2）分别表示 99.999% Al 多晶和用静态退火法制备的 99.999% Al 单晶的内耗曲线. 在 20cm 长的单晶试样中含有 6 或 7 个竹节型的晶界. 由曲线（2）可见有两个小的内耗峰分别出现在 265℃ 和 365℃（振动频率 1.4Hz）. 365℃峰与图 4.37 和图 4.38 的曲线（2）上所示的相似，它的显著程度介于二者之间. 265℃峰出现在较葛峰（275℃）为低的温度，认为它是不同于葛峰的另外一个峰. 由于用静态退火法制备的单晶试样中含有 6 或 7 个竹节晶界，所以出现竹节晶界峰. 进一步的实验指出（见5.1.1 节），这个峰的高度与试样中所含的竹节晶界的数目成正比[49]. 而现在这个数目很少，所以内耗峰很低. 应当指出，用动态退火法制备的单晶试样中并不存在任何的竹节晶界.

　　图 4.40 示出的血线（1）和（2）分别表示 99.999% Al 多晶和用区域熔化法制备的 99.999% Al 单晶的内耗曲线，由图可见，在多晶中出现的葛峰［曲线（1）］在单晶中并不出现［曲线（2）］. 值得注意的是，在现在的情形下，单晶试样中只出现一个随温度而单调上升的背景内耗，即不出现葛峰，也不出现 265℃峰和 365℃峰，这显然是由于用区域熔化法制备的单晶体里既不含有细晶粒晶界（葛峰的来源），也不含有竹节晶界（265℃峰的来源），所含的位错数目太少不足以形成有利的位错网络组态（365℃峰的来源）.

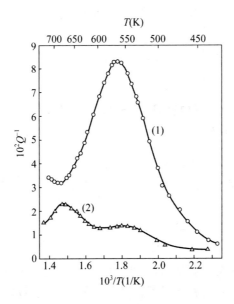

图 4.39　99.999% Al 多晶（1）和用静态退火法制备的
99.999% Al 单晶（2）的内耗曲线[18]. 振动频率：（1）1.4Hz；（2）1.4Hz.

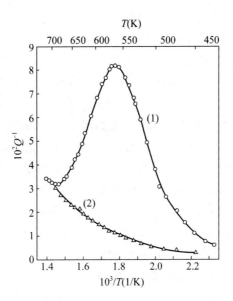

图 4.40　99.999% Al 多晶（1）和用区域熔化法制备
的 99.999% Al 单晶（2）的内耗曲线[18]. 振动频率：（1）1.4Hz；（2）1.7Hz.

　　用上述的三种制备单晶体的方法所制备的单晶体中所存在的位错组态各不相同，然而这些组态都不能引起在多晶体中出现的葛峰，因此把葛峰的出现归因于在晶粒内部或单晶体内存在的位错组态是不适当的. 反之，只能认为葛峰是来源于在晶界发生的过程.

4.4.2　葛峰（细晶粒晶界内耗峰）与 265℃峰（大晶粒晶界或竹节晶界峰）的关系及其演变

　　许多实验已经证实，经过高温退火达到完全再结晶的细晶粒多晶试样的葛峰随着晶粒尺寸的增大而向高温移动，并且峰高不变. 但是，只有当晶粒尺寸（G.S.）小于试样的直径时才是如此. 当（G.S.）大于试样直径时，内耗峰的高度显著降低，并且峰温转而向低温移动[6]. 当（G.S.）大到成为单晶体时，内耗峰完全消失.

　　按照晶界的黏滞滑动模型[22]，当（G.S.）大于试样的直径时，不应当出现晶界内耗峰，因为在这种情况下，沿着晶界的黏滞滑动并不再受晶界的三叉结点所制约，因而跨过晶界的应力弛豫就不再是有限的和可回复的，所引起的内耗将会随着温度的升高而单调上升，不会形成一个内耗峰. 为了回答这个疑问，合肥研究组进行了一系列的实验，同时也有助于澄清前述的 Poitiers 和 Bologna 研究组所提出的多晶和经过轻微加工的单晶在葛峰出现的温度范围内出现多个内耗峰的问题（§4.2 和 §4.3）.

　　为了重复和证实葛庭燧在 1947 年的实验结果，首先用 99.991% Al 进行实验. 把经过高度冷加工（95% 面积减缩）的直径为 1mm 的铝丝在 450℃ 退火 2h，所得的（G.S.）是 0.2mm. 用 1.4Hz 的振动频率在降温当中测量内耗，最大应变振幅是 10^{-5}，所得的内耗曲线如图 4.41 所示的曲线（1）所示[50]. 随后把试样连续在 550℃ 退火 2h（G.S.：0.7mm）和 640℃ 退火 7h（G.S.：1mm），所得的内耗曲线分别如曲线（2）和（3）所示. 可见曲线（1，2，3）所示的峰巅温度 T_P 随着（G.S.）的增大而向高温移动. 为了得到极大的晶粒，把试样在 400℃ 进行预退火 2h，然后拉伸 2.6%，并在 640℃ 退火 8h，得到曲线（4）所示的内耗曲线. 与曲线（3）比较，内耗峰的峰巅温度 T_P 略向低温移动. 这证实了葛在 1947 年所得的结果. 作为比较，也在图中示出用动态退火法制备的 99.991% Al 单晶的内耗曲线 ［曲线（5）］.

　　图 4.42 示出的是对于 99.999% Al 多晶进行内耗测量所得的结果，实验条件是：冷加工量 90% 面积减缩，450℃ 退火 2h，（G.S.）是 0.5mm，原位退火 450℃（1/2h），振动频率（在 T_P 时）是 1.8Hz，所得内耗峰的 T_P 是 290℃，峰高 0.08，如图 4.42 所示的曲线（1）所示. 把试样在 550℃ 退火 8.5h，得

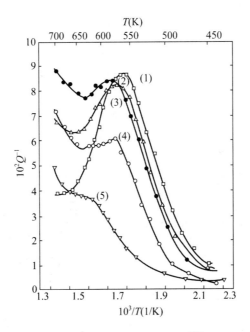

图 4.41　晶粒尺寸对于 99.991% Al 的内耗（$f = 1.4\,Hz$）的影响[50]．退火温度，时间和晶粒尺寸：
(1) 450℃，2h，0.2mm；(2) 550℃，2h，0.7mm；(3) 640℃，7h，1mm；(4) 极大晶粒；
(5) 用动态退火法制备的单晶；试样直径 1mm．

到的（G.S.）是 1.1mm（已大于试样直径），内耗曲线如曲线（2）所示，可见峰高略有降低而峰的宽度明显变大，并且 T_P 明显移向低温．

　　再把试样在 620℃ 退火 8h，得到平均长度为 1.8mm 的竹节状晶粒．曲线（3）是降温测量内耗所得的曲线，可见峰宽变小而 T_P 与曲线（1）比较大大向低温移动．值得注意的是，峰高是 0.096，反而高于曲线（1）．这时的（G.S.）已经大于试样的直径，不应出现葛峰，然而曲线所示的峰高却大于葛峰，因此可以有把握地认为这个峰不是葛峰而是一个与竹节晶界有关的另一类型的新的内耗峰．把试样在 380℃ 预退火 2h，并在室温拉伸 2.4%，再在 650℃ 退火 8h，得到平均长度在 5mm 以上的竹节型晶体，这时的内耗峰高度大为降低如曲线（4）所示．图中的曲线（5）是用动态退火法制备的 99.999% Al 单晶的内耗曲线，可见葛峰和上述的竹节晶界峰都消失不见，在 365℃ 出现的内耗峰的来源已在前面说明．

　　根据图 4.42 所示内耗曲线的变化情况，可以说明葛峰和竹节晶界峰的演变过程如下述．当全部晶粒的（G.S.）都小于试样的直径时，葛峰达到极限高度［曲线（1）］．当一部分晶粒的（G.S.）超过试样直径时，葛峰和竹节晶界峰（大晶粒晶界峰）二者叠加，但两峰出现在不同的温度（前者的峰温

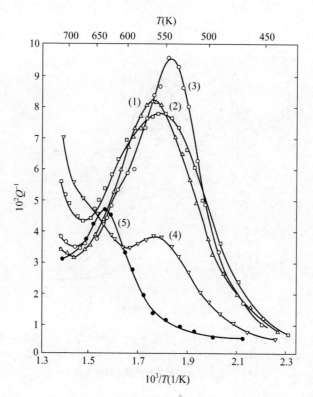

图 4.42　晶粒尺寸对于 99.999% Al 的内耗（$f = 1.8\,Hz$）的影响[50]．退火温度，时间和晶粒尺寸：
(1) 450℃，2h，0.5mm；(2) 550℃，8.5h，1.1mm；(3) 620℃，8h，1.8mm；(4) 晶粒尺寸 > 5mm；
(5) 用动态退火法制备的单晶．

略高于后者），所以叠加的结果使复合峰变宽［曲线（2）］．在曲线 3 的情形，试样的全部晶粒的（G.S.）已经超过试样直径，从而竹节晶界峰的高度增加到它的极限高度，峰的变窄表示葛峰已消失，只剩下单一的竹节晶界峰．当（G.S.）进一步增大（> 5mm），试样里只有少数的竹节晶粒，竹节晶界数目变少，从而竹节晶界峰大为降低［曲线（4）］．从曲线（4）扣除高温背景后，可以看出峰温进一步向低温移动．在曲线（5）的情形下，试样内根本没有竹节晶界，从而竹节晶界峰消失不见．

　　用移动频率法测得当试样的（G.S.）约为 1.8mm 时的竹节晶界峰的激活能是 34kcal/mol，与葛峰的相近．

　　进一步的工作指出，竹节晶界内耗峰的高度与试样中所含的竹节晶界数目成正比[49]，用 99.999% Al 的片状试样进行测量时已经能够把葛峰与竹节晶界峰分开[32]，因而竹节晶界峰是一个与葛峰不同的新的内耗峰．Iwasaki 关于这

个问题有不同的看法[51]，这些将在第五章中详细介绍. 在比较图 4.41 时对于
99.991% Al 和图 4.42（对于 99.999% Al）的内耗曲线时，可见在试样的纯度
较高时竹节晶界峰向低温移动得较多，从而试样的纯度越高，则竹节晶界峰将
更能够与葛峰分开，为探索这一问题以及相关的问题，合肥研究组用
99.9999% 的超纯铝多晶进行了一系列的内耗实验[52]. 所用的超纯铝试样是法
国科研中心（CNRS）化学冶金研究中心（CECM Vitry – Sur – Seine）提供的.
标定成分是 99.99993%，所含杂质（ppm）是 0.3Ca，0.1Mg，0.1Fe 和
0.2Si. 试样的原始状态是 1mm 直径的铝丝卷成了直径约 8cm 的线圈. 切取约
10cm 长的铝丝，仔细地把它滚直，然后装入倒扭摆并进行预定程序的原位退
火，然后降温测量内耗和切变模量（f^2）. 金相观察指出原来的试样已经再结
晶，（GS）约为 0.2mm. 测量内耗的频率约为 1Hz，最大的应变振幅一般小
于 10^{-5}.

　　图 4.43 所示的曲线（1）～（4）是试样连续进行下述的原位退火以后降
温测量的：240℃（2h），270℃（70min），300℃（2h）和 310℃（1h），可见

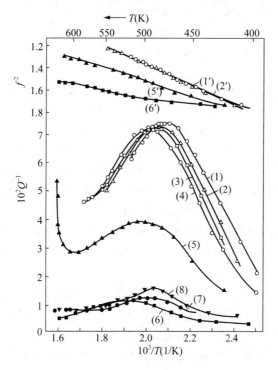

图 4.43　99.999% Al 在各种温度退火后的内耗 [Q^{-1} 和模量（f^2）曲线[52]]. 内耗曲线（1）～（8）
表示退火温度分别为 240℃，270℃，300℃，310℃，350℃（43min），350℃（3h），
400℃和 450℃. 曲线（1'），（2'），（5'），（6'）表示相对应的模量曲线.

内耗峰高度并没有显著变化，但峰温却分别坐落在 203℃，213℃，217℃，和 223℃，即随着退火温度的提高而向高温移动. 当退火温度升到 350℃ 时，内耗峰高度开始时是 0.053，但在 350℃ 退火 43min 以后却降到 0.035. 在 350℃ 连续退火 3h，内耗峰继续大幅度降低如曲线 6 所示. 这表明 350℃ 的退火使试样的（G. S.）有较大的变化. 图 4.44 示出 99.9999% Al 试样经过各种程序的退火以后的金相图. 图 4.44（a）250℃ 退火，（G. S.）0.2mm. 图 4.44（b）350℃，43min，（G. S.）1mm. 图 4.44（c）350℃，3h，（G. S.）大于 5mm. 试样直径 1mm. 可见，在图 4.44（a）的情况下是细晶粒，在（b）的情况下大多数晶粒超出试样直径但仍然保存着少数的细晶粒. 在（c）的情形下全部晶粒都超出试样直径而只出现竹节晶界.

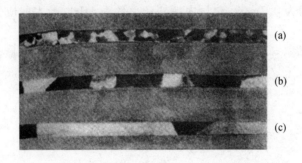

图 4.44　99.9999% Al 在各种温度退火后的金相图[52]. 退火温度和晶粒尺寸：(a) 250℃，0.2mm；(b) 350℃，43min，1mm；(c) 350℃，3h. 晶粒尺寸大于 5mm. 试样直径 1mm.

图 4.43 所示的曲线（7）和（8）表示试样分别在 400℃ 和 450℃ 退火 1h 的情况，可见随着退火温度的提高，峰温向低温移动而峰的高度略有增加. 图中的曲线（1'），（2'），（5'），（6'）表示与内耗曲线向对应的切变模量变化.

应当指出，图 4.43 所示出的曲线（1）~（4）所示的内耗峰呈现显著的正常的振幅效应，而在 99.991% Al 和 99.999% Al 的情况，只要振幅不高于 10^{-5} 就不呈现振幅效应. 这种情况显然是由于超纯试样经过高温退火以后变得很软从而很容易引入冷加工效应.

从图 4.43 所示的内耗曲线变化情况来看，当退火温度逐渐提高时出现两种类型的内耗峰，而 350℃ 的退火似乎是一个分界线. 在这个温度以下的退火所得到的内耗峰主要是葛峰，而更高温度的退火则主要是竹节晶界峰.

最后应当指出的是，葛峰的巅值温度 T_p 随着试样纯度的增加而变低. 99.991%，99.999% 和 99.9999% Al 的葛峰的 T_p 分别是 285℃（$f = 0.8$Hz，GS $= 0.2$mm），290℃（$f = 1.8$Hz，GS $= 0.3$mm）和 220℃（$f = 1.4$Hz，GS ≈ 0.2mm）. 转换为 1Hz 时，分别为 290℃，275℃ 和 210℃. 对于 99.991 和

99.999% Al，葛峰的激活能接近于 Al 的自扩散激活能．但是，对于这三种纯度的 Al 试样来说，竹节晶界峰都出现较葛峰为低的温度．

4.4.3　冷加工多晶和单晶在不同温度退火后出现的内耗峰

这里所说的冷加工效应指的是经受冷加工的试样（多晶和单晶）在随后的退火过程中并没有完全再结晶时所出现的内耗峰或内耗现象，也包含着试样中在退火后所残留的位错的某种组态所引起的内耗峰（例如在 4.4.1 节所报道的 365℃峰）．在 §4.2 和 §4.3 介绍的 Poitiers 和 Bologna 研究组的实验中所报道的内耗峰很多都属于这一类的冷加工效应．这些内耗峰即便出现在葛峰的邻近温区，但都与葛峰无关，因为葛峰在完全再结晶试样中才出现．有些文献常常把这些内耗峰与葛峰混淆到一起．

冷加工金属随后在连续提高退火温度的过程中会连续出现回复、多边化、再结晶和晶粒增大，伴随着这些现象，可以出现相应的内耗，也可以出现相应的内耗峰．这在多晶和单晶中都是如此．这些过程的演变和出现时的退火温度受试样所经受的预先冷加工量和加工方式以及试样纯度的影响．例如当预先冷加工很小时，可能根本就不会发生再结晶，而对于同等的预先冷加工量来说，纯度较高的试样会在较低的温度下就发生多边化和再结晶．所以在认定出现在各种退火温度的各种内耗峰的来源时，要考虑到试样的纯度和预先冷加工量及其方式对于相应退火温度的影响．

另外，这些内耗现象和内耗峰有时可以出现在葛峰附近，从而影响葛峰的位置、高度及其形状．已经发现，葛峰的高温边当预先冷加工量较小时就较低，并且对于再结晶后的微量加工很敏感[35]．这种附加的内耗随着退火温度的提高而降低，最后达到一个稳定值[35]．这显然是来源于冷加工在晶粒内部引起的效应，这种效应叠加在葛峰的高温边，成为高温背景内耗．

（1）超纯铝试样的冷加工内耗峰　把一根含有 25 个竹节晶界的 12cm 长的99.9999% Al 试样置在自动倒扭摆中，原位扭转 0.40%，然后在 640℃退火 40min．图 4.45 示出的是降温测量得到的内耗和模量曲线[52]．曲线（1）～（3）所对应的激发应变振幅分别是 5×10^{-6}，1.8×10^{-6} 和 9×10^{-7}，峰的巅值温度 T_p 分别是 180℃，175℃ 和 167℃，峰高达到 0.11．曲线（3′）对应着应变振幅为 9×10^{-7} 的切变模量曲线．值得注意的是，内耗峰呈现反常振幅效应，表现在随着应变振幅的增加，内耗值和 T_p 分别减小和向高温移动．这个峰的表观与葛峰和竹节晶界峰截然不同，因而是另一种类型的新内耗峰．应当指出，这个峰在 99.991% Al 和 99.999% Al 在相同的条件下都不出现，认为这个内耗峰很可能与未发生完全再结晶以前的冷加工效应有关，因为在上述对试样进行的冷加工和随后退火处理的情况下，试样似乎不会出现再结晶.

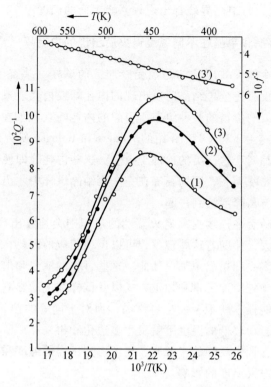

图 4.45　99.9999% Al 大晶粒试样在室温扭转 0.4% 并在 640℃ 退火 40min 后的内耗和
模量曲线[52]. 应变振幅：(1) 5×10^{-6}；(2) 1.8×10^{-6}；(3) 9×10^{-7}；(3') 9×10^{-7}.

　　这个内耗峰与 Esnouf 等[53]在扭转冷加工 99.9999% Al 的片状试样经过高温退火后所观测到的出现在 450K（177℃）的内耗峰类似（也表现明显的振幅效应），他们认为这个峰与 Al 的晶体点阵位错运动有关. 由于 Esnouf 等所用的片状试样的晶粒尺寸已经大于试样的厚度，葛等[52]所用的丝状试样的晶粒尺寸也大于试样的直径，所以有人就很自然地把这个内耗峰与竹节晶界峰联系到一起（或者是部分联系），从而又进一步把竹节晶界峰（也牵涉到葛峰）与点阵位错的运动联系起来，造成一定程度的误解.

　　为了澄清这一问题，程波林和葛庭燧进行了冷加工对于超纯 Al 的竹节晶界峰的影响的实验[54]. 他们把一段 99.9999% 铝丝在室温拉伸 2% 后在 800K（527℃）进行动态退火并在 873K（600℃）保持 2h，经过这种处理后在 10cm 长的试样中所含的竹节晶界数是 $N = 8 \pm 1$. 图 4.46 的曲线（1）表示降温测量所得的内耗曲线，扣除高温背景内耗后得到 $Q_{\max}^{-1} = 0.018$，$T_P = 444K$，$f_P =$

1.5Hz. 峰的半宽度较之标准的 Debye 峰大 2.83 倍. 随后用 $N = 16$, 18 和 36 的试样进行的实验指出, 这个峰的高度与试样所含的竹节晶界数目成正比, 所以这个峰肯定是竹节晶界峰.

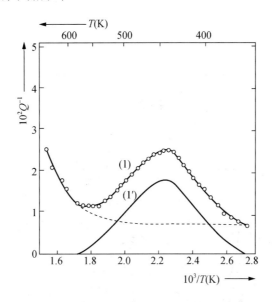

图 4.46　含有竹节晶界数目 $N = 8$ 的 99.9999% Al 试样的竹节晶界内耗峰 (1) 实验曲线,

(1′) 扣除内耗背景后的曲线[54].

把含有 $N = 8 \pm 1$ 的试样在室温扭转 0.33% 并且在各种温度下进行退火. 在 673K 退火 2h 后的内耗曲线如图 4.47 的曲线 1 所示. 曲线的形状很复杂, 表示它由几个单元峰所组成. 曲线 (1′) 是相对应的切变模量曲线 (f^2 曲线). 曲线 (1″) 是相对应的 f^2 对于 $10^3/T$ 的微分的曲线. 可见这曲线上显示出 3 个分立的峰, 分别坐落在 496K, 458K 和 384K, 可把它们叫做 P_H, P_B 和 P_L. 现在的问题是搞清楚这 3 个峰的来源.

把试样再在 733K 退火 2h, 所得的曲线变得较不复杂, 如图 4.47 所示的曲线 (2). 值得注意的是, P_B 峰的降低似乎较小于其他两峰, 因而变得较为突出. 在 873K 退火 2h 后, 所得的曲线 (3) 与图 4.46 的曲线 (1) 相同, 即变回到未进行扭转加工的情况. 这表示在 870K 的退火已经消除了室温扭转加工所引入的效应. 从图 4.47 所示的曲线的演变情况来看, 可以合理地认为 P_B 峰是竹节晶界峰, 而 P_H 和 P_L 峰则是由于室温扭转加工所引入的两个新内耗峰. 把试样再在室温扭转 0.66% 并在 580K 退火 2h, 所得的内耗曲线如图 4.48 的曲线 (1) 所示. 曲线的形状提示它是一个复合曲线. 曲线 (1′) 和 (1″) 分别表示相对应的 f^2 和 $\partial f^2/\partial (10^3/T)$ 曲线, 在曲线 (1″) 上约 550,

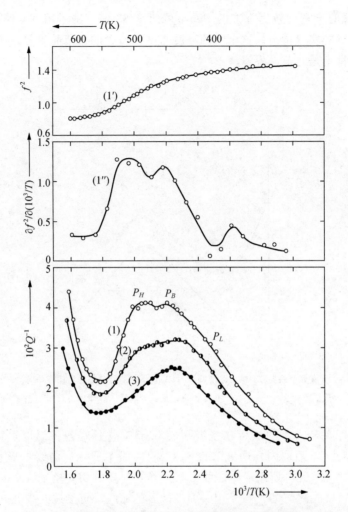

图 4.47　扭转形变对于 $N = 8 \pm 1$ 的竹节晶界内耗峰的影响[54]. 试样
扭转 0.33% 后的退火温度（2h）分别是（1）673K；（2）733K；（3）873K,
曲线（1′）是相对应的切变模量曲线，曲线（1″）是 $\partial f^2 / \partial (1000/T)$ 曲线.

455 和 394K 处出现峰值，它们显然是与 P_H, P_B 和 P_L 峰相对应.

　　把试样再在 673K 退火 2h，相对应的曲线如曲线（2），（2′）和（2″）所示.
在曲线（2″）上的 3 个峰的位置分别是 533K，455K 和 383K. 曲线（3）是曲线
（2）扣除背景内耗所得的曲线. 按照下述的程序把它分解为 3 个组元峰：从曲
线（3）减去原来未经加工试样的竹节晶界峰［见图 4.46 所示的曲线（1′）］,
余下的成为两个分立的峰，分别如曲线（4）（P_H）和曲线（6）（P_L）所示. 3
个峰的 $Q_{\max}^{-1}$ 和 T_P 分别是 0.0030, 0.0160, 0.0060 和 505K, 426K, 385K.

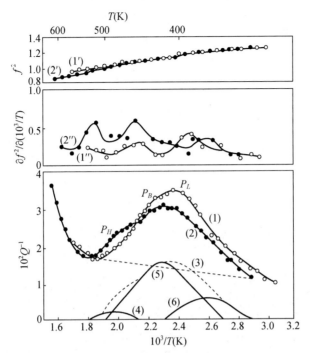

图 4.48　扭转形变对于 $N = 8 \pm 1$ 的竹节晶界内耗峰的影响[54]．试样扭转 0.66% 后在 580K（1）和 673K（2）退火（2h）的 Q^{-1}（1，2），f^2（1′，2′）和 $\partial f^2/\partial(10^3 T)$（1″，2″）曲线．曲线（3）是曲线（2）扣除背景后的内耗曲线．曲线（4），（5），（6）是由曲线（3）分解而成的 P_H 和 P_L 峰的曲线．

　　把试样再在 723K 退火 2h，得到一个出现在 440K（$f_P = 0.97$Hz）的极高的内耗峰（$Q_{\max}^{-1} = 0.0650$）如图 4.49 的曲线（1）所示．它远高于未加工试样（$N = 8$）的内耗峰（$Q_{\max}^{-1} = 0.0180$）．由曲线（1）减去内耗背景得到曲线（2），由曲线（2）减去图 4.48 中所示曲线（5）代表的竹节晶界峰得到曲线（3）．曲线（5）上的 P_B 峰就是图 4.48 所示的曲线（5）．由于曲线（3）是不对称的并且它的低温边（即 $1/T$ 较大的一边）很倾斜，所以可认为它的高温边与 P_H 峰的高温侧密合，从而画出一个对称的曲线（4）（P_H）．由曲线（3）减去曲线（4）得到曲线（6）（P_L）．这样就得出的 P_H，P_B 和 P_L 峰的 $Q_{\max}^{-1}$ 和 T_P 分别是 0.0345，0.0160，0.0114 和 444K，435K，385K．注意到现在 P_B 峰的高度反而较低于 P_H，这是由于试样中所含的竹节晶界数目 N 很少，只有 $N = 8$，而 P_B 峰的高度与 N 成正比．

　　把 $N = 36$ 的竹节晶试样在室温扭转 0.39%，并且在 873K 退火 2h，降温测量内耗得到图 4.50 所示的曲线（1），可见 $Q_{\max}^{-1} = 0.0860$，$T_P = 423$K 而未加工试样的 $Q_{\max}^{-1} = 0.0780$，T_P 变化不显著．进一步扭转达到总加工量 1.04%，并在 583K 退火 0.5h，得到 $Q_{\max}^{-1} = 0.1086$，$T_P = 430$K 如图 4.50 所示的曲线

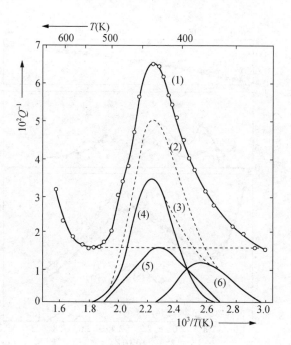

图 4.49　曲线（1）表示图 4.48 的试样继续在 723K 退火 2h 后的内耗曲线[54]．曲线（2）表示
扣除内耗背景后的曲线．曲线（3）代表扣除竹节晶界峰［曲线（5）］后的曲线．
曲线（4）和（6）表示曲线（3）分解而成的 P_H 和 P_L 峰.

（2）．扣除背景内耗得到曲线（3），可见在曲线的高温边出现一个凸包．用处理 $N=8$ 试样时的类似程序把曲线（3）分解成 3 个组元峰：P_H［曲线（4）］，P_B［曲线（5）］和 P_L［曲线（6）］．它们的 $Q_{\max}^{-1}$ 和 T_P 分别是 0.0220，0.0690，0.0040 和 450K，423K，340K．可见这时的 P_B 峰远高于 P_H 峰．

　　把上述的 $N=36$ 试样进一步在室温扭转，达到 1.3%，并在 583K 退火 0.5h，则出现在 $T_P=426$K（$f_P=1.01$Hz）的复合内耗峰高达 0.1206．这表示再在室温的较大扭转并继以较低温度的退火可以大大增强冷加工产生 P_H 和 P_L 峰的效应．

　　对比图 4.47 到图 4.50 中的 P_H，P_B 和 P_L 峰的演变情况以及它们的相对高度（$Q_{\max}^{-1}$）之间的比较，可见冷加工内耗峰 P_H 和 P_L 与对于试样所进行的热机械处理历史有密切的关系，甚至于与中间阶段的处理也有联系．阶段的冷加工以及在较低温度的预退火都能够增强 P_H 和 P_L 峰．由上述结果可知，P_H 和 P_L 峰是与冷加工效应有关的内耗峰，它与竹节晶界内耗峰 P_B 并没有直接联系．关于这方面的细节，将在 §4.5 介绍法国里昂研究组的实验结果时进一步讨论．

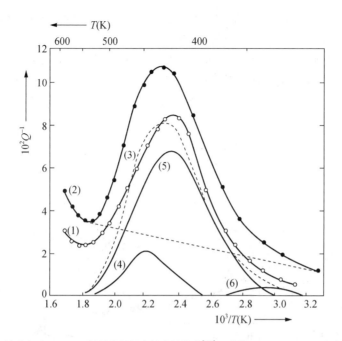

图 4.50　扭转形变对于 $N=36$ 的竹节晶界内耗峰的影响[54]. 曲线（1）和（2）是扭转 0.39% 和 1.04% 并在 873K 和 583K 退火后所得的曲线. 曲线（3）是曲线（2）扣除内耗背景后的内耗曲线. 曲线 4，5，6 是由点曲线（3）分解而成的 P_H，P_B 和 P_L 峰.

在上述的关于扭转冷加工的 99.9999% Al 竹节晶的丝状试样的实验里，在 $0.5T_m$ 温区所得到的内耗谱总是可以分解为 3 个峰：P_H，P_B 和 P_L. 竹节晶界数目 $N=36$ 和 $N=8$ 试样的 P_B 峰高度分别是 0.0690 和 0.0160，峰高与 N 呈现线性关系（这方面在第五章还将详细讨论），因而 P_B 峰无疑义的是竹节晶界峰. 另外，葛峰并不出现. 因此，只有 P_H 和 P_L 峰可以归因于冷加工效应.

（2）与多边化有关的内耗峰　早在 1955 年，Friedel 等[55]报道了关于多边化铝的内耗和弹性模量的研究成果. 他们发现，内耗随温度的提高而单调上升而弹性模量降低. 理论分析预期应当存在一个与多边化边界有关的内耗峰，但是关于这个问题的实验方面并没有进展. 1987 年，颜世春和葛庭燧用多边化了的 99.999% Al 和 Al – Cu 稀固溶体进行了系统研究[47]，发现了与多边化边界有关的内耗峰. X 射线分析证实了这个内耗峰的来源是试样中出现的多边化.

所用的 99.999% Al（5NAl）是我国抚顺铝厂出产的直径 3mm 的铝棒. 在 450℃退火 2h 后，冷拉到 1mm 直径（90% 面积减缩）. 截取 50mm 长的一段铝丝，再在 450℃退火 3.5h 后炉冷，在室温下把它弯曲成 15mm 的曲率半径，然后

放开, 并在一块玻璃板上仔细地把它滚直. 装入自动化的受迫振动倒扭摆中在
402℃进行原位退火3h, 升温率是5K/min. 在396℃测量内耗和模量作为频率的
函数. 频率的范围是 $2 \times 10^{-4} \sim 1\text{Hz}$, 施加到试样上的最大应变振幅是 5×10^{-6}.
由图 4.51 (a) 示出的曲线 (1) 可见, 在 $10^{-3} \sim 10^{-2}\text{Hz}$ 的频率范围内出现了一
个高度为 0.26 的内耗峰, 相应的模量曲线见图 4.51 (b) 所示的曲线 (1).

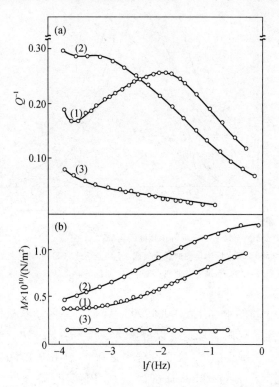

图 4.51　　(a) 5N Al 在各种加工处理后出现的内耗频率谱 (测量温度 396℃):
(1). 弯曲; (2). 拉伸; (3). 未形变; (b) 相应的模量曲线[47].

　　为了表明这个内耗峰的出现与试样的预先弯曲操作有关, 用在室温进行预
拉伸1.5%的试样进行类似的实验 (在 408℃原位退火 10h), 结果只是在 10^{-3}Hz
附近出现一个极微弱的内耗峰, 如图 4.51 (a) 所示的曲线 (2). 补充的实验
指出, 如在 408℃原位退火 3h, 则根本不出现内耗峰.

　　图 4.51 (a) 示出的曲线 (3) 表示试样根本未经受预先弯曲或拉伸处理
的情况, 可见根本不出现内耗峰. 图 4.51 (b) 示出的曲线 (3) 所示的模量
曲线也根本不发生变化, 与曲线 (1) 和 (2) 大不相同.

　　图 4.52 所示的曲线表明退火温度对于多边化内耗 (a) 和模量 (b) 的影
响[47]. 在 403℃退火 1.5h, 所引起的内耗峰并不明显 [曲线 (1)], 继续退火

2h 和又一次 2h 后出现完整的内耗峰［曲线（2）和（3）］，而低频背景内耗大大降低．图 4.52（b）示出的曲线（1）～（3）表示相对应的模量曲线．另外的实验指出，在较低的温度 393℃ 退火并不出现内耗峰．在 308℃ 退火 2h，再在 403℃ 退火 4h 也不出现峰．重复的多次实验指出，内耗峰一旦出现就极稳定，但是在 450℃ 退火 1h，峰就消失不见．这表明 450℃ 退火破坏了多边化结构（可能是由于出现了再结晶）．

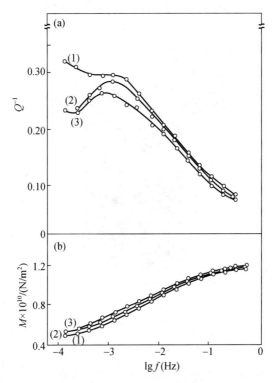

图 4.52　退火时间（在 403℃）对于在室温弯曲后的 5N Al 的内耗（Q^{-1}）
频率谱（a）和模量（M）频率谱（b）的影响[47]．退火时间：
（1）1.5h；（2）3.5h；（3）5.5h；测量温度 396℃．

在不同的温度下测量多边化 99.999% Al 的频率内耗峰所测得的激活能是 1.5eV，这与铝的自扩散激活能相近．把测量的频率转换为 1Hz，则这个内耗峰的巅值温度 T_P 将是 530℃．由于在试样经过 450℃ 退火以后这个峰消失，所以不可能用普通的扭摆在约 1Hz 的频率下观测到与这个峰相对应的温度内耗峰．

用 X 射线背反射法摄取了出现和不出现这个内耗峰的试样的劳厄图．先把试样进行化学浸蚀以显示大角晶界．在摄取劳厄图时，尽可能地使 X 射线束不照在这些晶界上. 图 4.53（a）示出显示内耗峰试样［对应着图 4.51（a）的曲线（1）］的劳厄图, 可见劳厄斑分裂成小点, 表示试样内已经发生了多边化. 图 4.53（b）示出对应着不出现内耗峰的情况, 可见劳厄斑并没有出现分裂. 图 4.53（c）示出对应着在 450℃ 退火后的情况.

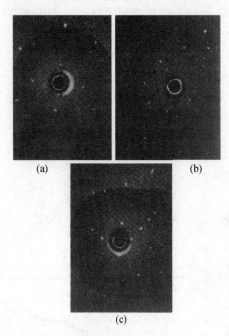

(a)　　　　　　　　　　　(b)

(c)

图 4.53　在内耗测量以后所摄得的 X 射线劳厄图像[47]. （a）对应着图 4.52 的曲线 1
（出现内耗峰）；（b）对应着不出现内耗峰的情况；（c）对应着在 450℃ 退火后
（多边化结构被破坏）不出现内耗峰的情况.

　　由于试样的再结晶温度随着杂质含量的增加而提高, 因而用含有 0.015wt% Cu 的铝试样进行了与上述类似的实验, 企图能在较高的退火温度下维持多边化状态而不发生再结晶, 从而就能够在内耗温度谱上观测到多边化温度内耗峰. 基于这种思路, 用倒扭摆采取恒频变温法测量内耗, 把长度 110mm, 直径 1mm 的试样在 450℃ 退火 3.5h 并淬入水中, 并把它弯成 22mm 的曲率半径, 然后小心地滚直, 并装入倒扭摆, 以 8K/min 的升温速率把温度提高到 500℃, 并停留 2.5h. 用 0.3Hz 的频率降温测量内耗. 激发应变振幅小于 10^{-5}, 由图 4.54 示出的曲线（1）可见, 在 590℃ 的内耗高达 0.24, 并且随着温度的下降而急剧降低, 在 240℃ 附近出现的显著的内耗峰显然是 Al - 0.015% Cu 试样的晶界内耗峰. 这与葛庭燧[22]早期关于 99.6% Al 的晶界内耗峰出现在约 225℃（$f=1$Hz）的报道相合. 金相观察指出这时试样的晶粒尺寸约 0.4mm，小于试样的直径.

试样进一步在 610℃ 退火 3h 后，在 580℃ 附近出现一个尖锐的内耗峰，如图 4.54 所示的曲线（2）. 这可能就是所假想的与多边化有关的内耗峰. 在 240℃ 附近的峰急剧下降变成一个小凸包，可能是多边化的出现压抑了晶界内耗峰. 进一步在 630℃ 退火 3h 出现一个较低的但是却很明显的内耗峰，如图 4.54 所示的曲线（3）.

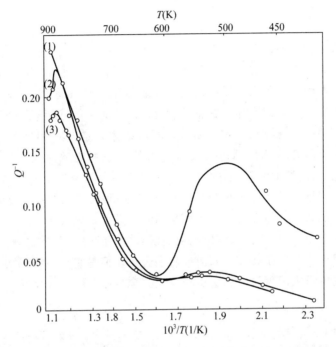

图 4.54　在室温经受弯曲形变的 Al – 0.015wt% Cu 试样的内耗曲线[57]. 退火温度和时间：(1) 590℃，2.5h；(2) 610℃，3h；(3) 630℃，3h；振动频率 0.3Hz，应变振幅 10^{-5}.

用透射法摄取的 X 射线劳厄图表明，劳厄斑对应着呈现和不呈现内耗峰的情况下出现分裂和不分裂.

众所周知，冷加工试样在退火过程中出现多边化与再结晶之间相互竞争的情况. 再结晶的起始一般使多边化结构遭到破坏. 冷加工试样的再结晶温度依赖于试样的纯度和施加于试样上的预先冷加工量. 对于 99.991% 的 Al，葛庭燧报道[22]了经受 34% 面积缩减的冷加工试样的再结晶温度较之经受 95% 的试样的高 100K. 他也报道了冷加工 Al 试样刚在再结晶以前的内耗非常高（可高达 0.18），但是在再结晶后就急剧降到低得多的数值[30]，因此在 99.991% Al

和 Al – 0.015% Cu 试样中所观测到的高达 0.2 到 0.3 的内耗肯定是来源于试样刚在再结晶以前所存在的状态. 弯曲操作总是促进试样在退火当中的多边化, 而 X 射线分析结果强烈地指出所观测的内耗与多边化有关的论断.

内耗峰的激活能与自扩散激活能接近的事实指出, 内耗的机制是组成多边化边界的位错的热激活攀移.

上述关于多晶体的多边化实验的结果和论断显然也适用于单晶体, 因为这并不牵涉到试样中是否存在引起葛峰的大角晶界的问题. 在 §4.2 和 §4.3 所介绍的 Poitiers 和 Bologna 研究组所报道的许多内耗峰 (多晶和单晶) 中有许多是与多边化有关的但与葛峰无关.

(3) 与再结晶过程有关的内耗峰　　前已指出, 对冷加工试样进行充分的高温退火使它发生完全再结晶以后, 就出现晶界内耗峰 (葛峰). 实际上, 在再结晶的过程中, 试样的冷加工状态不断变化, 从而也能够相应地出现各种内耗峰. 图 4.55 所示的是经受 34% RA (面积减缩率) 的 99.991% Al 多晶试样在连续提高退火温度 (1h) 后降温测量所得的一系列内耗曲线[30]. 由图可见, 400℃ 退火后的内耗曲线较之 350℃ 退火后的内耗曲线急剧下降. 由于 400℃ 退火曲线反映着试样已经完全再结晶的状态, 而 350℃ 退火曲线反映着试样还未完全再结晶的状态, 所以可认为, 两条曲线的差值反映着正在进行再结晶的试样状态. 图 4.56 示出所得的差值内耗曲线[56], 可见在 225℃ 出现一个内耗峰, 这个内耗峰应当归因于冷加工效应或者多边化, 但是它与葛峰无关, 因为葛峰只是在更高的退火温度当冷加工试样发生完全再结晶以后才出现.

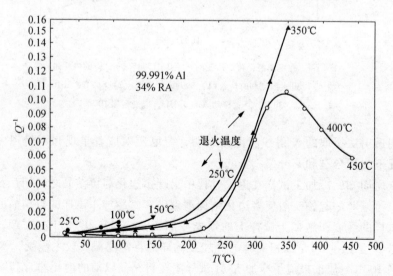

图 4.55　冷加工 (34% RA) 的 99.991% Al 在各种温度连续退火 1h 后的内耗曲线[56].

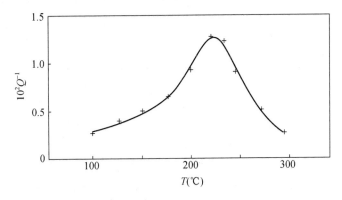

图 4.56　与部分回复的冷加工（34% RA）的 99.991% Al 中的滑移带的
黏滞性行为有关的内耗峰[57].

上述的情况也在冷加工随后退火的 α – Fe 试样中发现. 图 4.57 示出经受
58% RA 的 α – Fe 的试样在连续提高退火温度（1h）所得的一系列曲线[57],
图 4.58 示出在 500℃ 退火后所得的内耗曲线与在 450℃ 退火后的内耗曲线的差
值[56]. 由图可见, 内耗峰出现在 400℃. 图 4.57 中示出的 E 峰是葛峰
（490℃）, C 峰是 Köster 峰[57]（或 S – K 峰, S – K – K 峰）, A 峰是 α – Fe 中
含氮所引起的 Snoek 峰.

冷加工金属的内耗在试样发生完全再结晶以后的急剧下降似乎是一种普遍
现象. 图 4.59[58] 示出几种冷加工金属的内耗在升温测量当中的变化情况（Al,
α – 黄铜, α – Fe）. 图中所出现的峰只是反映内耗在试样的再结晶过程中的变
化, 它们并不是真正的弛豫内耗峰.

值得指出的是, 冷加工试样在完全再结晶以前的内耗可以达到极高的数
值, 只是由于发生了完全再结晶才急剧降低. 可用蠕变试验的方法根据在较低
温度所测得的内耗数据推知在较高温度所应得到的内耗数据, 从而可以推知如
果试样在较高温度不发生完全再结晶时将会得到的内耗数据（见 §2.11 和图
2.46）. 图 2.46[59] 示出冷加工 95% 的 99.991% 多晶铝试样在 250℃ 退火 2h 后
在 250℃ 进行蠕变试验, 并把蠕变数据转换为内耗数据的情况. 纵然蠕变应变
达到了起始的弹性应变的 9 倍, 但是撤去外加应力后试样仍然最后回复到原来
的状态, 因而这蠕变是属于滞弹性的范围. 由图可见, 推得的内耗值高达
0.7. 这个结果指出, 冷加工试样在部分回复或部分再结晶时的内耗将随着温
度的提高而不断增高, 它之所以在某一退火温度后急剧降低完全是由于试样出
现了完全回复或完全再结晶. 由于葛峰在试样完全再结晶以后才出现, 所以在
完全再结晶以前的部分回复的冷加工试样所观测到的内耗或内耗峰都与葛峰无

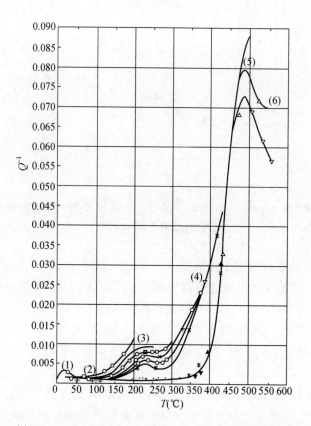

图 4.57 冷加工 (58% RA) Fe 在各种温度连续退火 1h 后的内耗曲线的变化[57].

$f \sim 0.5$Hz. 退火温度: *, 室温; ○: 200℃; ×, 250℃; □: 300℃;

△: 350℃; ▽: 400℃; +, 450℃; ●: 500℃; ▲: 550℃; ▼: 600℃.

关. 因此, 在 §4.2 和 §4.3 所述的 Poitiers 和 Bologna 研究组把在部分回复或在完全再结晶以前的冷加工试样所观测的内耗峰与葛峰联系起来是完全错误的.

按照位错理论的观点, 可以认为上述的冷加工内耗是来源于晶体点阵位错的运动. 但是上述的蠕变试验是在已经稳定化了的结构 (通过在 250℃ 退火 2h), 并在低应力水平下进行的, 而且并没有出现不可逆的情况, 这就说明在实验过程当中并没有产生新位错. 关于引起内耗的机制, 可以认为, 任何的局域应力弛豫中心必然在其周围基体中引起一种应力重新分布, 从而最后导致了状态的回复. 各种缺陷结构都可能作为这样的弛豫中心. 如果把冷加工试样所含的位错作为弛豫中心, 则必须考虑是什么机制抑制位错的运动. Poitiers 和 Bologna 研究组所提出的许多可能的机制可供考虑. 但是 Poitiers 研究组根据他

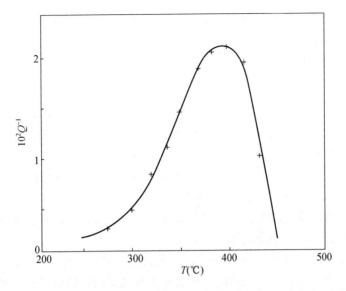

图 4.58　与部分回复的冷加工（58% RA）的 Fe 中的滑移带的黏滞性行为有关的内耗峰[58].

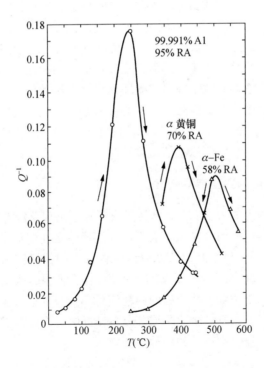

图 4.59　冷加工 Al（95% RA），α 黄铜和 α–Fe（58% RA）在升温测量时内耗的变化[59].

们对于几种冷加工金属出现在较低温度的内耗峰的激活能接近于 $\frac{1}{2}H_v$ 而提出的位错芯区扩散机制是缺乏实验根据的.

（4）与位错网络结构有关的内耗峰　在 4.4.1 节里提到，在 99.991% Al 和 99.999% Al 单晶里观测到一个坐落在 365℃（1Hz）的内耗峰. 这个内耗峰的巅值温度较葛峰约高 75℃，并且激活能也较高（1.8eV）. 它的出现条件是单晶或大晶粒试样经受约几个百分比的预先冷加工，并在 550℃ 以上的温度的退火. 这个内耗峰与大晶粒内耗峰或竹节晶界峰不同，因为后者在单晶中不出现. 进一步的实验指出，当试样（大晶粒）出现很高的竹节晶界峰（在 270℃）时，这个 365℃ 峰就很低或者不出现. 这表明两个峰分别与试样中的两种不同的缺陷状态有关，从而根据试样所经受的加工处理和热处理的不同而呈现一种相互竞争的情况.

电子显微镜（TEM）观察表明，引起这个内耗峰的位错组态是由分散位错所组成的均匀分布的空间网络. 把已经出现这个内耗峰的试样在室温进行拉伸加工以后，峰便消失，再进行 550℃ 以上的退火，峰又出现. TEM 观察指出这是由于室温拉伸破坏了引起这个峰的位错空间网络组态而形成胞状结构的组态.

这个 365℃ 峰在用区熔法制备的铝单晶中不出现是由于用这种方法所制备的单晶中所含的位错数目太少，从而不足以形成空间网络组态.

另一点值得注意的是这个峰呈现微弱的反常振幅效应，这与葛峰和竹节晶界峰不同. 纵然这个峰与晶界弛豫没有直接关系，但是由于它代表引起位错内耗的一种基本的位错组态（这与胞状结构的位错组态大不相同），并且在文献中常常把它与葛峰混淆，所以很值得重视.

4.4.4　合肥研究组的实验结果总结

这包括下列的主要内容：（i）单晶体中肯定不出现葛峰.（ii）当单晶试样含有大晶粒或多晶试样的晶粒尺寸大于试样直径时会在略低于葛峰的温度处出现竹节晶界峰.（iii）当单晶或大晶粒试样含有空间位错网络时会在略高于葛峰的温度处出现"365℃"峰.（iv）冷加工试样在低温退火后会在远低于葛峰的温度处出现归因于位错胞状结构的内耗峰.（v）当退火温度提高使得冷加工试样发生一定程度的回复、多边化或部分再结晶时，会出现多边化内耗峰或者与晶体点阵中的位错运动有关的各种内耗峰.

§4.5　法国里昂研究组关于超高纯 Al 的实验

　　法国里昂 INSA 实验室关于铝的高温内耗的研究是用超纯 $6N$ Al 进行的. 1977 年 Esnouf 等[53] 在扭转冷加工 99.9999% Al 试样经过高温退火后观测到一个出现在 450K 附近的内耗峰. 葛庭燧等[52] 在扭转冷加工的 99.9999% Al 竹节晶试样中也观察到一个类似的峰. 这个峰表现明显的振幅效应，认为它与 Al 的晶体点阵中的位错运动有关. 前已指出，由于 Esnouf 等用的片状试样的晶粒尺寸大于试样的厚度，葛等用的丝状试样的晶粒尺寸也大于试样的直径，所以有人就很自然地把这个内耗峰与竹节晶界峰联系（或者是部分地）到一起，从而就把竹节晶界峰（也牵连到葛峰）与点阵位错的运动联系起来，造成一定程度的误解.

　　在随后的工作中，Esnouf 等[60] 对于这个峰（P_1 峰）的振幅效应做了进一步研究，所用的试样冷轧后在 500K 退火 1h，晶粒尺寸为 1mm. 图 4.60 表示扭转冷加工 1.2% 后在 580K 退火的内耗曲线. 可见坐落在 450K（$f \approx 1\mathrm{Hz}$）的 P_1 峰高随着应变振幅 ε_m 的增加而增加，而峰温 T_p 随着振幅的增加而向低温移动，扣除背景后的内耗曲线如图 4.61 所示. 作者们报道的激活能是

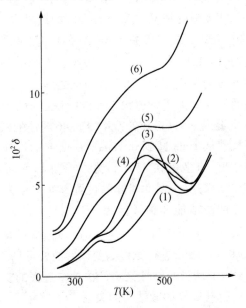

图 4.60　$6N$ Al 的内耗曲线所表现的振幅效应[60]. 应变振幅：（1）4×10^{-7}；（2）15×10^{-7}；（3）25×10^{-7}；（4）30×10^{-7}；（5）2×10^{-5}；（6）4×10^{-5}.

1.05eV，认为它是受割阶的攀移所控制的位错运动引起的.

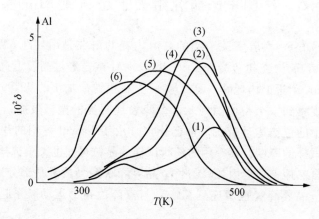

图 4.61 由图 4.60 中各曲线扣除背景后的内耗曲线[60].

δ 是对数减缩量 = πQ^{-1}.

　　对于普通纯（5N）的铝试样，只观察到坐落在 550K 附近的葛峰，而 P_1 峰不出现.

　　对于 6N 的多晶镁试样，在冷抽后在 570K 退火 2h（平均晶粒尺寸约 1mm）观测到与 6N Al 类似的情况. 关于 5N Mg 的结果也与 5N Al 相同.

　　随后 INSA 实验室的 No[61-63] 等关于 6N Al 的中温（0.5T_m）内耗做了一系列的研究. 用倒扭摆（1Hz）测量时的激发振幅在 2×10^{-7} 到 3×10^{-5} 之间，用受迫振动法测量时的振动频率在 10^{-4}Hz 到 1Hz 之间. 另外还进行了相对应的微蠕变测量. 所用的试样是处于下述状态：（i）室温形变 1%/ 到 2%；（ii）在 77K 冷轧 30% 并在室温退火；（iii）在 77K 冷轧 46% 后在 700K 退火 30s，并且淬入液氮，使晶粒尺寸从 1mm 减到 0.1mm. 所研究的试样的内耗曲线都可以分解为两个内耗峰，P_1 峰坐落在 450K，另一个与 P_1 峰重叠的 P_1' 峰出现在 360K（1Hz）. 两个峰的高度、宽度和峰的位置都对于激发振幅敏感，但它们的表现相似. 两个峰的激活能和指数前因子分别是：H_{P_1} = （1.2 ± 0.1）eV，$\tau_0 = 0.7 \times 10^{-(16±1)}$s，$H_{P_1'}$ = （0.78 ± 0.08）eV，$\tau_0 = 2.7 \times 10^{-(14±1)}$s. 一个值得注意的结果是 P_1 和 P_1' 峰在进行原位蠕变以后消失不见.

　　1988 年 No 等发表了两篇总结性论文，在总结过去的实验结果的基础上讨论了超纯铝的中温内耗与试样的微结构的关系[64,65]，特别是关于控制 P_1 和 P_1' 峰的弛豫机制问题. 他们认为：（i）用超纯铝进行实验可以消除由杂质影响所引起的所有问题；（ii）要对于所研究的试样在经受不同的热机械处理例如冷加工退火和蠕变以后的微结构进行分析；（iii）要研究被分析试样的微结构状态与相对应的内耗谱之间的关系.

所用的原始试样是 1.2mm 厚的 6NAl 板, 平均晶粒尺寸是 1.7mm. 实验指出, 450K 以下的退火不引起晶粒尺寸的变化, 在 550K 以上的退火就发生再结晶. 表 4.7 列出在测量内耗以前对试样进行各种热机械处理以后的试样晶粒尺寸和相对应的厚度.

表 4.7 各种热机械处理以后的试样厚度和晶粒尺寸[65]

试样代号	热机械处理	试样厚度（mm）	晶粒尺寸（mm）
R	原始状态	1.2	1.7
D1	在室温扭转 1%	1.2	1.7
D1A600	D1 + 600K 退火		1.7
D1A800	D1 + 880K 退火（36h）		3
D2	在室温扭转 2%	1.2	1.7
D2A600	D2 + 600K 退火		1.7
D2A908	D2A600 + 980K 退火（50h）		3.5
D20	在 77K 轧制 20%	0.95	1.4
D20A600	D20 + 600K 退火		1.7
D30	在 77K 轧制 30%	0.6	0.5
D30A600	D30 + 600K 退火		1.6
D75	在室温轧制 75%	0.25	0.22
D75A600	D75 + 600K 退火		0.45
C1.5	在 475K 蠕变, $\varepsilon = 1.5\%$, $\dot{\varepsilon} = 10^{-10}\,\text{s}^{-1}$	0.8	
C5	在 475K 蠕变, $\varepsilon = 5\%$, $\dot{\varepsilon} = 8 \times 10^{-7}\,\text{s}^{-1}$	0.5	1
C5A600	C5 + 600K 退火		特大*
C14	在 475K 蠕变, $\varepsilon = 14\%$, $\dot{\varepsilon} = 10^{-6}\,\text{s}^{-1}$	0.5	1.6
C14A600	C14 + 600K 退火		特大+
C14D40	C14A600 在室温轧制 40%	0.4	1.7
C14D40C8	C14D40 + 600K 退火 + 410K 原位蠕变（$\varepsilon = 8\%$, $\dot{\varepsilon} = 10^{-6}\,\text{s}^{-1}$）		1.7

＊：金相观察指出, 所有的试样都含有最少一个晶界三叉结点.

＋：有的晶界大于试样的一半.

由表中的数值可见，绝大多数的处理后，试样的晶粒尺寸超过了试样的厚度. 在这种情况下，不出现葛峰但出现竹节晶界峰.

用 JEOL-200CX 透射显微镜来观察各种处理后所形成的位错结构. 下面报道几种典型的情况. 试样 D30A600 的显微结构图显示典型的位错胞状结构，具有排列得很凌乱的缠结位错墙. 在未退火的扭转加工试样中也观察到类似的位错胞状结构. 在高度扭转加工的 D75 试样中显示的缠结位错在 600K 退火后由于出现位错的重组而形成亚边界. 在电子显微镜中的录像观察指出，位错的重组从 400K 附近开始，在 500K 退火 30min 时试样就全部多边化. 在经过蠕变的 C14 试样中观察到具有 1 和 2 个但主要是 3 个位错族的亚间界. 把这试样在室温进行 40% 冷轧（C14D40），这种微结构便被破坏并产生缠结位错，但是 8% 的蠕变又产生排列得很好的位错亚结构（C14D40C8）.

图 4.62 示出 6N Al 经过各种热机械处理后的各种试样的内耗曲线（$\varepsilon_m = 5 \times 10^{-6}$, $f \approx 1\mathrm{Hz}$）. P_1 和 P'_1 的位置如图中的箭头所示. 由图可见，冷加工试样［曲线（1）］在第一次加热到 600K 时的内耗峰降低，随后变为稳定. 对于

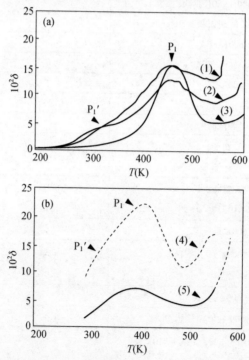

图 4.62　6N Al 经过各种热机械处理后的内耗曲线[64]. $f = 1\mathrm{Hz}$. $\varepsilon_m = 5 \times 10^{-6}$. 热机械处理程序：（1）$R$ 试样，原始状态；（2）D1A600 试样，在室温扭转 1% 再在 600K 退火；（3）D20A600 试样，在 77K 轧制 20% 再在 600K 退火；（4）D75 试样，在室温轧制 75%；（5）D75A600 试样，在室温轧制 75% 后再在 600K 退火.

在室温高度加工的试样，这种演变很显著，见曲线（4）（D75 试样）和（5）（D75A600 试样）. 这种情况对应着位错微结构的强烈的演变，因为在加热过程当中发展了具有亚结构的多边化结构. 与此相反，在室温轻微加工或在 77K 加工的试样［曲线（2）和（3）］中所出现的主要是缠结位错. 另外，试样 D20A600 与试样 D75A600 的 P_1 峰的高度之比［见曲线（3）和（5）］约为 2.5，而它们的晶粒尺寸与试样厚度之比约为 1.8. 这个结果指出，P_1 峰与晶界之间并没有联系，因为它的演变并不与单位体积的晶粒尺寸呈反比关系.

发现 P_1 和 P_1' 峰与应变振幅有关，P_1 峰的背景内耗也有类似的表现. 图 4.63（a）表示试样 D1A600 的内耗谱（已扣除背景）随着应变振幅 ε_m 的变

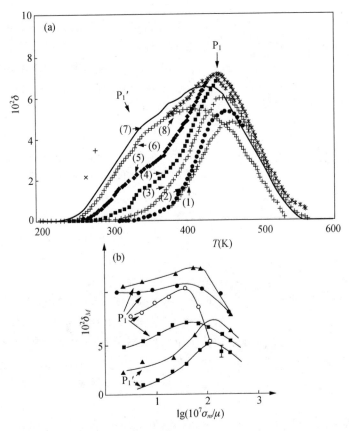

图 4.63　（a）6N Al 板材（厚度 1.2mm，晶粒尺寸 1.7 mm）在室温扭转 1% 后在 600K 退火的振幅效应[64]，曲线（1）～（8）的应变振幅分别是 2，3，5，10，20，40，110，300 × 10⁻⁷；（b）各种热机械处理对于 P_1 和 P_1' 的振幅 (σ_m/μ) 内耗峰的影响. P_1：▲，D30A600，在 77K 轧制 30% 后在 600K 退火；•，在 77K 轧制 40% 后在 670K 退火 3s，冷却到 77K；■，D1A600，在室温扭转 1% 后在 600K 退火；○，C1.5A600，在 475K 蠕变达到 1.5% 后在 600K 退火. P_1'：▲，■同上.

化:曲线 (1) ~ (8) 对应着 $\varepsilon_m = 2,\ 3,\ 5,\ 10,\ 20,\ 40,\ 100,\ 300 \times 10^{-7}$.
由图可见,P_1 和 P'_1 作为应变振幅的函数时出现一个峰. 对于较大的应变
幅,P'_1 发展得更明显,并且两个峰都向低频移动. 图 4.63 (b) 示出 4 种试
样的 P_1 自 P'_1 峰的高度作为应变振幅的函数的演变曲线. ▲:D30A600. ●:
P (6N). ■:D1A600. ○:C1.5A600. 在计算两个峰的高度时假定了 P_1 峰
是对称的. 激活能分别是 1.2eV 和 0.8eV.

　　为了得到一组具有多边化亚边界微结构的试样,对于一些试样进行了在
473K 的拉伸蠕变. 试样在经过强烈的蠕变以后 (C14),P_1 峰基本上消失. 较
不强烈的蠕变 (C5),P_1 峰仍然出现,第一次 600K 退火使峰高降低,但三次
600K 退火就使峰完全消失 (C5A600). 另
外,蠕变后试样的高温背景内耗较高于未经
蠕变的试样.

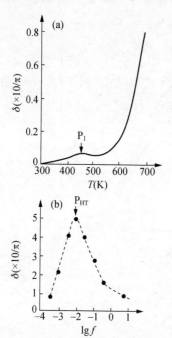

图 4.64 示出蠕变试样 C14D40C8 的内耗
谱. (a) 作为温度的函数 ($f = 1\text{Hz}$, $\varepsilon_m = 5 \times 10^{-5}$),有 P_1 峰出现. (b) 作为频率的函数
(700K, $\varepsilon_m = 5 \times 10^{-5}$),在 $f = 10^{-2}\text{Hz}$ 时出现
一个内耗峰,可以叫做 P_{HT} 峰 (高温内耗峰).
根据众所周知的关系 $\omega\tau = 1$,其中 $\omega = 2\pi f$, τ
= 弛豫时间 = $\tau_0 \exp (H/kT)$,则在内耗峰的
巅值温度的情况下,如假定 τ_0 对于 P_1 峰和
P_{HT} 峰相同,都等于 Debye 频率的倒数,则得
到关系式 $\Delta (H/T_P) = -k\Delta (\lg f)$,从而得
到 P_{HT} 峰的激活能是 2.1eV,并且 P_{HT} 峰在 1Hz
时将出现在 810K (537℃)①.

　　总之,根据上述实验结果的对比,可以
认为 P_1 峰的消失是由于试样的微结构的多边
化过程 (对比 D75 和 D75A600 的 TEM 图).
另外,这种消失与晶粒尺寸的变化无关 (对
比表 4.7 的 C14 和 C5). 在 C14 中的晶粒开
始增大时 P_1 峰并不出现,600K 的退火使晶粒
增大,但 P_1 峰仍不出现. 对于 C5,600K 的

图 4.64　经过 C14D40C8 处理后
的 6N Al 的内耗曲线[64]. (a) 内耗 -
温度曲线 ($f \sim 1\text{Hz}$, $\varepsilon_m = 5 \times 10^{-5}$);
(b) 内耗 - 频率曲线 (在 700K 进行测
量 $\varepsilon_m = 5 \times 10^{-5}$).

每次退火都使 P_1 峰降低,而晶粒增大和多边化同时发生. C5 的原始微结构是

---

① 值得注意的是,颜世春等[47] 在 5NAl 所观测到的多边化内耗峰也出现在 530℃.

由组织得并不好的亚边界和缠结位错组成的，三次退火后则观察到由三族位错所组成的许多亚边界．

实际上所观察到的微结构有两种类型：一种是组织得很好的位错排列，成为亚边界的形式，这在室温高度冷轧加工后进行退火或在蠕变以后出现；另一种是缠结位错，这在轻度塑性加工后出现，在 600K 以下退火后也是如此．

与内耗的研究作对比可以作出以下的结论：出现 P_1 峰和 P_1' 峰的微结构是由胞状结构形成的，而胞壁则由缠结位错组成．导致 P_1 和 P_1' 峰消失以及 P_{HT} 峰在高温区域出现的微结构是由多边化亚晶粒形成的，其亚边界则由 1 个和 2 个特别是 3 个类型的位错族所组成．

作者们把他们的实验结果与文献中所提出的各种模型作比较，得出的结论是：P_1 和 P_1' 的机制只能是由于空位沿着位错线的扩散导致割阶攀移所控制的位错滑动[65]．

应该指出，No 等所用的 99.9999% Al 试样的晶粒尺寸在大多数情况下都大于试样的厚度，在这种情况下不出现葛峰是合理的，不过却应在适当条件下观测到竹节晶界峰，但是里昂实验室的全部工作中并未提到竹节晶界峰，这与 4.4.3 节中所述的程波林等的结果不同[54]．这种差别很可能由于实验条件的不适当，也可能是由于丝状试样与片状试样的情况之不同．No 等所用试样的厚度虽然很小（约 1mm）但是宽度却较大（5mm），试样的平均晶粒尺寸虽然较大于试样的厚度，但却仍然小于试样的宽度，从而在试样宽度的平面上仍然可能存在着晶界交叉结点．由于片状试样在扭转振动时的应力分布很复杂，所以沿着竹节晶界的应力弛豫（沿着试样厚度的方向）和沿着细晶粒晶界的应力弛豫（沿着试样的宽度的方向）都不能充分发展，从而竹节晶界内耗峰（P_B 峰）和细晶粒晶界内耗峰（葛峰）都不明显．丝状试样的情形与此不同，试样中的竹节晶界的取向与在扭转中所加的切应力的方向相同，从而沿着竹节晶界的应力弛豫能够充分发展，得到一个高度与竹节晶界数目 N 成正比的 P_B 峰．

程波林等的实验结果指出[54]，对于具有较大 N 值的竹节晶试样，需要较大的室温扭转加工才能显示出冷加工效应，因为这时的 P_B 峰很高从而成为主导的，把 P_H 和 P_L 峰掩盖．为了能够引起较高的 P_H 和 P_L 峰，必须仔细选择在冷加工以后的退火温度以及退火历史以得到最佳的冷加工效应．当退火温度足够高时，冷加工效应能够被完全消除，如图 4.47 所示的曲线（3）．

P_B 的激活能是 1.44eV，与 Al 体积扩散激活能接近．已经发现，试样经受冷加工后，即使加工量较小，但测得的复合峰的表观激活能总是减小，这表示 P_H 和 P_L 峰的激活能远小于 P_B 峰．与 No 等的新近结果比较，所观测的 P_H 和

P_L 峰显然是对应着他们的 P_1 和 P'_1 峰.

最后应当强调, No 等[65]认为在 99.9999% Al 所观测到的溶剂晶界内耗峰 (即不含杂质的葛峰), 大晶粒内耗峰 (即 P_B 峰) 和 P_1 峰是同一个峰, 显然是不恰当的. 这 3 个峰不但表观不同, 而且它们的 T_P 和激活参数也不相同.

§4.6 关于晶界内耗峰 (葛峰) 来源 的争论的阶段性总结

前述各节详细介绍了 Poitiers, Bologna, 合肥和里昂研究组关于纯金属 (特别是 Al) 在 0.5 到 $0.7T_m$ 温度范围内当振动频率约为 1Hz 时出现的内耗峰 的实验结果, 目的是了解他们的实验的细节, 以便对于他们所用的试样的状 态, 实验程序和数据的处理方式以及所作的结论进行过细的分析, 提取其中的 合理部分, 对于所要解决的问题作出正确的阶段性总结.

问题的缘起是关于葛峰的来源的争论. 所谓的葛峰是在经过充分退火达到 完全再结晶的细晶粒多晶试样中所出现的一个内耗峰. 对于经过 450℃ 退火 2h 的 99.991% 的铝试样, 试样的晶粒尺寸为 0.2mm (丝状试样的直径为 1mm), 测量内耗的振动频率为 0.8Hz, 最大激发振幅 (对于试样的表面来说) ε_m 小 于 10^{-5} 时, 一个与振幅无关的高度为 0.09 的内耗峰出现在 285℃. 这个内耗 峰在升温和降温测量时相同, 所测得的激活能是 32kcal/mol (1.4eV). 根据传 统的提法, 葛峰是来源于晶界的弛豫过程. 特殊地说是归因于跨过晶界的应力 弛豫或沿着晶界的黏滞滑动. 在 20 世纪 70 年代, Poitiers 和 Bologna 研究组提 出, 葛峰不是来源于晶界的弛豫过程, 而是归因于晶粒内部的点阵位错的运 动. 理由主要有如下 3 点: (i) 在单晶特别是经过微量加工变形的单晶中出现 了与多晶的晶界内耗峰 (葛峰) 类似甚至于激活参数也相同的一些内耗峰. 既然在单晶中也出现相同的内耗峰, 而单晶中并不含晶粒间界, 所以在多晶中 出现的峰 (葛峰) 也应当归因于晶粒内部的位错运动. (ii) 经过冷加工的单 晶和多晶中所出现的一些内耗峰呈现显著的振幅效应, 而振幅效应的出现是点 阵位错所引起的内耗现象的典型表现. (iii) 在单晶和多晶试样所出现的内耗 现象对于试样所经受的热机械处理及其历史很敏感, 这显然与位错的组态、分 布及其运动情况密切相关.

随着研究问题的扩展, 争论的对象超出了葛峰出现的温度范围, 牵涉到出 现在室温以上一直到熔点的所有的内耗峰, 所用的试样的纯度也从工业纯的 $3N$ 扩展到超高纯的 $6N$. 大量工作是关于纯铝, 但也牵涉到 Ag, Cu, Au, Pb, Ni. 除了内耗和弹性模量测量 (包括等频变温的自由衰减法和等温变频的受迫振动法）以外，还进行了蠕变实验和微观观察检查（金相、电镜和 X 射线分析）.

在下面的阶段性总结中，将不讨论 3N 试样的结果，因为这时的杂质含量相当高，晶界偏析和杂质与位错的交互作用所引起的效应将变得较为突出，这会干扰正确的分析. 另外，将集中讨论纯铝（4N，5N，6N）的结果，而只把其他元素的结果作为参考.

下面将着重总结以下几个问题：（i）在单晶体中是否会出现葛峰？（ii）单晶和多晶铝在 $0.5T_m$ 到 $0.7T_m$ 温区内出现的各个内耗峰的认定.（iii）内耗峰的稳定性及其与微结构的关系.

这里不预备详细讨论振幅效应的问题，因为大量的实验结果已经肯定，在最大应变振幅 ε_m 很低时，葛峰并不出现振幅效应（对于 99.991% Al，条件是 $\varepsilon_m < 10^{-5}$）. 关于葛峰的绝大多数实验是在 $\varepsilon_m < 10^{-5}$ 的情况下进行的，文献中报道的关于葛峰的振幅效应[66]只是出现在 $\varepsilon_m > 10^{-5}$ 的情形. 冷加工但并未经充分退火的试样中出现的内耗（例如 P_1' 和 P_1 峰）的振幅效应显然与位错的运动有关，但这并不牵涉到晶界的问题，因而它与葛峰无关.

（1）在单晶体中是否会出现葛峰？　在 4.4.1 节已经回答了这个问题. 合肥研究组测量了用三种方法制备的 99.991% Al 和 99.999% Al 单晶体中的内耗. 对于用区域熔化法所制备的非常完整的单晶体，在纯度相同的细晶粒多晶体中所出现很高内耗峰（葛峰）的温度附近完全没有发现任何的内耗峰的痕迹（对于单晶和多晶的测量频率相同）. 对于用静态退火法制备的含有若干竹节晶界的所谓"单晶"试样在略低于葛峰的温度处出现一个内耗峰，叫做大晶粒晶界峰或者竹节晶界峰. 这就说明文献中所报道的在单晶里出现内耗峰的部分原因是由于所谓的"单晶"试样里含有竹节晶界. 大量的实验指出当试样的晶粒尺寸大于丝状试样的直径或者大于片状试样的厚度时就出现这种内耗峰. 另外，用静态和动态退火法制备的单晶体中在较高于葛峰的温度处（365℃附近）也出现一个内耗峰. 用区域熔化法制备的单晶中则不出现这个峰，因而这个峰是由于在制备单晶时对于试样施加的临界拉伸形变所引入的位错在随后的退火当中形成的某种位错组态（认为是空间位错网络组态）所引起来的，而区域熔化后的位错密度很小，不足以形成这种位错组态，所以就不出现这个峰. 另外，实验已经证明竹节晶界峰的高度与试样中所含的竹节晶界数目成正比（对于 5N Al 和 6N Al 都是如此），所以竹节晶界峰的存在是肯定的，这将在第五章中详细讨论.

因此，关于单晶体中是否会出现葛峰的问题的结论是：在不含细晶粒和竹节晶界的单晶体中不会出现葛峰. 关于单晶体经过加工形变以后的情形将在下面第（3）部分讨论.

（2）单晶和多晶 Al 在 0.5 到 $0.7T_m$ 温区内出现的各个内耗峰的认定. 法国里昂研究组在 1988 年的一篇论文[65]里列出了文献中报道的关于 Al 在 $0.3T_m$ 到 $0.7T_m$ 这个温区内的最有代表性的内耗峰（用对数缩减量 δ 表示），如图 4.65 所示. 图中的曲线（1）是葛关于多晶（$4N$ Al）的结果[5]，曲线（1′）是葛关于"单晶" $3N$ Al（试样仍含有几个竹节晶界）的结果[5]. 曲线（2）是 Bonetti 等关于多晶（$4N$ Al）[39]的结果. 曲线（3）是 Woirgard 等关于多晶（$5N$ Al）[4]的结果. 曲线（4′）是 Woirgard 关于单晶[4]的结果. 曲线（4）是 Esnouf 等关于多晶（$6N$ Al）[60]的结果. 曲线（5）是 No 等关于多晶（$6N$ Al）[64]的结果. 曲线（6）是 Friedel 等关于多晶（$4N$ Al）[55]的结果.

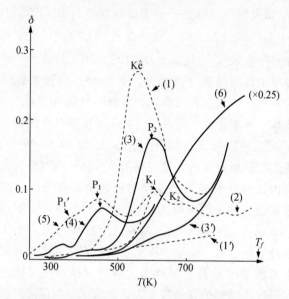

图 4.65 文献中报道的关于铝在 $0.3T_m$ 到 $0.7T_m$ 这个温区
的最有代表性的内耗峰（用对数减缩量 δ 表示）[65].

关于图 4.65 所示的各曲线可作以下的评注.

曲线（1）所示的是 99.991% Al 的葛峰. 对于 $f = 1\,\mathrm{Hz}$, $4N$ Al, $5N$ Al 和 $6N$ Al 的葛峰分别出现在 563K, 548K 和 483K. 曲线（1′）的"单晶"试样含有几个竹节晶，但因竹节晶数目 N 很少，而竹节晶界峰（P_B 峰）的高度与 N 成正比，所以 P_B 峰不明显. 前已指出，在图 4.40 所示的由区域熔化法制备的真正的单晶的情况下并不出现葛峰和 P_B 峰. 曲线（2）上的 K_1 峰和 K_2 峰分别对应着 P_B 峰和葛峰，在更高温度处的小峰（H 峰）对应着图 4.38 中所示的 365℃峰，它在单晶和多晶中都出现，它来源于试样中所存在的空间位错网络结构. 应当指出, 对于 $4N$, $5N$ 和 $6N$ 的铝试样, P_B 峰总是出现在较葛峰为低的温度. 但是 P_B 峰随着退火温度的提高而移向低温, 所以在比较 P_B 峰与葛峰的相对峰位时要考虑到这些因素.

曲线 (3) 和 (3′) 分别示出 Woirgard 等所测得的关于多晶和单晶 $5N$ Al 的内耗曲线. 曲线 (3) 的内耗峰对应着葛峰, 曲线 (3′) 上的与曲线 c 上的相对应的温度处出现一个小凸包, 作者们认为这就是 "单晶" 体的葛峰, 但是他们所测得的激活能是 1.02eV (见表 4.4), 而葛峰的激活能是 1.4eV. 他们把曲线 (3′) 分解为 3 个峰: P_1, P_2 和 P_3 峰. 对单晶施加微量加工后, 曲线 (3′) 的几个凸包更为明显. 但是由于现象太微弱, 作者们分解为 3 个分立的峰的可信性很成问题 (见图 4.8). 他们所测得的激活能前后矛盾, 其准确度值得怀疑.

曲线 (4) 和 (5) 是法国里昂研究组所测得的关于 $6N$ Al 的曲线. 他们所用的片状试样的晶粒尺寸都大于试样的厚度, 因而所得的 P_1 和 P'_1 峰都与葛峰无关. 他们未观测到相对应的 P_B 峰的原因已由程波林和葛庭燧[54]加以阐明.

曲线 f 是多晶试样经过轻微弯曲后所得的内耗曲线. 由于加工量较小, 所以在随后的退火中只出现了多边化而未发生再结晶, 从而内耗随温度的升高而单调上升. 颜世春和葛庭燧随后[47]观测到出现在 $530℃$ (1Hz) 的多边化内耗峰[47].

由以上的分析可见, 曲线 (1) 上的内耗峰, 曲线 (2) 上的 K_2 峰, 曲线 (3) 上的 P_2 峰是葛峰, 它们的峰位并不相同, 这主要是由于所用的振动频率并不相同. 在上面的第 (1) 部分已经证明, 在不含有细晶粒或竹节晶界的加工的单晶体中, 这个峰是不出现的.

根据以上的认定, 我们可把纯 Al ($4N$ 和以上) 多晶, 竹节晶 (包括双晶) 和单晶试样所出现的内耗峰用图 4.66 示出的示意图来表明 (各个内耗峰的位置和高度只有相对的意义并不代表实在的情况)[67].

P_K (葛峰, K_2, P_2 峰) 只在多晶体中出现. P_B 峰 (K_1 峰) 只在竹节晶中出现. 其他各峰可在单晶, 竹节晶和多晶中出现.

(3) 内耗峰的稳定性及其与微结构的关系. 葛峰是一个稳定的内耗峰. 其含意是, 在高度冷加工金属经过充分的高温退火达到完全再结晶以后, 例如在 $450℃$ 退火 2h (对于 $4N$ Al 来说), 则在以后低于这个温度的升温或降温测量当中, 内耗是不变的. 这表示在随后的测量过程当中晶粒间界的状态并没有发生不可逆的变化. 如果把这个试样进一步在较高的温度进行退火, 则晶粒尺寸增大, 从而使内耗峰向高温移动, 但是内耗峰的高度保持不变. 继续进行较高温度和较长时间的退火使晶粒不断增大, 当一部分晶粒尺寸大于丝状试样的直径 (或片状试样的厚度) 时, 则葛峰降低, 同时出现一个另外的内耗峰

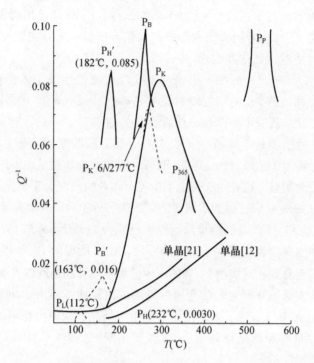

图 4.66　Al（4N，5N 和 6N）试样在室温以上的内耗谱．P$_I$，P$_H'$，P$_H$：点阵位错内耗峰．

P$_B$：竹节晶界内耗峰．P$_K$：葛峰．P$_{365}$：位错网络内耗峰．P$_P$：多边化内耗峰．P$_K'$，P$_B'$：

6N Al 的葛峰和竹节晶界内耗峰[67,68]．

（叫做大晶粒内耗峰，竹节晶界峰或 P$_B$ 峰）．这个内耗峰坐落在略低于葛峰的温度，因而在起始时与葛峰交叠在一起，当这种大晶粒或竹节晶粒逐步增多时，葛峰继续降低直至消失，P$_B$ 峰继续增高，直至达到一个最大值．当晶粒继续增大，单位体积的试样里所含的竹节晶界的数目 N 减小，P$_B$ 峰降低（峰高与 N 成正比），直至试样最后成为单晶体时，P$_B$ 峰消失．

　　值得指出的是，当提高退火温度使竹节晶变大而竹节晶界的数目逐渐减少时，P$_B$ 峰向低温移动．这与葛峰的向高温移动截然不同．这种不同指出，在 P$_B$ 峰的机制中，晶粒尺寸并不是控制弛豫过程的唯一的内部参数．晶粒尺寸是一个很容易检测出来的宏观参数，它有时例如在葛峰的情形是控制弛豫过程的主要参数，但在 P$_B$ 的情形并不如此，而是在晶粒尺寸变化的同时，还有另一种控制弛豫过程的内部参数在发生变化．这就是存在于竹节晶界附近的位错组态和分布随着退火温度的提高而发生变化，这种位错组态和分布的变化影响并控制了竹节晶界的弛豫过程，从而也改变了 P$_B$ 峰的表现．关于这方面还将在第五章中详细讨论．这是了解葛峰和 P$_B$ 峰既有共同点又有差别的关键问题，也是在讨论晶界弛豫机制问题时易于引起争论的难点.

在前面介绍的各个研究组的工作中,有一大部分所牵涉的是不稳定的内耗峰,例如关于冷加工的单晶或多晶在退火过程中但未达到"充分"退火或完全再结晶的情形以及在蠕变过程中的情形. 这时的试样的宏观参数如晶粒尺寸和微观参数例如位错组态和分布都随着退火温度和退火时间的不同而变化,因而在各个退火阶段所出现的内耗现象都在不断的演变之中,而这种演变过程又随着预先冷加工量之不同而异. 例如当预先冷加工量很小时在随后的退火过程中试样状态所经历的回复、多边化和再结晶的阶段都将在较高的退火温度才能发生,甚至于根本不会发生再结晶. 轻度冷加工的单晶体虽经高温退火也不会出现葛峰的原因就在于此.

应该强调指出的是,冷加工和范性形变总会产生新的位错. 对于单晶体和多晶体都是如此,即使在充分退火的单晶体或多晶体中,也含有 $10^8/cm^2$ 的位错,这些位错的组态和分布状况在外加应力和热激活的作用下会发生弛豫,从而会引起内耗现象或内耗峰. 特别是在纯度不够高的试样中,位错与杂质原子的交互作用会引起显示振幅效应的内耗现象. 在高纯试样中,位错也可能与空位发生交互作用或者通过割阶运动的攀移机制而引起内耗峰. 图 4.66 中示出的 P_1,P'_1,P_{365} 峰可能属于这一类.

最后值得强调指出:有些内耗现象可以在单晶体与多晶体中都发生,因为多晶体是由许多单晶体组成的. 反过来说,如果在多晶体出现的现象在单晶体中并不发生,则这种现象就应当归因于多晶体中所独有的晶粒间界中发生的过程. 对于葛峰、P_B 和 P_{HT} 峰的看法就是如此.

参 考 文 献

[1] T. S. Kê（葛庭燧）, *Advances in Science of China*：*Physics*, Science Press, Beijing, China, **3**, 1 ~ 113（1989/1990）.

[2] F. Pavolo, B. T. Molinas, *Il Nuovo Cimento*, **14**D（3）, 287 ~ 332（1992）.

[3] K. Iwasaki, *Materials Science Forum*, **119/121**, 775 ~ 777（1993）.

[4] J. Woirgard, J. P. Amirault, J. de Fouqnet, *ICIFUACS* - 5, I, **392**（1975）.

[5] T. S. Kê, *Phys. Rev.*, **71**, 533（1947）.

[6] T. S. Kê, *Phys. Rev.*, **72**, 41（1947）.

[7] J. Woirgard, J. P. Amirault, R. Chaumet, J. de Fouquet, *Rev. de Phys. Appl.*, **6**, 355（1971）.

[8] J. Woirgard, *Il Nuovo Cimento*, **33B**, 424（1976）.

[9] J. Woirgard, J. P. Amirault, J. de Fouquet, *Acta Merall.*, **22**. 1903（1974）.

[10] A. S. Nowick, B. S. Berry, *I. B. M. Research Journ.*, **10**, 297（1961）.

[11] A. Riviere, J. P. Amirault, J. Woirgard, *Il Nuomo Cimento*, **33B**, 398（1976）.

[12] A. Riviere, J. P. Amirault, J. Woirgand, *ICIFUAS* - 6, 749（1977）.

[13] J. Woirgard, *Scripta Metall.*, **9**, 1283（1975）.

[14] J. Woirgard, M. Gerl and, A. Riviere, *ECIFUS* - 3, 293（1980）.

[15] C. Boulanger, *Rev. Met.*, **50**, 768（1953）；**51**, 210（1954）.

[16] R. J. Caboriand, J. Woirgard, M. Gerland, A. Riviere, *Phil. Mag.*, **43**, 363（1981）.

[17] A. Riviere, J. P. Amirault, J. Woirgard, *J. de Physique*, **42**, C5 - 439（1981）.

[18] T. S. Kê, P. Cui（崔平）, C. M. Su（苏全民）, *Phys. stat. sol.*（a）, **84**, 157（1984）.

[19] J. Woirgard A. Riviere, J. De Fouquet, *J. de Phyique*, **42**, C5 - 417（1981）.

[20] Z. Q. Sun（孙宗琦）, T. S. Kê, *J. de Physique*, **42**, C4 - 451（1981）.

[21] T. S. Kê, *J. de Physique*, **42**, C5 - 421（1981）.

[22] T. S. Kê, *J. Appl. Phys.*, **20**, 274（1949）.

[23] 颜鸣皋、袁振民, 物理学报, **24**, 51（1975）.

[24] A. Riviere, J. Woirgard, *J. de Physique*, **44**, C9 - 741（1983）.

[25] A. Riviere, J. Woirgard, J. De Fouquet, *J. de Physique*, **46**, C10 - 343（1985）.

[26] A. Riviere, J. Woirgard, *Materials Science Forum.*, **119 ~ 121**, 125（1993）.

[27] A. Riviere, J. Woirgard, *J. Alloys and Componds*, **211/212**, 144（1994）.

[28] R. Kolrauch, *Amn. Phys.*,　（Leipzig）**12**, 393（1847）；C. Williams, S. C. Watts, *Trans. Fraday Soc.*, **66**, 80（1970）.

[29] K. L. Ngai, C. T. White, *Phys. Rev.*, **B20**, 2475（1979）.

[30] T. S. Kê, *Trans. AIME*, **188**, 575（1950）.

[31] L. X. Yuan（袁立曦）, T. S. Kê, *Phys. Stat. Sol.*（a）, **154**, 573（1996）.

[32] T. S. Kê, A. W. Zhu（朱爱武）, *Phys. Stat. Sol.*（a）**113**, K195（1989）.

[33] T. S. Kê, *Phys. Rev.*, **78**, 420（1950）.

[34] E. Bonetti, E. Evangelista, P. Gondi, R. Tognato, *IL Nuovo Cimento*, **B33**, 408（1976）.

[35] T. S. Kê, *J. Appl. Phys.*, **21**, 414（1950）；*Trans. AIME*, **188**, 575（1950）.

[36] P. Gondi, R. Tognato, E. Evangelista, *Phys. Stat. Sol.*（a）, **33**, 579（1976）.

[37] G. Gelli, T. Federighi, *Alluminio*, **32**, 371（1963）.

[38] A. Schneider, P. Schiller, *Acta Metall.*, **16**, 1705 (1968).

[39] E. Bonetti, E. Evengelista, P. Gondi, R. Tognato, *Phys. Stat. Sol.* (a), **39**, 661 (1977).

[40] T. S. Kê, *Mater. Sci. Eng.*, **A186**, 1 (1994).

[41] C. M. Su, T. S. Kê, *Phys. Stat. Sol.*, (a) **94**, 191 (1986).

[42] L. D. Zhang (张立德), J. Shih (施靖), T. S. Kê, *Phys. Stat. Sol.*, (a) **98**, 151 (1986).

[43] E. Bonetti, E. Evangelista, P. Gondi, *Phys. Stat. Sol.*, (a) **44**, K31 (1977).

[44] E. Bonetti, E. Evangelista, P. Gondi, *Phys. Stat. Sol.*, (a) **53**, 553 (1979).

[45] E. Bonetti, E. Evangelista, P. Gondi, *ECIFUAS* – 3, 301 (1980).

[46] E. Bonetti, A. Cavollmi, E. Evangelista, P. Gondi, *J. de Physique*, **44**, C9 – 759 (1983).

[47] S. C. Yan (颜世春), T. S. Kê, *Phys. Stat. Sol.*, (a) **104**, 715 (1987).

[48] E. Bonetti, E. Evangelista, P. Gondi, *Phys. Stat. Sol.*, (a) **63**, 645 (1981); E. Benetti, L. Castellani, E. Evangelsta, P. Gondi, *J. de Physique*, **42**, C5 – 433 (1981);
E. Benetti, P. Gordi, A. Sili, *J. de Physique*, **44**, C9 – 785 (1983);
E. Benetti, P. Gondi, Montanari, *J. de Physique*, **46**, C10 – 363 (1985);
P. Gondi, R. Montanari, *JL Nuovo Cimento*, **8D**, 647 (1986); P. Gondi;
R. Montanari, F. Veniali. *J. de Phys.*, **48**, C8 – 429 (1987); P. Gondi;
R. Montanari, Proc. ICIFUAS – 9, ed. T. Kê, Intem. Academic Publ. Beijing and Pengamn Press Oxford, 337 (1990).

[49] T. S. Kê, B. S. Zhang, *Phys. Stat. Sol.*, (a) **96**, 515 (1986).

[50] T. S. Kê, L. D. Zhang, P. Cui, Q, Huang (黄强), B. S. Zhang (张宝山), *Phys. Stat. Sol.*, (a) **84**, 465 (1984).

[51] K. Iwasaki, *Phys. Stat. Sol.*, (a) **79**, 115 (1983); **101**, 97 (1987).

[52] T. S. Kê, P. Cui, S. C. Yan, Q. Huang, *Phys. Stat. Sol.*, **86**, 593 (1984).

[53] C. Esnouf, M. Gabbay, G. Fantozzi, *J. de Physique*, *Letters*, **28**, L – 401 (1997).

[54] B. L. Cheng (程波林), T. S. Kê, *Phys. Stat. Sol.*, (a) **107**, 177 (1988).

[55] J. Friedel, C. Boulanger, C. Crussard, *Acta Matell.*, **3**, 380 (1955).

[56] T. S. Kê, *Scripta Matell.*, **22**, 539 (1988).

[57] T. S. Kê, *Trans. AIME*, **176**, 448 (1948).

[58] T. S. Kê, *Trans. AIME*, **188**, 581 (1950).

[59] T. S. Kê, C. Zener, A Symposium on the Plastic Deformation of Crystalline Solids, Mellon Institute Pittsburgh, May 186, (1950); *Chinese J. Physics*, **8**, 131 (1951).

[60] C. Esnouf, G. Fantozzi, *J. de Physique*, **44**, C5 – 445 (1983).

[61] M. L. No, J. San Juan, C. Esnouf, G. Fantozzi, A. Bernalte, *J. de Physique*, **44**, C5 – 751 (1983).

[62] M. L. No, C. Esnouf, J. San Juan, G. Fantozzi, *J. de Physique*, **45**, C10 – 347 (1985).

[63] M. L. No, C. Esnouf, J. San Juan, G. Fantozzi, *Scripta Matell.*, **21**, 213 (1987).

[64] M. L. No, C. Esnouf, J. San Juan, G. Fantozzi, *Acta Matell.*, **36**, 827 (1988).

[65] M. L. No, C. Esnouf, J. San Juan, G. Fantozzi, *Acta Matell.*, **36**, 837 (1988).

[66] C. C. Smith, G. M. Leak, *ICIFUACS* – 5, I, **383** (1975).

[67] 葛庭燧, 第五次全国固体内耗和超声衰减学术会议文集, 原子能出版社, 1 (1997).

[68] T. S. Kê (Ge Tingsui), *J. Mater. Sci. Technol.* (Shenyang, China), **14**, 418 ~ 490 (1998).

第五章　竹节晶界和双晶晶界的弛豫

§5.1　竹节晶界内耗峰的发现及其认定

1984 年，中国合肥研究组在研究晶粒尺寸对于铝的晶界内耗峰（葛峰）的影响过程中发现，当晶粒尺寸大于试样的直径时，葛峰有变窄的倾向，并且向低温移动. 认为这可能是由于葛峰的低温侧出现了另外一个内耗峰，并且称之为大晶粒晶界内耗峰[1]. 随后又观察了葛峰向这个大晶粒晶界峰转变和相互消长的情况[2]. 系统的实验指出，这个峰的表现与葛峰截然不同，是一个不同类型的新的内耗峰[3].

当试样的晶粒尺寸进一步增大，形成竹节状的晶粒时，上述的新内耗峰仍然出现. 这时的晶界远大于丝状试样的直径，并与试样的轴向垂直，因而被称为竹节晶界，所出现的内耗峰被称为竹节晶界内耗峰（BB 峰）. 实质上，大晶粒晶界内耗峰与竹节晶界内耗峰是属于同一范畴，因而以后对于晶粒大于丝状试样的直径（或大于片状试样的厚度）时所出现的内耗峰都统称为竹节晶界内耗峰. 实验还表明，用区域熔化法制备的完全不含竹节晶界的单晶试样并不出现这个内耗峰[4]. 下面介绍断定这个内耗峰是一个新内耗峰而进行的一系列实验[5~7].

5.1.1　竹节晶界内耗峰的高度与竹节晶界数目的关系

合肥研究组用 99.999%（5N）和 99,9999%（6N）的 Al 竹节晶试样进行了试验.

所用的 5N Al 试样是中国抚顺铝厂生产的，其中含有微量 Mg 和 Si 和痕量 Cu，Fe 和 Mn. 原试样是直径 3mm 的铝棒，在 450℃ 退火 3h 后冷拔成直径 1mm 的细丝. 在室温时效经过一定时间以后再在 450℃ 退火 2h，所得的晶粒尺寸小于试样直径. 在 550℃ 退火后，晶粒尺寸开始超过试样直径. 在 600℃ 或更高温度退火以后，所有的晶粒都成为竹节状. 更高温度的退火并不显著改变竹节晶粒和竹节晶界的状况. 一般说来，用这种处理方法能够在 10cm 长的试样里得到 25 到 50 个竹节晶界.

把原来的试样在 450℃ 退火后在室温进行轻微的拉伸或弯曲变形，然后加热到 640℃ 左右，则在 10cm 试样内可得 10 到 20 个竹节晶界. 如果把原试样在 380℃ 退火 3h，然后拉伸 3% 左右，再在 450℃ 退火，则可得到长度约为 1cm 左右的竹节晶粒.

一般来说，对高度冷加工试样进行连续高温退火所得到的晶粒较小；在退火后对试样进行轻度的预形变再进行高温退火则能够得到较大的晶粒. 一旦试样里全部成为竹节晶，进一步退火将不会改变已形成的晶粒和晶界.

实验表明[8]，对冷拉的试样进行时效的时间和温度对于试样随后高温退火所形成的竹节晶具有很大的影响. 为消除这种影响，把铝厂提供的 3mm 铝棒重新在 680℃ 熔化后炉冷. 由于氧化保护层的拘束效应，这 3mm 试样在熔化当中仍然保持它的圆柱体形状. 随后用酸蚀法把氧化层除去，发现铝棒完全由 2 到 5cm 长的晶粒组成. 把经过再熔的铝棒冷拉成 1mm 直径的细丝，并把它叫做试样 B，而把以前未经再熔就进行冷拔的 1mm 试样叫做试样 A. 对试样 B 进行类似于对试样 A 所进行的各种热和机械处理以得到不同长度的竹节晶粒. 发现在室温进行较长时间的时效随后在高温退火所得到的竹节晶粒较短. 在中间温度进行时效的效果相当于在室温进行较长时间的时效，这样就可以把冷拉过的试样在各种温度进行不同时间的时效而得到不同长度的竹节晶. 与试样 A 的情况相同，对试样 B 进行进一步退火以前对它施加轻度的预形变能够得到较大的晶粒.

用倒扭摆进行内耗测量，测量都是降温进行的，试样的直径 1mm，长度 10cm. 设计了一个特殊的装卸试样的装置，以避免在装卸试样当中对试样进行冷加工[8].

图 5.1 示出的是试样 A 在 650℃ 退火 4h 后的内耗曲线. 试样的晶粒尺寸（G.S.）约为 2mm，已经远大于试样的直径（1mm）. 金相观察指出在 10cm 长的试样中所含的竹节晶数目是 $N = 53 \pm 2$. 图中标明数据点的曲线是实验曲线，实曲线是按照指数曲线（打点曲线）扣除高温背景内耗后的曲线. 打点曲线上的垂直杠表示由于扣除背景内耗过程所引入的估计最大误差. 由图可见内耗峰的巅值温度 $T_p =$（261 ± 4）℃（$f = 1\text{Hz}$），峰高 Q_{max}^{-1} 是 0.105 ± 0.003. 峰的半宽度较之正常 Debye 峰的半宽度约大 $m = 2.10$ 倍.

图 5.2 示出的是试样 B 在 108℃ 退火 20h 又在 640℃ 退火 4h 的内耗曲线. 试样中的大多数晶粒超过了试样直径. 把未超过试样直径的晶界投影到线状试样的一个直径上，用投影长度与试样直径之比作为约化的竹节晶界数目. 由此得出 $N = 39 \pm 4$，而 $T_P =$（271 ± 4）℃，$Q_{max}^{-1} = 0.074 \pm 0.004$，$m = 2.40$.

图 5.3 示出的是试样 B 在再熔以前在 610℃ 退火 9h 并冷拉成 1mm，然后在 108℃ 退火 20h 和 640℃ 退火 4h 的内耗曲线，这时 $N = 30 \pm 5$，$T_P =$（274 ± 3）℃，$Q_{max}^{-1} = 0.054 \pm 0.005$，$m = 2.40$.

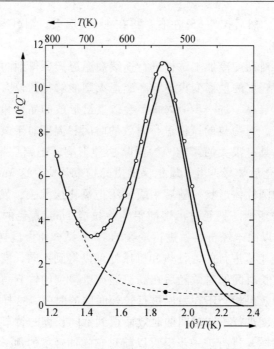

图 5.1　99.999% Al 的竹节晶界内耗峰 （$N=53$）[8].

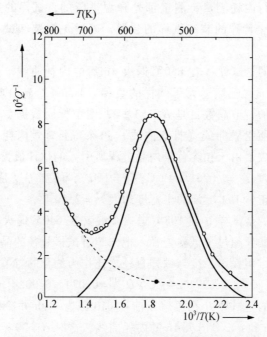

图 5.2　99.999% Al 的竹节晶界内耗峰 （$N=39$）[8].

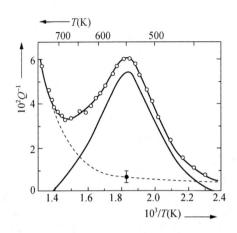

图 5.3　99.999% Al 的竹节晶界内耗峰（$N = 30$）[8].

图 5.4 示出的是试样 A 在 450℃ 退火 2h，在半径为 5cm 的圆柱体上弯曲 1%，然后在 650℃ 退火 4h 的内耗曲线. 这时，$N = 16$. 由图可见，除了竹节晶界峰以外，在 365℃（638K）出现了另一个呈现微弱的反常振幅效应的小的内耗峰. 葛庭燧、崔平、苏全民已经在铝单晶中观测到这个内耗峰[4]. 进一步的工作表明，这个峰仅在单晶或大晶试样经受预形变、并且随后在 550℃ 以上的温度退火后出现，因而它是出现在晶粒内部的过程所引起来的. 把图中的实验曲线扣除高温背景后所得的点杠曲线按照下述程序分解为两个峰. 由于 365℃ 峰只在 550℃ 以上温度退火后才出现，所以从 550℃ 以上退火曲线减去 550℃ 以下退火曲线就得到 365℃ 峰. 这样所得到的峰是对称的如图中的曲线（1）所示. 由图中的点杠曲线减去曲线 1 就得出竹节晶界峰如曲线（2）所示. 这样得到 $T_P = $（268 ± 4）℃，$Q_{\max}^{-1} = 0.036 ± 0.003$，$m = 2.20$.

图 5.5 示出的是试样 A 在 380℃ 退火 2h、并在室温拉伸 2% 然后在 640℃ 退火 2h 的内耗曲线，这时试样的 $N = 10$. 由图可见有两个峰出现，类似于图 5.4 所示的情况. 按照对于图 5.4 所进行的类似程序，得到竹节晶界峰的 $T_P = $（280 ± 4）℃，$Q_{\max}^{-1} = 0.029 ± 0.002$，$m = 2.20$.

图 5.6 示出的是试样 B 在 108℃ 退火 20h 和 380℃ 退火 2h 并在室温拉伸 3%，然后在 450℃ 退火 3h 和 650℃ 退火 4h 所得的内耗曲线. 这时 $N = 8$. 竹节晶界峰的 $T_P = $（273 ± 3）℃，$Q_{\max}^{-1} = 0.016 ± 0.003$，$m = 2.30$.

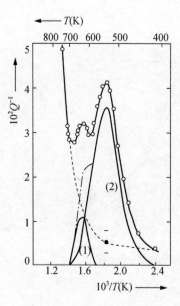

图 5.4　99.999% Al 的竹节晶
界内耗峰（$N = 16$）[8].

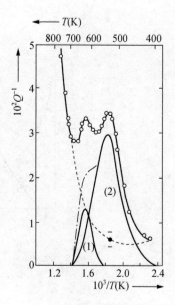

图 5.5　99.999% Al 的竹节晶
界内耗峰（$N = 10$）[8].

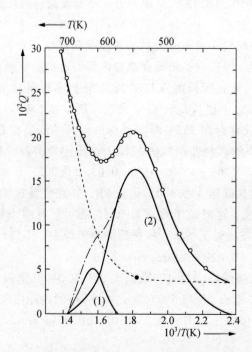

图 5.6　99.999% Al 的竹节晶界内耗峰（$N = 8$）[8].

图 5.7 示出 $Q_{\max}^{-1}$ 与 N 的关系. 由图可见, $Q_{\max}^{-1}$ 与 N 成正比, 并且这条直线通过原点. 这与以前观测的不含竹节晶界的单晶体并不出现大晶粒峰 (竹节晶界峰) 的实验结果相合[4]. 由直线的坡度得到每个竹节晶界对于竹节晶界峰的高度的贡献是 0.002, 这是对于直径为 1mn、长度为 10cm 的 99.999wt% 的 Al 丝当测量内耗所用的最大激发应变振幅为 5×10^{-6} 来说的. 图 5.7 所示的在 $Q_{\max}^{-1}$ 与 N 之间的直线关系确切地证明了试样中含有竹节晶界是出现竹节晶界峰的必要条件.

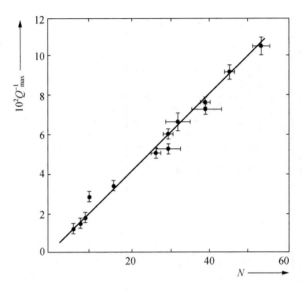

图 5.7　$Q_{\max}^{-1}$ 与 N 之间的关系 (99.999% Al)[8].

表 5.1 列出了与竹节晶界数目 (在 10cm 长的试样中所含的数目) N 相对应的竹节晶界峰 (大晶粒峰) 各种参量的数据.

值得注意的是, 对于所有的用来测量内耗的具有竹节晶粒的大晶粒试样, 无论是试样 A 或试样 B, 不管它们是经过各种不同类型的热的和机械的处理, 上述这种线性关系都适用. 这似乎表示, 竹节晶界一旦形成以后都是稳定的. 但是仔细分析表 5.1 里所列的数据时可以看出, 弛豫参量 T_p 却由于预先的热和机械处理的不同而发生可查知的变化, 这与由 $Q_{\max}^{-1}$ 表示的弛豫强度的情况不同. 这意味着, 虽然竹节晶界峰的弛豫强度只与试样中所含的竹节晶界数目有关, 但是导致这个弛豫峰的微观过程却依赖于竹节晶界在形成当中所建立起来的微观结构. 它可能也依赖于在这些竹节晶界附近所存在的缺陷结构[9], 这将在后面进行讨论.

表 5.1　与竹节晶界数目 N 相对应的竹节晶界峰的一些有关参量

N(在 10cm 长的试样里)	53 ± 2	45 ± 1	39 ± 4	39 ± 1	32 ± 4	30 ± 5	27 ± 3	16	10	9	8	6
$Q_{\max}^{-1}$ ($f=1\text{Hz}$)	0.105	0.092	0.074	0.076	0.068	0.054	0.05	0.036	0.029	0.019	0.016	0.012
T_P(℃)($f=1\text{Hz}$)	261 ± 4	260 ± 4	271 ± 4	265 ± 4	270 ± 4	274 ± 3	274 ± 4	268 ± 4	268 ± 4	280 ± 4	273 ± 4	283 ± 3
m	2.10	2.09	2.40	2.30	2.20	2.40	2.40	2.20	2.20	2.20	2.30	2.17
预形变	无	无	无	无	无	无	无	1%	2.5%	3%	3%	3%
最高退火温度(℃)	650	650	640	640	610	640	650	650	640	650	650	450
365℃峰是否出现	否	否	否	否	否	否	否	是	是	是	否	否
试样类型	A	A	B	A	B	B	B	B	A	A	B	A

为了证实关于 $5N$ Al 的实验结果，也用超高纯的 $6N$ Al 进行了一系列的实验[10,11]. 所用的 $6N$ 区域熔化铝是法国 CNRS 的化学冶金研究中心提供的 1mm 直径的细丝. 金相观察指出它的显微结构是不均匀的，由细晶粒和极大晶粒混合而成. 把一段试样在倒扭摆装置中原位扭转 $\pm 0.35\% \times 2$（即沿一个方向扭转 0.35%，再沿相反方向扭转 0.35%，然后扭回原来位置），并在 623℃ 退火 1h，得到 $N = 18$（在 10cm 长的试样里）. 图 5.8 示出的曲线（1），（2）表示用两种频率降温测量所得的内耗曲线，实曲线是扣除高温背景后的曲线，由此得到的 T_P，Q_{max}^{-1}，m 分别是 187℃、0.040、2.59（$f = 1.25Hz$）和 167℃、0.040、2.63（$f = 0.36Hz$）. 测得的激活能是 1.44eV，与 $5N$ Al 的相同.

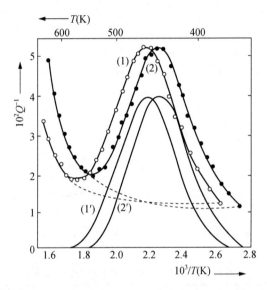

图 5.8 99.9999% Al 的竹节晶界内耗峰 （$N = 18$）[11]. (1) $f = 1.25Hz$；(2) $f = 0.36Hz$.

为了得到较大的竹节晶粒，把另一段 $6N$ Al 试样在室温拉伸 2% 后放入一个具有预先规定的温度梯度的管式电炉内（最高的温度约为 617℃），并且令它缓慢移动. 随后又在 606℃ 退火 2h. 这样得到 $N = 8 \pm 1$，内耗测量得出 $T_P = 171$℃（$f = 1.15Hz$），$Q_{max}^{-1} = 0.0180$，$m = 2.3$.

把一根试样在真空（10^{-4}torr）中在 400℃ 退火 1h，得到 $N = 16$，$T_P = 169$℃（$f = 1.18Hz$），$Q_{max}^{-1} = 0.035$，$m = 2.80$.

把另一根试样在室温拉伸 1.5% 后在电炉内进行动态退火（炉内的最高温度约为 597℃），又在 600℃ 退火 2h，得到 $N = 28$，$T_P = 158$℃（$f = 1.13Hz$），$Q_{max}^{-1} = 0.062$，$m = 3.44$.

图 5.9 示出 Q_{max}^{-1} 与 N 之间的关系，可见 Q_{max}^{-1} 与 N 成正比，并且这直线通过

原点，这与 $5N$ Al 的观测结果完全相同. 对于这种线性关系可以作以下的解释. 沿晶界滑动过程中的能量消耗可用晶界两边的相对位移与反抗这种位移的阻力二者的乘积来度量. 当这种阻力不变时，内耗与单位体积内的晶界面积与平均相对位移的乘积成正比. 对于具有晶界三叉结点的细晶粒试样来说，相对位移与晶粒尺寸（G. S.）成正比，但是单位体积内的晶界表面积与（G. S.）成反比，因此能量消耗与（G. S.）无关. 然而对于竹节晶试样来说，相对位移与竹节晶界之间的平均距离 L 无关，而单位体积内的晶界面积却与 L 成反比，所以内耗与 L 成反比，即与 N 成正比.

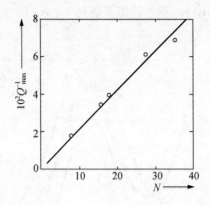

图 5.9　Q_{max}^{-1} 与 N 之间的关系（99.9999% Al）[11].

表 5.2 列出了与 N 相对应的竹节晶界峰的各种参量.

表 5.2　$6N$ Al 的竹节晶界峰的各种参量

N(在 10cm 试样里)	8	16	18	28	36
Q_{max}^{-1}	0.0180	0.0346	0.038	0.0612	0.0690
$T_P(℃)(f = 1\,\mathrm{Hz})$	169	167	184	158	150
m	2.83	2.80	2.59	3.44	3.34
预形变	拉伸 2%	无	扭转 ±0.35%	拉伸 1.5%	拉伸 2.5%
最高退火温度和时间 $T(℃)t(\mathrm{h})$	600(3)	400(1)	627(1)	600(2)	600(2)

把表 5.2 关于 $6N$ Al 的数据与表 5.1 关于 $5N$ Al 的数据作对比，可见竹节晶界峰的 T_P 随着 Al 试样纯度的增加而降低. $5N$ Al 的 T_P 坐落在 280℃ 到 260℃ 的范围内，而 $6N$ Al 则坐落在 184℃ 到 150℃. 另外，T_P 也依赖于竹节晶粒形成以前对于试样所进行的各种热机械处理. 这意指着弛豫动力学决定于竹节晶粒形成

的历史以及试样的纯度. 前已指出[2], 葛峰的 T_p 也随着试样纯度的增加而降低. 但是对比表明, 竹节晶界峰总是出现在较葛峰为低的温度.

顺便指出, 在 Iwasaki[12,13] 以及 Condi 等[14] 最近关于 $4N$ Al 的高温内耗峰的报道中所用的试样并不是在确切意义上讲的多晶体(细晶粒), 因为试样中的晶粒尺寸已经大于试样的直径. 他们认定为葛峰的内耗峰实际上是大晶粒晶界峰或竹节晶界峰.

5.1.2 竹节晶界峰与葛峰不同的特殊表现

在 5.1.1 节里所叙述的竹节晶界峰的高度 Q_{max}^{-1} 与竹节晶界数目 N 之间的直线的、并且通过原点的正比关系已经说明竹节晶界的存在是出现竹节晶界峰的必要条件. 这个线性关系的表现与葛峰的截然不同, 因为在葛峰的情形是, 只要晶粒尺寸(G.S.)小于丝状试样的直径或片状试样的厚度, 则葛峰的高度(Q_{max}^{-1})与(G.S.)无关. 关于这个问题, 朱爱武和葛庭燧[15] 把经过 75% RA 冷拔的 $5N$ Al 试样(直径 1mm)连续在 350℃, 385℃, 420℃, 473℃ 退火 8h 和在 540℃ 退火 1h, 得到的晶粒尺寸分别是 0.2mm, 0.3mm, 0.4mm, 0.6mm 和 0.9mm, 对应着这 5 个晶粒尺寸所得到的 Q_{max}^{-1}(扣除背景后)分别是 0.069, 0.070, 0.065, 0.070 和 0.068, 可见它们在实验误差的范围内基本上是相同的. 他们还对于竹节晶界峰所表现的另一个与葛峰不同的特点进行了定量的研究[15]. 这个特点是内耗峰随退火温度的增加而向低温移动. 用 $5N$ Al 的片状试样进行实验. 两种经过相同冷轧的片状试样具有相同宽度(4.0mm)和长度(9.0cm), 但其厚度分别为 0.5mm 和 1.0mm. 在扭摆装置里进行各种温度的原位退火后降温测量内耗, 得到峰温 T_p 不同的一系列内耗峰. 把内耗峰的 T_p 表示为退火温度 T_a 的函数, 得到如图 5.10 所示的曲线. 由图可见, 这种依赖关系可以按照 T_a 增加的顺序而分为 3 个阶段: (i) T_p 略向高温移动; (ii) T_p 快速地向低温移动; (iii) T_p 缓慢地向低温移动, 最后趋于稳定. 金相观察指出, 在第一阶段里试样的晶粒尺寸小于试样厚度; 在第二阶段, 晶粒渐渐变大, 最初有一部分而最后大多数晶粒成竹节状; 在第三阶段, 全部晶粒都变为稳定的竹节晶粒.

又用直径为 0.7mm, 1.0mm, 1.2mm 和 1.5mm 的丝状试样进行了类似的实验. 图 5.11 出示直径 0.7mm 的试样的 T_p 与 T_a 的关系曲线. 金相观察表明, 曲线由缓慢上升变为迅速下降的转变点正好对应于试样中的晶粒尺寸变得大于试样的直径而晶界三叉结点消逝的情况. 因此, 第一阶段显然是对应着葛峰, 而第二、三阶段是对应着竹节晶界峰.

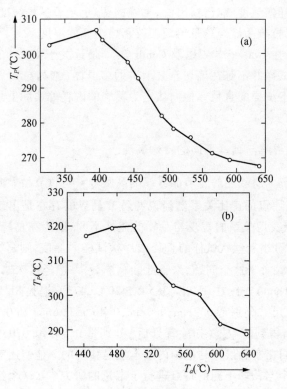

图 5.10　T_P 随着 T_a 的变化. 片状试样, 厚度: (a) 0.5mm; (b) 1.0mm[15].

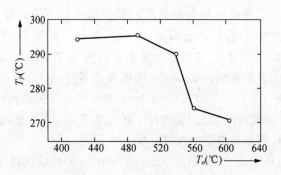

图 5.11　T_P 随着 T_a 的变化. 丝状试样, 直径 0.7mm[15].

　　为了检查测量内耗的振动模式对于上面所观测的效应的影响, 用紧密弹簧状试样[16]进行了类似的实验. 把 55cm 长的直径 1mm 的 5N Al 丝绕成一个直径为 7mm 的紧密弹簧 (总圈数为 25), 放入扭摆装置内进行原位退火 (370℃, 10h) 后降温测量内耗 ($f = 0.65$Hz), 最大应变振幅是 1×10^{-6}. 已知在这种试样内的应变分布相当于弯曲杆的情况,所以用拉压式的振动模式来测量内耗[15]. 图 5.12 示出的曲线(1)是 370℃退火的曲线,在 307℃附近出现的内耗峰显然是葛峰. 在 434℃进一步退火 10h 后出现一个不对称的峰,它的低温侧下降得较快得多如曲线(2)所示,表明这是葛峰和竹节晶界峰合成的一个复合峰. 把试样连续在 510℃退火 4h 和 580℃退火 4h,这个峰大大地向低温移动[曲线(3)和(4)]. 在 625℃退火 10h 后,这个峰变为稳定的. 图中右上角的插图是 T_P 作为退火温度 T_a 的函数的曲线. 在 510℃退火以后 T_P 的急剧降低(达到 25℃)显然是反映着细晶粒向大晶粒(竹节晶)的转变.

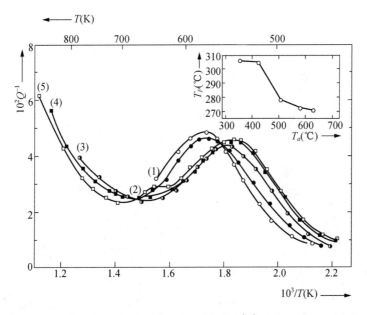

图 5.12 压缩弹簧试样在各种温度退火后的内耗曲线[15]. 曲线(1)到(5)对应着退火温度 $T_a = 370℃,434℃,510℃,580℃,625℃$. T_P 随着 T_a 的变化见插图.

因此,随着退火温度的提高,葛峰向高温移动而竹节晶界峰向低温移动的这种截然不同的表现对于片状、丝状和紧密弹簧试样以及用扭转或弯曲振动模式进行内耗测量时都是共同的.

5.1.3 Iwasaki 关于竹节晶界峰的实验

Iwasaki[13,17~20]给出了关于竹节晶界峰存在的另外证据. Iwasaki[21]设计了一种可变换倒摆来测量低频振动的片状和线状试样的内耗(图 5.13). 只调换几个部件就可以使摆能够分别测量片状试样和线状试样的内耗. 他用这个仪器对 5N Al 的单晶和多晶片状试样进行了一系列测量[13]. 图 5.14 示出多晶体(实际上是竹节晶)的情况,在冷轧态观测到一个很高的内耗峰(用⊙表示),但它不是晶界峰,因为它在退火后消失.退火后在较高温度处出现的峰是晶界峰(用□表示),只不过由于试样中只含有少量晶界,所以只有一个小峰(图 5.14).图中的 t 曲线所示的是振动周期 t 随着温度的变化,t' 是 t 对于温度的微分,

$$t' = \frac{t_{n+1} - t_n}{T_{n+1} - T_n} - \frac{1}{t_0}, \tag{5.1}$$

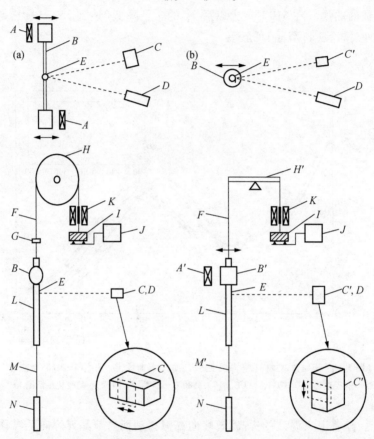

图 5.13　可变换的扭摆的示意图[23].(a) 扭转方式;(b) 弯曲方式.
A. 激发磁铁;B. 惯量;C. 光电池;D. 光源;E. 反射镜;
F. 悬丝;G. 阻尼装置;H. 滑车;I. 衡重;J. 升降台;
K. 差动变压器;L. 连杆;M. 试样;N. 固定杆.

其中 $\frac{t_{n+1} - t_n}{t_0}$ 是归一化周期,$T_{n+1} - T_n$ 是温度变化.在 t 曲线和 t' 曲线上有时可以得出较"Q^{-1}"峰为窄的峰.

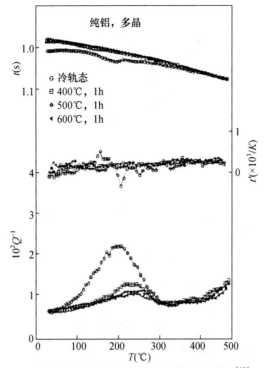

图 5.14　冷轧多晶铝试样的内耗峰的等时退火行为[13].

　　图 5.15 所示的是单晶的情况. 在退火状态没有观测到晶界峰(见⊙曲线),形变后观测到一个小峰(用□表示),但它在以后的退火中消失,因而不是晶界峰,它的峰温远较晶界峰为低,认为这个峰是由于点阵位错[13,17]. 由图 5.15 可见,单晶试样在变形后在 300℃退火,则出现晶界峰(见△曲线). Iwasaki 的实验结果说明了未变形的单晶体中并不存在葛峰和竹节晶界峰.

　　Iwasaki[13] 随后沿着片状试样中的一个直而长的晶界切出了三种含有不同晶界取向的双晶体,如图 5.16 所示,其中画阴影的区域表示夹持试样的部分. 晶界坐落得与试样表面垂直. 3 个试样的区别在于晶界与摆的轴线之间的角度 θ 之不同. 图 5.17 示出在双晶中晶界面上的切应力(应变)的分布情况. x 是沿厚度方向到中立线的距离,当 x 不变时,切应力与 $x\sin\theta\cos\theta$ 成正比. 因此,如果晶界峰是由于晶界滑动,它就应当只在 $\theta = 45°$ 的试样中出现,而在试样(a)($\theta = 0°$)和试样(b)($\theta = 90°$)中不出现,图 5.18 示出果真是这种情况.

　　图 5.19 所示的是概述了这 3 个试样和几个具有中间角度 θ 的试样的进一步实验结果. 其中画出了归一化峰高作为 $\theta(17°,30°,60°,75°)$ 的函数的曲线[19],数据都落在图 5.19 所示的曲线上. 这些实验结果十分清楚地指明竹节晶界峰的存在,并且是由于晶界的滑动.

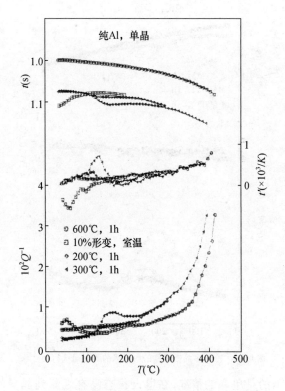

图 5.15　变形单晶铝试样的内耗峰的等时退火行为[13].

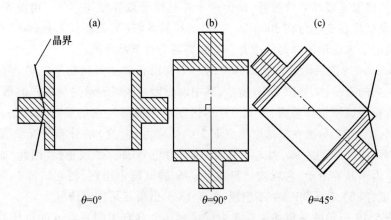

图 5.16　从一个平直晶界所切割下来的 3 个双晶试样.
取向差为:(a) 0°;(b) 90°;(c) 45°[13].

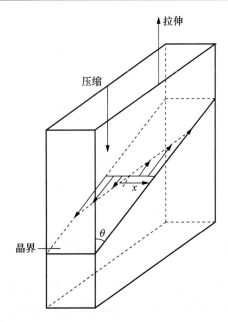

图 5.17 双晶的晶界上的应力分布示意图[13].

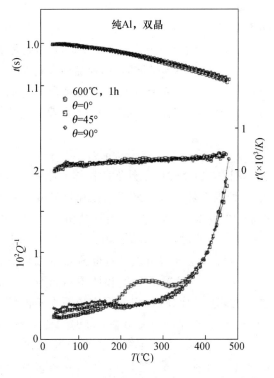

图 5.18 具有不同的取向差 θ 的 3 个铝双晶的行为[13].

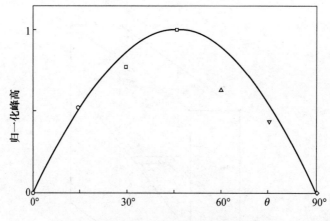

图 5.19　归一化内耗峰高对于 θ 的依赖关系[14].

由于实验所用的双晶试样是从含有极大晶粒的片状试样切割下来的,所以实验结果说明,不管晶界的种类和特性如何,所出现的内耗峰都是由于沿晶界的滑动所引起的,对于竹节晶界内耗峰和葛峰都是如此. 这个结论对于阐明竹节晶界内耗峰的机制很重要.

1992 年, Povolo 和 Molinas[22] 在一篇关于晶界弛豫的综述性评论中,对于 Iwasaki 的上述实验提出了两点看法:第一,应当用 Laue 衍射照相对于每个双晶试样的取向差进行测定. 在切取不同试样时,两块晶体和每个试样的易滑移系对于弯曲轴来说都有变化. 第二点是关于图 5.19 示出的所研究的全部系列的 θ 的数据以及与分解切应力之间的关系的问题. 实际上,在双晶的两块晶体之间的分解切应力是

$$\tau_{GB} = \alpha x \sin\theta \cos\theta, \tag{5.2}$$

其中的 α 是一个与片状试样的尺寸以及外加的拉伸 – 压缩应力的最大值有关的恒量. Iwasaki 采用了一种很有趣的方法来归一化在具有 $\theta = 17°, 30°, 60°$ 和 $75°$ 的试样中所测得的内耗峰的高度. 他首先从铝双晶切出一块具有 $\theta = 45°$ 的较大试样并且测出 $Q^{-1} - T$ 曲线,然后再在这块试样上切出第二块具有所要的 θ 的较小试样,也测出 $Q^{-1} - T$ 曲线. 这样就可以把所得的峰高相对于 $\theta = 45°$ 试样进行归一化. 这个程序使得由于不同的晶界种类和性质不同所引起的峰高的差别得到归一化. 不过在参考文献[13]和[19]里并没有说明在不同的 θ 时晶界面积是多大,但是晶界面积是由于试样的不同而随着 $(\sin\theta)^{-1}$ 变化的. Iwasaki 也没有提到试样的其他尺度是否发生变化. 另外是关于内耗的振幅依赖关系的问题. 参考文献[19]并没有提到这个问题. 但是,图 5.19 所示的峰高对于 θ 的依赖关系不但指出所观测的内耗是沿着晶界发生的,也同时指出内耗与应变振幅的线性依

赖关系.如果内耗与应变振幅无关,则图 5.19 中示出的曲线应该成为一个阶跃函数,即归一化的峰高对于 $\theta = 0°$ 和 $\theta = 90°$ 以外的每个 θ 值都是 1,而只在这两个特殊角度为零值.因此,图 5.19 所示的曲线的正确性是有问题的.

可以认为,在应用分解切应力的方程时,x 和 α 应保持不变,即在切取测量内耗的各个试样时只改变 θ,而不改变试样的尺度和加力方式、方向和大小.这样 α 和 x 才对于 θ 不同的各个试样都相同而 τ_{GB} 只随 θ 而变.应当指出,x 不变意指着只取试样表面的 x 值(最大),而这个最大值对于各个试样都相同.

5.1.4 Iwasaki 关于竹节晶界峰的形变和退火效应的实验

Iwasaki 的另一方面实验是关于 $5N$ Al 的晶界内耗峰的等温退火行为以及加工形变的影响[12,13,23].他原来的目的是想把晶界弛豫过程与点阵位错的效应分别开来,从而证明晶界内耗是来源于晶界本身的弛豫过程(例如晶界滑动).他认为,如果对于具有稳定的晶粒分布的多晶试样按照适当的方式进行变形加工,那就有可能在一个试样上同时观测到这两种效应.虽然在这种情况下,试样的内部结构并不简单,但是细致的实验可能把这两种效应分开.他用具有稳定的竹节结构的多晶 $5N$ Al 详细研究了形变和连续退火的效应,并且采用测定振动周期的温度微分(根据 3 个邻近的数据点)的方法把所测得的峰分解为两个分量.用这种方法所测得的峰的宽度只是相对应的内耗峰的 0.67[24].他还采用了这种方法来测定峰的激活性质.

他用自动倒扭摆进行测量.试样是在室温冷拉而形成的直径 $1mm$、长度 $80mm$ 的细丝.测量时所激发的最大表面切应变是 5×10^{-6},振动频率约 $1.5Hz$.可从外面改变倒扭摆的平衡悬重而不破坏真空,也可以在任何温度下原位拉伸试样,并用差动变压器测定试样的伸长[21].

图 5.20 示出经过室温拉伸的试样(原作者未说明冷加工量)的等时和等温退火行为.图中把归一化振动周期(t),振动周期的温度微分(t')和内耗(Q^{-1})表示为温度的函数[12].在图 5.20(a),⊙曲线表示拉伸加工态的曲线,可见在 $200℃$ 到 $300℃$ 的温度范围内出现了一个大的内耗峰,可以把它叫做"主峰".这个峰伴随着有几个不稳定的子峰,是由于退火效应所引起来的.在 $400℃$ 原位退火 $1h$ 后,这些子峰消失,而主峰的形状变为正常的(曲线□).当退火温度由 $400℃$ 增至 $500℃$($1h$)时,峰的高度和峰巅温度都增加.在图 5.20(b),⊙、□ 和 ◆ 曲线分别表示在 $600℃$ 退火 $1h$,$10h$ 和 $14h$ 的曲线.在 $600℃$ 退火 $1h$ 后,在 t' 曲线上可以看出一个双峰.这表示主峰最少是由两个部分组成的:一个低温部分(LTC)和一个高温部分(HTC).作者指出,应该注意到 t' 值的准确度是相当差的,因为它是在两个大数值之间取很小的差值所计算出来的[见方程(5.1)],所

以在 t' 曲线上的小的锯齿状变化可以不必考虑. 在 600℃退火1h后的主峰最宽,
在600℃的更长时间的退火使峰高降低而峰巅温度提高. 图 5.21 的(a)和(b)分
别表示峰高和峰温在等时和等温退火当中的变化情况.

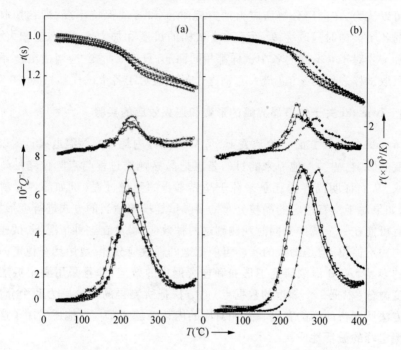

图 5.20　冷拉试样的退火行为.(a)○冷拉态.□400℃(1h)◆500℃(1h);
(b)○600℃(1h).□600℃(10h)◆600℃(14h)[12].

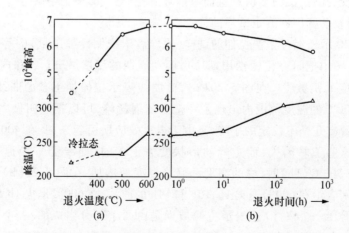

图 5.21　冷拉伸试样的退火行为概述[12].(a)等时(1h)退火;(b)等温(600℃)退火.

　　图 5.22 示出在进行了与上述相同的退火处理以后对于试样表面的金相观察结果. 为了避免进行测量时对于试样的操作所引起的效应, 用另外一根试样进行上述的金相观察. 可见, 冷拉状态试样中所存在的所有的小晶粒在 400℃ 退火 1h 以后都消失. 在 500℃ 和 600℃ 退火 1h 后看不出晶界形状有多大的变化, 在 600℃ 等时退火也观察不到宏观变化. 因此认为 600℃ 退火 1h 足以得到稳定的晶粒分布, 在以后的测量都以这种稳定化状态作为起点.

图 5.22　退火对晶粒分布的影响[12]. (a) 冷拉态; (b) 400℃ (1h);
(c) 500℃ (1h); (d) 600℃ (1h); (e) 600℃ (141h).

　　Iwasaki 随后对于稳定化了的试样进行原位加载实验. 把倒扭摆装置中的平衡悬重增加到超额 100g, 从而试样在 600℃ 原位退火当中是受着这 100g 的超额的拉伸应力. 图 5.23 示出的曲线表示这种应力退火的效应, 曲线⊙, □和◆分别表示未加应力, 加应力达到蠕变伸长 1.9% 和 4.8% 以后的情况. 由图可见, 在所有的 t' 曲线上都观测到双峰, 并且主峰向低温移动. 对应着峰的这种移动, 清楚地观测到 LTC 的升高和 HTC 的降低. 这种行为与图 5.20 所示的在退火当中不加应力的情形正好相反.

　　试样对于快速形变所表现的行为与上述的情况相同. 但是金相观察表明, 形变主要在晶粒内部发生, 晶界似乎保持不变.

　　图 5.24 示出晶粒尺寸对于内耗峰高度的影响, 图中的○表示在 600℃ 退火 2h 以上的数据, ▲表示在 430℃ 到 600℃ 之间进行形变后的数据. 除了在原来的拉伸状态以外, 几乎所有的晶粒都大于试样的直径, 即具有所谓的竹节结构. 这时的晶界数目意指沿试样轴线方向的单位长度所含的数目. 由图可见峰高显然

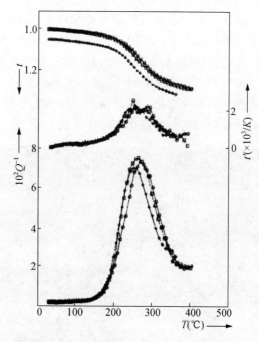

图 5.23 加载退火(超额衡重 100g)的效应[23].
⊙600℃(1h),无超重;□: +600℃(1h),1.9%;◆: +600℃(1h),4.8%.

随着晶界数目的增加而升高,但是对于形变试样来说,这种对应关系是很差的.

Iwasaki 在总结他的实验结果时指出,在晶粒达到稳定化以后(600℃退火1h),主峰变得最宽,并且分裂为两个支峰:LTC 和 HTC.在稳态下,两个支峰的高度似乎相差不多.当稳定化试样进一步在 600℃退火,峰向高温移动,并且变得窄些.这意指着在退火态时 HTC 较之 LTC 占有优势.另一方面说,当稳定试样受到形变后,峰向低温移动并且又变得窄些,因而 LTC 在形变态较之 HTC 占优势.由于只有 HTC 才表现峰高对于晶粒数的依赖关系,而且晶界的宏观形状在长期退火当中并不改变并且形变主要是在晶粒内部发生的,所以这些实验结果都表明 LTC 与点阵位错有关而 HTC 与晶界过程有关.因此,文献中报道的出现在形变单晶体的峰可能对应着 LTC 而出现在充分退火的多晶体的峰可能对应着 HTC.

合肥研究组对于 Iwasaki 的实验进行了分析,认为 Iwasaki 关于内耗峰在一定情况下分为两个峰的发现是很有意义的.固然他根据 t' 峰的分析所得结果的准确度很有限,但是总的看来,他的结果与 Bonetti 等[25]所发现的双峰是一致的,因而还有一定的可信度.在第四章里已对 Bonetti 等的结果作了分析,并且认定了他们所发现的双峰(K_1 和 K_2 峰)是对应着竹节晶界峰和葛峰.现在有充分

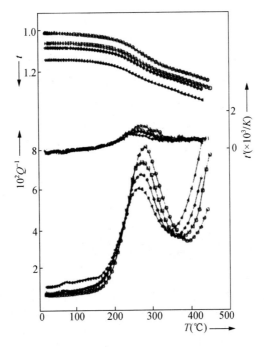

图 5.24　高温形变(超额衡重 250g)的效应[23].

○:600℃(1h),无超重;□:450℃,1.5%;◆:450℃,3.9%;▲:450℃,7.7%.

的理由认为,Iwasaki 所发现的 HTC 对应着葛峰而 LTC 对应着竹节晶界峰.

　　从 Iwasaki 文章中所示的金相图(图 5.22)看来,原来在室温冷拉到 1mm 直径的试样中包含着大的晶粒(竹节晶)和细晶粒.他并没有说明对于试样的冷拉度(%RA)是多少,但是根据所示的金相图看来,这冷拉度可能不大,从而在随后的退火当中不易得到完全再结晶.如果承认 Iwasaki 所用的试样一直是处于一种粗晶粒和细晶粒的混合态,而细晶粒峰总是出现在较高于粗晶粒峰的温度,则关于 LTC 和 HTC 所表现的行为都可以得到解释.这与 Iwasaki 的看法不同之处是认为 HTC 对应着细晶粒峰(葛峰),LTC 对应着竹节晶界峰.HTC 由于在 600℃的进一步无应力退火而向高温移动是由于试样里所含的细晶粒的不断增大(这是葛峰的典型表现).LTC 由于在应力下的退火而向低温移动不能归因于竹节晶界本身的变化,因为实验结果指出,竹节晶界一旦形成,就不能通过进一步退火而发生变化.因此,可以认为,应力退火的作用是由于外加应力所引起的形变提高了晶界附近的位错密度或者增强了位错与晶界的交互作用,从而改变了晶界本身的弛豫过程.关于这方面,在随后介绍竹节晶界内耗峰的机制时再详细讨论.目前,需要强调指出,把 LTC 单纯地归因于点阵位错的效应是不妥当的,因为已知点阵位错在较低得多的温度引起另外形式的内耗和内耗峰,而 LTC 与

HTC 如此接近,显然不同于文献中所报道的归因于点阵位错的内耗峰.可以认为,对于 LTC 来说,点阵位错的作用只是通过它与晶界的交互作用而体现的.

另外,Iwasaki 提出只有 HTC 才表现峰高对于晶粒数的依赖关系(见图 5.24),是不妥当的.图 5.24 所示出的晶粒尺寸已经远大于试样的直径(1mm),因而峰高对于晶粒数的依赖关系是竹节晶界峰的表现,而葛峰则并不表现这种依赖关系.因此 lwasaki 的论点是没有考虑到他的试样是否含着粗和细晶粒的一种混合态这个事实.

1987 年,Iwasaki[23]进一步报道了关于退火和拉伸应力对于 5N 纯铝的晶界内耗峰的影响.他所用的试样与以前相同,仍然没有说明所用的拉伸状态的试样所经受的冷加工度.他把试样首先从室温加热到一个预定温度(T_a),在此温度退火 10min 后炉冷,然后升温测量内耗.增加 T_a(每次提高 50K)从 100℃ 到 600℃,按照同样的程序进行内耗测量.在所有的实验中,在倒扭摆中所施加的超过平衡重量的载荷是 20g.

当 T_a 增加达到 300℃ 时,虽然在内耗测量当中还得不出整个的内耗峰,当从峰的低温侧可以看出,峰是向高温移动的.当 350℃ ≤ T_a ≤ 400℃ 时,峰向低温移动.在 450℃ 退火后,峰又向高温移动,不过对于 450℃ ≤ T_a ≤ 550℃,峰的移动很小.在 600℃ 退火后,峰大多都是移向高温.随着 T_a 的提高,峰高渐渐增加.作者强调地指出,当超额的衡重等于零时并没有观测到上述这种向低温移动的特殊表现.实际上,在没有施加超额衡重时,峰总是向高温移动的.

图 5.25 示出了当超额衡重为 20g 时在等时变温退火过程中峰的一些重要数据随退火温度的变化.这包括峰高 Q_{max}^{-1}、峰巅温度 T_P、激活能 E_a、频率因子、峰宽比,在 40℃ 的振动周期和试样伸长(在内耗测量以前和测量以后的试样长度的增加%).可见峰高随着 T_a 的增加而单调上升,并没有观测到葛庭燧等[2]所报道的在 350℃ 退火以后的急剧降低.在 350℃ ≤ T_a ≤ 400℃ 的温度范围内,峰向低温移动,与葛等所报道的相同.应该指出,Iwasaki 的实验是用 5N Al 进行的,原始试样似乎是包含着细晶粒和竹节晶粒的混合态(像前面已经提出的),而葛等所用的是 6N Al,试样完全是竹节晶,因而两种实验结果不可比较.

图 5.26 示出超额衡重(W)对于内耗测量的影响.在开始进行一系列测量以前,已把试样在 400℃ 退火 1h.当超额衡重为零时,升温和降温测量的曲线完全相合.一旦施加超额衡重,则降温测量的峰高降低并且峰向低温移动.

Iwasaki 指出,超额衡重使试样的伸长在 300℃ 时变得很明显.与此相对应的在 40℃ 的振动周期也开始增加.以前的工作[12]发现,5N Al 试样在 400℃ 退火后已经变为竹节晶(注:这有疑问),葛等[2]也发现在 350℃ 退火后出现竹节晶结构(注:只对于 6N Al 是如此).因此,可估计试样在 350℃ 或较低温度变为竹节

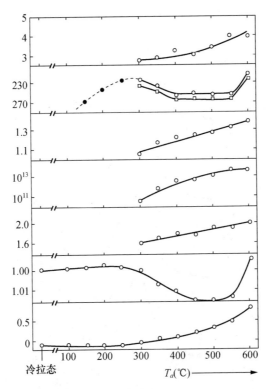

图 5.25　退火温度 T_a 对于内耗峰各种性质的影响[23]. 纵坐标由上到下分别为内耗峰高度($\times 10^2$),
峰温 T_P($°C$),激活能(eV),频率因子(Hz),内耗峰宽度比,在40°C时的振动频率(Hz),形变量 ε(%).

晶,因而认为试样在 300°C 开始伸长和振动周期增加是对应着这种结构变化的
起始. 与此相对应,峰开始向低温移动,但是却并没有伴随着峰高的急剧变化,这
与葛等的实验结果不同. 其他的关于峰的数据例如激活能、频率因子、峰宽比也
并没有表现急剧的变化,而只是逐渐改变. 这表示从细晶粒态变为竹节结构态
时,峰的基本机制并没有急剧变化.

　　可以认为,在施加超额衡重的情况下,峰向低温的特殊的移动可以根据以前
所说的 LTC 和 HTC 两个分量之间的平衡来解释. 当竹节结构形成并且同时开始
蠕变形变时,内耗峰开始向低温移动. 这时额外衡重或许引入了点阵位错,并且
帮助它们的重新排列. 预期点阵位错在竹节晶试样里较之在细晶粒试样里能够
自由运动,因为前者所含的阻碍位错运动的晶界的数目减少. 在这种情形下,
LTC 的相对高度增加,引起了峰向低温移动. 这种情况一直延续到 T_a = 400°C. 但
是,当 T_a = 450°C 时,使点阵位错数目减少的回复过程开始运转. 当 450°C $\leq T_a \leq$
550°C 时,在回复过程与蠕变形变所引起的点阵位错形成过程之间接近平衡,从

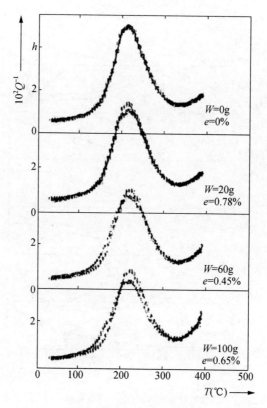

图 5.26　超额衡重对于内耗测量的影响[23].

○:升温测量;□:降温测量. $W = 20g$ 是所有的实验中的本底超额衡重.

而峰温 T_p 变化不显著. 当 $T_a = 600℃$ 时, 回复过程较之形成过程活跃得多, 使得 HTC 较之 LTC 占优势, 从而峰向高温移动.

5.1.5　关于葛峰与竹节晶界峰是否为同一个峰的争论

Iwasaki 认为葛峰与大晶粒(竹节晶界峰)是相同的峰, 理由如下.

(i) 除了峰温以外, 峰的各种性质都随着 T_a 的提高而单调地变化. 这表示峰的机制并没有急剧变化. 至于峰温的特殊移动则是由于蠕变形变所引起, 如上述.

(ii) 根据峰高对于竹节晶粒尺寸的依赖关系来看, 大晶粒峰(竹节晶界峰)和 HTC 是与竹节晶界有关的, 而竹节晶界是晶界的一种, 因此无需认为竹节晶界峰与在竹节晶界附近所形成的多边化边界(意指位错亚结构)有关.

(iii) 铝试样的表面通常都覆盖着一个很强的 Al_2O_3 层, 它对于竹节晶界的滑动具有一种抑制作用正如同细晶粒里的晶界三叉结点对于传统的晶界的抑制作用一样.因此,不管晶粒尺寸和特性如何,相同的内耗峰机制可能都同样适用.

（iv）葛峰、大晶粒峰（竹节晶界峰）和 HTC 具有几乎相同的激活能.

因此,葛等[2]所观测的从葛峰到大晶粒峰的急剧变化似乎是由于超额衡重所引起蠕变形变.

葛等的看法与 Iwasaki 不同之处主要有以下几项.葛等认为:(ⅰ) HTC 对应着葛峰,而 LTC 对应着大晶粒峰（竹节晶界峰）.(ⅱ) LTC 峰的向低温移动并不一定由蠕变形变所引起.(ⅲ) HTC 和 LTC 的基本过程固然都是晶界的黏滞滑动,但是制约滑动过程的机制并不相同.前者是晶界的三叉结点,后者则是出现在晶界附近,并与晶界发生交互作用的位错亚结构而不是 Iwasaki 所说的试样表面上的 Al_2O_3 硬化层,这在后面还将用实验来说明.(ⅳ)葛等[15]已用实验证明竹节晶界峰（LTC）是一个与葛峰不同的新内耗峰,并且已观测到这两个峰的同时出现,以后将详细介绍实验结果(5.1.6 节).

关于(ⅰ)项,在前面已经加以阐明.现在先讨论(ⅱ)项关于竹节晶界峰（LTC）随着退火温度提高而向低温移动的问题.Iwasaki 指出这种移动只有经过蠕变以后才出现,但是葛等[26]所作的关于蠕变对 $5N$ Al 的大晶粒晶界峰的影响的实验结果却并不支持这种看法.图 5.27 示出的曲线(1)到(3)分别表示没有蠕变、在 465℃发生了 1.28% 的蠕变和在 495℃发生了 2.83% 蠕变的情形.由图可见,虽然各曲线的高度以及高温背景内耗有一些不同,但是可以肯定,蠕变并没有使内耗曲线明显地向低温移动,这说明蠕变并不是使内耗曲线向低温移动的唯一原因.

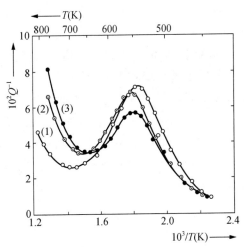

图 5.27 蠕变形变对于 99.999% Al 的竹节晶界峰的影响[26].

(1) 无蠕变形变;(2) 1.28% 的蠕变形变(465℃);(3) 2.83℃蠕变形变(495℃).

为了与 Iwasaki 的结果相比较,葛等又用 Iwasaki 所用的日本生产的 5N Al 做了实验[27]. 图 5.28 示出退火温度对大晶粒峰的峰位的影响,可见在没有蠕变的情况下,内耗峰肯定由于退火温度的提高而移向低温.

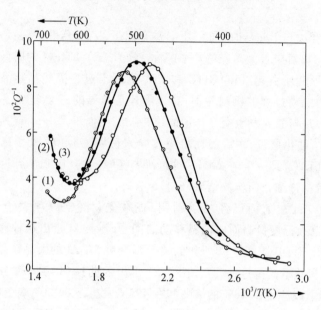

图 5.28　退火温度对于竹节晶界峰(日本出产铝)的峰位的影响[26].(1) 450℃(2h),(G.S.) = 1.1mm;(2) 500℃(2h),(G.S.) = 2.2mm;(3) 600℃(1h),(G.S.) = 2.5mm. 试样直径为 1mm.

全面考虑 Iwasaki 和葛等的实验结果,似乎可以认为 Iwasaki 实验所用的蠕变载荷较大(超额衡重 100g 或 20g),因而蠕变导致峰的向低温移动,而葛等所用的蠕变载荷较小(超额衡重 1~5g),所以峰的移动不明显. 随后朱爱武和葛庭燧[15]用较大的蠕变载荷做了进一步的实验. 所用的 6N Al 试样含有平均长度为 1cm 的竹节晶,是用动态应变退火法制备的[4]. 在试样的表面上刻画约与竹节晶界垂直的标示线,用来进行滑动测量. 试样在扭摆仪中在 630℃ 原位退火 0.5h,然后进行降温测量,所得的内耗曲线如图 5.29 中所示的曲线(1)($f = 1.6$Hz,最大应变振幅 1.2×10^{-5}). 在 620℃ 对试样进行反时针方向扭转 30° 后(相当于在平均切应力 50MPa 的作用下每个竹节晶界有了 4μm 的平均切位移),竹节晶界峰向低温移动如曲线(2)所示. 再把试样沿顺时针向扭转 30° 回到原来位置,峰继续向低温移动[曲线(3)]. 进一步沿时针向扭转 30°,峰移动得更多[曲线(4)]. 从图 5.29 中示出的各曲线扣除高温背景后得到图 5.30 中的相对应曲线(1)~(4),它们的 Q_{max}^{-1} 和 T_P(℃) 分别是:0.020,0.022,0.019,0.020 和 260℃,253℃,243℃,240℃.

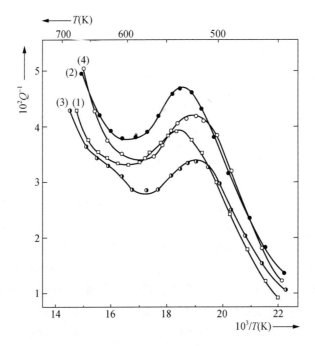

图 5.29　竹节晶界峰在试样扭转以前和以后的变化[15].(1) 扭转前;(2) 到(4) 扭转后.

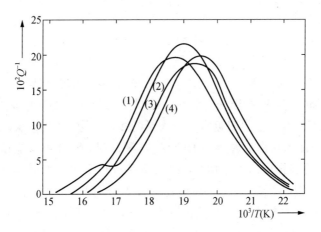

图 5.30　从图 5.29 的曲线(1)~(4)扣除背景后的内耗曲线[15].

由图 5.29 和图 5.30 示出的曲线(3)可见,在竹节晶界峰的高温侧出现一个小峰.这个峰的来源是扭转形变在晶粒内部所引入的某种形式位错亚结构[4,28].

可以预期,较大的晶界滑动将改变晶界内部以及晶界附近的微观结构.金相观察指出,试样在扭转后,与试样轴线垂直的晶界都滑动了一段距离如图 5.31

所示,这表明在扭摆仪内的原位扭转引起了晶界滑动.因此,竹节晶界峰的向低温移动与晶界滑动所引起的效应有关.

Kokawa 等[29]的透射电子显微镜研究提供了关于晶界滑动对于晶界内部和晶界邻近的位错亚结构所发生的效应的直接证据.他们发现,5N Al 的粗晶试样在 2MPa 的应力作用下在 427℃进行蠕变形变引起少量滑动以后,在一个晶界的附近出现与晶界相交的位错亚结构.似乎晶界滑动以后在晶界附近总是出现位错亚结构.Rhines 等[30]根据 X 射线 Laue 分析指出,纯铝在晶界滑动以后,在晶界区域出现密度较高的位错亚结构.这些位错亚结构或许是由于位错胞结构的胞壁变得轮廓鲜明而形成的.

通过上面的讨论似乎可以认定晶界滑动以后的竹节晶界峰向低温移动与在晶界附近出现的位错亚结构有关.如果这是由于在晶界滑动当中把点阵中的位错吸引到晶界附近,那就可以想象,在用动态应变退火法制备竹节晶试样的过程中,在竹节晶界附近已经存在着位错亚结构.在这个过程当中晶粒内部存在的点阵位错可以被吸引到晶界区域形成位错亚结构[8].随后的晶界滑动或进一步的高温退火能够强化或改变这些位错亚结构的组态,从而引起竹节晶界峰向低温移动.这就说明,竹节晶界峰的向低温移动可以通过两种过程来实现:(ⅰ)一定程度的晶界滑动.(ⅱ)竹节晶粒试样的高温退火.

为了证明这个结论,朱和葛[15]对于高度冷轧的铝片(99.999%)进行连续的高温退火,制备成竹节晶试样,并进行透射电子显微镜观察.图 5.32 示出几个在竹节晶界附近存在位错亚结构的例子.图 5.32(a)是冷轧后退火温度较低(450℃)的情况.这时存在于晶界附近的位错亚结构主要是胞结构的形式.图 5.32(b)是冷轧后退火温度较高(600℃)的情况.这时的胞结构变得疏散并且与晶界相交.Bonetti 等[25]对于 99.99% Al 也观察到与上述类似的情况.葛和张立德等[1,6,9]观察到竹节晶界附近存在着大量的多边化边界(位错墙).

关于竹节晶界峰向低温移动的情况,葛等曾用 6N Al 竹节晶试样进行了一系列实验[2].葛和张宝山[8]还用 5N Al 竹节晶进行了内耗测量.把在 380℃退火2h 的试样在室温拉伸 3%后又在 450℃退火 2.5h.图 5.33 示出的曲线(1)表示降温测量的内耗曲线,竹节晶界峰出现在 295℃($f = 1$Hz,$A_\varepsilon = 5 \times 10^{-6}$).当试样连续在 482℃和 510℃退火 2.5h 后,峰略向低温移动[曲线(2),(3)].在 550℃退火 2h 后,峰很明显地由 285℃移至 280℃,同时 365℃峰开始出现[曲线(4)].再在 576℃退火 2.5h,峰连续向低温移动而 365℃峰明显升高[曲线(5)].仔细的实验指出,在 550℃的短暂的退火就可以使 365℃峰出现而竹节晶界峰的向高温移动只有在 2h 以上的退火才变得很明显.这可能是 Iwasaki 用 5N Al 竹节晶未能观测到退火使峰向低温移动的原因.

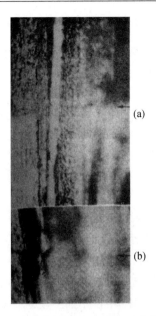

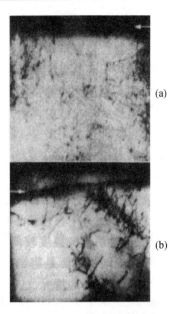

图 5.31　表明晶界滑动的金相图[15].
(a) 原来的刻痕线;(b) 跨过晶界
的滑动(406×).箭头指明竹节晶界.

图 5.32　(a) 竹节晶界附近的胞结构(450℃
退火,15000×);(b) 竹节晶界附近变薄了的
胞结构(600℃退火,20000×).箭头指明竹节
晶界[15].

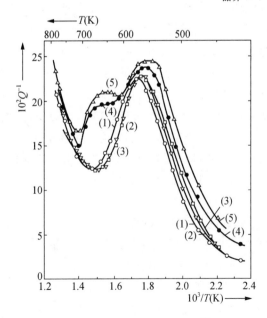

图 5.33　高温退火对于竹节晶界峰的位置的影响[8].退火温度(℃):
(1) 450,(2) 482,(3) 510,(4) 550,(5) 576.在550℃退火后,365℃峰开始出现.

实验发现在竹节晶界峰与365℃峰之间有一种相互消长的互补关系.当竹节晶界峰很高的情况下,365℃峰不出现或者很低.已经认定365℃峰是归因于晶粒内部的均匀分布的位错网络[4,28],所以它与竹节晶界峰的互补关系是由于在一定的条件下晶内的位错网络被吸引到晶界附近的区域,从而365℃降低而竹节晶界峰增高.反过来说也是如此.关于晶内的位错网络的形成和消失过程可以假想如下:把预先在380℃退火在室温拉伸3%以后,试样中出现许多不均匀的位错组态.在低于450℃的温度退火后,试样中到处形成由不均匀分布的位错组态所构成的介稳结构.有些位错要向晶界或试样表面移动.预先到达晶界的位错所产生的斥力抑制了这种趋向.但是无论如何,晶界附近的位错密度总会变得高于晶粒内部,从而在晶界附近形成较稳定的和组织得较完好的位错结构,并且引起竹节晶界峰.在晶粒内部存在的不均匀的位错组态是较不稳定的,在一定的较高的温度退火时就雪崩式地分解成为分散位错,并且很快地形成一种彼此具有最小的交互作用的低能组态,从而形成均匀分布于三维晶体点阵内的一种极其稳定的空间位错网络,从而引起365℃峰.在这时,存在于晶界附近的位错组态并不会这样容易地进行分解,从而由于竹节晶界与附近的位错亚结构的交互作用所引起的竹节晶界峰仍然存在.

实验指出,高度冷加工后进行连续升温退火所制备的竹节晶试样里并不出现365℃峰.这是由于试样在完全再结晶以后并未进行3%的拉伸形变,从而在晶粒内部形成的位错组态与在晶界附近形成的位错组态同样稳定.因此并没有足够的分散位错来组成引起365℃峰的空间位错网络.

上面的分析进一步支持了竹节晶界峰来源于竹节晶界和晶界附近存在的位错亚结构的联合作用.而竹节晶界峰的向低温移动则来源于竹节晶界附近的位错组态的变化而不是来源于竹节晶界本身的微结构的变化,因为除了上面所阐述的情况以外,一个重要事实是竹节晶界本身一旦形成就是很稳定的.

中国合肥研究组与Iwasaki的另一个争论点是关于传统的细晶粒晶界峰(葛峰)与竹节晶界峰是否为同一个峰.葛等认为这两个峰是十分不同的峰,而Iwasaki则认为这两个峰与HTC是同一个峰.Iwasaki的最重要根据是两个峰都来源于晶界的滑动,而晶界三叉结点的存在并不一定是出现晶界峰的必须条件.在竹节晶试样中虽然并没有晶界三叉结点作为反抗晶界滑动的回复力,但是在铝试样表面上覆盖着的坚硬氧化铝薄膜可以提供这种回复力.因此,他认为峰的基本机制是相同的,与晶粒尺寸无关.这就是说,无论试样是细晶粒还是竹节晶,晶界弛豫过程相同,只是回复力的来源不同.根据Iwasaki关于不形成坚硬表面膜的Cu_3Au的实验[31],当试样变成竹节晶时,晶界峰消失,但并没有新的峰出现,这就支持了上面所提出的观点.

　　Iwasaki 的另一个根据是很难解释葛等所观测的退火使峰移向低温的结果，认为这似乎是由于加到试样上的拉伸应力. 关于这方面，前面已经做了充分的剖析. 另外，Iwasaki 还很难理解 6N Al 试样在 350℃ 退火的过程中，葛峰突然变为竹节晶界峰. 事实上，这个转变是逐渐的，而不是突然的.

　　为了判断表面膜的影响. 合肥研究组把俄歇谱分析技术与内耗测量联系了起来[26]. 图 5.34 示出的曲线(1)是一个 5N Al 粗晶试样的 Al_2O_3 表面层用氩离子减薄技术剥除以后所测得的内耗曲线. 俄歇分析肯定了这个试样的铝基体已经完全暴露了出来. 内耗是在微型计算机控制的倒扭摆中进行的，其真空度是 4 $\times 10^{-5}$torr. 大晶粒内耗峰出现在 225℃ ($f = 1.2$Hz). 图 5.34 示出的曲线(2)是试样在 660℃ 退火 1h 从而在试样表面上形成了一层很厚的 Al_2O_3 膜以后所测得的内耗曲线. 比较曲线(1)和曲线(2)可见，在这两种极端情形下所得的竹节晶界峰并没有显著的差别. 因此，表面膜似乎并不是抑制晶界滑动的重要因素. 按照前面所举出的大量实验事实和微观观察结果，有充分的理由认为抑制竹节晶界滑动的是存在于竹节晶界附近、并且与晶界发生交互作用的位错亚结构. 众所周知，抑制晶界滑动的因素决定了滑移过程中的弛豫时间，从而决定了出现峰的温度，这乃是葛峰与竹节晶界峰的峰温并不相同的原因. 关于这个问题的判断性实验是从实验上测到竹节晶界峰与葛峰同时存在.

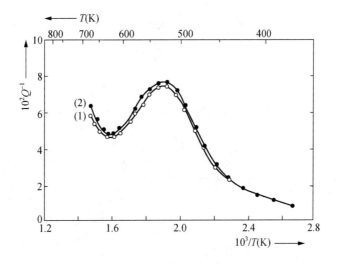

图 5.34　Al_2O_3 表面层对于竹节晶界峰的影响[26].

(1) 没有 Al_2O_3 表面层；(2) 具有很厚的 Al_2O_3 表面层.

5.1.6　葛峰与竹节晶界峰同时出现的实验证据

　　大量实验说明,竹节晶界峰表现的特点与葛峰的截然不同.因而认为它是一个与葛峰不同的新内耗峰.但是并没有实验结果证明它们是真正分离开来的两个峰,所以有人认为竹节晶界峰不过是向低温移动了的葛峰.1989 年,葛庭燧和朱爱武[27]针对这个问题用片状试样进行了一系列实验.决定用片状试样的指导思想如下:在经过冷拉的丝状试样里,跨过试样直径的应力分布是各向同性的.在退火后形成的再结晶晶粒比较规则,从而在进一步退火时各晶粒均匀增长.晶粒尺寸从小于试样直径到大于试样直径的改变是逐渐的和连续的,所以在从葛峰到竹节晶界峰的转变中,两个峰总是交叠在一起,从而两个峰的同时出现并不明显.在片状试样里的情形与此不同,因为由冷轧所制备的片状试样中的应力分布是各向异性的.在退火后所形成的晶粒并不均匀,有的晶粒可能小于试样的宽度,但却大于试样的厚度.预期在这种情况下,竹节晶界峰可能与葛峰分离开来.

　　把原始的 5N Al 试样从 3mm 的棒冷轧为 100mm × 4.2mm × 1mm 片状试样,在扭摆装置里原位退火以后降温测量内耗.振动频率是 1.5Hz,最大激发振幅是 1.2×10^{-5}.图 5.35 示出试样在各种温度退火后所得的内耗曲线,与曲线(1)对应的退火温度是 445℃(1h).在 310℃ 所出现的内耗峰显然是葛峰.在 580℃ 退

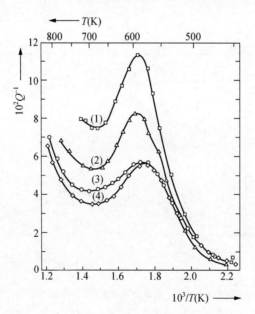

图 5.35　冷轧铝片状试样在退火后的内耗曲线[27].
曲线(1)～(4)的退火温度分别是 445℃,580℃,610℃ 和 640℃.

火 3.5h 后得到曲线(2),内耗峰移至 314℃而背景内耗大大降低,同时内耗峰的低温侧出现一个小凸包.曲线(3)和(4)所对应的退火温度分别是 610℃ (1.5h)和 640℃ (2.5h).这时高温背景内耗进一步降低而峰的宽度大大增加.这些峰都是不对称的,峰的低温侧下降得远比高温侧为慢.这种情况清楚地指明有一个出现在温度较 310℃峰(葛峰)为低的内耗峰叠加在葛峰上.

　　把图 5.35 所示的 4 个内耗峰扣除高温背景内耗以后的情况如图 5.36(a)~(d)中的曲线(1′),(2′),(3′),(4′)所示.图 5.36(a)中示出的曲线(1′)是图 5.35 曲线(1)扣除背景后所得的内耗峰.这个峰对于 $1/T$ 温标是对称的,它是一个 Debye 型的单一的峰(葛峰),把它用 P_1 峰表示.图 5.36(b)中的曲线(2′)可以分解为两个对称的峰:P_1 和 P_2,P_2 峰是出现在温度较低的一个新内耗峰.P_1峰的高度由于同时出现了 P_2 而降低.图 5.36(c)和(d)分别示出曲线(3′)和(4′)分解为 P_1 和 P_2 峰的情况,可见 P_1 峰由于试样里所含的细晶粒部分的不断减少而逐渐降低.P_2 峰的逐步增高表示试样里所含的竹节晶粒部分不断增加.

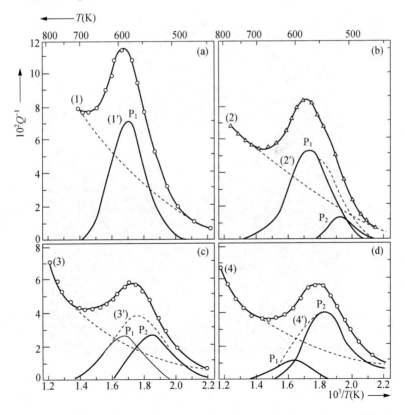

图 5.36　图 5.35 示出的内耗曲线 1(a),2(b),3(c),4(d)分解为 P_1 和 P_2 峰[27].

把经过各种退火温度的片状试样（1mm 厚）在内耗测量以后进行表面检查所得的金相图如图 5.37[（a），（b），（c）]所示. 图 5.37(a)示出试样在 580℃ 退火后的情况,其中只有几个晶粒贯穿试样的厚度.这表示细晶和粗晶(竹节晶)共存而细晶是主导的.这时所对应的 P_1 和 P_2 内耗峰如图 5.36(b)所示,它们的高度分别是 0.052 和 0.008. 图 5.37(b)示出试样在 610℃ 退火后的情况,其中大多数晶粒都贯穿试样的厚度,只在一些局部区域出现细晶粒.所对应的 P_1 和 P_2 内耗峰如图 5.36 (c)所示,它们的高度分别是 0.025 和 0.026. 图 5.37(c)表示在 640℃ 退火后的情况,几乎全部晶粒都贯穿试样的厚度.这时所对应的 P_1 和 P_2 峰的高度是 0.010 和 0.038,如图 5.36(d)所示.对于几个 99.999% Al 片状试样曾经重复观测到上述 P_1 和 P_2 峰同时存在的情况,而 P_1 和 P_2 峰的相对高度与试样中所存在的细晶粒与竹节晶粒的相对比数相合.因此,可以相信 P_1 和 P_2 峰是来源不同的两个独立的峰. P_1 峰(葛峰)与细晶粒晶界有关,而 P_2 峰与竹节晶界有关.表 5.3 列出了 P_1 和 P_2 峰的相互消长的有关数据.

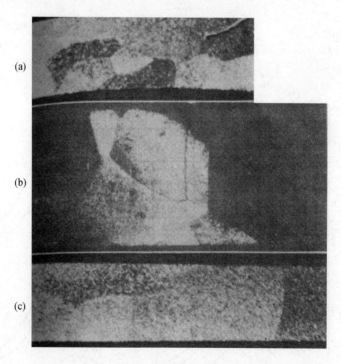

图 5.37　冷轧试样在各种温度退火后的金相图[27].
(a) 580℃ (×25);(b) 610℃ (×45);(c) 640℃ (×25).

表 5.3　P_1 峰与 P_2 峰的有关数据

退火温度和时间 （℃，h）	曲线 （见图 5.36）	Q_{max}^{-1}		晶粒尺寸超过试样厚度的晶粒
		P_1	P_2	
445（1.0）	（1′）	0.070	0	无
580（3.5）	（2′）	0.052	0.008	几个晶粒［图 5.37（a）］
610（1.5）	（3′）	0.025	0.026	大多数晶粒［图 5.37（b）］
640（2.5）	（4′）	0.010	0.038	全部晶粒［图 5.37（c）］

§5.2　竹节晶界内耗峰的机制和宏观力学模型

上述的葛和朱的实验[27]清楚地表明了竹节晶界峰是一个与葛峰分开的内耗峰，从而它是一个与葛峰来源不同的新的内耗峰.实验表明，竹节晶界峰具有与葛峰类似的激活能（～1.4eV）[8,31,32]，这说明跨过竹节晶界的弛豫机制也是沿着间界的黏滞滑动. Iwasaki 关于双晶的实验也得到这个结论[13].但是，众所周知，内耗峰的出现意味着所牵涉的弛豫过程是有限的.不然的话，内耗就应该随着温度的提高而单调地增加.现在的问题是什么因素制约了跨过竹节晶界的弛豫过程.在竹节晶里并不存在制约跨过细晶粒晶界的弛豫过程的晶界三叉结点. Ogino 和 Amano[33]指出晶界的不规则区域例如晶界凸出台阶或坎能够成为晶界滑动的障碍物，但是这种台阶很难阻碍晶界在高温下的宏观黏滞滑动，因为在内耗测量的前半周所发生的晶界滑动将把这种台阶摧毁，从而不能产生反向应力以便在后半周里恢复晶界的原来状态. Fujita[34]指出，在竹节晶粒的情形，位错塞积组所诱导的内应力使晶界面成为复杂的形态.因而竹节晶界附近出现的不规则位错组态能够对晶界滑动起制约作用.可以认为[35,36]，与竹节晶界相交并与它发生交互作用的位错亚结构是制约竹节晶界滑动的因素.晶界在滑动中能够拖曳着位错亚结构进行一定程度的运动.由于亚结构中的位错组态能够在亚结构被拖曳的过程中发生变化，所以这种制约作用是弛豫型的，也可能是非线性的.这与细晶粒中的晶界三叉结点所起的制约作用不同，那里的制约作用是纯粹弹性的.

在细晶粒的情形，可用一个 Voigt 型的三参数力学模型来描述晶粒间界的弛豫过程［见图 5.38（a）］.图中的弹簧（1）代表晶粒内部对外加应力的弹性响应，其力学常数是 k_1，顺度为 $J_U = 1/k_1$.图中并联部分的阻尼器（2）代表晶界，其黏滞系数是 η_2，弹簧（3）代表晶界三叉结点，其力学常数是 k_3，对应的顺度是 $\delta J =$

$1/k_3$. 在竹节晶界的情形,可用图 5.38(b)所示的模型来描述竹节晶界的弛豫过程[37,38]. 这个模型与前者不同之处是用一个弹簧串联一个阻尼器(黏滞常数是 η_3)的二参数 Maxwell 模型替代图 5.38(a)中的弹簧(3),用以描述出现在竹节晶界附近的位错亚结构的弛豫行为(暂且考虑在低应力下的线性近似的情况). 这样就得到了图 5.38(b)所示的四参数力学模型.

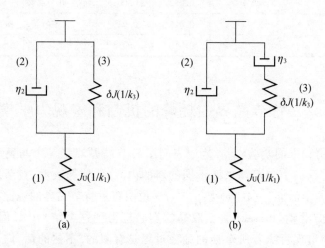

图 5.38　描述晶界弛豫行为的力学模型[37]. (a) 细晶粒晶界;(b) 竹节晶粒晶界.

在图 5.38(a)的情形,当一个切应力施加到试样上时,弹性形变立即在晶粒内部发生. 由于阻尼器不能立即对外加应力作出响应,所以弹簧(3)也不能立即发生变形. 随着时间的增加,阻尼器(2)开始位移,即加到晶界上的应力开始弛豫,从而把外加应力渐渐输送到晶界三叉结点上使它发生弹性畸变,这表现为弹簧(3)开始变形. 这个过程继续进行,直到加在阻尼器(2)上的应力得到完全弛豫,而总应力都输送到代表晶界三叉结点的弹簧(3)上. 当应力撤去(或反向)时,集中在三叉结点上的弹性畸变施加一种反向应力到晶界上,从而晶界沿反向滑动直到整个系统回复到原来状态. 根据整个模型所推导出来的应力(σ) – 应变(ε)方程是

$$\tau\dot{\varepsilon} + \varepsilon = \tau J_U \dot{\sigma} + J_R \sigma, \qquad (5.3)$$

其中的 τ 为弛豫时间,J_U 和 J_R 分别是未弛豫和已弛豫顺度. 这在适当条件下将引起一个 Debye 型的内耗峰.

在图 5.38(b)示出的情形,弹簧(1)代替晶粒内部,阻尼器(2)代表竹节晶界本身,第(3)部分中的二参数组元代表与竹节晶界相交并且发生交互作用的位错亚结构,是弛豫型的,因而与图 5.38(a)中的第(3)部分中只有一个弹簧的

情况不同. 与这个四参数模型相对应的应力 - 应变方程是[37-39]

$$\eta_2\eta_3\ddot{\varepsilon} + k_3(\eta_2 + \eta_3)\dot{\varepsilon}$$
$$= (\eta_2\eta_3/k_1)\ddot{\sigma} + [\eta_3 + (\eta_2 + \eta_3)k_3/k_1]\dot{\sigma} + k_3\sigma. \quad (5.4)$$

由于沿竹节晶界本身的黏滞滑动较之晶界附近的位错亚结构内的形变容易得多,如令 $\eta_3 \equiv n\eta_2$,则 n 是一个远大于 1 的正数. 这样方程(5.4)就变为

$$n\eta_2^2\ddot{\varepsilon} + k_3(n + 1)\eta_2\dot{\varepsilon}$$
$$= (n\eta_2^2/k_1)\ddot{\sigma} + [n\eta_2 + (n + 1)\eta_2 k_3/k_1]\dot{\sigma} + k_3\sigma. \quad (5.5)$$

如果用 n 代替 $n + 1$,则方程(5.5)简化为

$$n\eta_2^2\ddot{\varepsilon} + k_3 n\eta_2\dot{\varepsilon}$$
$$= (n\eta_2^2/k_1)\ddot{\sigma} + n\eta_2(1 + k_3/k_1)\dot{\sigma} + k_3\sigma. \quad (5.6)$$

对于周期性外加应力 $\sigma = \sigma_0 e^{i\omega t}$,则 $\varepsilon = \varepsilon_0 e^{i\omega t}$,其中的 σ_0 和 ε_0 是复量. 代入方程(5.6),得到

$$-n\eta_2^2\omega^2\varepsilon + i\omega k_3 n\eta_2\varepsilon$$
$$= -(n\eta_2^2\omega^2/k_1)\sigma + i\omega n\eta_2(1 + k_3/k_1)\sigma + k_3\sigma, \quad (5.7)$$

这可写成下面的形式:

$$J(\omega) = \varepsilon/\sigma = J_1(\omega) - iJ_2(\omega),$$

从而内耗是

$$Q^{-1} = J_2(\omega)/J_1(\omega)$$
$$= [m/(1 + m)^{1/2}][\omega\tau/(1 + \omega^2\tau^2)] + (m/n)[1/(1 + m)^{3/2}]$$
$$\times (1/\omega\tau)[1/(1 + \omega^2\tau^2)], \quad (5.8)$$

其中的 $m = k_1/k_3$, $\tau = (\eta_2/\eta_3)[1/(1 + m)^{1/2}]$.

方程(5.8)右端的第一项是代表一个弛豫强度为 $m/(1 + m)^{1/2}$ 的 Debye 型的内耗峰,第二项则代表出现在较低频率的内耗背景,它随着频率的降低而单调地增加.

当 $m = \eta_2/\eta_3 \to \infty$ 时,由方程(5.8)可得

$$Q^{-1} \to [m/(m + 1)^{1/2}]/[\omega\tau/(1 + \omega^2\tau^2)], \quad (5.9)$$

这是一个 Debye 型的弛豫峰. 当 m 不趋近 ∞ 时,则出现背景内耗.

为了对于方程(5.8)进行数值计算,令 $\omega\tau = \exp(u)$ 或 $u = \ln\omega\tau$,这样方程(5.8)变为

$$Q^{-1} = \frac{m}{(1 + m)^{1/2}} \frac{1}{\exp(u) + \exp(-u)}$$
$$+ \frac{m}{n(1 + m)^{3/2}} \frac{1}{\exp(u) + \exp(3u)}, \quad (5.10)$$

取 $m = 0.01$ 和 $n = 1, 5, 10, 20, 50, 125, 500, 1000$ 进行数值计算,得出 Q^{-1} 作

为 ln$\omega\tau$ 的函数如图 5.39 中的[(a),(b),(c)]所示.图 5.39(a)给出了 $n=1,5$ 和 10 的曲线,这时只出现背景内耗,内耗随着 $\omega\tau$ 的减少(对应着温度的提高)而单调地增加.当 $n=20,50$ 和 125 时[图 5.39(b)],内耗峰明显出现.当 $n=500,1000$ 或更大时,出现不受背景内耗干扰的对称内耗峰[图 5.39(c)].

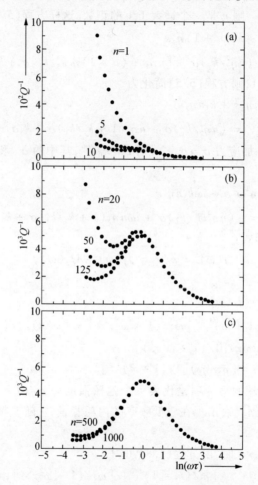

图 5.39　Q^{-1}作为 ln$\omega\tau$ 的函数的曲线(对应于不同的 n 值)[40].

应当注意的是,竹节晶界峰只是当 $n=\eta_3/\eta_2$ 极大时才出现,这意指着竹节晶界附近的位错亚结构的弛豫量即黏滞系数 η_3 必须远大于竹节晶界本身的弛豫参量即黏滞系数 η_2.换句话说,在外加切应力的作用下,位错亚结构的动性必须小于沿着竹节晶界的黏滞滑动.只有在这种情况下,与竹节晶界相交并且发生相互作用的位错亚结构才能成为制约竹节晶界的黏滞滑动的有效因素.

在上面的计算中,选取了 $m=k_1/k_3=0.01$.这意味着代表晶粒内部的弹簧的

力常数 k_1 必须远小于代表位错亚结构的弹簧的力常数 k_3. 换句话说,前者动性 $1/k_1$ 必须小于后者动性 $1/k_3$,这表明位错亚结构的动性必须远小于晶粒内部的动性,这乃是出现竹节晶界峰的另一个条件. 从方程(5.8)可见,竹节晶界峰的弛豫强度是 $\Delta = m\left[1/(1+m)^{1/2}\right]$. 当 m 很小时,$m\left[1/(1+m)^{1/2}\right] \to m$,因而 $m = k_1/k_3$ 决定竹节晶界峰的弛豫强度或峰高 $Q_{\max}^{-1} = m/2$.

　　实验表明,竹节晶界峰总是出现在较之葛峰为低的温度. 已知峰巅温度决定于弛豫时间 τ,由方程(5.8)得出

$$\tau = (h_2/k_3)\left[1/(1+m)^{1/2}\right] \approx \eta_2/k_3 = m(\eta_2/k_1)$$
$$= 2Q_{\max}^{-1}(\eta_2/k_1).$$

在 5N Al 试样里,当葛峰和竹节晶界峰单独出现时,葛峰和竹节晶界峰的 $Q_{\max}^{-1}$ 分别是 $0.08^{[4]}$ 和 $0.002^{[8]}$(每个竹节晶界的贡献),从而所对应的 τ 分别是 $0.16(\eta_2/k_1)$ 和 $0.004(\eta_2/k_1)$. 由于 η_2 和 k_1 对于两种情况相同,所以竹节晶界峰的 τ 较小,从而出现在较葛峰为低的温度. 应该指出,竹节晶界峰的高度与试样中所含的竹节晶数目 N 成正比,而上面只考虑了每个竹节晶界的贡献. 不过在 N 较大的情形下,上面的结论也是合理的.

　　在上面推导方程(5.8)当中,用 n 代替了 $(n+1)$. 这种简化,纵然在 n 远大于 1 时引起的误差很小,但是当竹节晶界峰的高度很低时,这种简化的解就不能全面反映四参数模型的内容. 对方程(5.5)进行严格的解析求解[40],得出

$$J_1(\omega) = \frac{1}{k_3} \cdot \frac{mn^2}{(n+1)^2 + n^2\omega^2\eta_2^2/k_3^2} + \frac{1}{k_3},$$

$$J_2(\omega) = \frac{m}{k_1\omega\eta_2/k_3\left[(n+1)^2 + n^2\omega^2\eta_2^2/k_3^2\right]}$$
$$\cdot \left(n+1 + \frac{n^2\omega^2\eta_2^2}{k_3^2}\right),$$

内耗是

$$Q^{-1} = \frac{J_2(\omega)}{J_1(\omega)} = \frac{mn^2(mn+n+1)}{(mn^2+n^2+2n+1)^{1/2}} \cdot \frac{\omega\tau}{1+\omega^2\tau^2}$$
$$+ \frac{mn(n+1)}{(mn^2+n^2+2n+1)^{1/2}} \cdot \frac{1}{\omega\tau}, \tag{5.11}$$

$$\tau = n \cdot \frac{\eta_2}{k_3} \cdot \frac{1}{(mn^2+n^2+2n+1)^{1/2}}. \tag{5.12}$$

　　由方程(5.11)可见,内耗的第一部分是 Debye 型的内耗峰,第二部分是与 $\omega\tau$ 成反比的背景内耗. Debye 型内耗峰的弛豫强度是

$$\Delta = \frac{mn^2(mn+n+1)}{(mn^2+n^2+2n+1)^{1/2}}. \tag{5.13}$$

显然,竹节晶界内耗峰的高度和背景内耗的大小与 η_2,k_2,η_3,k_3 有关,只有当 $\eta_3 > \eta_2,k_3 > k_1$(即 $n \gg 1,m \ll 1$)时,竹节晶界附近的位错亚结构才能有效地制约黏滞性滑动,产生明显的内耗峰.

图 5.40 给出内耗峰的弛豫强度 Δ 随参数 m 和 n 的变化,取 $m = 0.001$, $0.002,0.005$ 和 0.01,计算结果表明,随着 n 的增加,内耗峰的弛豫强度增加,当 n 比较大时达到一个饱和值.这个饱和值只与 m 有关,随着 m 的增加而增加.

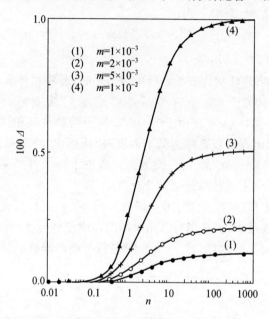

(1) $m=1\times10^{-3}$
(2) $m=2\times10^{-3}$
(3) $m=5\times10^{-3}$
(4) $m=1\times10^{-2}$

图 5.40 对应于不同的 n 和 m 值的弛豫强度(Δ). $n = \eta_3/\eta_2$, $m = k_1/k_3$.

上面的结果说明竹节晶界峰的四参数力学模型能够满意地描述晶界附近存在的位错亚结构对于制约竹节晶界的黏滞滑动所起的作用,所得的推论与实验结果相符合.这就再次证明了竹节晶界峰的弛豫机制与葛峰的不同.

另外,还测量了含有不同竹节晶粒数目 N 的 99.9999% Al 试样的切变模量弛豫[39],指出了弛豫强度与 N 成正比.用上述的四参数力学模型求出的出现完全弛豫的条件也与实验结果相符合.

§5.3 双晶晶界所引起的内耗峰

葛庭燧在 1947 年发表他关于晶界内耗峰及其黏滞滑动模型的论文后不久,King、Cahn 和 Chalmers[41]于 1948 年在《自然杂志》上报道了他们关于双晶晶界滑动的实验结果.他们认为,葛的实验表明多晶铝和单晶铝的力学性质的差别可以假定晶界具有黏滞性质而得到解释,但是还需要定量的实验来肯定葛关于相邻晶粒的相对滑动的假设.他们用含有两块晶体和一个平直晶界的 Sn 试样进行实验,施加的是拉伸载荷,但是却安排得有一个切变应力分量作用在晶界上.他们发现,在略低于熔点温度下加载,两块晶体逐渐发生相对位移,这种位移由刻痕显示出来如图 5.41 所示.当切应力分量为 $590\mathrm{g/cm^2}$ 时,在 222℃ 的起始相对运动速率是 $7\times10^{-4}\mathrm{cm/h}$,它随着时间而减慢,所得到的最大位移是 0.1mm.

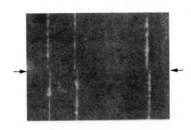

图 5.41　施加应力后的 Sn 双晶试样的相对位移情况(×10).
箭头指明晶界[40].

在位移速率减到一个很小值时,如把切应力的方向反转过来,则沿着新方向所发生的位移速率大大增加.

他们发现,在晶界滑动当中也有发生横向运动的迹象,但是还不清楚这是滑动过程的一个固有部分,或是由于与晶界滑动无关的一些情况所引起来的.

由上述的实验结果可以推知,在周期性应力的作用下将会出现一个内耗峰.这对于葛的实验和黏滞滑动模型是很强烈的支持.

Iwasaki[13] 从含有极大晶粒的铝板切割出双晶试样,并用它进行内耗测量,发现当有切应力加到晶界上时出现一个内耗峰.这在 5.1.3 节中已做了详细介绍.

在介绍竹节晶界峰时曾经指出,竹节晶界峰的高度和峰温与对试样所进行的热机械处理有关,也与制备竹节晶试样所采用的程序有关,例如高度冷加工试样的逐次高温退火所得到的竹节晶与经过微量的预加工再进行动态退火所得的竹节晶的表现并不相同.双晶实际上也是一种竹节晶,不过它一般是用特定的程序,例如熔态生长法制备的(前述 Iwasaki 所采用的方法是例外),因而它的表现也可能与竹节晶不同,特别是关于制约晶界滑动的因素的问题更有待于进一步探索.

1993 年,关幸生和葛庭燧报道了关于铝双晶晶界内耗峰的实验结果[42,43].所用试样是中国科学院金属研究所用 Bridgman 方法制备出来的含有一个 [110] 轴向对称倾侧晶界的 5N Al(抚顺铝厂生产)的双晶体.

将原始的双晶铝试样沿着其晶轴向切割成 50mm×4mm×1.2mm 的片状试

样,在 50% HCl + 47% HNO₃ + 3% HF 的混酸中进行表面处理,最后的试样尺寸是 47.8mm×3.7mm×1mm.

由于双晶的晶界被夹在试样的中间,晶界面沿试样厚度的方向有较大的面积(1mm×47.8mm),因而对试样进行扭转时试样除受扭力外,在垂直于晶界面的方向还受到正应力的作用(见图 5.42).实验所用的扭转应变振幅范围是 $3×10^{-6}\sim1×10^{-5}$.

把试样装入自动化倒扭摆装置,在 350℃原位退火 2h,用受迫振动法对内耗进行升温和降温测量,并用变换频率法测定激活能,也测量了内耗的振幅效应.

用取向差 $\theta=60°$ 和 $\theta=129.5°$ 的双晶铝试样进行实验(频率 1Hz),都发现了一个温度内耗峰,峰巅温度约为 200℃(图 5.43).对 $\theta=129.5°$ 试样进行变频测量(1.5Hz,0.483Hz,0.155Hz,0.05Hz)所得的内耗曲线如图 5.44 所示.所采用的程序如下述:在每一个温度用上述四种频率连续测量内耗(用受迫振动法很容易改变频率),所覆盖的温度是从 350℃到室温,内耗测量是降温和升温进行的.图 5.44 中示出的光滑曲线是扣除高温背景内耗以后所得的曲线,图 5.45 是有关的 Arrhenius 图,由此所求出的激活能是 0.88eV,τ_0 是 $7×10^{-9}$s.对 $\theta=60°$ 的双晶试样所测得的激活能是 0.92eV,τ_0 是 $1.87×10^{-10}$ s.激活能都远低于铝多晶的晶界内耗峰和竹节晶界内耗峰的激活能(1.4eV).

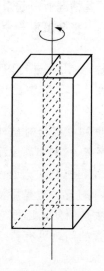

图 5.42　加到双晶试样上的
扭转应力示意图[43].阴影部
分表示晶界.

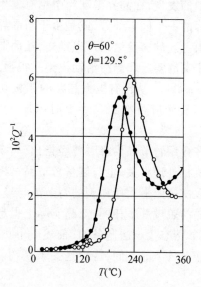

图 5.43　取向差为 60°和 129.5°的铝双晶的
温度内耗峰[42].频率 1Hz.

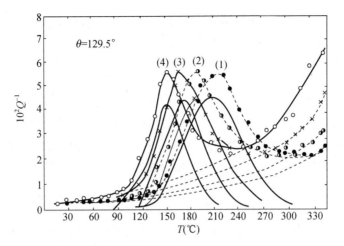

图 5.44　取向差为 129.5°的铝双晶的内耗峰[42].
频率(Hz):(1)1.5;(2)0.483;(3)0.155;(4)0.05.

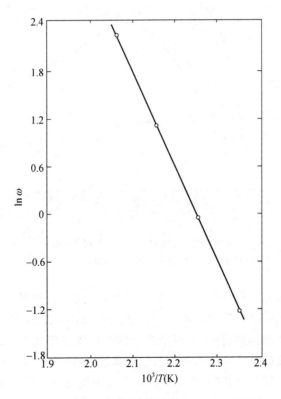

图 5.45　由图 5.44 的数据所得出的 Arrhenius 图[42].

　　在从原始铝双晶试样切割下来的单晶铝中并不出现上述的内耗峰,因而这个内耗峰是双晶铝中的晶粒间界所引起的.

　　图 5.46 所示的是在 60°双晶试样的温度内耗峰的温区的内耗 – 振幅曲线.由图可见,有明显的正常和反常振幅效应出现,并且随着测量温度的增加,振幅内耗峰向低振幅移动.由于与振幅内耗峰相联系的温度内耗峰具有一个确定的激活能,所以所观测的内耗反映着一种典型的非线性滞弹性现象.129.5°双晶试样所呈现的振幅效应不如 60°双晶试样明显.研究这种内耗现象的机制是一个非常引人注意的课题.关于这方面的相应的微观观察是非常必要的.

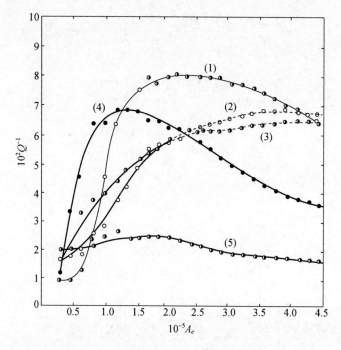

图 5.46　取向差为 60°的双晶的振幅内耗峰[43].
测量温度(℃):(1)55;(2)105;(3)128;(4)188;(5)247.

　　如果认为双晶内耗峰的机制与竹节晶界峰的类似,则可以假定用 Bridgman 方法制备的双晶的晶界附近存在着一定状态的位错亚结构,而双晶晶界在滑动当中拖曳位错亚结构的过程中,亚结构中的位错依靠着从液态转变为固态的双晶试样中所积累的多余空位的帮助而加速攀移.在外加应力逐步增加时,位错割阶可能从被空位钉扎的状态中逃脱,从而引起表现反常振幅效应的非线性内耗.

　　1996 年袁立曦等[44]对于高纯铝双晶中的内耗做了进一步的研究,所用的测量内耗的试样中的晶界面与试样的轴线垂直.将原始的用 Bridgman 方法制备的具有[110]轴向倾斜晶界的 5N Al 双晶体沿着垂直于其生长轴切割约 4mm 的圆片,然后再从中切割出 51mm×4mm×1.1mm 的试样,使得双晶的晶界垂直于试样的轴向(图 5.47).试样经过酸洗后在扭摆装置中进行 350℃ 原位退火 1h,然后降温测量内耗.双晶的内耗随着测量温度的提高而增加,但在 260℃ 附近出现一个明显的凸包.为了得到可靠的数据,在每个温度用相同频率测量内耗 3 次以减小实验误差.在各个温度所测得内耗的平均值如图 5.48 所示,其中的(a)和(b)分别对应着频率 1Hz 和 2Hz.图 5.49 表示扣除背景内耗以后的曲线.

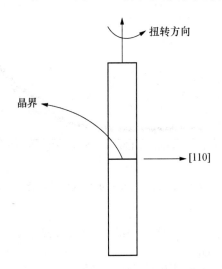

图 5.47　在[100]铝双晶中的晶界取向[44].

　　为了比较,用同样程序测量了用 Bridgman 方法制备的铝单晶试样的内耗.图 5.50 中示出的方点是实验数据,实曲线则表示模拟的指数型的背景内耗.由图可见,在图 5.49 所示的内耗峰的温区内并没有内耗峰出现.

　　图 5.48 和图 5.49 所示出的实验结果证明了铝双晶体确实出现一个内耗峰.峰的位置与用自由衰减法在铝的竹节晶试样中所测得的相同[8,36].由于这个峰在单晶体中不出现,它显然是来源于晶界弛豫的过程.

　　过去关于铝的竹节晶试样的实验表明,与晶界弛豫有关的内耗峰的高度与竹节晶所含的竹节晶界数目成正比,并且每个竹节晶界对于内耗的贡献都是 $2×10^{-3}$[8],这与上面所测得的双晶晶界的数值 $1.2×10^{-3}$ 很接近.另外,还发现内耗峰的高度随着测量频率的降低而减小[对比图 5.49 的(a)和(b)],这表示内耗是非线性的,但是由于数据不充分而很难肯定.

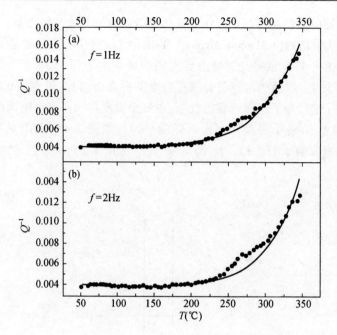

图 5.48　铝双晶的内耗数据(●)和模拟的指数型内耗背景曲线(一)[44].

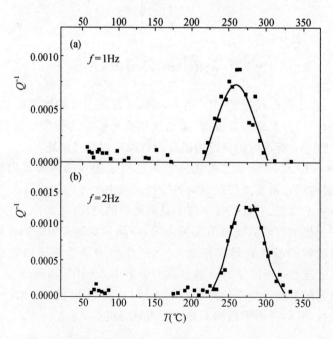

图 5.49　扣除背景后的铝双晶内耗曲线[44].(a) 1Hz;(b) 2Hz.

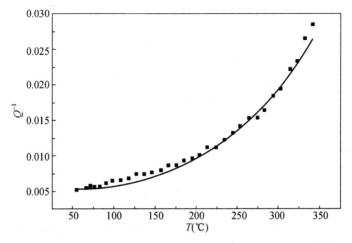

图 5.50　铝单晶的内耗数据(·)和模拟的指数型内耗背景曲线(一)[44].

应该指出,过去在铝双晶也曾观测到一个内耗峰[42,43],但是双晶中所含的晶界与试样轴线平行,因而在测量内耗当中使试样作扭转形变时,加到晶界上的应力状态是很复杂的,因而所得结果不便于与以前用线状试样[8]所得结果作比较.

§5.4　高温淬火竹节晶界内耗峰(HT 峰)
的发现及其机制

在 §5.1 里介绍了竹节晶界峰(BB 峰)的发现及其机制.中国合肥研究组随后的实验发现,竹节晶试样在高温淬火后在较高温度出现另一个内耗峰,叫做高温淬火竹节晶界内耗峰,简称 HT 峰(这不同于图 4.34 中所示的 HT 峰,即 H 峰).另外,这个 HT 峰呈现反常振幅效应,并且具有精细结构,从而把关于竹节晶界峰的研究引向更为深入的层次.关于 HT 峰所表现的非线性滞弹性内耗的机制的研究刚在起步,这是一项具有重要意义的研究课题.

5.4.1　淬火对于晶界弛豫的影响

内耗和相关的滞弹性测量证实了晶粒间界具有黏滞性质,从而提出了一个无序原子群晶界模型[45],认为晶界结构是不均匀的,含有许多的无序区,而其间则是点阵排列得较完整的"好区".实际上,所说的无序区或无序原子群只是扩大了的空位团,其平均密度较小于正常的点阵.晶界的黏滞滑动是通过每个无序原子群当中的几个原子在应力诱导热激活的作用下的重新排列过程所引起的定向流变.这个晶界模型能够说明许多晶界行为,例如预先冷加工效应和杂质的影响[45~47].

1991年,崔平、关幸生和葛庭燧报道了淬火对于高纯多晶铝的晶界弛豫的影响[48].他们发现,高温淬火试样的晶界内耗峰较之炉冷试样的晶界内耗峰显著地移向低温.这是无序原子群晶界模型所预期的,因为高温淬火所保留下来的多余空位进入晶界的无序区以后将增加它的松动度和激活体积,使晶界的黏滞系数减小,从而使内耗峰向低温移动.现在介绍他们在实验过程中所发现的一个与竹节晶界弛豫有关的重要现象.

崔平等用4N,5N和6N多晶铝试样进行实验[48].把高度冷加工的试样进行高温退火得到完全再结晶,然后对试样进行逐步提高的高温退火并在该温度保持2h,空淬到室温.采用的办法是快速把倒扭摆装置的加热电炉撤去并用冷空气吹到试样上[这种淬火程序称为空(气)淬].随后升温测量内耗达到的温度较低于淬火温度.考虑到晶粒尺寸由于温度提高而增大将影响晶界内耗峰的位置,所以也对于由相同温度炉冷的试样进行内耗测量,并观测空淬与炉冷试样的晶界内耗峰的差别.由于两种试样的晶粒尺寸相同,因而所观测到的差别只能是来源于淬火效应.

实验结果表明,晶界内耗峰的相对移动与试样的纯度和淬火温度有关.对于4N试样,移动不明显,而对于6N试样即使淬火温度较低,其相对移动也明显大于5N试样.图5.51所示的是5N试样在550℃淬火曲线(1)和炉冷曲线(2)的曲线.可见淬火试样的晶界内耗峰显著地向低温移动,同时在晶界内耗峰的高温侧出现了一个凸包,如曲线(1)所示.

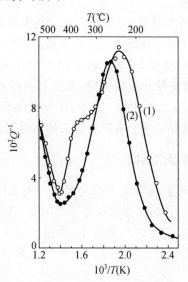

图5.51　99.999% Al的晶界内耗峰[48].(1)从550℃淬火;(2)从550℃炉冷.

5.4.2　高温淬火内耗峰的发现

崔平等随后用日本出产的 $5N$ Al 对于这个凸包(HT 峰)的出现条件进行了系统实验[49],发现了试样中含有竹节晶界是出现这个凸包的在高温淬火以外的另一个必须条件.他们把预先冷加工 90% RA 的试样在 350℃ 退火 1h,达到完全再结晶.图 5.52(a)的曲线(1),(2)分别表示试样从 550℃ 淬火和炉冷的内耗曲线($f=1.5$Hz).扣除高温背景后得到图 5.52(b)的曲线(1),(2).图中的打点曲线是根据下述的假设画出来的,即典型的晶界内耗峰在 Q^{-1} - $(1/T)$ 图上应当是两边对称的.从曲线(1)减去这个打点曲线得到曲线(3).可见淬火试样相对于炉冷试样来说,在 350℃ 附近出现了一个小的内耗峰.

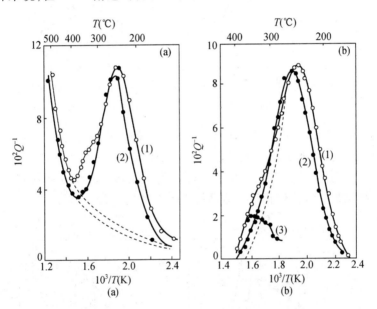

图 5.52　(a) 从 550℃ 淬火曲线(1)和炉冷曲线(2).打点虚线是由曲线(1),(2)外推得出来的[49];(b)从图 5.52(a)的曲线(1),(2)扣除高温背景后的曲线.曲线(3)是淬火试样的新内耗峰[49].

当试样从 600℃ 淬火后,淬火试样的晶界峰的高温侧大大提高[图 5.53(a)],这表示上述的新的高温内耗峰大大增高.图 5.53(b)的曲线(1),(2)表示扣除高温背景后的淬火和炉冷内耗曲线.用上述相同的程序所得到的曲线(3)的高度达 0.07.峰的不对称形状表明它具有一种精细结构.比较图 5.52(b)和图 5.53(b)可以看出,随着淬火温度的提高,这个新内耗峰增强并且移向高温.另外,峰的高度随着在峰巅温度进行时效处理而降低.

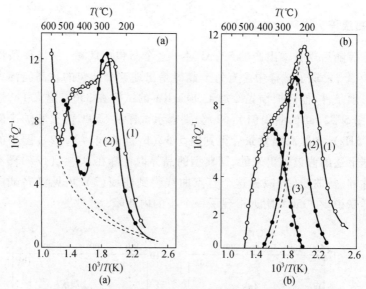

图 5.53　(a) 从 600℃淬火曲线(1)和炉冷曲线(2)$^{[49]}$. $f = 1.6\text{Hz}$; (b) 从图 5.53(a)的曲线(1),(2)扣除高温背景后的曲线.曲线(3)是淬火试样的新内耗峰$^{[49]}$.

用 $f = 0.4\text{Hz}$ 测量的 600℃淬火和炉冷试样的内耗曲线如图 5.54(a)所示.并且按照上述同样的程序得到图 5.54(b)的曲线(3).从图 5.53(b)和 5.54(b)的曲线(3)(分别对应着 $f = 1.5\text{Hz}$ 和 0.4Hz)粗略得出的激活能是 2.2 到 2.6eV,这远高于 Al 的体积扩散激活能 1.5eV.

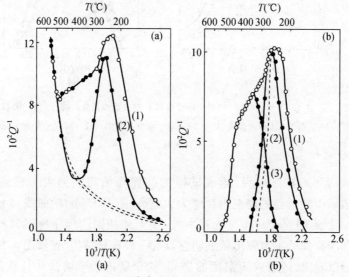

图 5.54　(a) 与图 5.53(a)相同$^{[49]}$. $f = 0.4\text{Hz}$; (b) 从图 5.54(a)的曲线(1),(2)扣除高温背景后的曲线.曲线(3)是淬火试样的新内耗峰.

　　上面介绍了淬火温度的影响. 众所周知, 淬火温度越高, 所产生的多余空位的数目越多. 实验指出, 只有淬火温度高于 530℃时, 新内耗峰才开始出现, 这个事实可能表明这样才能得到足够多的多余空位. 在时效处理当中内耗峰的降低可能表明多余空位的逃逸. 但是, 在加热温度提高时, 试样的晶粒尺寸也增加. 在加热到 500℃后, 试样具有细晶粒, 其晶粒尺寸小于试样直径. 加热到 530℃后, 试样的一些晶粒增长得大于试样直径从而出现竹节晶界. 温度越高, 试样里形成的竹节晶界越多, 直到试样里全部是竹节晶. 因此, 可以想象, 新内耗峰的出现与试样里出现竹节晶界有关. 为了检验这种设想的合理性, 他们研究了晶粒尺寸的影响. 用动态退火法制备 5N Al 的单晶试样, 所施加的临界预形变是 3% 伸长. 这个试样在 10cm 中含有 5 个竹节晶界. 把这个试样由 600℃淬火和炉冷后并不出现明显的竹节晶界内耗峰, 也没有出现新内耗峰 (图 5.55). 图 5.56 示出竹节晶界数目为 13 时的情形, 其中的竹节晶界内耗峰和新内耗峰分别在炉冷和淬火后出现, 但是两个峰的高度都较低. 由此显然可以认定两个内耗峰的高度都随着试样里的竹节晶界数目的增加而增加.

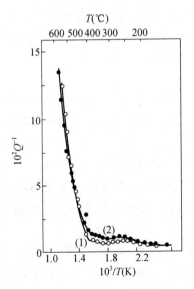

图 5.55　含有 5 个竹节晶界的 99.999% Al
试样从 600℃淬火曲线 (1) 和炉冷曲线 (2)[49].

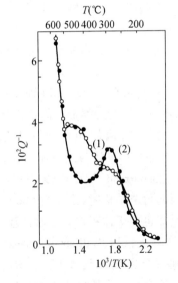

图 5.56　含有 13 个竹节晶界的 99.999% Al
从 600℃淬火曲线 (1) 和炉冷曲线 (2)[49].

　　总起来说, 新内耗峰的出现条件是在高温淬火当中产生了足够的多余空位和试样中含有竹节晶界, 因而这个新内耗峰 (HT 峰) 与竹节晶界内耗峰同时出现.

5.4.3   文献中关于高温内耗峰的报道

在进一步研究新内耗峰的表现和机制以前,先介绍一下文献中关于高温内耗峰报道的情况. Gleiter 和 Chalmers[50] 关于纯金属中出现高温内耗峰(出现在较细晶粒晶界内耗峰为高的温度)做过较详细的叙述. Marsh 和 Hall[51] 把 99.9998% Au 在约 600℃ 到 1040℃ 之间的温度进行退火以后,在高于"正规"晶界峰以上的温度观测到一个内耗峰. 它出现在 404℃(1Hz),激活能是 2.52eV. 在上述温度范围以外的温度进行退火,这个峰不出现. 另外,在工业纯 Au 中也不出现. 作者们把这个峰归因于试样在第二次再结晶后所形成的一些晶粒.

在 Cu 的情形,Peters 等[52] 把 99.999% Cu 在 823℃ 长时间退火,以引起第二次再结晶后,在 700℃ 观测到一个内耗峰,而 Cu 的正规晶界峰则出现在 280℃. 这个峰在工业纯的无氧铜(OFHC)中不出现. Morton 和 Leak[53] 进一步指出这个峰对于在 900℃ 的退火时间敏感,随着退火时间而增高. 在 1000℃ 退火后的峰高增加 3 倍. 这个峰的行为与 Au 峰的相似,它具有高激活能(4.52eV)、高弛豫强度和高峰宽. Williams 和 Leak[54] 关于 Cu 的系统研究指出,这个出现在 700℃ 左右的高温内耗峰在 Cu 单晶中不出现. 他们提出,这个峰可能是来源于应力诱导的晶界滑动,但只有当晶粒尺寸足够大从而晶界伸展得超过试样直径时才可能出现.

在 Ni 的情形,Datasko 和 Pavlov[55] 对 Ni 试样进行一系列的形变和退火处理以后,观测到与上述类似的高温内耗峰. 他们认为这个峰来源于沿着多边化亚晶界的应力弛豫,他们相信亚晶界是存在的. 这个解释与关于 Au 和 Cu 的解释[53,54] 不同,那里认为这内耗峰与高温退火所产生的特殊"竹节型"晶界有关. Roberts 和 Barrand[56] 关于 99.999% Ni 的实验指出,当高温退火使试样具有充分发展的竹节结构时,出现在 800℃ 的高温内耗峰最为明显. 另外,高温内耗峰的激活能也高于体积自扩散激活能.

在 Al 的情形,Williams 和 Leak[54] 在 Johnson Matthey 公司出产的光谱纯 Al 观测到一个出现在约 560℃(1Hz)的高温内耗峰."正规"晶界峰则出现在 300℃. 这个高温内耗峰出现的过程是:在 615℃ 退火后,一个小凸包开始出现在晶界峰的高温侧. 这时的晶粒尺寸是 0.300mm,小于试样的直径(0.76mm). 在更高的温度退火(作者并未说明具体温度)当晶粒尺寸为 0.380mm 时,出现一个明显的内耗峰. 但是在 Au,Cu,Ni 的情形,这高温峰只在晶粒尺寸大于晶粒直径时才出现,因此 Williams 和 Leak(W&L)所观测到的 560℃ 峰可能是由于其他的机制所引起的. 在崔平等[49] 关于 99.999% Al 的实验里,这个高温内耗峰出现在 350℃ 到 380℃ 的温度范围,远低于 560℃. 根据颜世春等[57] 的报道,多边化的

99.999% Al 里在 530℃ 附近出现一个很高的内耗峰. W&L 所观测的 560℃ 峰可能有相同的来源.

W&L 未观测到崔平等所发现的 350～380℃ 高温内耗峰可能是由于实验条件的不同:(ⅰ) W&L 的试样是细晶粒,崔平等的试样是竹节晶粒.(ⅱ) W&L 所用的试样的纯度不够高.根据崔平等的结果,在铝的纯度为 5N 或更高时才能出现高温峰. W&L 的试样在 615℃ 退火后的晶粒尺寸是 0.300mm 表示试样的纯度低于 5N 甚至低于 4N,因为大量实验明确指出 615℃ 的退火将在纯度较高的铝试样里产生很大晶粒.(ⅲ) 崔平等试样是经过淬火而 W&L 试样则是退火的.

值得注意的是,在 Au,Cu 和 Ni 中所观测到的高温内耗峰的表现与崔平等在 5N Al 从 550℃ 或更高温度淬火后所观测到的高温内耗峰相类似.不同的是,在 Au,Cu,Ni 的情形,这个峰是试样在一个限定的温度范围内退火才出现,而崔平等的峰是在试样从一定的高温进行淬火后才出现,在试样炉冷后不出现.对于这个不同的一个可能解释是以前关于 Au,Cu 和 Ni 的工作在试样退火后的冷却速度不够慢,从而在试样冷却到较低温度时最少有一部分在高温下所产生的多余空位仍然保持下来.

5.4.4　HT 峰的出现条件

1992 年,葛庭燧等[58]对于上述的新内耗峰的晶粒尺寸效应进行了系统实验,对于前文初步观测到的振幅效应做了较严密的测试.所用的试样是日本出产的 99.999% Al.把进行了 90% RA 的预先冷加工试样(直径 1mm)在 350℃ 退火 1h.用两种方法制备了竹节晶试样.极大的竹节晶粒的试样的制备程序是在试样经受约 3% 预先冷拉伸后进行动态退火.把试样在 550℃ 或更高的温度进行最后退火可在试样的全长得到竹节晶.实验指出,竹节晶粒的平均长度与退火处理的次序与历史有关.在较低温度的中间退火所得到的晶粒尺寸常常较小于直接在 600℃ 或以上的温度退火所得到的晶粒尺寸.另外还发现,如果在试样的全长都已经形成了竹节晶,随后在较高温度的进一步退火并不会改变竹节晶粒的平均尺寸.在长度为 10cm 的试样里所含的竹节晶数目是在内耗测量后对于试样表面进行化学浸蚀然后计量出来的,作为一种辅助的措施,也把短段的试样悬挂在扭摆装置里作为"哑试样"并且分阶段地取出来进行金相检验.

如前文所述,这个新的内耗峰(HT 峰)只是当试样从约为 550℃ 以上的高温淬火后才出现,它的峰温高于竹节晶界峰(BB 峰)[8,38].当试样从淬火温度炉冷后,HT 峰消失而 BB 峰保留,因此从淬火曲线减去炉冷曲线就可以把 HT 峰勾画出来.当然要先扣除两曲线的高温背景内耗.

图 5.57 示出的是 N = 51 试样的内耗曲线.曲线 1,2 是从 650℃ 淬火和炉冷

后所得的曲线($f=1.4\text{Hz}$),扣除背景($1'$)和($2'$)以后得到曲线(3)和(4).曲线
(4)就是炉冷试样的 BB 峰,而曲线(3)则包含着淬火试样的 BB 峰和 HT 峰.根
据曲线(3)的形状来判断,淬火试样的 BB 峰,似乎是较之炉冷试样的 BB 峰[曲
线(4)]向低温移动了一些.由于 BB 峰在表示为 $1/T$ 的函数时是对称的,所以可
以认为以曲线(3)的低温边作为根据所画出来的对称曲线(其高温边为打点曲
线)是淬火试样的 BB 峰.因此,可从曲线(3)减去这条移动了的曲线[而不是减去
曲线(4)]来得到 HT 峰[曲线(5)].由图可见,HT 峰的高度是 $0.104(N=51)$,这
远高于以前在 $N=13$ 时得到的 0.018 和在 $N=5$ 时得到的接近于零的高度.

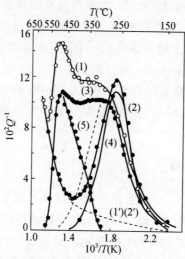

图 5.57　含有 51 个竹节晶界的试样从 650℃淬火的 HT 峰(曲线 5)[58].

表 5.4 列出了从 600℃淬火的试样的 HT 峰高度与竹节晶界数目 N 之间依
赖关系的数据.

表 5.4　$Q_{\max}^{-1}$ 对于 N 的依赖关系数据

N	5	13	19	34	44	51	54
$Q_{\max}^{-1}$	0	0.018	0.026	0.063	0.064	0.078	0.078

表 5.4 所列的数据是对于最大应变振幅为 1×10^{-5} 时的情况.下面对于
$N=45$ 的试样测量了应变振幅的影响,测量温度在 HT 峰出现的温度范围.

图 5.58（a）中的曲线（3）示出 550℃淬火试样按照上述程序所得到的 HT
峰,峰的巅值温度 T_P 是 360℃（$f=1.4\text{Hz}$）.图 5.58（b）中各曲线是在 HT 峰
的温度范围内的相应的温度点 238℃,250℃,324℃,360℃和436℃测定的 Q^{-1}
-ε_m（应变振幅）曲线.可见随着测量温度的提高,振幅曲线向低振幅移动.

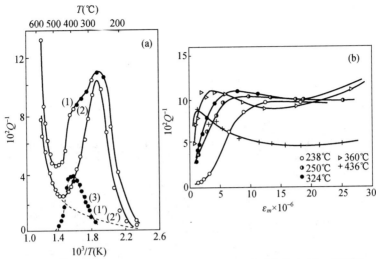

图 5.58 （a）含有 45 个竹节晶界 （$N=45$）的 HT 峰 ［曲线 （3）］，550℃ 淬火[58]；（b）在所标明的温度下的振幅峰.

图 5.59 （a）示出 600℃ 淬火试样的 HT 峰，T_P 是 415℃. 在 287℃，356℃，414℃，514℃ 和 525℃ 测量的 Q^{-1}-ε_m 曲线如图 5.59 （b）所示.

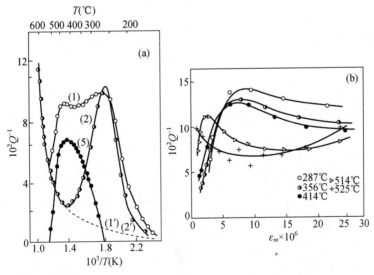

图 5.59 （a）$N=45$，600℃ 淬火[58]；（b）振幅峰.

图 5.60 （a）和图 5.61 （a）分别示出 630℃ 和 650℃ 淬火试样的 HT 峰，T_P 分别为 455℃ 和 490℃. 图 5.60 （b）和图 5.61 （b）示出的是相对应的 Q^{-1}-ε_m 曲线，温度点分别为 254℃，379℃，461℃，493℃，512℃ 和 313℃，

403℃，504℃，535℃，590℃.

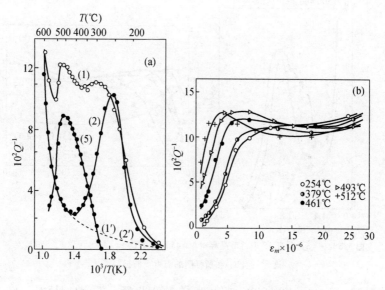

图 5.60　　(a) $N = 45$，630℃淬火[58]；(b) 振幅峰.

由图 5.58（a）到图 5.61（a）可见，随着淬火温度的提高，HT 峰（温度内耗峰）移向较高温度而峰高增高. 由图 5.58（b）到图 5.61（b）可见，随着测量温度的提高，相应的振幅内耗峰移向较低振幅.

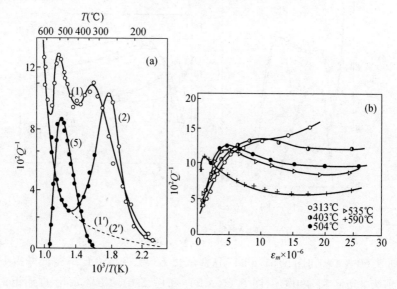

图 5.61　　(a) $N = 45$，650℃淬火[58]；(b) 振幅峰.

5.4.5 HT 峰的攀移机制

上述的实验结果肯定地指出，HT 峰的出现与试样中存在的竹节晶界有关，但是这个峰与竹节晶界峰（BB 峰）同时出现，因而它是一个与 BB 峰不同的新内耗峰. 它与 BB 峰的不同之处是，它出现的一个必要条件是试样由于淬火处理而存在着多余空位[48]. 另外，它的激活能（$2.2 \sim 2.6 \mathrm{eV}$）[48] 远高于 BB 峰的激活能（$1.5 \mathrm{eV}$）. 如果认为 HT 峰和 BB 峰的共同出现条件是具有与竹节晶界相交并与它发生交互作用的位错亚结构，那就可以假定，在 HT 峰的情形在位错亚结构中发生了攀移过程，而在 BB 峰的情形则否. 现在估算一下在出现 HT 峰的条件下是否可能发生攀移过程.

考虑位错亚结构中的一段长度 l 约为 $1 \mathrm{mm}$ 的自由位错. 位错段上的平衡割阶浓度是 $C_{oj} = (1/a) \exp (-F_j/kT)$，其中的 F_j 是割阶的形成能，a 是点阵常数[59]. Al 在 $600 \,^{\circ}\mathrm{C}$ 的 $F_j = 0.5 \mathrm{eV}$，因而 C_{oj} 约为 $4.7 \times 10^4 \mathrm{cm}^{-1}$，即在 $1 \mu \mathrm{m}$ 长的位错段上约有 5 个割阶. 从 HT 峰的高度估算出来的弛豫强度 Δ 约为 $2 \times 0.078 = 0.16$. 这与位错段所含的割阶的沿边运动引起的弓出所扫过的面积相联系. 由于 $\Delta = \varepsilon_{an}/\varepsilon_e$，$\varepsilon_{an}$ 和 ε_e 分别是滞弹性和弹性形变，并且 $\varepsilon_{an} = \rho l b$，而 ρ 是位错密度（约为 $10^8 \mathrm{cm}^{-2}$）；如 $\varepsilon_e = 5 \times 10^{-6}$，则得 $l = 2 \mathrm{nm}$. 这意味着，如要得到 0.16 的弛豫强度，则整个位错段的平均弓出距离 l 必须是 $2 \mathrm{nm}$.

在攀移力 F 的作用下割阶的攀移速度是[60]

$$V_j = 4\pi a b C_0 D_V \frac{F V_a}{LbRT},\tag{5.14}$$

其中的 C_0 是空位的平衡浓度，D_V 是空位的扩散系数，V_a 是原子体积. 关于 Al 在 $600 \,^{\circ}\mathrm{C}$ 在 $5 \times 10^{-6} \mu$（μ 是切变模量）的外加应力的作用下的情形，得到 $V_j = 4.4 \times 10^{-8} \mathrm{cm/s}$. 因此，对于振动频率为 $1 \mathrm{Hz}$ 时，一个单独割阶在 1/4 周当中所能够进行的沿边运动的范围只能约有 $5b$. 要使整个位错段向上移动 1 个 b，割阶的沿边运动必须是 $1/2 \times 10^{-4} \mathrm{cm} = 2 \times 10^3 b$，因而所需要的割阶数是 $2 \times 10^3 b/5b = 4 \times 10^2$. 若要整个位错段向上移动或弓出 $8b$，则所需要的割阶数目是 $8 \times 4 \times 10^2 = 3.2 \times 10^3$. 然而，根据前面的计算. 在 $1 \mu \mathrm{m}$ 长度的位错段上的平衡割阶数目只有 5 个，这远低于所需要的数目 3.2×10^3.

由于在外加应力的作用下萌生的新割阶是很少的，所以要说明 HT 峰的高弛豫强度，只有认为偏析到位错段上的过饱和空位能够经由不平衡成核过程而产生割阶[61]，从而使割阶数目提高 10^3 倍. 这显然是通过试样的高温淬火而得到的. 因此，可以认为引起 HT 峰的基本过程是存在于竹节晶界附近的位错亚结构的位错段的攀移.

关于 BB 峰和 HT 峰的区别可以说明如下：在炉冷试样中出现的 BB 峰是由于在竹节晶界附近并不存在超额空位，从而与竹节晶界相交并且与它发生交互作用的位错亚结构中的位错段并不攀移. 因此与 BB 峰有关的激活能较低（1.5eV），并且 BB 峰出现在较低的温度（260℃）[49]. 只在淬火试样中出现的 HT 峰是由于超额空位促进了位错亚结构中的位错段的攀移，从而 HT 峰的激活能较高（2.3eV），并且峰温较高（360℃或更高）.

葛等[58]进行了一些辅助性实验来证明 HT 峰与 BB 峰的差别不是由于竹节晶界的差别而是淬火产生的超额空位所引起来的. 对一个试样进行适当的热处理以得到含有 N 个竹节晶界的试样. 随后的退火并不会改变 N. 然后把这个试样在不同温度淬火，发现只有淬火温度为 530℃或更高时，HT 峰才出现. 这表明只有在 530℃或更高的温度淬火以后才能产生足够的超额空位，从而使 HT 峰出现.

在淬火试样中同时出现 BB 峰和 HT 峰，表明淬火所产生的超额空位在位错亚结构中的位错段上的分布是不均匀的. 实际上，HT 峰相对于 BB 峰的高度随着淬火温度的提高而增加. 这表明在较高温度淬火产生较多的空位，从而使 HT 峰增强并使 BB 峰相对地降低.

5.4.6 HT 峰和 BB 峰的相互关系：淬火和时效的影响

葛庭燧和陈平平[62]随后的工作发现，铝竹节晶试样从高温炉冷后所出现的 BB 峰在升温和降温测量时都保持不变，但是在淬火试样中保留下来不过却降低了的 BB 峰在随后的低温时效处理中却消失不见而在较高温度时效后又重新出现. 这种现象很可能是由于时效处理改变了存在于竹节晶界附近的位错亚结构的组态所引起来的. 因此，有必要对于 BB 峰和 HT 峰的出现条件，以及淬火温度和淬火后的时效处理对于 BB 峰和 HT 峰的影响进行细致的系统的研究.

所用的 $5N$ Al 是日本出产的. 原始试样经过 500% RA 的冷拉成为 1mm 直径的细丝，后在 300℃退火达到完全再结晶. 随后进行阶段退火直到 600℃，得到 $N=56$（10cm 长的试样）的竹节晶试样. 图 5.62 示出的曲线（1）是试样在 600℃退火 1.5h，炉冷后进行升温和降温测量所得的内耗曲线. 内耗峰（BB 峰）出现在 285℃（$f=1.75$Hz）. 曲线（2）是试样在 600℃退火 0.5h，空（气）淬后进行升温测量的内耗曲线，可见 BB 峰降低而在约 450℃处出现一个新峰（HT 峰）. 应该注意出现在 285℃（$f=0.8$Hz）的细晶粒晶界峰（葛峰）在上述两种情况下都不出现.

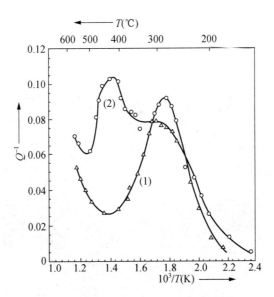

图 5.62　99.999% Al 竹节晶试样的内耗曲线[62].
(1) 600℃炉冷；(2) 600℃空淬.

用经过同样热处理的 2mm 厚和 3 到 4mm 宽的试样进行内耗测量后进行减薄到 700nm 到 1000nm 并进行电子显微镜观察，特别注意存在于竹节晶界附近的位错亚结构. 由于位错亚结构的组态受到各种因素，例如膜的厚度以及倾斜角的影响，所以只能进行综合的观察以揭示位错亚结构的典型的组态. 图 5.63 所示的是试样从 600℃炉冷后的电子显微照相图，其中的位错是缠结的具有一些胞状结构[(a,b,c)表示不同的视场]，各位错段很短，只有少数位错切入晶界和与晶界相交. 图 5.64 示出试样从 600℃空淬的情况，其中的位错组态与图 5.63 所示的炉冷试样的情况大不相同，各位错段很长和直并且大部分和晶界相交. 把内耗测量与 TEM 观察的结果作比较，指明 BB 峰和 HT 峰分别与图 5.63 和图 5.64 所示的位错亚结构相联系.

为了研究淬火温度对于 BB 峰和 HT 峰的影响，把试样从不同的温度空淬到室温然后升温测量内耗. 图 5.65 示出的曲线（2）到（4）是从 550℃，600℃和 640℃空淬的情况，曲线（1）则是炉冷的情况为了作比较. 由图可见，随着淬火温度的增加，HT 峰增高达到 0.12 而峰的位置显著地向高温移动. 与此相反，BB 峰显著下降，在 640℃淬火后变得很低.

应该指出，图 5.65 中示出的内耗曲线都是升温测量的. 前已指出，对于炉冷试样的 BB 峰来说，在升温和降温测量中的峰高和峰位都不改变［如曲线（1）］. 但是对于淬火试样来说，BB 峰和 HT 峰在升温和降温测量中都有所不同.

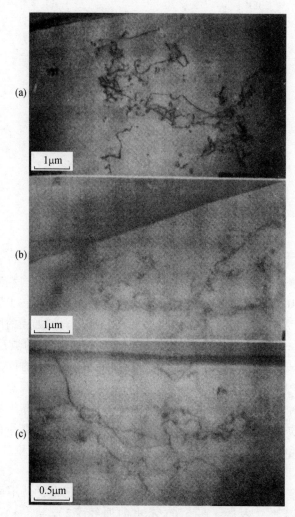

图 5.63　600℃炉冷试样中的位错亚结构[62].

(a), (b), (c) 表示不同的视场.

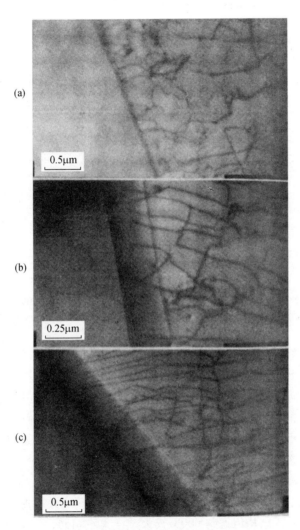

图 5.64　600℃空淬试样中的位错亚结构[62].
(a)，(b)，(c) 表示不同的视场.

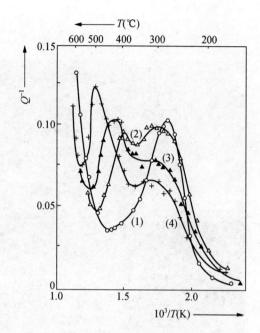

图 5.65　99.999% Al 竹节晶试样从不同温度空淬后的内耗曲线[62].

曲线（1）炉冷（为了比较）；曲线（2），（3），（4）分别从 550℃，600℃，640℃空淬.

关于 BB 峰的情况将在后面叙述，应该强调指出的是 HT 峰只在试样淬火以后再升温测量才出现，而在降温测量中不出现. 乍看起来，这可能反映着 HT 峰并不是弛豫峰而是一个过程峰. 实际上如果考虑到 HT 峰是与在高温下存在与竹节晶界附近的位错亚结构的某种具体的组态相联系，而这种特殊的组态（如图 5.64 所示）只有在足够高的温度下才能出现，并且在随后的淬火中才能保留下来，这种情况就很清楚了. 在淬火后的升温测量中，保留下来的特殊组态引起 HT 峰，然而降温测量当中由于温度的变化较慢，近乎是炉冷状态，所以 HT 峰不出现. 图 5.66 所示的是试样从 475℃淬火后的电子显微镜照相图，其中的位错亚结构组态与 600℃淬火试样大不相同，反而类似于炉冷试样（图 5.63）. 由此可以推想，600℃淬火试样的位错亚结构组态（图 5.64）在慢冷到约 475℃时就变为接近于炉冷试样的组态（图 5.66），这就进一步说明了 600℃淬火试样在降温测量中不出现 HT 峰的原因.

　　下面所进行的时效处理实验进一步支持上述的结论. 图 5.67 ［（a），（b），（c）］所示的是 600℃空淬试样在不同温度进行时效处理，经过一定时间后，炉冷到室温，再进行升温测量所得到的内耗曲线. 由图可见，BB 峰和

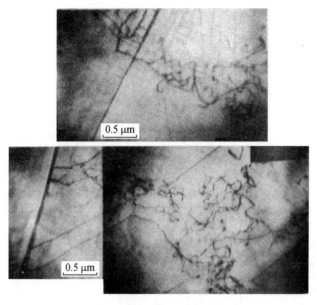

图 5.66 475℃空淬试样中的位错亚结构[62].

HT 峰的变化方式可以区分为 3 个阶段. (i) 如图 5.67 (a) 所示, 当时效温度
分别为 210℃, 260℃ 和 330℃ 时, 时效温度越高, 则 BB 峰下降得越多. 在
330℃ 时效后, BB 峰消失, 而 HT 峰保持不变. (ii) 在 330℃, 358℃ 和 400℃
时效以后, BB 峰逐渐回复如图 5.67 (b) 所示. 在此期间的 HT 峰下降, 时效温
度越高下降得越多. (iii) 在 420℃ 和 455℃ 时效以后, BB 峰继续回复如图 5.67
(c) 所示. 在 600℃ 时效后再现了从 600℃ 炉冷试样的状态 [见图 5.62 示出的曲
线 (1)]. 在此期间 HT 峰迅速降低并且最后消失如图 5.67 (c) 的曲线 9 所示.

TEM 观察指出, 在 600℃ 空淬试样中的竹节晶界所存在位错亚结构的组态
(如图 5.64 所示) 在各种温度进行时效时发生了变化. 在 295℃ 时效后的组态
(图 5.68) 有些类似于图 5.64 的情况, 只是位错段变长了些. 这与内耗测量
的结果相合, 即 HT 峰在第一个时效阶段保持不变. 对于图 5.64 所示的电子
显微镜照相图进行严密的检查揭示出有些具有胞状结构的位错缠结混杂在与竹
节晶界相交的长而直的位错段中间. 这种位错缠结可能是在冷却不够快的空淬
当中形成的. 这可以解释为什么在空淬试样中出现 BB 峰. BB 峰在时效第一
阶段的连续下降或许意指着缠结位错结构在时效处理当中发生变化. 一种可能
的机制将在下面讨论.

从图 5.69 中可以看出, 在 450℃ 时效后的位错组态有些类似于从 600℃ 炉
冷试样的情况 (也请参考图 5.66), 这与内耗测量所指出的 BB 峰开始回复的

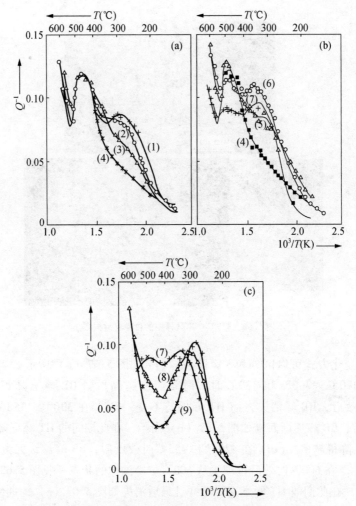

图 5.67　600℃空淬试样在各种温度时效不同时间后的内耗曲线[62]：
(1) 20℃/10h；(2) 210℃/6h；(3) 260℃/4.5h；(4) 330℃/2.5h；
(5) 358℃/2.5h；(6) 400℃/2.5h；(7) 420℃/2h；(8) 455℃/2h；(9) 600℃/1h.

结果相合.

　　上述的 TEM 观察的主要结果是引起 BB 峰和 HT 峰的竹节晶界附近的位错亚结构的组态是十分不同的. BB 峰与 HT 峰的不同的消长行为证明位错缠结形成的胞结构引起 BB 峰，而由长而直的位错段所组成的网络结构引起 HT 峰. 可以认为，在 600℃空淬处理当中，有一部分网络结构或许变为胞结构，从而 BB 峰与 HT 峰同时出现. 淬火温度越高，网络结构越普遍，从而出现的 BB 峰越低.

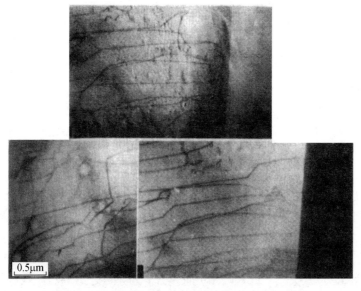

图 5.68　600℃空淬试样在 295℃时效 3h 后的电镜照相[62].

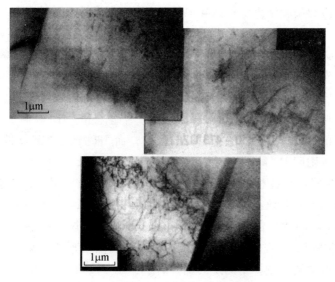

图 5.69　600℃空淬试样在 450℃时效 2h 后的电镜照相[62].

根据前面提出的四参数力学模型可以对于上述的结果作出定性的解释.

由图 5.64 可见, 在淬火试样的竹节晶界附近所存在的长而直的位错段与竹节晶界相交得很坚实, 因而与这样一种位错组态相联系的黏滞系数的 η_3

［见图 5.38 （b）］很高而 k_3 ［见图 5.38 （b）］也很高，从而 $n(= \eta_3/\eta_2)$ 很大，$m(= k_1/k_3)$ 很小．这种情况导致 BB 峰的弛豫强度 Δ_{BB} 很低（见图 5.40），使 BB 峰不出现，而在远高于 BB 峰的温度处出现 HT 峰．

由图 5.63 可见，在炉冷试样的竹节晶界附近存在着胞结构或缠结位错．这种位错组态具有中等的 η_3 和 k_3 值，有利于出现 BB 峰．图 5.66 和图 5.69 示出胞结构在 450～475℃左右形成，而这时的位错密度仍然很高，有些空位与位错发生交互作用从而把位错锁住使它不能攀移，这将相应地提高 η_3 和 k_3，从而使 BB 峰增高．

当淬火试样在室温或较低温度进行时效处理时，锁住缠结位错的空位在时效当中通过扩散而逃逸，结果使 η_3 和 k_3 降低，从而 BB 峰下降以至于消失．在较高温度进行的时效时使 BB 峰又出现的结果也指出，这时淬火试样中的网络结构转变为胞结构，而转变温度约为 450～473℃左右．

§5.5　关于 HT 峰的弛豫行为和反常振幅效应的进一步研究

根据以前的实验结果，铝试样中的 HT 峰（高温淬火竹节晶界内耗峰）的出现条件是：(i) 试样的纯度不低于 99.999%．(ii) 试样里含有足够的竹节晶界．(iii) 试样从 550℃或更高的温度淬火．对于炉冷试样只有 BB 峰出现．

初步的实验表明，HT 峰的激活能远高于 BB 峰的[49]．如果真是如此，则 HT 峰的弛豫机制或许包含着一种攀移过程，而 BB 峰则否．因此，对于 HT 峰的激活能的严密测定是迫切需要的．除了激活能以外，HT 峰和 BB 峰的区别是对于振幅的依赖关系．BB 峰与振幅无关，而 HT 峰则表现反常振幅效应．这种差别对于阐明 HT 峰的机制是很重要的．

由于 HT 峰出现在相当高的温度，并且它的弛豫强度很高，特别是它的位置由于淬火温度和时效温度的改变而移动，所以用通常的测量内耗的自由衰减法来测定 HT 峰的激活能是很困难的．袁立曦和葛庭燧用自制的多功能内耗仪①用受迫振动法[63]进行测量．这样，在测量温度内耗峰时就能够在每一个固定温度下改变测量频率来测定内耗，消除了在变换频率当中屡次改变测量温度所可能引起试样的内部组态变化，另外，用自由衰减法测定的振幅效应是根据在一个振幅范围内的对数减缩量的平均值，从而当内耗很大时将引入很大的误差．用受迫振动法测量振幅效应是合理的，因为内耗是在一系列的恒定应变

---

① 设计者文亦汀、朱震刚等.

下测量的.

所用的 99.999% Al 原始试样经过 44% RA 的冷加工以后在自动倒扭摆装置内在 370℃ 退火 5h，炉冷到室温，又在 500℃ 退火 4h 和在 600℃ 退火 3h 然后炉冷. 这时的长度为 70mm 的试样中含有 35 个竹节晶界. 用受迫振动法测量内耗[63]. 随后的内耗测量是升温进行的. 在每次测量以后都把试样在 600℃ 退火 0.5h 后炉冷或空淬到室温，然后开始下一次的测量.

5.5.1 HT 峰的激活能

用不同的频率测量内耗时，在整个温度范围内的激发应变振幅都保持为 6×10^{-6}，图 5.70 所示的是炉冷试样的作为温度的函数的内耗曲线. 改变温度的速率是 $3℃ \cdot min^{-1}$，振动频率分别是 2Hz，0.632Hz 和 0.2Hz. BB 峰明显出现. 扣除高温背景后，测得的激活能是 1.4eV，与以前所测的结果相同[8]. 对于从 600℃ 空淬的试样，相应的内耗曲线如图 5.71 所示，可见 BB 峰大大降低，而在 BB 峰的高温侧出现一个明显的凸包. 从空淬试样的内耗曲线减去炉冷试样的相对应的内耗曲线以后，原来的凸包变为明显的峰如图 5.72 （a）所示，减去高温背景 （近似地用直线表示）后得到的 HT 峰如图 5.72 （b）所示，峰的巅值温度 T_P 对于频率 2Hz，0.632Hz 和 0.2Hz 来说分别是 392℃，375.6℃ 和 353.3℃. 图 5.73 示出的是相关的 Arrhenius 图，由此图用直线回归法得到的激活能是 2.1eV，这与以前所报道的数值相近[49]. 在后面将指出，这个 HT 峰是有两个交叠的子峰组成的，因而所测得的是复合峰的激活能.

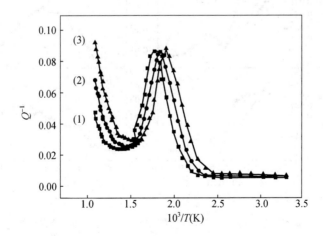

图 5.70 600℃ 炉冷试样用不同频率测量的内耗曲线[63]：
（1）2Hz；（2）0.63Hz；（3）0.2Hz.

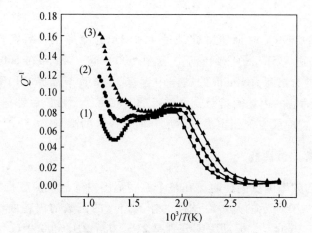

图 5.71　600℃空淬试样用不同的频率升温测量的内耗曲线[63]：
(1) 2Hz；(2) 0.632Hz；(3) 0.2Hz.

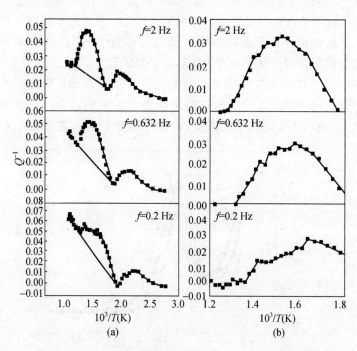

图 5.72　(a) 扣除相对应的炉冷曲线和 (b) 再扣除高温背景
后的 HT 峰[63].

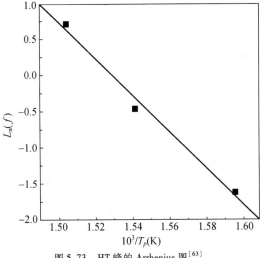

图 5.73　HT 峰的 Arrhenius 图[63].

5.5.2　HT 峰的反常振幅效应

图 5.74 所示的是炉冷试样在各种温度下测得的作为应变振幅的函数的内耗曲线 $(f = 2\mathrm{Hz})$，可见在整个温度范围内只呈现微弱的正常振幅效应. 图 5.75 示出对于空淬试样的实验结果. 图 5.76 所示的是由图 5.75 的曲线减去图 5.74 中的相同温度曲线所得出来的. 由图可见出现明显的反常振幅效应，可以认为这代表空淬处理本身所引起的效应. 另外，各个振幅内耗峰随着测量温度的提高而向低振幅移动.

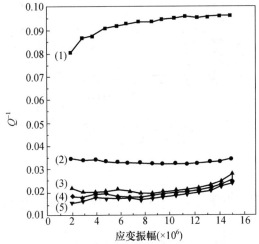

图 5.74　炉冷试样在各种温度下所测得的应变振幅曲线 $(f = 2\mathrm{Hz})$.
(1) 265℃；(2) 333℃；(3) 367℃；(4) 401℃；(5) 435℃[63].

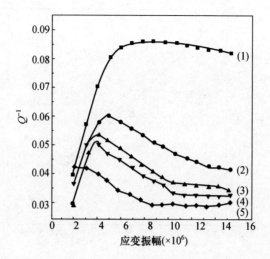

图 5.75　空淬试样在各种温度下所测得的应变振幅曲线（$f = 2\,\mathrm{Hz}$）.
（1）266℃；（2）335℃；（3）369℃；（4）403℃；（5）436℃[63].

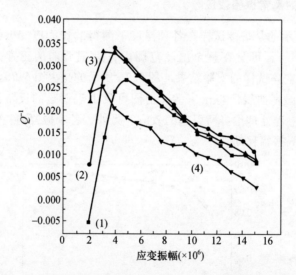

图 5.76　从空淬试样的振幅曲线减去相对应的炉冷试样的振幅曲线所得的
HT 峰的振幅曲线（$f = 2\,\mathrm{Hz}$）.（1）335℃；（2）369℃；（3）403℃；（4）436℃[63].

§5.6　HT 峰的精细结构（HT – 1 峰和 HT – 2 峰）

对于图 5.72（b）的内耗曲线的精密审查可见，HT 峰是很宽的，并且不对称. 这表示它或许是一个复合峰. 为了核实这一点，把 600℃ 空淬试样的内耗曲线重新进行升温测量. 图 5.77 所示的是用频率 3Hz, 1.69Hz, 0.53Hz 和 0.3Hz 测量所得的结果. 用计算机数据拟合方法[64] 的计算程序[65] 把图 5.77 中用 4 个频率测得的复合曲线分别分解为（a）BB 峰,（b）HT – 1 峰,（c）HT – 2 峰和（d）一个指数型高温背景如图 5.78 的（1）,（2）,（3）,（4）所示. 把这些子峰的巅值温度 T_P、高度和宽度用叠代渐近法来拟合实验数据, 拟合的结果与实验数据符合得较好. 图 5.79 示出这 3 个峰都满足 Arrhenius 关系式, 由此, 所测得的激活能对于 BB 峰是 1.4eV, 对于 HT – 1 峰是 1.4eV, 对于 HT – 2 峰是 2.1eV. 由图 5.78 可见, 对于所有的 4 个频率, HT – 2 峰都远较 HT – 1 峰为高, 这可以说明为什么以前测得的复合峰的激活能与 HT – 2 的激活能类似.

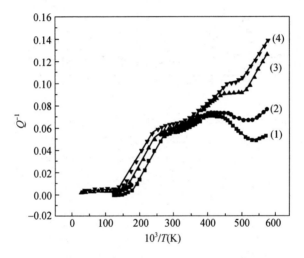

图 5.77　600℃空淬试样用不同频率测量的内耗曲线[63]：
（1）3Hz；（2）1.69Hz；（3）0.53Hz；（4）0.3Hz.

可以预期, 竹节晶界附近存在的位错亚结构中的位错类型（刃型或螺型）对于 BB 峰和 HT 峰（HT – 1 和 HT – 2 峰）的机制具有重要的意义, 因而进一步的 TEM 观察是关于位错的 Burgers 矢量的测定. 图 5.80 和图 5.81 分别示出试样从 600℃ 炉冷和空淬的情况. 与炉冷试样相比, 淬火试样最主要的特点是在晶界附近存在许多长的并与晶界相交的位错线. 为了确定这些位错线的类型, 用 JEM – 200EXⅡ 电镜对这些位错的 Burgers 矢量进行测定①. 图 5.82 所示的是与图 5.81 相对应的衍射照片. 通过对衍射谱进行标定, 然后利用电镜的双倾台倾转试样, 在满足双束衍射条件下观察位错的消光情况. 表 5.5 列出

———————————

①　在沈阳中国科学院金属研究所进行的.

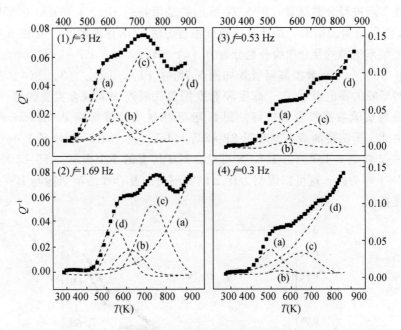

图 5.78　图 5.77 所示的各曲线经过计算机分解成为四部分[63]：(a) BB 峰；(b) HT-1 峰；(c) HT-2 峰，(d) 高温背景．其中的分图 (1)，(2)，(3)，(4) 所对应的频率分别是 3Hz，1.69Hz，0.53Hz 和 0.3Hz.

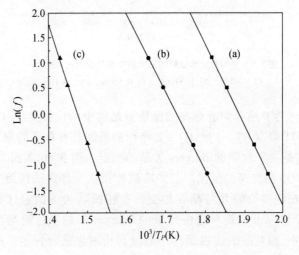

图 5.79　BB 峰 (a)，HT-1 峰 (b) 和 HT-2 峰 (c) 的 Arrhenius 图[63].

了面心立方晶体中几种常见的位错 Burgers 矢量 b 与衍射矢量 g 的点积 ($g \cdot b$) 值. 对螺型位错来说, 位错的消光条件是 $g \cdot b = 0$. 表5.5 的第 3 列的 $g \cdot b$ 值与实验观察结果一致, 因此可以断定位错的 Burgers 矢量是 $\frac{a}{2} [1\bar{1}0]$. 但是从衍射照片看, 位错段并不是完全直的, 显然还有其他的走向, 因此整个位错是混合型的. 虽然对于混合型位错, $g \cdot b = 0$ 并不是判断衬度消失的唯一判据, 但是对于铝这种比较接近各向同性的金属来说, 却可以看成是衬度消失的一个实际可行的有效判据[66], 因此上述的分析还是可行的.

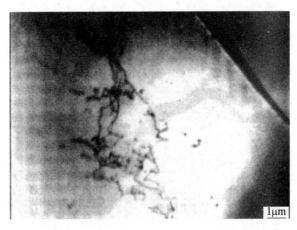

图 5.80　600℃炉冷试样中的位错亚结构的电镜照片[63].

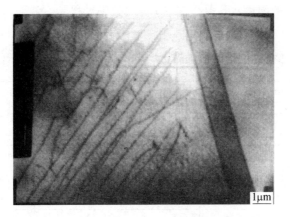

图 5.81　600℃空淬试样中的位错亚结构的电镜照片[63].

图 5.82　与图 5.81 的衬度照片相对应的衍射照片[63].

　　众所周知, 室温时对铝进行加工处理将在试样中形成具有稠密缠结的位错墙, 而其中间区域的位错密度低得多, 从而形成所谓的胞结构. 由于胞结构壁中的位错密度特别高, 位错之间的交互作用很强, 所以位错的动性很低.

　　实验表明, 竹节晶试样从高温炉冷后, 在它的竹节晶界附近也形成这种胞结构, 因而这种胞结构是在低温下的稳定组态. 当竹节晶界在外加切应力的作用下滑动时, 将对位错胞结构中的位错产生拖曳作用. 位错的低的动性使位错胞结构中产生很强的应力集中, 所引起的内应力将制约晶界的滑动, 从而在适当的条件下引起 BB 峰. 随着退火温度的提高, 上述的胞结构将逐渐发生变化, 使得位错亚结构变得更开放些, 从而竹节晶界滑动的激活体积增大, 导致 BB 峰移向较低的温度. 这是引起 BB 峰的微观过程.

表 5.5　几种不同反射下, 面心立方金属中 $\dfrac{a}{2}$ 〈110〉型位错可能的 $g \cdot b$ 值

	[110]	[1$\bar{1}$0]	[101]	[10$\bar{1}$]	[011]	[01$\bar{1}$]	观测结果
[002]	0	0	1	–1	1	–1	不可见
[1$\bar{1}$1]	0	1	1	0	0	–1	可见
[$\bar{1}$11]	0	–1	0	–1	1	0	可见
[020]	1	–1	0	0	1	1	可见
[0$\bar{2}$2]	–1	–1	1	–1	0	1	可见
[111]	1	0	1	0	1	0	不可见

　　电子显微镜观察结果指出, 竹节晶界附近出现的网络状位错亚结构对 HT

峰的出现十分重要. 因此, 一种合乎逻辑的假设是: 网络状位错中那些既长且直的位错段与竹节晶界交互作用在适当条件下的热激活运动导致 HT 峰的出现. 但是这些位错段中的刃型和螺型部分的位错在外力作用下的运动有较大的差别, 从而导致 HT 峰出现精细结构 (HT-1 峰 HT-2 峰).

HT-2 峰的高值激活能提供了关于了解 HT 峰的基本过程的线索. 2.1eV 这个数值远大于 Al 的自扩散激活能 1.45eV[67]. 这说明其中包含着位错的攀移. 在热平衡情况下的位错攀移激活能是 $Q_c = Q_j^F + Q_D$, 其中的 Q_D 是自扩散激活能, 它等于单个空位的形成激活能与迁动激活能之和, Q_j^F 是割阶的形成能, 它近似地等于铝的 Q_D 的 $1/3$[68]. 因此得出, $Q_c = 2.0\text{eV}$, 这与实验测定的 HT-2 峰的激活能值 (2.1eV) 很接近.

现在的问题是, 为什么在空淬试样中出现攀移过程而在炉冷试样中不出现. 在上述的实验中, 直径为 1mm 的试样从 600℃ 空淬到室温, 其淬冷速率约为 70℃·min^{-1}. 这个速率远低于大多数进行铝的淬火实验的研究工作者所用的速率, 从而淬火所引起的热应变效应可以忽略不计. 由于淬火试样中的空位过饱和度并不大, 所以可认为淬入缺陷主要是单空位. 因此, 攀移过程由于空淬试样中存在着超额空位而变得容易.

由于 HT-1 和 HT-2 峰都出现在很高的温度, 必须考虑位错上的割阶的作用. 虽然在空淬后所保留的割阶浓度很低, 但是总是存在着一些带割阶的刃型和螺型位错. 在带割阶刃型位错的情况, 把现存割阶扫到网络结构中的位错段的两端的弛豫时间较小于割阶对成核的弛豫时间, 从而割阶对的成核和沿边扩散传播控制着位错的运动. 因此, 就如同上面讨论的, $Q_c = 2.0\text{eV}$, 这接近于实验测得的 HT-2 峰的激活能. 这样一种热激活位错攀移的弛豫时间 τ_T 随着温度的增加而减小, 因而与这个弛豫过程相关联的内耗将在能满足 $\tau_T \omega = 1$ 的温度下达到一个最大值, 其中的 ω 是内耗测量中的角频率. 由此引起的 HT-2 峰出现在 380℃ $(f = 1\text{Hz})$. 在此温度下, 网络结构仍在空淬试样中存在.

螺型位错在通常的意义上讲并不能攀移, 但是带割阶的螺型位错能够滑移并且产生空位, 而相对应的激活能是 Q_D[69]. 当外加的切应力 σ 低于某一临界值时, 位错在两个割阶之间向外弓出但在割阶处被钉扎, 借助于热骚动, 空位在割阶处产生, 从而位错向前滑移[69]. 认为带割阶的螺型位错的这样一种热激活滑移引起 HT-1 峰是合理的. 这个峰出现的温度较 HT-2 峰为低因为它的激活能较低.

根据 HT-1 峰与带割阶的螺型位错的热激活产生空位的滑动机制有关的想法, 可以认为有一种力 $F = \sigma bl$ 作用到被钉扎位错上, l 是割阶间距. 这种情况类似于研究得较多的位错线被点缺陷所钉扎的事例. 因而非线性拖曳过程将引起一种振幅效应，而相对应的内耗将随着外加应力的增加而增加. 当外加应力超过一个临界值时，可能发生割阶的移动，这样将不会再发生割阶－空位的再组合，而净割阶运动并不再需要空位跳动[69]，从而相对应的内耗将减少. 这将得出一个振幅内耗峰，如图 5.76 所示. 由图 5.76 可见在复合 HT 峰的较低温度区域的振幅峰较为明显，这指明振幅效应主要地与 HT－1 峰有关.

应该指出，上述的振幅峰出现在温度峰的温度范围以内，因而它的基本过程是非线性滞弹性[70]而不是静滞后[71].

参 考 文 献

［ 1 ］ T. S. Kê（葛庭燧）, L. D. Zhang（张立德）, P. Cui（崔平）, Q. Huang（黄强）, B. S. Zhang（张宝山）, *Phys. Stat. Sol.*（a）, **84**, 465（1984）.

［ 2 ］ T. S. Kê, P. Cui, S. C. Yan（颜世春）, Q. Huang, *Phys. Stat. Sol.*（a）, **86**, 593（1984）.

［ 3 ］ T. S. Kê, Yamada Conference IX Dislocation in Solids, ed. K. Sumino, et al., Univ. of Tokyo Press, Japan, 591（1985）.

［ 4 ］ T. S. Kê, P. Cui, C. M. Su（苏全民）, *Phys. Stat. Sol.*（a）, **84**, 157（1984）.

［ 5 ］ T. S. Kê, *J. de Physique*, **46**, C10 – 351（1985）.

［ 6 ］ T. S. Kê, Grain Boundary Structure and Related Phenoma, The Japan Institute of Metals, Senda, Japan, 1985. Supplement to *Trans*, *Japan Inst. Metals*, **27**, 679（1986）.

［ 7 ］ T. S. Kê, Fundamentals of Diffusion Bonding, ed. Y. Ishida, Elsevier Seience Publ., Amsterdam, The Netherlands, 373（1987）.

［ 8 ］ T. S. Kê, B. S. Zhang, *Phys. Stat. Sol.*（a）, **96**, 515（1986）.

［ 9 ］ L. D. Zhang, T. S. Kê, 见参［ 3 ］279.

［10］ B. L. Cheng（程波林）, T. S. Kê, *J. de Physique*, **48**, C8 – 413（1987）. *Chin. Phys. Lett.*, **5**, 81（1988）.

［11］ B. L. Cheng, T. S. Kê, *Phys. Stat. Sol.*（a）, **107**, 177（1988）.

［12］ K. Iwasaki, *Phys. Stat. Sol.*（a）, **79**, 115（1983）.

［13］ K. Iwasaki, *Phys. Stat. Sol.*（a）, **81**, 485（1984）.

［14］ P. Gondi, A. Sili, E. Bonetti, *Phys. Stat. Sol.*（a）, **99**, 375（1987）.

［15］ A. W. Zhu（朱爱武）, T. S. Kê, *Phys. Stat. Sol.*（a）, **113**, 393（1989）.

［16］ C. Bunlanger, *Rev. Met.*（Paris）, **46**, 321（1949）.

［17］ K. Iwasaki, *Phys. Stat. Sol.*（a）, **86**, 637（1984）.

［18］ K. Iwasaki, *Phys. Stat. Sol.*（a）, **100**, 453（1987）.

［19］ K. Iwasaki, *Phys. Stat. Sol.*（a）, **90**, K35（1985）.

［20］ K. Iwasaki, *Phys. Stat. Sol.*（a）, **94**, 601（1986）.

［21］ K. Iwasaki, *J. de Physique*. E**16**, 421（1983）.

［22］ F. Povolo, B. J. Molinas, *Il Nuovo Cimento*, **14D**, 287（1992）.

［23］ K. Iwasaki, *Phys. Stat. Sol.*（a）, **101**, 97（1987）.

［24］ K. Iwasaki, K. Lücke, G. Sokolowski, *Acta Metall.*, 28, 855（1980）. K. Iwasaki, *J. Phys. Soc. Japan*, **49**, 271（1980）.

［25］ B. Bonetti, E. Evangelista, P. Gondi, R. Tognato, *Phys. Stat. Sol.*（a）, **39**, 661（1977）.

［26］ T. S. Kê, L. D. Zhang, B. L. Cheng, A. W. Zhu, *Phys. Stat. Sol.*（a）, **108**, 569（1988）.

［27］ T. S. Kê, A. W. Zhu, *Phys. Stat. Sol.*（a）, **113**, K195（1989）.

［28］ T. S. Kê, *Advances in Science of China：Physics*, Science Press, Beijing, China **3**, 1（1989～1990）.

［29］ H. Kokawa, T. Watanabe, S. Krashima, *Phil. Mag.*, **A44**, 1239（1981）.

［30］ E. N. Rhines, W. E. Bond, W. E. Kissel, *Trans. ASM*, **48**.919（1956）.

［31］ K. Iwasaki, *J. Phys. Soc. Japan*, **55**, 546（1986）.

［32］ T. S. Kê, *Phys. Rev.*, **71**, 533（1947）；**72**, 41（1947）.

［33］ Y. Ogino, Y. Amano, *Trans. Japan Inst. Metals*, **20**, 81（1979）.

[34] H. Fujita, *Trans. Japan Inst. Metals*, **27**, 1959 (1986), (Discussion to the paper by T. S. Kê, ibid, p. 679).

[35] 葛庭燧, 力学进展, **23**, 289 (1993).

[36] T. S. Kê, Materials Science and Engineering, **A186**, 1 (1994).

[37] T. S. Kê, B. L. Cheng, *Phys. Stat. Sol.* (a), **115**, 119 (1989).

[38] T. S. Kê, Proc. 9 – th Intern. Conf. Internal Friction and Ultrasonic Attenuation in Solids, July 1989, ed. T. S. Kê, Intern. Academic Publ Beijing and Pergamon Press, Oxford, 113 (1990).

[39] B. L. Cheng, T. S. Kê, ibid, p. 129.

[40] T. S. Kê, P. P. Chen (陈平平), L. X. Yuan (袁立曦), Strength of Materials, eds. Oikawa et al. The Japan Institute of Metals, 911 (1994).

[41] R. King, R. W. Cahn, B. Chalmers, *Nature*, **161**, 682 (1984).

[42] 关幸生, 葛庭燧, 金属学报, **29**, A335 (1993).

[43] X. S. Guan (关幸生), T. S. Kê, *J. Alloys and Compounds*, **211/212**, 480 (1994).

[44] L. X. Yuan, T. S. Kê, *Phys. Stat. Sol.* (a), **154**, 573 (1996).

[45] T. S. Kê, *J. Appl. Phys.*, **20**, 274 (1949).

[46] T. S. Kê, *Scripta Metall.*, **24**, 347 (1990).

[47] T. S. Kê, P. Cui, *Scripta Metall. Mater.*, **26**, 1487 (1992).

[48] P. Cui, X. S. Guan, T. S. Kê, *Scripta Metall. Mater.*, **25**, 2821 (1991).

[49] P. Cui, X. S. Guan, T. S. Kê, *Scripta Metall. Mater.*, **25**, 2827 (1991).

[50] H. Gleiter, B. Chalmers, High-Angle Grain Boundaries, Pergamon Press, Oxford, Chap. 8 (1972).

[51] D. M. Marsh, L. D. Hall, *J. Metals*, **5**, 937 (1953).

[52] D. T. Peters, J. C. Bisseliches, J. W. Spretnak, *Trans. AIME*, **230**, 530 (1964).

[53] M. E. De Morton, G. M. Leak, *Acta Met.*, **14**, 1140 (1966).

[54] M. Williams, G. M. Leak, *Acta Met.*, **15**, 1111 (1967).

[55] O. T. Datasko, V. A. Pavlov, Relaxation Phenomena in Metals and Alloys, New York Consultant's Bureau, 174 (1953).

[56] J. T. A. Roberts, P. Barrand, *J. Inst. Metals*, **96**, 172 (1968).

[57] S. C. Yan and T. S. Kê, *Phys. Stat. Sol.* (a), **104**, 715 (1987).

[58] T. S. Kê, P. Cui, X. S. Guan, *Scripta Metall. Mater.*, **27**, 1151 (1992).

[59] J. P. Hirth, J. Lothe, Theory of Dislocations, 2nd ed. John Wiley, New York, 497 (1982).

[60] 参 [59], p. 570.

[61] R. M. Thomsan, R. W. Balluffi, *J. Appl. Phys.*, **33**, 803 (1962).

[62] T. S. Kê and P. P. Chen, *Phys. Stat. Sol.* (a), **148**, 339 (1995).

[63] L. X. Yuan and T. S. Kê, *Phil. Mag.*, **A26**, 107 (1997).

[64] P. R. Bevington, Data Reduction and Error Analysis for the Physical Science, McGraw-Hill, New York, 235 (1969).

[65] 方前锋, 金属学报, **32**, 565 (1996).

[66] 黄孝瑛, 透射电子显微镜学, 上海科学技术出版社, 331 (1987).

[67] T. Federighi, Lattice Defect in Quenched Metals, eds. R. M. J. Cotterill et al., Academic Press, New York, 217 (1965).

[68] A. Seeger, Report of the Conference on Defects in Crystalline Solids, ed. N. F. Mott, Physical Society,

London, 391 (1955).

［69］ J. P. Hirth and J. Lothe, Theory of Dislocations, 2nd, ed. John Wiley, New York. §15.5, §16.2, (1982).

［70］ 葛庭燧, 自然科学进展, **3**, 289, 396, 790 (1995)；T. S. Kê, *J. Alloys Componds*, **211/212**, 90 (1994).

［71］ A. Granato and K. Lücke, *J. Appl. Phys*, **27**, 583 (1956).

第六章　晶界弛豫的临界温度与
晶界结构稳定性

§6.1　关于晶界结构稳定性问题的争论

若干年来，关于晶界结构稳定性的争论的要点是在低于熔点温度 T_m 时晶界是否熔化或出现局域无序化. 这里所说的晶界熔化是指着晶界区域的优先熔化而基体仍然是固态. 对于 99.991% 铝的滞弹性测量推知，铝晶界的黏滞系数随着测量温度的提高而连续减小，直到熔点温度才接近基体在熔化态的黏滞系数[1]. 这说明晶界直到熔点温度才开始熔化. 从热力学的观点来看，Shewmon[2] 认为晶界熔化是不可能的. 他认为晶界是两个晶粒之间的一个分离的相. 如果整个系统是处于平衡状态，则各个相的化学势是相同的，这就意味着化学势与位置无关，即从晶界局域过渡到晶粒时；化学势并不改变. 如果温度缓缓提高以保持系统的平衡状态，则可以认为熔点就是各单元的化学势在固态和液态时相同的温度. 由于固体的化学势与位置无关，所以晶粒与晶界应该同时与液态保持平衡. 不过固体只是在熔点才与液体保持平衡，所以晶界的熔点与晶粒的熔点相同.

李振民[3] 对 Shewmon 的看法提出疑问，他认为晶界是一个经受高度变形的区域. 由于这种应变状态，所以晶界的熔点 T_G 将较低于未经形变的晶粒. 在 T_G 形成的液体薄膜并不与未经形变的晶粒平衡. 换句话说，如果把这液态薄膜从形成晶界的两个晶粒之间取出来，它就将可逆地凝固成不存在形变的固体，但是如果把它放在两个晶粒之间，它就能够可逆地转变回到处于经受形变状态的晶界.

在实验方面，Glickman 和 Vold[4] 用电子显微镜观察用碳层保护起来的厚度为 50nm 到 100nm 的 Bi 膜在具有温度梯度的电子显微镜内的熔化过程，并在高放大率（10,000 倍）下研究固 – 液界面的结构，观察到确有晶界熔化发生. 由于 Bi 膜的纯度是 99.999%，所以观察到的晶界熔化并不是由于杂质的不平衡分布所引起的熔点降低.

Gleiter 和 Chalmers[5] 对于早期关于晶界熔化的实验报道做了概括性的叙述和分析. 他们认为 Boulanger[6] 关于内耗的测量提示了一种判断是否发生晶界熔化的有力手段. Boulanger 用扭摆测量了 Al – 0.15% Si, Al – 0.4% Cu,

Al − 0.4% Mg，99.96% Al 和 99.995% Al 多晶试样的内耗（δ）和杨氏模量（E/E_{20}，E_{20} 是在 20℃ 时的模量），观测到在接近熔点温度时，模量急剧降低到一个很低值，而内耗出现峰值（见图 6.1[6]）．金相显微镜观察表明，在内耗和模量变化的温度范围内，有一个连续的熔化晶界层出现．根据这个观察结果可以对模量和内耗的变化作以下解释．如果晶界处于固态，则模量很高，如果全部晶界处于熔态，则晶界的滑动将使模量变得很低．从模量很高值到模量很低值的转换是在晶界发生部分熔化时出现的．关于内耗的变化情况的解释是，当晶界是固态或完全熔化时，内耗较小，但如果晶界发生局部熔化，则在还未熔化的区域将会建立起大的应力集中，从而在起始时引起内耗增加，但当固态晶界部分变得很小时，应力集中减小，从而总的内耗又减小．

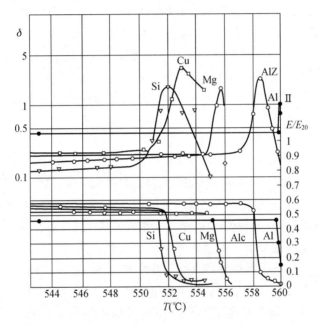

图 6.1　铝和几种铝合金在体熔点（T_m）附近的内耗（δ）和模量（E/E_{20}）曲线[6].

当晶界处于熔态时，拉力对它的影响很小，但它对于切变力却很敏感．不过在晶界处不大可能发生宏观距离的切变．这是由于熔态晶界的厚度很薄，所以晶界的局域不规则处能够很容易地防止发生这种宏观切变，但是发生数量级为 1 到 10nm 的切变是可能的．因此，内耗测量能够提供熔化晶界层存在的证据，Boulanger 关于高溶质含量的金属的内耗测量结果支持这个观点．在含高溶质含量的合金中所观测的内耗峰出现的温度与固线（solidus line）温度相合．但是应该指出，关于 99.96% Al 和 99.995% Al 试样的测量结果指出内耗峰的温度随着纯度的增加而提高，由此外推得出，绝对纯的 Al 的内耗峰的峰巅温度在试验误差的范围内与固态 Al 的熔点相同．这就表明对于绝对纯的材料来说，晶界的熔化温度与大块固体材料相同．这个结果与葛庭燧推导出来的晶界黏滞系数与固态黏滞系数在熔点时相同的结果一致．

Friedel[7] 指出，Nabarro-Herring 蠕变可能在接近熔点温度处引起一个与频率强烈有关的内耗峰，这个效应可能与 Al 在接近熔点时所出现的内耗峰（见图 6.1 中示出的曲线 Al Ⅱ）有关．

Balluffi 研究组的电子显微镜观察得到与上述相同的结论．他们发现，把 Al 的温度一直升高到 $0.999T_m$ 都没有观察到熔化的迹象[8,9]，对 Cu 和 Ag 的观察发现在 $0.9599T_m$ 以后才出现无序[10]．

近年来，人们从在常温下具有有序结构的重（合）位（置）点阵（CSL）模型出发，采用各种不同的原子间相互作用势，用分子动力学（MD）或 Monte-Carlo（MC）方法对晶界结构稳定性进行了计算机模拟研究．但是，所得到的结论很不相同．有人认为，在约 $(1/2)T_m$ 时晶界开始出现无序或发生相变；有人则认为随着温度的提高，晶界的有序结构并没有改变，只是晶界上缺陷的浓度增高．

1980 年，Kikuchi 和 Cahn[11] 采用二维气态点阵模型对于 $\Sigma 5$ 对称倾斜晶界进行 MD 模拟时发现，当加热到约 $(1/2)T_m$ 时，晶界开始变为无序．随着温度的继续提高，无序程度增加，到 T_m 时晶界完全熔化．1983 年，Ciccotti 等[12] 采用 Lennard-Jones 势对于三维的 ［001］（310）$\Sigma 5$ 对称倾斜晶界进行了模拟，并且计算了晶界芯区的结构因子（与温度有关），结果表明在约 $(1/2)T_m$ 时，结构因子下降很明显，然后缓慢下降，直到 T_m 时降为零．另外，晶界结构从 $(1/2)T_m$ 开始逐渐变为高度的无序结构，到 T_m 时才完全变为液态．这一过程是连续的变化．他们随后的工作进一步表明[13]，在 $(1/2)T_m$ 到 T_m 的高温区，晶界结构确实发生了变化，并指出晶界结构的熔化主要在 T_m 附近发生．

Broughton 和 Gilmer[14] 也采用 Lennard-Jones 势研究了 ［001］（310）$\Sigma 5$，［01$\bar{1}$］（332）$\Sigma 11$ 和 ［01$\bar{1}$］（443）$\Sigma 123$ 等三个体系，认为在低于 T_m 的温度不能发生晶界熔化．

与上述的结论相反，Kalonji 等[15~17] 用分子动力学方法进行模拟发现，晶界在 $0.8T_m$ 发生一级相变（系统的熵发生突变），并且晶界的结晶状态变为高度无序的类似液体的薄层．另外，Ho 等[18] 用 Morse 势和对势，研究了三维对称 $\Sigma 5$ 倾斜晶界，发现在晶界处逐渐发生结构转变．在晶界芯区明显出现无序并且在约 $(1/2)T_m$ 变为不稳定的；在约 $0.7T_m$ 时有序消失，并且开始局域熔化过程. Nguyen 和 Yip[19] 对 Al 晶界的模拟结果指出，晶界区完全丧失有序结构的温度约在 $0.8T_m$ 到 $0.9T_m$ 之间.

Lutsko 和 Wolf 等[20~22] 对 $\sum 29$（001）扭转晶界的模拟表明，在 $0.94T_m$ 以下没有"预熔化"或"无序"现象发生，并且认为别人模拟得到的"无序"现象不是一般性的. 他们还认为 T_m 的理论值与实验值之间存在着一定的偏差，此偏差随着势函数选取的不同而有所改变.

由上面的介绍可见，对晶界的模拟由于研究所用的程序和对象的不同，其结论也不相同. 晶界结构是否在低于 T_m 时发生变化的问题似乎难以从计算机模拟的研究得出有判断性的结论. 另外，在微观直接观察例如电子显微镜观察方面，在实验条件上也存在许多不易克服的限制.

§6.2　晶界局域无序化与晶界弛豫

晶界弛豫研究对于阐明晶界结构的重要性在于弛豫过程的发生与晶界结构的特点有不可分割的联系. 众所周知，在理想的完整晶体中不会发生力学弛豫，力学弛豫总是与结构缺陷或结构特点联系到一起的，这在第一章里已经做了简略的介绍. 因此，晶界弛豫的发生反映着晶界结构的缺陷或特点. 大量的实验证明，金属中的晶粒间界在低温和高形变率下表现为强度高的区域，而在高温和低形变率下表现为强度低的区域. 这明显地表明晶界结构状态是随着温度而变化，并且具有一个转变温度或温度范围. 从不发生晶界弛豫到发生晶界弛豫的温度可能就代表着这样的转变温度.

前已指出，对于 99. 991% Al 多晶试样（晶粒尺寸 0. 2mm）用 $f = 0.8$ Hz 测量内耗和切变模量（f^2）时，内耗峰以及切变模量的最大下降率出现在 285℃，而在 200℃ 左右，内耗就开始上升，切变模量就开始偏离直线关系而迅速下降[1]. 乍看起来，200℃ 左右似乎是开始出现弛豫过程的温度. 但是，内耗峰的位置（以及切变模量的开始迅速下降）是随着测量频率而变的. 如果用低于 0. 8Hz 的频率进行测量，则内耗峰向低温移动，从而内耗在低于 200℃ 的温度就开始上升，即开始发生弛豫. 因此用内耗峰开始上升的温度作为开始发生晶界弛豫的转变温度是不合理的.

在第二章里介绍了根据晶界内耗和滞弹性测量来测定晶界弛豫的弛豫时间的细节，并且指出：按照 $\tau_{T_p}\omega = 1$ 的关系式可以测出在晶界内耗峰的巅值温度 T_p 时的弛豫时间 τ_{T_p}，而 ω 是测量内耗时的圆频率. 另外，根据内耗峰在 T_p 时的高度（Q_{max}^{-1}），可以按照 $\Delta_{T_p} = 2(Q_{max}^{-1})_{T_p}$ 的关系式测出在 T_p 时的弛豫强度 Δ_{T_p}.

关于弛豫型内耗峰（作为测量温度的函数）的一个特点是峰的位置随着振动频率的 f（$= \omega/2\pi$）的增加和减小而分别向高温和向低温移动，并且弛豫时间 τ 与测量温度之间满足以下的关系式（Arrhenius 关系式）：$\tau_T = \tau_0 \exp (H/kT)$，其中 H 是弛豫激活能，τ_0 是无限高温度时的弛豫时间，k 是 Boltzmann 常量.

根据以上的介绍可知，判断是否发生弛豫的参量是弛豫强度. 如果弛豫强度是零，则表明未发生弛豫. 因此，只有弛豫强度为零的温度才真正反映着晶界结构发生有序－无序变化的临界温度.

过去关于晶界弛豫的弛豫强度与 f 和 T 的关系的研究并不系统和全面. 目前只是认为，对于细晶粒多晶试样，当试样的晶粒尺寸小于试样的直径时，晶界弛豫强度与 T 无关[23]，也与 f 无关[24]. 但是实验所涉及的温度和频率范围并不够宽阔，因而还不能作出肯定的结论.

§6.3 铝多晶晶界弛豫强度的滞弹性测量

在关于晶界内耗峰的早期工作中，振动频率的变化范围只有 3 倍，在这种情况下发现晶界内耗峰的高度与 T 无关[23]. 根据前节所述思路，葛在 1989 年报道了用较宽频率范围所得的实验结果. 他用预先冷加工 84% RA，并且随后在 400℃退火 1h 的 99.999% Al 进行内耗测量[25]，由图 6.2 所示出的内耗曲线可见，在扣除内耗背底之后，与频率 0.1Hz, 0.0316Hz 和 0.01Hz 相对应的内

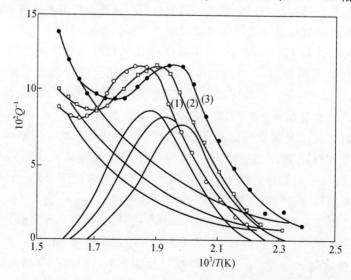

图 6.2 99.999% 多晶铝在各种频率下的内耗曲线[25]. 曲线（1），（2），（3）的频率分别是 0.1Hz, 0.0316Hz 和 0.01Hz. 实曲线是扣除高温背景后的内耗曲线.

耗峰高度 Q_{max}^{-1} 分别是 0.086，0.084 和 0.077，这时的峰巅温度分别是 260℃，242℃ 和 227℃．根据 Nowick 和 Berry 的处理方法[26] 求出的 β 参量分别是 2.5，2.5 和 2.25．这个实验结果表明 Q_{max}^{-1} 随着 T_P 的降低而减小．根据前 §2.7 所述公式，弛豫强度

$$\Delta = \frac{Q_{max}^{-1}}{f_2(0,\beta) - Q_{max}^{-1}/2} \qquad (2.63)$$

所算出的各个内耗峰的弛豫强度分别是 0.270，0.265 和 0.218，可见 Δ 是随着 T_P 的降低而减小，但是在 227℃ 时仍然具有相当高的数值，这表明需要大大降低测量内耗所用的振动频率 f 才能得到更为肯定的结果．

　　由于较长时间的滞弹性蠕变测量所得结果可转变为较低频率的内耗数据，所以用滞弹性蠕变测量作进一步的探索较为方便，这时的弛豫强度是 $\Delta = (J_R - J_U)/J_U$，其中的 J_R 和 J_U 分别是已弛豫和未弛豫顺度．图 6.3 示出的曲线 (1) 到 (6) 是在 79℃，83℃，132℃，162℃，177℃ 和 193℃ 进行蠕变测量所得到的典型 $J(t)$ 的蠕变曲线（图中的 J 是归一化任选单位）．从这些曲线所确定出来的起始顺度 $J(0)$ 值随着温度 T 的变化如图 6.4 所示，由图可见，当 $T = 0.42T_m$ 时，曲线开始偏离直线，$T_m = 932.85$K 是 Al 的体熔点温度．文献中已经指明[27]，如果不发生弛豫过程，则 $J(0) - T$ 曲线应当在一个广阔的温度范围内保持直线关系．因此，偏离直线关系表明在此时开始发生了晶界弛豫过程，因而只是沿着图 6.4 所示的直线才得到 $J(0) = J_U$．由图 6.3 示出的各蠕变曲线测出在温度 T 时的弛豫强度 $\Delta(T) = [J_R - J(0)]_T/J(0)_T$，其中

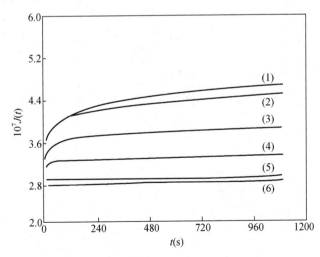

图 6.3　99.999% 多晶铝在不同温度下的蠕变曲线[25]：曲线 (1) ～ (6) 的
温度分别是 79，83，132，162，177 和 193℃，J 为归一化任选单位．

的 $J(0)_T$ 是由上述的直线（包括虚线部分）求出来的，其中的 J_R 在理论上应当是在 $t \to \infty$ 时的顺度，但在实验上只能选取在实验误差以内已达到饱和蠕变时的顺度值. 图 6.5 示出的曲线（1）表示所得的 $\Delta - T$ 曲线，曲线上的竖直杠表示实验误差. 由曲线（1）外推得到在 $T = 0.43 T_m$ 时，Δ 趋于零.

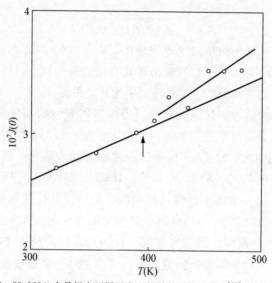

图 6.4　99.999% 多晶铝在不同温度下的起始顺度 $J(0)$[25]. 箭头表示
开始歧离直线关系的温度. J 是归一化任选单位.

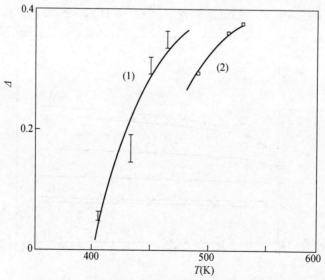

图 6.5　99.999% Al 的晶界弛豫强度 Δ 与温度的关系[25].
（1）蠕变测量数据；（2）内耗测量数据.

图 6.5 示出的曲线（2）表示由内耗测量所得到的 Δ 值. 曲线（1）和曲线（2）并不密合，但是二者随着温度而变化的趋势相同.

可以认为，实验所测定的 $T = 0.43T_m$ 或许是在 99.999% Al 试样中的晶界区域内开始发生局域无序化的温度.

上述的实验虽然是初步的，但却是首次把内耗和滞弹性测量的结果与晶粒间界的微观结构特别是与新近提出的晶界重位点阵（CSL）模型联系起来，因为发生晶界局域无序化的温度显然与 CSL 模型所描述的原来的晶界结构有关，从而滞弹性测量能够为研究在晶界发生局域无序化以前的 CSL 结构提供了一个灵敏和有用的手段.

为了验证上述的实验结果，程波林和葛庭燧[28]在 1990 年用 99.999% 和 99.9999% 的 Al 竹节晶试样进行实验. 把 99.999% Al 锭切割成 2mm × 2mm × 135mm 的长条，冷拔成直径为 1mm 的细丝，面积减缩率为 84% RA. 99.9999% Al 试样的原始状态是经过 570 ~ 640K 的热挤而得到的直径为 1mm 的细丝，金相观察表明该细丝已经发生了再结晶，有些晶粒的尺寸已经超过试样的直径. 用预形变后高温动态退火法把上述的原始试样制备成竹节晶试样，内耗测量和微蠕变测量是用自制的多功能内耗仪（可以进行内耗和微蠕变测量）进行的，整个仪器由 IBM-PC 计算机加 8087 协处理器进行控制并对数据进行实时处理①. 内耗测量用受迫振动法以降温方式进行. 蠕变测量以阶梯升温方式进行，弹性应变为 1×10^{-5}，加载上升时间为 0.2s，然后保持恒应力.

图 6.6 示出 99.999% Al 竹节晶试样的内耗 – 温度曲线. 在长为 48mm 的试样中，竹节晶界数是 $N = 22$. 在 873K 退火 2h 后降温测量，振动频率分别是 1Hz，0.1Hz 和 0.01Hz. 扣除高温指数背景后求得各曲线的 T_P 分别是 478K，443K 和 418K，峰高 $Q_{\max}^{-1}$ 为 0.081，0.078 和 0.074. 由此可见，$Q_{\max}^{-1}$ 随着峰温的降低而减小.

图 6.7 示出 99.9999% Al 竹节晶试样的内耗曲线. 试样长 58mm，竹节晶界数 $N = 17$. 在 873K 退火 2h 后作降温测量，扣除高温指数背景后，T_P 分别为 412（1Hz），391（0.1Hz）和 368K（0.01Hz），$Q_{\max}^{-1}$ 分别为 0.050，0.048 和 0.042. 可见 $Q_{\max}^{-1}$ 也随着峰温 T_P 的降低而减小，即晶界弛豫强度是一个与温度有关的量，这与图 6.2 和图 6.6 所示的结果相同.

从图 6.7 所示的峰宽可知弛豫时间存在一定的分布，所求得的对数正态分布（Gauss 分布）函数中的 β 值与 T_P 的关系见表 6.1. 对此作线性拟合求得 β 值与温度 T 之间服从关系式 $\beta = |\beta_0 - \beta_H/kT|$，其中 $\beta_0 = 1.83$，$\beta_H = 0.24\text{eV}$.

---

① 设计者：合肥中国科学院固体物理所，文亦汀、朱震刚等（1989）.

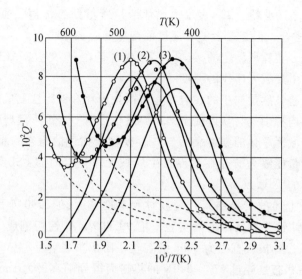

图 6.6 99.999% 竹节晶铝在各种频率下的内耗曲线[28].

曲线 (1), (2), (3) 的频率分别是 1Hz, 0.1Hz, 0.01Hz. 实线是扣除

高温背景后的内耗曲线.

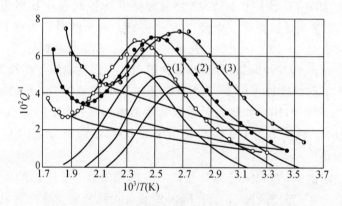

图 6.7 99.9999% 竹节晶铝在各种频率下的内耗曲线[28].

曲线 (1), (2), (3) 的频率分别是 1Hz, 0.1Hz, 0.01Hz. 实曲线是扣除高温

背景后的内耗曲线.

这表明, $\tau = \tau_0 \exp(H/kT)$ 中的 τ_0 和 H 都存在分布, 而且它们的变化是相关联的. 上述关系式中的负号表示 $\ln\tau_0$ 与 H 随着内参量的变化而变化的方向相反. 实验测得的 99.9999% Al 的 $H = 1.37\,\mathrm{eV}$, $\tau_0 = 3.0 \times 10^{-18}\,\mathrm{s}$.

表 6.1　99.9999％Al 竹节晶界弛豫的热激活参量

T_P（K）	Q^{-1}_{max}（10^{-3}）	β	Δ
412	50	4.95	0.36
391	48	5.13	0.35
368	42	5.75	0.31

需要指出的是，试样纯度增大后，与激活能分布有关的 β_H 值增大. 在 τ 的分布中，H 分布起着较主要的作用.

根据式（2.63）求得的 Δ 值列于表 6.1 中，可见它随着 T_P 的降低而减小.

图 6.8 示出上述 99.9999％Al 竹节晶试样（$N = 17$）的蠕变曲线. 当测量温度降低为 288K 时，在进行观测时间范围内，已经观测不到可察知的蠕变. 为了准确地求得起始顺度 J（0），还把图 6.8 所示的实验曲线画为 J（t）$-$ lg$t$ 曲线. 由于 lg$t$ 对于较短时间的放大效应，从这样的曲线可以较准确地求出 J（0）. 由图 6.9 可见，J（0）在 $T = 0.35T_m$ 处偏离了与温度的直线关系，这说明晶界弛豫在 $0.35T_m$ 时开始变得明显.

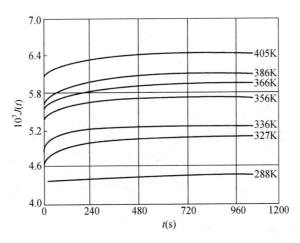

图 6.8　99.9999％竹节晶铝在不同温度下的蠕变曲线[28].

由图 6.8 和图 6.9 所示的曲线可以求出，$J_U = J$（0）和 $\delta J = J_R - J_U$，从而求出弛豫强度 $\Delta = \delta J / J_U$，表 6.2 概述 J_R 和 Δ 随着温度的变化. 图 6.10 所示的曲线（1）表示 Δ 与 T 的关系，可见当 T 减小时 Δ 急剧降低，在某一温度 $T_c = 0.34T_m$ 时降为零，该值与图 6.9 中的 T_c 一致. 图中的曲线（2）代表由内耗测量所得的 Δ 值.

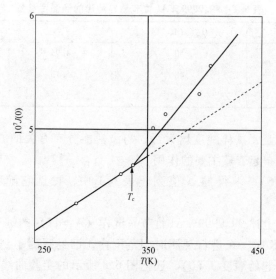

图 6.9　99.9999% 竹节晶铝在不同温度下的起始顺度

$J(0)$[28]. T_c 表示开始歧离直线关系的温度.

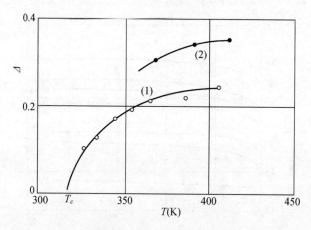

图 6.10　99.9999% 竹节晶铝的晶界弛豫强度 Δ 与温度的关系[28].

（1）蠕变测量数据；（2）内耗测量数据.

表 6.2　99.9999% Al 竹节晶晶界弛豫强度 Δ 与温度 T 的关系

T (K)	327	336	346	356	366	386	405
J_U ($\times 10^7$)	4.60	4.65	4.74	4.82	4.86	5.00	5.16
Δ	0.104	0.125	0.171	0.191	0.213	0.220	0.245

　　由上面的介绍可见，细铝晶粒试样和竹节铝晶粒试样的晶界弛豫强度 Δ 都随着温度 T 而显著变化，这表明晶界的滞弹性弛豫不仅通过了弛豫时间而与温度有关，而且弛豫强度也与温度紧密相关.

　　弛豫现象的热力学研究表明，弛豫强度反映了内参量 ξ 与外应力的耦合程度. ξ 的变化涉及晶界原子的运动过程，在低温下晶界具有稳定的低能结构，当温度升高时，由于原子的热运动，晶界的结构被破坏. 根据晶界的重位点阵（CSL）模型，当温度升高时，重位阵点的数目将减少（而点缺陷将增多），从而导致晶界内部局域无序，这正是"无序原子群模型"的主导思想[29]. 据此可以认为，在测得的 T_c 温度，晶界内发生了局域原子结构的无序.

　　上述实验的结果说明，在相当低的温度（约 $0.4T_m$）就开始出现可以观察到的无序现象，而不是发生晶界熔化.

　　根据无序原子群模型[29]，关于弛豫强度的变化可作以下的定性解释. 在应力诱导下，晶界中的局域无序的运动出现方向性，从而导致晶界滑动. 这种滑动的大小一方面与晶界中的可动范围有关，另一方面与限制滑动的因素有关. 关于竹节晶界的情形，已知在竹节晶界附近与其相交并且发生相互作用的位错亚结构所提供的回复力使竹节晶界滑动成为有限的[30]. 位错亚结构的稳定性与温度有关. 当温度低时，位错组态不易发生弛豫，位错亚结构稳定，从而提供的弹性回复力较大，即顺度弛豫（δJ）较小，因而弛豫强度（Δ）低，当温度升高后，位错组态能够发生弛豫，即顺度弛豫增大，从而弛豫强度增加. 考虑内部序参量 ξ 后，$\delta J = \chi\mu$，系数 χ 表征内参量与应变的耦合，即表征位错亚结构的稳定性（滞弹性应变 $\varepsilon^{an} = \chi\xi$）. μ 是单位应力 σ 所对应的内参量平衡值 $\bar{\xi}$（$\bar{\xi} = \mu\sigma$），它反映晶界本身的局域无序性，是温度的函数. 因此，δJ 随温度升高而增大，不仅反映了位错亚结构稳定性的变化，而且也反映出竹节晶界本身局域无序程度的变化. 因此，用弛豫强度来反映晶界本身无序化的程度是合理的.

§6.4　铝双晶晶界弛豫强度的滞弹性测量

　　由于大多数关于晶界结构稳定性的模拟计算以及电子显微镜观察是对于双晶晶界进行的，所以为了便于对比，中国合肥研究组用双晶进行了滞弹性测量[31~34]. 所用的试样是中国科学院金属研究所采用 Bridgman 方法制备出来的一系列 [110] 轴向对称倾斜晶界的 99.999% Al（中国抚顺铝厂出产）双晶体，其原始形状与取向差 θ 的关系如图 6.11（a）所示[31,34]. 将原始的双晶试样沿着其取向线切割成 50mm×4mm×1.2mm 的片状试样，然后磨光表面，在混酸（50% HCl + 47% HNO$_3$ + 3% HF）中进行表面处理. 试样的最后尺寸和加力方式分别如图 6.11（b）和（c）所示.

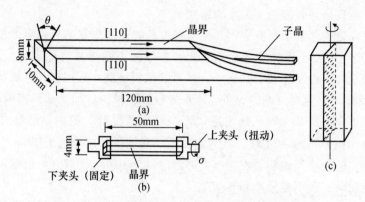

图 6.11　　（a）99.999% 铝双晶的原始形状及其取向关系；
（b）加工处理后试样的尺寸及两端夹持情况；（c）加工试样上的扭转应力[34].

制备的铝双晶试样的取向差 θ 有 20°[32]，30°[33]，38.9°[32]，50.5°[33]，60.0°[31]，70.5°[33]，129.5°[34] 和 153.4°[31]. 用这些试样进行了蠕变测量（见各个取向差上所注的文献号码）；对于 129.5° 双晶试样还进行了内耗测量[34].

从图 6.11（b）可见，由于双晶的晶界坐落在试样的中部，晶界面沿着试样厚度的方向具有较大的面积（$1.2\text{mm} \times 50\text{mm}$）. 由于夹头是夹在试样的宽面上，对试样进行扭转时，试样除受扭力外，在垂直于晶界面的方向还受到正应力的作用，但它对于应变的贡献很小.

对于由原始双晶试样切下的单晶试样及双晶试样进行反复的实验发现，由于实验本身的内应力较大，在 350℃ 以下退火及进行实验测量时，晶界的状态基本上不改变，而在 400℃ 退火及进行测量时，则晶界发生了迁移，并出现晶内再结晶现象，原来的单晶及双晶变成了多晶. 因此，对切割后的试样的退火处理及测量都限制在 350℃ 以下.

将处理好的试样装入自制的多功能内耗仪，在 350℃ 进行原位退火 2h 后，进行在不同温度下的蠕变测量. 测量的程序是：在每个温度下，对试样施加一定的扭应力，在 0.1s 内使试样的扭应变达到 2.0×10^{-5}，然后保持这个应力（σ），在恒应力的作用下测量这个试样的蠕变 ε 随时间的变化.（即在恒应力下的应变弛豫），所选择的扭应变值足以保证整个的微蠕变实验是在弹性范围内进行的. 在每个测量温度下，由应力和应变可以求出顺度 $J(t) = \varepsilon(t)/\sigma$，测量时间为 2000s. 在一个测量温度完毕后，撤去应力进行弹性恢复（弹性后效），温度保持不变，时间也是 2000s. 然后再进行下一个降低温度的测量.曾把在较高温度进行蠕变测量完毕以后的试样先冷却至室温再提高测量温度按照上述程序进行微蠕变测量，所得结果与逐步降低测量温度一致.

图 6.12 和图 6.13 示出取向差 θ 分别为 $60°$ 和 $153.4°$ 的蠕变曲线[31]. J 是归一化任选单位.

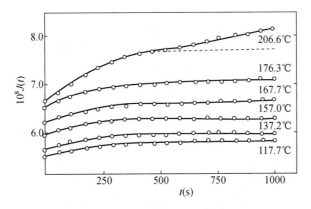

图 6.12　$\theta = 60°$ 铝双晶的蠕变曲线[31].

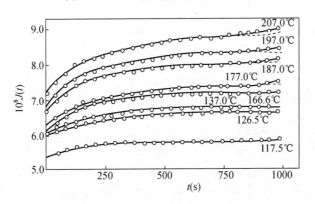

图 6.13　$\theta = 153.4°$ 铝双晶的蠕变曲线[31].

由图可见，低温下蠕变曲线随测量时间的延长达到一饱和值，此值就是相应的完全弛豫的顺度 J_R. 按照传统的滞弹性蠕变的概念，J_R 是 $t \to \infty$ 时的蠕变值，现在是取 $t = 2000s$ 时的蠕变饱和值（在实验误差以内已达饱和）作为 J_R. 曾进行了 18000s 的蠕变实验，用上述方法所得到的 J_R 值相同. 在较高的温度下，蠕变曲线达到饱和值较快，但随后又开始增加，这是由于高温背景效应的影响. 因此，在求 J_R 的值时，把已饱和的那一段曲线延长来定出相应值（如图 6.12 和图 6.13 中的曲线所示）. 当 $t = 0.1s$ 时，外加的扭应力已保持恒定，

把此时的 J 值定为该温度下的未弛豫顺度 J_U [$=J$ (0.1s)]. 实际上, J_U 的准确值应该是 $J_U=J$ (0), 但由于实验条件的限制, 只能在加力 0.1s 以后进行准确的测量. 在测量温度不太高时, 这样引入的误差不大. 表 6.3 和表 6.4 列出了对应于图 6.12 和图 6.13 的 J_U, J_R 和 $\delta J=J_R-J_U$ 之数值. J 是归一化任选单位.

表 6.3　$\theta=60°$ 铝双晶的蠕变数据

T (℃)	$J_U \times 10^8$	$J_R \times 10^8$	$\delta J \times 10^8$	Δ
206.6	6.6578	7.7250	1.0672	0.1603
187.0	6.1805	7.1250	0.9445	0.1528
176.3	6.5950	7.0625	0.4675	0.0709
167.7	6.2495	6.6250	0.3755	0.0601
157.0	5.9906	6.3000	0.3094	0.0517
147.6	6.1192	6.4250	0.3058	0.0500
137.2	5.6707	5.9750	0.3043	0.0537
127.9	6.1407	6.3750	0.2343	0.0382
117.7	5.4875	5.6500	0.1625	0.0296

表 6.4　$\theta=153.4°$ 铝双晶的蠕变数据

T (℃)	$J_U \times 10^8$	$J_R \times 10^8$	$\delta J \times 10^8$	Δ
207.0	7.2143	8.7333	1.5190	0.2106
197.0	6.8327	8.2500	1.4173	0.2074
187.0	6.7192	7.9333	1.2141	0.1807
177.0	6.2260	7.3000	1.0740	0.1725
166.0	6.1547	7.2000	1.0453	0.1698
157.0	5.6095	6.3500	0.7405	0.1321
142.0	6.0876	6.9106	0.8230	0.1351
137.0	6.0951	6.7167	0.6216	0.1020
126.5	6.0333	6.5000	0.5000	0.0829
117.5	5.4153	5.8000	0.3847	0.0711

　　从表 6.3 和表 6.4 中的 J_U 来看, 在个别温度点的 J_U 反倒大于邻近较高温度点的 J_U 值. 造成这一偏离的原因可能是由于加力偏差, 使得在给定的加载时间内未达到或已超过所要求达到的弹性扭变值. 但是这一偏离对于测定弛豫

强度并不发生影响，因为 $\Delta = (J_R - J_U) / J_U = J_R / J_U - 1$，而 J_U 偏高时，整个蠕变曲线也被抬高，所以 J_R / J_U 值在某一温度下保持不变.

由蠕变实验结果求出的弛豫强度为 $\Delta = (J_R - J_U) / J_U$ 已分别列入表 6.3 和表 6.4 中. 图 6.14 和图 6.15 分别给出取向差为 $60°$ 和 $153.4°$ 双晶的 $\Delta - T$ 曲线，把曲线外推到 $\Delta = 0$，所对应的 T_0 值分别是 $0.41 T_m$（382.5K）和 $0.40 T_m$（373.1K）. 由此可见，在 T_0 以下，晶界不发生弛豫（$\Delta = 0$），从 T_0 开始晶界发生了可观察到的弛豫（$\Delta \neq 0$）. 曲线在一段温度的变化不大是表明此时晶界已完全弛豫（Δ 不变）. 曲线的后半部（200℃以上）又上升表明此时已有其他弛豫组元参与弛豫（高温背景效应）已不代表晶界本身的行为.

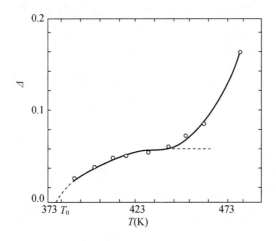

图 6.14　$60°$ 铝双晶的 $\Delta - T$ 关系[31].

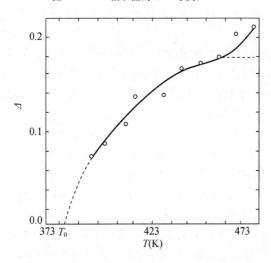

图 6.15　$153.4°$ 铝双晶的 $\Delta - T$ 关系[31].

在弹性范围内，金属晶体中如果没有弛豫现象发生，则它的弹性模量在一定温度范围内与温度成线性变化[27]. 因此，如果试样不发生蠕变，则在各个温度所得的未弛豫顺度 J_U [$= J$ (0.1s)] 应该与温度成直线关系.

为了与双晶的实验对比，在同样的条件下，对单晶的试样进行了微蠕变实验. 图 6.16 示出单晶试样的 $J_U - T$ 关系直线. J 是归一化任选单位. 由于所采用的单晶是从双晶上切割下来的，其尺寸和取向与用于实验的双晶基本相同，它们的内部状态应该差不多. 因此，在很大程度上，单、双晶的蠕变结果可相互比较. 实验结果表明，单晶也有一小的蠕变量，这是由晶界以外的其他因素引起的，与双晶的蠕变量相比是一小量. 因此，双晶的蠕变结果主要是晶界弛豫的表现，图 6.12 和图 6.13 所示的蠕变曲线代表双晶晶界本身的行为. 由图 6.16 可见，在所测的温度范围内（20～210℃）单晶的 $J_U - T$ 曲线基本上是一直线，表明没有发生弛豫.

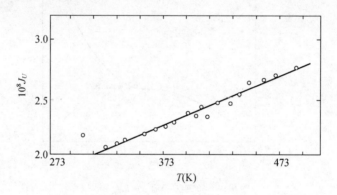

图 6.16　铝单晶的起始顺度 J (0)　$= J_U$ 对于温度的依赖关系[31].

用取向差 θ 为 20° 和 38.9° 的 Al 双晶试样进行类似的蠕变实验所得的 T_0 值分别是 0.42 和 0.42T_m[32]. 另外，所测得的 $J_U - T$ 曲线分别如图 6.17（a）和图 6.17（b）所示，J 是归一化任选单位. 由图可见，在较低温度下，$J_U - T$ 是直线关系. 当温度高于 T_0 时，在 0.1s 的加载时间内，晶界已发生了一定的弛豫，从而实验所测得的 J_U 已不是试样的未弛豫顺度 $(J_U)_{t=0}$. 由此所求得的 T_0 值分别是 0.43T_m （$\theta = 20°$）和 0.41T_m （$\theta = 38.9°$）.

随后，葛庭燧和段玉华[35] 又测定了取向角为 30°, 50.5° 和 70.5° 的 99.999% Al 双晶的蠕变曲线和 J_U ($t = 0.1$s) $- T$ 曲线，并把文献中已经报道的关于 T_0 的测定结果概括列在表 6.5 里.

从表 6.5 可见，各个 θ 角的 T_0 值约为 0.4T_m，但是 T_0 值随着 θ 值的不同而发生的变化并不明显，这需要更精密的实验才能得出结论.

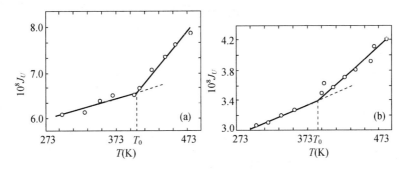

图 6.17　铝双晶的起始顺度对于温度的依赖关系[32].
(a) $\theta = 20°$；(b) $\theta = 38.9°$. T_0 表示开始歧离直线关系的温度.

表 6.5　各种 θ 角的 99.999% Al 双晶的 T_0 值

θ (°)	Σ	由 $\Delta - T$ 曲线推得		由 J_U ($t = 0.1s$) $- T$ 曲线推得	
		T_0 (K)	T_0 (T_m)	T_0 (K)	T_0 (T_m)
20		387.1	0.42	401.1	0.43
30		391.7	0.42	380.6	0.41
38.9	9	397.1	0.42	385.3	0.41
50.5	11	389.7	0.42	389.7	0.42
60.0		382.5	0.41	391.8	0.42
70.5	3	384.2	0.41	401.2	0.43
153.4	19	373.1	0.40	401.1	0.43

注：表中的 20°，30°，60°晶界是任意晶界，其他是特殊晶界.

§6.5　晶界弛豫滞弹性测量程序的检查和结果分析

　　§6.1 和 §6.4 关于晶界弛豫强度 Δ 的测量结果表明确实存在一个临界温度 T_0，在此时的弛豫强度变为零，从而可以认为，T_0 是晶界结构的有序－无序转变的温度. 但是为了得到更确切的结果，在测量程序和结果认定方面仍有一些需要改进之处，特别是关于加力方式和 J_R 值的认定方面. 在前述的蠕变实验里，在各个温度下所施加的应力的判据是引起 2×10^{-5} 的应变，即把在 0.1s 这个加载期间能够引起应变为 2×10^{-5} 的应力在整个蠕变测量当中保持不变. 这个程序使得在不同的温度下所施加的蠕变应力并不相同. 采取这个措施的目的是为了保证在各个温度下的蠕变应变不会超过弹性范围. 但是，要严格比较在不同温度下的蠕变数据，应当施加相同的应力在各个温度下进行蠕变测量. 在葛和段的新近实验里采用了在不同温度下施加相同的恒应力程序对于取向差为 $129.5°$（$\sum 11$）的 Al 双晶进行蠕变实验[34].

把片状双晶试样在扭动装置里在 350℃ 原位退火 2h. 最高的蠕变测量温度为 206.5℃. 所选定的起始外加应力 σ_0 能够在 206.5℃ 时在 0.1s 的时间期间内引起 1×10^{-5} 的应变. 在随后的较低温度进行所有蠕变测量时都采用这个 σ_0. 在每个测量温度都可以根据 $\varepsilon(t)$ 的观测值算出顺度 $J(t) = \varepsilon(t)/\sigma_0$，并用归一化任选单位来表示. 应当指出，施加应力应当是瞬时完成的. 在 $t = 0$ 时，$\sigma = \sigma_0$. 因而未弛豫顺度是 $J_U = \varepsilon(0)/\sigma_0$，但是用目前的装置施加应力需要一定的时间，这就在测量 J_U 时引入一定的误差，特别是在高温的情形. 由于在目前的实验条件下，需用 0.1s 的时间期间来准确测定应变，从而只能认为 $J_U = \varepsilon(t = 0.1s)/\sigma_0$. 如果温度不太高，这样所引入的误差并不严重. 但是这就限制进行蠕变的温度不能很高.

关于已弛豫顺度 J_R 的测量也是十分困难的. 以前的测量只是根据在实验误差范围以内所观测到的蠕变应变的饱和值来计算 J_R，从而计算 $\Delta = \dfrac{(J_R - J_U)}{J_U}$，但是这里可能引起严重的误差，必须进行严格的分析. 在蠕变进行中，有

$$J(t) = \frac{\varepsilon(t)}{\sigma_0} = J_R - (J_R - J_U)\exp\left(\frac{-t}{\tau_\sigma}\right), \tag{6.1}$$

$$= J_U + \delta J\left[1 - \exp\left(\frac{-t}{\tau_0}\right)\right], \tag{6.2}$$

其中的 τ_σ 为与恒应力蠕变过程有关的弛豫时间. 由方程（6.1）可见，$J_R = J$ $(t \to \infty)$，由于蠕变测量只能进行有限的期间，所以在测定 J_R 时从而也在测定 Δ 时将引入一定的误差. 如果进行蠕变测量一直到 $t = t_1$，并且认为蠕变已经达到饱和从而假定 $J_R = J(t = t_1)$，那么从方程（6.2）得出，$\dfrac{\Delta(t = t_1)}{\Delta(t \to \infty)} = 1 - \exp\left(\dfrac{-t}{\tau_\sigma}\right)$，可见测定 Δ 时所引入的误差随着 t/τ_σ 的增加而减少. 例如当 $t_1/\tau_\sigma = 3$ 时误差是 5%，当 $t_1/\tau_\sigma = 5$ 时误差是 0.67%.

按照 Arrhenius 关系式可来计算在温度 T 的 τ_σ，即 $(\tau_\sigma)_T = \tau_0\exp\left(\dfrac{H}{k_B T}\right)$，$H$ 是激活能，k_B 是 Boltzmann 常量. 根据内耗测量得出 $(\tau_\sigma)_T = 3.453 \times 10^{-12}$ $\exp\left(\dfrac{1.062}{k_B T}\right)$，$H = 1.062\text{eV}$（将在下面报道，见图 6.22）. 由此所算出的在各种

温度下的 $(\tau_\sigma)_T$ 列于表 6.6. 表中的最后一列是选定 $t_1 = 2000s$ 作为进行蠕变测量的期间时所求得的 $\dfrac{\Delta\,(2000s)}{\Delta\,(\infty)}$ 值.

表 6.6　在不同温度下的弛豫时间 τ_σ 和 $\dfrac{\Delta\,(2000s)}{\Delta\,(\infty)}$ 值

T（℃）	$(\tau_\sigma)_T$（s）	$\Delta\,(2000s)\,/\Delta\,(\infty)$
80	4.577×10^3	0.354
90	1.753×10^3	0.680
100	7.075×10^2	0.941
110	2.993×10^2	0.999
120	1.323×10^2	1.000
130	6.086×10^1	1.000
140	2.908×10^1	1.000
150	1.439×10^1	1.000
160	7.355	1.000
170	3.875	1.000
180	2.100	1.000
190	1.169	1.000
200	6.069×10^{-1}	1.000

由表 6.6 可看出，当测量温度是 100℃ 时，根据把蠕变实验进行到 $t = 2000s$ 时达到蠕变饱和所测定的 J_R 和 Δ 所引入的误差约为 6%，当测量温度是 100℃ 或更高时，引入的误差是零.

从图 6.11（a）所示的原始 Al 双晶试样切割下来一块单晶试样，用它进行上述的蠕变实验时指出，在 210℃ 以下并不发生可察知的蠕变.

图 6.18 示出取向差 $\theta = 129.5°$（$\Sigma 11$）的 Al 双晶在不同温度在相同外加恒应力作用下的蠕变曲线. 对于试样施加扭转的加载时间是 0.1s，因此把 $J\,(t = 0.1s)$ 作为在该温度下的未弛豫模量 J_U，每次蠕变测量的时间是 2000s. 由图可见，蠕变在起始时迅速增加，随后变慢最后达到一个饱和值，由此得出已弛豫顺度 J_R，表 6.7 列出了在不同温度下的 J_U，J_R，$\delta J = J_R - J_U$ 和 $\Delta = \dfrac{\delta J}{\sigma_0}$，其中的 J_U，J_R 和 δJ 是任意单位.

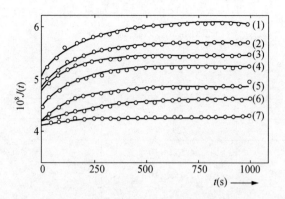

图 6.18　129.5°（Σ11）铝双晶在恒应力下的蠕变曲线[34].
曲线（1）～（7）对应的温度分别是 206.5℃, 186℃, 165.6℃, 145.0℃, 114.6℃,
104.1℃和 83.9℃. 图中只画出进行到 $t = 1000s$ 时的曲线.

表 6.7　取向差 θ 为 129.5°的铝双晶在不同温度下的蠕变数据

T（℃）	$10^8 J_U$	$10^8 J_R$	$10^8 \delta J$	Δ
206.5	4.989	5.992	1.003	0.20
196.6	4.903	5.776	0.873	0.18
186	4.768	5.644	0.876	0.18
175.7	4.647	5.456	0.809	0.17
165.6	4.712	5.395	0.803	0.15
155.3	4.596	5.354	0.758	0.16
145.0	4.459	5.188	0.729	0.16
135.1	4.451	5.188	0.737	0.17
124.6	4.220	4.804	0.604	0.14
114.6	4.305	4.831	0.526	0.12
104.1	4.155	4.591	0.436	0.11
94.3	4.114	4.489	0.375	0.09
83.9	4.144	4.252	0.108	0.03
74.0	4.229	4.276	0.047	0.01
63.4	4.204	4.046	0.016	0.004

图 6.19 示出的是 Δ 作为 T 的函数的曲线. 可见 Δ 随着温度的降低而减小，根据外推得到 $T_0 = 354.7\text{K}$（81.7℃），这相当于 $0.38 T_m$.

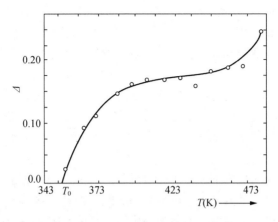

图 6.19　129.5°铝双晶的 $\Delta - T$ 关系[34]

图 6.20 示出 $J_U = J_{t=0.1s}$ 随着温度的变化状况，可见开始偏离直线关系的温度是 345.5K（72.5℃），这相当于 $T_0 = 0.37 T_m$.

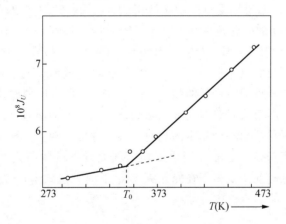

图 6.20　129.5°铝双晶的 J_U $(t=0.1s)$ $- T$ 关系[31].

§6.3 和 §6.4 中曾介绍用内耗测量的方法来试图测定晶界弛豫强度 Δ 随着温度而变化的情况（见图 6.6 和图 6.7），但是由于所用的振动频率的变化范围不够大，所以虽然发现 Δ 随着温度 T_P 的降低而减小，但是却并未能得出 T_0 值（见图 6.5 和图 6.10）

另外，前面根据在各种频率下所测得的内耗 – 温度曲线来考察弛豫强度 Δ 随着温度变化的做法是有问题的．众所周知，对于线性滞弹性过程来说，内耗 – 温度曲线与内耗 – 频率曲线是等价的，它们之间可以通过 Arrhenius 关系式而联系起来；但是；对于非线性滞弹性过程来说，这两种测量方法就不完全等价. 在第二章里已经指出，对于线性滞弹性（例如细晶粒晶界的弛豫过程）来说，弛豫强度 Δ 与温度无关，如果 Δ 随着温度的降低而减小的话，这就表明已经牵涉到非线性的问题，在内耗－温度曲线的测量中，一般是根据内耗峰高度的两倍来确定弛豫强度 Δ，或者考虑弛豫时间有一定的分布而进行修正[例如应用式 (2.63)]. 但是，如果弛豫强度 Δ 本身随着温度而变化，则根据内耗峰高度随着温度的变化来确定弛豫强度 Δ 就存在着一个矛盾，即根据在不同温度下的内耗峰高度来确定 Δ 值，而 Δ 值又随着温度而变化的矛盾，这就引入了一种内在的误差.

    在出现非线性的情况下，采用测量内耗－频率曲线的方法就不会出现上述的困难. 这就是在一个温度下，改变频率，测出内耗－频率峰，从内耗峰的高度的两倍来确定在这个温度下的弛豫强度 Δ，并由此求出激活能. 测出内耗－频率峰所需的频率范围一般是很宽阔的，特别是需要很低的频率. 由于测量所需的时间较长，除仪器本身的精度以外，一些外界因素都可能带来不确定的误差.

    图 6.21（a）示出用受迫振动法测得的 $\theta = 129.5°$ 的铝双晶的内耗－频率曲线. 测量频率 f 的变化范围是 10^{-4} 到 5Hz，应变振幅是 1×10^{-5}. 曲线 (1) 到 (7) 分别表示在 200℃，180℃，160℃，140℃，120℃，104℃ 和 83.9℃ 测量结果. 由图可见，在 83.9℃ 曲线上没有出现内耗峰，这表明在此温度下，晶界的频率内耗峰出现在更低的频率. 图 6.21（b）示出各曲线扣除低频内耗背景后的情况. 尽管背景只是大致扣除的，存在一定的误差，但从扣除背景前后的曲线都可明显看出一个基本的趋向：温度降低，频率内耗峰都向低频方向移动而峰的高度降低. 表 6.8 列出了在不同温度下的频率内耗峰的位置和高度，其中的弛豫时间 τ 是根据在峰巅频率 f_p 下的关系式 $\tau\omega = 2\pi\tau f_p = 1$ 而计算出来的.

表 6.8   在不同的温度下所测得的 $\theta = 129.5°$ 的铝双晶的
频率内耗峰的峰位和峰高

T（℃）	104	120	140	160	180	200
峰巅频率 f_p $(\mathrm{Hz} \times 10^3)$	0.305	1.060	3.183	19.255	70.651	192.05
τ（$=1/2\pi f_p$）$(10^3 \mathrm{s})$	0.522	0.150	0.050	0.00827	0.00225	0.000829
$Q_{max}^{-1}\left(=\dfrac{1}{2}\Delta\right)$	0.0125	0.0155	0.0175	0.0195	0.0210	0.0235

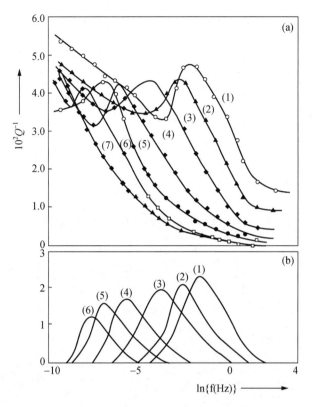

图 6.21　(a) 129.5°铝双晶在不同温度下所得的内耗（Q^{-1}）– ln$f$ 曲线[34].
曲线（1）~（7）对应的测量温度分别是 200℃，180℃，160℃，140℃，
120℃，104℃和83.9℃（b）扣除低温背景后所得的内耗曲线[34].

图 6.22 示出的是 $\ln\tau_T - 1/T$ 的 Arrhenius 图．采用最小二乘方法对表 6.10 中的数据按照 $\tau = \tau_0 \exp(H/kT)$ 的指数形式进行拟合，得出 $\tau = 3.453 \times 10^{-12}$ $\exp(1.062/kT)$.

把所讨论的弛豫过程近似地看成是 Debye 型弛豫而不考虑弛豫时间的分布，则弛豫强度 $\Delta = 2Q_{\max}^{-1}$. 图 6.23 示出 $\dfrac{\Delta}{2} = Q_{\max}^{-1}$ 随着温度的变化. 按照图 6.19 中所示的曲线的同样曲率进行外推，得到 $T_0 = 348.7\text{K}(75.7℃) = 0.37T_m$.

总起来说，用上述的三种滞弹性测量方法对于取向差为 129.5°（$\Sigma 11$）的铝双晶进行实验所得到的 T_0 值分别是 354.7K，345.5K 和 348.7K，所对应的 T_0/T_m 分别是 0.38，0.37 和 0.37，这肯定地指明铝双晶晶界的弛豫强度存在着一个转变温度 T_0.

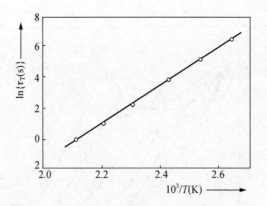

图 6.22　由图 6.21(b)的数据所得的 Arrhenius 图[34].

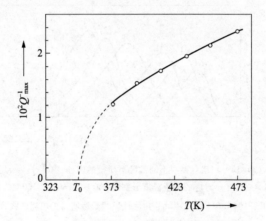

图 6.23　125.9°铝双晶的 $Q_{\max}^{-1}$ 随着温度(T_P)的变化[34].

T_0 表示由外推得到的晶界弛豫的临界温度.

　　总结以前关于铝多晶和铝竹节晶以及铝双晶的实验结果,都表明晶界弛豫强度随着温度的降低而减小,并且约在 $T_0 \cong 0.4T_m$ 的温度变为零,因此,T_0 反映着晶界区域的弛豫过程在它以上的温度时才开始能够查知. 由于晶界弛豫与晶界结构密切相关,所以 T_0 反映着晶界区域开始发生结构变化的温度.

§6.6　铝双晶晶界局域无序化的分子动力学模拟

　　前已指出,晶界结构在高温下的稳定性问题是一个长期争论的问题,其焦点是在远低于金属熔点的温度,晶界的结构是否开始发生变化. 在 §6.1 已经概述了争论的情况. 近年来对于多晶铝、竹节晶铝以及一系列不同取向差 θ 的双晶铝进行的滞弹性测量指出,这些材料中的大角晶界的弛豫强度在远低于熔点的某个温度 T_0 时变为零,即在此温度以下就不发生弛豫.这表明晶界的结构在这个温度发生了变化.为了澄清长期的争论,对此问题需要进行更为深入的研究.陈致英、段玉华和葛庭燧[35]在过去进行的滞弹性实验的基础上,选取实验所测量过的 [110] 对称倾斜双晶 $\Sigma 3(70.5°,109.5°)$ 和 $\Sigma 11(50.5°,129.5°)$ 进行了分子动力学(MD)模拟,从微观上直接"观测"晶界结构是否发生了变化.同时,探讨了具有同一 Σ 数的两个互补角的晶界的行为差异并同实验结果作了对比,阐述了晶界结构变化的微观行为.

N 粒子体系的动力学方程是

$$ \boldsymbol{F}_i = m\frac{\mathrm{d}\boldsymbol{r}_i^2}{\mathrm{d}t^2}, \qquad i = 1,2,3,\cdots,N, \qquad (6.3) $$

其中,$\boldsymbol{r}_i$ 和 $\boldsymbol{F}_i$ 是第 i 个原子的坐标和所受的作用力.$\boldsymbol{F}_i$ 可由原子间相互作用势 $U(\boldsymbol{r}_{ij})$ 求出

$$ \boldsymbol{F}_i = -\sum_{i\neq j}\frac{\partial U(\boldsymbol{r}_{ij})}{\partial r_{ij}}\cdot\frac{\boldsymbol{r}_{ij}}{r_{ij}}, \qquad i = 1,2,3,\cdots,N, \qquad (6.4) $$

$\boldsymbol{r}_{ij}$ 是第 i 个原子相对于第 j 个原子的矢量位移.

根据给定温度采用 Maxwell 分布随机地赋给各个原子以初速度,对于方程 (6.3),即 N 个原子的 3 维联立方程,采用中心差分方法求解.

Morse 势满足 Born 对于晶体弹性常数的分析所给出的条件,并且能够很好地解释有关固体聚合性及化学吸附性的一般行为,加之这种势的类型也是在模拟研究中使用较多的一种,因此,在模拟中采用了 Morse 势.由于铝的价电子结构为 $3s^2 3p^1$,外层 p 轨道只有一个电子,仍可近似作为球形来处理,因而 Morse 原子间相互作用势是对 Al 的一种好的近似,其形式为

$$ U(r_{ij}) = D_0\{\exp[-2a(r_{ij}-r_0)] - 2\exp[-a(r_{ij}-r_0)]\}, \qquad (6.5) $$

其中关于铝的参数 D_0,r_0 和 a 取自参考文献 [36,37],$D_0 = 0.12\text{eV}$,$r_0 = 2.86\times10^{-10}\text{m}$,$a = 2.35\times10^{10}\text{m}^{-1}$.

按照 CSL 模型[38],可构造出具有一定 Σ 数及轴向的 CSL 双晶体.图 6.24 (a) 和图 6.25 (a) 分别示出 $\Sigma 11$,[110] 轴倾斜型取向差为 50.5° 和 129.5° 的铝双晶晶界的初始结构,图 6.26 (a) 和图 6.27 (a) 分别示出 $\Sigma 3$,[110] 轴倾斜型取向差为 70.5° 和 109.5° 的铝双晶晶界的初始结构.

对于图 6.24 (a) ~图 6.27 (a) 来说,纸面是 (110) 面,两个单晶体绕着 [110] 轴对称倾斜角 $\pm\dfrac{\theta}{2}$ 角.Z 轴是沿着 [110] 方向,与纸面垂直,X 轴是沿着晶界方向,Y 轴则是晶界面的法线,铝是 fcc 结构,因此,沿 Z 方向的 (110) 面的层结构是按照 $ABAB$ 的形式叠加的.在计算中,沿 Y 方向取软边界

条件（上、下边界可稍许移动），对于晶界面（X，Z 方向）取周期性边界条件，沿 X 方向取了 4 个 CSL 周期（对于 109.5° 取了 8 个 CSL 周期），沿 Z 方向取了 4 个（110）面层，这样构成的上述的 4 个取向差体系的原子总数分别为 1040，1464，760 和 1056 个，如表 6.9 所示.

在模拟过程中进行了无量纲化，长度以晶格常数为单位，时间单位为

$$r_0\left(\frac{m}{D_0}\right)^{\frac{1}{2}} = 4.26 \times 10^{-13}\text{s},$$ 模拟步长取该时间单位的 1/25，约为 1.7×10^{-14}s.

为了提高原子弛豫过程模拟的效率，对于图 6.24（a）～图 6.27（a）所示的初始位形首先进行静力学弛豫，就是先进行上、下两晶体的相对平移，使此体系达到一个相对的能量最低的结构，体系总能量的收敛判据是体系的总能量的变化小于 10^{-6}. 弛豫后的平移量见表 6.9. 平移后各个体系的结构分别如图 6.24（b）～图 6.27（b）所示.

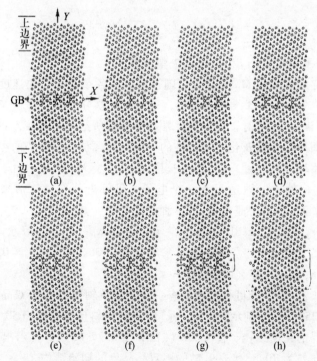

图 6.24　$\theta = 50.5°$（$\Sigma 11$）铝双晶在不同温度下 MD 模拟的结果[35].
（a）初始结构；（b）平移后的结构；（c）$T = 250\text{K}$；（d）350K；
（e）450K；（f）500K；（g）600K；（h）800K；
图中的 "○" 和 "△" 分别代表第一和第二层原子.

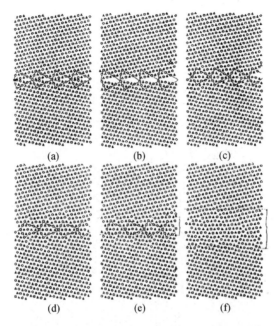

图 6.25　$\theta = 129.5°$（$\sum 11$）铝双晶在不同温度下 MD 模拟
的结果[35].

（a）初始结构；（b）平移后的结构；（c）$T = 250\text{K}$；（d）300 K；
（e）350K；（f）400K.

表 6.9　各体系的原子数和平移量

取向差	晶界体系原子数	边界原子数	原子总数	X 平移量	Y 平移量	Z 平移量
50.5°	624	416	1040	-1.93×10^{-3}	-5.77×10^{-2}	-2.98×10^{-9}
129.5°	904	560	1464	-0.29591	-0.39565	-3.92×10^{-10}
70.5°	472	288	760	-0.28868	-0.10349	-5.70×10^{-10}
109.5°	672	384	1056	-9.10×10^{-10}	-4.98×10^{-3}	3.12×10^{-10}

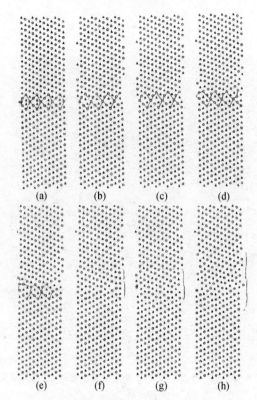

图 6.26　$\theta = 70.5°$（$\Sigma 3$）铝双晶在不同温度下 MD 模拟的结果[35]．（a）初始结构；
（b）平移后的结构；（c）T = 300K；（d）350K；（e）400K；（f）450K；（g）600K；（h）800K.

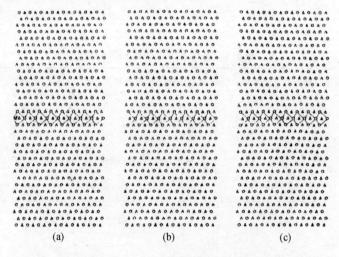

图 6.27　$\theta = 109.6°$（$\Sigma 3$）铝双晶在不同温度下 MD 模拟的结果[35]．
（a）初始结构；（b）平移后的结构；（c）T = 800K.

　　将平移后的结构作为 MD 模拟的初始结构，有了初始结构和相应温度下的初速度，就可根据式（6.3）采用中心差分法求得不同时刻下的各个粒子的位置、速度、所受的力和体系的势能、动能等物理量，并由此导出其他相关的物理量，从而对体系的动力学行为进行全面的描述. 模拟达平衡后，各个粒子所受的合力平均值为零，各个粒子的坐标在平衡值附近作一定振幅的振动. 模拟结果表明，当模拟步数大于 3000 步时，粒子的平均位置不变. 因此，实际模拟的步数为 4000 步. 为了使温度保持不变，在整个模拟过程中每隔 25 步将原子速度调节与给定温度相对应.

　　由表 6.9 及图 6.24（b）~图 6.27（b）可见，这 4 个体系的 Z 方向位移量很小，这是因为在这个方向上是采用晶体本身的周期作为周期性边界条件，X 方向的平移量较大，但其平移量并未达到一个周期，因此 X 平移量对体系能量的降低起了一定的作用，Y 方向的平移量最大，它对体系的能量的降低起了主要作用. 从平移量的多少，也可看出实际结构与 CSL 理想结构的偏离程度. 换句话说，平移量愈小就表明它愈接近理想的 CSL 结构，其稳定性就愈高. 因此，109.5°的结构就比 70.5°的结构稳定得多，50.5°的结构也比 129.5°的结构稳定. 它们的稳定顺序是：109.5° >> 50.5° > 70.5° > 129.5°.

　　图 6.24 到图 6.27 分别给出了这两个 Σ 数的 4 个不同取向差体系在不同温度下模拟达到平衡时（4000 步）的原子位形图.

　　将图 6.24（c）到（h）与（a）和（b）对比可见：在 250K 到 450K[对应图 6.24（c）到（e）]的温度区内，50.5°（$\Sigma11$）的晶界结构几乎与平移后的结构相同而没有发生变化；当 $T=500K$（约为 $0.5T_m$），晶界的四边形结构有一些畸变；在 500K ~ 600K 之间，晶界的结构发生明显的变化，有序结构的晶界区有了很大的畸变，局部地区开始无序化；当温度进一步升高时，晶界结构已不满足 CSL 点阵结构，晶界区及附近晶内区均出现部分无序，且无序区由晶界向晶粒内部逐步扩展.

　　将图 6.25（c）到（f）与（a）和（b）对比可见：在 250K[图 6.25（c）]温度以下，129.5°（$\Sigma11$）晶界的结构与平移后的结构[图 6.25（b）]基本相同而没有发生明显的变化；当 $T=300K$[约 $0.32T_m$，图 6.25（d）]，晶界的四边形结构有一些畸变；在 350K[图 6.25（e）]，晶界的结构发生明显的变化，有序结构的晶界区有很大的畸变，局部地区开始无序化，温度更高时，重位点阵结构完全被破坏，晶界及附近都开始出现无序区，随温度的进一步升高，晶界的有序结构趋于完全消失.

　　同样，将图 6.26（c）到（h）与（a）和（b）对比可见：在 300K[图 6.26（c）]温度以下，晶界的结构几乎没有变化. 当 $T=350K$[约 $0.38T_m$，图 6.26（d）]，晶界的四边形结构有一些畸变；在 400 ~ 450K[图 6.25（e ~ f）]，晶界的结构发生明显的变化,局部地区开始无序化,在 600K 时其无序区变大;当温度进一步升高时,晶界区及附近晶内区均发生了部分无序,且无序区由晶界向单晶区进一步扩展.

将图 6.27(c)与(a)和(b)对比可见:它的结构与初始结构几乎毫无差别,直到 900K 仍无局部无序区出现. 也就是说,对于这种共格孪晶晶界并未发现由有序向无序转变的温度点. 因此,$\theta = 109.5°(\sum 3)$的结构是相对最稳定的结构.

将图 6.25 和图 6.24 对比可见:取向差为 129.5°($\sum 11$)的双晶晶界出现无序化的温度比取向差为 50.5°($\sum 11$)的双晶晶界要低一些,前者约为 $0.3T_m$,后者则为 $0.5T_m$ 左右. 这是因为:尽管这两个体系的 $\sum$ 数和倾侧轴相同,其取向差也互为补角,但取向差为 129.5°($\sum 11$)的 CSL 结构的周期比 50.5°($\sum 11$)结构的长,晶界区域的原子排列和配位数不同,晶界能较高,从而晶界稳定性较低,开始出现畸变和无序的起始温度就比 50.5°($\sum 11$)结构低.

以上结果综合列于表 6.10. 表中同时列出了滞弹性测量得到的双晶晶界弛豫的临界温度 T_0 值. 由表中数据可见,晶界开始出现无序的温度与双晶晶界弛豫临界温度 T_0 值基本上是一致的. 由此可以认为,$\boldsymbol{T}_0$ 点与晶界区发生的无序化有关. 此外,该温度值与晶界的取向差和相应的 $\sum$ 数有关,但是关于这个方面的数据很少,并且很不全面.

表 6.10　各体系的晶界开始表现出无序化和晶界弛豫的临界温度

取向差	$\sum$ 数	晶界开始表现无序化的温度点	晶界弛豫的临界温度 T_0	参考文献
50.5°	11	$0.5T_m$	$0.42T_m$	[33]
129.5°	11	$0.32T_m$	$0.37T_m$	[34]
70.5°	3	$0.38T_m$	$0.4T_m$	[33]
109.5°	3	$\sim T_m$	无	

109.5° ($\sum 3$) 的双晶晶界的结构比较特殊,实际上是一个共格孪晶晶界的结构. 这种晶界的原子都位于共格点上,配位数与晶粒内部的原子相同,配位距离也相差不大. 因此这样结构的孪晶晶界是很稳定的,晶界的行为与晶粒内部相近,由模拟得到的出现无序化的结果也正是这一特殊性质的体现. 目前还没有对于 109° ($\sum 3$) 双晶晶界进行滞弹性测量的报道.

总起来说,可以作出以下的结论:

(i) MD 模拟指出,对于取向差为 50.5° ($\sum 11$),129.5° ($\sum 11$) 和 70.5° ($\sum 3$) 的铝双晶的晶界结构有序无序转变温度分别是 $0.50T_m$,$0.32T_m$ 和 $0.38T_m$. 这些临界温度远低于熔点温度 T_m. 但是对于 109.5° ($\sum 3$) 晶界

却没有发现这种转变.

（ⅱ）所研究的四种晶界的结构稳定性的顺序是：$109.5° \gg 50.5° > 70.5° > 129.5°$.

（ⅲ）取向差为 $50.5°$（$\sum 11$），$129.5°$（$\sum 11$）和 $70.5°$（$\sum 3$）的三种晶界的有序无序转变温度与滞弹性测量所得到的晶界弛豫临界温度 T_0 相合.

应该指出，上述的模拟结果主要是从原子图像上来观察的，缺乏定量的判据. 进一步的工作需要考虑根据"结构因子"或"径向分布函数"等参量的变化来作出定量的判断.

§6.7　结　　语

MD 模拟结果与滞弹性测量（微蠕变和内耗）的结果都表明存在一个远低于体熔点（T_m）的温度 T_0. 在此温度以下，晶界仍保持有序的低能结构，而在此温度以上，晶界开始出现局域无序化.

根据 CSL 模型或结构单元模型[39]，晶界显示着相当大的有序度. 即便各种类型的结构单元可在晶界芯区内的不同部分出现各种形式的畸变，但是这些畸变总是对称的和有周期性的，因此可以把晶界描述成一种含有高浓度的线缺陷的有序的"晶态"结构. 按照葛庭燧在 1949 年提出的晶界的"无序原子群"模型[29]，晶界的黏滞性滑动是来源于在"无序原子群"内的应力弛豫. 如果把 CSL 模型中的重位的部分看成是"无序原子群"模型中的"好区"，而把不重位的部分看作"坏区"（如初始结构中在四边形包围内的区域），则可以根据模拟的结果对于 CSL 模型与无序原子群模型二者之间的关系做如下的描述.

在极低温度下，晶界由好区和坏区构成的 CSL 模型初始结构仍然是有序的. 当温度升高，原子的动能增加，在达到 T_0 时，一部分原子的位置发生变化，形成无序原子群，晶界结构开始发生变化. 当温度进一步升高时，无序原子群的数目开始逐渐增多，无序原子群中的自由体积也逐渐增加，从而使得"坏区"扩大，"好区"减少. 达到体熔点时，"好区"完全消失，晶界与晶体的区别消失而成为液态. 这也就是说，从 T_0 开始，无序原子群的数目或其内部结构或二者都开始发生变化，使得在无序原子群（坏区）内所发生的弛豫过程能够通过目前的滞弹性测量的灵敏度而观测出来.

由此看来，无序原子群模型与 CSL 模型对于晶界结构变化的描述是一致的，得到的结论也是相同的. 但 CSL 模型只能描述那些具有周期性结构的特殊晶界，而无序原子群模型可对任何晶界的结构加以描述. 前者适用于 T_0 温度以下的有序结构的晶界，而后者适用于 T_0 温度以上的晶界结构. 因此，这两种晶界模型是互补的，前者是由后者发展的.

应该指出，虽然 CSL 晶界结构模型在 $T < T_0$ 时还是可用的，但是它关于好区和坏区的描述应该进行一定的修正，即好区不只是一个重位阵点，而坏区（不匹配的区域）应当大大缩小. 已经提出大角度晶界的一个综合模型，这就是适用于 $T < T_0$ 的经过修正的 CSL 模型与适用于较高温度的无序原子群模型的组合模型. 详细情况将在第十章中介绍.

参 考 文 献

[1] T. S. Kê（葛庭燧），*Phys. Rev.*，**71**，533（1947）.

[2] P. G. Shewmon，*Acta Met.*，**5**，335（1957）.

[3] J. C. M. Li（李振民），*J. Appl. Phys.*，**32**，525（1961）.

[4] M. E. Gicksman，C. L. Vold，*Acta Met.*，**13**，1（1967）；**15**，1409（1967）.

[5] H. Gleiter，B. Chalmers，High-Angle Grain Boundaries，Pergamon Press，Oxford，Chap. 5（1972）.

[6] C. Boulanger，*Rev. Met.*，**50**，768（1953）；**51**，210（1954）.

[7] J. Friedel，Diskussionstagung，TH Acachen，3～7 März.，(1958)（见参［5］，p125）.

[8] J. S. Liu，R. W. Balluffi，*Phil. Mag.*，**A52**，713（1985）.

[9] T. E. Hsieh，R. W. Balluffi，*Acta Met.*，**37**，1537（1989）.

[10] R. W. Balluffi，R. Maurer，*Scripta Metall.*，**22**，799（1988）.

[11] J. R. Kikuchi，J. W. Cahn，*Phys. Rev.*，**B21**，1893（1980）.

[12] G. Ciccotti，M. Gulilope，V. Pontiks，*Phys. Rev.*，**B27**，5576（1983）.

[13] M. Gulliope，G. Ciccotti，V. Pontiks，*Surf. Sci.*，**144**，67（1984）.

[14] J. Q. Broughton，G. H. Gilmer，*Phys. Rev. Lett.*，**56**，2692（1986）.

[15] G. Kalonji，P. Deymier，R. Najafabadi，S. Yip，*Surf. Sci.*，**144**，77（1984）.

[16] P. Deymier，G. Kalonji，*Trans. Japan Inst. Met.*，**27**，171（1986）.

[17] P. Deymier，A. Taiwo，G. Kalonji，*Acta Metall.*，**15**，2719（1987）.

[18] P. S. Ho，T. Kwok，T. Nguyen，C. Nitta，S. Yip，*Scripta Metall.*，**19**，993（1985）.

[19] T. Nguyen，S. Yip. *Mater. Sci. Eng.*，**A107**，15（1985）.

[20] J. F. Lutsko，D. Wolf，*Scripta Metall.*，**22**，1923（1988）.

[21] J. F. Lutsko，D. Wolf，S. R. Phillpot，S. Yip，*Scripta Metall.*，**23**，333（1989）.

[22] S. R. Phillpot，J. F. Lutsko，D. Wolf，S. Yip，*Phys. Rev.*，**B40**，2831，2841，（1989）.

[23] T. S. Kê，*Phys. Rev.*，**72**，41（1947）.

[24] L. X. Yuan（袁立曦），T. S. Kê，*Phys. Stat. Sol.*（a），**158**，83（1996）.

[25] T. S. Kê，*Scripta Metall. Mater.*，**24**，347（1990）.

[26] A. S. Nowick，B. S. Berry，Anelastic relaxation in Crystalline Solids，Academic Press，New York，Chap. 4（1972）.

[27] T. S. Kê，*Phys. Rev.*，**76**，579 L（1949）.

[28] 程波林、葛庭燧，金属学报，**26**，A217（1990）；*Acta Metall. Sinica*（*English Edition*），**A4**，79（1991）.

[29] T. S. Kê，*J. Appl. Phys.*，**20**，274（1949）.

[30] A. W. Zhu（朱爱武），T. S. Kê，*Phys. Stat. Sol.*（a），**113**，393（1989）.

[31] 段玉华、葛庭燧、张天宜，物理学报，**12**，297（1993）.

[32] 段玉华、葛庭燧、张天宜，力学学报，**15**，22（1993）.

[33] T. S. Kê，Y. H. Duan（段玉华），*Acta Metall. Mater.*，**41**，1003（1993）.

[34] T. S. Kê，Y. H. Duan，*Phys. Stat. Sol.*，（a）**140**，411（1993）.

[35] Chen Zhiying（陈致英），Y. H. Duan，Ge Tingsui（葛庭燧），*Acta Mechanica Sinica*，**11**，259（1995）.

[36] M. J. Weins，*Surf. Sci.*，**31**，138（1972）.

[37] S. J. Plimpton, E. D. Wold, *Phys. Rev.*, **B41**, 2712 (1990).

[38] D. G. Brandon, B. Raiph, S. Ranganathan, M. S. Wald, *Acta Metall.*, **12**, 813 (1964).

[39] A. P. Sutton, V. Vitek, *Phil. Trans. Roy. Soc. London*, **A309**, 1, 37, 55 (1983).

第七章　晶界弛豫的动力学

　　晶界弛豫的动力学牵涉到晶界扩散、晶界迁动和晶界滑动的过程和机制. 这一章将概述关于这些过程的基础知识、相应的实验结果以及这几个过程之间的联系. 晶界滑动在有些情况下可以伴生迁动，而晶界迁动则要求晶界扩散或晶内扩散. 这里所说的滑动和迁动意指着晶界沿着平行于和垂直于晶界面的移动. 晶界弛豫动力学控制着晶界弛豫的基本过程，这与晶界的宏观结构和微观结构具有紧密的联系.

§7.1　晶界扩散

　　第二章提到葛庭燧首次把晶界弛豫所引起的晶界内耗与扩散过程联系起来，这引发了随后一系列的关于这个扩散过程是体积扩散还是晶界扩散的争论.

　　原子沿着晶界（界面）的扩散率一般与在邻接晶体点阵中的扩散率不同. 这个现象在许多过程中是很重要的，特别是关于多晶体中的原子扩散型输运的问题. 晶界扩散有两种基本类型：与晶界面平行的扩散和与晶界面垂直的扩散（即直接跨过邻接晶体之间的扩散）.

　　现有的实验证据指出，沿着晶界的快速扩散是在相对窄的芯区内发生的. 这个区域的结构随着离开晶界中心面的距离而变化，从而扩散率也发生变化. 不过由于这个区域很薄，远小于整体扩散的距离，所以可用一个均匀的薄板来代替晶界，这个薄板的厚度是 δ（假定为 0.5nm），它具有沿着晶界扩散的平均扩散率（扩散系数）.

　　测定晶界扩散率所用的试样一般是双晶试样. 图 7.1 所示的是测试方式的示意图. 图中的 A 是由晶体 I 和晶体 II 所构成的双晶的表面，B 是晶界（与表面垂直）. 在表面层里含有示踪原子. 当示踪原子通过扩散而进入试样以后，测定沿着晶界的渗透距离为 y 时的浓度，测定等浓度线的正切线与晶界所形成的角度 ϕ，并且测定等浓度线的顶点的速度作为 ϕ 的函数. 最后采用机械的或化学的分段切片法测定与表面平行的若干切片中的示踪原子的总量. 但是从上述测量的结果还不能直截了当地给出晶界扩散率 D，而是首先要推导出实验测得的等浓度线与 D 之间的关系式. 所有的推导所得出的解析式都只能给出 $D\delta$，

δ 是晶界的厚度.

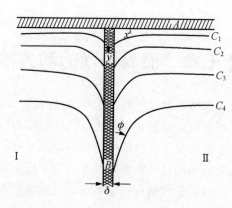

图 7.1　测量晶界扩散的测试方式的示意图. Ⅰ 和 Ⅱ 是构成双晶的两个邻接晶体, B 是晶界, A 是双晶表面, ϕ 是等浓度线 $C_1 \sim C_4$ 的正切线与晶界所形成的角度, y 是渗透距离.

已经发现, 晶界扩散率直接与晶界的结构有关. 对于小角晶界, 这种情况是预期的. 众所周知, 小角晶界由分布在晶体点阵里的一系列的分立的初级位错组成. 位错芯是由坏区构成的, 一般来说可以发生快速扩散. 另外, 位错芯以外的材料基本上是略有应变的完整结晶物质, 具有近似地与晶体点阵相同的扩散率. 从扩散的观点来说, 可把小角晶界看成是分布在扩散率较低的介质里的一个快速扩散管道网络, 而大角晶界则是由高扩散率的坏材料组成的连续的平板.

可用扩散原子沿着晶界进入试样的渗透深度 (对于特定的扩散时间和温度来说) 来标定晶界的扩散率. 所有的实验结果都清楚地指出穿透深度是两晶粒间的取向关系的函数. 关于银的 [100], [110] 和 [111] 扭转晶界的扩散测量指出, 只有在取向差大于 6° (在 420℃) 和 16° (470℃) 时, 晶界扩散才较点阵扩散为快[1]. 对于一定的取向关系来说, 扭转晶界的扩散率较之倾斜晶界小 10% 或更小. 关于大角倾斜晶界的实验结果一致认为晶界扩散率随着取向差的增加而增加, 不过有的在扩散曲线上出现凹状歧点 (cusps). 对应着扩散曲线上的凹点的取向差都近似地是重合取向关系 (coincidence orientation relationship). 呈现重合取向关系的晶界叫做特殊晶界 (special boundary)[1]. 一般晶界 (general boundary) 或无规晶界 (random boundary) 并不呈现这种重合取向关系. Bi 在 Cu 的 [100] 倾斜晶界中的扩散当晶界取向差为 22°, 25°, 63° 和 72° 时出现凹状歧点[2]. 这四种晶界属于或者极接近于高密度重合晶界.

① 关于晶界的原子结构和晶界的重位点阵 (CSL) 晶界将在 §8.4 和 §8.5 中介绍.

另外的例子有 Fe 在 Fe – 3% Si 中的扩散，凹状歧点出现的取向差角度对应着两邻接晶体之间的接触面是（332）面[3]．这个结果指出高密度的重合晶界的晶界扩散率小于非重合晶界．很强的证据是沿着 Al 双晶（杂质含量小于 0.002%）的［110］倾斜晶界的扩散，如图 7.2 所示[4]．可见，所有的凹状歧点都近似地对应着高密度重合取向关系．所观测的凹歧点的位置与确切的重合角度之间的歧离可能是由于双晶的倾斜轴线与确切的［100］方向相差 5°和 10°．

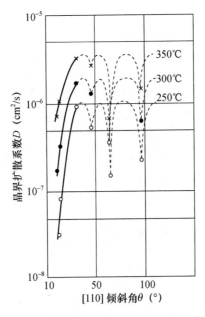

图 7.2　沿着铝的［110］倾斜晶界的扩散率 D 作为取向差 θ 的函数．假定 $\delta = 0.5\text{nm}$[4]．

　　在晶界自扩散实验里可以忽略原子间的交互作用势，但是在溶质元素 A 沿着溶剂元素 B 的晶界进行扩散的实验里，由于晶界与溶质原子之间有结合能存在，所以扩散受浓度梯度和交互作用能梯度的控制，因此在计算固溶体中的晶界扩散系数时，要把由纯金属方程所得的因数 $D\delta$ 换为 $D\delta\exp(\Delta F/kT)$，ΔF 是晶界与溶质原子之间的结合能．把 ΔF 写成 $\Delta F = \Delta U - T\Delta S$，则得

$$D\delta = D_0\delta\exp[-(Q-\Delta U)/kT]\exp(\Delta S/k),$$

其中 Q 是晶界扩散激活能，$Q-\Delta U$ 是晶界溶质扩散表观激活能．

　　要从晶界扩散实验得到关于晶界扩散机制的信息，需要进行如下两类实验：（i）用具有特定取向关系的两个晶体所形成的晶界来测定晶界扩散率的各向异性（例如与晶界的倾斜轴平行和垂直的扩散）．（ii）针对着一个特定扩散

方向（例如与倾斜轴平行）来测定晶界扩散系数作为取向差的函数.

　　为了完整描述晶界自扩散，必须知道扩散系数作为温度、取向差、晶界倾角以及在晶界内扩散方向的函数. 迄今进行的实验的结果表明，晶界自扩散的温度依赖关系可近似地用一个单独激活能（Q）和一个指数前因子（D_0）来标定. 因此，应该知道 Q 和 D_0 对于上述各个几何参数的函数关系. 迄今似乎还没有进行关于晶界扩散率对于晶界倾角和在晶界内的扩散方向的依赖关系的测量.

　　已经发表了关于沿一般晶界或无规晶界的晶界自扩散系数的大量测量结果. 表 7.1[5] 列出了一些金属的大角晶界自扩散常数. 表 7.2[6] 列出几种固溶体中的大角晶界的溶质扩散常数.

表 7.1　无规大角晶界的自扩散常数[5]

元素	D_0（$cm^2 \cdot s^{-1}$）	$Q - \Delta U$（kcal/mol）
Ag	$3 \times 10^{-2} \sim 1.2 \times 10^{-1}$	$20.2 \sim 21.5$
Ag	2.4×10^{-2}	20.3
Ag	–	20
Ag	6.3×10^{-2}	18.9
Ag	3×10^{-3}	18
Cd	1.0	13
Co	4	39
Cr		46
γ-Fe	1	40
γ-Fe	2×10^{-4}	30.6
γ-Fe	5.2×10^{-3}	25
γ-Fe	$3 \sim 5$	39
γ-Fe + 0.0018% B	3×10^{-1}	48.3
γ-Fe	1.5	38.0
α-Fe	1.2	33.4
α-Fe	–	45
α-Fe	13	40
α-Fe	1.4×10^{-2}	33.7
α-Fe + 0.0018% B	7.8×10^3	53.1
α-Fe	22.4	41.5
α-Fe		40
Ni	1.8×10^{-2}	26

元素	D_0 （cm^2·s^{-1}）	$Q - \Delta U$ （kcal/mol）
Ni	10^{-2}	26.6
Ni	7×10^{-2}	27.4
Ni	1.75	28.2
Pb	1.6	15.7
Pb	—	4.7
Sn	—	9.4
Sn + 0.9% Zn	4.8×10^{-1}	11.5
Sn	6×10^{-2}	9.55
Sb （99.9999Sb）	5.8	22 ~ 23.1
Sb （99.9% Sb）	3.0	22.2
Te	2.2×10^{-1}	20
γ-U	2×10^2	42.7
α-U	320	44.3
W	6.7	92
Zn	2.2×10^{-1} ~ 3.8×10^{-1}	
Zn	—	12.3

表 7.2　无规大角晶界的溶质扩散常数[6]

溶剂	扩散溶质	D_0 （cm^2·s^{-1}）	Q （kcal/mol）
Cu	Ag	3.1×10^{-6}	17.2
Cu （0.1% Ag）	Ag	1.7×10^{-6}	17.05
Cu	Au	—	25
Cu	Ni	—	40.8
Co	Fe	5.6×10^{-2}	31.3
α-Fe	Cr	1.8×10^3	52
α-Fe	Co	2.2	41.5
α-Fe	Co	0.5	33.0
α-Fe	Ni	32.3	43.3
W	Th	0.37	90

　　微量杂质原子的存在对于无规晶界的溶质扩散有很大的影响，可以使溶质扩散大大增强或减弱．已经发现四种不同的效应：（i）使晶界和点阵扩散都增

强（例如 Ag 在含有微量的 Sb 或 Mg 的 Cu 中的扩散）；(ii) 只增强晶界扩散而不影响点阵扩散（例如 Ag 在含有微量 Cu 中的扩散）；(iii) 使点阵扩散减弱但使晶界扩散增强（例如 Ag 在含 Be 和 Fe 的 Cu 中的扩散）；(iv) 使点阵和晶界扩散都减弱（例如 Ag 在含微量 Bi 的 Cu 中的扩散）. 表 7.3[7] 列出了杂质原子对于固溶体晶界扩散的影响，表中的数据指出了晶界偏析与晶界扩散之间的关系. 在表中所列的许多溶质 – 溶剂系统（固溶体）中，已经确知在它的晶界处有溶质偏析（指的是形成固溶体的溶质原子以外的另一种杂质原子）①.

表 7.3　杂质原子对于晶界溶质扩散的影响[7]

溶剂	扩散原子	杂质原子	对扩散的影响
Cu	Ag	Mg	增强
Cu	Ag	Fe	增强
Cu	Ag	Cd	增强
Cu	Ag	Ag	增强
Cu	Ag	Sb	增强
Fe	Ag	Pd	增强
Fe	Fe*	Mg	无影响
Fe	Fe*	Sn. Mo	减弱
Fe	Fc*	残留杂质	增强
Fe	Fe*	Ni	无影响
Fe	O	P	增强
Fe	N	V	增强
Cu	Ag	Bi	减弱
Cu	Zn	Be	减弱
Cu – Zn	Zn	Sb	增强
Cu – Ni	O	Mg	减弱
Ni	Fe*	残留杂质	减弱
Sn	Sn*	Zn	减弱
Al	Pb	残留杂质	减弱
Zn	Zn*	Sn	减弱
Ag	Ag*	Ti	增强
Ag	Ag*	Cd	增强
Cr	Cr*	Ni	增强
Pb	Pb*	Ti	减弱
Pb	Pb*	In	减弱
Pb	Pb*	Sn	减弱
MgO	O	Fe	增强

* 放射性示踪原子

---

①　严格地说，应当区分在晶界核的偏析与在邻近点阵的偏析. 由于还没有把这两者分开的详细观测，所以所说的"在晶界处"的偏析意指着溶质原子的总的聚集而不特别指出其确切位置.

关于取向差对于固溶体中的晶界扩散的影响的仅有测量是对比 Ag 原子在纯 Cu 和含 0.25% Sb 的 Cu 的 [110] 倾斜晶界中的穿透深度[8]. 结果表明, Sb 的加入对于 56°的晶界无影响, 但是对于 36°和 76°晶界却大大增加, 认为这与晶界偏析的情况有关.

关于溶质含量对于 Q 和 D_0 的影响, 对比 Ag 在 Cu-Ag 固溶体中和纯 Cu 中的实验结果指出, 微量的溶质元素能够改变 Q 和 D_0. 实验测的是无规晶界, 因而得不出关于取向关系的信息. 对比 Zn 在纯 Sn (99.99%) 和在 Sn + 0.5% Zn 合金中的晶界扩散率时指出, 加入 0.5% Zn 使 D_0 由 $6.44 \times 10^{-2} \mathrm{cm}^2 \cdot \mathrm{s}^{-1}$ 增为 $0.48 \mathrm{cm}^2 \cdot \mathrm{s}^{-1}$, Q 由 9.55kcal/mol 增为 11.5kcal/mol[9]. 对于 α-Fe 的合金, 有报道说溶质元素在晶界的偏析大大改变了晶界的扩散率.

测量了含微量 [$10^{-4} \sim 1.5\mathrm{wt}\%$] In, Ti, Sn 的 Pb (99.999% Pb) 的晶界扩散率 (假定 δ 不变)[10]. 所用的试样是与倾斜轴平行的 30° [100] 倾斜晶界. 结果指出, 所测的激活能增加的程度不足以引起所观测的扩散率的减小, 指数前因子的变化似乎也不足以解释上述效应. 扩散系数变化的可能原因或许是溶质原子在晶界上的偏析大大减少了快速扩散原子的数目 (或高速通道的数目) 但并不改变激活能, 或使它略有减小. 第三章介绍了晶界偏析对于晶界弛豫 (晶界内耗) 的影响, 这方面的工作或许能够提供关于晶界扩散机制的一些有用信息.

Kaur 和 Gust[11] 总结了关于 fcc 金属的各种扩散率与温度的关系. 图 7.3 中所示的曲线分别是关于自由表面扩散率 D_s, 液体扩散率 D_l (熔点以上), 晶体点阵扩散率 D_L 和晶界扩散率 D_B. D_B 值是由测量 δD_B 参数而得到的, 假定 $\delta = 0.5\mathrm{nm}$. 规一化晶界扩散数据的平均值可以近似地用直线表示为

$$D_B = D_B^0 \exp(-Q_B/kT),$$

Q_B 为有效激活能, D_B^0 为有效指数前因子. 图中用直线表示, 意指着 D_B^0 和 Q_B 是常量, 但是用直线来表示平均数据或许并不是很真实的, 因为晶界扩散是一个复杂的过程, 包括在晶界芯区内的很多不同的热激活跳动过程, 因而从理论上讲, 整体的有效激活能不应该是确切的常量. 图 7.3 中所采用的晶界扩散数据的大多数是在中等温度下测量的, 这时的晶界扩散与点阵扩散同时进行, 不过点阵中的扩散长度小于晶粒尺寸. Ma 等[12] 收集了在较低温度下测量的关于 Ag, Au 和 Ag/Au 合金的晶界扩散数据, 这时的扩散只是沿着晶界进行, 而点阵中的扩散长度是可忽略的. 在这种情形下所测得的平均晶界扩散率的 D_B^0 和 Q_B 较低 (见图 7.4). 因此, 如果测量的温度包含着较大的范围, 则图 7.4 中所示的 D_B 直线将是弯曲的.

由图 7.3 可见, $D_S > D_B > D_L$. 与这种情况一致, 激活能的顺序相反, 即

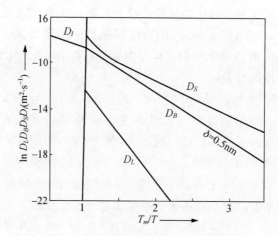

图 7.3 面心立方金属的各种扩散率与温度的关系[11].
T_m 为熔点. D_B 为晶界扩散率. D_L 为点阵扩散率.

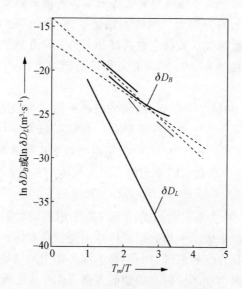

图 7.4 在 Ag, Au 和 Ag/Au 合金中的扩散率与温度的关系[12]. $\delta = 0.5$nm.

$Q_S < Q_B < Q_L$. 在 $(1/2)$ T_m 时, D_B/D_L 约为 $10^7 \sim 10^8$, $(Q_B \sim Q_L) \approx 0.6$. 对于 fcc 金属来说, D_B 在 T_m 接近于 D_l ($\approx 10^{-9}$m$^2 \cdot$ s^{-1}).

Balluffi[13] 和 Cahn[14] 指出, 在二元替代式合金系统里, 两个组元沿晶界的扩散率一般是不同的, 从而在晶界里将要发生净输运现象, 类似于在晶体基体里所发生的 Kirkendall 效应的情况. 这些结果指明, 晶界扩散的发生一般是经由某种缺陷机制，即扩散的发生是通过扩散原子与空位或间隙型点缺陷的相互交换. 但是晶界结构是复杂的和不规则的，对于不同的晶界可能不同的机制占优势.

对于一些特殊的溶质原子的研究指出，在点阵中快速扩散的溶质原子也在晶界中快速扩散. 这种溶质原子一般是替代式的，并且其原子半径约在溶剂原子的 0.86 以下，它们最可能是通过间隙机制而进行扩散的. Bernardini 等[15]发现，Ag，Au 和 Ni 在 Pb 中，Dement 等[16]发现 Fe，Co 和 Ni 在 α-Zn 中的扩散是这种情况. 另一方面，Ag 在 α-Zr 中的点阵扩散和沿着晶界自扩散的行为却是无规的，因为它与 Zr 在 α-Zr 中的自扩散行为类似[17]. 这与 Ag 的原子半径小于 α-Zr 的程度远低于 Fe，Co，Ni 的事实一致. 因此，在这种情形下，点阵扩散和晶界扩散的机制可能是空位机制.

在许多的实验里也发现溶质原子的加入对于各种溶剂原子和溶质原子包括二者的各种组合的晶界扩散率有各色各样的影响，所引起的增强或减弱效应有的很强有的较弱. 这是由于溶质原子倾向于偏聚到晶界上，它们将占据各种有利的座位并且也将改变晶界芯区的结构. 晶界扩散主要是发生于原子在芯区里的较易跳动的座位之间的跳动. 因此，原子偏聚对于这种座位（包括其周围状态）的任何排除或改变都将影响晶界扩散率.

因此，溶质偏析与晶界扩散率是紧密地牵连在一起的. 例如，如果溶质原子强烈地与晶界芯区的空位结合，从而产生一种使原子跳动变慢的结构，芯区就被阻塞，使晶界扩散率大为降低. 当低浓度的溶质原子强烈地偏析到晶界上时，就常常出现这种情况. 图 7.5[18] 列示出的例子指明，Sn 在 Fe 的晶界偏析形成相当于一个单原子层时，就使 Sn（溶质）和 Fe（溶剂）的晶界扩散率都大为降低，但是 Ni 在 Ag 晶界上偏析时却不出现上述的效应.

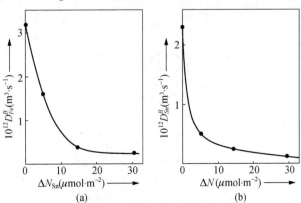

图 7.5　Sn 在 Fe-Sn 合金中的晶界偏析的增加使晶界扩散率减小：(a) D_{Fe}^{B}；(b) D_{Sn}^{B} [18]

　　上面介绍的沿晶界扩散的情况对于说明晶界内耗峰（溶剂峰和溶质峰）的出现及其变化（见第三章）提供了重要信息.

　　Turnbull 和 Hoffman[19]根据小角晶界位错模型提出了晶界扩散的"管道模型"（pipe mechanism）. 他们测量了沿着 Ag 双晶中的对称倾斜间界（轴线⟨100⟩，取向差 θ 为 9°到 28°）的扩散率，发现扩散率与 sin（$\theta/2$）成正比. 按照小角度晶界位错模型，由彼此平行的等间距刃型位错所形成的简单倾斜晶界满足以下关系：

$$d = \frac{b}{2}\sin^{-1}\left(\frac{\theta}{2}\right),$$

其中 d 为位错间距，b 为柏氏矢量，θ 为取向差. 在各位错之间的点阵虽然出现应变，但相对来说还是完整的，并且近似地具有完整点阵的扩散率. 反之，位错芯区（管道）则是高密度无规的，并且具有较高的扩散系数. 因此，他们提出每个位错提供了一个快速扩散的通道，而每个通道并不受邻近通道的影响. 这就可以把晶界看成是由一排间距为 d 的管道所构成的平面列阵. 假设每个通道的截面积为 3 个原子直径的平方，所得到的扩散系数是 0.03exp（−19，700/RT）cm^2·s^{-1}，这与实验测得的 Ag 的晶界扩散系数很相近. 当然，这个管道模型并不适用于大角晶界.

　　由于晶界芯区和位错芯区都是高度无规的区域，在这两种情况下的基本扩散机制很可能是类似的. 有人提出了说明位错芯区扩散的细节模型[20~22]. Love[21]认为，对于沿刃型位错的加速扩散必须考虑两个不同的过程：一个是不相关的"间隙机制"，另一个是相关的"空位机制". 考虑在简单立方点阵中的一个位错芯（图 7.6），假定位错并不扩展，即层错能很高，位错芯里的"间隙子"指的是一行空座位上的一个原子，空位则指的一行原子上的一个空

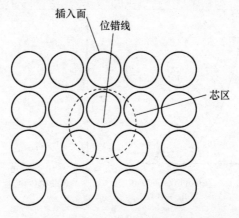

图 7.6　简单立方点阵中的纯刃型位错. 折线表示位错芯的范围[20].

座位（图7.7）. 如果位错芯与点阵之间的原子交换并不经常发生（即不发生正或负攀移而处于局域平衡状态），则间隙子和空位的产生是成对的并且在接触时彼此湮没. 应用这个模型可见，如果一个新产生的间隙子与另一个并不是同它同时产生的空位重新结合，则将沿着位错芯引起一个净的扩散通量. 当一个间隙子与它的"母"空位重新结合而不引起任何净的运动时，就得不到净的扩散. 因此，刃型位错芯的净扩散包含着两个过程：间隙子的运动和空位的运动.

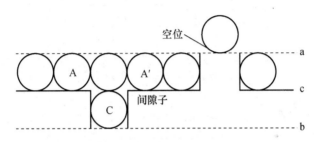

图7.7　简单立方点阵中的纯刃型位错的位错芯内的"间隙子"和"空位"的示意图. a线和b线表示位错芯的范围，c线表示位错芯[20].

如果假设间隙子的形成自由能至少等于空位的（或许高些），则按平均来说，在位错芯内的两个空位之间不存在多于一个的间隙子. 因此，一个给定的间隙子沿着它的扩散路程按平均来说不会碰上另一个间隙子，从而它的运动基本上是不相关的. 类似地，各空位本身的运动基本上也是不相关的，但是空位运动所产生的各个原子移动却是完全相关的. 这是因为空位在其中具有高动性的只是单独一列座位，并且当一个空位通过这一列座位时对于这一列中的原子顺序并没有影响. Wever[22]计算了间隙子机制对于刃型位错芯的净通量与空位机制比较所占的份额，发现间隙子机制只在具有较高层错能的 fcc 金属里才是重要的，因而在大多数的 fcc 金属里的芯区扩散是通过空位机制而进行的.

关于 bcc 晶体的原子结构的计算机计算结果[23,24]指出，一些大角晶界具有一定数目的开放"通道"，这些地区具有可观的自由体积，因而可以预期晶界扩散基本上是沿着这些通道的扩散. 因此，倾斜晶界中的扩散很可能类似于刃型位错芯区中的扩散机制. 这个想法得到实验观测的支持[25]，它指出，倾斜晶界中的晶界扩散当取向差增大时平滑地减慢. 如果晶界扩散的基本机制从小角晶界（位错管道扩散）进到大角晶界时有所变化，则在扩散各向异性即在取向差曲线上应当出现不连续性，但实验情况并不如此.

关于大角倾斜晶界结构的计算结果清楚地指出，在有些倾斜晶界中的自由体积是部署在与倾斜轴平行的通道（沟道）上，例如可参见图7.8，从而所有的取向差都预期具有各向异性的晶界扩散. 计算结果也指出, 这种通道的数目和截面积对于各种晶界是不同的, 从而扩散率 $(D\delta)$ 也不同. 这个结果与下述实验结果相合, 即在满足重合取向关系时, 晶界扩散率曲线上出现凹状歧点而在各个歧点之间却是平滑过渡的.

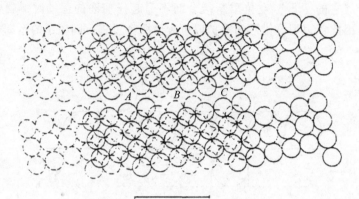

图 7.8 两个 fcc 晶体所形成的 32.6°对称 [100] 倾斜晶界. 折线表示一层原子, 实线表示第二层原子. 图的下方的实线表示晶界在图平面的周期度. 在 A, B, C 区域由于具有大的自由体积, 从而能够发生晶界中的增强扩散 (与图平面垂直)[24].

Smoluchowski[26] 和 James C. M. Li (李振民)[27] 根据大角晶界的位错模型提出了晶界扩散模型. 前者指出, 沿着小角倾斜晶界 (取向差小于 10°) 的穿透深度并不超过晶粒内部 (也可能是由于所用方法的分辨率不够高), 但是取向差较大时, 沿晶界的穿透深度快速增加. Smoluchowski 提出的模型 (图 7.9) 是: 在极小角度时, 可把晶界看成是由一个平行的位错芯列阵组成的, 这些位错芯表现为高扩散率的通道, 但是芯区的截面太窄并且位错密度太小, 从而不能引起沿倾斜轴平行方向的扩散率的显著增加, 当取向差超过 15°时, 可假想位错组缩合而成为 "大" 位错 (可认为是超位错). 由于这种缩合过程, 引起扩散的晶界有效截面增加, 从而可观测到沿晶界面的高扩散率. 这些 "大" 位错仍然被未发生显著畸变的点阵区域所分隔开来. 取向差渐增时, 缩合位错组的尺度增加, 形成高扩散率的缩合地区. 越来越多的晶界区域由缩合位错构成, 直到取向差大于 35°时, 整个晶界就被完全失配地区所覆盖, 成为一片位错芯结构的平板, 从而就预期出现各向同性的晶界扩散. 这种预期显然与晶界扩散的各向异性的实验结果相矛盾. 另外, 场离子显微镜、电子显微镜和能量测量的结果都不支持 "超位错" 的形成的想法.

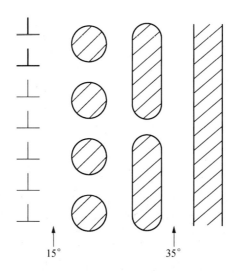

图 7.9 按照 Smoluchowski 模型在倾斜角增加时晶界结构的变化[26].
打线的区域表示高度畸变区, 清晰区表示小畸变区 (胡克型区).

　　认为晶界是由被几乎完整点阵区所分隔开来的缩合位错核所组成的观点类似于早期提出的把晶界看成是由好区 (good fit) 和坏区 (bad fit) 组成的 Mott 小岛模型[28]和葛庭燧的无序原子群模型[29].

　　李振民的大角晶界模型的基本想法是把晶界描绘为位错的密集点阵 (图 7.10)[27]. 当取向差很小时, 形成晶界的位错的芯区近似地与单个位错的芯区相同, 取向差增加时, 芯的尺度变大, 形状由圆的变为椭圆的就好像各芯区彼此相吸引似的. 在临界取向差时, 各芯区接触并且结合成可以看成是晶界芯的一片平板. 根据这个模型, 在较小角度晶界内沿着位错线方向的扩散仍然可以用位错管道的扩散率来考虑, 因为芯区的截面在小的取向差时并没有可观的改变, 当各芯区相遇以前, 扩散率要增加, 而当芯区接触变为一片平板以后, 晶界扩散率就不再因取向差的改变而变, 因而在各向同性材料里就不会出现各向异性, 这个结果与所观测的晶界扩散各向异性的结果相矛盾.

　　Gifkins[30]尝试着把晶界扩散描述的更加定量些. 他的晶界模型是把晶界看成是一片已弛豫的空位管道所分隔开来的具有好的原子匹配的岛区所组成. 晶界能包含着好区内的应变能以及空位通道的能, 可由计算下述两种极限情形的晶界扩散来估计实在晶界的扩散性质: (i) 假定全部晶界能集中在空位通道的失配区, 而在好区内的配合是完善的 (没有弹性应变). (ii) 所有的晶界能表现为应变能而没有能量集中在空位通道区. 实际晶界的扩散性质应该介乎情形 (i) 与 (ii) 之间. 在情形 (i) 可以估算扩散系数如下: 要移动某一个

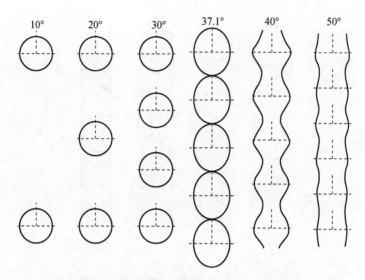

图 7.10   按照李振民模型,各种倾斜晶界中的位错芯区的分布和形状[27].

给定原子,那需要在它贴近产生一个空位,这样它就能够很容易地沿着空位的通道运动. 如果空位形成能为 E_f,移动能为 E_m,则扩散系数是

$$D = 常数 \cdot \exp\left(\frac{-E_f}{kT}\right)\exp\left(\frac{-E_m}{kT}\right). \tag{7.1}$$

由于已假定在空位通道中的 E_m 近似为零,所以得到

$$D \approx 常数 \cdot \exp\left(\frac{-0.5Q_0}{kT}\right), \tag{7.2}$$

这里假定了 $E_f \approx 0.5Q_0$,Q_0 是点阵扩散的激活能.

按照类似的方式,在情形 (ii) 时的激活能经估计约为 $0.8Q_0$. 因此,晶界的扩散激活能 (Q) 按照 Gifkins 模型应该是

$$0.5Q_0 < Q < 0.8Q_0. \tag{7.3}$$

Carlson[31] 提出了一个金属中晶界自扩散的统计理论,假定了一个无序的与液体类似的缺陷模型. 这种对于晶界扩散基本过程负责的缺陷是由占据 6 个缺陷座位的四个原子构成的,把扩散过程的发生看作是由于这个位形的传输. 这个模型有些类似于葛庭燧的晶界内耗模型[29] (无序原子群模型,见 §2.10).

Borisov 等[32] 尝试在第一次近似把晶界中原子动性的增加与晶界能 E 联系起来,所导出的方程是

$$E = \left(\frac{kT}{\alpha a^2}\right)n\left(\ln\frac{\delta D}{\alpha D'\lambda^\alpha} - \ln n\right), \tag{7.4}$$

其中 D 为晶界扩散系数,n 为形成晶界的原子层数,a 是晶界中的原子的平衡

位置之间的平均距离（假定与在点阵中相同），δ 为晶界厚度，D' 为点阵扩散系数，α 和 λ 是常数，λ 是简正振动频率，与原子在平衡态和激发状态的位能有关. 这个关系式的适用条件是假定晶界中的原子排列与在点阵中相同，晶界与点阵的差别只在于空位密度和原子的座定（sessile）寿命之不同. 为了推导方程（7.4），假定了在点阵中和在晶界中发生的扩散过程的机制相同，从而得到[23]

$$\frac{D}{D'} = \left(\frac{\tau_1}{\tau_0}\right)^{\alpha},\qquad(7.5)$$

τ_1 和 τ_0 分别是在晶界和点阵中的原子的座定寿命. 对于间隙扩散和空位扩散，α 分别是 1 和 2. 方程（7.4）的推导基于方程（7.5）的适用性.

迄今还不能核对在推导方程（7.4）和方程（7.5）当中所作的所有假设，但是有相当数目的关于晶界扩散和能量的实验数据却与方程（7.4）和方程（7.5）相当地符合[33].

§7.2　晶界迁动

晶界迁动指的是晶界垂直于它的正切面的位移. 晶界迁动率与晶粒取向差、晶界倾角、温度、杂质等参量有关. 一般用晶界动性 m 来标定晶界的迁动行为，m 的定义是迁动率与驱动力的比率. 在许多情况下，特别是驱动力很小时，晶界动性近似地与驱动力无关.

关于晶界迁动研究得最多的是晶界的"宏观"迁动，例如在再结晶、回复、晶粒长大以及第二次再结晶等实验里的情况. 晶体在范性形变当中所储蓄的应变能提供了晶界迁动的驱动力，回复过程与晶界迁动同时发生. 测量晶粒尺寸作为时间和退火温度等等的函数，可以算出标定晶界迁动的参量. 冷加工所提供的驱动力在高的退火温度下急剧减小. 对于晶粒长大和第二次再结晶的重要驱动力是晶界的表面能的减低. 弯曲的晶界由于它的曲率所引起的毛细压力而总是倾向发生迁动，使得曲率变直，面积减小. 这就促使较大的晶粒增大而较小的晶粒缩小. 当一个原子在晶界运动当中由晶界的一边输运到另一边时，系统的能量降低是 $g_m = p\Omega$，p 为压力，Ω 为原子体积.

Burke 和 Turnbull[34] 假定晶界迁动是被各向同性的表面能 σ 所驱动的，并根据绝对反应速率理论推导出一个把晶粒长大率 G（晶界迁动率）与晶界迁动的参量（例如激活焓，熵等）联系起来的普遍关系式

$$G = 2.72\left(\frac{kT}{h}\right)\lambda\frac{K\sigma V}{rRT}\exp\left(\frac{\Delta S_A}{R}\right)\exp\left(-\frac{Q_G}{RT}\right),\qquad(7.6)$$

其中的 k 是 Boltzmann 常量，h 是 Planck 常量，λ 是晶界内的原子间距，K 是

一个量级为 1 到 3 的常数，σ 是单位面积晶界的表面能，V 是材料的克原子体积，Q_c 是测得的过程激活能，ΔS_A 是激发态原子与位于收缩晶粒的一个座位上的原子的熵的差值，R 为气体常数，r 为晶界的曲率半径.

如果假定 σ 是恒量并且是各向同性的，$r \approx g$（g 是晶粒直径），$dg/dt \approx G$，则在等温条件下，由方程（7.6）得出

$$g^2 - g_0^2 \approx \sigma V t, \tag{7.7}$$

其中的 g_0 是在 $t = 0$ 时的晶粒尺寸，g 是在时间 t 的实际晶粒尺寸.

所有的测量都指出晶界动性随着溶质含量的增加而降低. 关于空位对于晶界迁动的影响，In der Schmitten 等[35] 假设在晶界迁动时，退缩晶粒中的原子通过空位机制而沿着晶界扩散，直到在进展晶粒中找到一个位置. Feller‐Kniepmeier 等[36] 认为，对于晶界动性来说，退缩晶粒中的空位浓度是重要的，因为控制晶界迁动速率的过程是原子从退缩晶粒输运到晶界. 对于在退缩晶粒的完整点阵中已经有了一个位置的原子，这种输运是不会发生的. 但是如果在退缩晶粒的表面有一个空位出现，在这个空位邻近的原子就容易输运到晶界去. 因此退缩晶粒中的空位浓度越高，则晶界的动性越大.

应该指出，晶界的迁动由于各种阻碍而受到严重影响. 溶质原子或杂质在足够高的温度下能够进行很快的热激活扩散或跳动，从而聚集在运动中的晶界上. 这对于晶界运动起着很强的阻碍效应，即溶质拖曳. 另外，晶界也可能被第二相颗粒或在试样表面与晶界相交的沟槽处被钉扎，从而运动受到严重阻碍.

溶质原子在它与晶界的交互作用力的影响下，常常能够被迫同晶界一起扩散，但是扩散的速率一般慢于晶界自由扩散，从而对晶界施加一种反方向的拖曳力. 这种拖曳力常常控制了晶界迁动的动力学. 下面介绍一种很有意义的情况.

Cahn[37] 最早提出了关于一般晶界的溶质拖曳模型，建立了一般晶界在与溶质原子发生相互作用的情况下的稳态运动方程. 他假设溶质原子与晶界及其周围的所有座位的结合能 $g^b(x)$ 随着晶界芯区中心的距离 x 而呈现一种简单形式的变化，如图 7.11 所示. 溶质原子将在交互作用所提供的力场中扩散. 忽略溶质 – 溶质和溶质 – 空位之间的交互作用，求出溶质原子的扩散通量 j. 选择固定于运动晶界上的坐标系，列出稳态扩散方程

$$\frac{\partial n}{\partial t} = -\text{div} j = \frac{\partial}{\partial x}\left[D\frac{\partial n}{\partial x} + \frac{Dn}{kT}\frac{\partial g^b}{\partial x} + vn \right] = 0, \tag{7.8}$$

其中 $g^b = g^b(x)$，$D = D(x)$，$n = n(x)$ 为溶质浓度（每个单位体积中的原子数），n^L 为远离晶界时的点阵浓度，v 为晶界运动速度. 求出 $n(x)$ 的解，把 $n(x)$ 分布内每个溶质原子施加到晶界上的拖曳力总结起来就得到整个分

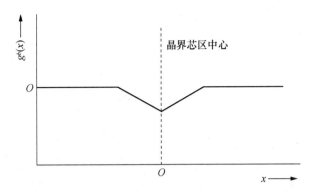

图 7.11 溶质原子的结合能 $g^b(x)$ 随着到晶界芯区中心的距离 x 的变化[37].

布区内的溶质原子加到晶界上的拖曳力. 每个原子所施加的拖曳力是 $\frac{\partial g^b}{\partial x}$, 这可以由下面的讨论得到证明, 即晶界相对于一个固定的溶质原子的虚位移 δx 所引起的系统能量变化是 $\mathrm{d}W = -\frac{\partial g^b}{\partial x}\mathrm{d}x$. 所得出的加在晶界上的总拖曳力 (每个单位面积) 是

$$p_d = \int_{-\infty}^{+\infty} n \frac{\partial g^b}{\partial x}\mathrm{d}x. \qquad (7.9)$$

为了得到速度 $v(p, n^L, T)$, 作为近似, 可假定外加到晶界上的压力 p 等于拖曳压力 p_d 加上一个内在压力 p_i, 即在没有溶质原子时使同一晶界得出 v 所需的压力. 这里未考虑溶质原子和其他效应可能引起的晶界结构的变化. 于是

$$p(v, n^L, T) = p_i(v, T) + p_d(v, n^L, T). \qquad (7.10)$$

在方程 (7.10) 的每项都用 v 乘, 得到 $pv = p_i v + p_d v$, 这意指着在界面处的总能量损耗率 pv 等于内在迁动过程和拖曳过程二者的贡献之和, 由于 $v = Mp$, M 是晶界的动性, 可得 $(1/M) = (1/M_i) + (1/M_d)$, M_i 是晶界的内禀动性, M_d 是溶质原子拖曳动性. 方程 (7.10) 只是 $v(p, n^L, T)$ 的隐含关系, 得不出一个确切的闭合形式解, 但是可得出高速和低速极限的近似解, 并且用内插法求出普遍的中间行为. 图 7.12 表明所得出的主要结果. 图 7.12 (a) 示出浓度轮廓作为晶界速度的函数. 当 $v = 0$ 时, 溶质的分布是对称的, 这时没有拖曳力. 当 v 增加时, 这分布变得越不对称, 并且有越多的偏聚原子逸出晶界. 由于分布的不对称而出现了拖曳力. 图 7.12 (b) 示出在不同的 n^L 时得出的 $v - p$ 曲线. 在恒温下, 纯材料 ($n^L \approx 0$) 的晶界迁动是内在的, v 与 p 成正比, 当 $n^L > 0$ 时, v 总是降低, 在充分小的驱动力下, v 再次与 p 成正

比，但是这时的拖曳力是主导的，晶界速度受溶质扩散的前进速度的控制（这时已完全属于外在机制）. 当 p（从而 v）增加时，溶质原子不断脱离，从而晶界运动较快. 当驱动力充分大（并且 v 充分大）时，溶质原子不能再跟随晶界并且基本上脱离，晶界速度又趋向于内在机制. 对于充分高的溶质浓度，当溶质原子脱离是在内在和外在机制之间出现一个不稳定区域. 这伴随着晶界突变与交互作用原子脱离.

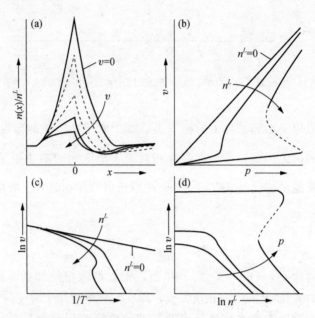

图 7.12 根据 Cahn 的溶质原子拖曳模型所得出的主要结果：（a）溶质原子在晶界处的浓度分布 $n(x)/n^l$ 作为晶界速度 v 的函数（T 不变），$n(x)$ 为溶质原子浓度，n^l 为基体点阵中溶质浓度[37]；（b）n^l 的增加对于 v-p 曲线的影响（T 不变），p 是加于晶界上的总压力[37]；（c）n^l 的增加对于 $\ln v$-（$1/T$）曲线的影响（P 不变）[38]；（d）P 增加对于 $\ln v$-$\ln n^l$ 曲线的影响（T 不变）[38].

由图 7.12（c）可看出，内在机制倾向于在高温出现（由于溶质原子的热脱附），而外在机制则在低温占先并且随着溶质浓度的增加而增强. 从 $\ln v$-（$1/T$）曲线的坡度所求出的激活能在内在机制时对应着晶界扩散激活能 Q_B，而在外在机制时，则对应着溶质原子扩散激活能，预期后者一般大于前者.

图 7.12（d）示出 p 的增加对于 $\ln v$-$\ln n^l$ 曲线的影响，可见只要驱动力足够高，可在很大的 n^l 范围内得到内在机制. 一般来说，n^l 增加，p 和温度降低，则溶质偏聚的阻碍作用变得越重要.

上面的处理主要是根据 Cahn[37] 的早期模型，随后关于这方面有一定的发展[38,39].

这个问题的特别意义之处是它在形式上类似于溶质原子与位错交互作用[40,41]. 图 7. 12 [（b）～（d）] 表明这出现了明显的非线性滞弹性机制和混沌现象.

一般来说，晶界动性（M）依赖于两晶粒之间的取向关系（取向差），但是似乎还没有把 M 与决定取向关系的 3 个取向参数联系起来的完整的定量数据. 有人试图测定高密度重合晶界的取向关系对于晶界动性的影响. 结果指出[42,43]，高密度重合点阵较之非重合晶界似乎具有较高的动性（但要参看后面的讨论）. 最近人们已经能够把关于晶界迁动的大量数据与关于晶界的原子结构联系起来[44,45].

研究得最多的是关于一般晶界的动性问题，但是困难之处是所观测的动力学行为受到溶质原子的拖曳效应的严重影响. 例如，Aust 和 Rutter[46] 发现，纯度为 99. 992% 的 Al 的一般晶界的动性较之纯度为 99. 99995% 的 Al 的情形低两个数量级. 这样低的溶质浓度竟然能引起如此大的效应，这就很难判断所观测的晶界运动是内禀的还是由于被溶质拖曳效应所控制的外在的过程. 最简单的情形是内禀的晶界运动. 这种运动类型在高纯度、高驱动力和高温下占优势. 另外，由于一般晶界的内禀动性应该高于特殊晶界，又由于溶质原子拖曳使晶界运动减慢，所以一般晶界的内禀动性在大角晶界当中应当是最高的. 图 7. 13 所示的是不同纯度的 Al ⟨001⟩ 倾斜晶界的激活能 Q_B 与取向差 θ 的关系[47]. 由图 7. 13 (a) 可见，99. 99995% Al 的大角晶界的 Q_B 与 θ 无关，并且 Q_B 很小，说明动性很高. 99. 9992% Al 的 Q_B 较高于 99. 99995% Al，但是 $Q_B - \theta$ 曲线上出现凹状歧点，这些歧点出现在 Σ = 13，17 和 5 的晶界，如图中的箭头所示. 如果认为这些晶界对应着特殊晶界，则它们的 Q_B 较低于一般晶界，说明它们的动性高于一般晶界 [见图 7. 13 (b)]. 这个情况与上述关于晶界的内禀动性的表现相反. 一种可能的解释是，在 99. 9992% Al 的 $\ln M_B - \theta$（M_B 是晶界动性）曲线可见，在较低的温度 394℃ 和 496℃ 时，曲线上出现凹状歧点，而在 636℃ 则不出现. 按照上面的讨论，可以认为 99. 9992% Al 在较高的温度 636℃ 时，晶界的内禀动性是重要的. 图 7. 13 (c) 所示的关于 99. 99995% Al 的 $\ln M_B - \theta$ 曲线的情况说明对于这种超高纯度的 Al，晶界内禀动性在各种温度下都是主要的，这个结论与图 7. 13 (a) 所示的曲线一致.

一般的大角晶界是非共格的界面. 它不能够充分支撑局域化的线缺陷（次级位错或台阶）以促进沿着界面的原子输运. 这种界面一般具有某种程度的弯曲. 它包含着具有不同原子环境的多种局部区域，从而它的芯区结构在各处是变化的. 当这种不均匀的界面沿着与自身垂直的方向移动时，界面中的任何固定点的结构将要随着时间而变化. 当界面移动时，具有特征结构的各个局

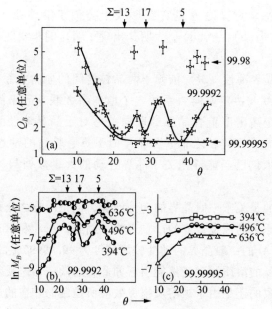

图 7.13　不同纯度的铝的 ⟨100⟩ 倾斜晶界的激活参数与取向差 θ 的关系[47].
(a) 晶界动性激活能 $Q_B - \theta$ 曲线，箭头所示的 θ 对应着 Σ = 13，17，5；(b) 晶界
动性 $Q_M - \theta$ (99.9992% Al) 曲线；(c) $M_B - \theta$ (99.99995% Al) 曲线.

部区域将要不断地出现和消失，但是总能量基本上保持不变.

　　具有不规则结构的一般晶界里的许多地区很容易被搅乱，因而其中的原子
能够通过图 7.14 和图 7.15 所示的两种基本的交换机制而由一个晶体输运到另
一个邻近晶体[48].

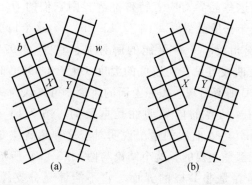

图 7.14　原子通过局部重新组合而跨过晶界从 (a) 转换为 (b)[48].

　　图 7.14 所示的是构成一般晶界的两个邻接晶粒（用 b 和 w 表示），其中的
X 代表原子座位，Y 代表空座位. 由图可见，单个原子可以通过局部的重新组

合而跨过晶界从（a）转换（b）. 在晶界各处都可以发生这种局域重组，而各处的转换都是互不相关的，因而叫做不相关的原子重组. 在图 7.14 中的重组只包含着一个原子，但是一般来说也可包含多个原子，因而也可以发生相关的原子重组.

在图 7.15 所示的机制里，原子跨过晶界的输运是通过扩散输运过程的. 其中的（a）是原始组态.（b）表示在 w 晶体的 Y 座位邻近形成一个空位.（c）这个空位从 Y 离去，通过跨过晶界而进入 b 晶体.（d）空位继续沿着晶界扩散到 b 晶体的 X 处通过替换该处的原子而湮没. 总的结果是从 b 晶体输运一个原子到 w 晶体而保持点阵原子的总数不变. 晶界里各个局域发生的这种过程也是不相关的，但由于这个机制包含着原子（空位）的较为长程的扩散，所以叫做不相关的扩散输运机制.

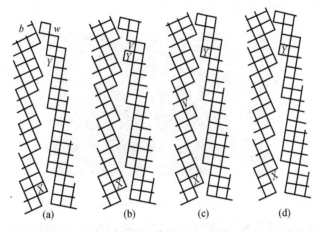

图 7.15 原子通过扩散输运过程而跨过晶界从（a）转换为（b）[48].

预期按照原子重组机制所导致的一般晶界的内禀动性应该较高于特殊晶界，因为一般晶界的无序的特点将能够提供较高密度的较易发生原子重组的内在地区.

在关于一般晶界的不相关的扩散输运机制的理论处理中，假定大角一般晶界是一个坏区薄片，并且在任一瞬间有 Z 个座位分布在薄片里（每单位面积），在这些座位处可以产生空位. 设一半的座位分别属于两个邻接晶体. 根据这个模型推得的晶界运动方程与根据原子重组模型所推得的具有相同的一般形式，但是动性大不相同. 很难判断这两种机制的相对重要性，但是对于铝的一般晶界的情况，用扩散输运机制来说明实验结果所得的动性太低，从而根据这一点认为原子重组机制似乎是更可取的.

晶界的运动有保守的和不保守的两种方式. 前者与后者不同之处在于晶界

移动时并不伴随着有长程扩散流量进入和离开晶界. 在保守运动中原子跨过晶界的输运的基本机制由于晶界类型之不同而有区别. 在非共格界面例如一般晶界的情形，主要的机制是不相关（无规）原子重组（uncorrelated atom shuffing）. 在半共格原子界面例如小角晶界的情形，主要的机制可能是晶界位错的运动（滑动和攀移）.

Gleiter[49]根据电子显微镜观察提出晶界运动的台阶模型. 高分辨电镜照相指出，在大角晶界（A1 + 0.46% Cu）显示出一种线状花样（如图7.16所示），认为这些线是由于出现在晶界面上的台阶（step）. 这些线重叠在晶界的厚度花样上，根据它们与晶界取向之间的关系，可以推知这些台阶是由终止在晶界处的两个晶粒的密堆积面 {111} 形成的. 图7.17示出的是这些台阶的示意图，按照这些观测，fcc 材料中的晶界可以描述为一系列的台阶状的晶面，见图7.18. 计算机计算支持这个结果[50,24].

图 7.16　Al – 0.46% Cu 中的大角晶界所显示的一种线状花样[49].

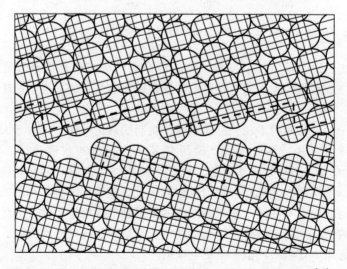

图 7.17　终止在晶界处的两个晶粒的密堆积面在晶面上形成的台阶[49].

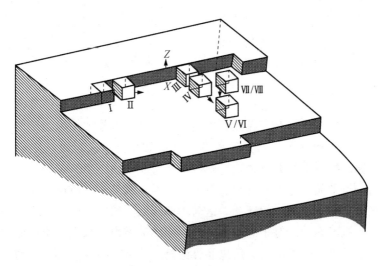

图 7.18　在晶界迁动当中所包含的原子跨过晶界的输运过程的示意图[49].

　　根据台阶模型，晶界迁动的发生是由于退缩晶粒的表面上的台阶放出原子，这个过程或许是在台阶的弯结处发生的．这就使两个晶粒上的台阶扫过晶粒表面，就如同从蒸汽中成长的晶体表面上的台阶所表现的情形一样[51]．Crussard 等[52]的观测支持这些结果．当然上述的同样过程也可以沿相反方向进行（即吸收和放出空位）．

　　如果晶界吸收空位，则晶界结构将成为更松动的，从而在台阶上形成较多的弯结使晶界的动性增加．总之，晶界的动性依赖于在两个晶体表面上的台阶密度以及决定晶界迁动激活能 ΔG 的原子参数（还不能由第一性原理来估算 ΔG).

　　可以把外加周期性应力所引起的周期性晶界迁动看成是晶界台阶的周期性运动．在外加切应力的作用下，一个晶体表面上的台阶所放出的原子被另一个晶体表面的台阶所吸收，从而引起晶界的移动．从微观上讲，这是在两个晶体表面上的台阶的运动．当切应力改变方向时，这过程就反转过来．这意指着这种周期性应力导致的台阶运动将引起内耗．偏析到晶界上的溶质原子将与台阶发生交互作用．如果溶质浓度很低，则可以认为晶界是"洁净"台阶和与溶质原子有联系台阶的混合体．溶质原子浓度的增加使"洁净"台阶的数目减少．"洁净"台阶的迁动或许与晶界溶剂内耗峰有关，而其他台阶的迁动则与晶界的溶质内耗峰有关．关于溶剂内耗峰和溶质内耗峰的意义已在第三章中介绍．应该指出，上述的台阶迁动是一种微观过程．它不同于导致晶粒增大的晶界宏观迁动（参看 §7.4).

　　Ryan 和 Suiter[53] 提出，晶界处的"突出物"（protrusion）在周期性外加应力的作用下能够通过原子扩散而往复运动，Cifkins[30] 指出，在晶界处的热激活原子重新排列能够产生晶界内耗．晶界滑动动力学[54,55] 研究指出，在频率为 1Hz 数量级的外加应力的作用下，一个突出物将往复迁动几个原子直径的距离，从而提供产生一个内耗峰所需的弛豫单元．它的弛豫时间的范围与突出物尺度有关．突出物模型允许在几秒以内完全弛豫，但是如果施加单向应力，则突出物将继续运动直至受到其他障碍物（例如晶界三叉角）的阻碍．如果偏析的溶质原子把突出物充分锁住，则溶剂峰将完全被压抑．

　　上面介绍了晶界迁动能够引起晶界内耗的一些例子，所讨论的晶界迁动实际上是在局域进行的微观的迁动，这与本章开始介绍的宏观的晶界迁动，例如晶体增大，是不同的．对于晶界弛豫所引起的晶界内耗来说，所外加的周期性应力是与晶界平行的切应力，所以晶界弛豫必然引起晶界的切向滑动．在一般的情形下这种滑动通过扩散调节而与迁动有密切的联系．这将在下面的 §7.3 到 §7.5 里进行讨论．Leak 及其合作者[56,57] 最早提出晶界内耗的晶界迁动机制，他们根据有些金属的晶界内耗激活能与晶界扩散、晶界迁动激活能相同的报道，提出晶界内耗的基本过程是晶界迁动．在周期性应力的作用下，晶界进行可逆的迁动，进入两边相邻的晶粒．晶界一般是不规则的，所以晶界迁动是发生在晶界台阶或突出部分的一个或少数几个原子的跳动．这个机制包含着指数前频率因子 $1/\tau_0$ 接近于单个原子的跳动频率，并且要求与晶界扩散相对应的激活能．应该指出，这个模型不能解释理论预期的迁动速率较之实验观测的约高几个数量级．前面所述的关于晶界迁动与晶界滑动的联系见 §7.4．

　　最后简单介绍迁动中的晶界与掺杂物的交互作用的问题[58]．前面已经详细介绍了溶质原子对于一般晶界的拖曳效应．在有的情形下，晶界在迁动当中也能够拖曳气泡和固体掺杂物．对于含有固体颗粒的合金的观测指出，晶界在迁动当中能够拖动氧化物和碳化物颗粒通过金属点阵．在 650℃ 到 1050℃ 之间，CeO_2 和 B_2O_3 被拖曳得很快（速度达 $1\mu m/min$），SiO_2 则比较不易动，而 Al_2O_3 在 Cu 点阵里几乎是不可动的．在 W 基体中沉淀的 Ag 颗粒表现同样的情况，但是沉淀在 Sn 合金里的 Ag 颗粒是高度可动的，即使是直径为 $10\mu m$ 的颗粒仍然能被晶界所拖曳．各种颗粒具有不同的动性这件事实指出固体氧化物颗粒的动性与颗粒内的扩散率以及颗粒—基体界面的结构都有关系．Al_2O_3 颗粒的情况很清楚地证明了颗粒—基体界面的影响．用机械方法掺入 Ni 或 Ag 里的 Al_2O_3 颗粒是可动的，但是由内氧化所产生的内禀 Al_2O_3 颗粒几乎是不可动的．这种内禀颗粒与外掺颗粒的差别在于界面结构的不同．内禀颗粒很强地与基体键合而外掺颗粒则是非共格的．颗粒拖曳一旦开始，晶界就把它扫过的体积内的所有颗粒都收集拢来，从而在晶界后面的区域几乎不存在掺杂物．聚拢在晶界里的颗粒较之晶粒内部的颗粒更快地变为粗大，这可能造成几种后果：颗粒在晶界处的聚集导致晶界变脆，或许引起不期望的特殊腐蚀性质．晶界后面的不含掺杂物区域的力学性质可能不同于其他地区．当一个小晶粒缩成一团时，在它的所有晶界里的颗粒聚拢到一起，形成一个大颗粒，从而成为一道裂缝的核．

如果晶界在一个大的策动力下迁动（例如在晶界的一侧有高密度位错存在），则晶界将越过掺杂物而不发生拖曳．这可能有两种方式：（i）如果晶界含有颗粒时的晶界能低于它在基体中的晶界能，则晶界将通过颗粒而越过去，一些共格沉淀的行为与此相像（例如 Ag 在 Au 中，Au 在 Cu 中，Zn 在 Al 中和 Cu 在 Fe 中的共格沉淀颗粒）．（ii）晶界也许围绕着颗粒而变弯曲，把颗粒包围起来并越过去．这就将改变颗粒与基体之间的界面的结构和能量．大多数的非共格沉淀颗粒和掺杂物的行为与此相像．

§7.3　晶界滑动

晶界滑动指的是构成晶界的两个相邻晶体沿着与晶界面平行的方向的相对切向位移．关于晶界滑动的实验大多数是对于双晶试样进行的，所牵涉的滑动距离较大，因而可以叫做宏观的晶界滑动．另一类实验是滞弹性测量，大多数是对多晶试样进行的，所牵涉的滑动距离很短，可以叫做微观的晶界滑动．这两类滑动的表现很不相同．在以后的篇幅里，将讨论晶界滑动的控制因素和滑动机制，以及晶界滑动与晶界迁动的关系，牵涉到各种变量例如应力、应变（弹性与范性）、温度以及晶界的特点．

葛庭燧首先应用滞弹性测量来研究晶界弛豫过程[59,60]．他认为晶界内耗峰是来源于晶界弛豫过程．他根据他的早期测量提出晶界内耗的激活能 Q_f 与完整点阵自扩散激活能的联系[61]，但是新近的试验指出，Q_f 与晶界扩散激活能 Q_d 似乎更为接近．

晶界内耗的第一个模型是葛庭燧提出来的，他提出晶界内耗是由于晶界滑动．为了得到把滑动率与弛豫强度联系起来的定量表达式，他首先从实验上证明了晶界滑动的黏滞性质，因而可以认为晶界具有一个随着温度变化的黏滞系数．在完整的（不含缺陷）的平面晶界的情形中，滑动是沿着它的全部长度同时进行的，并且是可逆的．对于这种理想的可逆滑动应该没有阻力．但是对于实际情况来说，当有限速率施加到晶界上时，晶界滑动会受到一种动阻力，从而表现出牛顿黏滞性，而滑动率与外加切应力成正比．这表明一般晶界的结构是不均匀的.

葛[29] 和 Mott[28] 提出了用原子层次的语言来解释晶界的黏滞性行为的模型. Mott 模型把晶界看成是由好区和坏区组成的一个过渡区域, 滑动的发生是由于 "好区" 内的一组几个原子的无序化 (熔化). 葛假设滑动过程是由于分布在好区内的 "无序原子群" 以内的原子在切应力的作用下而彼此相对移动. 这就是说, 在有利于原子移动的一些无序原子群里发生原子重组, 然后渗透到整个晶界. 这个过程是热激活的, 从而使晶界具有内在的牛顿黏滞性. 葛假定晶界内耗的激活能 Q_f 与点阵自扩散激活能 Q_d 相同. 但预期这种类型的切变的激活能将一般地低于点阵扩散激活能, 并且接近于晶界扩散激活能. Schneiders 和 Schiller[62] 根据关于 SAP 铝合金的晶界内耗测量, 指出晶界弛豫机制可能是由于晶界中的原子重新排列导致了两个晶体相对于彼此的平移. 这种看法类似于葛庭燧提出的在无序原子群内的原子的滑动机制. 晶界中的原子形成一种结构, 这种结构基本上决定于两个邻接晶体的点阵结构的取向关系以及晶界的倾角. 在外加应力的作用下, 有些晶界原子将移动到新的平衡位置, 因为这些位置较之未加应力时所占据的位置在能量上更为有利. 可以认为, 在这些原子的新的与旧的位置之间所存在的能垒 U 等同于在原子沿着晶界扩散时在不同座位之间的能垒. 在外加周期性应力的作用下, 可用下述方程来描述原子在两个被能垒 U 所隔开的两个平衡位置之间往返跳动时所产生的内耗[63]:

$$\delta = \pi M_\infty \frac{q^2 N}{kT} \frac{\omega\tau}{1+\omega^2\tau^2}, \quad \tau = \tau_0 \exp(U/kT), \tag{7.11}$$

其中 δ 为对数缩减量, M_∞ 为未弛豫模量, q 是一个原子的移动所对应的切变, N 是过程中所包含着的单位体积中的原子数目, ω 为角频率, τ 为弛豫时间, τ_0 是 T 无限大时的弛豫时间.

对于晶界的情形 $q = \alpha a^3$, a 是点阵常数, α 是一个量级为 1 的常数; $N = s/a^2$, s 是单位体积的晶界面积, 而 $s = 3/d$, $d =$ 晶界宽度 $\approx$ (1/2) 晶粒尺寸. 因此可得下述的晶界内耗表达式:

$$\delta = \pi M_\infty \frac{3\alpha^2 a^4}{d} \frac{1}{kT} \frac{\omega\tau}{1+\omega^2\tau^2}. \tag{7.12}$$

Schneiders 和 Schiller 根据他们对于 SAP 铝合金的晶界内耗观察结果, 认为晶界内耗不能来源于位错的运动. SAP 合金是由在极细晶粒 (0.5μm) 的 Al 基体中含有弥散的 Al_2O_3 颗粒所组成. 这种合金的再结晶温度接近于 Al 的熔点 T_m. 因此, 在远低于 T_m 的温度下, 位错和晶界结构是很稳定的. 对于含约 4% Al_2O_3 的 SAP 所进行的测量得出, 在 Al 晶粒之间的晶界弛豫的内耗约为 $0.02/\pi$. 如果用位错语言来解释这个效应, 那需要约 10^{10} cm^{-2} 的总位错密度. 晶界内耗的位错机制假设了晶界里的位错是局限在晶界所占据的体积以内，而通常在单位面积里只有少数的晶界，所以在单位的晶界面积内位错密度必须约为 $10^{17} cm^{-2}$，这是不可能的.

迄今似乎还没有能够定量地解释所有实验（包括宏观的和微观的实验）的晶界滑动微观模型.

King 和 Chalmers[64] 认为滞弹性滑动使晶界的平滑部分中的切应变得到弛豫，由于这个弛豫过程，应力集中就在晶界的不规则地区或障碍物处形成. 这种应力集中对于外加切应力进行反抗，从而在很小的位移以后，滑动率就快速减小. 起始的位移依赖于障碍物的分布，这个位移可以是几个点阵常数的数量级. 最后，晶界中的内应力与外加切应力保持平衡. 进一步滑动只有内应力被部分地消除才有可能. 因此，进一步的晶界切变受控于晶界中的障碍物的消除或移去. 按照这个模型，只有滞弹性内耗实验才能够测得在晶界处的实际弛豫. 其他一些作者曾提出这个模型的略有修改的形式.

在滞弹性实验中所测得的滑动率较之在宏观的晶界滑动实验里所测得的滑动率要快几个数量级. 在双晶实验中，当试样沿一个方向切变后再把方向反转时，在反方向的晶界切变率之所以增加是由于在前进方向切变时所形成的应力集中帮助了反方向的滑动. 由于这应力使得弛豫只需要很小的应变并且又建立起新的应力集中，所以切变率随后又减慢. 用滑动模型来解释晶界滑动，主要是依赖于障碍物的本性. 文献中曾提出几种障碍物类型：晶界三叉交点、由于亚结构与晶界的相互作用所产生的锯齿（serration）和原已存在的坎（ledge）或由于晶粒中的滑移所产生的突出物（protrusion）. 一般都认为晶界中的这些障碍物是宏观滑动率的控制因素，不同的是对于障碍物本性的解释以及障碍物被消除或形成的过程.

Couling 和 Roberts[65] 认为晶界的滑动是由许多的小切变积累而成，每个切变过程所产生的位移是几个点阵常数的数量级. 这或许就是葛庭燧所提出的那种类型. 滞弹性切变使应力集中到晶界中的不规则地区，晶界迁动使得受切变地区的应力得到回复，并且提供了一个新的界面来进行下一系列的切变过程. 他们发现，这种切变过程单元的数目与观察到的晶界痕的数目相合. Stevens[66] 根据晶界上的弹性应变能的分布情况对于这个模型提出了不同见解.

Puttick 和 King[67] 提出一个与上述类似的模型. 他们在实验的初始阶段观测到一个恒定滑动率，从而认为在极早期阶段的晶界滑动是一个纯粹的滞弹性切变，这个切变导致在晶界的不规则地区的应力集中. 这些地区的应力场引起晶界迁动从而消除了不规则地区，但是又以一个在总体上的恒定速率形成新的不规则区. 如果形成一个特大的不规则区，则滑动变慢.

McLean 和 Farmer[68] 假定可在晶界处发生少量的滑动直到被突出物（不规

则区）所抑制，把晶粒锁住．应力在突出物处集中．出于这种应力，一个突
出物最终被屈服，从而引发了一种雪崩式的滑动．一个突出物屈服以后，位错
段就被迅速地发送到两边的晶体里去，这有些类似于打孔时形成位错的情况．
他们认为，位错穿透突出物的运动是限制滑动速率的因素．

　　下面讨论一个描述晶界中的不规则区的简单情况，即假定有切应力施加到
含有一个周期性变化的台阶列阵的近乎平滑的晶界上．台阶的高度是 h，间距
是 $\lambda/2$（图 7.19）[68]．力学平衡条件要求作用在台阶上的正应力 $\sigma_n = \tau\lambda/2h$．
正应力 σ_n 使空位的化学势 μ 发生 $\sigma_n\Omega$ 的变化（Ω 为原子体积）．这种局域变
化所引起的台阶之间的化学势梯度是

$$\nabla\mu = \frac{2\sigma_n\Omega}{\lambda/2} = \frac{2\tau\Omega}{h}. \tag{7.13}$$

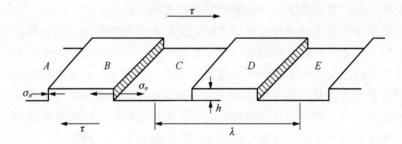

图 7.19　含有一个周期性的台阶列阵的晶界[68].

　　在滑动过程达到稳态时，上述的化学势梯度驱动一个空位流就譬如从台阶
B 和 D 流入台阶 A 和 C．这种空位流导致各台阶之间的与此反方向的物质输
运．根据 Einstein 方程（在化学势梯度下的流量），所引起的晶界切变率 $\dot{u}$ 是

$$\dot{u} = \frac{\tau\Omega}{kT}\frac{\lambda}{h^2}\Big(D + \frac{2\delta}{\lambda}D'\Big),$$

其中的 D 和 D' 分别是体扩散和晶界扩散的扩散系数，δ 为晶界厚度．对于形状
较为复杂的晶界可用相同的方法来计算滑动率 $\dot{u}$．当晶界的形状可用一维
Fourier 级数来描述时，总是得出如上述方程所示形式的切变率．从上式可见，
当台阶的波长 λ 较大时，或者当比率 D/D' 在高温下变小时，体扩散占优势．
当晶界扩散占优势时，滑动率只依赖于台阶高度而与 λ 无关．当体扩散占优势
时，滑动率随着 l 的增加而增加．

　　晶界滑动的位错理论有两种类型的看法：一种看法假设所观测的晶界滑移
实际上全部是由于在晶界附近的极窄的点阵区域内的晶体滑移，这意指着在晶
界面上并不发生切变．另一种看法是假定晶界滑动发生在晶界面上，但是晶界

切变的大小与晶体中的切变有关.

Rhines 等[69]根据他们对于铝双晶的观测，认为在晶界处并没有发生滞弹性应力弛豫. 他们提出，晶界滑动是在晶界附近地带内的一种强烈的晶体切变. 认为晶界是塞积在它旁边的位错塞积组的障碍物，这在晶界近区内引起的高的能密度提供了在晶界附近发生快速回复（多边化）所需的驱动力. 因此，晶界近区将较其余的晶体更快地软化，从而在晶界近区将出现较其余的晶体更多的切变. 但是有人指出，多边化仍然使晶界较硬于其他地区. 为了解释这个困难，又有人提出回复机制或许是晶界迁动而不是多边化. 当迁动晶界扫过一定的体积以后，刚刚在它后面的体积内实际上已经不含位错，从而较其他地区为软. 在外加应力的作用下，在这个软区内就发生进一步的点阵切变.

所有其他的晶界滑移的位错理论都假定晶界内发生滞弹性弛豫过程. 应当指出，晶界位错的运动所引起的晶界切变在某种情况下也会表现牛顿黏滞行为. 特别是当切变（或者应力）很小时，大多数的晶界位错不会积累，从而保持滑动率对于应力的线性依赖关系. Tung 和 Maddin[70]把晶界滑动的一部分归因于从晶界附近的位错源进入晶界的点阵位错的滑动. 引起晶界滑移的是与晶界面平行的位错的位移分量. 这个想法得到 Adist 和 Brittain[71]的观测的支持. 他们指出在滑移线密度与滑移量之间具有强烈的关系.

Weertman[72]认为宏观晶界滑动是由位错运动引起的在晶界区内的切变. 位错由晶粒内部进入晶界，并且沿着晶界而攀移. Horton 和 Beevers[73]根据他们对于 Zn 双晶的晶界滑动的观测，提出晶界滑动的发生是由于位错沿着晶界滑动和攀移. Crussard 和 Friedel[74]假定当一个位错被迫进入晶界时，这位错将分裂为几个具有小的柏氏矢量的部分位错. 这些部分矢量之和等于原来的矢量，并且倾向于几乎与晶界平行. 位错的变宽与晶界的滑动有联系.

Gifkins[75]提出一个比较综合的模型. 他假设进入晶界的位错数目依赖于晶界邻近的亚晶粒大小. 另外，还假设亚晶粒墙是滑移的有效障碍，从而对于一个给定的应变来说，塞积在晶界的位错数目与亚晶粒大小成正比. 这些位错通过它们对于晶界处的空位密度的影响（经由攀移）以及对于晶界迁动的影响而对于晶界发生影响. 但是计算指出，塞积位错的攀移所包含的空位移动并不足以引起根据 Nabarro 模型[76]所推导的滑移量.

葛庭燧[29]和 Mott[28]所提出的模型是晶界滑动的两个最早的定量的原子层次的理论，所导出的滑动率较之宏观实验数据大 10^3 到 10^9 倍，这可能是部分由于这两个理论所描述的是初始滑动率. 新近关于晶界结构的研究结果指出晶界具有周期性结构. 在晶界具有周期性结构的情形下，只在能导致若干个原子或原子组的快速运动的温度或应力下才可能发生黏滞滑动过程（因此，关于晶界滑动,在较高温度下,原子移动过程是主要的;在较低温度下,位错的运动是主要的).

McLean[77]首先提出在一般意义上来说的晶界滑动"位错模型".他认为,如果晶界的某一区域发生了切变 b,就会在晶界里形成一个把切变区与其余地区分开的线或带,这个线或带实际上就是一个位移矢量为 b 的位错.可以预期,这种"晶界位错"的移动较之组成晶界的所有原子的同时切变更容易引起晶界滑动.随后许多人所提出的位错机制与此不同,是假定点阵位错被迫而进入晶界.点阵位错一般具有与晶界面垂直的分量,因而点阵位错沿着晶界的运动是非保守的,即位错的运动需要攀移和滑移,从而只在允许位错攀移的较高温度下才是可能的,"晶界位错机制"并不要求攀移,如果晶界在原子尺度上是平滑的话.

透射电子显微镜的观察[78,79]指出,在 20℃ 形变了约 0.1% ~ 0.3% 的 Ni - Al 多晶的晶界处出现一些线缺陷.衬度实验指出这些线缺陷的衬度性质与点阵位错类似,即它们的长程应力场类似于点阵位错的应力场,从而提出这些缺陷具有位错结构.由于所测得的柏氏矢量不等同于点阵位错的矢量,所以假设了所观察到的线缺陷是晶界周期性结构,例如不连接结构(disjunction)所形成的位错.这种位错的柏氏矢量一般是晶界的周期性结构的最短的可能的周期矢量,因而这种位错能够沿晶界面作保守运动.已观察到这种位错在晶界面内形成塞积组、结点和位错圈,正如同在完整点阵中的点阵位错在其滑移面内的表现一样.由于所有的实验都是在室温下进行的,不可能通过点阵扩散或晶界扩散来进行攀移,所以认为位错是在晶界面内作保守运动的.

根据上述观察结果可导出下述的晶界滑动机制.在较小应力的作用下,晶界中的晶界位错源(或许是晶界坎,$F \sim R$ 类型的源)所产生的晶界位错沿着晶界滑动(保守的)一定距离,每个位错的运动所引起的晶界两边晶粒的相对切变等于晶界位错的柏氏矢量.如果晶界含有障碍物,例如一个宏观台阶,那么晶界位错将塞积在这障碍前面,并且渐渐把晶界充满,晶界位错的反应力最后抑制了从位错源进一步发射位错.由于晶界一般并不是完全平滑的,晶界滑动在某一滑动距离(可能很小)后就停止进行.进一步的滑动只有把晶界位错从塞积组移开或者提高外加应力才有可能.有两种过程可以移开位错:把位错段发射到邻近晶粒或者晶界位错在障碍物周围进行攀移.从几何学上考虑[78,79],只有满足了某些几何学约束,第一种过程才能完全解除应力,而位错攀移在所有条件下都能移开晶界位错.由于从晶界发射位错需要某一阈应力(使位错弓出所需的应力),所以在低应力和高温下只能通过晶界位错的攀移而发生晶界滑动,但在高应力下,攀移和晶体滑移都是可能的.

应该指出，在低温下的晶界滑动并不一定是经由位错运动所引起的切变．两个晶体可能像两块刚体似地彼此相对滑动而只需要在晶界面内的很小局域内进行原子间重新排列．对于晶界来说，理论切变应力可能小得可以通过上述机制而进行滑动，这与完整点阵中的滑动必须通过位错机制不同．

§7.4　晶界滑动与晶界迁动的关系

在§7.2中已经指出，晶界迁动指的是晶界沿着与它的正切面垂直方向的位移．晶界迁动的速率与晶粒取向、晶界倾角、温度、杂质等参量有关．通常用晶界的动性来标定晶界的迁动行为，它的定义是迁动率除以驱动力．

纯金属的晶界迁动的群体过程理论是 Mott 首先提出的[28]，这个理论的根据是葛庭燧关于 Al 的晶界弛豫的实验结果[59,60]．他提出，晶界是由被原子匹配得很坏的区域所隔开的一些原子匹配很好的小岛所组成的．晶界迁动的基本机制是一个晶粒的点阵中的 n 个原子组转移到晶界里的坏区，同时坏区里的 n 个原子组转移到另一个晶粒的点阵中去．

晶界滑动指的是两个晶粒沿着与其共同晶界平行的切向运动所引起的相对平移．约在 $0.4T_m$（T_m 是熔点温度）以上的温度，晶界滑动作为金属的一种形变方式，才变为重要的．

有一些实验指出，晶界滑动强烈地与晶粒内部所产生的晶体滑移有关，从而不能把晶界滑动与晶体滑移这两种过程看做是截然分开的并且没有交互作用．但是，要回答的首要问题是晶体滑移是否晶界滑动的先决条件．对 Al 和 Al－Cu 双晶在较高外加应力下进行的实验指出，晶界滑动伴随着晶界附近的一个很宽地带的晶体滑移[69]．但是新近的精密测量却发现晶界滑动（在极低的载荷下）并没有伴随着晶粒内部可测出的形变[70,75,80~85]．因此，可以有把握地说，要得到晶界滑动并不必须要求在宏观地区内发生晶体滑移．在晶界滑动当中，可能发生晶体点阵的形变，并且影响晶界滑动，但是晶体的滑移量基本上决定于外加载荷．在极低的载荷下，晶体的滑移是可忽略的，当载荷增加时才变得越来越重要．把双晶的形变简单地区分为"单纯的"晶界滑动和晶体形变，对于极低的载荷是适宜的．在大载荷时，这种简单的区分在严密的检查下就表现为一种粗糙的甚至于引起误会的近似，因为晶体形变和晶界滑动之间存在着交互作用．

在晶界滑动当中常常观察到晶界迁动[65,69,71,81,84~91]．Kato[92] 在含有一个小角（5°）或一个大角（32°）的 Al 双晶（在250℃到400℃）观察到滑动和迁动的交替循环进行．这个观测与 Adist 和 Brittain[71] 关于 Zn 的测量以及张兴铃和 Grant[82] 关于 Al 多晶的测量结果相合. 根据这些结果, 他们指出, 当晶界不是平面的并且在高应力或高温度下, 晶界迁动是很普遍的. 但是实验却指出晶界迁动并不是晶界滑动的先决条件. 例如 Horton 和 Beevers[83] 的实验显示了没有晶界迁动的晶界滑动. 引起宏观可测距离 (约 1μm) 的晶界迁动不一定与滑动过程相关, 局限于晶界小区域的亚微观迁动则可能与晶界滑动有联系. 这个结论得到对 Zn 双晶的晶界滑动晶界迁动的观测的支持. 因此, 如果在极低的载荷下进行晶界滑动实验 (晶体滑移可忽略), 预期将不会出现晶界迁动. 但是, 在高应力下会发生大量的晶体滑移, 从而将导致快速的晶界迁动.

张兴铃和 Grant[93] 认为, 在蠕变当中所观测到的位移-时间曲线上的周期性表现是由于晶界滑动和晶界迁动过程的交替发生. Kato[92] 在 Al 双晶以及 Couling 和 Roberts[65] 在 Mg 双晶也得到同样的结果. 图 7.20[94] 示出的是 99.999% Al 在蠕变当中的电子显微镜图像, 这可以显示晶界滑动与晶界迁动的联系. 它指明了了迁动的断断续续的本性. 晶界的断续迁动使得划痕线成为 Z 字形状. 从这个观测以及滑动和迁动的同时开始和停止, 可以断定迁动是晶界滑动的直接后果. 认为这两个过程的关联是由于在切变区里产生的位错所造成的应变能, 这个能量成为晶界的局域迁动的驱动力.

5 μm

图 7.20　显示铝在蠕变当中的晶界滑动与晶界迁
动之间的伴随关系的电镜图[94].

但是也有相当多的观测指出晶界滑动并不一定随同发生晶界迁动. 在晶界

滑动当中所观测的两晶粒间的循环位移并不一定是所假定的晶界迁动的一种迹象[82]，因为 Intrater 和 Machlin[80] 指出，即使没有任何的晶界迁动，也可以得出循环的位移–时间曲线，不稳定的位移–时间曲线可能是由于在晶界滑动过程中所出现的一种锁塞机制而不是由于滑动和迁动的交替．断定迁动和滑动并不是一个过程控制另一个过程的主要理由有三个[95]：两个过程的激活能明显不同；平均迁动率与平均滑动率之间的关系是非线性的；预期的迁动率与观测的迁动率之间的差别很大．

　　Lytton 等[96] 发现晶界在滑动当中在晶界附近引起局域的位错高密度（如图 7.21 所示）．他们认为，这些位错重新排列成亚晶界墙并且施加一种力到晶界上．为了降低这个系统的能量，晶界就从它的原来平直的位置迁动，变为皱纹的形状，直到晶界表面能与位错墙的表面能保持平衡．位错墙的形成使点阵中的局域弯曲应力得到弛豫．因此，晶界迁动似乎与晶界滑移并没有关联，而是原来的晶界受到局域微扰或晶粒中的滑移的后果．但是，如果在极低应变率（小载荷）下进行滑动实验，从而不会在晶界附近形成一个不均匀切变区，就将不会发生迁动．

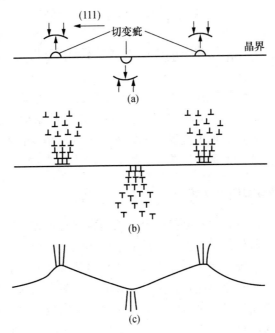

图 7.21　在具有织构的 Fe-3.1% Si 中形成锯齿晶界的三个阶段：（a）由于点阵弯曲应力所形成的正的和负的切变疵；（b）刃型位错在切变疵处的多边化形成倾斜晶界从而使弯曲应力得到弛豫；（c）晶界向着倾斜晶界迁动从而形成一种锯齿结构[96]．

总的说来：这些结果指出．晶界滑动或许与晶界迁动有联系，但晶界迁动显然不是晶界滑动的一个先决条件．

新近，Pond，Smith 和 Southerder[97] 找到了晶界滑动和迁动之间的关联的证据．另外，Guilope 和 Poirier[98] 在 NaCl 的几乎纯粹的 [100] 倾斜晶界观察到联系在一起发生的滑动和迁动．Balluffi[99] 则认为次级晶界位错沿着晶界的运动能够导致这些现象．由于这种位错的拓扑学性质，这两种过程必然是相结合的．

Bishop，Jr，Harrison，Kwok 和 Yip[100] 应用晶界的计算机分子动力学技术，讨论了晶界滑动和迁动在原子尺度上相结合的问题．原子在温度提高时的运动可以从它们的起始位置和速度以及原子间势计算出来（作者们用的是 Lennard-Jones 6 – 12 对势）．他们模拟了一个 $\Sigma = 5$ {310} 对称倾斜间界和一个 $\Sigma = 7$ {514} 孪晶，所得到的主要结果是指证了滑动和迁动在原子尺度上是相结合的．在滑动和迁动中所包含的原子运动并不是无关联的运动，而是可由一系列的相结合的滑动－迁动序列来描述的集体运动，每次都可用一个滑动矢量 S 和一个迁动矢量 M 以及一个净值位移场来标定．Ashby[101] 认为晶界在滑动时要发生迁动，因为这样就不会引起与其平衡位形的剧烈歧离．

§7.5　晶界滑动所产生的不协调性的调节

晶界滑动模型必须能够说明由晶界滑动所产生的不协调性（incompatibility）是如何得到调节（accomodation）的问题．根据晶界的结构及其存在状态，这种调节可以是纯粹弹性的也可能要通过原子扩散以及晶界的固有位错和点阵位错的运动．下面分别讨论弹性调节、扩散型的调节和位错调节的问题．

7.5.1　平面晶界滑动的弹性调节

许多实验指出，金属中的晶粒间界较之晶粒本身更容易发生滑动，但是一个多晶试样在恒载荷的作用下的晶界滑动不能无限制地继续下去，因为各晶粒之间形成一个自锁系统．在多晶体中，即使晶界是平面的，但由于晶界三叉结点的存在，晶界的滑动将引起在三叉结点处的应力集中，从而出现一种弹性反向力．因此，由于晶界滑动是有限度的，所引起的切应力弛豫最终只能导致一个有限度的"弛豫"杨氏模量 E_R，它较小于未弛豫杨氏模量 E_U．实际测得的模量位于 E_U 和 E_R 之间，确切值决定于测量时间，即决定于应力弛豫已经进行到什么程度．在高温测量中，可用准静态方法求得 E_R，用动力学方法测定 E_U．为求得 E_R/E_U 的理论值，可把 E_R 和 E_U 分别看做是晶界已经滑动和未曾发生滑动的情况.

　　Zencr[102]对于晶界滑动的弹性调节做了开创性的研究. 他把已经再结晶的多晶金属中的晶粒结构的平均单元看做是二维的六边形的十二面体点阵（如图 7.22 所示）. 各个晶界都是平面的和光滑的, 晶界滑动只能在各个平面上进行. 几何学的排列阻止了在晶界交角处的滑移. 当一个载荷加到试样上时, 晶界如果要继续进行滑动, 则所发生的滑动必须得到相应的容纳或调节（accommodation）. 调节的形式与外加的应力的大小有关, 也与温度有关. 如果外加应力是足够小, 并且温度也不很高, 从而扩散过程很慢的话, 则所发生的少量晶界滑动可以完全被两个贴近晶体内的弹性应变所容纳. 这种调节方式可以叫做弹性调节. 因此, 沿着晶界到处发生的小切变, 转而在晶界两边的两块晶体的内表面上产生一系列的法向拉力, 其总和恰好与外加的切力保持平衡. 因此, 跨过晶界的切应力被弛豫, 载荷将降低, 这意指着应变能的增加, 从而每个晶粒所储存的应变能将提高, 根据对于一个有名的数学定理的联想可以理解这种情况. 这个定理指出：如果函数 f 在 $(f)_{av}$ 是一个常函数的条件下使 $(f^2)_{av}$ 成为一个最小值的话, 那么这个函数本身就是一个常函数. 任何许可的 f 对于一个常函数的歧离都需要把它的平方的平均值 $(f^2)_{av}$ 提高. 现在, 晶粒的应变能是应力的二次函数的平均值. 但是应力本身的平均值决定于载荷的状态. 如果选定 Z 轴作为载荷轴线, 则除了 $(Z_z)_{av}$ 以外, 所有的应力的平

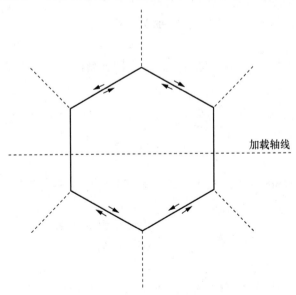

加载轴线

图 7.22　在二维点阵里的晶界的滑动情况. 箭头表示滑移方向[102].

均值都是零. 如果晶粒是弹性各向同性的, 则在晶界发生滑动以前, 在每个地方的应力都是常函数. 不过, 在晶界处的滑动使应力的分布变得不均匀, 从而就必须使应变能提高.

上述的定性的考虑提示人们去比较一个晶粒在两种情形下所储蓄的应变能: (i) 承受均匀应力; (ii) 没有切应力跨过晶界. 应力的平均值在这两种情况下是相同的, 即除了 $(Z_z)_{av}$ 以外都是零. 在每种情况下都可由下面的方程来求得模量 E:

$$W = (1/2E)(Z_z)_{av}^2, \tag{7.14}$$

其中的 W 为单位体积的平均应变能. 预期在这两种情况下的模量 E 之比不会受晶粒形状的多大影响, 只要晶粒的对称度很高. 特殊来说, 预期这个比值对于球状晶粒与对于六边形十二面体晶粒实际上相同. 由于弹性理论已经详细应用于球体, 所以在以下的计算中假定晶粒是球状的.

首先要找到与问题有关的位移矢量 U. 当然这个位移矢量必须是平衡方程的一个解, 它也必须联系到跨过半径为 a 的球面上的切向牵引力为零. 若取 Z 轴为载荷轴, 则必须要求 U 能够使 X_X 和 Y_Y 的体积平均为零, 可把矢量 U 看成是由三个矢量 U_1, U_2 和 U_3 叠加而成, 每个矢量都是平衡方程的解. 第一个矢量 U_1 对应着均匀切应力 Z_z 而所有其他应力为零

$$U_1 = e_1(-\sigma_x, -\sigma_y, z), \tag{7.15}$$

这代表着所讨论的多晶试样在轴向加载后但在晶界的切应力开始弛豫以前的位移矢量. U_1 与跨过球面的切应力 R_θ 的关系是

$$R_\theta = -e_1 \cos\theta \sin\theta. \tag{7.16}$$

第二个位移矢量 U_2 的作用是抵消 R_θ. 与这种类型的切应力有关的平衡方程解式是[103]

$$U_2 = e_2 \left\{ r^2 \left(\frac{\partial}{\partial x}, \frac{\partial}{\partial y}, \frac{\partial}{\partial z} \right) + \alpha(x, y, z) \right\} (3z^2 - r^2)/a^2, \tag{7.17}$$

$$\alpha = -2 \frac{(2\lambda + 7\mu)}{8\lambda + 7\mu},$$

λ 和 μ 是 Lamé 常数. 从 Love[103] 所提出的与这个位移矢量有关的应力, 如果

$$e_2 = -e_1 \frac{E_U(5\lambda + 7\mu)}{12\mu(8\lambda + 7\mu)}, \tag{7.18}$$

则 U_1 的切应力 R_θ 被抵消.

U_3 的作用是抵消由于 U_2 而引入的平均横向拉伸应力 X_X 和 Y_Y. 为了不再引入跨过半径 a 的球面上的新的切应力, U_3 必须代表一个纯粹的膨胀

$$U_3 = e_3(x, y, z). \tag{7.19}$$

如取

$$e_3 = e_2 \frac{84\mu(\lambda + \mu)}{15\kappa(5\lambda + 7\mu)} = -e_1 \frac{7E_U(\lambda + \mu)}{15\kappa(8\lambda + 7\mu)}, \tag{7.20}$$

其中 κ 是体积模量，则由于 U_2 而引入的平均 X_X 和 Y_Y 便被抵消.

这样，由上述方程所给出的 U_1, U_2 和 U_3，从而 $U = U_1 + U_2 + U_3$ 就满足了与问题有关的所有条件，从方程（7.14），一个多晶体当跨过其晶界的切应力完全弛豫后，它的杨氏模量是

$$E_R = (Z_Z)^2_{\mathrm{av}}/2W. \tag{7.21}$$

现在可由上述表示 U 的方程来计算 $(Z_Z)_{\mathrm{av}}$，要计算应变能密度 W，需要球体的总应变能，这可由位移 U 以及加于球面上的牵引力 T 求得

$$应变能 = \frac{1}{2}\int U \cdot T \mathrm{d}S, \tag{7.22}$$

这个积分是展布于球的整个表面. 由于 T 与球面垂直，被积函数简化为 $U_r T_r$. 通过简易的但是冗长的计算得出：$E_R = \{ (7 + 5v)/[2(7 + v - 5v^2)] \} E_U$，其中 v 是泊松比，图 7.23 示出 E_R/E_U 对于 v 的关系曲线.

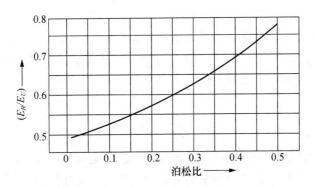

图 7.23　杨氏模量对于泊松比的依赖关系[102].

7.5.2　非平面晶界滑动的弹性调节和扩散调节

在高温下，通过扩散过程而从晶界移去或加入原子，可使两个邻接晶界以兼容的形式彼此连续地相对滑动，从而能够容纳进一步的晶界滑动. 这种调节方式称为扩散调节. 在这个过程中，晶界将作为原子扩散流量的源（source）或宿（sink），而扩散输运则经由邻接晶体的扩散和沿晶界扩散而进行. 扩散输运的驱动力是晶界上的各局域地区的原子扩散势的不同，这是由于晶界上各局域的法向拉力的差别而引起来的.

Raj 和 Ashby[104] 详细讨论了沿着非平面晶界的滑动问题，计算了在波状或

台阶状晶界（滑动方向呈周期性变化）处的应力场、滑动位移和速度. 所讨论的情况是：(i) 在晶界处会合的两个晶粒内部的变形是纯粹弹性的. (ii) 晶界上的原子可从一点到另一点进行扩散流动.

假想两个具有光滑的但不是平面表面的晶粒很完好地紧密配合在一起, 在配合面之间是极薄的一层具有黏滞性的物质. 这层薄膜能够传递所有的正应力, 但却容许切应力以某一特有的弛豫时间进行弛豫. 滑动在晶界偏离完善平面的地方产生不协调性, 从而决定滑动程度和滑动率的是对于这种不协调性的调节. 这种调节可以是纯粹弹性的. 当滑移进行时, 在晶界的粗糙地区, 或者在晶界上出现曲率或台阶的地点, 或者在晶界三叉结点处集结了弹性应力, 这应力最后增大直到它的相应的分力与外加应力平衡, 从而滑动停止进行. 在高温下, 在非平面晶界处由于滑动而集结起来的应力能够建立起一个从晶界的被压缩部分到被拉伸部分的物质扩散通量, 这就导致一种由稳态扩散所控制的滑动. 此外, 如果被晶界隔开的两个晶粒中的应力变得足够大, 则包含着位错运动的范性流变能够调节由于滑动所引起的不协调性.

Raj 和 Ashby[104] 详细探索了能够用连续介质弹性理论和扩散流来处理的晶界滑动概况. Gleiter 等[105] 和 Ashby[106] 讨论了一些有关的微观过程.

下面先讨论非平面晶界的晶界滑动的弹性调节问题. 考虑二维的情况. 假设有切应力 τ_a 施加到图 7.24[104] 所示的非平面晶界上. 对于这种形状的晶界或者具有二重对称轴和有界一阶导数的任何晶界都可用余弦 Fourier 级数来描述, 即

$$x = \sum_1^\infty h_n \cos \frac{2\pi}{\lambda} n y. \tag{7.23}$$

如果在晶界处相遇的两个晶粒的弹性常数是无穷大, 这个切应力将不会引起晶界滑动. 弹性常数是有限值时允许一些滑动, 两晶粒的法向位移可由晶粒本身的局域弹性形变而得到调节. 这就引起反抗进一步滑动的应力. 这种应力随着滑动的继续而增大直到最后与外加应力平衡, 从而使滑动停止下来. 达到平衡状态时仅有法向应力作用在晶界面上, 而晶界的滑动使应力的切向分力得到弛豫.

在内应力与外加应力取得平衡并且滑动停止以前, 两晶粒沿 Y 方向的总相对位移 U 是

$$U = \frac{(1 - \nu^2)}{\pi^3} \frac{\lambda^3}{\sum_1^\infty n^3 h_n^2} \frac{\tau_a}{E}. \tag{7.24}$$

这个滑移是可回复的. 当应力撤去后, 晶界将滑动回来. 作用在晶界面上的法向应力是

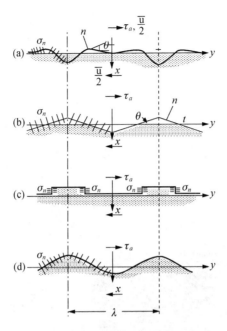

图 7.24 非平面晶界的 4 个例子. 切变应力 τ_a 引起相对滑动位移 U, 从而产生一种施加到晶界面的正应力 σ_n[104].

$$\sigma_n = -\frac{\tau_a \lambda}{\pi} \frac{\sum_1^\infty n^2 h_n \sin \frac{2\pi}{\lambda} ny}{\sum_1^\infty n^3 h_n^2}, \qquad (7.25)$$

v 为泊松比, E 为杨氏模量, λ 为晶界形状的基本波长, τ_a 为外加应力, h_n 为晶界形状的 Fourier 系数. 在达到平衡以前, 滑动以反映晶界本身的内在性质即薄层的黏滞性的速度进行. 当调节是纯粹弹性的情形下, 能够测量弛豫时间的内耗实验是仅有的测量晶界的内在力学性质的方法.

方程 (7.24) 和 (7.25) 虽然很复杂, 但却具有极大的普遍性. 它给出任何具有对称形状的晶界的弹性滑动位移和应力分布. 如果晶界波动性的振动幅 ($h/2$) 小于它的波长, 它是很准确的, 即使 h 与 ($\lambda/2$) 是差不多大小, 它仍然是合理的近似式.

正弦波常常是波纹晶界形状的一个很好的近似, 可用 Fourier 级数的第一项来描述, 因而

$$x = \frac{h}{2}\cos\frac{2\pi}{\lambda}y, \qquad (7.26)$$

从而 $h_1 = (h/2)$, 并且所有的其他 h_n 是零. 另外,

$$U = \frac{4(1 - v^2)}{\pi^3} \frac{\lambda^2}{h^2} \frac{\tau_a}{E}, \tag{7.27}$$

$$\sigma_a = -\frac{2}{\pi} \frac{\tau_a \lambda}{h} \sin \frac{2\pi}{\lambda} y. \tag{7.28}$$

现在考虑，当切应力 τ_a 施加到晶粒尺寸为 d 的多晶体上时所发生的滑动情况. 作为第一次近似，在图 7.25 中所示的路径可以非常粗略地用波长为 $\frac{3}{2}d$ 而波幅为 $(d/2)$ 的正弦波来作近似. 这样，根据方程 (7.27)，沿着与应力平行的方向的净值位移就是

$$U = 0.87(1 - v^2) d \frac{\tau_a}{E}. \tag{7.29}$$

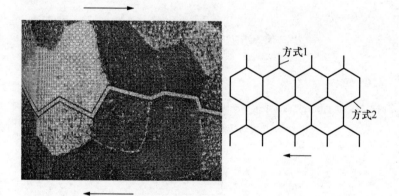

图 7.25   加到多晶体上的切应力引起如上图所示的沿着非平面表面的滑动. 如把晶粒
排列理想化为六角形排列，则将存在如上右图所示的两组正交的滑动表面
(方式 1 和方式 2)[104].

比较准确地说，图 7.25 中所示的两种互相垂直的路径 (方式 1 和方式 2) 也可以用 Fourier 级数来描述，从而应用方程 (7.29) 来正规地计算每个路径的滑动位移. 结果所得的形式完全与方程 (7.29) 相同，只是常数 0.87 换为 0.34 (方式 1) 和 0.8 (方式 2). 选取晶粒尺寸的典型值 $d = 10^{-2}$ cm 和 $(\tau_a/E) = 10^{-4}$，则总的滑动位移是 $U = 5$ nm.

应该指出，多晶体中的晶界在反抗进一步滑动的内应力建立起来以前只能滑动一个极小的距离. 晶界本身的内在黏滞性只能在滑动位移小于这个数值以前才能影响滑动率. 用类似于葛庭燧所作的内耗实验，当滑动位移是 10^{-6} cm 的量级时才能查知这种黏滞性，这在正规的宏观实验中是难以测出来的. 因此，宏观滑动的滑动率将受控于扩散调节或位错运动调节两种过程的速率.

图 7.25 中所示的两种滑动方式都对于试样的黏滞性应变有贡献. 由于这两种方式是彼此垂直的, 所以净值应变 γ 是两种方法所产生的滑动位移之和除以晶粒尺度 d, 因此

$$\gamma = 1.14(1 - v^2)\frac{\tau_a}{E} = 0.57(1 - v)\frac{\tau_a}{\mu}, \tag{7.30}$$

μ 为未弛豫切变模量, 它与晶粒尺寸无关, 滞弹性应变导致了一个在表观上较小的切变模量 μ_R

$$\frac{\mu_R}{\mu} = \frac{1}{[0.57(1 - v) + 1]}, \tag{7.31}$$

如取 $v = \dfrac{1}{3}$, 则 $\dfrac{\mu_R}{\mu} = 0.72$.

可与此相比较的计算只有 Zener[102] 和葛庭燧[59] 的计算. 他们考虑了球状晶粒 (并没有填满整个空间) 在滑动中的弹性调节的情况, 得出 $\dfrac{\mu_R}{\mu} = \dfrac{2}{5}$ $\dfrac{(7 - 5v)}{(7 - 4v)}$, 如取 $v = \dfrac{1}{3}$, 则 $\dfrac{\mu_R}{\mu} = 0.62$. 不清楚这两个结果的差别是反映晶粒形状的不同 (Raj 和 Ashby 考虑的是填满整个空间的六角棱晶, Zener 考虑的是球体) 还是由于在处理中所固有的近似.

下面讨论非平面晶界的晶界滑动的扩散调节的问题.

如果由一个原子或空位的扩散通量来调节两个晶粒之间的相对位移, 则稳态滑动是可能的, 图 7.26 示出一个简单的例子. 沿 Y 方向的滑动率 $\dot{U}$ 在 Δt 时间内把上半块晶体从实线所示的位置移到虚线所示的位置. 可把滑动位移 $\dot{U}\Delta t$ 在局部上分解为与晶界平行和垂直的分量. 这样, 稳态滑动就要求流入或流出晶界的每一个单元的净值原子通量恰好能得出那里的滑动位移的垂直分量. 提供原子通量 (或空位的反向通量) 的是经由两个晶粒的体积扩散和在晶界面本身的扩散. 于是作用在晶界面上的法向应力 σ_n 仅决定于连续性的下述要求: 这个应力分布将驱动扩散通量得到一个速率恰好能够补偿在晶界的每一点的位移分量. 一般来说, 这时法向应力的分布与不容许扩散的情形下大不相同.

也计算了容许体扩散和晶界扩散介入输运过程时的滑动情况. 对于普遍形状的晶界, 稳态的受扩散控制的滑动率是

$$\dot{U} = \frac{2}{\pi}\frac{\tau_a \Omega}{kT}\frac{\lambda}{h^2}D_v\frac{1}{\sum_1^\infty \left[(h_n^2/h^2)\bigg/\left(\frac{1}{\pi} + \frac{\pi\delta}{\lambda}\frac{D_B}{D_v}\right)\right]}, \tag{7.32}$$

h 是晶界形状的总高度. 在晶界面上的法向应力是

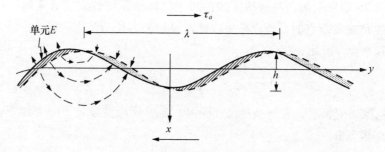

图 7.26　体现扩散调节的稳态滑动[104].

$$\sigma_n(0,y) = -\frac{\tau_a\lambda}{\pi h}\frac{\sum_1^\infty\left\{(h_n/h)\cdot\left(1+\frac{n\pi\delta}{\lambda}\frac{D_B}{D_v}\right)^{-1}\cdot\sin\frac{2\pi}{\lambda}ny\right\}}{\sum_1^\infty\left[(nh_n^2/h^2)/\left(1+\frac{n\pi\delta}{\lambda}\frac{D_B}{D_v}\right)\right]},\quad(7.33)$$

τ_a 为外加的切应力, ω 为原子体积, D_v 为体积扩散系数, D_B 为晶界扩散系数, δ 是晶界扩散路径的厚度, λ 是晶界的基本周期度, h_n 是描述晶界形状的 Fourier 系数.

上述方程适用于任何形状的晶界. 晶界振幅 ($h/2$) 与其波长 λ 的比率越小, 它们越准确. 如 ($h/2$) 约为 λ, 则误差约为 $\sqrt{2}$ 的量级. 这个精度水平总是足够的, 因为扩散系数特别是晶界扩散系数的精确度要较此为小.

对于正弦型的晶界〔振幅 ($h/2$), 波长 λ〕

$$x = \frac{h}{2}\cos\frac{2\pi}{\lambda}y,\quad(7.34)$$

$$\dot{U} = \frac{8}{\pi}\frac{\tau_a\Omega}{kT}\frac{\lambda}{h^2}D_v\left\{1+\frac{\pi\delta}{\lambda}\frac{D_B}{D_v}\right\}.\quad(7.35)$$

当无量纲量 ($\pi\delta/\lambda$) (D_B/D_v) 大于 1 时, 输运主要是通过晶界扩散, 滑动率变得与切应力无关, 而与振幅的关系是 $1/h^2$. 当这个量小于 1 时, 体积扩散是主导的, 滑动率随着 (λ/h^2) 而变化. 一般是, 短波长和低温有助于体积扩散输运. 可以指出, 晶界越与平面歧离, 则滑动率减慢得越快. 法向应力的分布是

$$\sigma_n = -2\frac{\tau_a\lambda}{\pi h}\sin\frac{2\pi}{\lambda}y,\quad(7.36)$$

这与没有扩散的情形完全相同. 这是正弦型晶界的独特之处. 对于所有其他情形, 当扩散发生时, 应力分布是变化的. 例如对于锯齿状和台阶状的晶界来说, 在弹性调节的情形下, σ_n 的分布非常集中在齿尖和台阶的两端处, 而在

扩散调节的情形下，则扩散使 σ_n 变得平滑，并且重新分布.

Gifkins 和 Snowdon[107] 近似地计算了含有等间隔台阶的晶界的滑动率，但是只考虑了晶界扩散. 他们的结果与上述的相差一个因子 l/h，这个因数可以很大. 他们随后指出，这个结果是错误的[55].

在多晶体的情形下，伴有扩散调节的晶界滑动会引起扩散型蠕变. 现在讨论图 7.27 所示的是理想化了的多晶集体在受力情况下的形变. 通过图中所示的彼此垂直的两种滑动方式，所有的通过晶体的可能的通量路径都正确地包括了进去. 对于晶界形状采用正弦型近似，可得出工程切变应变率为

$$\dot{\gamma} = \frac{2\dot{U}}{d} = C\,\frac{\tau_a \Omega}{kT}\,\frac{1}{d^2}D_v\left\{1 + \frac{\pi\delta}{\lambda}\frac{D_B}{D_v}\right\}, \tag{7.37}$$

其中 $C = 2$.

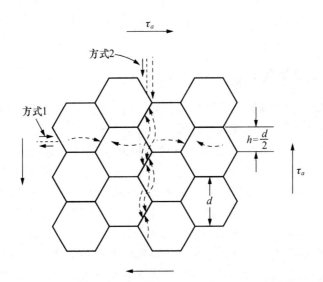

图 7.27　理想化为六角形排列的多晶体能够沿两种正交的方式
的滑动而变形. 折线表示空位通道[104].

为方便起见，可把伴有扩散调节的晶界滑动所引起的多晶体形变看做是有如它具有牛顿黏滞性 η，而

$$\dot{\gamma} = \tau_a/\eta, \tag{7.38}$$

对于体积扩散来说

$$\eta_v = \frac{1}{42}\frac{d^2 kT}{D_v \Omega}, \tag{7.39}$$

对于晶界扩散来说

$$\eta_B = \frac{1}{132} \frac{d^3 kT}{\delta D_B \Omega}. \qquad (7.40)$$

用这些方程所描述的多晶形变是地道的"扩散型"蠕变. 从这里所提出的推导很清楚地看出, 晶界滑动是扩散型蠕变的一个整体组成部分.

双晶体中的晶界滑动对于晶界迁动很敏感. 迁动使晶界形状发生改变, 从而描述晶界形状的振幅 h 和波长 l 随着时间而变. 这样, 滑动将随着时间而起伏, 这是常在纯金属双晶中观测到的不规则的和难以重复的滑动率的原因.

但是多晶体的伴有扩散调节的滑动率却对于迁动较不敏感. 迁动可导致晶粒形状不变的晶粒增大, 这时的滑动率将由于 d 的增大而减小 [见方程 (7.37)]. 迁动有时可能导致晶粒形状的变化, 例如晶界顺着与最大切应力平面平行的方向排齐. 这虽然不常见, 但是在高温疲劳当中会出现这种排齐, 从而导致应变率的快速增加. 从总体来说, 局域的迁动不会改变晶粒尺寸或形状. 像图 7.27 所勾画的发生滑动的路径的平均形状并不随时间而变, 从而滑动率并不受迁动的影响.

7.5.3　晶界滑动的范性流变 (位错运动) 调节

非平面晶界滑动所产生的不协调性除了可通过弹性形变和扩散流量而得到调节以外, 也能够由于邻接晶粒内部的点阵位错运动所引起的范性流变而得到调节. 这当然只在较高应力下当点阵位错的运动能够引起范性流变时才能发生. 这依赖于晶界作为点阵位错的源或宿的方式和情况. 晶界两边的晶粒中的位错的滑移和攀移能够按照情况的需要而从晶界中移出原子或者提供原子. 这时的晶界滑动率将决定于邻接晶界的范性性质, 并将表现加工硬化现象, 滑动率也将随着外加应力而表现非线性的变化. Crossman 和 Ashby[112] 在处理这个问题时, 假定点阵中的范性形变是通过位错的滑移和攀移而发生的, 并且得到下述的蠕变指数公式: $\dot{\varepsilon} = A\tau^n$, 其中的 A 和 n 是常数 (见 7.6.1 节).

Valiev 等[108]研究了晶界滑移与晶粒内的形变过程之间的交互作用. 他们用含有一个一般晶界的锌双晶在室温附近进行拉伸蠕变实验. 由于锌在室温只有一个优先的滑移面, 因而能够揭示晶粒内与晶界内形变之间的交互作用的效应. 所用的锌双晶材料含有一个 90° [11$\bar{2}$0] 倾斜晶界 [见图 7.28 (a)]. 这是一个无规大角晶界, 其重位密度大于 $\Sigma 25$. 从这块双晶坯料切出两块双晶, 其取向差分别为 45° 和 60°, 如图 7.28 (b) 和 (c) 所示. 前者是用来研究纯晶界的滑动, 后者是用来研究晶界滑动与晶粒内滑移同时发生的情况. 所加的切应力范围是从 0.5 到 3.5MPa. 用刻画在双晶表面上的与晶界垂直的标识来揭示晶界滑动的发展, 位移量是用金相显微镜或电子显微镜复型术测量的. 用测量 m_{GBS} 来标定滑动率对于作用在晶界上的切应力的灵敏度的倒数, 即

$$m_{\mathrm{GBS}} = \frac{\ln\dfrac{\sigma_1}{\sigma_2}}{\ln\dfrac{v_1}{v_2}},\qquad\qquad(7.41)$$

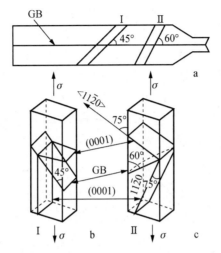

图 7.28　（a）锌双晶的胚料及其切割方式的示意图；（b）用来研究纯晶界滑动的双晶切片，取向差 45°（Ⅰ型）；（c）用来研究晶界滑动和晶粒内滑动同时发生的双晶切片，取向差 60°（Ⅱ型）[108].

其中 σ_1 和 σ_2 是在 1.0 到 3.2MPa 这个范围内的引起纯晶界滑动的两个切应力，v_1 和 v_2 是对应着 σ_1 和 σ_2 的晶界滑动率，是从滑动－时间曲线的初始部分（$t < 10$h）计算出来的.

　　热激活参数 γ（激活体积）和 Q（激活能）是按照下列公式计算出来的：

$$\gamma = \frac{kT}{2}\Big(\frac{\Delta\ln v_{\mathrm{GBS}}}{\Delta\sigma}\Big),\quad \Delta\sigma = \sigma_2 - \sigma_1,\qquad(7.42)$$

$$Q = k\Big(\frac{\Delta\ln v_{\mathrm{GBS}}}{\Delta(1/T)}\Big),\qquad\qquad(7.43)$$

测量温度 T 是从 0 到 50℃.

　　研究结果指出，在晶界不同区域的标识线的位移量并不相同，这表明纯粹晶界滑动是不均匀的. 晶界的平均滑动量随着测试时间的增加而单调地增加，但在 10h 以后，滑动率减少. 另外，滑动率随着外加应力的增加（从 1.0 到 6.8MPa）而增加，但是当应力 σ 很小时有一个孕育期，而当应力减为 0.5MPa 时，在加载 300h 以后仍然观察不到滑动. 这意味着晶界滑动有一个阈值. 由实验测得的 m_{GBS} 值是 0.9 ± 0.1（$t < 10$h），$\gamma = 160b^3$，$Q =$（42 ± 8）kJ/mol.

金相和电镜检查结果表明, 纯粹晶界滑动是在一个极窄的晶界带内发生的, 并没有观察到标识线的弯曲和倾斜.

　　研究晶内滑移对于晶界滑动的影响所用的双晶试样中的滑移面取向相对于试样的拉伸方向来说是变化的, 因而晶界滑移和晶内滑移同时进行. 在这种情况下的晶界滑动中的晶界结构特点与在纯粹晶界滑动时一般是相似的, 不过滑动的不均匀度变低, 并且晶界带区变宽, 这表明晶界滑动和晶界迁动同时发展, 另外, 滑动率也大不相同, 图 7.29 示出在相同的切应力的作用下发生和不发生点阵滑移的两种情况下的滑动 – 时间曲线, 可见在同一种情况下的滑动率急剧增加了 50 倍之多. 这个结果证明了晶内滑移对于晶界滑动具有激励作用, 这时的 m_{GBS} 等于 0.4 ± 0.1, 纯粹晶界的大大降低.

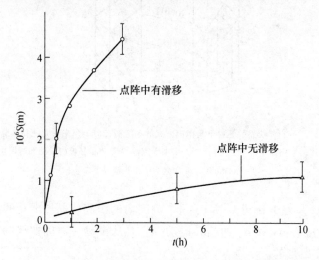

图 7.29　在相同试验条件下, $\tau = 1.4 \text{MPa}$, Ⅰ型和Ⅱ型锌双晶
的滑动 – 时间曲线[108].

§7.6　多晶体的扩散型蠕变

7.6.1　Herring-Nabarro 蠕变和 Coble 蠕变

　　蠕变是在恒定外加载荷下所发生的形变, 它是能在恒应力下连续运转的热激活机制所引起的. 在高温和低应力的作用下, 多晶体能够通过原子输运过程而变形. 这种扩散型蠕变有两种类型: 一种是原子通过晶粒而由一个晶界扩散到另一个晶界, 叫做 Nabarro-Herring 蠕变. 另一种是原子沿着晶界网络而从受法向压缩的晶界扩散到受法向拉伸的晶界, 叫做 Coble 蠕变, 多晶体的扩散型

蠕变的应变是这两种扩散路径所引起的应变的叠加. 两种方式的重要性按照多晶材料的不同类型以及温度和应力的不同范围而改变. 在各种情况下, 多晶体的整体行为都依赖于晶界行为的细节.

前述的双晶的扩散调节滑动实际上是地道的蠕变扩散的例子. 下面讨论由相同的等轴六边形晶体所组成的二维单相多晶体的扩散蠕变机制. 这把三维问题大大简化而不损失基础物理的内容. 让一个单轴拉力 σ 施加到这多晶体上, σ 很小, 从而在系统中的任何地区都没有点阵位错被激发. 在这种情况下, 每个晶体的基体是刚性的, 但是在外加应力的作用下, 在三种取向的晶界（A, B, C）上都建立了不同的正应力（牵引力）和切应力, 从而建立了数值不同的扩散势. 在这种扩散势的影响下, 各晶界之间将要发生扩散输运. 这种输运将使得各邻接晶粒的中心沿着它们的共同的晶界的法向移动（离开或接近）N^A, N^B 和 N^C 的距离, 如图 7.30（a）所示[109]. 同时, 切应力将要引起晶粒的切向滑动 S^A, S^B 和 S^C, 它们对应着邻接每个晶界的晶粒中心与晶界平行的相对位移. N^i 与 S^i（$i = A$, B, C）位移将要联合引起多晶体的形状的整体变化（蠕变形变）, 这可以根据连接各个晶粒中心的网络的形变而测量出来. 可以证明[110], 如果要各晶粒彼此相对位移得很和谐而不发生孔隙或搭接, 则在上述各种位移之间必然存在着某种关系. 例如 C 晶粒相对于 B 晶粒的垂直位移必须与 C 晶粒相对于 A 晶粒的位移与 B 晶粒相对于 A 晶粒的位移之差值一致. 在水平位移之间也有类似的牵连. 另外, 整个的体积必须不变, 从而扩散输运在所有的晶界源或宿处所撤走或添加的原子的总和必须是零, 即 $N^A + N^B + N^C = 0$.

根据上述的各种考虑, 可把沿着外加应力 σ 的方向所引起的应变率 $\dot{\varepsilon}$ 表示为各个 $\dot{N}^i$ 或者各个 $\dot{S}^i$ 的函数. 前者指出可把蠕变应变率 $\dot{\varepsilon}$ 看作是由于被相应的晶界滑动所调节的扩散输运所引起的, 而后者指出可把 $\dot{\varepsilon}$ 看作是由于被扩散输运所调节的晶界滑动所引起的. Raj 和 Ashby[104] 指出, 扩散蠕变等同于被扩散输运所调节的晶界滑动. 现已广泛认可, 如果要晶界滑动和谐地发生, 则必须伴随着发生扩散蠕变.

下一步是必须找出在单轴应力的作用下作用在不同晶界上的平均牵引力和切应力之间的关系. 现在假定一种极限情况, 即切变机制的发生远快于扩散输运, 从而整体蠕变率是被较慢的扩散输运率所控制. 在这种情况下, 切应力将基本上得到完全弛豫即

$$\sigma_s^A = \sigma_s^B = \sigma_s^C = 0. \tag{7.44}$$

因此, 支配外加应力的只有法应力. 不同平均牵引力将在三种不同的晶界上建立不同的平均扩散势, 并且转而在每个晶粒内建立起准稳态扩散流如图 7.30

（b）中的 H 处所示. 沿着每种晶界将很快地建立起不均匀分布的牵引力以及大小不等的扩散势，使得等流量进入每个晶界的所有区域，从而在每个晶界的过程成为谐和的.

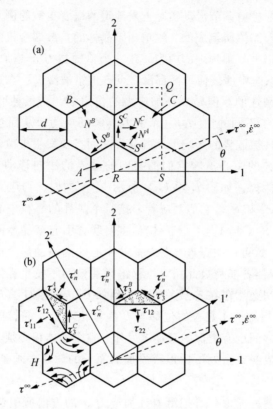

图 7.30　（a）在单向拉伸 τ^{∞} 的作用下引起总体应变率 $\dot{\varepsilon}^{\infty}$ 的多晶体的理想的二维表示. 晶粒 A，B，C 沿着它们的共同晶界的法线分别移动 N^A，N^B，N^C 的距离并且引起滑动位移 S^A，S^B 和 S^C；（b）在图（a）中各晶界处出现的切应力和正应力. 坐标系 $(1', 2')$ 相对于坐标系 $(1, 2)$ 转动了 $30°$[109].

应该指出，扩散输运既可经由点阵扩散发生，也可经由晶界扩散发生. 关于晶界扩散的问题，可以假设晶界是理想的源和宿从而按照以前处理扩散调节的晶界滑动的方法和论辩来近似地解决. 在现在的情形，可用相同的基本通量方程来计算 $\dot{N}^A$ 和 $\dot{N}^B$ 之值并且代入前面所说的点阵扩散情况下的蠕变率的表达式. Beere[109] 所得的结果，对于点阵扩散是

$$\dot{\varepsilon} \approx \frac{15 D^L \Omega}{k T f^L d^2} \sigma, \quad （\text{Herring-Nabarro 蠕变}）. \tag{7.45}$$

对于晶界扩散是

$$\dot{\varepsilon} \approx \frac{15\pi D^B \delta \Omega}{kTf^\theta d^3}\sigma, \quad （\text{Coble 蠕变}） \tag{7.46}$$

两个结果都指出 $\dot{\varepsilon}$ 与 θ 无关（θ 的意义见图 7.30）. 这与 Raj 和 Ashby[104] 所得的式子在数量级上是相合的.

上式所给出的扩散蠕变率都与外加应力成线性正比. 这说明即使这多晶体是由一些单独是刚性的晶粒组成的，但它仍然表现黏滞性质，具有牛顿黏滞性. 经由点阵扩散所引起的扩散蠕变率与晶粒尺寸 d 的二次方成正比，而经由晶界扩散的扩散蠕变率则与 d 的三次方成正比. 如同所预期的，扩散蠕变在低应力和高温下是占优势的机制. 另外，Coble 蠕变在较低的温度下变为优先的，因为此时晶界扩散是优先的.

Ashby[111] 用一个形变图来表明晶粒尺寸为 $d = 32\,\mu\mathrm{m}$ 的银多晶体在蠕变应变率为 $10^{-8}\mathrm{s}^{-1}$ 的情况下所预期的在"应力－温度"的各种不同区间占优势的各种不同的范性流变机制，如图 7.31 所示.

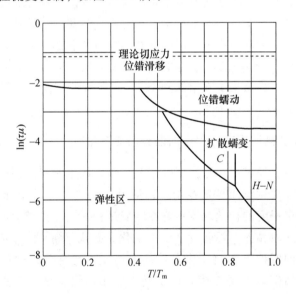

图 7.31　多晶银（晶粒尺寸 $32\,\mu\mathrm{m}$）在应变率为 $10^{-8}\mathrm{s}^{-1}$ 时的形变机制图. τ 为外加应力，μ 为切变模量. 每种形变机制在它所属的领域内是占优势的. 扩散蠕变领域分为两部分，即 Coble 蠕变领域（用 C 表示）和 Herring-Nabaroo 领域（用 H-N 表示）[111].

上述结果的获得是假定所有的晶界都对于扩散输运是理想的源和宿. 实验指出，这对于纯金属来说是定量符合的，但是却常常出现一个约为 $10^{-5}\mu$ 数量级的阈应力. 另外，这对于合金和含有第二相颗粒的材料是很不符合的. 这显然是由于这些材料中的晶界对于作为扩散通量的源和宿的表现并不完好的缘故.

　　在上述的多晶体的扩散蠕变中, 假定各个单独的晶体的内部并不发生范性形变, 而只是从它们的与晶界邻接的内表面移去或加入原子, 使得在晶界处发生耦合的滑动. 但是在高温和较高的应力下, 多晶体也可以由于晶界滑动与晶粒内的点阵位错运动所引起的晶粒形变相结合而发生蠕变. 在这种情况下, 可以把整体的蠕变看成是被点阵的范性形变所调节的晶界滑动. 在大多数情形下, 点阵位错运动是限制蠕变的整体速率的过程. Crossman 和 Ashby[112]在处理这个弹性形变与范性形变结合的调节问题时, 假定点阵中的范性形变是通过位错的滑移和攀移, 用有限元技术进行处理. 由于点阵位错的形变过程总是控制速率的因素, 而多晶体的各个晶粒以及晶界滑动的蠕变都服从幂数律, 所以多晶体的宏观行为也将服从幂数律蠕变行为. Crossman 和 Ashby 提出 $\dot{\varepsilon} = A\sigma^n$, 其中的 A 和 n 是常数.

　　晶界滑动的性质对于决定晶界滑动的程度和它对于整体蠕变的贡献的大小是重要的. 在这种情况下的蠕变行为是被晶粒内的集中的范性形变带所调节的晶界滑动. 当晶界滑动自由发生时, 晶粒内的位移和形变场变得更为均匀. 当 n 从 1 增加到 ∞ 时, 晶内的范性流变越来越变得集中成带, 而晶界滑动切变对于总形变的部分贡献出约 1/6 增加到 1/2. 在所有的情况下, 活动的晶界滑动都增加整体蠕变率.

7.6.2　多晶体在高温蠕变过程中的晶界内耗变化

　　在第二章里已经指出, 葛庭燧在细晶粒多晶体中所观测到的内耗峰是由于在晶界发生的弛豫过程或扩散控制过程所引起来的[59~61]. 多晶体的高温蠕变总是伴随着一定程度的扩散蠕变, 它在蠕变过程中的晶界滑动可能会引起晶界状态的变化, 从而晶界内耗峰将会发生变化. 孔庆平等[113]研究了铝和铜多晶的晶界内耗峰的四种参数由于多晶体蠕变而发生的变化, 这包括内耗峰的峰高、峰温和激活能以及切变模量的变化. 所用的仪器是一个真空 (10^{-4} torr) 扭摆和加载的联合装置[114], 振动频率约 1Hz, 最大的应变振幅是 2×10^{-5}, 由共振频率的平方测出切变模量. 所用的 Cu 试样的纯度是 99.9%, 试样直径 1mm, 有效长度约为 100mm, 平均晶粒尺寸 0.06mm. 蠕变实验是在 350~450℃ 和载荷 19.6~78.4MPa 的作用下进行的, 选择了不同的蠕变条件以使得最后的蠕变断裂成为不同的类型 (沿晶或穿晶断裂). 内耗和模量的原始曲线是在进行蠕变实验以前测量的, 随后的曲线是在蠕变达到不同的蠕变应变以后卸载测量的.

　　图 7.32 示出的内耗 (a) 和模量 (b) 曲线是在较高的温度 (450℃) 和

较低的应力（19.6MPa）下测量的. 在这种蠕变条件下导致了沿晶蠕变断裂. 曲线（1）是纯铜的晶界内耗峰，它出现在约 240℃（2.0Hz）. 曲线（2），（3），（4）分别是在 450℃ 蠕变经过 10min，200min 和 560min 以后测得的. 由图可见，各曲线的变化不明显，只是高温背景略有增加. 图 7.33 的曲线（2），（3），（4）分别是在 400℃ 和 39.2MPa 下蠕变 5，100 和 185min 以后测得的. 在这种蠕变条件下导致了混合型蠕变断裂. 由图可见，内耗峰高由于蠕变而明显降低，峰温明显提高，归一化切变模量弛豫（M_U 是未弛豫模量）明显减小. 图 7.34 示出的是在较低温度（350℃）和较高应力（78.4MPa）进行蠕变最后导致穿晶断裂情况下所得的相对应的内耗和模量曲线. 曲线（2），（3），（4）对应的蠕变时间分别是 0.75，10 和 25min. 可见内耗峰高和模量弛豫都大大减小，而峰温大大提高.

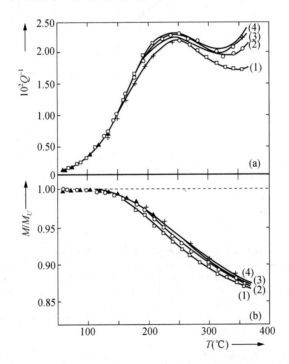

图 7.32 铜的晶界内耗峰（a）和模量弛豫（b）在 450℃ 和 19.6MPa 进行蠕变后所发生的变化. 曲线（1）：蠕变前；曲线（2），（3），（4），进行蠕变 10min，200min 和 560min 以后[113].

表 7.4 列出了扣除了背景后的内耗峰温 T_P 和峰高 Q_m^{-1}，激活能 H 是用变频法测量的，弛豫强度 $\Delta = \dfrac{M_U - M_R}{M_R}$.

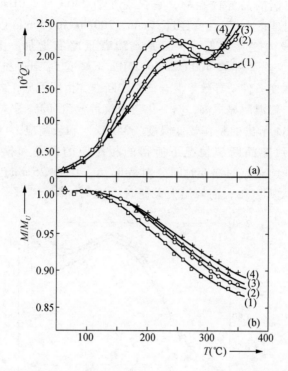

图 7.33　铜的晶界内耗峰（a）和模量弛豫（b）在 400℃ 和 39.2MPa 进行蠕变后所发生的变化.
曲线（1）：蠕变前；曲线（2），（3），（4）：进行蠕变 5min，100min 和 185min 以后[113].

表 7.4　在各种条件进行蠕变后的晶界弛豫参数

蠕变条件	450℃,19.6MPa	400℃,39.2MPa	350℃,78.4MPa
蠕变断裂类型	沿晶	混合型	穿晶
蠕变时间(min)	0,10,200,560	0,5,100,185	0,0.75,10,25
T_p(℃)	227,230,231,232	227,240,243,245	225,242,242,245
$10^2 Q_m^{-1}$	1.87,1.86,1.82,1.75	1.88,1.69,1.44,1.30	1.85,1.15,1.01,0.95
10Δ	1.30,1.29,1.25,1.19	1.31,1.20,1.11,1.00	1.25,0.85,0.74,0.62
$H(eV)$	1.32,1.34,1.37,1.39	1.30,1.36,1.44,1.47	1.30,1.52,1.61,1.67

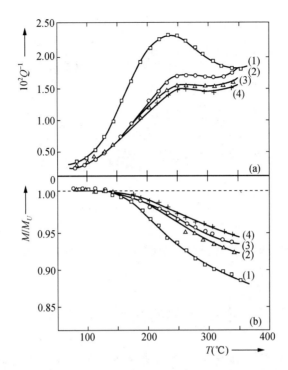

图 7.34　铜的晶界内耗峰（a）和模量弛豫（b）在 350℃和 78.4MPa 进行蠕变后所发生的变化.
曲线（1）：蠕变前. 曲线（2），（3），（4）：进行蠕变 0.75min，10min 和 25min 以后[113].

　　可以认为，表 7.4 所列出的在三种蠕变条件下经过各种蠕变时间以后的晶界内耗峰峰温和激活能的变化反映着峰温和激活能随着蠕变时间的变化，也可以认为这表示它们在多晶体在扩散蠕变过程中的变化. 它们随着蠕变时间的增加而增加，意指着晶界弛豫或晶界滑动在蠕变过程中出现硬化现象，这说明晶界滑动的范性形变（位错运动）调节机制渐渐变为重要的（见 7.5.3 节）.

　　对于经过蠕变以后的试样进行了电子显微镜观察，图 7.35 所示的是试样在 350℃和 78.4MPa 下达到 8.7% 蠕变以后在晶界附近的 TEM 图像的一个例子[113]，可见有若干的位错缠结和胞结构与晶界相交，另外，晶界表现为很粗糙并且呈波浪状. 这对应着图 7.34 所示的蠕变情况，这时晶界发生最大的强化. 这个蠕变条件最后出现穿晶蠕变断裂. 在蠕变以前或者强化得较弱的蠕变条件（导致沿晶或混合型蠕变断裂）下，与晶界相交的位错缠结和胞结构较少得多，并且晶界较为平滑. 因此，认为晶界在蠕变过程中的强化是来源于位错与晶界的交互作用.

　　戴勇、刘少民和孔庆平[115]对于 99.9% Cu 多晶进行恒速拉伸蠕变测量，应变率为 $3.1 \times 10^{-6} s^{-1}$ 到 $3.6 \times 10^{-6} s^{-1}$，蠕变温度 550℃，450℃和 350℃. 在达到

图 7.35　铜多晶试样在 350℃，78.4MPa 蠕变达到 8.7% 蠕变应变以后的 TEM 图，
表示有位错亚结构与晶界相交[113].

一定的应变后卸载测量晶界弛豫参数的变化，所得结果与上述的蠕变试验结果相同.

§7.7　金属薄膜的晶界内耗与晶界结构

最近，Bohn 等[116] 报道了关于铝薄膜的晶界弛豫（主要是内耗测量）结果，其中牵涉到晶界滑动和晶界迁动的关系以及这两个过程的优先出现的条件的问题. 这对于 §7.4 的讨论是一个很重要的补充. 下面将详细介绍这篇报道的内容.

在一般的"宏观"测量技术中，检查高温蠕变当中的晶界滑动的通用程序是测定在晶界上所划的刻痕随着时间的延续而发生的位移. 这种技术只能测出几个 μm 数量级的移动，从而必须施加较高的应力和在高温下进行试验. 这就使得所观测的晶界滑动通常伴随着同时发生的邻域的位错范性形变，而且晶界滑动所需的质量输运常常被体积扩散所控制. 另一方面讲，用内耗技术能够检查相邻晶粒的量级为纳米或更小的相对位移的"微观"晶界滑动. 这样就可以由测得的低振幅振动内耗得出与晶界滑动过程有联系的固有的晶界黏滞系数. 内耗测量可在 $0.4T_m$ 以上的温度进行，这时的晶界扩散占优势. 首次用内耗测量来观测晶界滑动的是葛庭燧在 1947 年的先驱工作[59,60]，他测得的铝的内耗峰出现在 285℃（0.8Hz），激活能接近于体积扩散激活能. 1981 年，Berry 和 Pritchet[117] 在铝薄膜测得一个出现在 50℃ 附近的内耗峰，它的激活能远低于铝的体扩散激活能. 他们认为这个峰更像是来源于固有的晶界过程. Bohn 等[116] 比较了用大晶粒（0.1mm 的量级）多晶试样所得的内耗峰（葛峰）和用细晶粒（几个纳米）薄膜试样的内耗峰的情况，并且对照现有的晶界滑动模型进行了讨论.

　　几个研究组曾经进行了黏结在硅或石英基底上的铝薄膜的内耗实验[117~121]. 用振动簧技术所测得的典型结果如图 7.36 所示[116]. 整体内耗数据扣除背景后用分数 $3E_ft_f/E_st_s$ 进行了归一化处理,得到薄膜的内耗 Q_f^{-1},其中 E_s 和 E_f 分别是基底和薄膜的弹性模量,t_s 和 t_f 分别是基底和薄膜的厚度. 这样就可以把 Q_f^{-1} 与大块铝试样的固有内耗进行比较. 所研究的薄膜的厚度在 $0.1\,\mu m$ 与 $5\,\mu m$ 之间. 所有的薄膜都是从高纯铝锭蒸发到基底上的. 经过 $450\,^\circ C$ 退火以后,薄膜呈现柱状组织,其晶粒尺寸接近于薄膜厚度并且具有很分明的 <111> 织构.

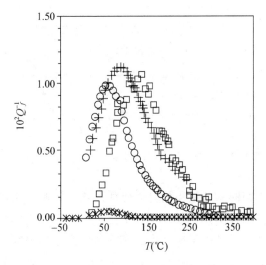

图 7.36　对蒸发纯铝膜所观测到的内耗峰(振动频率约 300Hz). ＋和○分别表示膜厚为 $4.2\,\mu m$ 和 $0.54\,\mu m$. ＊表示把晶界从薄膜中除去后的内耗曲线. □表示自由停放在基体上的薄膜的内耗曲线[116].

　　对于铝薄膜的内耗测量所得的主要结果可以概述如下.

　　(i) 激活能是 $Q_f = 0.6\pm0.1\,eV$,$\tau_0 = 10^{-12.5\pm1.5}\,s$(晶粒尺寸 $=1\,\mu m$).

　　(ii) 内耗峰较之理想的 Debye 峰约宽 3 倍,指数前因子近似地随着与晶粒尺寸的增加而线性增加,如图 7.37 所示.

　　(iii) 由内耗曲线(作为温度的函数)所覆盖的整个面积求得的弛豫强度随着个别试样的不同以及悬梁的激发方式(弯曲或扭转)的不同,而在 0.03 和 0.15 这个典型范围之间变化. 所测得的薄膜内耗与振幅无关.

　　(iv) 用适当的化学侵蚀处理把晶界从具有柱状组织的薄膜中除去,从而基底上只剩下一些单晶的岛屿. 从图 7.36 可看出,这时晶界内耗峰不出现.

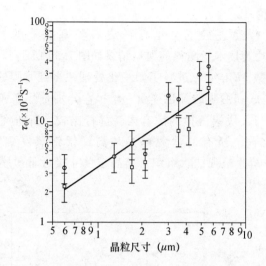

图 7.37　从具有不同晶粒大小（厚度）的纯铝薄膜的内耗峰位置所
算出的指数前因子 τ_0（假定 $Q_f = 0.62\text{eV}$）与晶粒大小的关系.
这包括由扭转和弯曲振动所得到的数据[116]. ○：弯曲；□：拉伸.

这就直接证明了所观测的内耗峰是归因于晶界，而不是归因于就譬如说薄膜与
基体之间的界面的滑动.

（v）对于具有相同晶粒结构的自由停放薄膜也观测到内耗峰. 这种薄膜是
通过选择侵蚀的方法在薄膜下面的基底上蚀出一个孔而得到的. 这个结果证明
了所观测的内耗峰并不是由于振动中的基底传送到附着薄膜上的周期性的不可
逆范性形变.

（vi）用各种溶质制备铝合金薄膜可以引起内耗峰的很大移动. 在用于微
电子电路材料 AlCu，AlSiCu 的情形，得到 $Q_f \approx 0.9\text{eV}$，$\tau_0 \approx 10^{-13}\text{s}$.

上述（v）和（iv）的观测结果直接证明了晶界滑动是引起在薄膜中所观
测的内耗峰的来源. 另外，所得到的激活能与在薄膜电迁动[122]和晶界扩
散[123]实验中所得到的数值相合. 这件事实指出了在晶界处的质量输运对于所
观测的内耗现象的重要性.

假定晶界是一个理想的平面，则在外加的切应力 σ_s 的作用下，两个相邻
晶粒之间的相对位移是

$$u_{\text{max}} = g\sigma_s/\mu, \tag{7.47}$$

g 为晶粒尺寸，μ 为切变模量. 在内耗实验中，σ_s/μ 的典型值是 10^{-5}，如果
$g = 0.1\text{mm}$，则 $u_{\text{max}} \sim 10^{-6}\text{mm} = 1\text{nm}$. 为了使晶界滑动所引入的形变成为滞弹
性的，即在应力撤除后可以回复，在滑动当中必须建立起一种内应力. 当加到

晶界上的切应力得到完全弛豫后，这个内应力必须在平均上来说刚好能与外应力场保持平衡. 在多晶体的情况下，这个反向的内应力集中在晶界的三叉交点上. 从原则上讲，在三叉点上建立起来的反向应力可以通过扩散调节而得到弛豫，但是这个弛豫过程要求汇合在三叉点处的各个晶界之间的原子交换，从而其扩散距离是 g 的数量级. Trinkaus 和 Yoo[124]估算了这个应力的衰减时间 $\tau = kTg^3/(30\mu\Omega\delta D_{gb})$，$\delta$ 是晶界的有效厚度，D_{gb} 是晶界扩散系数，Ω 是原子体积，所算出的 τ 通常较之晶界滑动的弛豫时间大几个数量级，因而不会影响用内耗方法观测晶界滑动. 另外，这种集中在三叉点的应力的弛豫将引起一种不可逆的范性形变，因而除非引入一种外加的回复力，是观测不到滞弹性内耗的. 因此，由晶界滑动所造成的内应力分布就只能通过各晶粒的弹性形变而得到调节，即弹性调节.

对于非平面的粗糙晶界来说，情况就比较复杂. 图 7.38 所示的是三种晶界情况的示意图：（a）锯齿型，各小面的长度为 l，高度为 h.（b）台阶型（不引起应变场）.（c）位错型. 在这些情况下，为了避免在晶界滑动过程中出现滑动过度和沿晶界断开，必须发生原子尺度的局域的扩散流 I_{gb}（如图中的粗箭头所示）来调节台阶的运动或者位错攀移. 这就需要移去或插入原子行列或者吸收或者产生空位.

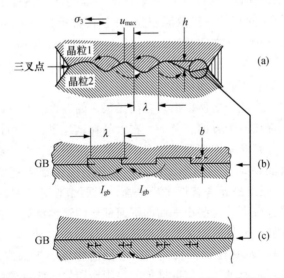

图 7.38　晶界滑动过程的示意图.（a）在外加切应力 σ_3 的作用下，两个三叉点之间晶粒 1 和晶粒 2 的相对滑动；（b）和（c）分别指出晶界台阶和晶界位错作为晶界粗糙度的形式[116].

Raj 和 Ashby[104]用连续介质理论，Ashby[101]用原子模型从理论上处理了非平面晶界滑动的时间依赖关系. 为便于了解起见，考虑一个台阶晶界（图 7.38）的滑动所需要的扩散流 I_{gb}. 为了几何学上的理由，要使高度为 b 的一个台阶的平移率为 $\dot{u}$ 所需的扩散流是

$$I_{gb} = \frac{\dot{u}b}{2\Omega} = \delta \frac{D_{gb}}{kT} \frac{2\sigma_s}{b}, \tag{7.48}$$

这个扩散流来自作用在台阶上的法向应力 σ_N 的梯度 $2\sigma_N/\lambda$. 沿晶界的力学平衡需要 $\sigma_N = \sigma_s\lambda/b$. 因此，应力梯度与台阶距离 λ 无关. 考虑到原子以 D_{gb}/kT 的动性沿着晶界而漂移，那就得到方程（7.48）中的第二个关系. 这样，晶界滑动的弛豫时间 τ 就是

$$\tau = u_{max}/\dot{u} = \frac{1}{4} \frac{kT}{\mu\Omega} \frac{b^2}{\delta D_{0,gb}} e^{Q_{gb}/kT}, \tag{7.49}$$

$D_{0,gb}$ 是晶界扩散系数的指数前因子. 可把相关的晶界黏滞系数写成

$$\eta_{gb} \equiv \frac{\sigma_s\delta}{\dot{u}} = \tau \frac{\mu\delta}{g} = \frac{kT}{4\Omega} \frac{b^2}{D_{gb}}, \tag{7.50}$$

如取台阶高度 $b = a/2$，a 为点阵常数，则 η_{ab} 就代表 Ashby 所引入的所谓固有的晶界黏滞系数，这指的是作为一个高扩散沟道的联锁的大角晶界的情况. 方程（7.49）所预期的弛豫时间 τ 的基本特征与细晶薄膜试样的实验结果很吻合：激活能 Q_f 等于固有晶界扩散能 Q_{gb}，并且指数前因子 τ_0 与晶粒尺寸成正比. 选取 $kT/\mu\Omega = 10^{-2}$（在 300K），$g = 1\mu m$，$\delta = 1nm$，$b = a/2 = 0.2nm$，$D_{0,gb} = 10^{-6} m^2 \cdot s^{-1}$，则得 $\tau_0 = 10^{-13}$ s，与实验观测值很符合. 因此，可以认为薄膜试样中的晶界的表现确实如同高扩散通道.

大晶粒试样的内耗峰之所以出现在高得很多的温度，是反映着晶界结构的不同. 这可能表现在两个方面. 第一，在大晶粒试样里，延伸得很长的晶界在两个三叉点之间总是含有许多锯齿或多个小平面. 第二，对于给定的杂质浓度来说，附着在大晶粒试样的晶界上的杂质较多，先考虑上述的第一点，如图 7.38（a）所示，假定晶界含有许多小平面，当两个相邻晶粒跨过这样的晶界而滑动时，需要进行沿着这些小平面的平面部分的纯粹滑动以及垂直于这些小平面的平移或迁动. 晶界的相关的迁动速率 $\dot{v}$ 与平均滑动率 $\dot{u}$ 的关系是 $\dot{v}/\dot{u} \approx h/\lambda$. 小平面的这种垂直迁动需要倾斜度不同的邻近小平面之间的原子输运. 如果这种输运过程是通过晶界扩散进行的，则预期的内耗峰的弛豫时间将由方程（7.49）给出，不过要把 b^2 换成 $h^2/2$. 相关的激活能也是 $Q_f = Q_{gb}$，而 τ_0 是 10^{-10} 的量级（如取 $h = 0.03\lambda$，$\lambda = 0.3\mu m$）. 但是在大晶粒试样所测得的内耗峰并不具有这些特征，所以含有许多小平面的本身并不能说明大晶粒内耗峰的特点. 因此，所讨论的微观迁动的过程可能是受到了另一个过程的阻碍，这

就是晶界上所附着的杂质原子的拖曳效应.

　　在原则上讲，沿着单独小平面的纯粹的固有滑动以及在小平面拐角处对于滑动所引起的失配的弹性调节是能够在时间 τ 以内使外加应力得到弛豫的，但是这个过程只能使弹性应力的极小一部分得到弛豫，所产生的弛豫强度是 $\Delta = 0.3\lambda/g$ 的量级. 对于 $g = 0.1\,\mathrm{mm}$ 的大晶粒试样，预期 λ/g 的量级为 10^{-2}，从而 $\Delta = 3 \times 10^{-3}$，所引起的内耗峰太低，不容易观测出来，对于小晶粒试样来说，如果在三叉点之间只含有一个或者几个小平面，则 g/λ 将是 1 到 0.1 的量级，从而相关的固有滑动内耗峰就能够测出来，不过峰的高度要随着 g 的变小而降低. 这个事实或许能够说明为什么在薄膜内耗实验里测得的弛豫强度常常低于理论预期值.

　　由上述的讨论可知，在多晶试样里的晶界如果是平面的、并且是平直地伸展于两个三叉点之间，则外加的切应力可以由晶界滑动而得到弛豫，杂质的效应只是填塞晶界使得在晶界厚度 d 以内的原子扩散率降低. 从上述的讨论也可以认为，不含杂质的理想的平面晶界的应力弛豫完全可由晶界滑动机制来处理而不需要考虑晶界的迁动.

参 考 文 献

[1] G. R. Love, P. G. Shewmon, *Acta Met.*, **11**, 899 (1963).

[2] S. Yukawa, M. J. Sinnott, *Trans. AIME*, **203**, 996 (1955).

[3] W. R. Uplhegrove, M. J. Sinnott, *Trans. ASM*, **50**, 1031 (1958).

[4] W. Lange, M. Jurisch, 见参考文献[5]的 Fig. 4. 10.

[5] H. Gleiter, B. Chalmers, High-Angle Grain Boundaries, Pergamon Press, Oxford, 93 (1972).

[6] 同[5], p. 94.

[7] 同[5], p. 96.

[8] V. I. Arkharov, A. A. Pentina, *Fiz. Metall. i Metalloved.*, **5** (1), 55 (1957).

[9] D. Bergoner, W. Lange, *Phys. Stat. Sol.*, **18**, 67 (1966).

[10] J. R. Stark, W. R. Upthegrove, *Trans. ASM*, **59**, 486 (1966).

[11] I. Kaur, W. Gust, Fundamentale of Grain and Interface Boundary Diffusion, Ziegler Press, Stuttgart (1989)

[12] Q. Ma, R. W. Balluffi, *Acta Metall. Mater.*, **41**, 133 (1993).

[13] R. W. Balluffi, Diffusion in Crystalline Solids, eds. G. E. March and A. S. Nowick, Acadenus Press, New York, 320 (1984).

[14] R. W. Balluffi, J. W. Cahn, *Acta Metall.*, **29**, 493 (1981).

[15] J. Bernardini, S. Bennis, G. Meya, Defect and Diffusion Forum, **66~69**, 805 (1989).

[16] F. Dement, M. J. Iribarren, K. Vieregge, C. Herzig, *Phil. Mag.*, **A63**, 959 (1991).

[17] K. Vieregge, C. Herzig, Defect and Diffusion Forum, **66~69**, 811(1989).

[18] 见: A. P. Sutton, R. W. Bulluffi, Interface in Grystalline Solids, Clarandon Press, Oxford, (Fig 8.7), (1995), 478.

[19] D. Turnbull, R. Hoffman, *Acta Met.*, **2**, 419 (1954).

[20] J. Lothe, *J. Appl. Phys.*, **30**, 1077 (1960).

[21] G. R. Love, *Acta Met.*, **12**, 731 (1964).

[22] O. H. Wever, P. Alam, G. Frohberg, *Acta Met.*, **16**, 1289(1968).

[23] M. Weins, B. Chalmers, H. Gleiter, M. Ashby, *Scripta Met.*, **3**, 601 (1969).

[24] M. Weins, H. Gleiter, B. Chalmers, *Scripta Met.*, **4**, 235 (1970); *J. Appl. Phys.*, **42**, 2639 (1971).

[25] R. Hoffman, *Acta Met.*, **4**, 97 (1956).

[26] R. Smoluchowski, *Phys. Rev.*, **87**, 482 (1952).

[27] James C. M. Li (李振民), *J. Appl. Phys.*, **32**, 526 (1961).

[28] N. F. Mott, *Proc. Phys. Soc.*, **60**, 391 (1948).

[29] T. S. Kê (葛庭燧), *J. Appl. Phys.*, **20**, 274 (1949).

[30] R. C. Gifkins, *Mat. Sci. and Eng.*, **2**, 181 (1967).

[31] G. M. Carlson, 见[5], p. 109.

[32] V. T. Borisov, Y. M. Golikov, G. V. Scherbedinskiy, *Fiz. Metall. i Metalloved*, **17**(6), 881 (1964)

[33] V. T. Borisov, Y. M. Golikov, G. V. Scherbedinskiy, *Metallurgizdat*, **7**, 501 (1962).

[34] J. E. Burke, T. Turnbull, *Prog. Met. Phys.*, **3**, 220 (1952).

[35] W. D. In der Schmitten, P. Haasen, F. Haessner, *Zeitsch. f. Metallk.*, **51**, 101 (1960).

[36] M. Feller-Kniepmeier, K. Schwartzkoff, *Acta Met.*, **17**, 497 (1969).

[37] J. W. Cahn, *Acta Metall.*, **10**, 789 (1962).

[38] C. T. Simpson, W. C. Winegard, K. T. Aust, Grain Boundary Structure and Properties eds. G. R. Chadwick, D. A. Smish, Academic Press, New York, 201 (1996).

[39] K. Lücke, H. P. Stüwe, *Acta Metall.*, **10**, 1057 (1971).

[40] T. S. Kê, *Phys. Rev.*, **78**, 420 (1950); *Science Record* (Academia Sinica), **3**, 61 (1950).

[41] T. S. Kê, Internal Friction and Ultrasonic Attenuation in Solids, ed. C. C. Smith, Pergamen Press, Oxford, 157; (1980), 金属学报, **16**, 218 (1980).

[42] K. T. Aust, G. Ferran, G. Cizeron, *C. R. Acad. Sci. Paris*, **257**, 3595(1963).

[43] G. Ferran, G. Cizeron, K. T. Aust, *Mem, Sci.*, **64**, 1064 (1967).

[44] D. A. Smith, C. M. F. Rae. *Met. Sci.*, **13**, 101(1979).

[45] D. A. Smith, C. M. F. Rae, C. R. M. Grovenor, Grain-Boundary Structure and Kinetics, ASM, Metals Park, Ohio, 337~371 (1980).

[46] K. T. Aust, J. W. Rutter, Ultra-High-Purity Metals, ASM, Ohio, 115 (1962).

[47] E. M. Fridman, C. V. Kopezky, L. S. Shvindlerman, *Z. Metallk.*, **66**, 533 (1975).

[48] 见参[18], p. 556 (Fig. 9. 18, 9. 19).

[49] H. Gleiter, *Acta Met.*, **17**, 565 (1969).

[50] M. Weins, B. Chalmers, H. Gleiter, M. Ashby, *Scripta Met.*, **3**, 601 (1969).

[51] F. C. Frank, *Adv. in Phys.*, **1**, 91, (1952).

[52] C. Crussard, R. Tamhankar, *Trans. AIME*, **212**, 718 (1958).

[53] H. F. Ryan, J. W. Suiter, *Phil. Mag.*, **10**, 727 (1964).

[54] R. C. Gifkins, R. U. Snowdon, *Trans. AIME*, **239**, 910 (1967).

[55] M. F. Ashby, R. Raj. R. C. Gifkins, *Scripta Met.*, **4**, 737 (1970).

[56] G. M. Leak, *Proc. Phys. Soc.*, **78**, 1520 (1961).

[57] G. W. Miles, G. M. Leak, *Proc. Phys. Soc.*, **78**, 1529 (1961).

[58] 见[5], p. 145.

[59] T. S. Kê, *Phys. Rev.*, **71**, 533 (1947).

[60] T. S. Kê, *Phys. Rev.*, **72**. 41 (1947).

[61] T. S. Kê, *Phys. Rev.*, **72**, 262L (1948).

[62] A. Schneiders, P. Schiller, *Acta Met.*, **16**, 1075 (1968).

[63] P. Schiller, *Phys. Stat. Sol.*, **5**, 391 (1964).

[64] R. King, B. Chalmers, *Prog. Met. Phys.*, **1**, 127 (1949).

[65] S. R. L. Couling, C. S. Roberts, *Trans. AIME*, **309**, 1252 (1957).

[66] R. N. Stevens, *Metall. Rev.*, **11**, 129 (1966).

[67] K. E. Puttick, R. King, *J. Inst. Met.*, **80**, 537 (1951/2).

[68] R. Raj, 见[5], Fig. 7.30, p. 210.

[69] F. N. Rhines, W. E. Bond, M. A. Kissel, *Trans. ASM*, **48**, 919 (1956).

[70] S. K. Tung, R. Maddin, *Trans. AIME*, **209**, 905 (1957).

[71] N. R. Adist, J. O. Brittain, *Trans. AIME*, **233**, 305 (1965).

[72] J. Weertman, *J. Appl. Phys.*, **26**, 1213 (1955.)

[73] C. A. P. Horton, C. J. Beevers, *Acta Met.*, **16**, 733 (1968).

[74] C. Crussard, J. Friedel, NPL Symposium on Creep and Fracture of Materials at High Temperature, H. S. M. Q, 243 (1956).

[75] C. Gifkins, Fracture, eds. B. L. Averbach et al. John Wiley. New York, 579 (1959).

[76] F. R. N. Nabarro, Report on Conference on Strength of Solids, Phys. Soc. London, **48** (1948).

[77] D. McLean, Grain Boundaries in Metals, Clarendon Press, Oxford (1957); 中译本：杨顺华译，科学出版社，(1965).

[78] H. Gleiter, E. Hornbogen, G. Bäro, *Acta Met.*, **16**, 1053 (1968).

[79] G. Bäro, H. Gleiter, E. Hornbogen, *Mat. Sci. and Eng.*, **3**, 92 (1958/9).

[80] J. Intrater, E. S. Machlin, *J. Inst. Met.*, **88**, 305 (1959/1960).

[81] F. Weinberg, *Trans. AIME*, **212**, 808 (1958).

[82] H. C. Chang (张兴铃), N. J. Grant, *Trans. AIME*, **197**, 1175 (1953).

[83] C. A. P. Horton, C. J. Beevers, *Scripta Met.*, **3**, 285 (1969).

[84] R. C. Gifkins, *J. Austral, Inst. Met.*, **1**, 134 (1956).

[85] A. H. Sully, *Prog. Met. Phys.*, **6**, 135 (1958).

[86] K. E. Puttick, B. Tuck, *Acta Met.*, **13**, 1043 (1964).

[87] U. Dehlinger, Plastic Deformation of Crystalline Solids, Pittsburgh Conf., 103 (1950).

[88] R. L. Bell, N. B. W. Thompson, *Nature*, **193**, 363 (1962).

[89] B. Tuck, *Phys. Stat. Sol.*, **8**, 153 (1965).

[90] C. S. Roberts, *Trans. AIME*, **197**, 1121 (1953).

[91] R. C. Gifkins, *J. Inst. Met.*, **82**, 39 (1953).

[92] M. Kato, *Nip. Kinzuku Cakkai*, **30**, 540 (1966).

[93] H. C. Chang, N. J. Grant, *Trans. AIME*, **194**, 619 (1952).

[94] J. L. Water, H. E. Cline, *Trans. AIME*, **242**, 1823 (1968).

[95] D. McLean, *Rev, Met.*, **81**, 287 (1952/1953).

[96] J. L. Lytton, C. R. Berett, O. D. Sherby, *Trans. AIME*, **233**, 1399 (1965).

[97] R. C. Pond, D. A. Smith, P. W. J. Southerder, *Phil. Mag.*, A**37**, 27 (1978).

[98] M. Guilope, J. P. Poirier, *Acta Met.*, **28**, 163 (1980).

[99] R. W. Balluffi, Grain Boundary Structure and Kinetics, ed. Balluffi, ASM, Ohio, 208 (1980).

[100] G. H. Bishop, Jr., R. J. Harrison, Thomas Kwok, Sidney Yip, ibid, p. 373.

[101] M. E. Ashby, *Surf. Sci.*, **31**, 498 (1972).

[102] C. Zener, *Phys. Rev.*, **60**, 906(1941).

[103] A. E. H. Love, Mathematical Theory of Elasticity, Cambridge, 4th edition, 250~251 (1934).

[104] R. Raj. M. F. Ashby, *Metallurgical Trans.*, **2**, 1113 (1971).

[105] H. Gleiter, E. Hornbogen, G. Baro, *Acta Met.*, **6**, 1053 (1964).

[106] M. F. Ashby, *Scripta Met.*, **3**, 837 (1969).

[107] R. C. Gifkins, K. U. Snowdon, *Nature*, **212**, 916 (1966).

[108] R. Z. Valiev, O. A. Kailyshev, V. V. Astanin, A. K. Emaletdinov, *Phys. Stat. Sol.* (a), **78**, 439 (1983).

[109] W. Beere, *Phil. Trans, Royal Soc. London*, **288**, 177 (1978). *Mat. Sci.*, *J.* **10**, 133 (1976).

[110] 见[18], p. 758, (§18. 8. 2).

[111] M. F. Ashby, *Acta Metall.*, **20**, 887 (1972).

[112] F. W. Crossman, M. F. Ashby, *Acta Metall.*, **23**, 425 (1975).

[113] Q. P. Kong (孔庆平), Y. Dai (戴勇), *Phys. Stat. Sol.* (a), **118**, 431 (1990).

[114] 孔庆平, 戴勇, 物理学报, **36**, 856 (1987).

[115] Y. Dai, S. M. Liu (刘少民), Q. P. Kong, *Phys. Stat. Sol.* (a), **118**, K21 (1990).

[116] M. G. Bohn, M. Prieler, C. M. Su (苏全民), H. Trinkaus, W. Schilling, *J. Phys. Chem. Solids*, **55**, 1157 (1994).

[117] B. S. Berry, W. Pritchet, *J. Phys.*, C5, 1111 (1981).

[118] H. G. Bohn, C. M. Su, *Mater. Res Soc. Symp. Proc.*, **239**, 215 (1992).

[119] M. Prieler, H. G. Bohn, W. Schilling, H. Trinkaus, *Mater. Soc. Symp.*, **308**, 305 (1993).

[120] E. Bonetti, S. Enzo, R. Frettini, C. Perego, G. Sherveglieri, C. Zaneti, Mechanical Deformation Behavior of Materials having Ultra-fine Microstructures ed. M. Nastasi, D. M. Perkin, H. Gleiter, Kluver, Urecht, 593 (1993).

[121] H. Mizubayashi, Y. Yoshikara and. Okuda, *Phys. Stat. Sol.* (a), **129**, 425 (1992).

[122] F. M. d'Heurle, P. S. Ho, Thin Films: Interdiffusion and Reactions, ed. J. M. Poate, Wiley, New York, 243 (1978).

[123] I. Kaur W. Gust, Handbook of Grain and Interface Boundary Diffusion Data, Ziegler, Stuttgart (1989).

[124] H. Trinkaus, M. H. Yoo, *Phil. Mag.*, A**57**, 543 (1988).

第八章　晶界弛豫与晶界结构

§8.1　引　言

晶界对于多晶材料的各种性质具有重要的影响. 多年以来, 人们不断地努力研究晶界结构与其性能之间的关系. 早在 1913 年, Rosenhain 和 Humphrey[1] 就提出了非晶胶结说的假设, 认为把两个晶粒连接到一起的是一层非晶态物质的薄膜. 随后发现, 晶界的许多性质具有各向异性, 所以又提出晶界是两邻接晶体之间的过渡结构. 这个概念在 20 年前开始发展为重位点阵 (CSL) 模型, 能够定量地描述晶界的几何性质并得出关于存在特殊晶界的结论. 随着电子计算机模拟技术的应用, 发现原子在晶界重合位置附近的弛豫使晶界能大大降低. 这种弛豫使得晶界内的重合位置原子不再存在, 从而原来关于原子在重合位置处的良好匹配并具有低能的传统概念发生动摇. 这说明只从几何学的角度来处理晶界结构问题是有限制的.

由于位错理论的发展, 人们提出了晶界位错模型, 这种模型成功地应用于小角度晶界. 但要推广到大角度晶界, 则需引入许多人为的假设.

为了说明晶界结构的不均匀性和具有周期性, Mott 提出了大角度晶界的小岛模型, 葛庭燧提出大角度晶界的无序原子群模型, 认为晶界是由一些好区 (原子匹配较完整) 和坏区 (原子匹配较混乱) 组成的. 随后, Arron 和 Bolling[2] 提出了晶界的自由体积模型. 这些模型虽然在某种程度上与近代晶界结构的观点一致, 但对晶界原子排列的组态提不出定量的描述.

晶界模型的正确与否最终必须通过实验来直接或间接地加以验证. 上述各种晶界模型虽然都有一些实验证据并且也能够解释一些晶界性能, 但是所根据的是在不同条件下进行的实验, 这包括形成晶界的历史和进行实验时的温度和所施加的应力的不同. 由于本书的主要内容是介绍晶界的弛豫 (热激活应力弛豫), 所以特别着重讨论各种晶界结构模型能否解释已经观测到的关于晶界弛豫的实验结果, 并进而根据已经提出的晶界结构模型来提出能够说明晶界性能的晶界弛豫机制.

本章将分别介绍各种晶界结构模型及其与晶界弛豫机制的联系, 第九章将着重介绍晶界的位错模型. 随后将试图提出关于晶界弛豫机制和晶界结构的综合看法和进一步研究的途径.

§8.2　晶界的宏观结构与晶界弛豫

　　葛庭燧[3]在 1947 年关于多晶铝的内耗和滞弹性效应的实验证明了晶界具有黏滞性质，并且提出了大角度晶界的黏滞性滑动机制，这在第二章里已经做了详细的介绍．由于所用的试样是细晶粒多晶体（晶粒尺寸小于试样的直径），而试样里各个晶界的倾角以及邻接晶粒的取向差都各不相同，因而所得的结果是一种统计上的平均，未考虑晶界结构对于所测得的晶界性能的影响．但是从另一个方面讲，他所测得的晶界弛豫强度只与试样的泊松比有关［见方程（2.5）］，这似乎说明晶界弛豫的机制并不受晶界结构的影响．现在讨论图 2.21 所示的在两个三叉结点之间的一段晶界在切应力作用下的滑动情况．如果这晶界是理想的平滑的平面，则晶界的滑动能够沿着它的全部长度同时进行，由此而引发的对于外加应力的弛豫被集中到三叉结点处，形成弹性畸变并引起反向应力．这就使得晶界的滑动成为可逆的．图 2.20 所示的 Voigt 型三参数力学模型清楚地表明，晶界的这种滑动是一种滞弹性形变．这就说明理想的平滑的晶界具有黏滞性，服从牛顿黏滞性定律，而晶界滑动所引起的不协调可以由于弹性调节而得到弛豫或容纳．从这个意义上讲，要说明来源于晶界的滞弹性滑动的晶界弛豫是可以不考虑晶界的微观结构的．但是，肯定了晶界具有黏滞性质并不是说晶界是由黏滞性物质组成的，而只是说明晶界弛豫机制所依据的晶界结构可以看做是无结构的（structureless）．

　　应该指出，葛庭燧的原始实验以及许多作者随后的实验中所牵涉的温度范围是较高的，一般在 $0.5T_m$（T_m 是熔点温度）以上，并且所牵涉的外加应力很低，所引起的应变小于 10^{-5}，因而上述的结论，只能适用于高温和小应变的情况．

　　随后的晶界弛豫试验证实，晶粒尺寸对于晶界弛豫的影响相当复杂，而晶界弛豫的弛豫时间表现一定的分布，也指出不能把晶界看成理想的完整平面．特别是葛庭燧[4]提出了晶界弛豫与扩散过程有密切的联系，这就牵涉到晶界滑动除了伴随着上述的弹性调节以外，还有扩散调节的问题．

　　Raj 和 Ashby[5]提出，实际晶界不会是完整平滑的平面．在多晶体，晶界是由许多多面体连接起来所形成的界面．即便在双晶，晶界在原子尺度上也是粗糙的．可用理想的正弦型曲线来表示这种情况，如图 7.24 所示．在很小的外加应力作用下，晶界在一起始将少量滑动，但很快就将受到阻碍．如果温度足够高，则在晶界进行滑动的过程中将会伴随着晶界沿着与自身垂直方向的微观迁动，即发生扩散调节．这样就把晶界弛豫的迁动机制包含在晶界的黏滞滑动模型的总的框架以内. 在第七章里已经详细地介绍了 Raj 和 Ashby 关于在很小的切应力的作用下晶界滑动的弹性调节和扩散调节问题. 但是应当着重指出, 这种在小应力下的晶界滑动的弹性调节和扩散调节机制都将导致晶界滑动的黏滞性, 即滑动速率与切应力成正比, 并且引起晶界的滞弹性内耗峰.

Raj 和 Ashby 的工作指出了晶界的宏观结构 (晶界的形状和粗糙度) 与晶界弛豫的关系.

在第五章曾经介绍了竹节晶界和双晶晶界的弛豫机制, 指出在一定的条件下, 竹节晶界和双晶晶界附近所出现的位错亚结构与晶界的交互作用可以影响晶界滑动的弛豫时间. 虽然定量的机制还不清楚, 但可把这个现象归于非平面晶界的滑动的范性调节 (位错运动). 如同第五章已经指出的, 在这种情况下仍然出现黏滞性滑动和晶界的滞弹性内耗峰, 但是在一定条件下会出现非线性现象.

§8.3　晶界的过渡结构与晶界弛豫

8.3.1　早期模型

1929 年, Hargeaves 和 Hills[6]明确地提出晶界的过渡点阵模型, 认为对于具有给定的取向差的两个邻接晶体来说, 晶界里的原子存在着一定的排列图案, 而这个图案代表着最低的可能的势能.

为了说明晶界的黏滞性滑动所引起的晶界弛豫机制, 1948 年 Mott[7]提出了大角晶界的小岛模型, 1949 年葛庭燧[8]提出了大角晶界的无序原子群模型. 这两个模型的特点是认为大角晶界由 "好区" 和 "坏区" 组成, 这在 §2.10 里已经作了介绍. 它们根据的实验事实是晶界的黏滞滑动与原子热激活或扩散过程有联系. 由此可推知, 引起晶界黏滞滑动的局域结构是遍布在晶界里的某种 "坏区", 而如果把这些坏区看成是独立单元的话, 那么这些坏区之间应当是相当完善的 "好区". 这些 "坏区" 和 "好区" 的密度和分布与邻接晶粒的取向差和晶界倾角有一定的联系. "好区" 施加到邻接点阵上的强制力维持着两个邻接点阵间的准共格状态. 这种局域化的共格关系, 由于引入失配的 "坏区" 而得到调节. 因此, 晶界就成为包含着好区和坏区的一种周期性分布结构.

8.3.2　Ashby 的晶界台阶和晶界位错联合模型

1972 年, Ashby 关于晶界缺陷以及晶界滑动和扩散蠕变的原子机制作了极其详细的论述,[9]他提出了如下 4 个方面的问题.

（i）晶界具有一个与晶界倾角以及其对称性有关的微观的切变黏滞性，可由 Stokes-Einstein 方程的形式来表示.

（ii）一般地讲，要晶界滑动但不改变晶界结构，只有晶界也同时发生迁动才是可能的：滑动和迁动的比率反映着晶界的原子结构情况，例如只有当晶界是完整的平面时，晶界的滑动才不需要同时发生迁动. 由于滑动和迁动是耦合的，所以任何抑制迁动的因素也将抑制滑动.

（iii）晶界滑动包含着晶界位错在晶界面上的运动. 晶界位错的柏氏矢量通常并不是点阵矢量. 这些位错移动时将受到一种黏滞拖曳力. 只有当位错密度很高并且它的运动不受任何其他阻碍时，原子模型和连续体模型才是一致的.

（iv）晶界发射或吸收空位实际上是依靠晶界位错在攀移当中所提供的源（头）和（归）宿（source 和 sink）. 当晶界位错的运动受到阻碍或者位错的密度很低时，晶界就表现为一种很不完善的空位源和宿，这时的扩散蠕变就将变慢或停顿.

Ashby 考虑了两种类型的晶界缺陷：晶界台阶和晶界位错. 最简单的晶界台阶的例子有共格晶界，如图 8.1（a）所示. 在图 8.1（b）里，上半个晶体的台阶并不与下半个晶体的相对应的台阶相匹配，这就形成了一个界面位错. 完善的晶界台阶具有下述的重要性质. 一个晶粒可以通过在台阶处的原子置换过程而增大并使另一个晶粒缩小. 这种原子置换沿着晶界而蔓延. 但当台阶移动时，晶界两边的点阵并不发生相对的位移. 台阶并不能作为空位的源和宿，因为如果有空位附着在台阶上，则将在该处形成空洞或位错环，从而使系统的能量局部增加. 晶界位错与此不同，当它移动时将引起它所分隔的两个晶粒的相对位移，当然也能引起一个晶粒的增大或缩小. 它在移动当中能够吸收或释放空位. 在简单的晶界［如图 8.1（b）］里的位错的弹性能在位错运动时并不变化，但是如果晶界本身具有复杂结构，则位错的能量将要随着移动距离而作周期性变化. 另外，溶质原子、沉淀颗粒或其他缺陷能够阻碍晶界位错的运动.

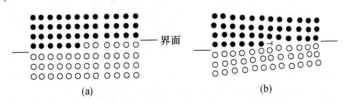

图 8.1 （a）最简单形式的界面台阶；（b）一种简单形式的界面位错[9].

可以假设更复杂的界面同时含有上述两种类型的缺陷. 并不引起两个邻接晶体相对位移的晶界迁动是表明晶界台阶的运动; 一个晶体相对于另一个晶体的平移是表明相关的晶界位错的运动.

在实际的晶体里, 晶界台阶和晶界位错很可能是耦合在一起的, 它们作为一个单元而运动. 当两块晶体在晶界处相遇时, 它们在一定的程度上会连锁到一起, 两块晶体所面对着的表面都成台阶状, 但它们各自的台阶并不一定相互匹配. 图 8.2 (a) 所示的是一个 38° 的对称倾斜型晶界的示意图[9], 这台阶的平移周期是 λ. 如果把一块晶体相对于另一块晶体作刚性平移 [如图 8.2 (b) 所示], 则所有的晶面原子之间的键合都将被破坏. 图 8.2 (c) 示出平移完毕后的情况. 如果在平移当中容许晶界内的原子发生扩散流动 [如图 8.3 (a, b, c) 所示], 即晶界在滑动当中发生迁动, 则滑动位移 U 就使晶界结构得到复原. 这种过程可使滑动并不改变晶界的结构, 在滑动时晶界的能量并不变化和起伏. 迁动伴随着滑动, 而滑动的走向决定迁动的走向. 实际上, 这个过程是在运动中的晶界位错的芯区中发生的 (见图 8.4).

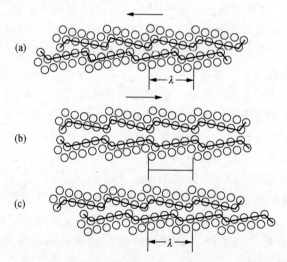

图 8.2 　(a) 两个邻接晶体形成的 38° 对称倾斜型界面, 刚性平移周期是 λ;
　　　　 (b) 平移完成一半时的情况; (c) 平移完毕后的情况[9].

上面关于图 8.3 所示情况的讨论是强调要在晶界滑动当中保持晶界结构所需要的原子输运, 但是这个过程并不像图 8.3 所示的那样以连续的方式进行, 而是由晶界面上的相关的晶界位错的运动以不连续的方式进行. 关于这方面, Ishida 和 McLean[10], Gleiter 等[11], Ishida 和 Liu[12] 以及其他一些研究者曾提出晶界的滑动包含着位错在晶界面上的运动. 图 8.4 所示的是 Ashby 提出的晶

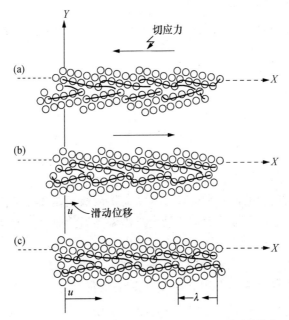

图 8.3　图 8.2 的界面在平移时也发生扩散型运动时的情况，
即界面滑动时也发生迁动[9].

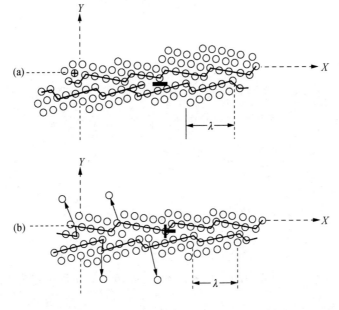

图 8.4　晶界位错在晶界面内运动时的示意图[9]. （a）使一个晶体相对于另一个晶体发生
平移（沿 X 方向）；（b）使一个晶体向着另一个晶体发生平移（沿 Y 方向）.

界位错运动的示意图. 在图的左方, 沿晶界的扩散输运已经发生, 而在图的右方还未开始. 这个过程 (沿晶界的扩散流) 不是在晶界面上普遍发生, 而只在运动位错的芯区局部发生.

可以首先按照图 8.3 所示的简单的原子运动过程来计算晶界的黏性, 结果得到一个非常简单的表达式, 即晶界的 Stokes-Einstein 方程. 在计算当中首先暂不明显地提到晶界位错, 然后再根据图 8.4 所示的情况引入晶界位错的运动. 结果指出, 根据原子运动所得的晶界黏性表现为反抗位错运动的一种黏滞拖曳力.

在适当近似的水平上, 可把图 8.3 的过程展示如下: 这里的基本过程是晶界起了原子扩散通量的源和宿的作用, 从而扩散输运在邻接晶粒之间或者同时沿着晶界发生. 这种扩散输运的策动力是沿着晶界的原子扩散势的差别, 而这种差别是由于沿着晶界的法向牵引力的差别所引起的. 可以假定, 在外加切应力 σ 的作用下, 下面晶体中的某些原子的化学势被提高为 μ_1 而上面晶体中的某些原子的化学势被降低为 μ_2. 如果原子从化学势较高的区域流向较低的区域, 则滑动变为可能的 (如图 8.3 中的箭头所示). 假设滑动率是 $\dot{U}$.

假设在化学势 $\Delta\mu = \mu_1 - \mu_2$ 的驱动下沿着每个单元的晶界流而移动的原子每秒有 $\dot{N}$ 个, 则所消耗的功率必须由外加应力 σ 提供, 从而

$$\sigma\dot{U} = \dot{N}\Delta\mu, \tag{8.1}$$

流量是

$$J = \frac{D_B}{\Omega kT}\nabla\mu, \tag{8.2}$$

其中的 D_B 是晶界扩散系数, Ω 为原子体积. 对于图 8.3 所示的对称晶界来说, $\nabla\mu = \Delta\mu \big/ \frac{1}{2}\lambda$, 从而每秒穿过单位晶界面积的净原子流量是

$$\dot{N} = 2\left(\frac{\delta}{\lambda}\right)\frac{D_B}{\Omega kT}\left(\frac{\nabla\mu}{\lambda}\right), \tag{8.3}$$

其中的 δ 是晶界厚度.

根据质量守恒原理, 对于对称晶界得出

$$\dot{N} \approx \frac{\dot{U}a}{2\lambda\Omega}, \tag{8.4}$$

a 是原子大小. 已经把式中的数量级为 $\cos(1/2\theta)$ 的项都设定为 1, θ 是晶界的取向差.

当外加应力 σ 施加到晶界上时, 在晶界的各处将建立不同的正应力 (拉伸力) 和切应力, 从而建立数值不同的化学势, 引起晶界各处的扩散输运.

按照扩散蠕变（见第7.6.1节）的经典机制，外加应力 σ 使得晶界上的原子（或空位）在正拉力的作用下的化学势较之在压缩力的作用下的化学势的差值是 $\Delta\mu = 2\sigma\Omega$. 引入这个关系，则从式（8.3）和式（8.4）可得

$$\dot{U} = \frac{8\delta a D_B \sigma}{kT}\left(\frac{a}{\lambda}\right). \tag{8.5}$$

用下式作为晶界黏滞系数 η_B 的定义：

$$\sigma = \eta_B \frac{\dot{U}}{\delta}, \tag{8.6}$$

则得出

$$\eta_B = \frac{kT}{8a D_B}\left(\frac{\lambda}{a}\right). \tag{8.7}$$

　　Ashby 原来推导的式（8.7）不含（λ/a）项，因而 η_B 与 λ 无关. 他的解释是，λ 的减少使 $\Delta\mu$ 减少，但被扩散距离的变短所抵消. 事实上，确切的式（8.7）指出 η_B 随着 λ 的增加而增加，只有当 $\lambda \approx a$ 时才与 λ 无关.

　　上面所推导的方程是应用到大角晶界上的 Stokes-Einstein 方程，它描述像图 8.3 所示的那种大角的连锁晶界的内禀黏性. 这代表晶界黏性的低限值. 这是因为上述的扩散流并不是在全部晶界面上均匀发生的，而是只在晶界位错的芯区发生，从而只有当晶界位错密度极高时，η_B 才能达到式（8.7）所示的低限值. 应当指出，晶界的滑动率只有在特殊情况下才受控于方程（8.7）所示的内禀黏性，例如在滑动应变极低（ $<10^{-5}$ ）时的情形. 在晶界内耗实验中所牵涉的晶界滑动量很低，因而所测得的晶界黏性是对应着应变极低的情况. Rotherham 和 Pearson[13] 关于纯银和纯铜的晶界内耗测量所推导的晶界黏性对于温度的依赖关系与根据方程（8.7）算出的理论关系相合（作为它的低限值），见图 8.5（银）和图 8.6（Cu）.

　　现在讨论图 8.4 所示的晶界位错的滑动模型. 晶界位错的柏氏矢量一般并不是一个点阵矢量，对于图 8.4（a）所示的位错，它的柏氏矢量是

$$|b| = \sqrt{3}a\cos\frac{1}{2}\theta \approx 1.56a, \tag{8.8a}$$

a 为原子大小，θ 为取向差，对于图 8.4（b）所示的位错，则

$$|b| = \sqrt{3}a\sin\frac{1}{2}\theta \approx 0.55a. \tag{8.8b}$$

用回路来定义这些晶界位错的柏氏矢量是不明确的；但是可由它们移动时所产生的位移来唯一地确定出来.

　　假设图 8.4（a）中的单位长度的位错向右方再前进一个距离 a，如果 a 是沿着位错线的原子间距，则通过晶界而流动的原子数目是 $1/a$. 在这个期间，

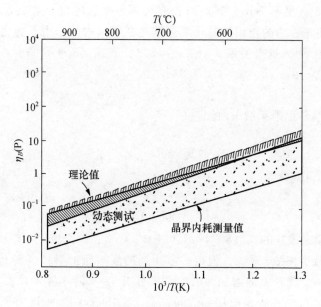

图 8.5　根据银的内耗数据所推导的晶界黏性与方程（8.7）的
理论值（虚线）的比较[9].

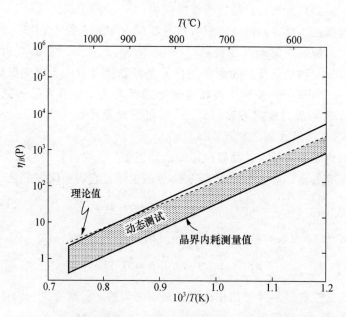

图 8.6　根据铜的内耗数据（实线）所推导的晶界黏性与方程（8.7）
的理论值（虚线）的比较[9].

驱动扩散流的外加应力所作之功是 $b\lambda$，b 是晶界位错的柏氏矢量．这样，原子在其间流动的化学势差 $\Delta\mu$ 就由下式来界定：

$$\delta b\lambda = \frac{1}{a}\Delta\mu, \tag{8.9}$$

原子随着单位长度的位错而通过晶界面（厚度为 δ）的扩散流动率是

$$\dot{n} = \frac{D_B\delta}{\Omega kT}\nabla\mu, \tag{8.10}$$

像以前那样用 $\Delta\mu\Big/\dfrac{1}{2}\lambda$ 替换 $\nabla\mu$，则得出 $1/a$ 个原子通过晶界的时间 t 是

$$\frac{1}{t} = \frac{2D_B\delta b\sigma}{akT}, \tag{8.11}$$

其间引入原子体积 $\Omega = a^3$．在这个期间，位错移动了 λ 的距离，所以它的速度是

$$v = \frac{2D_B\delta\lambda}{akT}\sigma b, \tag{8.12}$$

这个位错的运动虽然是纯滑移型的，但是它的行为反映着它受到一种线性黏滞拖曳力的作用．按照通常界定拖曳系数 B 的关系式 $Bv = \sigma b$，则

$$B = \frac{akT}{2D_B\delta\lambda}. \tag{8.13}$$

设定 ρ 是在晶界内的位错的线密度（每个单位长度内的数目或每个单位面积内的长度），则滑动率是

$$\dot{U} = \rho bv, \tag{8.14}$$

代入 v 的式（8.12）和 $b = 2a\cos\dfrac{1}{2}\theta \approx 2a$，则

$$\dot{U} = \frac{8aD_B\delta\sigma}{kT}(\rho\lambda), \tag{8.15}$$

从而晶界滑动的表观黏滞系数是

$$\eta_B = \frac{kT}{8aD_B}\Big(\frac{1}{\rho\lambda}\Big), \tag{8.16}$$

这个式子与式（8.7）的差别（假定 $\lambda \simeq a$）是多了因数 $(1/\rho\lambda)$．当 ρ 趋向于 $1/\lambda$ 作为极限时，则黏性就如方程（8.7）所示，这代表对称倾斜晶界的黏性的低限值．方程（8.7）与图 8.5 和图 8.6 所示的内耗测量结果一致，这说明在晶界里一般会出现适当高的位错密度 ρ，从而使方程（8.7）能够适用．

　　Ashby 指出，上面的讨论是针对着对称的大角倾斜间界，如果晶界位错以有规则的列阵的形式出现，则可以调节晶界对于对称性或者对于特殊或重合取向的偏离．应当指出，Ashby 所提出的晶界滑动机制虽然能够定量地计算出晶

界的黏性，但是却不能描述所牵涉的晶界位错的属性及其组态.

§8.4 界面（晶界）的原子结构和计算机模拟

8.4.1 界面的宏观自由度和微观自由度

最简单的界面是在两个完整晶体之间的单独的平面界面，即在双晶体中的界面. 按照这两个晶体是同相的或者异相的，这个界面分别叫做晶界和相界. 标定晶界的取向和晶界面一般需要 5 个宏观自由度，其中三个是关于两个邻接晶体的取向关系，两个是关于晶界面法线的倾角. 也可以把晶界看作是由两个操作产生的，即首先把两个晶体表面凑拢到一起，然后把一个晶体相对于另一个晶体转动（扭转）θ 角（取向差）. 标定两个晶体表面的法线共需四个自由度，因而总起来是 5 个自由度. 微观自由度是对于晶界的原子结构的概括描述. 如果晶界结构是周期性的，则一个晶体对于另一个晶体的刚体位移 "t" 具有三个微观自由度. 即 t 矢量有三个分量，两个与晶界平行，这将导致晶界能的降低；一个与晶界垂直，叫做晶界膨胀. 如果不存在周期性，则只有一个自由度即晶界膨胀. 由于微观自由度与弛豫过程有关，所以它不能离开宏观自由度而独立地变化. 因此，宏观自由度规定了晶界的边界条件而微观自由度则在这些边界条件的制约下进行调节，使得系统的自由能变为最低的.

关于界面结构的认识程度与检测仪器的分辨极限有关. 在大尺度的情况下，人们只能观察界面是平坦的或是弯曲的，以及它把两个晶体隔开的特定的取向关系. 在较小的尺度但仍然大于原子尺度，即所谓的介观（mesoscopic）尺度的情况下，人们观察界面里的线缺陷如位错列阵和台阶. 在原子尺度则观察界面的各种原子组态和化学组成. 界面的性质受着所有这些尺度的结构的特点的影响.

8.4.2 晶界的重位点阵（CSL）模型

可把晶界区分为小角和大角度的，分界线人为地定为 15° 取相差. 小角晶界通常可用位错模型描述. 位错模型能够描述晶界的弹性应力和应变场以及弹性能，但是不能描述晶界的原子结构和位错芯区的能量. 当取向差增加到使位错芯区开始重叠时就转化为大角晶界，这时位错芯区能是晶界能的主要部分. 在这种情况下，不能再应用弹性理论，必须明确地考虑原子间的交互作用.

测定界面的原子结构的主要实验工具是高分辨电子显微镜（HREM）和 X 射线衍射. 计算机模拟方法能够对于晶界的原子结构提供许多信息. HREM 和

X 射线衍射可以核对计算机模拟所推算的关于晶界结构的结果.

　　一种研究晶界原子结构的可行方案是从简单模型出发，广泛应用简单的解析模型来揭示那些管制大角晶界的结构与能量之间的关系的根本原则. 当然必须与对于特殊情况的实验观察和计算机模拟作比较，并对于解析模型所作的简化假设进行批判性的检验.

　　晶界是两个周期性结构相遇的地区，例如两个有序的晶体点阵的相遇，因而有理由认为，许多晶界（或许是全部晶界）都具有一定的有序的结构，而这种结构可用形式几何学的框架或晶界晶体学来加以描述[14]，下面举出在立方晶体中构建一个晶界所包括的步骤作为例子来说明这个问题[15]. 假想有两个刚性点阵 1 和点阵 2，它们分别由 "黑" 原子和 "白" 原子组成. 它们延伸到整个空间并且在原点处重合. 现在把晶体 2 围绕原点和给定的轴线转动一个给定的角度，使两个晶体出现给定的取向差，这个给定的角度就是希望构建的晶界的两个邻接晶体的取向差. 经过这一操作，点阵 2 中的某些阵点会与点阵 1 中的某些阵点重合，这些重合的阵点称为点阵重合位置（lattice coincidence site）. 这些重合位置的本身在空间将构成三维空间格子的超点阵，叫做重位点阵（CSL）.

　　根据 CSL 晶界模型，CSL 晶界应当呈现两个邻接晶体之间的最好的原子匹配，从而具有最低的能量. 因此 CSL 晶界的走向总是沿着含有重合阵点密度最多的平面. 这就使得晶界面有时呈台阶状从而使得最佳匹配的比例最大[16].

　　Bishop 和 Chalmers[17]认为，CSL 晶界的特色是含有周期性较短的原子尺度的坎（ledges），其大小是每个 CSL 的特征. 图 8.7（a）所示的是 38.2°/[111] CSL 晶界（$\sum$ =7）里的终止于重位原子处的这种周期性的坎. 图中的与重位原子 A，B，C，D，E 密接的 F 和 G 原子是挤在一起的，从而是处于一种高能状态. 如把每个 G 原子除去并维持晶界的重合［图 8.7（b）］，则能量降低. 也可以通过刚性平移来解除 F 和 G 原子的拥挤状态，如图 8.7（c）所示. 这样虽然可以保留晶界的短周期性，但是却不再存在重位原子，即在一定程度上偏离了严格的重位状态. Weins[18]对于上述的晶界中的原子弛豫进行了计算，所得出的结构由重复的原子单元所组成，它的周期与图 8.7（a）中示出的所预期的坎的周期相同，但是原子弛豫使坎发生畸变. 应该指出，CSL 模型的基础是点阵中的原子间距，现在晶界中的单个原子的弛豫既然使原子间距与点阵中的原子间距不同，所以应用 CSL 模型的几何学到晶界结构上是有问题的. 关于这个问题，有人主张仍然保持 CSL 晶界的总的框架而把上述的经过弛豫以后的 CSL 晶界看成是在晶界中出现位错，从而引起取向差，在一定程度上偏离了严格 CSL 取向差. 下面引证 Balluffi 的综述性报道来说明这个问

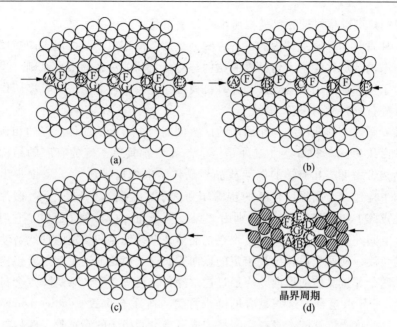

图 8.7　二维的 38.2°/ ［111］，$\sum = 7$ 的 CSL 对称倾斜晶界模型[17]. （a）晶界坎终
止于重位原子 A，B，C，D 和 E 处. 与重位原子接近的 F 和 G 原子发生拥挤；
（b）把每个 G 原子取走；（c）进行平移；（d）计算结构，指出结构单元
A，B，C，D，E，F，G[18].

题[15]. 图 8.8 示出一个 fcc 晶体围绕着 ［001］ 轴相对于另一个 fcc 晶体转动
53.1°的情况[15]. 在黑的和白的点阵中的圆的和三角的符号表示 fcc 晶体中沿
［110］ 的堆垛顺序. 这时晶界上的每 5 个原子有一个是重合的，用 $\sum = 5$ 的
CSL 表示. 为了构建一个低能 CSL 晶界，在这个图像当中划出晶界 PP'，并且
把晶界面左边的"黑"原子和晶界面右边的"白"原子通通取走，从而形成
一个双晶体中的对称 ［001］ 倾斜晶界，如图 8.9 所示. 最后一个步骤是使整
个这个双晶系统通过刚性位移和原子弛豫而达到最小能量的组态. Pond 和
Smith[19]的电子显微镜观察证实了刚性平移的存在（用共同反射矢量观察非共
格 $\sum = 3$ 的 CSL 小面上的层错型缺陷）. 在这个步骤中，要对于晶界芯区中的
原子的位置进行调整，点阵 2 要相对于点阵 1 平移一个刚性位移 t，然后进行
原子弛豫. 弛豫后的晶界原子结构是用分子静力学方法计算出来的. 在计算当
中，假定原子之间是通过一种短程对势有心力的势而发生交互作用. 短程的意
思是与离子系统中的库仑交互作用比较来说的. 在金属情况下可以忽略方向性
键合，从而短程对势模型还是可以应用的. 另外，所考虑的能量只是势能，即
未考虑动能，从而这计算只适用于零度（0K）的情况. 这种计算方法固然是
近似的，但许多的实验指出，它却能给出简单金属中的晶界芯区的原子结构的

合理的现实模型. 通过最后这个步骤，即对于晶界能量的 CSL 晶界解析模型进行弛豫（刚体弛豫和原子弛豫）和计算机模拟，最后可以得到原子组态达到最小能量时的位错芯区结构. 因此，应用这个模型就能够探索涉及晶界的五个微观自由度的晶界结构与晶界能量之间的关系，也能够揭示出微观自由度即与晶界平行的平移和晶界膨胀的情况. 在图 8.10（a）示出的特殊芯区结构中已经把图 8.9 中的 PP' 两边的标明 A 的黑和白两列原子移去，为的是解除芯区中的拥挤情况. 由图可见，弛豫后结构的周期性等同于 CSL（图 8.9）的与晶界面平行的平面中的周期性. 用各种对势公式进行分子静力学计算所得出的芯区结构具有若干的普遍特征[20]：芯区较窄，它的厚度不超过几个原子间距. 芯区结构也比较紧密，它的紧密程度只是略低于完整的晶体点阵，环绕着原子的近邻数目只是略低一些. 另外，芯区内也存在着各种原子集团和局域化组态，其中的一些原子较为松散而另一些原子则沿着各种方向形成拥挤状态.

有不少的证据表明，与 CSL 的较紧密的面［如图 8.10（a）］平行的具有较短的周期性（低 Σ）的晶界的能量较低于具有较长的周期性（高 Σ）的一般晶界.

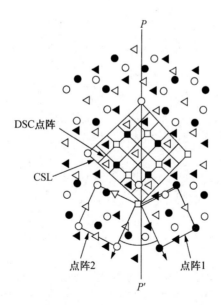

图 8.8　把 fcc 点阵 1 对于点阵 2 绕着［001］轴转动 53.1° 后，沿［001］方向观看时的图像和所形成的重位点阵和 DSC 点阵[15].

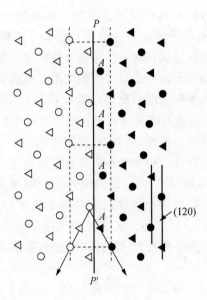

图 8.9　取走晶界面 PP' 两边的一些原子以后所得到的包含着 PP' 晶界的刚性双晶体[15].

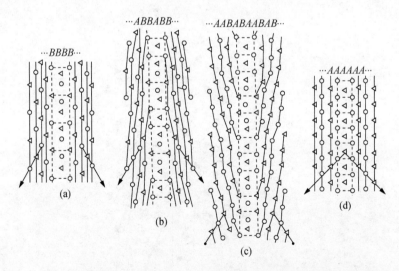

图 8.10　用分子静力学方法计算的 Cu 的一系列的 [001] 对称倾斜晶界的弛豫结构[20].
(a) $\sum=5$ ($\theta=53.1°$) 晶界, 如图 8.9 所示; (b) $\sum=17$ ($\theta=61.9°$) 晶界;
(c) $\sum=37$ ($\theta=71.1°$) 晶界; (d) $\sum=1$ ($\theta=90°$) "晶界".

应当指出, 上述的解析模型忽略了单独的原子的弛豫, 而只是考虑每个晶界的能量对于所有的原子坐标都已经达到最小化. 在计算机模拟里, 加于所有的原子上的力都弛豫为零. 单独的原子弛豫所引起的位移可能在大于几个最近邻距离的地方就成为不相关的；在这种情况下，它们的作用就只是优化局域的原子环境使之解脱原子重叠和使局域配位数变为最大. 但是单独的原子弛豫也可能在较大的距离处仍然是相关的；而相关的弛豫联系着位错的引入，从而引起晶界取向差的改变. 有两种局域取向差变化：(i) 局域扭转角 θ_{twist} 的变化，这来源于与晶界面平行的相关的位移所产生的螺型位错. (ii) 局域扭转角 θ_{tilt} 的变化，这来源于与晶界面垂直的相关的位移所产生的刃型位错.

形成局域化刃型位错的驱动力是作用在间界面上的内聚力. 只要晶界不会自动解理，则这个力总是存在，但当晶界膨胀增加时，它将减小.

上面介绍了重位点阵 (CSL) 的情况. 所谓的 O 点阵[14]是重位点阵概念的推广. CSL 是由点阵 I 和点阵 II 作相对转动以后两个点阵中重位的阵点的集合. 现在推广到两个点阵中的内点中的阵点的内坐标的重位，例如这个内坐标可表示为晶胞边长的一个分数. 若经过转动，某一点在点阵 I 中的分数坐标与在点阵 II 中的分数坐标相同，则此点即定义为一个重位点，所有这样的点的集合就构成一个点阵，叫做 O 点阵. 应当指出，CSL 仅在某些特殊的转动角 θ 才出现，若 θ 改变一个小量，CSL 就不复存在，而 O 点阵对于各种取向差都存在，所以更为普遍. 不过 O 点阵与两个点阵进行的线性变换的选择有关，而 CSL 则否，因此 CSL 的实用价值高于 O 点阵.

8.4.3 晶界的内禀位错和结构单元模型

许多证据证明，重合结构的低能的特殊性质在晶界取向差偏离产生严密的 CSL 特殊取向差时仍然持续.

Read 和 Shockley[21]首先提出，当出现这种偏离时，可以引入类似于小角晶界中的位错列阵以维持低能量晶界. Brandon 等[16]首先把这个想法用到 CSL 晶界. 因此，当晶界取向差偏离产生严格的 CSL 特殊取向差时，可以引入一个晶界位错 (CBD) 列阵来调节实际的晶界取向差与特殊取向差之间的差值，使晶界的能量减到最小，从而维持低能的特殊晶界. 位错列阵的效应是把耦合失配缩小为把"好区"隔开的"失配线". Bishop 和 Chalmers[17]提出，这结果就形成一种在具有较低能量的晶界结构当中周期性地嵌入一个具有不同的 (CSL) 的特点的单元，即内禀的 GBD 列阵，它的重复周期与所预期的"坎"的周期相同. 由于晶界里的弛豫把"坎"搞乱，所以用结构单元来描述比较合适. 在大多数情形下，内禀 GBD 是"全"位错，这是就它两边的晶界结构相同的意义上来说的. 从几何学的观点来说，全"GBD"的柏氏矢量可能是任何能够维持上述原子图像的矢量平移. Bollmann[14]首次指出可以把所有的这些矢量集合到一起，形成所谓的 DSC 点阵. 关于 DSC 点阵的构成可以说明如下，这与 Bollmann 原来的意义有所不同. 假设在两个相互穿插的点阵 I 和点阵 II 中存在 CSL，并设 $b^{[2]}$ 是连接点阵 I 中一个阵点与点阵 II 中一个阵点的矢量. 如果这两个点阵做相对平移 $b^{[2]}$ 以后，相互穿插的点阵图样保持不变，而仅是 CSL 的阵点作了整体平移，那么所有这样一些 $b^{[2]}$ 矢量的集合就构成一个点阵，叫做 DSC 点阵. 按照晶体位错柏氏矢量的普遍定义，这里所定出的 $b^{[2]}$ 应该是某种位错的柏氏矢量，可把这种位错叫做 DSC 位错. 图 8.8 标出了 $\sum$ = 5（θ = 53.1°）晶界的 DSC 点阵的一部分（大方格是 CSL 点阵，小方格是 DSC 点阵）. DSC 点阵的初基矢量一般小于初基晶体点阵矢量（对于 $\sum$ > 1），当 CSL 变得粗大时，它的大小减小. 事实上，对于简单立方结构来说，DSC 点阵是 CSL 点阵的倒易点阵. 在大多数情形下，晶界选择 DSC 点阵的较小的矢量作为它的柏氏矢量，为的是减低 GBD 阵列的弹性能.

图 8.10（b）示出这样的晶界结构的一个例子. 这里是一个 ［001］倾斜晶界，它的 θ 角 61.9°（$\sum$ = 17）较之图 8.10（a）所示的 $\sum$ = 5（低 $\sum$）的取向差大 8.8°. 由图 8.10（b）可见这个结构确实是由作为 $\sum$ = 5 晶界结构的特征的原子团和由它们所隔开的一列"全"刃型 GBD 所组成的. 每个 GBD 对应着两个（120）面的末端并且具有柏氏矢量 b = 1/5 ［210］. 这个柏氏矢量是图 8.10（a）所示的 $\sum$ = 5 的 DSC 点阵的一个小的但并不是初基矢量. 应该注意到芯区仍然是较窄和紧密的，但是与芯区毗邻的点阵区域现在由于 GBD 的出现而显然发生畸变.

Sutton 和 Vitek[20] 用分子静力学方法计算了几个广泛系列的不同类型的倾斜晶界的弛豫晶界芯区结构，他们发现每个系列的一些较低 $\sum$ 的倾斜晶界实际上是由一个单一类型的"结构单元"的均匀列阵所构成. "结构单元"（structure unit）是排列成一种特征组态的一个小的原子群. 晶界总是由具有特征组态的单元组合而成. 只由一种结构单元（A 型或 B 型单元）连续分布组成的晶界被称为顺利晶界（favored boundary）①. 它的结构极为均匀，是由一系列彼此接融的初级（点阵）位错组成的，这些位错的长程弹性应力场几乎完全相消. 具有取向差在两个顺利晶界的取向差之间的所有的其他晶界（非顺利晶界）的结构则由构成这两个顺利晶界的结构单元的混合而组成. 这有一个简单的混合法则. 现在以图 8.10 所示的 Cu 的一系列的 ［001］对称倾斜晶界的弛豫结构为例. 其中的两个顺利晶界是 $\sum$ = 1（θ = 90°）晶界 ［图 8.10

---

① 林栋梁在他编著的《晶体缺陷》中（上海交通大学出版社出版，1996 年）页 104，把 favored boundary 译为"限位"晶界，是着眼于这种晶界被用来限定所牵涉的取向差范围. 这个译名首次见于王桂金的讲义（中国科学院金属研究所，沈阳），1986 年 8 月.

(d)］和∑ = 5 （θ = 53.1°）晶界 ［图 8.10 （a）］. ∑ = 1 晶界的芯区是由一系列连续的晶体点阵单元（A 单元）构成的，可表示为…AAAAA…. ∑ = 5 晶界的芯区是由一系列连续的不同的晶体点阵单元（B 单元）构成的，可表示为…BBBBB…. 图 8.10 （b）和图 8.10 （c）所示的 ∑ = 17 （θ = 61.9°）和 ∑ = 37 （θ = 71.1°）晶界的取向都位于 θ = 53.1° （∑ = 5）和 θ = 90° （∑ = 1）之间，但是∑ = 17 晶界的取向差较接近于 ∑ = 5 的取向差，所以它的结构是由 A 单元嵌入大量的 B 单元之中而构成的，例如…ABBABB…，而 ∑ = 37 的取向差晶界的取向差则较接近于 ∑ = 1 的取向差，所以它的结构是由 B 单元嵌入大量的 A 单元之中而构成的，例如…AABABAABAB…. 另外，在上述的第一种情形下，在 ∑ = 17 晶界中的 A 单元乃是 ∑ = 5 的 DSC 点阵 GBD 的芯区，这在前面已经讨论过；而在第二种情况下，在 ∑ = 37 晶界中的 B 单元乃是 ∑ = 1 的 DSC 点阵 GBD 的芯区. 在每个 B 单元都有两个 （110） 面而 GBD 的柏氏矢量是 1/2 ［110］. 这是一个点阵矢量，正如同所预期的，因为 ∑ = 1 的 DSC 点阵与晶体点阵是等同的.

由此可见，晶界的结构单元模型与位错描述是密切相关并互为补充的. 通过对于晶界附近的应力场的分析，发现位错芯区总是落在埋入大量单元序列中的少数单元之上.

一旦把顺利晶界的结构单元确定下来，则所有的中间取向差的晶界的结构都可以唯一地确定下来. 另外，也计算了 ∑ = 13 （θ = 67.4°）和 ∑ = 41 （θ = 77.3°）晶界的结构分别对应…ABAB…和…AAABAAAB….

上述的关于广泛范围的倾斜晶界的结果对于下述想法提供了强烈的支持，即任何的大角晶界都可由两个单元的不同组合来建成. 这意指着每个晶界都至少与一个重合特殊晶界有关，从而就不存在真正的无序晶界[15]. 但是也应当考虑到，当偏离增加时，位错之间的隔距减小，最后导致位错芯区交叠而失去了位错的可辨别性. 目前并不清楚这种有物理意义的位错列阵的存在所能够说明的最大取向差偏离，也不清楚一个 CSL 具有物理意义的最大的∑值.

应该强调地指出，所有的上述关于晶界结构及其缺陷的详细信息都是用分子静力学方法进行原子计算所得到的，但是有大量的实验工作与有些计算结果相当地一致. 在场离子显微镜中直接观察晶界与试样的自由表面相交的情况，可以推知晶界的一般厚度. 结果指出晶界芯区是很窄的，这与计算结果一致. 但是由于表面和电场的干扰效应，却得不到芯区内原子排列的细致信息.

用直接点阵成像方法能够在电子显微镜中观察到倾斜晶界的芯区结构的直接像. 对于 Au 的 ∑ = 11 ［110］ 对称倾斜晶界的电子显微镜观察所得的结构的概貌与计算的结构有较好的联系[22].

关于 Al 的两种类型的晶界的点阵 1 相对于点阵 2 的刚性平移，即 t 矢量进行了计算和测量[23]，得到满意的吻合.

用电子显微镜借助于衍射衬度揭示了具有取向差接近于低 Σ 取向差的晶界中存在内禀的 GBD 网络，这在所有情况下都与 CSL 晶界模型所预期的结构类型一致. 在取向差偏离很大的晶界中没有发现内禀 GBD 结构，这可能是由于在这种情况下要求紧密的 GBD 间距.

上面只讨论了在不出现热能的 0K 情况下的晶界结构，也曾用分子动力学方法对于在 $T>0K$ 时的大角晶界的芯区结构进行了一些计算[24,25,26]，考虑了分子振动和双晶动能和势能. 在这种情况下所算得晶界结构具有相同的一般特征.

可以认为位错以内禀 GBD 的形式而普遍出现，成为晶界的平衡结构的一部分. 另外的 GBD 即外赋的 GBD 也可能出现. 这种 GBD 是额外的位错，它由于试样的历史的原因而以或多或少的紊乱的样式偶然出现在晶界里并且不以有系统的方式从整体上来调节晶体的取向差特征. 例如，它可能由于点阵位错的冲撞和离解而产生. 外赋的全 GBD 的柏氏矢量也是 DSC 点阵的矢量.

§8.5 特殊大角晶界

8.5.1 大角晶界的分类

根据对于计算机模拟程序的分析，Sutton 和 Balluffi[24] 把大角晶界区分为三类：奇异（singular）晶界，近奇（vicinal）晶界和一般（general）晶界. 奇异晶界的例子是当晶界能作为最少一个宏观几何学自由度例如倾斜取向差 θ 的变化的函数时出现局域最小值即尖凹点（cups）. 在文献里有的把这种晶界叫做特殊（special）晶界. Sutton 和 Balluffi 认为特殊这个名称太广泛，它被应用于晶界的任何性质出现局域极端值时的晶界，因而，不能显示呈现尖凹点这个特色. 事实上，文献里也有把 CSL 晶界叫做特殊晶界的. 可以认为，可把在能量曲线上呈现尖凹点的晶界叫做特殊晶界，而把 CSL 晶界叫做重位晶界.

近奇晶界与文献中称为接近重合（NC，near coincidence）晶界大有区别，因为它特指具有最少一个宏观几何学自由度例如 θ 值与一个邻近的奇异晶界的 θ 值充分接近的晶界，从而其弛豫程序受到它邻近的奇异晶界所支配，具有局域的能量最小值. 这种晶界的结构是在具有局域最小值的奇异晶界上叠加一个线缺陷列阵（位错或台阶）.

一般晶界被定义为其晶界能作为一个或多个宏观几何学自由度的函数时出现或接近一个局域最大值的晶界. 由于有 5 个宏观自由度，所以一个晶界可能对于有些自由度是一般的而对于另一些自由度是奇异的或近奇的. 文献中通常把一般晶界与特殊晶界作对比, 一般晶界的晶界能较高于特殊晶界. 根据 CSL 晶界模型, 一般晶界是长周期的高 $\sum$ 晶界. 文献中有的把一般晶界称为无规 (random) 晶界, 但是根据结构单元晶界模型来讲, 所有的晶界在一定意义上都是有序的, 只不过有序度不同.

下面着重介绍特殊大角晶界 (包括奇异大角晶界), 与此作对比的是高能晶界, 但不一定是无规晶界.

8.5.2　特殊晶界的晶界能

由原子模拟计算建立起来的晶界结构模型能够给出在晶界处的原子的具体分布, 但是对于晶界结构与晶界性能之间的关系不能作出明确解释, 特别是晶界能与晶界取向之间的定量关系.

关于晶界能与取向关系的第一个理论是 Read 和 Shockley[21] 于 1950 年对小角晶界提出来的. 对于对称倾斜小角晶界, 可把晶界看作是由一排平行于转轴而柏氏矢量与晶界面垂直的刃型位错构成的, 它们的间距由 Frank 公式确定. 晶界能的主要部分是晶界中这个点阵位错 (初级位错) 列阵所造成的晶界应变场的弹性能. 如果这些位错在晶界中作均匀分布, 则单位面积晶界能 γ 如下:

$$\gamma \approx \gamma_0 \theta(A - \ln\theta), \tag{8.17}$$

其中

$$\gamma_0 = \frac{\mu b}{4\pi(1-v)},$$

$$A = \frac{4\pi(1-v)\varepsilon_c}{\mu b^2} - \ln\alpha,$$

ε_c 是单位长度位错芯的能量. 对于晶界点阵位错来说, α 是数量级为 1 的恒量. 可见参数 γ_0 只包含着弹性常数, 而参数 A 则包含着关于位错芯的未知量即芯能量 ε_c 和芯半径 r_0 ($r_0 \simeq \alpha b$).

在上式的推导中, 假定位错的分布是均匀的, 但是, 均匀间隔的位错只在特殊的有理角 θ 才能发生. 在这些特殊的取向差, 按照方程 (8.17) 在 $\gamma - \theta$ 曲线上将出现尖凹值 (cups). 对于接近有理角 θ 但偏离不大的某些取向差, 位错间隔的不规则将引入额外的能量项, 使晶界能降低. 因此, 对应着这些取向差, 在 $\gamma - \theta$ 曲线上将出现小的尖凹值; 并预期这些凹点的深度随着位错隔距的减小而增大.

可把上述这种额外能量的来源解释为在均匀分布的初级位错列阵上叠加另外一个次级位错列阵. 因此, 次级位错就等同于初级位错隔距的不均匀.

　　在形式上讲，所有的晶界都可以用初级点阵位错的语言来描述[25]，但是只在小角晶界的情形这种描述才给出一个有意义的物理图像，能够用位错的连续统理论来处理晶界能的问题．在大角晶界的情形，这种模型变成一种仅是形式上的描述，因为决定晶界能的是相互交叠的位错芯而不是长程应力场．可是从另一方面讲，在大角晶界里有不属于初级点阵位错的点阵．第一，这里有具有柏氏矢量为 DSC 点阵矢量的次级位错，它们在重位晶界里是"全"位错．它们可以网络的形式存在，从而能够调节对于重位取向的偏离，这在实验上已经观察到．另外，在对称的倾斜晶界里，已经观察到 DSC 位错离解为"不全"位错，从而把同一晶界面上的原子结构不同的区域隔开，正如同晶体点阵中的"不全"位错把理想点阵区与层错隔开一样．关于描述这种情况的结构单元模型在前面已经介绍．现在需要强调的是，结构单元模型里的少数单元总是 DSC 位错芯，而正是这些结构位错导致对于多数单元的顺利晶界的偏离．

　　因此，大角晶界也可以从形式上看成是由初级点阵位错组成的，应用重位点阵理论，位错的不均匀分布可以定义为在初级位错均匀分布的重位取向上叠加上 DSC 位错．这样，晶界能曲线上就会出现许多尖凹点，形成特殊晶界．

　　Hasson 和 Goux[26] 关于晶界取向差对晶界能的影响的计算进行了系统的工作．应用 Morse 原子间势，他们允许晶界区域内的原子弛豫到能量最低的位置，但是不允许晶界面上的重位原子进行水平平移，因而得到的结构并不一定是具有最低的能量．另外，由于计算晶界熵的困难，所得的结构只是 0K 结构．图 8.11 示出他们对于铝的 [100] 和 [110] 对称倾斜晶界的能量计算结果[27]．对于图 8.11（b）所示的 [110] 转轴，当取向差为 70.5° 和 129.5°（对应着 $\Sigma = 3$，11 的 CSL 晶界）时出现最小值．他们关于 Au 的相同晶界的计算得到类似的结果[28]．

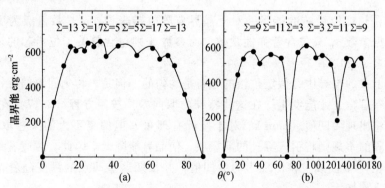

图 8.11　铝的对称倾斜晶界在 0K 下的晶界能的计算值作为取向差 θ 的函数[27]．

(a) [100] 转轴；(b) [110] 转轴.

在 Weins 等[29]的计算里允许晶界面上的重位原子进行弛豫，对于 Au 的对称［110］倾斜晶界的情形得到很大的能量变化，而 Hasson 和 Goux[27]只得到约 ±10% 的变化，见图 8.11（a）. 他们指出，对于几个 ∑（5，13，17）晶界，具有 45°>θ>0°取向差时的变化较之具有（90°−θ）取向差时的变化低 20%~50%. 对于图 8.11 所示结果进行分析时指出，图 8.11（a）与图 8.11（b）是类似的，只是在 70.5°和 129.5°时出现很深的凹歧点，第一个凹歧点是由于众所周知的具有 ∑=3 和 {111} 共格界面的孪晶界. 图中指出这时的晶界能为零，这是由于第一最近邻与完整晶体时相同. 这是 fcc 材料中的大角界面当中的唯一的独特情况. 第二个凹歧点是由于 129.5°/［110］晶界，它具有 ∑=11 的 CSL 和 {113} 界面.

图 8.11 所示的结果表示在凹点深度与 ∑ 之间并没有简单关系. 但是图 8.11（b）中的凹点却对应着 fcc 系中的具有最短的重复单元的两个 CSL 对称倾斜晶界面. 因此，晶界面的较短的周期性似乎是低能的一个较好的判据. 但是不清楚为什么这两个凹点却这样低，而其他具有低指数晶界面的低 ∑CSL 晶界却不出现凹点，特别是具有 {112} 晶界面的第二个 ∑=3 对称取向的 109.5°/［110］晶界并不出现凹点.

关于晶界能作为晶界面的函数的计算也指出短周期晶界具有低能量. 有实例说明，由于对称面的偏离而使晶界周期增加时，晶界能增加，反过来也是如此.

把直接能量测量与计算结果作比较是很困难的. 实际测量是在高温下的平衡状态进行的，而计算一般是对于 0K，因为很难估算熵在高温下的贡献. 如果特殊晶界的熵低于一般晶界，则当温度增加时特殊与一般晶界之间的能量差应当减小. 这在奥氏体不锈钢的共格孪晶界面已经被实验证实[30]. Hasson 和 Goux[27]根据对于界面熵的计算结果，提出界面结构可能发生类似于基体中的晶体结构相变那样的变化. Gleiter[31]根据晶界能随着温度提高而出现不连续性的观测，也提出过这种看法. 另一点是实在金属中总会含有溶质原子，从而会改变晶界的结构.

最早关于 CSL 晶界能的直接测量没有揭示出凹点. 为了避免各种外来因素，Rutter 和 Aust[32]用区熔法制备了正确取向的 Pb 三晶体. 图 8.12 示出对称［111］倾斜晶界能（与一般大角晶界的相对值）作为取向差的函数，虽然在实验上很难把试样对准［111］方向，从而会使所得的数据较分散，但是在对应着 38.2°，∑=7 晶界的 38°附近肯定出现一个最低值. 另外，Dimou 和 Aust[33]测量了在 2°以内的 Pb 的 36.9°/［110］，∑=5 的 CSL 晶界的能量，发现在 325℃时，CSL 晶界能较之一般晶界低 30%.

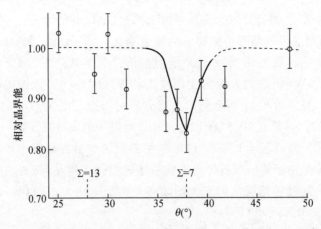

图 8.12 铅的 ［111］ 倾斜晶界的晶界能的测量值作为取向差 θ 的函数[32].

图 8.13 （a） 所示的 Hasson 和 Goux[27] 关于 Al 的 ［100］ 对称倾斜晶界能的测量结果表明，在 650℃ 时，在小角度范围以外的晶界能并没有显著的变化，特别是在 $\sum = 5$ 晶界的 36.9°处 （Dimou 和 Aust 在铅的情形发现晶界能较低的角度）并没有凹点. 在图 8.13 （b） 所示的关于铝的 ［110］ 对称倾斜晶界的情形[27]，在对应着 $\sum = 3$ 和 $\sum = 11$ 的 CSL 的 70.5° 和 129.5°附近出现了深凹点，这与他们先前的能量计算结果非常符合. 如果认为短的晶界周期性是低能的原因，则难以说明凹点的宽度在 129.5℃ 附近却较大 20% 以上. McLean[34] 根据对于铜的表面凹槽在加热到 1050℃ 时的外形的情形而指出在 $\sum = 3$ 和 $\sum = 11$ 取向差时存在凹歧点.

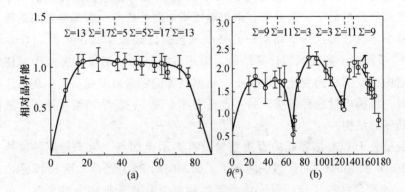

图 8.13 铝的对称倾斜晶界的晶界能的测量值作为取向差 θ 的函数[27].
（a）［100］ 转轴；（b）［110］ 转轴.

许多的实验证据指出，特殊晶界的取向差与几何学匹配略有偏离时仍能保持其有序的较低能结构，因此必须有一种关于晶界保持其特殊性质的最大偏离的判据. 根据电子显微镜关于次级位错（或调节失配的位错）的衬度的观察来确定最大偏离有一定的局限，因为当位错间距减少时，位错引起的衬度变弱.

Scholer 和 Balluffi[35]首次用透射电子显微镜在金的（001）扭转晶界中观察到方格子衬度线，认为这些衬度线对应着具有 DSC 点阵的柏氏矢量的位错，并发现所观察的平均位错间距 d 满足 Frank 公式，$d = |b|/2\sin(\Delta\theta/2)$，$\Delta\theta$ 是测得的与邻近的 CSL 取向差的偏离. 图 8.14（a）示出 Babcock 和 Balluffi 所观察的位错间距对于扭转角 θ 的依赖关系[35]. 当位错间距 d 和柏氏矢量 b 减小时，线衬度变淡，从而越难查知位错. 从图中的实验点可见，当 $\theta = 0°$ 时，最大偏离为 9° 时还能查知螺型位错列阵. 对于 $\sum = 5$ 取向，最大的偏离是 2°，对于 $\sum = 13$ 和 $\sum = 17$ 取向约为 0.6°. Kvam 和 Balluffi[35]考虑了各种因素对于位错列阵所引起的衬度的影响，系统地检查了大量的 Au 的对称［001］倾斜晶界一直到取向差为 90° 的情况，结果很有效地查知在所有取向差时的位错型应变衬度［见图 8.14（b）］.

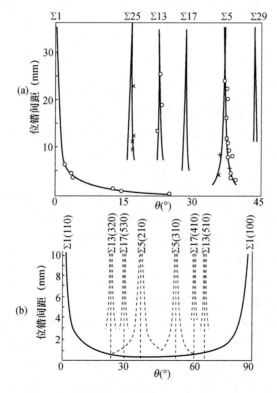

图 8.14　在金的［001］双晶晶界中观察到的位错间距作为取向差角 θ 的函数[35].
（a）［001］扭转晶界，实线表示 Frank 公式所预期的 DSC 位错的间距；（b）实线和打点线分别表示 Frank 公式所预期的晶体点阵位错间距和 DSC 位错间距.

根据次级位错网络的观测，已经推知 $\sum$ = 3，5，9，13a，17a（或许还有 $\sum$ = 11，25）的 CSL 晶界的晶界能低于无规晶界．但是 Hasson 和 Goux[27] 对于铝的［100］和［110］对称倾斜晶界的能量直接测量却指出，129.5°/［110］，$\sum$ = 11 的 CSL 的能量凹点既宽又深，而 109.5°／［110］，$\sum$ = 3 和 36.9°，53.1°／［100］，$\sum$ = 5 的 CSL 的则不显著．因此，单独根据电镜对于次级位错的长程应变场的观察并不能推定能量凹点的深度，这可能由于次级位错的芯区能的变化是重要的．

对于结构单元模型来说，晶界能或许决定于单元内的结构而不是单元的简单的大小．

几何模型虽然能够预期有些大角特殊晶界的能量低于一般晶界，但是不能预期降低多少．这可能由于电子效应较之几何学匹配更为重要．晶界区内的带正电的原子芯的移动使得传导电子必须进行重新分布才能对于正电荷进行屏蔽．这种重新分布将使能量增加．Seeger 和 Schottky[36] 考虑了这种情况，对于银和铜所得结果与测得的晶界能相合．电子差别可能导致不同金属的相同晶界的能量的大的变化．

8.5.3　特殊晶界的特殊性能

在 §7.1 和 §7.2 里曾经介绍晶界扩散和晶界迁动对于晶界取向差的依赖关系，并且指出在某些特殊取向差时出现凹歧点（见图 7.2 和图 7.3）．可以认为，表现这种特殊性质的晶界（对应着一定的取向差）是属于特殊晶界．可把特殊晶界的性质与一般晶界不同作为特殊晶界存在的间接证据．

特殊晶界是有序的并且应变场很小．当取向差偏离特殊晶界时，晶界结构里就有了周期性应变场，从而这种晶界与溶质原子的交互作用就将较强于特殊晶界．一个间接的实验证据是一般晶界的迁动率对于溶质浓度的增加所表现的敏感性远大于特殊晶界．认为这是由于一般晶界的偏析较大，从而引起在晶界迁动过程中的溶质拖曳效应．

晶界之所以较易受到化学侵蚀是由于它具有较大于完整晶体的自由能．据此，可以推知，特殊晶界对于化学侵蚀较之一般晶界将具有较大的抗力，因为它的能量较低．Boos 和 Coux[37] 测量了 Al 的［110］对称倾斜双晶体在 150℃ 的水中 48h 后所形成的晶界槽沟的深度 G 与取向差 θ 的关系，结果如图 8.15 所示．可见对于取向差接近 70.5°，$\sum$ = 3 和 129.5°，$\sum$ = 11 的 CSL 晶界，化学侵蚀率极低，而这两个凹点正是对应着 Hasson 和 Goux 所测得的能量凹点（见图 8.13）．

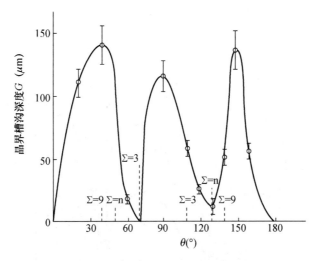

图 8.15 Al 的［110］对称倾斜双晶在 150℃ 的水中侵蚀 48h 后
的晶界槽沟深度（G）作为取向差 θ 的函数[37].

晶界对于多晶体的力学性质的影响在低温下与滑移跨过晶界的传播有关，
在高温下当扩散过程显著时，也发生与晶界面平行的滑动效应[38].

在高温（≥0.4T_m），晶界滑动是一种重要的形变机制. 这个过程的确切
机制虽然并不清楚，但肯定包括扩散. 点阵位错或晶界位错引起的晶界滑动较
之低温滑移容易，因为这时位错能够攀移. Johannesson 和 Thölèn[39] 关于滑动
过程的计算机模拟指出，滑移或许发生于一个晶体的各终端面（terminating
plane）滑过另一晶体的各终端面，类似于位错的运动. 这种"缺陷"的柏氏
矢量一般是无理数，它的过程与 Gleiter 等[40] 对于低温滑移所提出的很类似，
但是这个模型并不能说明特殊和一般晶界之间的区别. 如果次级位错能参加滑
动过程，那么偏离特殊取向差的晶界的滑动将较快于特殊晶界.

图 8.16 示出锌双晶的 <10$\bar{1}$0> 倾斜晶界在 196kPa 的切应力的载荷下经过
300min 后的滑移量 s 对于倾斜角 θ 的依赖关系（Watanabe 等[41]）. 图中的曲
线分布表示在 573K，623K 和 663K 进行实验时出现的情况，可见 $\sum$9（56.6°）
时出现低凹点.

Bisconi 和 Goux[42] 测量了铝的［100］对称倾斜双晶晶界的晶界滑动与取
向差的关系（图 8.17）. 图中指出切应力为 40gm·mm^{-2} 时在 500℃ 和应力为
20gm·mm^{-2} 时在 600℃ 进行蠕变 100min 以后的滑动量作为取向差 θ 的函数.
两个 $\sum$ =5 晶界（在 37° 和 53°）的滑动量较小于其他的大角晶界.

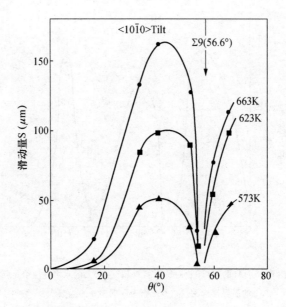

图 8.16 锌双晶的 $<10\bar{1}0>$ 倾斜晶界的滑动量对于取向角的依赖关系[41].

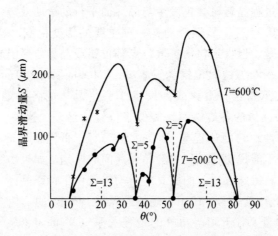

图 8.17 铝的 [100] 对称倾斜双晶经过 100min 蠕变后的滑动量 S 作为取向差 θ 的函数[42].

上边的曲线：在 600℃ 和切应力 20gm·mm⁻² 的作用下. 下面的曲线：

在 500℃ 和切应力 40gm·mm⁻² 的作用下.

Bisconi 和 Goux 还指出，与倾斜轴线平行的切变滑动率远小于与倾斜轴线垂直的切变滑动率，这意指着控制滑动率的是与倾斜轴线垂直的方向的滑动，即沿着晶界的滑动.

不管滑动机制的细节如何，但根据对于多晶体的蠕变观测来说，有些特殊晶界的滑动较慢于一般晶界，特别在较低温度时是如此．

　　许多研究都指出[43,44]，晶界滑动的本领强烈地与晶界取向差有关．但是这些研究都采用测量跨过晶界的划痕的移动，这种移动一般约为$1\mu m$，从而原来的晶界结构难免在测量中有所改变．Monzen 等[45]提出了在晶界上引入小沉淀颗粒的方法来限制晶界的滑动距离并且用电子显微镜测量沉淀颗粒象的moire 条纹的转动从而能够测量小于 1nm 的晶界滑动．他们应用这种技术验查了 Cu 的［011］对称倾斜[46]、［011］扭转[47]和［001］[48]扭转晶界在低于573K 时的晶界滑动本领．他们发现这三种晶界的黏性都与晶界能量相对应．最近他们详细研究了 Cu（含 1.05% Fe，0.45% Co）双晶的各种取向差（14°~80°）的［001］对称倾斜晶界的晶界滑动本领．图 8.18 示出黏度与取向差θ 的关系[49]．图中的纵坐标 T_h 的降低表示晶界滑动本领的增加，基本上也是黏性的减少．由图可见在 $\theta = 28°$（$\sum = 17$），$\theta = 37°$（$\sum = 5$），$\theta = 53°$（$\sum = 5$）和 $\theta = 62°$（$\sum = 17$）附近出现歧点（实际上是最大值）．图 8.19 示出晶界滑动激活能 Q 对于取向差 θ 的依赖关系[49]．Q 的数值介于 1.1×10^5 和 1.6×10^5 J・mol^{-1} 之间，随着滑移量 s 值之不同而异．与图 8.18 相比，可见具有较大 T_h 值的晶界也具有较大的 Q 值．由于无序度的定量表示是晶界能，所以可以认为较无序的晶界具有较低的黏性．

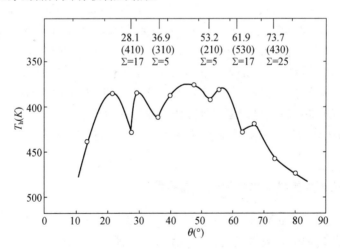

图 8.18　铜（含 1.05% Fe，0.45% Co）双晶的［001］对称倾斜晶界的
滑动本领（纵坐标 T_h 的降低表示晶界滑动本领的增加）对于取向
差 θ 的依赖关系[49]．

　　根据上述的 Monzen 等关于在晶界上微量滑动的一系列实验结果，可见内耗实验是研究晶界内禀黏性的非常适当的方法，因为内耗实验所牵涉的晶界滑

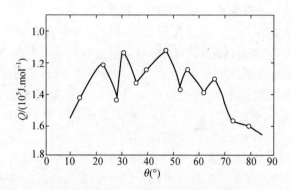

图 8.19　晶界滑动激活能 Q 对于取向差 θ 的依赖关系[49].

动应变量小于 10^{-5}，而在这种情况下在细晶粒试样中所观测到的晶粒间界内耗峰（葛峰）正是来源于晶界的微量的黏滞滑动的过程.

实验证据很清楚地指出晶界的性质随着晶界的结晶学参数而变化，但是在很多情况下却难以把这种变化与晶界模型联系起来. 这有如下两个理由[38].

（i）提出的模型是关于在 0K 的纯金属的静态晶界，而所有真实金属都含有杂质，并且晶界的性质是在室温或以上的温度测量的.

（ii）有些性质主要是依赖于晶界每边的晶粒的取向而不是与晶界的结构有关. 例如，滑移的传播依赖于相对于应力轴线的滑移系取向.

但是，确有一些性质对于有些 CSL 晶界是特殊的. 共格孪晶界（ $\sum = 3$ ）的特殊性质是周知的，但是不能把这个情况外推到所有的 CSL 晶界. 另外，与一些 CSL 晶界有关的特殊性质似乎维持到许多度的取向差偏离，而其他具有类似∑值的 CSL 晶界却完全不具有任何的特殊性质.

目前似乎还没有实验证据来证明多晶体中的特殊晶界的存在是否控制多晶体的性质.

8.5.4　特殊大角晶界的晶界弛豫（晶界内耗）

1993 年，Kato 和 Mori[50] 用扭摆测量了含有各种取向差的 ［001］扭转晶界的 Cu 双晶的内耗，发现了内耗与晶界取向差强烈有关，并指出高能晶界较易发生晶界滑动并具有较低的黏性.

检查晶界滑动的最方便的方法固然是测量晶界上划痕的移动，但是划痕本身的宽度一般是 $10 \sim 110\mu m$，因而难以测量小于 $1\mu m$ 的移动. 在通常的高温形变的条件下，不但晶界而且许多冲撞到晶界上的晶粒内的点阵位错也发生滑动. 这种位错在晶界上产生台阶并且可能由于位错反应而形成新的晶界位错. 如果发生这种现象，晶界的内禀的结构将要部分地或者全部被破坏. 事实上已发现晶界滑动率在形变进行中变小，这表明已经发生晶界硬化，因此就难以测定特殊晶界的内禀的滑动本领. 用内耗方法可以测量极小的形变（最大的应变是 10^{-5} 量级），这就能够在不严重破坏原来的晶界结构的情形下考察内禀的晶界滑动本领与晶界结构的依赖关系.

　　Kato 和 Mori 选择了 [001] 扭转晶界作为研究对象是因为平滑的 [001] 扭转晶界是由邻接晶粒的两个 [001] 匹配面构成的，从而是各向同性的，这就使得可以用一个与方向无关的参数即各向同性滑动黏性来衡量滑动本领. 另外，Mori 等[51] 已经测量了铜的各种 [001] 扭转晶界的相对能量，因而可以进行直接比较.

　　图 8.20 示出的是具有取向差 $\theta = 9.5°$，$34°$ 和 $37°$ 的 Cu 双晶 [001] 扭转晶界的内耗（对数减缩 δ）和 ω^2（ω 是角频率）随着温度 T 而变化的曲线. 由图可见，δ 随着温度的提高而明显增加，但是 δ 达到可以明确察觉出来时（$\delta \geqslant 5 \times 10^{-3}$）的温度 T_s 却对于各个晶界而有所不同，对于 $\theta = 34°$ 的晶界最低

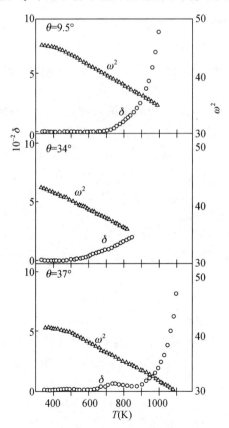

图 8.20　具有 [001] 扭转晶界的铜双晶的对数减缩 δ 和 ω^2 对于温度的依赖关系[50].

（约 600K），而对于 37°的晶界最高（约 800K）．低的 T_s 表示较易出现晶界滑动．图 8.21 表示用同样方法测出的具有各种取向角 θ 的晶界所对应的 T_s 值[50]．

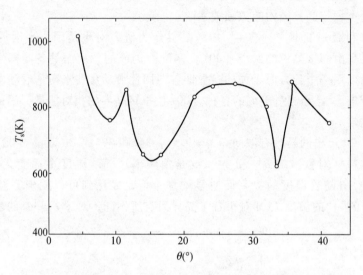

图 8.21　对数减缩达到 5×10^{-3} 的温度 T_s 对于取向差 θ 的依赖关系[50]．

下面对于 Kato 和 Mori 的内耗测量结果进行分析．假定双晶试样的长度为 l，截面半径是 r．双晶试样的中部含有一个厚度为 c 并与试样长度垂直的平滑晶界，试样的一端固定，另一点则连接着一个标准的倒扭摆．当扭摆转动时，试样被扭转的总角度 ϕ 包含着弹性扭角 ϕ_c 和晶界滑动所引起的扭角 ϕ_g

$$\phi = \phi_c + \phi_g. \tag{8.18}$$

与 ϕ_c 有关的扭矩 M 是

$$M = \mu J \phi_c / l, \tag{8.19}$$

其中的 μ 是切变模量，J（$= \pi r^4 / 2$）是截面的第二转动惯量．试样表面上的最大切应力是

$$\tau_m = \frac{\mu r \phi_c}{l}. \tag{8.20}$$

这个切应力也引起晶界的滑动．假定晶界的滑动是黏滞性的，黏滞系数是 η，则由于在试样表面的晶界滑动率是 $r(\mathrm{d}\phi_g/\mathrm{d}t)$，所以加于晶界上的最大切应力是

$$\tau_m = \eta(r/c)(\mathrm{d}\phi_g/\mathrm{d}t). \tag{8.21}$$

由方程（8.20）和（8.21）得出

$$\frac{\eta}{c}\frac{\mathrm{d}\phi_g}{\mathrm{d}t} = \frac{\mu\phi_c}{l}. \tag{8.22}$$

在扭矩的作用下的扭摆的扭转运动方程是

$$M = -I\frac{\mathrm{d}^2\phi}{\mathrm{d}t^2}, \tag{8.23}$$

I 是扭摆的转动惯量.

把上述各式结合起来得出 ϕ_c 的振动微分方程, 然后引入 $\phi \approx \phi_c$ (由于 $\phi_c \gg \phi_g$), 得到扭摆的振动微分方程

$$I\frac{\mathrm{d}^3\phi}{\mathrm{d}t^3} + \frac{\mu cI}{nl}\frac{\mathrm{d}^2\phi}{\mathrm{d}t^2} + \frac{\mu J}{l}\frac{\mathrm{d}\phi}{\mathrm{d}t} = 0. \tag{8.24}$$

这个方程在起始条件 $\phi = \phi_0$ 和 $\dfrac{\mathrm{d}\phi}{\mathrm{d}t}$ (在 $t = 0$ 时) 下的解是

$$\phi = \frac{\phi_0}{\omega}\left(\frac{\mu c}{2\eta l}\sin\omega t + \omega\cos\omega t\right)\exp\left(-\frac{\mu ct}{2\eta l}\right), \tag{8.25a}$$

$$\omega = \left(\frac{\mu J}{Il}\right)^{\frac{1}{2}}\left(1 - \frac{\mu c^2 I}{4\eta^2 lJ}\right)^{\frac{1}{2}}. \tag{8.25b}$$

这个解式指出扭摆的振动振幅 (也就是试样的总的振动振幅) 随着时间而作指数型的衰减. 如果没有晶界滑动, 即在 (8.25) 式中的 $\eta \to \infty$, 则得到谐振动的解

$$\phi = \phi_0\cos\omega t, \quad \omega_0 = \left(\frac{\mu J}{Il}\right)^{\frac{1}{2}}. \tag{8.26}$$

作为内耗的一种量度的对数减缩量 δ 等于 $-\ln(\phi_n/\phi_0)/n$, ϕ_n 是在第 n 个振动周时的值. 由于当 $\omega t = 2n\pi$ 时达到第 n 个振动周, 所以从式 (8.25b) 得到

$$\delta = \frac{\pi\mu c}{\eta l\omega}, \tag{8.27}$$

可把 η 写成[54,9]

$$\eta = \eta_0 T\exp\left(\frac{Q}{RT}\right), \tag{8.28}$$

η_0 是一个恒量, Q 是晶界滑动激活能, R 是气体常量. 从式 (8.25) 和式 (8.26) 可得

$$\ln\left(\frac{\pi\mu c}{\delta l\omega T}\right) = \ln\eta_0 + \frac{Q}{RT}. \tag{8.29}$$

从这个式子可以看出, 如把 $\ln\left(\dfrac{\pi\mu c}{\delta l\omega T}\right)$ 画为 $1/T$ 的函数, 则可以由所得出的直线的斜度求出 Q. 从图 8.16 所示的在温度 T 所进行的内耗实验数据可以测出 δ

和 ω. 对于所用的 Cu 试样, 可采用 $\mu = 4.21 \times 10^{10}$ [$1 - 3.97 \times 10^{-4}$ ($T -$ 300)] Pa[53,54], $c = 5 \times 10^{-10}$m, $l = 5 \times 10^{-2}$m. 图 8.22 总结了对于具有各种取向差 θ 的 Cu 双晶的 [001] 扭转晶界的 Q 值与 θ 的依赖关系, 可见 Q 对于取向差 θ 是很敏感的.

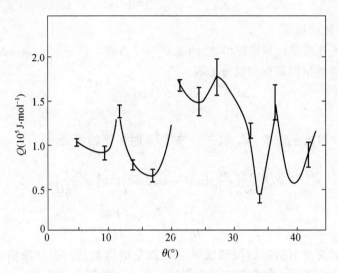

图 8.22　晶界滑动激活能 Q 对于取向差 θ 的依赖关系[50].

根据晶界黏滞性滑动的观点, 激活能 Q 越低则晶界变得较易滑动. 对比图 8.21 和图 8.22, 证实情况果然如此. 具有较低的 T_s 值的晶界具有较小的 Q 值, 反之亦然. 可以想象晶界的滑动本领与晶界能密切相关. 预期高能晶界较之低能晶界更易滑动, 因为可以认为前者的原子排列更为无规和无序. 图 8.23 示出的是 Mori 等[51]测量的 Cu 的 [001] 扭转晶界的能量与 θ 的关系曲线, 是根据晶界上的 SiO$_2$ 颗粒的平衡形状而测出来的. 图中的 Cu 晶界能量 γ_B 是用 Cu 和 SiO$_2$ 之间的界面能 γ_1 来进行归一化的. 由图可见在对应着较低的 $\sum$ 晶界即 $\sum$ =41a (12.7°), 13a (22.5°), 17a (28.1°) 和 5 (36.9°) 的取向差 θ 时出现了几个能量凹值. 把图 8.22 与图 8.23 作比较可见, 在这些晶界处的激活能出现局域最大值. 因此, 可以断定低能晶界的晶界滑动较困难, 这与上面所预期的相合.

Onaka 等[52]指出, 当晶界滑动是受晶界扩散所控制时, 含有周期性台阶 (高度为 h) 的晶界的黏性 η 与台阶间距 λ 无关 (当 $h \ll \lambda$ 时), 并且可以写成

$$\eta = \frac{kh^2 T}{\alpha D_b \Omega} = \frac{kh^2 T}{\alpha D_0 \Omega} \exp\left(\frac{Q_b}{RT}\right), \tag{8.30}$$

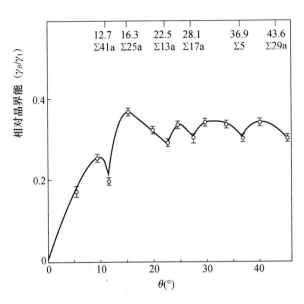

图 8.23　铜的［100］扭转晶界的相对晶界能 γ_B/γ_l 对于取向差 θ 的依赖关系[51].

其中 k 是 Boltzmann 常量，D_b 是晶界扩散系数，Ω 是原子体积，D_0 是 D_b 的指数前因子，Q_b 是晶界扩散激活能，α 是一个约为 5 的数值常数. 与方程（8.30）和（8.28）比较，得出

$$\eta_0 = \frac{kh^2}{\alpha D_0 \Omega}, \tag{8.31}$$

和

$$Q = Q_b. \tag{8.32}$$

　　根据对于多晶 Cu 的内耗测量结果的分析[13,9]. 得到 $Q = 1.4 \times 10^5 \mathrm{J} \cdot \mathrm{mol}^{-1}$，$\eta_0 = (1\sim5) \times 10^{-10} \mathrm{N} \cdot \mathrm{s} \cdot \mathrm{m}^{-2} \cdot \mathrm{K}^{-1}$. 由图 8.22 可见，这个 Q 值是位于观测值的范围以内. 纵然用多晶试样所测得的只能是平均的 Q 值，但是从式（8.32）和图 8.22 一起来看，可见晶界滑动激活能或者晶界扩散激活能实际上只与晶界的内禀结构有关.

　　把方程（8.29）表示的直线关系外推到 $1/T = 0$ 时所得的纵坐标值就是 η_0. 对于各种晶界所得的 η_0 值在 10^{-9} 到 $10^{-2} \mathrm{N} \cdot \mathrm{s} \cdot \mathrm{m}^{-2} \cdot \mathrm{K}^{-1}$ 之间（应当考虑到在外推当中所引入的显著误差）. 这个数值大于上述的多晶 Cu 试样的数值. 这可能是由于在式（8.21）中未考虑晶界台阶对于晶界滑动率的影响. 由式（8.31）可见，晶界台阶的高度 h 直接影响 η_0，而即便在宏观上是平滑的晶界也存在着一定高度的晶界台阶.

　　上面介绍的 Kato 和 Mori 的内耗实验是用可以明确观测到内耗时（即 $\delta = 5$

$\times 10^{-3}$时）的温度 T_s 来反映晶界的滑动本领和晶界黏性的倒数，并进而根据在不同温度下的 δ 值和 ω 值求出晶界滑动激活能 Q. 这就能够很方便地求出 Q 与各种晶界的取向差 θ 的依赖关系，并与实验测定的晶界能与 θ 的关系曲线作比较. 这就避免了由计算机模拟计算的 0K 能所带来与实验值的不可比性. 从这个意义上讲，Kato 和 Mori 方法的确有极大的启发性，提供了一个定性的甚至于是半定量的研究晶界结构的途径. 但是，这里的 δ 虽然可以认为是由于晶界的黏滞滑动所引起的，但是却不能充分地反映晶界弛豫过程的重要参数如弛豫强度和弛豫时间及其分布，这就需要首先测出真正能够反映晶界弛豫特点的晶界弛豫内耗峰. 实际上，图 8.20 中示出的 $\theta = 37°$ 晶界的 δ 曲线上已经显示在 750K 出现一个微弱的内耗峰，这个内耗峰很可能就是铜的 [001] 扭转晶界（$\theta = 37°$）的晶粒间界内耗峰.

在 §5.3 已经介绍了铝的双晶晶界所引起的晶界内耗峰[55,56]. 用取向差为 129.5° 和 60° 的 [110] 对称倾斜晶界的铝双晶进行了内耗测量（1Hz），分别在 200℃ 和 160℃ 观察到一个内耗峰，内耗峰高度（Q_{max}^{-1}）分别为 0.061 和 0.055. 129.5°（$\sum 11$）晶界的激活能是 0.88eV，$\tau_0 \approx 7 \times 10^{-9}$s. 60° 晶界的激活能是 0.92eV，$\tau_0 \approx 1.87 \times 10^{-10}$s. 由于数据有限，还得不出内耗峰与晶界取向差的依赖关系的信息. 根据 Hasson 和 Goux[27] 关于铝的 [110] 对称倾斜晶界测量的结果，在 $\sum = 11$ 的 CSL（129.5°）晶界附近出现晶界能的凹点，不应该出现很高的内耗峰，因而与内耗测量结果有矛盾. 另外，袁立曦等[57] 对于含有 [110] 倾斜晶界的 99.999% Al 双晶进行了较为准确的内耗测量，也在 260℃（1Hz）附近观测到一个明显的内耗峰. 这方面值得进一步研究.

应当指出，上述 60° 和 129.5° 晶界的内耗峰都表现反常振幅效应，这可能由于晶内的点阵位错对于晶界的冲撞而引起位错与晶界的非线性交互作用，从而使晶界的内禀的线性黏滞性滑动变为非线性的.

§8.6 多晶体中的特殊晶界

关于特殊晶界存在的证据大多是根据对于细微制备的双晶试样进行的晶界能量测量和失配位错的观察，所得的结果并不一定适用于通常制备的多晶试样. 因为在多晶体的制备过程中可能出现特殊的晶粒取向关系，例如退火织构.

金属和合金多晶体中的晶粒很少是无规取向的，一般具有整体的结构. 问题是要判定这种织构是由于特殊晶界的择优存在或是由于有一些过程直接控制晶粒的取向，这依赖于在形成晶粒时试样的热机械历史. 如果是来源于晶粒的萌生阶段，它们的取向差就较之来源于晶粒增大中的相遇而更要依赖于相对晶界能．在后一种情况下，相对晶界迁动率应当更为重要．多晶体一旦形成，对于晶粒重新取向的驱动力是晶界能的减小．

在再结晶当中总有原已存在的具有特殊取向邻近晶粒．关于新晶粒的萌生有下述几种理论[38]：（i）亚晶粒通过转动和集合而增大；（ii）亚晶粒通过晶界迁动而增大；（iii）已存在的大角晶界的迁动；（iv）在形变区内新晶粒的萌生（经典的萌生理论）．所有这些理论除了第四个以外都指出新的晶粒与形变基体之间具有密切的关系，但是都不能预言与特殊晶界相对应的取向差．Ferran 等[58]指出，在轧制 40% 的铝的再结晶过程中，新晶粒是在形变最强烈的先前存在的晶界处萌生．新晶粒与基体之间的转轴较为接近 <111>，而较少接近对于一个无规多晶体所预期的 <100>，转动角也较预期为小．Dunn[59]指出，通过微硬度压痕而变形的铝在再结晶时的取向差轴倾向于 <110>．这个结果提出择优轴与形变方式有关，但却不是由于低指数面的排齐而形成匹配得很好的晶界从而使能量降低．

如果晶核能够转动，它们就将转动使得它们之间的界面的能量成为最低．Chaudhari 和 Matthews[60]在 MgO 烟尘的情形下清楚地证实具有 [100] 取向差轴的 CSL 占优势．图 8.24 表明 [100] 扭转晶界出现的数目 N 作为取向差 θ 的函数．由图可见，不但高密度重合界面 $\Sigma = 5，13，35$（$\theta = 36.9°，22.6°，16.3°$）占优势，在较小程度上 $\Sigma = 157，85，101，41，37$（$\theta = 8.2°，8.8°，11.4°，12.7°，19.0°$）也是如此．完全没有观察到 $\Sigma = 17$（$\theta = 28°$）的晶界，对此的解释是在这种晶界里有同类电荷密接在一起，证据是离子性较弱的 CdO 的情形下观察到 $\Sigma = 17$ 晶界．

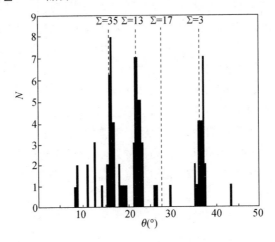

图 8.24　在 MgO 烟尘中的 [100] 扭转晶界出现的数目 N 作为取向差 θ 的函数[60]．

新近, Ishida 等[61]指出, 在蒸气淀积的微小铁晶体里, CSL 晶界是优先的, 但是从液体形成的晶核却被溶体里的对流所扰乱, 值得注意的是, Ishida[62] 和 Howell[63] 指出在 [111] 倾斜晶界的气泡筏模型里, 低和高 $\sum$ 界面都优先于一般界面, 这或许是由于在气泡筏上的扰动力很小.

如果第二晶粒对于基体来说是无规地萌生的, 那么当它增大到与第一晶粒相遇时所产生的晶界也将是无规的. 但如果第二晶粒与基体有一种外延 (取向附生) 关系 [例如当 Au 在真空为 10^{-5} torr 下蒸发到 NaCl 的理解面 (100) 上时], 则在理想情况下当它冲撞到第一晶粒上时将产生一个单晶体, 不过微小的误差就将产生一个小角晶界. 如果可能出现几种不同的外延关系, 则所产生的晶界将是特殊的, 不过这种函数关系是对于基体的外延关系而不是对于晶界的. 如果第二晶体在第一晶体上萌生, 或许会形成外延或低能界面. 由于第一晶粒中的低指数面的沿边增长而萌生的第二晶粒会产生 CSL 或匹配的很好的晶界. 但是更重要的似乎是维持固体进入液体时的易增长方向. 这个过程将导致一个高比例的匹配得很好的界面, 例如从液体中的枝蔓凝固. 但是这些界面是来自于固体长入液体的方式而不是由于界面的特殊性质.

在固态转变 (再结晶或晶粒增长) 中第二晶粒在第一晶粒上萌生的方式的最充分研究是关于在 fcc 金属和合金中的退火孪晶 ($\sum = 3$) 的形成. 曾据此提出过几种可能的机制, 有的机制也可以应用到别的特殊界面, 但是迄今还得不到实验证据.

由上述讨论可见, 只有当直接影响晶粒取向的力是相对小时, 才可能萌生特殊晶界. 在金属中, 这种力通常较大, 从而在特殊取向差处的小的能量凹点的效应是察觉不出来的. 但是有证据指出, 在无规的集合体当中接近 CSL 取向差的晶界或许由于它们的迁动率较快而在固态中被选择出来. 第一个证据是 Kronberg 和 Wilson[64] 指出: 在 Cu 的第二次再结晶当中, 增长晶体与基体之间具有占优势的 22°, 38°/ [111] 和 19°/ [100] 关系. Yoshida[65] 等在铝的初级再结晶当中得的类似的结果, 其中的 40°/ [111] 关系占优势. Liebmann 和 Lücke[66] 测量了迁动率作为绕 [111] 转动角的函数, 发现在约 40° 出现一个最大值. 但是这个峰的宽度约为 10°. 这认可了以前的测量, 即在与 CSL 取向差的歧离很大时出现迁动率的增强. 随后的实验指出这与形变织构无关.

图 8.25 示出铅的 [100] 倾斜晶界的迁动激活能随着取向差 θ 的变化曲线 [Rutter 和 Aust[67]]. 在 23°, 28° 和 37° (对应着 $\sum = 13$, 17, 5 的 CSL) 出现最小值 (迁动率最大值). 这最小值很宽, 在 $\sum = 5$ 晶界约为 5°.

温度增加时, 特殊与一般晶界的迁动率之间的差别减少[50].

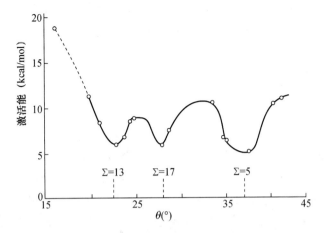

图 8.25　区熔精炼铅的［100］倾斜晶界的晶界迁动激活
能作为取向差 θ 的函数[61].

§8.7　多晶体中的晶界特征分布与晶界内耗

多晶体含有各种类型的晶界，每种晶界都具有各种作为特征的取向差和晶界能. 可把晶界区分为小角晶界和大角晶界，而大角晶界又有高能的一般晶界和低能的特殊晶界. 因此，研究多晶体中含有何种晶界以及各种晶界的份额将有助于了解多晶体的与晶界有关的性质. 为了这个目的，一个实事求是的途径是研究多晶体在各种制备过程的不同历史当中，是什么因素控制着各种不同类型的晶界的形成，即晶界的特征分布.

由于多晶体是经过各种过程制备的，包括凝固、锻、轧、退火、烧结、蒸气、淀集等等，所以可以认为，用不同方法制备的多晶体中的晶界特征分布是受控于与制备方法有关的特殊因素. 新近，Watanabe 等对于由压挤加工退火制备的多晶铝的研究指出[68]：CSL 晶界（直到 $\Sigma 29$）出现的频率是 20% ~ 30%，随着预压挤应变的增加而增加. 小角晶界（$\theta < 15°$）出现的频率随着预压挤应变的增加而减小. 一般晶界出现的频率随着预压挤应变的增加而急剧增加高达约 60%. 很清楚的是，冷加工随后退火制备的多晶体中的晶界特征分布强烈地与基体的原来取向以及预应变大小有关. 新近，Berger 等[69]用电子显微镜对于经过加工的铝单晶的再结晶过程进行了原位观察，发现在再结晶的早期阶段，所形成的全部晶界近乎是重位型的，随后较多的是一般晶界（高能孪晶界 $\Sigma 3^n$，即由多重孪生所产生的 $\Sigma 3, 9, 27, 81, 243, \cdots$）. Lim 和 Raj[70]在 Ni 多晶体中发现，具有 $\Sigma 3, 9$ 和 81 的重位晶界出现的频率很高.

Fontaine 和 Rocher[71] 指出，细晶粒多晶 Si 的所有晶界都可以用多重孪生关系来描绘. 因此，细晶粒多晶体很可能含有高密度的低能特殊晶界. Watanabe[72] 对于 α-Fe 和 Grabski[73] 对于铝的研究指出，重位晶界出现的份额随着晶粒尺寸的减小而增加. 当晶粒尺寸小于 20μm 时所占份额超过 50%，晶粒尺寸约 2μm 时接近 100%.

　　Watanabe[74]等用电子通道效应和 X 射线分析的方法测定了 β 黄铜多晶试样中的晶界特征分布情况，如图 8.26 所示. 图中右方所示的金相图表明试样中晶粒分布的情况，各个晶粒衬度的不同指明晶粒取向的不同. 图中左方所示的是晶界类型的分布图，其中的 L 表示小角晶界，R 表示大角一般晶界或无规晶界，各种数值的 Σ 表示重位晶界. 由图可以清楚地看出在多晶试样中存在着各种份额的不同类型的晶界. 前面已经指出，这种份额是由于多晶试样所经历的历史情况的不同而变化的.

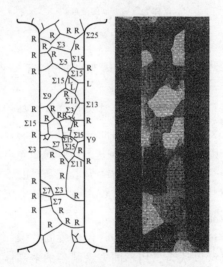

图 8.26　α 黄铜多晶体试样中的晶界特征[74].

　　最近，张立德和吴晓平[75,76] 提出用多晶内耗峰的峰位、峰高和峰宽的变化来探测多晶试样中的晶界特征分布情况. 通过进一步的探索和验证，这将提供一种可能的途径，即在改变一个给定试样的机械热处理过程当中，快速地进行不破坏的重复内耗实验，以探知晶界的特征分布. 众所周知，细晶粒多晶试样中出现的晶粒间界内耗峰（葛峰）是来源于沿晶界的黏滞性滑动或应力弛豫.

　　张立德等[75,76] 认为，可以把晶粒间界内耗峰（葛峰）看做是各种类型的间界 [例如特殊间界（包括不同 Σ 值的重位间界）] 和一般间界在外力作用下发生滑动所引起的弛豫过程叠加的结果，因而可把晶界内耗峰的状况看做是晶界结构特征分布（GBCD）的一种宏观表征：

（1）晶界内耗峰峰宽与 GBCD　实验指出，各种类型的晶界的滑动激活能不同[49,50]，从而弛豫时间不同．因此，各种类型的晶界所引起的晶界内耗峰将出现在略有差异的温度，这些内耗的交叠将使得葛峰的宽度大于单一弛豫过程的峰宽．实验指出，在冷加工金属的退火和再结晶过程中所形成的各种类型晶界的份额不断发生变化．根据 Berger 等[69]对于铝的实际结果，在再结晶的初期，开始倾向于形成能量低而稳定的特殊晶界．此时，晶界类型分布情况较单一，所引起的内耗峰具有较为单一的弛豫时间，因而葛峰较窄．随着退火温度的提高，一般型晶界的份额增加，从而晶界类型出现一定的分布，这就使得葛峰变宽．但当退火温度再提高时，一般晶界的份额占优势，分布又变得较单一，从而葛峰又变窄．

图 8.27 示出冷加工的 99.999% Al 在不同温度退火后的内耗曲线[75]，内耗是升温测量的．曲线（1）（∘）的退火温度是 204℃，这时冷加工效应还未完全消除，因而所出现的内耗很高，并不是真正的内耗峰，所以可以不必考虑．曲线（2）（△）的退火温度是 385℃，这对应着再结晶的初始阶段，所形成的晶界主要是特殊晶界．从而内耗峰较窄于曲线（3）（×，457℃退火）所反映的晶界有一定分布的情况．在 531℃ 退火后的曲线（4）（+）又反映着晶界主要是一般晶界的情况，因而内耗峰宽度又变窄．当退火温度高达 611℃ 时［曲线（5），•］，所得出的晶粒尺寸已经大于试样的直径，因而它已不属于细晶粒晶界峰（葛峰）的范畴．

（2）晶界内耗峰高与 GBCD　当退火温度较低时，所形成的晶界基本上只是属于一种晶界类型即特殊晶界，由于出现在相同的温度，所以叠加在一起时的总的峰高较大．图 8.27 示出的曲线 2 表示退火温度为 385℃ 时的情况，这时晶界主要是特殊晶界，所以峰高 Q_{max}^{-1} 达到 0.076．在 475℃ 退火后，由于同时也出现一般晶界时，而两种晶界的葛峰的峰温不同，所以叠加到一起后反而使表观的内耗峰高度降低为 0.066．当退火温度提高到 531℃，所形成的晶界基本上属于一种类型即一般晶界时，表观峰高又提高为 0.071．

（3）晶界内耗峰峰位与 GBCD　对于纯金属来说，影响葛峰的峰位的因数在频率不变的情况下主要有晶粒尺寸．在第二章里曾较详细地分析了晶粒尺寸的大小和分布对于葛峰的弛豫时间分布的影响，但是并未考虑晶界类型的效应．对多晶纯金属来说，特殊晶界的能量低，动性差而一般晶界的动性好．在同样条件下，特殊晶界滑动激活能较一般晶界高．因此，如果特殊晶界的"权重"大，则葛峰出现在低温侧．在 385℃ 退火后，葛峰出现的温度较高

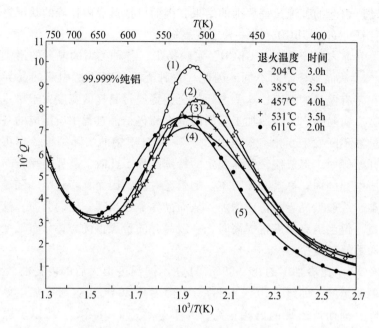

图 8.27　铝的晶界内耗峰随着原位退火温度的升高而发生的变化[75].

（239℃），表示此时的特殊晶界占优势. 在 457℃ 退火后，在峰宽增大和峰高降低的同时，峰位移向较高的温度，这表示此时一般晶界已经出现，晶界已不单纯地属于特殊类型. 在 531℃ 退火后，在峰宽减小和峰高升高的同时，峰位又移向较低的温度，这表示此时的一般晶界已占优势.

参 考 文 献

[1] W. Rosenhain, D. Ewen, *J. Inst. Metals*, **10**, 125 (1913); W. Rosenhain, J. C. W. Humphrey, *J. Iron and Steel Institute*, **87**, 219 (1913).

[2] H. B. Arron, G. F. Bolling, *Surface Science*, **31**, 27 (1972); Grain Boundary Structure and Properties, eds. G. A. Chadwick and D. A. Smith, Academic Press London, 107, (1976).

[3] T. S. Kê (葛庭燧), *Phys. Rev.*, **71**, 533 (1937); **72**, 41 (1947).

[4] T. S. Kê, *Phys. Rev.*, **73**, 252L (1948).

[5] R. Raj, M. F. Ashby, *Trans. Met. Soc. AIME*, **2**, 1113 (1971).

[6] H. Hargeaves, R. J. Hills, *J. Inst. Metals*, **41**, 257 (1929).

[7] N. F. Mott, *Proc. Phys. Soc.*, (London) **61**, 391 (1948).

[8] T. S. Kê, *J. Appl. Phys.*, **20**, 274 (1949).

[9] M. F. Ashby, *Surface Science*, **31**, 498 (1972).

[10] Y. Ishida, D. McLean, *J. Metal Sci.*, **1**, 171 (1967).

[11] H. Gleiter, E. Hornbogen, G. Baro, *Acta Met.*, **16**, 1053 (1968).

[12] Y. Ishida, S. Liu, Proc 2nd Intern. Conf. on the Strength of Metals and Alloys, 1085 (1970).

[13] L. Rotherham, S. Pearson, *Trans. Met. Soc. AIME*, **206**, 881 (1956).
S. Pearson, L. Rotherham, ibid, **206**, 894 (1956).

[14] W. Bollmann, Crystal Defects and Crystalline Interfaces, Springer-Verlag, New York (1970).

[15] R. W. Balluffi, *Trans. Met. Soc. AIME*, **13A**, 2069 (1982)

[16] D. G. Brandon, B. Ralph, S. Ranganashan, M. S. Wald, *Acta Met.*, **12**, 813 (1964).

[17] G. H. Bishop, B. Chalmers, *Scripta Met.*, **2**, 133 (1968).

[18] M. Weins, B. Chalmers, H. Gleiter, M. Ashby, *Scripta Met.*, **3**, 602 (1969).

[19] R. C. Pond, D. A. Smith, *Can. Met. Quart.*, **13**, 39 (1974).

[20] A. P. Sutton, V. Vitek, *Phil. Trans. Roy. Soc* (London), **A309**, 1, 37, 55 (1983).

[21] W. T. Read, W. Shockley, *Phys. Rev.*, **78**, 275 (1950).

[22] M. Hashimoto, Y. Ishida, R. Yamamoto, M. Doyama, *J. Phys.*, F. **10**, 1109 (1980).

[23] M. Hashimoto, Y. Ishida, R. Yamamoto, M. Doyama, *Acta Met.*, **29**, 617 (1981).

[24] A. P. Sutton, R. W. Balluffi, Interfaces in Crystalline Materials, Clarendon Press, Oxford, § 4.3 (1995).

[25] J. P. Hirth, J. Lothe, Theory of Dislocations, 2nd editon. John Wiley, New York, § 19.2, § 19.3 (1982).

[26] G. Hasson, C. Goux, G. R. Acad, *Sci. Paris*, **271**, 1048 (1970).

[27] G. Hasson, C. Goux, *Scripta Met.*, **5**, 889 (1971).

[28] G. Hasson, C. Goux, *Scripta Met.*, **5**, 965 (1971).

[29] M. Weins, H. Gleiter, B. Chalmers, *J. Appl. Phys.*, **42**, 2639 (1971).

[30] L. E. Murr, G. I. Wang, R. W. Horyler, *Acta Met.*, **21**, 595 (1973).

[31] H. Gleiter, *Z. Metallk.*, **61**, 282 (1970).

[32] J. W. Rutter, K. T. Aust, Cf. P. H. Punphrey, Grain Boundary Structure and Properties, eds. G. A. Chadwick and D. A. Smith, Academic Press, London, 152 (1976).

[33] G. Dimou, K. T. Aust, *Acta Met.*, **22**, 27 (1974).

[34] M. McLean, *J. Mat. Sci.*, **8**, 571 (1973).

[35] T. Scholer, R. W. Balluffi, *Phil. Mag.*, **21**, 109 (1970); S. E. Babcock, R. Ballufffi, *Phil. Mag.*, **A 55**, 643 (1987); E. P. Kvam, R. W. Balluffi, *Phil. Mag.*, **A 56**, 137 (1987).

[36] A. Seeger, G. Schottky, *Acta Met.*, **7**, 495 (1959).

[37] J. – Y. Boos, C. Goux, C. R. Acad, *Sci. Paris*, **271**, 978 (1970).

[38] P. H. Pumphrey, Grain Boundary Structure and Properties, eds. G. A. Chadwick and D. A. Smith, Academic Press London, chap. 5 (1976).

[39] T. Johannesson and A. Thölén. *Phil. Mag.*, **21**, 1223 (1970).

[40] M. Gleiter, E. Hornbogen, G. Bäro, *Acta Met.*, **16**, 1953 (1968).

[41] T. Watanabe, S. Kimura, S. Karashima, *Phil. Mag.*, **A49**, 845 (1984).

[42] M. Bisconi, C. Goux, *Mem. Sci. Rev. Met.*, **65**, 167 (1968).

[43] P. Lagarde, Bisconi, *Can. Metals*, Q. 13, 245 (1974); *Mem. Sci. Rev. Metall.*, **71**, 121 (1974); *J. Phys. Paris*, **36**, C4 –297 (1975).

[44] T. Watanabe, M. Yamada, S. Shime, S. Karashima, *Phil. Mag.*, **A40**, 667 (1979).

[45] R. Monzen, K. Kitagawa, T. Mori, *Acta Metall. Mater.*, **37**, 1619 (1990). R. Monzen, Y. Sumi, K. Kitagawa, T. Mori, *Acta Metall. Mater.*, **38**, 2553 (1990).

[46] R. Monzen, Y. Sumi, *Phil. Mag.*, **A70**, 905 (1994).

[47] R . Monzen, M. Futakuchi, K. Kitagawa, T. Mori., *Acta Metall. Mater.*, **41**, 1643 (1993); R. Monzen, M. Futakuchi, T. Suzuki, *Scripta Metall. Mater.*, **32**, 1277 (1995).

[48] R. Monzen, T. Suzuki, *Phil. Mag. Lett.*, **74**, 9 (1996).

[49] R. Monzen, N. Takada, *Materials Trans. JIM*, **38**, 978 (1997).

[50] M. Kato, T. Mori, *Phil. Mag.*, **A68**, 939 (1993).

[51] T. Mori, M. Miura, T. Tokita, J. Hajl, M. Kato, *Phil. Mag. Lett.*, **58**, 11 (1988).

[52] S. Onaka, M. Kato, T. Mori, *Metall. Trans.*, **A17**, 1949 (1986).

[53] W. C. Overton, J. Gaffney, *Phys. Rev.*, **98**, 969 (1955).

[54] Y. A. Chang, L. Himmel, *J. Appl. Phys.*, **37**, 3567 (1955).

[55] 关幸生、葛庭燧，金属学报，**29**, A335 (1993).

[56] X. S. Guan (关幸生), T. S. Kê, *J. Alloys and Compunds*, **211/212**, 480 (1994).

[57] L. X. Yuan (袁立曦), T. S. Kê, *Phys. Stat. Sol.* (a), **154**, 573 (1996).

[58] G. Ferran, R. D. Doherty, R. W. Cahn, *Acta Met.*, **19**, 1919 (1971).

[59] A. Dunn, *J. Inst. Metals*, **95**, 319 (1967).

[60] P. Chaudhari, J. W. Matthews, *Appl. Phys. Col.*, **17**, 115 (1970).

[61] Y. Ishida, D. A. Smith, *Scripta Met.*, **8**, 293 (1974).

[62] Y. Ishida, *J. Mat. Sci.*, **7**, 75 (1972).

[63] P. R. Howell, L. T. Kilvington, A. Willoughby, B. Ralph, *J. Mat. Sci.*, **9**, 1823 (1974).

[64] M. Kronberg, F. H. Wilson, *Trans. AIME*, **185**, 501 (1949).

[65] H. Yoshida, B. Liebmann, K. Lücke, *Acta Met.*, **7**, 51 (1959).

[66] B. Liebmann, K. Lücke, *J. Metals*, **8**, 1413 (1969).

[67] J. W. Rutter, K. T. Aust, *Acta Met.*, **13**, 181 (1965).

[68] T. Watanabe, N. Yoshikawa, S. Karashima, Japan Iron and Steel Inst., **1**, 609 (1981).

[69] A. Berger, P. J. Wilbrandt, P. Haasen, *Acta Met.*, **31**, 1433 (1983).

［70］ L. C. Lim, R. Raj, *Acta Met.*, **32**, 1177 (1984).

［71］ C. Fontaine, A. Rocher, *J. Microscopy*, **118**, 105 (1980).

［72］ T. Watanabe, *J. de Physique*, **46**, C4-555 (1985).

［73］ M. W. Grabski, *J. de Physique*, **46**, C4-567 (1985).

［74］ T. Watanabe, M. Tanaka, S. Karashima, Embritlement. by Liquid and Solid Metals, ed. M. H. Kamder, AIME, Warrendal, 183 (1984).

［75］ 张立德，内耗与超声衰减，第二次全国固体内耗与超声衰减学术会议论文集（合肥），葛庭燧、张立德等编著，原子能出版社，23 (1989).

［76］ 张立德、吴晓平，内耗与超声衰减，第三次全国固体内耗与超声衰减学术会议论文集（南京），王业宁、沈惠敏、朱劲松等编著，原子能出版社，11 (1992).

第九章 晶界位错与晶界弛豫

§9.1 晶界的位错模型

9.1.1 述引

　　本书的主要目的是介绍晶界的滞弹性弛豫行为及其与晶界结构的关系，并进而从合乎实验事实的晶界弛豫机制推知关于晶界结构的具体信息．在外加切应力的作用下，晶界的滞弹性滑动所引起的应力不协调需要通过一定的方式（即应力弛豫）来调节．在第七章里已经介绍了弹性调节，扩散调节和范性调节的概貌．各种调节方式的运行与外加应力的大小和温度的高低有关，也决定于晶界的具体结构．过去的实验表明，晶界虽然表现黏滞性质，但是它的结构与液体或非晶态不同，是不均匀的，具有好区和坏区，而晶界的黏滞滑动是在坏区里进行的．关于坏区的构成，在早期提出的有小岛模型[1]，无序原子群模型[2]和线缺陷模型（包括晶界台阶和位错）[3,4]．按照后一个模型，晶界台阶的运动引起晶界迁动，而引起晶界滑动的则是位错的运动（见 8.3.2 节）．为了阐明晶界滑动的具体机制，在本章里将着重讨论晶界的位错结构及其与晶界弛豫的联系．

9.1.2 晶界位错的类型

　　许多研究工作者用已知的分立位错的性质来推导晶界的性质．这包括推导晶界的能量，弹性应力和应变场，扩散系数，作为点缺陷的源和宿的效率，偏析动力学，迁动，滑动和内耗．1934 年，G. I. Taylor 计算了形成一个小角对称倾斜晶界的刃型位错列阵的弹性位移和应力场．1940 年，J. M. Burgers 提出由两组刃型位错可以构成一个不对称倾斜晶界，也可由两套螺型位错格子的相对转动来构成扭转晶界．1947 年，W. G. Burgers 用位错的语言描述大角晶界，但是也认识到这方面的应用是有限的，因为这时的位错之间太密接．

　　1950 年，Read 和 Shockley[5] 考虑由一个点阵位错列阵所组成的小角晶界的能量，得到一个作为取向差 θ 的函数的能量 σ 的公式，$\sigma(\theta) = \sigma_0\theta(A - \ln\theta)$（见 8.5.2 节）．虽然这个公式是针对着小角晶界的（即 $\theta \leqslant 15°$），但作者们也谈到大角晶界的结构和能量．他们体会到这个公式只适用于晶界中的位错是均匀分布的情形，这只有当位错之间的隔距是某些点阵间距的整数倍的特殊情形下才是可能的. 他们认为, 在普遍情形下位错隔距所出现的不均匀性是由于在均匀隔距位错的列阵上叠加了一种微扰. 可把这种微扰看做是具有较小的柏氏矢量的另一个位错列阵. 因此, 在周期性晶界的能量与取向差的关系曲线上出现一些附加的微弱凹点.

应当指出, 位错模型所讨论的晶界一般是不存在长程应力的晶界. 在这种情况下, 晶界中的位错含量才能够由纯粹的几何学条件来确定. 从物理图像的角度来看小角晶界的位错模型, 可以认为, 在晶界面附近, 原子偏离了原先的点阵位置. 这种失调经过原子弛豫集中表现为一系列的晶界位错, 而其间是匹配得较好的区域. 这种位错叫做初级位错, 其柏氏矢量是参考点阵的点阵矢量. 在讨论晶体点阵位错时一般指的是孤立的 Volterra 位错, 它的柏氏矢量是点阵矢量, 与任何其他结构无关. 但是在讨论晶界位错模型时所说的晶界位错与此不同. 晶界位错列阵的存在改变了两个邻接晶体之间原来依据某一参考结构所建立起来的关于方向和位移关系, 因而列阵中的位错的柏氏矢量应当根据柏氏回路来加以界定. 这样才能够由晶界位错的柏氏矢量间距和取向来描述邻接晶体之间在方向上和在位移上的关系.

当两个邻接晶体的取向差增加时, 晶界位错的间距减小, 从而逐渐失去其分立性, 因而小角晶界的初级晶界模型不适用于大角晶界. 但是小角晶界模型的物理图像却能够帮助我们对于近代的大角晶界位错模型里的 DSC 位错有较为直观的了解.

根据 8.4.2 节关于重位晶界的介绍, 当点阵 I 和 II 处于出现重位点阵的相对取向时, 在重位点阵中把点阵 I 和 II 分隔开的一个低指数的晶体学界面 (见图 8.8) 上就含有许多重位点. 界面上的参量 Σ 与构想的重位点阵三维空间的 Σ 等同. 重位界面就是 CSL 中的一个有理指数面 (晶体学面), 在面上的重位点的排列构成一个二维网络, 这就表现了重位晶界的二维周期性. 重位点阵上的原子布置很有规律性, 因而界面能较低, 这类似于小角晶界模型里的匹配得较好的区域. 当取向差对于这种准确的取向差有微小的偏离时, 可以模仿上面处理小角晶界时引入初级位错那样, 把这种接近重位取向所形成的近重位晶界看做是在完整重位晶界上叠加一个适当的次级位错网络. 这个次级位错网络的柏氏矢量不是点阵 I 和 II 的点阵矢量而是 DSC 点阵的点阵矢量, 由于 DSC 的点阵矢量与 DSC 位错的柏氏矢量一致, 所以把相关的位错叫做 DSC 位错.

从结晶学上看, DSC 位错存在的理由是: 当两块晶体接合时, 邻接晶体点阵的平移对称性被破坏, 在界面处产生空隙或材料的交叠, 引起不协调. DSC 位移可以经由滑移与攀移的组合而沿着晶界移动, 从而清除这种失调. 只有晶界面是充分协调时才不会在两个邻接晶体中引起远程应力.

　　近来, Olson 和 Cohen[6] 以及 Bennet[7] 提出来用具有符号相反和不同分布的柏氏矢量密度的两个位错列阵来描述晶界应力场的情况. 可把一个列阵看做是产生应力的位错列阵, 而另一个则是消除应力的位错列阵. 可把这两个位错列阵的柏氏矢量密度的相消的不同程度来模拟取向不同或者经过一定的转换操作的两个晶体的平行表面结合到一起时所产生的应力场.

　　作为例子, 可以选择一个双晶体结构作为起始参考结构来说明这个问题. 这个双晶体含有一个短周期 [001] 倾斜晶界, 两个邻接晶体的取向差 (36.9°) 产生了 $\Sigma 5$ 重位点阵和相对应的 DSC 点阵. 现在绕着 [001] 轴对这个双晶试样施加一个小的倾斜转动 $\Delta\theta$ 以产生一个偏离 $\Sigma 5$ 的 CSL 的晶界. 可以假想着首先把参考双晶体夹住, 并且令它作弹性弯曲, 把取向差角增加 $\Delta\theta$. 这样就可以用沿着晶界的一组连续分布的应力产生位错来模拟双晶体的弹性应力场. 应力产生位错维持晶界两边的 DSC 点阵的连续性, 因而 DSC 点阵是现在情形下的参考点阵. 然后引入一组有一定分布的应力消除位错来消除双晶体的长程应力场. 这些应力消除位错的柏氏矢量是 DSC 点阵的点阵矢量, 因而常常把它们叫做 DSC 位错. 这些 DSC 位错重新排列进入晶界面使弹性能变为最小, 成为不含长程应力场的最后状态.

　　上面选择了一个双晶体作为参考结构. 如果选择一个单晶体作为参考结构, 则参考点阵就是相对应的晶体点阵. 图 9.1 [(a) ~ (d)] 示出形成一个不具有远程应力场的晶界的 4 个步骤. 当然也可把单晶体看做双晶体, 不过两块邻接晶体是相同的. 同样可把单晶体的点阵看做是双晶体的 DSC 点阵, 不过跨过晶界时晶界点阵并不发生变化. 从这种意义讲, 可认为单晶体参考结构和单晶体参考点阵是双晶体参考结构和 DSC 参考点阵的特殊情况. 因此, 所选的参考结构大多是一个双晶体, 从而相对应的参考点阵大多是一个 DSC 点阵.

　　应力产生位错维持了跨过界面的参考点阵的连续性, 就是说它们维持了界面的共格性. 按照 Olson-Cohen 的用语, 应力产生位错就是共格位错. 另外, 应力消除位错破坏了跨过界面的参考点阵的局域连续性, 就是说它们破坏了界面的局域共格性, 所以把它们叫做反共格位错.

　　用上述的概念和术语可以区分共格的、半共格的和非共格的界面. 跨过共格界面时, 所选定的任何参考点阵是连续的, 从而不存在反共格位错. 在非共格界面的极限情况, 沿着界面的任何地处的参考点阵的连续性全都被破坏. 当反共格位错的间距与位错芯区的宽度可比时就达到这个极限. 在半共格界面的情形, 反共格位错的间距大于它们的芯区宽度, 从而在相邻的反共格位错之间还有相当大的区域存在着受迫的弹性共格性.

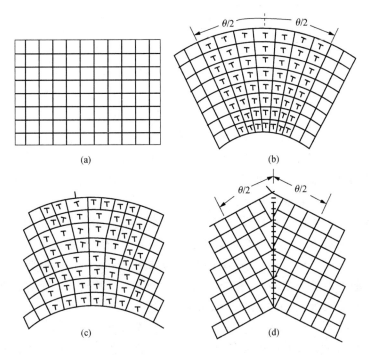

图 9.1 形成一个不具有远程应力的晶界的 4 个步骤. (a) 从一个简单参考点阵出发;(b) 经过弹
性弯曲而引入取向差 θ,用连续分布的应力产生位错来模拟长程应力场;(c) 引入应力消除位错,
其柏氏矢量密度消除了应力产生位错的柏氏矢量密度;(d) 晶界面内的位错经过重排以达到最低
的弹性能[8].

可以指出,具有一定程度的共格性的界面的运动将引起双晶体的宏观形状
的变化. 这是由于要维持跨过界面的共格区域的参考点阵的连续性. 反之,非
共格界面的运动并不引起这种变化.

界面中的内禀位错和外赋位错的概念是与应力产生位错和应力消除位错的
概念相联系的. 在没有外加约束的情况下,晶界不会具有长程应力场. 这可以
由应力消除位错和应力产生位错的柏氏矢量密度的恰好相抵消来达到. 这些位
错就组成界面的内禀位错含量. 外赋位错的概念是与晶体点阵位错进入原来并
没有长程应力的晶界相联系的. 把它叫做外赋位错是因为它不是内禀晶界位错
的一部分,而是从基体进入晶界的额外位错,它具有长程应力场. 但是一旦晶
界的取向差发生微小变化以后,它就成为内禀列阵的一部分. 取向差的微量变
化等价于应力产生位错的柏氏矢量密度的微小变化,这恰好抵消了由于位错加
入所引起来的应力消除位错的柏氏矢量密度的变化. 一旦发生这种情况,外赋
位错就成为内禀位错而它具有的长程应力场就被消除.

9.1.3 Frank-Bilby 方程和 Frank 公式

Frank-Bilby 方程是关于不存在远程应力场的平面界面里的位错含量的普遍公式. 1950 年，Frank[9] 提出了适用于（单相）对称晶界的方程，1955 年，Bilby[10] 把它推广到普遍的复相界面（相界）. 所处理的问题是推导用已知的仿射变换（affine transformation）把两个点阵联系起来时使这两个点阵在界面处协调地匹配到一起所必须出现的位错柏氏矢量密度. 一般来讲，当变换作用到一个点阵上时将在界面处产生交叠区域和/或空隙. 为了消除这种不协调，需要在界面里出现位错. 可以把这些位错看做应力消除者. 一旦这不协调被消除，则距界面较远处就不存在应力场.

Frank-Bilby 理论能够推导出与坐落在界面内的一个 p 矢量交割的应力消除者的净柏氏矢量 B，而应力产生者的总柏氏矢量含量恰好就是应力消除者的含量的负值. 可以采用 Burgers 回路的方法来推导 Frank 公式的主要结果. 考虑在一个平面界面处相遇的两个点阵，它们之间有一个取向差，把界面法线两边的点阵分别染成黑（b）的和白（w）的. 假设这两个点阵是由一个参考点阵经过仿射变换 S^b 和 S^w 而产生的. 在这两个点阵可由一个纯转动而联系起来的情形下，就如同立方晶体中的晶界的情形，所采用的参考点阵也可以是具有中间取向的相同点阵，即居间点阵. S^b 和 S^w 是点阵形变，用 3×3 矩阵表示，在立方晶体的晶界的情形下，它们一般是转动矩阵. 当矩阵 S^b 作用到参考点阵的一个矢量的各个分量上时，就把这些分量转换为黑点阵中的矢量的分量，S^w 矩阵也起着相对应的作用. 设令参考点阵以及黑和白点阵有一个共同原点 O. 不管黑和白点阵的任何相对位移，因为这对结果没有影响. 令 $OP = p$ 是躺在界面上任一个大的矢量，并且围绕着 p 在黑的和白的晶体点阵中作一个右旋柏氏回路 PA_1OA_2P［如图 9.2（a）所示］. 矢量 p 必须大于界面内的任何亚结构. 为了得到在参考点阵中所相对应的柏氏回路，我们把反变换 S^{b-1} 和 S^{w-1} 分别应用到上述回线的 PA_1O 和 OA_2O 部分上就得到参考点阵中的相对应的路径 $Q_1B_1OB_2Q_2$，如图 9.2（b）所示. 由此可见，这时在图 9.2（a）中原来闭合的柏氏回路现在变为不闭合的. 在参考点阵中的闭合差量 $Q_2Q_1 = OQ_1 - OQ_2 = (S^b - S^w) \, p$. 这就是柏氏回路所包围的与躺在界面上的矢量 p 交割的所有位错（应力消除者）的柏氏矢量的总和 B. 这就得出 Frank-Bilby 公式

$$B = (S^{b-1} - S^{w-1})p, \tag{9.1}$$

这个公式对于相界和晶界普遍适用. 要注意 B 是以参考点阵的坐标来表示的. 如果选择某一点阵例如黑点阵作为参考点阵，则

$$B = (E - S^{w-1})p, \tag{9.2}$$

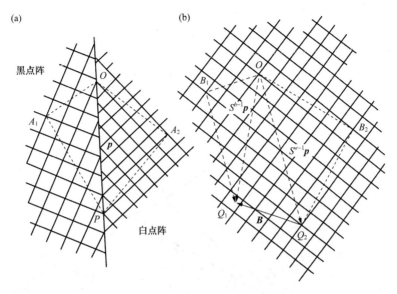

图 9.2　推导 Frank-Bilby 方程的柏氏回路. (a) 围绕着晶界矢量 $\boldsymbol{p}$ 所作的
右旋柏氏回路 PA_1OA_2P；(b) 在参考点阵中的相应的回路 $Q_1B_1OB_2Q_2$
出现了闭合差值 Q_2Q_1[11].

E 是恒等矩阵.

　　如果在界面里并不存在净位错矢量 $\boldsymbol{B}$，那就表示黑和白点阵只受到弹性应变从而使得矢量 $S^{b-1}\boldsymbol{p}$ 和 $S^{w-1}\boldsymbol{p}$ 排列得与 $\boldsymbol{p}$ 平行. 这样，界面就将成为一种受迫的弹性共格状态，从而将具有长程应力场. 前面曾把这种状态模拟为应力产生位错在界面里的均匀的连续分布. 应力产生位错列阵的柏氏矢量密度是 $\boldsymbol{B}$ 的负值，即 $-(S^{b-1}-S^{w-1})\boldsymbol{p}$. 在这种情况下，可以把界面想象成一个单独的实体，叫做面位错，用张量 β_{ij} 标定. 面位错的 β_{ij} 张量可与线位错的柏氏矢量作类比. 如果把线位错定义为把滑移面上的滑移量不同的二维地区隔开的不连续线，那就可以把面位错定义为把点阵形变不同的三维地区隔开的不连续面.

　　对于晶界来说，两个邻接晶体之间的关系是一种转动，从而可把 Frank-Bilby 方程中的 S^b 和 S^w 换为转动矩阵 R^b 和 R^w

$$B = (R^{b-1} - R^{w-1})\boldsymbol{p},\qquad(9.3)$$

R^b 对应着绕 ρ^b 轴转动 θ^b；R^w 对应着绕 ρ^w 轴转动 θ^w.

　　在三维空间的转动常用正交 3×3 矩阵来表示. 转动有 3 个自由度，两个与转动轴有关，一个与转动角有关. 因此应该可能用三维空间中的矢量来表示所有的转动. 现在考虑一个矢量 $\boldsymbol{r}$ 绕着 $\hat{\boldsymbol{\rho}}$ 轴沿顺时针指向转动 θ 角而达到新的位置 $\boldsymbol{r}'$，在图 9.3 中用 OP 表示 $\boldsymbol{r}$，用 OQ 表示 $\boldsymbol{r}'$，而 $\hat{\boldsymbol{\rho}}$ 是沿着 ON. ON 矢量等

于 $(\hat{\boldsymbol{\rho}} \cdot \boldsymbol{r}) \hat{\boldsymbol{\rho}}$. 图 9.4 是与转轴正交的平面中的各矢量的平面图. $NP = OP -$
$ON = \boldsymbol{r} - (\hat{\boldsymbol{\rho}} \cdot \boldsymbol{r}) \hat{\boldsymbol{\rho}} = \hat{\boldsymbol{\rho}} \times (\boldsymbol{r} \times \hat{\boldsymbol{\rho}})$，并且由于 NS 与 NQ 都与 ON 垂直，可见 NS
$= \hat{\boldsymbol{\rho}} \times \boldsymbol{r}$. 因此

$$NQ = \cos\theta[\boldsymbol{r} - (\hat{\boldsymbol{\rho}} \cdot \boldsymbol{r})\hat{\boldsymbol{\rho}}] + \sin\theta(\hat{\boldsymbol{\rho}} \times \boldsymbol{r}), \tag{9.4}$$

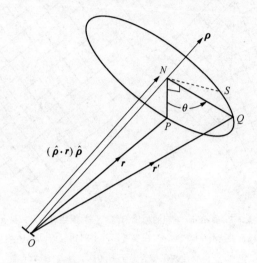

图 9.3　说明矢量 $\boldsymbol{r}$ 绕转轴 $\hat{\boldsymbol{\rho}}$ 转动 θ 角而成为 $\boldsymbol{r}'$ 的图[12].

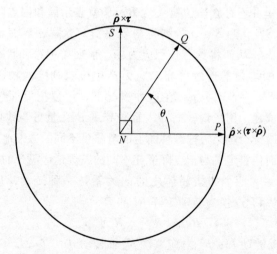

图 9.4　与图 9.3 中的转轴垂直的圆周的平面图.
矢量 $\boldsymbol{r}$ 和矢量 $\boldsymbol{r}'$ 分别与 P 和 Q 与圆周接触. θ 是转动角[12].

并且

$$\begin{aligned}
\boldsymbol{r}' = OQ &= ON + NQ + (\hat{\boldsymbol{\rho}} \cdot \boldsymbol{r})\hat{\boldsymbol{\rho}} \\
&+ \cos\theta[\boldsymbol{r} - (\hat{\boldsymbol{\rho}} \cdot \boldsymbol{r})\hat{\boldsymbol{\rho}}] + \sin\theta(\hat{\boldsymbol{\rho}} \times \boldsymbol{r}) \\
&= \boldsymbol{r}\cos\theta + \hat{\boldsymbol{\rho}}(\hat{\boldsymbol{\rho}} \cdot \boldsymbol{r})(1 - \cos\theta) + \sin\theta(\hat{\boldsymbol{\rho}} \times \boldsymbol{r}),
\end{aligned} \tag{9.5}$$

把 $\boldsymbol{r}$ 换为 $\boldsymbol{p}$，则 $\boldsymbol{r}' = R^{-1}\boldsymbol{P}$. 应用转动公式（9.5）得到

$$\begin{aligned}
\boldsymbol{B} = &\boldsymbol{p}(\cos\theta^b - \cos\theta^w) - \sin\theta^w(\boldsymbol{p} \times \hat{\boldsymbol{\rho}}^w) + \sin\theta^b(\boldsymbol{p} \times \hat{\boldsymbol{\rho}}^b) \\
&+ (1 - \cos\theta^b)(\hat{\boldsymbol{\rho}}^b \cdot \boldsymbol{p})\hat{\boldsymbol{\rho}}^b - (1 - \cos\theta^w)(\hat{\boldsymbol{\rho}}^w \cdot \boldsymbol{p})\hat{\boldsymbol{\rho}}^w.
\end{aligned} \tag{9.6}$$

Frank 指出，如果选用居间点阵作为参考点阵，则这个公式大大简化. 从居间点阵绕共同轴 $\boldsymbol{p}$ 向和反向转动相等角度 $\dfrac{\theta}{2}$ 就得到黑和白点阵. 令 $\hat{\boldsymbol{\rho}}^b \times \hat{\boldsymbol{\rho}}^w = \hat{\boldsymbol{\rho}}$，

$\theta^w = -\theta^b = \dfrac{\theta}{2}$，得出

$$B = 2\sin\left(\frac{\theta}{2}\right)(\boldsymbol{p} \times \hat{\boldsymbol{\rho}}), \tag{9.7}$$

这就是 Frank 公式. 当 $\boldsymbol{p}$ 在界面平面中的取向改变时，模长 $|\boldsymbol{B}|$ 一般也改变. 如果 γ 是 $\hat{\boldsymbol{\rho}}$ 和 $\boldsymbol{p}$ 之间的角度，则

$$|\boldsymbol{B}| = 2\sin\left(\frac{\theta}{2}\right)|\boldsymbol{p}|\sin\gamma, \tag{9.8}$$

$$\sin\gamma = \{\sin^2\mu\sin^2\varphi + \cos^2\varphi\}^{1/2}, \tag{9.9}$$

φ 是转轴 $\hat{\boldsymbol{\rho}}$ 与界面法线 $\hat{\boldsymbol{n}}$ 之间的角度，μ 是 $\hat{\boldsymbol{\rho}}$ 在界面上的投影与 $\boldsymbol{p}$ 之间的角度（见图 9.5）. 当 $\sin\mu = \pm 1$ 时得到 $|\boldsymbol{B}|$ 的最大值 $|\boldsymbol{B}|_{\max}$，即

$$|\boldsymbol{B}|_{\max} = 2\sin(\theta/2)|\boldsymbol{p}|. \tag{9.10}$$

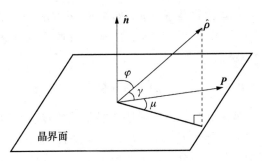

图 9.5　方程（9.8）和（9.9）中所用各项的说明[13].

当 $\sin\mu = 0$ 时得到 $|\boldsymbol{B}|$ 的最小值，即

$$|\boldsymbol{B}|_{\min} = 2\sin(\theta/2)|\boldsymbol{p}|\cos\varphi. \tag{9.11}$$

由方程（9.10）可见，$|\boldsymbol{B}|_{\max}$ 随着 θ 而单调增加. 对于纯倾斜晶界，$|\boldsymbol{B}|$ 在

零（当 p 沿转轴时）和 $|B|_{\max}$（当 p 与轴垂直时）之间变化. 对于扭转晶界, 在 p 的所有取向, $|B|$ 都等于 $|B|_{\max}$.

9.1.4　界面中的分立位错列阵的几何学

Frank-Bilby 理论提供了与界面中一个矢量 p 交割的应力消除位错的净的柏氏矢量密度 B 的表达式. 但是要把 B 分解为单独位错的净的柏氏矢量在几何学上并不是唯一的. 现在的问题是假定界面的两个邻接点阵之间的关系已经描述清楚, 并且这个界面没有长程应力, 要求用 i 个不相关的分立位错组来表示 B. 假定第 j 组的柏氏矢量是 b_j, 线矢量是 $\hat{\varepsilon}_j$, 间距是 d_j, 要求解决的问题是: 给定 j 组的柏氏矢量 b_j, 求 $\hat{\varepsilon}_j$ 和 d_j.

从 $B = (S^{b-1} - S^{w-1})p$ 出发, 要把 B 分解为柏氏矢量是参考点阵的点阵矢量（但不一定是初基矢量）的分立位错

$$B(p) = \sum_{j=1}^{i} C_j(p)b_j. \tag{9.12}$$

如果 $i > 3$, 则 b_1, b_2, b_3, $\cdots$, b_j 是线性相关的, 这将没有唯一的解. 在普遍的情形下, 需要有 3 个独立柏氏矢量, 如果小于 3 则只能描述某种特殊类型的界面. 现在按照方程（9.12）来讨论 B 的分解. 令 $\hat{n}$ 表示从白晶体指向黑晶体的界面法线. 令 N_j 表示躺在界面内的一个矢量, 它与位错的指向矢量 $\hat{\varepsilon}_j$ 垂直, 而位错的柏氏矢量是 b_j. 另外, N_j 的长度等于间距 d_j 的倒数. 这就得到

$$N_j = \frac{\hat{n} \times \hat{\varepsilon}_j}{d_j}. \tag{9.13}$$

与矢量 p 交割的位错数目是 $N_j \cdot p$. 如果 $p \times \hat{n}$ 具有一个沿着 $\hat{\varepsilon}_j$ 的正分量, 则被 p 交割的位错就算作对于 B 的正贡献. 由此可见方程（9.12）中的 $C_i(p)$ 等于 $N_j \cdot p$, 从而

$$B = \sum_{j=1}^{i} (N_i \cdot p)b_i = (S^{b-1} - S^{w-1})p. \tag{9.14}$$

对于晶界的特殊情况, 晶体点阵间的关系是纯粹转动. 如果选定居间点阵作为参考点阵, 则 $B = 2(p \times \hat{p})\sin(\theta/2)$, $\hat{p}$ 是转轴. 一般来讲, 需要 3 套独立的具有非共面柏氏矢量的分立位错才能够处理具有任意的几何参数的晶界的柏氏矢量的问题, 即 $i = 3$. 对于小角晶界, 一般选定居间点阵作为参考点阵. 这时的柏氏矢量 b_i 是晶体点阵的点阵矢量, 而分立位错是初级位错. θ 角是整个晶界的取向差. 对于大角晶界, 可以选定一个双晶体的 CSL 大角晶界作为参考结构, 并且把黑和白晶体点阵看成是在这个参考结构内从它们的取向正转和反转相同的角度而产生的. 这时的位错是次级位错, 其柏氏矢量是参考

晶界的 DSC 点阵的点阵矢量. θ 角是与大角晶界参考结构偏离的取向差. 因此

$$2\sin(\theta/2)(\boldsymbol{p} \times \hat{\boldsymbol{\rho}}) = \sum_{i=1}^{3}(\boldsymbol{N}_i \cdot \boldsymbol{p})\boldsymbol{b}_i, \tag{9.15}$$

而 $\boldsymbol{N}_j = \dfrac{\hat{\boldsymbol{n}} \times \hat{\boldsymbol{\varepsilon}}_j}{d_i}$，$\hat{\boldsymbol{n}}$ 是晶界法线，由白晶体指向黑晶体，$\boldsymbol{N}_j$ 是一个躺在晶界内的矢量，它与具有柏氏矢量 $\boldsymbol{b}_j$ 的位错的指向矢量 $\hat{\boldsymbol{\varepsilon}}_j$ 垂直，其长度等于间距 d_j 的倒数. 因此，被 $\boldsymbol{p}$ 所交割的位错数目是 $\boldsymbol{N} \cdot \boldsymbol{p}$. 如果 $\boldsymbol{p} \times \hat{\boldsymbol{n}}$ 沿 $\hat{\boldsymbol{\varepsilon}}_j$ 有一个正分量，则被 $\boldsymbol{p}$ 所交割的位错就算作对于 $\boldsymbol{B}$ 的正的贡献. 从而

$$C(p) = \boldsymbol{N} \cdot \boldsymbol{p}.$$

由此求得

$$\boldsymbol{N}_j = 2\{\hat{\boldsymbol{\rho}} \times \boldsymbol{b}_j^* - [\hat{\boldsymbol{n}}(\hat{\boldsymbol{\rho}} \times \hat{\boldsymbol{b}}_j)]\hat{\boldsymbol{n}}\}\sin(\theta/2), \tag{9.16}$$

$$d_j = \frac{1}{2\sin(\theta/2)\,|\,(\hat{\boldsymbol{\rho}} \times \boldsymbol{b}_j^*) \times \hat{\boldsymbol{n}}\,|}, \tag{9.17}$$

$\boldsymbol{b}_j^*$ 是一个倒易柏氏矢量，定义为 $\boldsymbol{b}_j^* = \dfrac{\boldsymbol{b}_2 \times \boldsymbol{b}_3}{\boldsymbol{b}_1 \cdot (\boldsymbol{b}_2 \times \boldsymbol{b}_3)}$. 所有的矢量都是按照居间点阵的坐标框架来表示的.

如果只有一套位错，柏氏矢量为 $\boldsymbol{b}$，则 Frank 公式变为

$$2(\boldsymbol{p} \times \hat{\boldsymbol{\rho}})\sin\frac{\theta}{2} = (\boldsymbol{N} \cdot \boldsymbol{p})\boldsymbol{b}. \tag{9.18}$$

因此，不管 $\boldsymbol{p}$ 在晶界面内的取向如何，$\boldsymbol{b}$ 总是与 $\boldsymbol{p}$ 和 $\hat{\boldsymbol{\rho}}$ 垂直，从而 $\boldsymbol{b}$ 必须垂直于晶界面，$\hat{\boldsymbol{\rho}}$ 必须躺在晶界面内，而这晶界是一个倾斜晶界. 如果 $\hat{\boldsymbol{n}}$ 是居间点阵的一个镜平面，则晶界是对称倾斜的，否则是不对称倾斜的. 令 $\boldsymbol{p}$ 与 $\hat{\boldsymbol{\xi}}$ 平行，$\hat{\boldsymbol{\xi}} \times \hat{\boldsymbol{\rho}} = 0$，所以位错线与转轴平行，

$$d = |\boldsymbol{b}|/2\sin(\theta/2). \tag{9.19}$$

如果是两组独立位错，则将形成两种类型的晶界，它们都满足下述的 Frank 公式

$$2(\boldsymbol{p} \times \hat{\boldsymbol{\rho}})\sin\frac{\theta}{2} = (\boldsymbol{N} \cdot \boldsymbol{p})\boldsymbol{b}_1 + (\boldsymbol{N}_2 \cdot \boldsymbol{p})\boldsymbol{b}_2. \tag{9.20}$$

用 $\boldsymbol{b}_1 \times \boldsymbol{b}_2$ 乘两端，得到

$$\boldsymbol{p} \cdot \hat{\boldsymbol{\rho}} \times (\boldsymbol{b}_1 \times \boldsymbol{b}_2) = 0, \tag{9.21}$$

（i）满足上述方程的第一种方式是 $\hat{\boldsymbol{\rho}} \times (\boldsymbol{b}_1 \times \boldsymbol{b}_2)$ 与 $\boldsymbol{p}$ 垂直. 因为对于躺在晶界面内的任何 $\boldsymbol{p}$ 必须如此，所以 $\hat{\boldsymbol{\rho}} \times (\boldsymbol{b}_1 \times \boldsymbol{b}_2)$ 必须与晶界法线平行. 因此 $\hat{\boldsymbol{\rho}}$ 和 $(\boldsymbol{b}_1 \times \boldsymbol{b}_2)$ 躺在晶界面内从而这晶界是非对称倾斜型的. $\hat{\boldsymbol{\xi}}_1$ 和 $\hat{\boldsymbol{\xi}}_2$ 与 $\hat{\boldsymbol{\rho}}$ 平行.

$$d_1 = \frac{(\boldsymbol{b}_2 \cdot \hat{\boldsymbol{n}})(\boldsymbol{b}_1 \times \hat{\boldsymbol{n}}) \cdot (\boldsymbol{b}_1 \times \boldsymbol{b}_2) - (\boldsymbol{b}_1 \cdot \hat{\boldsymbol{n}})(\boldsymbol{b}_2 \times \hat{\boldsymbol{n}}) \cdot (\boldsymbol{b}_1 \times \boldsymbol{b}_2)}{2\sin(\theta/2)(\boldsymbol{b}_1 \times \hat{\boldsymbol{n}}) \cdot (\boldsymbol{b}_1 \times \boldsymbol{b}_2)},$$

$$d_2 = \frac{(\boldsymbol{b}_1 \cdot \hat{\boldsymbol{n}})(\boldsymbol{b}_2 \times \hat{\boldsymbol{n}}) \cdot (\boldsymbol{b}_1 \times \boldsymbol{b}_2) - (\boldsymbol{b}_2 \cdot \hat{\boldsymbol{n}})(\boldsymbol{b}_2 \times \hat{\boldsymbol{n}}) \cdot (\boldsymbol{b}_1 \times \boldsymbol{b}_2)}{2\sin(\theta/2)(\boldsymbol{b}_1 \times \hat{\boldsymbol{n}}) \cdot (\boldsymbol{b}_1 \times \boldsymbol{b}_2)}.$$

$$(9.22)$$

（ii）满足上述方程的第二种形式是 $\hat{\boldsymbol{\rho}}$ 和 $(\boldsymbol{b}_1 \times \boldsymbol{b}_2)$ 平行. 由此得到 $\hat{\boldsymbol{\xi}}_1$ 和 $\hat{\boldsymbol{\xi}}_2$ 不平行, 位错在晶界面上形成一个栅网.

$$\boldsymbol{\xi}_1 = \frac{\boldsymbol{b}_2 \times \hat{\boldsymbol{n}}}{|\boldsymbol{b}_2 \times \hat{\boldsymbol{n}}|}, \quad \boldsymbol{\xi}_2 = \frac{\boldsymbol{b}_1 \times \hat{\boldsymbol{n}}}{|\boldsymbol{b}_1 \times \hat{\boldsymbol{n}}|}, \tag{9.23}$$

$$d_1 = \frac{|\boldsymbol{b}_1 \times \boldsymbol{b}_2|}{2\sin(\theta/2)|\boldsymbol{b}_2 \times \hat{\boldsymbol{n}}|}, \quad d_2 = \frac{|\boldsymbol{b}_1 \times \boldsymbol{b}_2|}{2\sin(\theta/2)|\boldsymbol{b}_1 \times \hat{\boldsymbol{n}}|}. \tag{9.24}$$

当 $\hat{\boldsymbol{n}}$ 与 $(\boldsymbol{b}_1 \times \boldsymbol{b}_2)$ 平行时得到一个纯粹扭转晶界, 因为这时 $\hat{\boldsymbol{\rho}}$ 与 $(\boldsymbol{b}_1 \times \boldsymbol{b}_2)$ 平行. 另外

$$N_1 = \frac{\boldsymbol{b}_2}{|\boldsymbol{b}_1 \times \boldsymbol{b}_2|} 2\sin(\theta/2), \quad N_2 = \frac{\boldsymbol{b}_1}{|\boldsymbol{b}_1 \times \boldsymbol{b}_2|} 2\sin(\theta/2). \tag{9.25}$$

具有任意 $\hat{\boldsymbol{n}}$ 的晶界的位错栅网正是纯扭转晶界的位错栅网在它上面的投影. 所有的这种类型的晶界的位错结构都仅只是由两组相交的位错组成的.

9.1.5　对于 Frank 方程和界面的位错含量的评论

Frank-Bilby 方程对于说明电镜在晶界特别是在相界上所观察到的线缺陷是很关键的. 但是这个理论有若干复杂的方面. 第一, 它是一个连续统理论. 因此, 对于一个特定的界面可以得出无限数目的位错描述. 一个经典例子是晶界的位错模型对于对称倾斜晶界的描述. 它的两个邻接晶体点阵之间的关系可以描述为:（i）围绕着在晶界面里的轴线的一种转动, 这是对于倾斜晶界的一般描述.（ii）在界面上的一个简单切变如形变孪晶的情况.（iii）围绕着界面法线的一种 180° 转动, 这时对应着一个 180° 扭转晶界. 图 9.6 表示这三种情况的示意图. 除此之外, 还有无限数目的其他种描述. 按照（i）, 所得出的在晶界里的晶体点阵位错合成含量是由一个单独的刃型位错列阵组成的, 其柏氏矢量与晶界面垂直. 按照（ii）, 由于两个晶体点阵在切变面（即界面）上是完全协调的, 所以在晶界里并没有合成位错含量. 按照（iii）, 这界面可描述为螺型位错的一密集网络, 形成一个 180° 扭转界面. 对于所有这些界面模型, 在界面完全弛豫以后所产生的原子结构相同. 这就是说, 最后的界面结构与从几何学上来产生这个界面所取的路径无关.

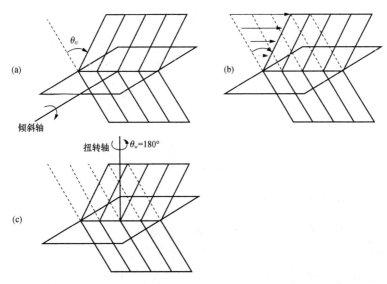

图 9.6　关于对称倾斜晶界的三种描述.（a）取向差为 θ_{ti} 的倾斜晶界；

（b）由于在晶界面上的简单切变所产生的形变孪晶间界；（c）180° 扭转晶界[14].

　　因此，现在面对着一个令人不满意的情况，即是否任何一个可能的位错描述在某种意义上胜过所有其他的描述？一种办法是把对应着最小的位错含量的描述作为最好的描述，因为这或许是最简单的. 按照这个准则，关于对称倾斜晶界的最佳描述将对应着在各种倾斜角时的位错含量为零的描述. 但是，关于小倾斜角的实验观察却观察到一列的奇异线，这些奇异线可以认定为与描述（i）相对应的点阵刃型位错. 描述（ii）不能说明这些奇异线的出现，而只有把它们的来源归因于晶界里的某种形式的局域弛豫.

　　应该指出，上面讨论的应力消除位错的含量时并未考虑位错之间的交互作用，而是假定位错都是直的，即便它们交割时也是如此，并且平行位错的间距是不变的. 前已指出，晶体点阵使平行位错的间距变为量子化的，因此，为了使得平均间距与理论所预期的相同，应该认为这间距是变化的. 当位错线交割时，它们发生交互作用并且或许形成新的位错网络. 显然把净柏氏矢量含量分解为分立位错的柏氏含量的描述不会是唯一的，而正确的描述是给出最低界面能那个描述.

　　位错彼此交割所引起的局域交互作用依赖于它们的自能和交互作用能，从而依赖于晶体结构和界面的特征. 倘若界面内的最后位错网络仍然满足 Frank-Bilby 方程，则界面就仍然没有长程应力场.

　　满足这种条件的一个可能措施是把一个平行位错列阵［具有柏氏矢量 **b**，

线方向 ξ 和 $N = (\hat{n} \times \hat{\xi})/d$] 分裂成两个位错列阵（具有柏氏矢量 b，线指向 $\hat{\xi}_1$ 和 $\hat{\xi}_2$ 和 $N_1 = (\hat{n} \times \hat{\xi}_1)/d$，$N_2 = (\hat{n} \times \hat{\xi}_2)/d)$，从而 $N = N_1 + N_2$. 任何的界面矢量 p 都得到 $(n \cdot p) b = (N_1 \cdot p) b + (N_2 \cdot p) b$，所以上述分裂的措施并不影响 Frank-Bilby 方程.

　　另一种措施是使位错网络重复地发生有规则的局域变化，从而位错的平均方向并不发生变化. 这种局域的重新排列并不改变界面内的大矢量 p 所交割的位错数目，从而仍然满足 Frank-Bilby 方程. 一个例子是菱形位错网络由于局域交互作用而产生一个六方网络的情况.

9.1.6　O 点阵与界面的位错结构

　　O 点阵是另一种广泛用来分析界面的位错结构的构作方法，它与 Frank-Bilby 理论虽然是独立发展的，但二者的联系极其密切，甚至于可把界定 O 点阵的方程看成是 Frank-Bilby 方程的一种量子化形式，其中的 B 和 p 矢量是分立的而不是连续的. O 点阵的基本原则是认为最佳的结构是产生在以两邻接晶体的重合点为中心的区域. 这重合点组成的点阵可以是点、线或平面点阵. 不管两个贯穿点阵的取向差如何，O 点阵总是存在的，而 CSL 点阵是在特殊的取向差才存在.

　　O 点阵的基础矢量随着取向差角 θ 而连续地变化. CSL 座位是内胞坐标 $(0, 0, 0)$ 的重位点阵座位，因而 CSL 座位也是 O 点，但并不是所有 O 点都是 CSL 座位. O 点是普遍化了的晶体点阵重合点. O 点阵依赖于描述两个晶体点阵之间的关系的变换 S^b 的选择，因为当选择另一个 S^b 时，则测量内部晶胞坐标所牵涉的单位晶胞即有所改变，而 CSL 和 DSC 点阵则不依赖于 S 的选择.

　　可以按下列程序构作一个平面，通过 O 点阵切割一个平面，然后分别在切面两边把黑和白晶座除去. 假设在界面里存在一个 O 元素（点，线或面），那么它就是一个"好匹配区"，意指着它在能量面上是有利的. 可把 O 点描述为在两晶体点阵间的几何对齐点. 在没有取向差的单晶的情况，任一点阵平面的"界面能"显然是零. 引入取向差或使一个点阵变形后，O 点的连续性（O 点遍布于整个晶体点阵，因为每点都有相同的内部晶胞坐标）被破坏，从而有了一个 O 点阵. 当取向差或形变小时，O 点阵是粗大的；当取向差或形变增加时，O 点阵变为较细小. 这似乎是自相矛盾的，因为这表示从一种完全匹配状态（单晶体）不连续地变化为远隔着的匹配区域状态（小取向差或小形变），而在较大取向差或形变时又变为匹配得较好的状态. 这个疑问的发生是由于忽略了界面内的弛豫. 在小取向差或形变时可以预期看到界面内的分立的点阵位错. 由于假定了 O 点与晶界内的好匹配区相联系, 那就预期在两个相继的位错之间出现一个 O 点. 因此, 沿界面内某一特定方向的位错平均间距应当对应着沿该方向的 O 点阵间距. 如果假定界面内的弛豫引入局域化位错, 那么在小取向差或形变时有被小区域所隔开的较好匹配的区域. 固然这时 O 点的间距较大, 但是已假定界面能主要是来自 O 点之间的较小的坏匹配区域. 把这个论点外推到较大的取向差或形变, 则得出界面能随着位错的平均间距的减小而增加, 这等于是 O 点阵间距的减小. 由此可见, 严格理解关于 O 点代表几何学对齐点或好匹配点的说法的意义是不重要的, 因为这只是意指着在各个 O 点之间有一种累积的不对齐, 并且假定这种不对齐集中到近乎位于 O 点间的中点的位错. 换句话说, 在物理学上有意义的是界面的位错含量, 而 O 点阵只是一种 "几何学的构作" 来得到这个结论.

现在考虑用单晶体作为参考结构的情况, 而界面的两个邻接晶体是黑的和白的晶体点阵但不一定是相同类型的. 为找出 O 点阵, 假想这两个晶体点阵是彼此穿透的. 用无限多的矢量集 $\{\boldsymbol{R}^w\}$ 来表示白点阵中的座位. 把白点阵作为参考点阵, 并且考虑一个坐标为 $\boldsymbol{r}^w$ 的任选点, 以白点阵的框架来表示. 用变换 $\boldsymbol{r}^b = S^b \boldsymbol{r}^w$ 把这个点的坐标转换为对应着黑点阵的坐标. 这样, 如果 $\boldsymbol{r}^b$ 和 $\boldsymbol{r}^w$ 具有相同的内胞坐标, 则这个点就是一个 O 点. 如果这是对的, 则 $\boldsymbol{r}^b$ 和 $\boldsymbol{r}^w + \boldsymbol{R}^w$ 也具有相同的内胞坐标. 因此, 作为一个 O 点的普遍条件是

$$\boldsymbol{r}^b = \boldsymbol{r}^w + \boldsymbol{R}^w,$$

其中

$$\boldsymbol{r}^b = S^b \boldsymbol{r}^w. \tag{9.26}$$

因此, $\boldsymbol{r}^b$ 是一个 O 点, $\boldsymbol{R}^0$. 图 9.7 说明方程 (9.26) 的意义. 从方程 (9.26) 消去 $\boldsymbol{r}^w$, 得出关于 O 点的显方程

$$(E - S^{b-1})^{-1} \boldsymbol{R}^0 = \boldsymbol{R}^w, \tag{9.27}$$

或

$$\boldsymbol{R}^0 = (E - S^{b-1})^{-1} \boldsymbol{R}^w, \tag{9.28}$$

用参考点阵 (白点阵) 的 3 个基矢逐次代替 $\boldsymbol{R}^w$, 则矩阵 $(E - S^{b-1})^{-1}$ 的行就是 O 点阵的相对应的基矢.

现在讨论 O 点阵与 Frank-Bilby 界面位错含量公式的关系.

后者是方程 (9.1)

$$\boldsymbol{B} = (S^{b-1} - S^{w-1}) \boldsymbol{p},$$

前者是方程 (9.27)

$$\boldsymbol{R}^w = (E - S^{b-1})^{-1} \boldsymbol{R}^0.$$

如果认同 $\boldsymbol{R}^0$ 和 $\boldsymbol{p}$, $\boldsymbol{B}$ 和 $-\boldsymbol{R}^w$, 则二者全同. 差别是连续变数 $\boldsymbol{p}$ 和 $\boldsymbol{B}$ 在 O 点阵

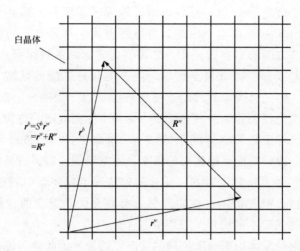

白晶体

$r^b = S^b r^w$
$= r^w + R^w$
$= R^0$

r^b

R^w

r^w

图 9.7　说明在推导 O 点阵方程 (9.26)，(9.27) 和 (9.28) 时的情况[15].

方程里被量子化，因为在 O 点阵处理当中已经考虑了黑和白晶体点阵的离散性质而在 Frank-Bilby 的处理中则否．Bollmann[16] 把 O 点阵方程 (9.28) 中所定出的这分立位错叫做初级位错．它们的柏氏矢量是两个邻接晶体的点阵矢量．

下面用双晶体作参考结构并且两个相关点阵是 DSC^w 和 DSC^b 点阵．这两个 DSC 点阵形成一个 O 点阵，有时叫做 O^2 点阵

$$(E - D^{b-1})R^0 = R^{\mathrm{DSC^w}}. \tag{9.29}$$

现在取 DSC^w 作为参考点阵，D^b 是从 DSC^w 点阵产生 DSC^b 点阵的变换．在 O^2 点阵的两个相继的 O 元素之间的位错具有 DSC^w 点阵的柏氏矢量，并且叫做次级位错．

O 点阵理论已经广泛地用来说明电镜在界面上所观察到的线缺陷衬度．初级和次级位错都已经得到认同和标定．考虑到这个理论的简单性和所包含的关于物理假设的令人不满之处，这个理论的成功值得注意．

这个理论的一个弱点当然是关于确定选择 S^b 的描述的物理假设．同样的问题也在 Frank-Bilby 理论中出现，那时我们认为确定最佳选择的方法是观察界面迁动时原子的运动．在 O 点阵的情形，认为关于 S^b（或 D^b）的恰当选择是能够最准确地描述引起具有柏氏矢量 R^w（或 $R^{\mathrm{DSC^w}}$）的位错网络的局域弛豫图样的那个描述．因此在小角晶界，将选定对于 S^b 的非定向描述，因为这能够最简单地描述在界面内的相继位错之间所发生的取向差的局域变化．如果选择这样一个不同的 S^b，则将导出一个不同的弛豫图样．对于金的小角晶界 (110) 扭转后观察结果指出[17]，要能够用 O 点阵构作来解释所观察到的位错

结构，只有假设联系两个晶体点阵的变换随着晶界面的位置变化而变化，即在有些区域是简单转动而在另一些区域是转动加平移. 这等于说实际的位错结构决定于界面能的最低化. 由于 O 点阵构作的性质是几何学的，它或许能够也或许不能够预言正确的结构.

9.1.7 晶界位错芯区的局域化

在前面的讨论里，晶界中的分立位错的柏氏矢量密度被认为是局域化在晶界面以内. 但是任何位错都具有一种倾向，使其柏氏矢量密度的分布不要局域化，以便减小弹性应变场的能量. 另一方面讲，位错芯区的扩展将破坏周围材料的结构并且倾向于提高系统的能量. 因此，位错的反局域化将进行到一定程度使两种相反的倾向得到平衡.

对于躺在晶界内的不离解的位错来说，倘若晶界对于与它平行的平移具有较低阻力的话，那么与晶界平行的柏氏矢量密度将优先在晶界内扩展，从而引起晶界的局部切变. 晶界对于这种破坏性的切变过程的平均阻力（展布于整个晶界面积）是由 γ 表面的斜率来度量的. γ 表面是表示晶界的基态能量作为外加的与晶界平行的刚体平移的函数的表面（Vitek[18]）. 对于具有周期性结构的晶界来说，γ 表面一般具有最大值和最小值，从而平移使晶界基态发生变化时要受到一定的阻力. 因此，躺在这样的晶界内的位错芯区仍要沿着与晶界平行的方向出现一定程度的局域化，局域化程度决定于 γ 表面的斜率.

在准周期性晶界的情形，γ 表面是较为平坦的，这时晶界从基态改变为平移态将没有阻力. 因此，在基态时，插入这种界面的位错，它的与晶界面平行的柏氏矢量密度将完全反局域化，所产生的应力和应变场都将消失. 但这只是就平均的阻力而言的，局域的阻力则在晶界各处有所不同. 因此，位错芯区的反局域化将遇到一个激活势垒，结果使局域化位错芯区仍然保持直到出现了充分的热激活，在高温下才能出现反局域化.

如果一个晶界全位错具有参考点阵的一个非初基点阵矢量的柏氏矢量，则它或许能够离解成为两个或多个具有较小的（初基）点阵矢量的晶界位错以减小弹性能.

与晶界面正交的柏氏矢量密度的局域化程度决定于作用在跨过晶面两岸的内聚力. 由于晶界是不容易开裂的，所以不管 γ 表面的形状是怎样，总会有一种力试图使正交的柏氏矢量密度局域化.

以此为根据，可以预期晶界位错芯区在基态的反局域化程度有很大的差别. 对于小角晶界里的间隔很大的点阵位错来说，这情况与孤立位错类似. 对于大角晶界来说，这变动就很大. 这决定于晶界有没有周期性，γ 表面的形状，以及控制晶界达到基态的程度的动力因素. 这些变动将与周围的应力和应变场的相对应的变动有关系.

上面说当温度提高时，准周期性晶界内的与晶界平行的柏氏矢量密度的局域化将减弱. 即便对于周期性晶界，局域化程度也将随着温度而变化，因为预期 γ 表面将随着温度而变化. 在一定的温度下，决定 γ 表面的是晶界的自由能而不是内能. 晶界的振动熵能够使得作用在材料上的原子间力变弱. 另外，金属中的晶界的原子周围的增强了的非谐性将导致热膨胀的增加，从而进一步使跨过晶界面的内聚力减弱. 在这种情形下，晶界的基态或许随着温度的变化而从支持与晶界平行的柏氏矢量密度的局域化变到不支持. 但是实验指出[19]，最低在铝的一些晶界范围内，γ 表面随着温度的变化并不足以导致重要的反局域化.

下面介绍两个能够用简单假设的力的定律对位错芯区进行离散处理的解析模型. 即经过修改的 Peierls-Nabarro[20] 模型和 van der Merwe 模型[21]. 这两个较现实的模型消除了在位错芯区的弹性奇点并且提供了关于芯区的局域化程度的信息. 另外，所得出的周围的应力和应变场的表达式与用弹性连续统近似法所得的有所不同，这两个模型的基本观点是允许位错芯区在一个非弹性平板内铺开. 这个平板的每边都与弹性连续体接合. 假定在这个非弹性平板内适用一个反映晶体点阵周期性的力学定律并且在小应变时这个定律与弹性常数相匹配. 非弹性区试图使芯区尽可能地局域化，而邻接的弹性连续体内的弹性应变能却要使芯区无限地宽. 当两力平衡时，芯区具有一定的宽度而奇点就被消除.

这两个模型的不足之处是很明显的，特别是弹性连续体过于接近位错芯区以及非弹性力学定律的不确定性，因而这模型只有定性的意义.

图 9.8 示出的是经过修改的 Peierls-Nabarro 模型用于倾斜晶界时的示意图[20]，这包含着一垛被非弹性平板（厚度为 d）隔开的弹性块（厚度为 D）. 假定位错在平板内是反局域化的. 模型的目的是推导位错芯区宽度随着晶界取向差的变化. 这个问题被简化为一块单独弹性体的上下表面分别发生位移 $u(x)$ 和 $-u(x)$（原点在弹性块的中点）后的平衡问题. 假设同样的回复力作用在每个非弹性板上，所得的结果表示位错芯区宽度随着位错间距的减小而减小，也就是随着取向差的增加而减小. 一个结论是：它预期使晶界通过位错滑移而移动所需的应力随着取向差的增加而增加.

当取向差超过几度时，在位错芯区之间没有足够的"好区"，从而 Peierls-Nabarro 模型不适用. van der Merwe[21] 模型可用来描述非胡克型弛豫主要是限制在晶界面以内的晶的情况，从而对大角晶界仍可应用. 图 9.9 示出的是这

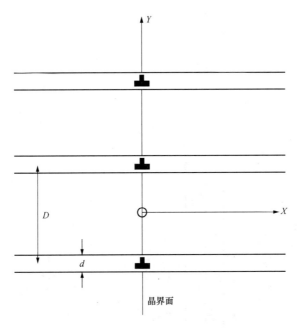

图 9.8　对称倾斜小角晶界的 Peierls-Nabarro 模型[20].

个模型用于对称倾斜晶界的示意图. 这包含着两个占据半个空间的弹性块被坐落在晶界面内的厚度为 d 的非弹性平板所隔开. 模型的目的是推导在晶界面内的芯区弛豫作为取向差角的函数. 它与 Peierls-Nabarro 模型的关键差别是作用在弹性块之间的回复力是拉伸力. 它也用一个正弦型力, 但是这个力实际上并不是两个半空间弹性块的相对隔距的周期函数. 由图 9.9 可见, 每个位错的压缩边的宽度大于拉伸边的宽度, 这是原子交互作用的非谐性所预期的.

　　当晶界取向差增加从而位错芯区彼此接近时, 下面一个位错的压缩场变得接近于它上面一个位错的拉伸场, 从而芯区变宽. 应当指出: 可以假定位错的柏氏矢量沿着 Y 方向, 从而位错可在晶界面内滑动, 不然只能在高温下进行攀移. 另外, 按照 van der Merwe 模型, 如取向差 θ 变得太大, 则位错之间的畸变场 (压缩场加拉伸场) 变宽, 从而系统能量增加, 这就意指着各个位错不能太接近. 因而即使 θ 再增加, 各个位错的芯区也不会过于交叠, 不会达到 Smoluchowski[22] 和 Li[23] 所描述的情况. 这就是无序原子群模型[2] 所要求的, 即大角晶界里也出现彼此分隔开来的好区 (准弹性区或重合区) 和坏区 (无序原子群或 DSC 位错网络区).

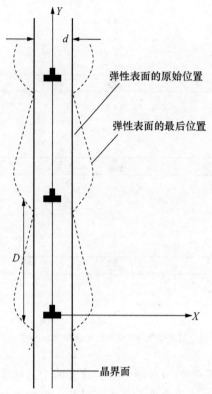

弹性表面的原始位置

弹性表面的最后位置

晶界面

图 9.9　对称倾斜晶界的 van der Merwe 模型. 破折线表示发生弹性弛豫后
邻接弹性连续体的表面的最后形状[21].

§9.2　晶界位错列阵的实验观察

9.2.1　述引

　　小角晶界的位错模型已经在理论上和实验上得到证实，但是大角晶界的问
题却很复杂. 首先，人们并不能从小角晶界的情形直接外推到大角晶界. 从
Frank-Bilby 方程和 Frank 公式虽然能够推知大角晶界的柏氏矢量合量，但这只
是从几何学的角度来考虑的，它的物理学意义并不清楚.

　　新近关于晶界位错的大量研究是关于 CSL 晶界模型的论证和引申所激发
的. 前已指出（第 8.4.2 节），CSL 晶界经过完全弛豫（刚体平移和原子弛
豫）达到平衡态后，原来的重合关系已经不复存在，但是所引起的变化可能
并不太大. 为了保持 CSL 模型的总的框架，可以假想把经过完全弛豫的 CSL
晶界看成是在晶界中出现了某种线缺陷（包括位错和晶界台阶），使得取向差

在一定程度上偏离了严格的 CSL 取向差. 因此, 对于近 CSL 晶界来说, 可以假想在 CSL 晶界中嵌入一个晶界位错列阵来调节实际的取向差与严格取向差之间的微小差值, 使晶界能保持最小值. 这种位错被称为次级晶界位错或失配位错 (misfit dislocation). 关于这种位错虽然有一些实验观测结果, 但是定量的实验证据并不多.

9.2.2　双晶试样的制备和电镜观察

关于次级晶界位错的实验观察大多是用高分辨透射电子显微术对于双晶中所含的晶界进行的. 所用的双晶试样一般是薄膜. 薄膜试样的制备对于获得可靠结果非常关键. Schober 和 Balluffi[24] 把具有严格控制的给定的取向差的两块 Au 单晶薄膜焊在一起后进行观察, 首先在盐岩衬底上用汽相外延技术生长出所欲取向的单晶 Au 膜, 然后把两块单晶膜面对面地焊在一起, 以产生含有一个晶界 (在焊面处) 的双晶薄膜. 用这项技术可得到任何类型的晶界.

Cosanday 和 Bauer[25] 制备金薄膜的手续是首先把两块 NaCl 仔晶围绕着共同 [100] 轴转动一个所欲的取向差角度并且用 Czochralski 技术从熔态生长出相对应的 NaCl 双晶. 然后在 NaCl 双晶的解理面 (100) 上用汽相淀积并且随后外延生长出一层银双晶薄膜. 用类似的汽相淀积和外延生长在银膜上产生金双晶薄膜. 这样就能够把邻接晶粒的确切取向差和晶界的主要特征例如优化倾角以及位错失配结构从衬底上传播到金膜上来. 用蒸馏水和稀硝酸分别把衬底 NaCl 和银膜溶化就得到约纳米级厚度的双晶金膜.

新近, Liu 和 Balluffi[26] 用类似的技术制备具有给定的几何学关系的横向对称 [001] 倾斜晶界的铝双晶膜. 首先用液相烧结法制备 NaCl 双晶衬底. 把两块具有一定的几何学关系的 NaCl 平板沿着一个预定的晶界在 750℃ 并掺杂微量 AgCl 的情况下压挤到一起. 起始时在晶界处形成的一层 AgCl 液体薄膜在 24h 退火以后消失. 把烧结成的 NaCl 双晶体冷却到室温. 沿着晶界的两个邻接晶体的共同 (001) 面 (同时也与转动轴 [001] 垂直) 把双晶体劈开. 然后用汽相外延技术在 350℃ 把一层铝双晶体膜淀积在 NaCl 衬底上. 图 9.10 示出的是制备双晶试样的装置外貌的示意图. 最后把 NaCl 衬底在水中溶化以产生一个自由的双晶铝膜.

在观察内禀的晶界位错时, 把所得的双晶膜立即放到电子显微镜栅板上, 用双倾斜台在斜入射的情况下进行观察. 在观察由于点阵位错的冲撞而在晶界中引入外赋位错时, 可用各种方式使试样发生范性变形, 这包括轧辗和人工压挤、弯曲和拉伸. 有时也用协变装置在电镜内进行原位变形.

透射电子显微术已广泛地应用来测定晶界的几何学参数和研究晶界的结构

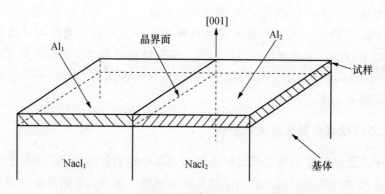

图 9.10 制备铝双晶膜试样装置的示意图[26].

缺陷, 所根据的主要手段是衍射像衬比技术. 任何能引起足够的不连续或原子面翘曲的位移场在衍射中都要引起像衬比的特征. 对于研究晶界位错来说, $\boldsymbol{g} \cdot \boldsymbol{b} = 0$ 技术被广泛用来研究位错的柏氏矢量. 在近 CSL 晶界的情形, 根据所测的微小偏离角与位错网络间距之间的关系式所推知的柏氏矢量 $\boldsymbol{b}$ 具有相当的准确度.

下面简单描述用电子显微术对于重位晶界和近重位晶界可能观察到的失配位错结构. 前已提出, 在构建一个重位晶界时, 晶界中有的原子将发生重叠, 因而需要对于所制备的双晶试样进行退火处理, 使它进行弛豫以后达到平衡结构 (低能结构). 可以认为这种弛豫包含着两个分量: 一个是两邻接晶体的相对的刚体平移, 另一个是晶界的单独原子的弛豫. 可用一组矢量来表示原子从它原来位置的位移. 因此, 总的位移场是二者之和. 这种弛豫使匹配得较好的区域 (重位区) 扩大, 但是却产生上述的位移场. 为了说明这种情况, 可用 fcc 结构的大角 (001) 扭转晶界作为例子. 绕着 [001] 轴转动 $\theta = 36.9°$ 时, 将产生一个坐落在重位点阵的一个密积面 (001) 上的重位扭转晶界, 在 5 个原子当中有一个重位原子 ($\sum = 5$). 这个匹配得较好的特殊晶界由于弛豫而产生的失配结构是原子尺寸的数量级, 从而透射电子显微技术是难以察觉的. 在形式上讲, 也可以引入极端稠密的位错网络 (初级晶界位错) 来描述这种经过弛豫而达到平衡态的特殊的重位晶界, 但是位错的应力场将在极小的距离内就彼此相消, 从而预期不会引起可查出的衍射衬比.

如果扭转角从临界角 $\theta = 36.9°$ 偏离一个小的增量 $\Delta\theta$, 则高密度重位状态被破坏, 从而跨过晶界的很好的匹配度显著减小. 但是 $\theta = 36.9°$ 晶界的较好的匹配特征可由于引入一个适当的分立的失配位错网络 (次级晶界位错) 来"吸收"由于 $\Delta\theta$ 扭动所引起的较小的失配. 这些位错的柏氏矢量显然必须是与 $\theta = 36.9°$ 晶界的特殊结构有关的位移矢量, 因而并不能是点阵矢量. 与小角度的与（001）平行的扭转晶界（$\sum = 1$）的情形作类比，可以看出这失配位错结构是由一套纯螺型位错的正交栅网组成的，其柏氏矢量 b 的一般形式是 $a/10 \langle 310 \rangle$，a 是点阵常数，而位错间距 d 可由 Frank 公式导出，即

$$d = |b| / 2\sin(\Delta\theta/2). \qquad (9.30)$$

当 $\Delta\theta$ 很小时，$d = b/\Delta\theta$.

　　上面讨论的是关于绕 [001] 轴的 （001） 扭转晶界当 $\sum = 5$（$\theta = 36.9°$）时的情形. 对于其他 $\sum$ 较高的重位扭转晶界 $\sum = 13$（$\theta = 22.6°$）和 $\sum = 17$（$\theta = 28.1°$），从晶界的对称性来看，失配位错的柏氏矢量是正交的，从而预期要出现正交的螺型位错栅网. 已经算出了失配位错间距 d 作为各种取向差 θ（$\sum \leq 25$）的函数，发现对应着各 $\sum$ 值出现了 $d - \theta$ 峰（见图 8.14）这表明 d 值随着失配角 $\Delta\theta$ 的增加而减小. 对应着更广义的 $\Delta\theta$ 值或许也出现失配结构，但是由于柏氏矢量和位错栅网的间距不断地减小，对于它们的察觉将越来越困难.

　　上面所讨论的只是半定量的方法，在定量的工作中关于像衬比的解释应该是把实验的显微照相图与用电子衍射动态理论进行的计算机模拟作比较.

9.2.3　晶界位错列阵的实验观察结果

　　Levy[27] 用籽晶法制备的 99.98% Al 双晶的 [001] 对称倾斜晶界的电镜观察工作是把所观察的晶界衬比归因于结构位错存在的早期报道. 但是他并没有说明观察到位错的特殊取向角. Ishida 等[28] 报道了用 Hitachi 高压电镜（50kV 和 1MV）对于冷加工随后在 850℃ 退火 30min 的 Fe-0.75% Mn 合金所进行的观察，发现位错间距随着晶界面的取向的不同而变化. 最系统的早期工作是 Schober 和 Balluffi[24] 在金双晶薄膜上进行的. 他们对于约 206 个具有给定的几何学关系的 （001） 扭转晶界进行了观察，取向差角包括了 $0° \leq \theta \leq 45°$ 的整个范围. 在产生各种高密度重位的取向差角 θ（$\theta = 0$，22.6°，28.1°和 36.9°）的附近发现了晶界失配螺型位错的正交栅网. 在每个 θ 附近所测得的栅网的几何学性质（栅网间隔，取向和位错衍射衬比）都与假定晶界结构是由失配位错栅网嵌入高密度重位晶界里所组成的预期相合. 他们认为，在各个 θ 之间的取向差范围内之所以未观察到位错结构，可能是部分地由于柏氏矢量和栅网间距都很小，从而位错引起的衍射衬比太弱察觉不出来. 关于能够引起可察觉的衍射衬比的位错间距 d 的最低极限已在 8.5.2 节（图 8.14）进行讨论.

　　Schober 和 Balluffi[29] 随后在小角和大角（001）Au 扭转晶界观察到外赋的晶界位错. 这种位错与作为晶界的结构位错的内禀晶界位错不同，因为它们并不是晶界的平衡结构所必须的，而是在试样制备过程由于各种原因而引入晶界

的. 它们的柏氏矢量是点阵矢量 $\pm a/2$ $[10\bar{1}]$, $\pm a/2$ $[101]$, $\pm a/2$ $[01\bar{1}]$ 或 $\pm a/2$ $[011]$. 它们随后与扭转晶界中的内禀的失配螺型晶界位错发生交互作用, 在许多情况下基本上消除了外赋位错坐落在晶界面内的柏氏矢量内的分量而产生了几乎（或者确切）与晶界面垂直的具有 $a/2$ 大小的有效柏氏矢量.

Loberg 和 Norden[30] 认为 Schober 和 Balluffi 所提出的对于 CSL 理论的强烈的证据在于所得结果的连贯性, 而不是对于每个晶界的分析. 在实验里, 两晶粒间的取向差是从衬底的宏观取向测定的, 而局域的扭转角则由衍射图样的选定区域得到. 这二者都具有约 $\pm 1°$ 的估计误差, 这个误差只略小于能够观察到位错的对于确切 CSL 位置的最大取向差偏离. 另外, 由于两个薄膜的取向的区域变化, 要得到各种双光束条件是困难的, 而且还由于薄膜中的孪晶生长而出现双衍射现象和额外图样. 因此, 关于柏氏矢量的推导是较多地根据结果的连贯性而不是根据对于网络的暗场分析的测量结果.

Cosanday 和 Bauer[25] 用高分辨透射显微镜观察了金的双晶薄膜中的 $[001]$ 倾斜晶界, 所对应的取向差角从 5° 到 39°, 这包括小角, 大角和重位晶界. 用明视场和点阵象条纹技术进行观察. 试样制备技术已见前. 实验结果指出, 这种晶界的组成包括: （i）一个有规则的初级弛豫（初级位错）阵列, 其平均间距等同于 O 点阵; （ii）一个间距较大的次级位错列阵, 使得对于确切重合取向的微小偏离得到调节.

前已指出 (8.4.2 节), O 点阵与 CSL 点阵不同, 它对于各种取向差都存在, O 点阵的阵点是代表两个邻接晶粒在晶界处达到最好的原子匹配的区域. 因而, 对于对称晶界来说, 它按照下面的表达位错间距 d 的理论公式（Frank 公式）而随着取向差 θ 发生连续的变化

$$d/b = [2\sin(\theta/2)]^{-1}, \tag{9.31}$$

其中的 b 为柏氏矢量, 对于对称的 $\langle 110 \rangle$ 晶界是 $(a/2)\langle 110 \rangle$, 对于对称的 $\langle 100 \rangle$ 间界是 $(a)\langle 100 \rangle$. 应该强调的是, 对于每个取向差都存在无限个 O 点阵, 这决定于把两个邻接晶粒联系起来时所选择的变换以及柏氏矢量. 具有物理现实意义的 O 点阵是, 它所对应的晶界位错密度最小, 或者倒转过来说, 是沿着所考虑的方向的 O 点之间的距离最大. 在每个 O 阵点附近发生的点阵弛豫叫做初级弛豫, 与这种弛豫相联系的位错叫做初级位错.

前面指出 (8.4.3 节), DSC 点阵是能够保持两个互相贯穿的点阵的总体图样不变的平移矢量的集合. 这些矢量对应着能够调节或容纳对于确切重合取向的微小偏离的次级位错的矢量. 对于对称晶界来说, 如果把方程 (9.31) 里的 θ 换为与确切重位取向的偏离角 $\Delta\theta$, 并把 b 对应着次级位错的柏氏矢量, 则这些次级位错的间距随着 $\Delta\theta$ 的变化也满足方程 (9.31). 与这些次级位错

相联系的点阵弛豫叫做次级弛豫.

实验结果与方程（9.31）的紧密联系指出，在全部取向差范围的 Au [001] 倾斜晶界中的周期性初级弛豫都发生在 O 阵点之间. 已经有人用电子衍射观察到在全部取向差范围的 Au 的 [001] 扭转晶界中的 O 阵点附近的初级弛豫[31]. 由此可见，邻近 O 阵点的初级弛豫是所有的晶界的特征，与取向差和晶界面倾角无关. 固然有几种原因可以引起次级的周期性应变衬比图样. 例如，(i) 由于意外的变形而引入晶界的外赋点阵位错；(ii) 把晶界的小片段隔开的微观台阶；(iii) 调节或容纳偏离完善重合的内禀位错. 但是次级应变衬比图样的规律性以及它只在低 Σ 值的晶界出现，表明这衬比是平衡结构所引起的而不是来源于外赋的结构. 另外，理论预期与实验结果的强烈联系都表明次级周期性应变衬比图样与次级位错相关. 再者，本实验首次在接近确切重合取向的晶界中同时观察到初级和次级弛豫.

新近，Liu 和 Balluffi[26] 用透射电镜术研究了 Al 双晶中的对称 [001] 倾斜晶界，认为 Σ1，Σ5 和 Σ13 的晶界结构分别由柏氏矢量为 $b = \langle 100 \rangle$ 或 1/2 $\langle 100 \rangle$，1/10 $\langle 310 \rangle$ 和 1/26 $\langle 510 \rangle$ 的内禀的平直刃型位错簇组成. 每种情况的晶界位错都具有与晶界垂直的最小的全柏氏矢量，这与计算机模拟所预期的相合. 但是构成近 Σ1 {100} 晶界 ($\theta = 5.25°$) 的 $b = \langle 100 \rangle$ 位错是平直的并不像 Au 的情况那样由于离解为不全位错和出现层错而成为锯齿状，这显然是由于 Al 的层错能较高. 对于近 Σ1 {110} 晶界 ($\theta = 5.25°$) 也观察到这种情况. 另外，对于近 Σ1 {100} 和近 Σ13 {510} 晶界观察到由于外赋的点阵位错与内禀的晶界位错叠加而形成的晶界结构. 认为这是点阵位错通过一系列反应而离解为具有与晶界 DSC 点阵相对应的矢量从而随后以各种方式与内禀点阵发生交互作用.

关于单相和多相界面的位错列阵的室温透射电镜观察很多，上面只是举出若干个典型例子. 虽然有大量的实验结果，但是只有少数事例能够从像衬比来肯定地认知位错的柏氏矢量. 用 $g \cdot b = 0$ 这个准则来确定界面位错的柏氏矢量所要求满足的条件较之应用于基体中的位错有更多的限制. 常常从测量设定的取向差和位错间距来推知位错的柏氏矢量（见图 8.14）. 在一般情况下，只能查知分隔得较远的位错，但是改变取像条件，也能够查知较小的另外的位错网络. Kvam 和 Balluffi[32] 观察了大量的金膜的对称 [001] 倾斜晶界，一直到 90° 取向差，在整个范围内都查知类似位错的应变衬比. 这表明，对于所有的取向差都有一种力作用到晶界，把 Frank-Bilby 方程的柏氏矢量密度局域化成为分立位错.

Kvam 和 Balluffi[32] 从一个高倾斜角（几乎是沿边的）在电镜中对于金的

近 $\sum 13$（320）对称倾斜晶界（取向差 21.7°，与 $\sum = 13$ 的差别小于 1°）进行观察，发现了两个尺度的应变衬比. 较细的衬比是由于 1/2［110］刃型位错，测得的位错间距是 0.77nm，而从 Frank 公式所预期的间距是 0.75nm. 尺度较粗的衬比是由于 1/13［320］位错列阵，这是 $\sum 13$ 重位点阵的 DSC 位错. 测得的和理论预期的间距分别是 7nm 和 7.1nm.

对于在 hcp 晶体之间所形成的晶界，选定适当的参考结构更为复杂. 一般来讲，由于 $(c/a)^2$ 并不是一个有理分数，所以在 hcp 晶体中的 CSL 是很稀少的. 在这种情形下只能应用近 CSL 模型，把 $(c/a)^2$ 的实际值近似为一个有理近似值. 这就需要引入应力消除位错来调节实际值与有理近似值的歧离以及晶界的取向差对于受约束的 CSL 的取向差关系的歧离. 这说明选择一个适当的参考结构来说明所观察的衬度形貌是很困难的.

Hsieh 和 Balluffi[33]进行了关于初基次级界面位错的芯区在高温下是否发生广泛的反局域化的实验. 实验设计是跟踪试样在电子显微镜里加热时位错列阵的应变衬比的变化. 对于铝的实验指出，直到材料熔点 96% 的温度时，位错应变场的局域化仍然足以在电子显微镜里产生线衬比特征. 他们制备了接近（310），（410）和（510）对称倾斜取向的双晶体以及 $\theta = 45°$ 的 〈100〉 倾斜晶界和 $\theta = 45°$ 的 ｛100｝ 扭转晶界. 前三种晶界接近于在晶界面上具有二维周期性的取向差. 45°扭转晶界的晶界面上没有周期性. 在所有的情形下，在高达 0.96 熔点温度都在这些晶界里看到位错列阵. 这意指着位错芯区仍然保持着充分程度的局域化，从而是与位错相关的弹性应变场在显微镜里产生衬比. 果真如此，就不应出现内耗，这可由内耗实验来验证.

§9.3 晶界位错的运动

9.3.1 述引

晶界运动一般指的是晶界对于它所邻接的晶体点阵的运动. 在有的情况下，两个晶体发生相对移动. 晶界的运动可由安放在两个邻接晶粒内的准标所发生的位置变化而测定出来. 现在考虑的情况是晶界在运动当中从整体上看并没有净值长程扩散流进入晶界或从晶界发出，因而晶界的运动是保守的.

在晶界的保守运动中所发生的晶界中的原子转移根据晶界类型的不同而有各种机制. 这包括在半共格晶界中的晶界位错的滑移和攀移，以及在非共格（不相干的）晶界中的不相关的无规的原子重组（shuffling）. 另外，有些机制需要不同程度的热激活，从而所有这些因素的联合使得这些机制所引起的不同类型的晶界的运动具有十分不同的物理特征.

9.3.2 晶界位错的簇滑运动

可把小角晶界看成一个半共格面，由一些被位错隔开的共格小区构成．这些位错破坏了参考点阵（晶体点阵）的连续性．在有些情况下，这种晶界能够被迫以纯滑移的方式而运动，即完全靠着所含位错的同时滑移而前进．最简单的例子是对称倾斜晶界，它包含着大量的非共格初级位错．当含有这种晶界的双晶试样受到切应力 τ 的作用时，每个初级位错都受到一个力 $F = \tau b$，使它在它的滑移面上向前滑移．加到晶界上的总力是加到各个位错上的力的总和．由于位错之间的隔距是 $d = b/\theta$，所以总压力（每单位面积上的力）是 $p = \tau b/d$ $= \tau \theta$．这个压力使晶界由于它所有的位错的同时滑移而向前移动，但是并不改变位错的局域分布．这就表现为晶界面在双晶试样中的一个位置移动到另一个位置．

实验上已经观察到这种类型的运动．锌[34]和铝[35]双晶中的小角倾斜间界由于施加切应力而被迫以滑移方式向前移动．但是，虽然这些实验中的晶界运动的基本机制是刃型位错的向前滑移运动，但是运动动力学却是温度和应力的很复杂的函数．在低温，锌双晶中的晶界可在一个相关的应力的作用下被迫移动，但是如要诱发连续运动则需要不断增加应力．在高温下，锌和铝在恒应力下都能持续稳态运动，但是这运动是热激活的，热激活能接近点阵自扩散能．当然，间界在移动时会遇到障碍，例如其他的基体点阵位错，或者晶界中含有少数其他类型外来位错，这些位错要通过攀移才能继续移动．上述障碍的克服显然要经由充分高的外加应力或自扩散弛豫过程．

当晶界由几种不同类型的位错段的网络组成时，情况就极端复杂．各位错段在彼此不平行的滑移面上滑动时，晶界的任何向前移动将不可避免地包含着平衡晶界结构的破坏．

从拓扑学上讲，大角晶界也应该能够通过它们的初级位错的同时滑移和攀移而进行保守运动，正如同小角晶界那样．但是在一般情形下，大角晶界里的初级位错排得极其稠密，它们的同时簇滑将需要在相交滑移面上的滑移，导致相斥的交互作用，从而抑制任何的整体形状变化，这就使得通过初级晶界位错的同时簇移而发生的晶界移动遇到极大阻力．

在近奇异大角晶界这种半共格晶界的情形，由于它能够承担具有台阶特征的局域化次级位错，而这种线缺陷能在晶界面内簇滑，所以就可能出现要求较小压力的另一种晶界簇滑机制．这种位错沿着半共格晶界的大范围的侧面扫动将导致晶界的不均匀的向前移动．在这个过程中，线缺陷在晶界中提供了特殊的场所使得阵点（包括原子和空位）沿晶界转移时的能量增加较小于沿着未

被扰动的晶界进行滑移时的增加. 当线缺陷在晶界里簇滑时, 阵点的转移以相关联的方式在线缺陷处借助于区域的原子重组而进行, 从而使得晶界整体簇滑, 这种类型的运动的一个周知的例子是 fcc 体系中的大角奇异 $\sum 3$ $\{111\}$ 孪晶界的表现. 这个晶界能够承担局域化的外赋次级位错 $1/6$ $[11\bar{2}]$. 这个位错具有一个台阶 $h = 1/3$ $|\langle 111 \rangle|$ 和与晶界平行的柏氏矢量 $b = 1/6 \langle 112 \rangle$, 能够在晶界内簇滑. 因此这个位错沿着半共格晶界的运动使晶界前进 h, 并使上面晶体相对于下面的晶体移动 (切变) b.

在其他的奇异或近奇异大角晶界 (例如铝中的 $\sum 9, 11, 17$ 晶界和锌中的近重合 $\sum 15, 29$ 晶界) 中也出现这种主要由于具有台阶特征的外赋次级晶界位错在外加应力的作用下的簇滑而引起的晶界运动. 它们的运动是在外加切应力的作用下发生的. 实验上直接测得的晶界移动 M 与平行于晶界的切位移即晶界滑动 S 之比与从几何学上所要求的与位错相关的 h/b 之比相合. 所研究的大角对称倾斜晶界的向前移动都不是由于它们的初级刃型位错在所施加的切应力的作用下的同时簇滑. 这符合上面的预期即需要较高的切应力 (即较大的相应的加于晶界上的压力) 来驱使初级位错的同时向前运动. 显然地, 上述的外赋位错的侧向运动所导致的晶界对于外加切应力的响应既可以看做是晶界移动也可以认为是晶界切变 (或晶界滑动).

纵然上述结果很清楚地指出, 晶界运动主要是由于次级位错的簇滑, 但是在所用的应力作用下, 这个过程只在高温下发生. 例如, 锌的实验指出这个过程是热激活的, 具有接近于晶界扩散的激活能. 即使热激活的作用并不清楚, 但它总是与位错的产生或者与使位错沿着晶界上运动的过程有关. 另外, 所研究的晶界都不是理想平面, 因而需要小量的位错攀移使位错沿晶界运动. 晶界也不是理想的确切重合晶界, 因而也会出现内禀的次级位错列阵, 这可能提供了位错运动的障碍, 只能由热激活弛豫过程来克服.

9.3.3　晶界位错的滑移和攀移

前面讨论了小角晶界的纯簇滑运动, 但是小角晶界的运动一般是通过构成晶界的初级晶界位错的同时滑移和攀移.

半共格大角晶界的运动能够很容易地通过具有台阶特征的次级位错由滑移和攀移相结合的侧面运动来实现. 这个过程与上节所述的通过线缺陷的侧向簇滑的大角晶界运动相似, 但是现在还需要一个攀移部分. 对于奇异或邻奇异 CSL 晶界的运动来说, 所需要的线缺陷是外赋的, 它可能原来就存在或者在界面运动当中产生, 这种具有位错和台阶特征的线缺陷不能在外加压力下以位错圈的形式在晶界上均匀萌生, 但是可以是点阵位错冲撞到晶界上的结果. 这种冲撞位错倾向于在晶界中离解为具有较小的柏氏矢量的 DSC 位错, 使系统的能量降低, 这种 DSC 位错具有各种的位错和台阶特征. 离解后的位错也能够在晶界中滑移和攀移从而促进晶界运动. 但是应该指出, 这种线缺陷一般并不能通过很明确界定了的基元如弯结和割阶的运动而在晶界中滑移和攀移. 这种线缺陷的前进是较不规则的.

纵然具有台阶特征的位错的侧向运动或许是对于近 DSC 晶界的热激活大规模运动负责, 并且应该能够用电子显微镜检查出来, 但是与上述机制有关的观察却很少. Babcock 和 Balluffi[36] 观察到金中的近 $\Sigma5$ 间界的运动. 这个晶界含有 DSC 位错列阵, 它与晶界一起运动, 但是测量却证明位错和与它相联系的台阶的运动不可能是间界运动的原因, 因而认为位错台阶模型对于大规模晶界运动是不重要的. 另一方面, 在有些情况下直接观察到通过纯粹台阶的偶然侧向运动的间界运动. 这个台阶运动的发生必然是由于 $\Sigma3$ DSC 的框架内的原子重组.

关于所有的自由度都属于一般类型的非共格大角晶界, 电子显微镜在晶界迁动当中进行的直接观察[36]并未能揭示迁动的基本机制. 这当然可以归因于这种晶界里并没有任何的局域化线缺陷, 并且在所建议的机制中, 在任一时刻所包含的原子数目太小. 因此, 只能局限于对于测得的晶界动性进行分析, 这在第八章里已经做了介绍 (见 8.5.3 节).

根据晶界的位错模型可在形式上作以下的描述. 当取向差很大, 即位错间距很小时, 晶界对于外加切应力的响应就发生变化, 使得在没有任何可查知的晶界前移运动的情形下在晶界内发生局域切变, 即发生晶界滑动. 这种晶界滑动以十分不同的机制发生, 包含着黏滞性切变和晶界内的扩散调节过程. 这种结果是容易理解的. 因为位错的充分密接使得晶界芯区变为一片持续的坏区, 从而晶界的滑动就变为主要的.

9.3.4　晶界滑动的位错机制

晶界滑动指的是晶界的两个邻接晶体在外加应力的作用下发生的与晶界平行的切变. 这种滑动可具有各种形式, 基本上限制在很窄的晶界芯区一直到较宽广地分布在一片包括晶界的薄板内. 只要这个区域较窄于两个邻接晶粒的厚度, 则当一个晶粒相对于另一个晶粒发生切变或滑动时, 这两个晶粒的行为都基本上如同均匀的晶块.

在相对低的温度, 当热激活过程 (例如扩散输运和晶界滑动) 被抑止时, 双晶和多晶的范性形变局限于位错滑移过程. 晶界滑动通常在高温下例如 $T > 0.4T_m$ 时发生. 从宏观的角度来看, 晶界滑动在几何学上似乎很简单, 但实际上却是一个复杂的现象, 可能由于形变参数例如应力、形变、温度以及晶界本身的特征的不同而包含着各种机制. 最简单的情形是理想的平面晶界的滑动. 在与晶界平行的切应力的作用下, 晶界将沿着晶界的整个长度同时滑动. 在这个过程中, 晶界在滑动的每个阶段都维持它的基态, 从而整体过程是可逆的. 使晶界发生切变所需的切应力决定于 γ 表面的形状.

如果晶界是周期性的, γ 表面一般不是平坦的, 从而需要较大的切应力才能引起均匀切变, 所以这种晶界只能通过局域化的外赋晶界位错沿着晶界芯区的滑移和攀移而进行不均匀的切变滑动. 如果晶界位错在这个过程中必须攀移或者具有台阶特征, 则它们将进行垂直于晶界的运动即迁动.

如果晶界是准周期性的, 则 γ 表面是平坦的, 从而对于这种理想的可逆滑动将没有阻力. 但是实际上当晶界进行有限速率的切变时, 对于晶界滑动会有一种动阻力 (kinetic resistance), 在很多情况下晶界将表现一种牛顿黏滞性, 从而滑动率与外加切应力成正比. 由于这种晶界是非共格的 (不相干的), 并不能承担具有与晶界平行的柏氏矢量分量的局域化位错, 所以可预期这切变是借助于一些高度局域化的变换事件而在晶界内到处发生. 这种过程类似于葛庭燧[2]提出的无序原子群晶界模型, 即在有利于原子迁动的一些无序原子群里发生变换, 然后渗透到整个晶界. 这个过程是热激活的, 从而使材料具有内禀的黏滞性. 预期这种类型的切变的激活能将一般地低于点阵扩散激活能而接近于晶界扩散能. Deng 等[37]在对于金属玻璃的形变的计算机模拟的研究中提出了这种变化形式的普遍类型.

应当注意到上面所说的由于局域化晶界位错的运动所引起的晶界切变在某种情况下也会表现牛顿黏滞性行为, 特别是当切变 (和应力) 很小从而大多数的晶界位错不会积累, 从而不会在滑动率对于应力的依赖关系上引起非线性效应.

实在的晶界不会是平面的. 对于波浪形的晶界 (图 7.24), 在外加切应力的作用下, 起始时将滑动一个小距离, 但是进一步的滑动很快就会被两个联锁晶粒所形成的粗糙地区所阻塞. 如要继续滑动, 则所发生的滑动必须得到相应的容纳或调节. 调节的形式与外加应力的大小有关, 也与温度有关. 如果外加应力足够小, 则所发生的小量晶界滑动可以完全被两个贴近晶体内的弹性应变所容纳, 这转而在两个晶粒的内表面上产生一组牵引力 (到处与波浪形的晶界垂直), 其总和恰好与作用在晶界上的净切力保持平衡. 平衡的结果是产生一种由纯牵引力组成的外加应力场, 而在晶界上并没有切应力. 在这个过程中, 完全由于在晶界上的滑动和两个贴近晶粒的伴随着的弹性调节, 使得上面的晶粒相对于下面的晶粒整体移动了一个小量位移. 在第七章里已经介绍了关于弹性调节的一些情况（见 7.5.1 节）. 由于在这个含有晶界的双晶试样中的所有形变都是纯弹性的, 所以在撤去外应力后这形变和晶界滑动都是完全可回复的. 因而具有非理想平面的双晶晶界在小应力作用下滑动遵从牛顿黏滞性规律.

上面指出, 小量的晶界滑动能够由弹性调节来容纳, 但是一旦达到完全弹性调节以后, 进一步的滑动就将被阻止. 不过, 在高温下, 通过扩散过程从晶界里移去或加入原子可以使两个联锁晶粒以兼容的形式彼此连续地相对滑动, 从而可以容纳进一步的晶界滑动. 在这个过程中, 晶界的相关区域将作为原子扩散通量的源和宿, 而扩散传输将通过两个贴近晶粒中的扩散而进行. 驱动扩散输运的是沿着晶界的原子扩散势, 在现在讨论的情况下, 它是由于在晶界上所存在的正牵引力的差别而引起来的.

在 7.5.2 节里已经介绍了关于扩散调节的情况, 所推导的稳态滑动率与外加切应力成正比. 对于非共格的一般晶界来说, 如果假定在晶界芯区里的黏滞切变机制进行得足够快从而跨过晶界的切应力得到充分的弛豫, 则全面滑动率将由扩散调节来控制. 在这种情况下, 就会很快地建立起一种准稳态点阵扩散场, 从而有相应数目的原子进入或者偏离每一个晶界局部区域, 使得一个晶粒以恒速滑过另一个晶粒而不引起任何孔隙或搭接. 为了造成这种稳态情况, 晶界上的正牵引力的分布将由于在晶界局域加入或撤出原子的扩散流的瞬变而开始改变, 一直到晶界上的牵引力经过调整而产生相应的原子扩散势来维持所需要的准稳态扩散场.

用位错的语言来说, 对于能够维持足够高密度的容易沿着波浪型晶界而滑移和攀移的局域化位错的半共格晶界, 它的滑动情况一般是类似的. 如果通过晶界上每点的位错的柏氏矢量之和是沿着切变方向, 则位错横越波浪型晶界时要产生位错的正攀移和负攀移所需的扩散通量将与上述对于一般晶界所计算出来的扩散通量相同, 因而可以把这滑动看成是扩散调节的. 事实上, 可把位错机制看成是扩散调节机制的一种"量子化"模式.

在讨论大角晶界的簇滑运动时已经指出, 近奇异 CSL 晶界的与晶界迁动相结合的滑动是由于大量的具有固定的台阶高度 h 与柏氏矢量 b 比率的外赋晶界位错沿着晶界的移动. 在 Horuichi 等[38]关于锌的实验中发现滑动率 S 是热激活的但却以非黏滞性的方式进行, 滑动率是

$$S = A\sigma^2 \exp(-Q/kT), \tag{9.32}$$

其中 A 是一个常数, σ 为外加应力, 激活能 Q 接近预期的晶界扩散能. 可见滑动率与外加力的平方成正比. 另外, Kegg 等[39]发现, 铝的对称 $\langle 011 \rangle$ 近奇异晶界于 360℃ 在外加应力的作用下的晶界滑动是由于一列晶界位错的侧向运

动，而这些位错的来源是由于点阵位错撞入晶界并且随后的离解.

9.3.5 晶界邻域点阵位错对于晶界滑动的作用

当含有晶界的多晶或双晶试样发生范性形变时，所产生的点阵位错在各个晶体内滑移当中将会对于晶界进行冲撞. 在许多情况下，这些位错能够进入晶界并且与晶界发生交互作用，以降低系统的总能量. 按照晶界类型的不同，这种交互作用的范围非常广泛. 这可能包含着由于点阵位错的引入而导致晶界中的位错结构的重新排列，或者点阵位错离解为不同类型的晶界位错，并且随后又与晶界结构发生交互作用. 在理想的极限情况，一个冲入位错可通过交互作用而完全并入晶界，从而由于柏氏矢量总量的改变而产生一种与原来不同的内禀晶界结构. 于是撞入位错就由外赋晶界位错转变为内禀晶界位错.

在许多真实的情况下，冲撞位错的柏氏矢量一般地并不与晶界平行，因而只有撞入位错本身或者它的离解产物的一部分能够在晶界中进行攀移，才能够完全并入晶界. 在低温时，这种过程是难以实现的，因而冲撞位错只能部分地并入晶界而保留它的外赋姿态. 在这种情况下，只能认为晶界仅是撞入位错的陷阱而不是归宿. 已经观察到一段陷入晶界而另一段附着在点阵位错上的位错脱离晶界的情况[40]. 上述各种情况的细致过程显然与晶界的原始结构和所牵涉的力的大小以及热激活程度有关.

当一个点阵位错冲撞一个具有确切的 CSL 取向差的奇异大角晶界时，从形貌学上讲它总是能够离解为整数个具有较小的柏氏矢量的局域 DSC 位错，这是由于总的柏氏矢量是守恒的而所有的点阵矢量也都是 DSC 矢量. 对于具有接近 CSL-DSC 点阵的大角晶界来说，由于它最少有一个相当大小的初基矢量，所以它的作用是类似的.

各个自由度都是无规的一般大角晶界不能承担具有物理意义的局域化晶界位错. 当点阵位错撞入这样的晶界时，将倾向于离解为一种广为连续分布晶界位错，实际上可以认为是具有无限小的柏氏矢量的数目无限多的位错. 冲撞位错的柏氏矢量一般与晶界倾斜，因而它在晶界上的分量能够易于离解并且滑移，它与晶界垂直的分量则需要攀移.

另外一个值得考虑的问题是晶界对于位错滑移传播范性形变所发生的障碍作用. 具体地说，就是如果滑移在邻接晶界的一个晶粒中开始，而点阵位错在它的滑移面上滑移并且冲撞晶界，那么在什么条件下这些冲撞位错能够直接穿过晶界而进入另一晶粒，或者以各种方式塞积在晶界一边，从而晶界成为位错传播的障碍物？很明显，位错直接通过晶界是需要特殊的几何条件的. 最简单的情形是一个极特殊的例子，即两个邻接晶粒中的滑移面是平行的并且柏氏矢量相同. 另一种情况是两个滑移面并不平行但是在晶界面的一条线上相交, 或者两个柏氏矢量相同并且与这条线平行. 在这些条件下, 螺取向的位错能够在穿过晶界时以简单交叉滑移的形式从一个滑移系统过渡到另一个滑移系统. 一般地说, 上述的特殊几何学条件是难以得到的, 所有的滑移系统都将在晶界处停止, 但有时也可以通过一种较不直接的方式穿过晶界. 这就是从一个晶粒冲来的位错能够在晶界附近产生充分的局域应力, 从而在另一晶粒中产生新的滑移系统, 并且随后从晶界滑移出去. 这种间接穿过晶界的可能性决定于驱动塞积位错的外加应力的大小以及所讨论的系统能够使得塞积位错所引起的应力集中得到弛豫的程度. 应当指出, 当温度提高从而位错攀移变为可能时, 系统将使得塞积位错所引起的局域应力得到弛豫, 从而在晶粒中引发可进入另一个晶粒的滑移系统更为困难.

9.3.6　晶界滑动与晶界内耗

早在 20 世纪 40 年代, 晶界内耗就被认为是来源于晶界的黏滞性质. 这就是说, 晶界不能支持对它施加的切应力. 晶界的黏滞性滑动使外加的应力得到弛豫. 这个过程所牵涉的只是弹性调节, 特别当外加应力很小时是如此. 这里并没有考虑晶界的结构, 而只是认定它具有一个按照指数规律随着温度的增加而降低的黏滞系数.

随后的实验发现了晶界内耗与扩散过程的联系, 从而提出了晶界的无序原子群模型, 认为晶界是由好区和坏区交替组成的. 好区是两个邻接晶粒匹配得较好的区域, 坏区是无序原子群的区域, 而晶界的黏滞滑动是来源于坏区内的原子群在应力作用下的重新排列和调整, 这就牵涉到扩散调节的问题, 即原子的定向扩散. 这个模型虽然对于若干内耗现象及有关的滞弹性效应作出定性的说明, 但是迄今还缺乏定量的处理.

随着近代的重位点阵模型、特别是它的衍生模型 (例如近重位点阵模型和结构单元模型) 的提出以及计算机模拟工作的进展, 已经能够对于晶界的原子结构作出较明确的描述, 认为晶界是由匹配得较好的点阵或者区域 (重位点或区) 和线缺陷组成的, 后者包括晶界台阶和晶界初级位错或晶界次级位错. 目前还未能把近代的晶界模型与晶界内耗现象具体地联系起来. 但是从形式上来说, 预期晶界中的线缺陷的运动和运动变化以及它们在运动当中所受到的各种阻力将会引起相关的内耗现象. 本书第七章介绍的晶界弛豫的动力学, 第八章介绍的晶界弛豫与晶界结构以及本章讨论的晶界的位错模型与晶界弛豫都是为了把近代的晶界模型与晶界弛豫机制以及有关的晶界内耗现象联系起来作准备的. 当然, 所提出的任何联系都必须与相关的实验结果相合.

关于这项联系的工作的关键问题可以提出如下两个方面.

（i）近代的晶界模型提出了晶界位错（包括具有晶界台阶特征的晶界位错）的种类及其局域化程度和运动状态（滑移和攀移）与晶界的类型有关，这包括（重位）晶界，近奇异（近重位）晶界和一般晶界. 因此，一个很能说明问题的措施是研究各种不同类型的晶界是否能引起晶界内耗以及在何种条件下引起内耗. 例如根据现有的知识，奇异晶界（或特殊晶界）的能量和晶界滑动率都是呈现低凹点或低谷的情况，可以预期这种晶界不会或者很不容易出现内耗现象. 因此，很可以设计一些有判断性的内耗实验来加以验证.

（ii）近代的晶界模型所描述的晶界滑动机制是晶界坏区里的相关的位错的滑移和攀移，而无序原子群模型所描述的晶界滑动机制是晶界坏区（无序原子群）里的原子沿着与晶界平行和垂直方向的定向扩散，即滑动和迁动. 一个可行的措施是把用于处理近代重位晶界模型的计算机模拟程序例如关于刚性位移和晶界膨胀和原子弛豫的计算程序转用于处理无序原子群里的原子的定向扩散过程，从而把相关的位错的滑移和攀移与原子的纵向和横向的定向扩散联系起来，以便于与现有的内耗实验结果作定量的比较，并进一步共同设计有判断性的内耗实验.

关于外赋晶界位错和撞入晶界的位错以及存在于晶界邻域的位错的深入研究是非常有意义的. 第五章详细介绍了有些晶界例如竹节晶界和双晶晶界的晶界内耗受到晶界邻域所出现的位错的影响，认为这些邻域位错与晶界的交互作用能够改变晶界本身的固有的黏滞系数，从而使晶界内耗峰的巅值温度发生变化，在有的情况下还出现非线性滞弹性晶界内耗峰，这表示邻域位错与晶界的本身发生了非线性交互作用. 这些现象似乎只有假设晶界具有一定的结构才能得到解释.

最有意义的是，在 20 世纪 40 年代发现的晶界内耗峰是线性滞弹性内耗峰，这来源于晶界本身的黏滞性质，从而把晶界本身的性质与整个双晶体或多晶体的整合性质区分开来. 现在又发现晶界邻域的位错结构与晶界的线性或非线性交互作用所引起的晶界内耗峰，这就把晶界和它的邻接晶体结合到一起，从而能够在已经了解了晶界本身的性质的基础上进一步研究晶界对于双晶体和多晶体的性质所发生的晶界效应，这无疑义将对于进一步了解晶界结构以及多晶体的性能方面提供重要信息.

下一节将介绍几个把晶界位错联系到晶界内耗现象的例子，显然这只是初步的结果.

§9.4 晶界弛豫（晶界内耗）的位错机制

9.4.1 晶界弛豫的晶界结构位错滑动机制（Gates 模型）

Bollmann[41] 认为，为了得到晶界的平衡结构，大多数的大角晶界含有某种位错结构．这种位错可以叫做内禀位错或晶界结构位错．这种位错的柏氏矢量不同于点阵位错，不过可以从理论上预先推知．这种位错结构在大角扭转晶界中的存在已由 Schober 和 Balluffi[24,29] 等对于 Au 的双晶薄膜中的扭转晶界的电镜观察所证实．应用 Bollmann 的大角晶界结构模型可以定性地和定量地解释晶界滑动的许多特点．由于一般晶界的取向差与特殊取向差的歧离，所以在一般晶界里肯定有充分高密度的晶界结构位错，因而引起晶界滑动的是晶界中的晶界结构位错的运动，而不是通常的点阵位错的运动．

下面只讨论晶界的内禀机制，即引起一个晶粒相对于另一个晶粒的平移的基本机制，而不牵涉到晶界上的突出物和所含杂质可能对于晶界滑动速率的控制作用．

根据 Bollmann 理论来推导 bcc 或 fcc 点阵中绕 〈100〉 轴的转动所产生的大角扭转晶界中的位错结构时，认为晶界上的位错图样是由螺型位错网络组成，其柏氏矢量是 DSC 型．扭转晶界中的螺型位错都能够在晶界面上作保守运动．由于所有的实在晶界即便在名义上的扭转晶界都具有一定的倾斜分量或者其中的某些片断具有倾斜分量，因此下面讨论的是具有倾斜特征的扭转晶界．

在对称的特殊扭转晶界的情形，这网络是由 1 和 2 两套位错组成的．第 2 套网络中的位错由于其柏氏矢量不在晶界以内，所以通过滑移与攀移组合才能引起晶界滑动．第 1 套位错网络中的位错是螺型的，能够滑动，但是它同进入晶界的点阵位错的交割所产生的一小段位错的柏氏矢量坐落在晶界面以外，所以就形成了钉扎点，只能通过滑移与攀移的组合而运动．

在不对称的一般扭转晶界的情形，第 2 套网络中的位错组态与对称的扭转晶界相同，能够通过攀移与滑移的组合而在晶界中运动．但是第 1 套网络中的位错在出现上述钉扎点以外，还由于穿过晶界面的边缘而出现了纯刃型段，成为晶界短台阶．这种台阶是更有效的障碍物，因为它较长并且数目较多．

1973 年，Gates[42] 对于上述各种晶界类型由于晶界位错的运动所引发的晶界滑动率进行了推导．在推导过程中的主导思想是晶界位错提供了晶界上的原子（空位）流量所需要的源和宿，而对于原子流量的驱动力则是化学势的梯度. 在这一点上, Gates 的处理与第七章所述的 Ashby 的处理有其相同之处, 只不过 Gates 处理中所牵涉的晶界位错的组态和运动方式以及它从钉扎点和晶界台阶逸出的过程很具体. Gates 对于特殊的 (对称的) 和一般的 (不对称的) 扭转晶界 (具有倾斜特征) 最后推导出来的晶界滑动率 v_b 如下:

(i) 对于第一套位错网络的含有钉扎点的可滑动位错来说, 有

$$v_b = \frac{2\pi\rho b_{gb}^2 D\lambda\Omega\delta}{kTm^2 b_L^2\cos^2\gamma\ln(R/r_0)}\sigma, \tag{9.33}$$

其中 ρ 是位错网络中的可动位错之间的隔距的倒数, b_{gb} 是晶界位错的柏氏矢量, D 是局域扩散系数, λ 是位错上的钉扎点的平均间距, Ω 是原子体积, δ 是晶界厚度, k 是 Boltzmann 常量, T 是温度, m 是被钉扎位错段的长度, b_L 是被钉扎位错段的柏氏矢量, γ 是晶界与转动轴线之间的角度, R 是不施加应力时扩散路程, r_0 是施加应力时的扩散路程, σ 是外加应力.

(ii) 对于第 2 套位错网络的在晶界上作非保守运动的位错来说, 有

$$v_b = \frac{\rho D\delta\Omega\sin\gamma}{kTX\cos^2\gamma}\sigma, \tag{9.34}$$

其中的 X 是扩散路径的长度.

(iii) 对于第 1 套位错网络的含有短台阶的可滑动位错来说, 有

$$v_b = \pm\frac{\rho D\delta\Omega(1 + \tan\alpha\cos\gamma)}{kTX(\tan\alpha\cos\gamma)}\sigma, \tag{9.35}$$

其中的 α 是位错线与晶界之间的角度.

在上述 3 个表达式中, v_b 都与外加切应力 σ 成正比. 因子 $\frac{D\Omega\delta}{kT}$ 是共同的, 它的数值只与材料本身的性质有关. 其他的不同之处来源于所牵涉的扩散路径的几何学的差别.

晶界位错的运动所引起的晶界滑动率是理论上的内禀滑动率, 因而是最快的. 为了对方程 (9.33) ~ (9.35) 进行验证, 应当把得出的晶界滑动率与实验上观测的最快的滑动率作比较. 内耗实验所牵涉到晶界滑动位移很小, 因而测得的晶界滑动率是很快的: 根据 Pearson 和 Rotherham[43] 对于多晶银的晶界 (一般晶界) 内耗峰的数据, 按照 McLean[44] 的处理方法所得出的晶界滑动率是 4.19×10^{-15} mm · s^{-1}. 这个数值可与适用于不对称一般晶界的方程 (9.35) 所推得的理论值作比较.

根据 Hoffman 和 Turnbull[45] 的数据, Ag 晶界扩散系数可以表示为 $21\exp(-21.5\mathrm{kcal} \cdot \mathrm{mol}^{-1}/kT)$ mm^2 · s^{-1}. 在 180℃, 这等于 5.4×10^{-11} mm · s^{-1}. 对于一般晶界来说, 转轴是无理的从而没有显著的影响. 把下述的合乎道理的数值代入方程 (9.35), $\rho = 10^5$mm^{-1}, $\delta \approx b_{gb}$, $\sigma = 10^{-6}$N · m^{-2}, $\Omega = b_L^3$, $X =$

$10b_{gb}$，$b_{gb} = 1.8 \times 10^{-7}$mm，$b_L = 2.6 \times 10^{-7}$mm，$\alpha = \gamma = 20°$，得到晶界的内禀滑动率 $V_s = 2.55 \times 10^{-15}$mm·s^{-1}，这与从内耗实验所得的数据相近.

Bell，Thompson 和 Turner[46]关于锌双晶的晶界滑动实验指出，扭转晶界的滑动率较快于倾斜晶界. 由于内耗实验所用的试样是多晶试样，很难判定其中的扭转晶界和倾斜晶界的份额，所以与理论值进行定量的对比是很困难的.

当倾斜分量增加时，第 1 套网络中的位错间距增加，并且使第 2 套网络中的位错需要攀移的程度增加. 因而，晶界的倾斜分量的增加将减小晶界滑动的本领.

由于第 1 套网络中的每单位长度的位错数目与 $\sin\gamma$ 成正比（γ 是转轴与晶界之间的角度），可以预期当 γ 最低时的晶界内禀滑动率最小. 由于正弦函数当角度小时的变化最快，所以当倾斜分量较大时内禀滑动率的变化应当最快.

要验证上述的方程（9.33），需要有对称扭转晶界的晶界滑动率数据，这有待于进一步细致的实验.

上面描述了晶界位错能够怎样运动以及这种位错运动能够导致晶界的可能的滑动. 那些具有取向差准确地对应着产生高度重合的晶界是不能滑动的，因为这样的晶界并不含有位错. 这个结论很难得到实验证明，因为要制备取向差准确到这种程度的双晶是很困难的. 但是在共格孪晶界面里实际上的晶界位错的密度是零，而实验指出它并不能滑动[47]. 应该指出，已经观察到 Mn（90%）– Cu 合金的非共格孪晶界面所引起的内耗峰[48,49]，认为这是由于孪晶界面的应力感生运动所引起来的，这说明在非共格孪晶界面中也含有界面位错.

9.4.2　晶界弛豫的位错网络机制（AZS 模型）

1977 年，苏联莫斯科钢和合金学院的 Ashmarin，Zhikharev 和 Shvedov[50]提出了晶界弛豫的位错模型（AZS 模型）. 他们根据可以把大角晶界表示为满足重位点阵（CSL）条件的晶界与一个内禀的二维晶界位错网络（为了补偿实在晶界的取向差与重位晶界的取向差之间的差异）的叠加的看法[24]，提出了含有强钉扎点（SPP）和弱钉扎点（WPP）的晶界位错网络模型，如图 9.11 所示[51]. 强钉扎点可以是晶界与点阵位错或位错亚结构的交点，或者是晶界的三叉结点，其间距为 L，弱钉扎点是网络中的螺型位错段（例如 AJ）与晶界台阶（高度为 δ）例如 BC 和 HI 相交的地点，其间距为 L_1. 另外，AJ 还与一系列混合型位错如 PK 和 NM 交割处形成割阶 DE 和 FG，割阶的刃型分量的长度约为柏氏矢量 b. 这些混合型位错和割阶的柏氏矢量都不坐落在晶界面上. 这一系列割阶之间的距离是 l. 晶界弛豫的来源是螺位错 AJ 的运动. 它的运动体现为弱钉扎点晶界台阶的移动, 这受控于刃型位错的小段 *BC* 和 *HI* 的攀移. 这种攀移需要大量的空位流量的供应. 在具有高值层错能的金属 (如 Ni, Al 的) 情形下, 在晶界两边的晶体中的点阵位错的攀移能够提供有效的空位来源, 从而弱钉扎点能够经由来自或流往晶粒内部的空位流而发生攀移, 这就使位错段的有效长度从 L_1 增加到 L, 并且提高了晶界内耗峰的高度. 这种情况下的晶界弛豫过程主要是受着体积扩散的控制. 在层错能很低从而点阵位错劈裂宽度很大的金属 (例如 Ag 和 Si 的) 情形下, 点阵位错攀移很困难, 所以体扩散空位流是可以忽略的, 从而弱钉扎点的动性很低, *AJ* 的运动主要是受着割阶 *DE*, *FG* 和混合型位错的刃型分量沿晶界扩散的控制. 在混合型位错之间的晶界部分 (处于或接近重位点阵状态) 是比较完整的, 足以出现扩散, 从而弛豫过程的激活能等于晶界自扩散的激活能, 在具有中间值层错能的金属 (例如 Cu, Au, Fe), 则各种弛豫参数具有体积扩散和晶界自扩散的中间值. 这与实验的观测结果相合.

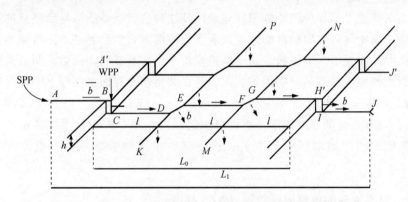

图 9.11　晶界位错的网络结构[51]. *AJ* 和 *A'J'* 等是网络中的螺型位错
段, *PK* 和 *NM* 是一系列混合型位错. 两套位错相交形成割阶 *DE* 和
FG. *AJ* 与晶界台阶相交处形成弱钉扎点 *BC* 和 *HI*.

按照 Koehler-Granato-Lücke[52] 理论, 两端被钉扎的位错段在外加周期性应力作用下的振动能够引起一个内耗峰, 应用到晶界位错的情形可得下述的表达式

$$Q^{-1} = (A\rho_0 L^2/d)\frac{\omega\tau}{1 + \omega^2\tau^2}, \tag{9.36}$$

$$\Delta = A\rho_0 L^2/d, \tag{9.37}$$

$$\tau = \frac{L^2}{B\pi^2 C}, \tag{9.38}$$

其中的 Δ 为弛豫强度, A 是接近于 0.1 的系数, 它的引入是考虑到有许多滑移

面，它微弱地与金属的弹性性质有关，ρ_0 是参加弛豫的晶界位错的密度，d 是平均晶粒尺寸，L 是强钉扎点之间的位错段的长度（当弛豫过程由晶界扩散控制时变为 L_1），τ 是弛豫时间，B 是位错线的动性，C 是位错的线张力.

图 9.11 所示的位错段 BC，HI，DE 和 FG 只能借助于吸收或发射空位而进行非保守运动. 假定这些位错段的线长度是柏氏矢量 b 的量级，则可以利用带割阶的螺位错而割阶间距为 l 的表达式来计算位错线 AJ 的动性 B[53]，这就得出

$$\tau = \frac{kTL^2}{4\pi^3 lDC} = \tau_0 e^{H/kT}, \tag{9.39}$$

其中的 D 是自扩散系数，H 是自扩散激活能，而指数前因数是

$$\tau_0 = \frac{kTL^2}{4\pi^3 lD_0 C}. \tag{9.40}$$

由式（9.39）和式（9.40）可见，弛豫时间指数前因子 τ_0 以及弛豫过程的激活能 H 都决定于向晶界位错提供空位流的具体扩散机制.

1979 年，Shvedov[54] 在英国剑桥大学访问期间用英文发表了关于 AZS 模型的详细报道（见参考文献 [51]）. 他指出，根据 Thomson 和 Balluffi[55]，作为空位源而运转的点阵位错攀移的可能性与参量 $\frac{2}{\alpha L}$ 成正比，于是

$$\alpha \approx \exp(-Q_v/4kT), \tag{9.41}$$

$$L \approx \exp(U_j/kT), \tag{9.42}$$

其中的 Q_v 是体积自扩散激活能，U_j 是在点阵位错上的割阶形成能.

可把晶界位错段的长度写成

$$L_1 = L_0[1 + f_1(\alpha L)], \tag{9.43}$$

这里的 L_0 是在晶界弛豫只受晶界扩散所控制时的晶界位错段长度，$f_1(\alpha L)$ 是当体积扩散也起作用时的外加的位错段长度的组成部分.

可把晶界弛豫激活能 Q_p 写成

$$Q_p = Q_b + Q_v f_2(\alpha L), \tag{9.44}$$

其中的 Q_b 是晶界自扩散的激活能，$f_2(\alpha L)$ 是界定晶界弛豫激活能的增量的函数.

最后得出

$$f_1(\alpha L) = 4f_2(\alpha L) = 4\frac{l}{L_0}\ln\left(\frac{2\exp 5L_0/8l}{\alpha L} + 1\right), \tag{9.45}$$

其中的 αL 是对应着晶界弛豫内耗峰的峰巅温度 T_P 的数值，即 $\alpha L = \exp\left(\frac{U_j}{kT} - \frac{Q_v}{4kT_P}\right)$. 由上式可见 $f_1(\alpha L)$ 和 $f_2(\alpha L)$ 与晶界位错段上的割阶数目 $L_0/$

l，具有反变关系.

对于许多金属（如 Al，Ni，Cu，Au，Fe），由于 $\dfrac{2\exp\dfrac{5L_0}{8l}}{\alpha L}\gg 1$，所以（9.45）式可简化为

$$Q_p = Q_b + Q_v\left[\frac{l}{L_0}\left(0.693 + \frac{5L_0}{8l} - \frac{U_j - Q_v/4}{kT_p}\right)\right]. \qquad (9.46)$$

由于 U_j 与扩展位错的宽度 d_0 成正比[56]，所以 $f_1(\alpha L)$ 和 $f_2(\alpha L)$ 以及弛豫强度和激活能因 d_0 值的增加而减小. Roberts 和 Barrand[57] 已经指出了这一点.

根据参考文献 [50]，得

$$\Delta^* = 0.1\rho_0 L_1^2/d. \qquad (9.47)$$

由式（9.46）和式（9.47）算出了一些纯合金的 Δ^* 和 Q_p^* 值，结果列于表 9.1 中. 所用的 $l = 3\times 10^{-8}\,\text{m}$，$L_0 = 5\times 10^{-7}\,\text{m}$，$d = 4\times 10^{-5}\,\text{m}$，$\rho_0 = \dfrac{1}{l}$. 在计算 Q_p 时假定 $Q_v = 2Q_b$. 各种金属的 U_j 值是取自参考文献 [57]，Fe 的 U_j 值是按照参考文献 [56] 而估算的，并且取 $d_0 = 11.65\pm 0.25\,\text{nm}$[58].

表 9.1　一些纯金属的晶界弛豫数据的实验值

金属	Δ	T_P (K)	Q_p (kJ/mol)	文献	Q_v (kJ/mol)	U_j	αL	Δ^*	Q_p^* (kJ/mol)
Al	0.330	547	159 ± 12.5	[60]	142	33.4	0.41	0.331	173
Ni	0.230	691	293 ± 12.5	[57]	291	79.4	3.67	0.248	316
Cu	0.100	535	150 ± 12.5	[60]	196	87.8	2200	0.073	139
Au	0.069	455	130 ± 12.5	[61]	171	71.1	2980	0.068	118
Fe	0.104	790	201 ± 12.5	[50]	268	110.8	804	0.094	205
Ag	0.023	394	92 ± 12.5	[43]	184	183.9	2×10^{17}	0.022	92

对于银，由于 $2\exp(5L_0/8l)/\alpha L \ll 1$，所以 $f_1(\alpha L)$ 和 $f_2(\alpha L)$ 等于零，从而 $Q_p = Q_b$. 表中的峰巅温度 T_P 是对应着振动频率 1Hz，Δ 值是应用 [59] 所介绍的弛豫时间分布函数由晶界内耗峰的数据而算出来的，Q_p 的实验值是根据晶界内耗峰的巅值温度 T_p 随着频率而移动的数据测出来的. 理论的 Δ^* 和 Q_p^* 值的误差估计为 30% 和 20%.

图 9.12 和图 9.13 分别示出弛豫强度和激活能的计算值 Δ^* 和 Q_p^* 与实验

值 Δ 和 Q 的比较，可见各种金属的数据都落在 45° 的直线上，因而实验值与计算值符合得很好，但是有人认为[62]，在计算中假设所研究的各种立方金属的晶界位错段上割阶数目 L_0/l 相同，是有问题的（见参考文献 [78]）.

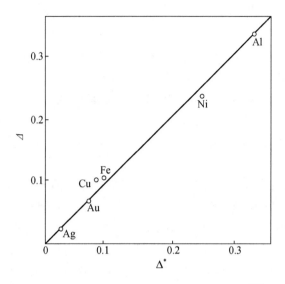

图 9.12　实验 (Δ) 和计算 (Δ^*) 弛豫强度的比较[54].

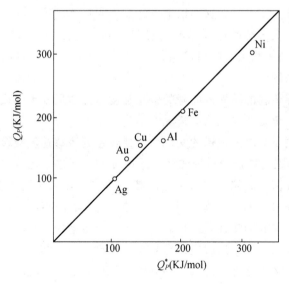

图 9.13　实验 (Q_P) 和计算 (Q_P^*) 激活能的比较[54].

AZS 模型能够解释关于溶剂峰和溶质峰（见第三章）的一些特征. 在金

属中引入杂质原子时，它们偏析到晶界位错上．杂质浓度低时开始偏析到具有刃型分量的 BC 和 HI 台阶处（图 9.11）阻碍它们的攀移，从而使内耗峰移向较高的温度．这对于 Fe-Si 等许多合金系统是正确的，但是有的合金系统例如 Al-Mg-Si 的溶质内耗峰却移向低温[63]．在高杂质含量的情形，割阶 DE 和 FG 的运动只有与杂质原子的扩散移动一起进行才成为可能．从而位错段与杂质原子扩散一起的可逆运动在较高温度引起一个新的内耗峰．这时流向晶界位错的点阵扩散流被抑制，但是台阶 BC 和 HI 仍然参加弛豫过程，不过它们的移动是受着点阵自扩散的控制．因此，所测得的有效激活能将具有介于杂质在点阵中扩散和在晶界中扩散之间的值．在较高的温度下，体积扩散较快，从而使强钉扎点之间的平均距离 L_1 增加．这可以解释为什么溶质内耗峰有时能够较溶剂峰高几倍．

Ashmarin 等在 1987 年报道了关于 Fe 基固溶体的晶界弛豫的研究结果，并应用 AZS 晶界模型进行解释[64]．图 9.14 示出晶界内耗峰和杂质晶界内耗峰的弛豫强度 Δ 对于晶粒尺寸（$30\sim300\mu m$）的依赖关系，所研究的合金系统都指出弛豫强度随着晶粒尺寸 d 的增加而降低，并且可表示为 $\Delta\propto d^{-m}$，$m=0.2\sim0.6$．根据提出的晶界弛豫的位错机制，晶界弛豫强度与晶界位错密度 ρ，强钉扎点的间距 L 的平方以及试样的平均晶粒尺寸 d 成正比，即 $\Delta\propto\rho L^2/d^m$ ［见方程（9.37）］．对于具有足够高的堆垛层错能的金属来说，强钉扎点主要是点阵位错与晶界的交点．在这种情形下，晶界内耗峰的弛豫强度与晶粒尺寸的依赖关系决定于在再结晶形成晶粒的过程中晶界和点阵位错结构的变化以及 Frank 位错网络的平均大小的可能增加．在退火当中，晶界趋向于特殊取向以减小其自由能的倾向使晶界位错的平均面密度和点阵位错的体密度减小．所有这些因素都使纯金属的晶界内耗峰的弛豫强度与晶粒尺寸无关或者具有极微弱的依赖关系，这正是实验观测的情况[57,60,65]．

合金元素原子与点阵位错的交互作用使位错的攀移速度减缓，这将使晶粒中的 Frank 网络胞的增长较慢于纯金属的情况．由于这个缘故，所以合金中的晶界峰弛豫强度由于晶粒尺寸的增加而减少的情况较之在纯金属中更为敏感．因此，正如在固溶体中所观测的那样[66]，指数 m 由于杂质含量的增加而增大．

在讨论晶界引起的滞弹性内耗时显然不能只考虑所存在的缺陷的种类，还要考虑三叉结点的作用．这就应该考察晶界滑动在三叉结点区域的调节的可能性的问题，但是关于这种过程对于晶界内耗的贡献还不清楚．

作者们还研究了含有内氧化颗粒 SiO_2，SnO_2 和 B_2O_3 的 Cu 合金的晶界弛豫情况，认为引入晶界的第一相弥散颗粒使晶粒位错上的强钉扎点增多和晶界上的一部分位错网络消失．这使得具有刃型分量的割阶数目减少，从而沿晶界

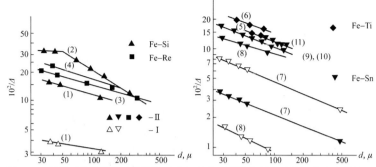

图 9.14　铁基固溶体的晶界内耗峰（Ⅰ）和杂质晶界内耗峰（Ⅱ）的弛豫强度 Δ 对于晶粒尺寸 d 的依赖关系[64]. 曲线（1）~（10）的合金含量（%）分别是 1.085Si, 3.50Si, 1.42Re, 2.10Re, 0.90Ti, 1.00Ti, 0.01Sn, 0.06Sn, 0.12Sn, 0.50Sn.

的空位流减弱. 这可以解释为什么内氧化铜合金中的晶界弛豫强度和晶界峰巅值温度由于在晶界上的稳定的弥散颗粒的间距的增加而增加. 这已经得到实验上的证实[67]（见图 3.26）

　　1989 年在北京召开的第九届国际固体内耗和超声衰减学术会议上，Ashmarin 等[68]综述了替代式固溶体中的合金元素对于晶界弛豫的影响，并报告了他们对于铁基固溶体的实验结果. 他们提出，根据过去关于银基，铜基，镍基和铁基二元合金系统的实验，可以认为晶界弛豫具有下述几种普遍性质：（i）杂质浓度的增加使晶界内耗峰（溶剂峰）的弛豫强度 Δ_1 降低，在浓度 c_1 时完全被压抑；同时使溶质峰的弛豫强度 Δ_2 增加，在某一临界浓度 c_2 时出现饱和或者轻微增加. c_2 一般大于 c_1，c_1 和 c_2 的值基本上决定于杂质的种类. 图 9.15 示出铁基合金的结果. 另外，晶界内耗峰的巅值温度随着合金含量而升高. 上述的浓度 c_1 越高，合金元素的影响越小. 溶质峰温度随着大多数杂质浓度的增加而提高. 当浓度接近 c_2 时，这种依赖关系达到饱和. 图 9.16 示出铁基合金的情况.

　　根据 AZS 晶界模型，偏析到晶界处的杂质原子使参加晶界弛豫的有效位错段的长度减小，从而使晶界弛豫强度降低. 但是在较高温度（$0.5 \sim 0.6T_m$），被杂质所抑制的割阶变为可动的，由此的引起的不均匀扩散导致杂质峰的出现. 在这种温度下，即便在低层错能的金属里，点阵位错作为空位源的效率也可能很高，从而参加弛豫的有效位错段的长度增加（与纯金属的正规晶界内耗峰比较）. 这种情形对于低层错能金属最显著.

　　（ii）对于所有的合金元素来说，与饱和浓度 c_2 相对应的溶质峰弛豫强度 Δ_2^{sat} 都大于纯金属的正规的晶界内耗峰（葛峰）的弛豫强度 Δ_0，Δ_2^{sat}/Δ_0 随着 c_1 和 c_2 的增加而增加.

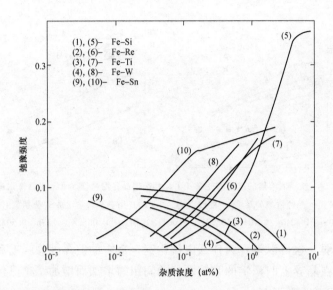

图 9.15 铁基固溶体的晶界内耗峰〔曲线（1）～（4），（9）〕和杂质晶界内耗峰〔曲线（5）～（8），（10）〕的弛豫强度对于杂质含量的依赖关系[68].

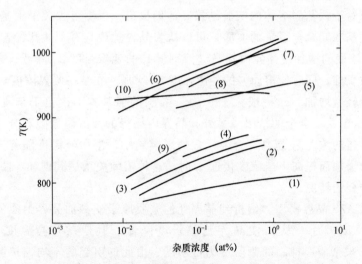

图 9.16 铁基固溶体的晶界内耗峰〔曲线（1）～（4），（9）〕和杂质晶界内耗峰〔曲线（5）～（8），（10）〕的巅值温度对于杂质含量的依赖关系[68]（杂质种类见图 9.14 中的说明）.

按照 AZS 模型，正规晶界峰的被抑制和溶质内耗峰的饱和都是由于杂质在晶界上的偏析，只不过是出现在不同的温度. 如果 c_0 是溶质在基体中的浓

度，W 是溶质与晶界的吸附能或结合能，则溶质在晶界的分布 c_b 是[69]

$$c_b = c_0 \frac{\exp(W/kT)}{L + c_0 \exp(W/kT)}. \tag{9.48}$$

设定 T_1 和 T_2 分别是正规晶界峰和溶质内耗峰的巅值温度，并且 c_1 和 c_2 分别是正规内耗峰被抑制和溶质峰达到饱和的体浓度，则分别代入上式后可得出相应的结合能之值，即

$$W = k \frac{T_1 T_2}{T_1 - T_2} \ln \frac{c_1(1 - c_2)}{c_2(1 - c_1)}. \tag{9.49}$$

图 9.17 示出 Ni，Fe，Cu 和 Ag 基合金的 Δ_2^{sat}/Δ_0 值（与位错段长度的增量的平方成正比）对于 W 的依赖关系. 由图可见，在偏析度很低和很高的情形下（即 W 值很低或很高），溶质峰的饱和弛豫强度实际上并不高于纯金属峰的弛豫强度. 对于具有中等结合能的杂质，则溶质峰的弛豫强度高得很多. 这种倾向按照镍，铜，铁，银基合金的顺序而增强. 为了说明这种依赖关系可以假设位错段长度的增量与 $(W/kT) \exp(-W/kT)$ 成正比，按照这个假设所算得的曲线如图 9.17 中的实曲线所示，这与实验数据（图中的圆圈）符合的很好. 根据这个假设，在低偏析杂质的情形下，位错段的增量与结合能成正比. 对于高偏析杂质，位错段增量与 $\exp(-W/kT)$ 成正比，这表现晶界附近区域的杂质的扩散性质. 在具有低层错能的金属例如银中，位错段长度的增加最为显著，这时在纯金属中的弛豫过程受控于晶界扩散. 铝基合金对应着图 9.17

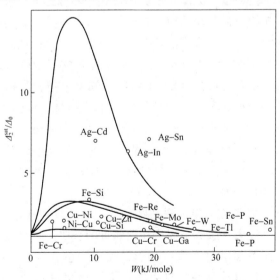

图 9.17　Ni，Fe，Cu 和 Ag 基固溶体的 Δ_2^{sat}/Δ_0 值对于

W（溶质与晶界的结合能）的依赖关系[68].

中的水平曲线. 按照 AZS 模型，铝中的位错段已经具有最大长度，从而合金并不能使它再增加. 引入铝中的杂质时所具有的异质扩散激活能极近于铝的自扩散激活能，从而在合金化当中，传统晶界峰很平稳地转变为在同一温度出现的溶质峰并且具有相同的弛豫强度. 应该指出，这里关于铝的情形的描述在总的趋势上来说虽然是对的，但是却并不确切，可参考第三章关于葛庭燧和崔平[70]的工作的介绍（图 3.6）.

9.4.3　晶界弛豫的连续分布位错机制（孙–葛模型）

为了说明沿晶界的不均匀滑动的机制，孙宗琦和葛庭燧[71]在 1981 年提出用连续分布位错的概念来描述大角晶界的"坏区"中的滑动，这里的位错的柏氏矢量并不是点阵平移矢量. 现在考虑一个任选的大角晶界. 可以想象当晶粒 1 与晶粒 2 接近时，一个晶粒的前沿原子要受到另一个晶粒的前沿原子的错配力的作用，从而这些原子将要分别发生 u_{1i} 和 u_{2i}（i 代表第 i 个原子）并且出现一定的内应力. 最后到达平衡态时便形成一个稳定的大角晶界. 因此，晶界层就等价于正和负（就统计平均的意义上讲）的刃型和螺型位错的交替的连续分布.

按照 Kröner[72]，晶界层的位错连续分布密度张量可以表示为

$$\boldsymbol{\alpha} = -\boldsymbol{n} \times \mathrm{grad}(\boldsymbol{u}_2 - \boldsymbol{u}_1), \tag{9.50}$$

其中的 $\boldsymbol{n}$ 是法向单位矢量. 纵然 $\boldsymbol{\alpha}$ 的具体形式是不知道的，但是根据简单的物理理论，沿着晶界的 $\boldsymbol{\alpha}$ 的平均值应当是零. 另外，$\boldsymbol{\alpha}$ 决定于柏氏矢量的方向和大小以及位错线的方向，而这些都具有无规的分布. 可以把晶界位错的情况区分为四种典型的类型如图 9.18 所示.（a）正和负的刃型位错，其柏氏矢量沿着 i 方向，位错线沿着 j 方向.（b）正和负的螺型位错，其柏氏矢量和位错线都沿着 j 方向.（c）正和负的刃型位错，其柏氏矢量和位错线分别沿着 k 和 j 方向.（d）由（c）型的正和负刃型位错对所组成的偶极子—可以看成是晶界空位. 晶界滑动的元过程是（a）型位错或（b）型位错的滑移，晶界迁动的元过程是（a）型位错的攀移或（c）型位错的滑移，而晶界扩散的元过程是（d）型位错偶极子的攀移.

当切应力 σ 沿着 X 方向施加到晶界上时，（a）型和（b）型位错中的一些元位错能够靠着热激活克服势垒而移动到邻近的势阱. 这将促进邻近的元位错去克服势垒，从而滑移以"雪崩"的形式发生，包含着一串的元位错的成群运动. 可以设想这种过程是在晶界中的"坏"区里进行的，因而由于位错运动而引起的晶界滑动是不均匀的. 现在讨论一个沿着 y 方向无限展扩而宽度为 l 的晶界层（见图 9.18）的不均匀滑动的情形. 只考虑各向同性金属从而晶界

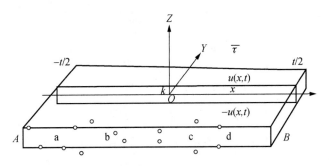

图 9.18 晶界位错的滑动情况. 图的下方表示四种典
型的晶界位错的示意图[71].

两边的滑动是相等而相反的. 在晶界上的 x 点的不均匀滑动 $u(x, t)$ 满足以下方程:

$$\frac{\mu}{2\pi(1 - \nu)} \int_{-l/2}^{+l/2} \frac{2\partial u(x', t)}{\partial x'(x - x')} dx' + \frac{\eta}{\delta} \frac{\partial u(x, t)}{\partial t} = \sigma_0 e^{i\omega t}, \quad (9.51)$$

其中的 μ 为切变模量, ν 为泊松比, η 是与晶界滑动相联系的黏滞系数, δ 是晶界的厚度, σ_o 是外加应力的振幅, ω 是圆频率. 方程 (9.51) 左端的第一项是具有连续分布线密度为 $\frac{\partial(2u)}{\partial x'}$ 的位错在 x 点所产生的切应力, 第二项是牛顿黏滞阻应力, 方程的右端是外加应力. $u(x)$ 的边界条件是

$$u\left(\pm \frac{l}{2}\right) = 0.$$

引入下述符号:

$$\xi = 2x/l, \quad (9.52)$$

$$V = [2\mu/\pi(1 - \nu)l\sigma_o] \cdot u e^{-i\omega t}, \quad (9.53)$$

$$C = \pi(1 - \nu)l\omega\eta/\mu\delta, \quad (9.54)$$

则方程 (9.51) 可以写成

$$\int_{-1}^{+1} \frac{dV}{d\xi'} \frac{d\xi'}{\xi - \xi'} - 1 + CV_i = 0, \quad (9.55)$$

边界条件是

$$V(\pm 1) = 0. \quad (9.56)$$

现在, 试用下述形式的近似解:

$$V = q \frac{\sqrt{1 - \xi^2}}{1 + p\sqrt{1 - \xi^2}}, \quad (9.57)$$

这个解显然满足方程 (9.56) 所示的边界条件. 把方程 (9.57) 代入 (9.55), 并且令 $\xi = 0$, 再令其中的实数部分和虚数部分分别等于零, 就得到

$$2p + (1/\sqrt{1 + p^2})\ln\left[(1 + p^2 + p\sqrt{1 + p^2})/\right.$$

$$\left.(1 + p^2 - p\sqrt{1 + p^2})\right] = C, \tag{9.58}$$

$$(1 + p^2)^{3/2}/(\pi + pc\sqrt{1 + p^2}) = q, \tag{9.59}$$

其中的 p 和 q 是通过参量 C 来确定的.

与晶界滑动相联系的黏滞性应变是

$$\varepsilon_a = (1/l^2)\int_{-l/2}^{+l/2} 2u\mathrm{d}x = \pi(1 - \nu)\sigma_0/2\mu\int_{-1}^{1} V\mathrm{d}\xi e^{i\omega t}. \tag{9.60}$$

总应变是 $\varepsilon = \varepsilon_1' + \varepsilon_2'$, $\varepsilon_1' = \sigma_0/\mu$ 是弹性应变, ε_2'' 是滞弹性应变 ε_a. 从 $\dfrac{\varepsilon_2''}{\varepsilon_1'} = \varepsilon_a/$
(σ_0/μ) 的虚数部分和实数部分得出内耗 Q^{-1} 和 $\Delta\mu/\mu$,

$$Q^{-1} = -\mathrm{Im}(\varepsilon_a\mu/\sigma_0) = \left[\pi(1 - \nu)/2\right]\left[(4p - C)q/p^2\right], \tag{9.61}$$

$$\frac{\Delta\mu}{\mu} = \mathrm{Re}\left(\frac{\varepsilon_a\mu}{\sigma_0}\right) = \left[\pi^2(1 - \nu)/2\right]\left[\left(1 - \frac{1}{\sqrt{1 + p^2}}\right)\frac{q}{p^2}\right]. \tag{9.62}$$

图 9.19 所示的是把 Q^{-1} 和 $\Delta\mu/\mu$（或 $\Delta M/M$）画作 C 的函数所得的曲线,
纵坐标的单位是 $\pi(1 - \nu)/2$, p 和 q（以 C 为单位）是从方程（9.58）和
（9.59）求出来的. 图中的打点曲线表示在单一弛豫时间时所应该得到的 Q^{-1}
和 $\Delta\mu/\mu$ 曲线. 打点曲线与实曲线的差别表示弛豫时间有一定的分布.

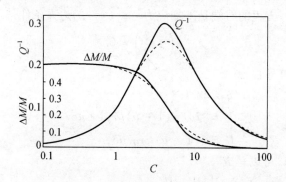

图 9.19　内耗 Q^{-1} 和 $\Delta M/M$ 作为参数 C 的函数[71].

由图 9.19 可见, 曲线在

$$C = \pi(1 - \nu)l\omega\eta/\mu\delta = 4.269 \tag{9.63}$$

处出现一个峰, 峰的高度是

$$Q_{\max}^{-1} \approx 0.29\pi(1 - \nu)/2. \tag{9.64}$$

从图 9.19 所示的（$\Delta\mu/\mu$）- C 曲线的极端值可以求出弛豫强度

$$\Delta_\mu = \Delta\mu/\mu(\text{在 } C = 0 \text{ 时}) - \Delta\mu/\mu(\text{在 } C \to \infty \text{ 时})$$

$$= 0.5\pi(1 - \nu)/2, \tag{9.65}$$

由此得出，$Q_{\max}^{-1} = \Delta_\mu/2 = 0.25\pi\ (1 - \nu)\ /2$，这与由 $Q_{\max}^{-1} - C$ 曲线直接测定出来的值相近.

值得注意的是，根据位错连续分布模型所推得的弛豫强度 Δ_μ 值 [见方程 (9.65)] 只与材料的泊松比有关，这个结论与 Zener 用弹性调节的形式理论推算所得的结论一致（见 7.5.1 节）.

实际上，孙宗琦和葛庭燧提出的位错连续分布模型适用于任何的局限于微小区域内的位错聚集体. 在这种情况下，位错的柏氏矢量不可能是点阵平移矢量. 可把这个位错聚集体看成是由具有矢量并不是常数而是随着位置而变的 Somigliana 型位错所组成的. 这些具有无限小的柏氏矢量的位错在晶界的"坏区"里作连续分布. 假定在 dx 范围内这种位错的矢量强度是 $b'(x)\,dx$，则在位错聚集区域内的所有的连续分布位错的总的柏氏矢量将满足以下的关系：

$$\int b'(d)\,dx = b, \tag{9.66}$$

因此，在处理连续分布位错群的运动情况时，由于它们彼此发生的强烈地交互作用，可以认为它们的总的柏氏矢量是 b.

关于晶界层的"坏区"内的位错群在外加切应力的作用下引起晶界黏滞性滑动的问题，葛在阐明无序原子群的模型的滑动机制时引入了扩散的概念. 据此，可以假定晶界位错只有当它们坐落在晶界空位的附近时才能够滑动. 这时加到这些可动位错上的力是 $\sigma b\lambda$，b 是位错群中的可动位错的总的柏氏矢量，λ 是"坏区"内的可动位错的平均长度. 如果应用 Einstein 关系式作为近似的描述，则平均的滑动率 v_{11} 是

$$v_{11} = D_b\sigma b\lambda/kT = \frac{\sigma b\lambda}{kT}D_{b0}\exp(-H_b/kT), \tag{9.67}$$

其中的 D_{b0} 是晶界扩散常数，H_b 是晶界滑动激活能. 黏滞系数是

$$\eta = \sigma/(v_{11}/\delta) = kT\delta/D_{b0}\exp(-H_b/kT)b\lambda. \tag{9.68}$$

按照方程（9.63），得

$$\eta = C\mu\delta/\pi(1 - \nu)l\omega. \tag{9.69}$$

在内耗峰峰巅温度 T_P 时，$C = 4.269$，因此

$$\eta = 4.269\mu\delta/\pi(1 - \nu)l\omega. \tag{9.70}$$

把式（9.68）和式（9.69）合并，得出

$$T_P\exp(H/kT_P) = 4.269\mu(2r_0)^2 D_{b0}/\pi(1 - \nu)lk(2\pi f), \tag{9.71}$$

其中假定了 $\lambda = b = 2r_0$，r_0 是原子半径，f 是振动频率（$\omega/2\pi$）.

表 9.2 列出了对于一些纯金属按照式（9.71）算出来的 T_P 值，所取的 D_{b0}

和 H 值是根据参考文献 [73]，关于 Al，Cu 和 Au 的数据是按照参考文献 [74] 所给出的经验公式而估算出来的，在 f 和 l 值不明确的情况下，作了 $f = 1\text{Hz}$ 和 $l = 0.05\text{mm}$ 的假设，关于 l 值取得较小的理由是如果晶界不够平滑从而晶界坎或突出物成为晶界滑动障碍，则 l 或许小于实际的晶粒尺寸。考虑到所采用数据来源很分散并且实验值由于实验条件和试样纯度的不同而异，表 9.2 所表明的估算值与实验值的符合程度似乎值得满意的。对于 Al，Sn 和其他一些金属的估算值远低于实验值肯定是由于杂质效应。根据最新的实验结果[75]，9.9999% Al 的实验值 T_P 是 493K，这就较接近估算值，表 9.2 中所列的是 99.991% Al 的实验值[76]。

表 9.2   一些金属的 T_P 估算值和实验值的比较

	金属	Ag	Fe	Sn	W	Zn	Mo	Ta	Al	Cu	Au
T_P	估计值	426	638	139	1587	236	1365	1590	385	528	478
	实验值	440	704	340	1500	323	1325	1400	563	500	455

在含有可溶杂质的金属中，已知在一些晶界上将发生有选择性的偏析。如果在晶界不含杂质的区域内与不均匀滑动相联系的黏滞系数是 η_1，而含溶质的区域内是 η_2，那么式 (9.69) 仍然适用，不过 C 将与 ξ 有关。如果 η_2 大于 η_1，则将在原来的溶剂内耗峰较高的温度出现一个溶质内耗峰。如果在晶界发生沉淀从而 η_2 小于 η_1，则将在低于溶质内耗峰的温度出现沉淀内耗峰。在 Cu 中含 Bi[77] 所观测的可能就是沉淀内耗峰。另外，在 Al 的情形已经对于溶剂峰、溶质峰和沉淀峰出现的温度做了系统的观测。

纵然图 9.18 所示的 (a) 型和 (c) 型位错能够通过平移或滑移而引起晶界迁动，但实际上的净迁动是零，因为在晶界"坏区"里含有数目相等的正和负位错。但是在高度各向异性的纯金属例如 Mg，Zn 等的情形或者在有内应力出现例如在晶界层附近存在着多余的位错时，则晶界两边的弹性模量和应力不同，从而晶界在切应力的作用下向着有较低的切变模量的一边迁动的速率 $v_\perp$ 是

$$v_\perp = (D_b/kT)(1/\mu_1 - 1/\mu_2)\sigma^2 b\lambda$$
$$\approx v_{11}(1/\mu_1 - 1/\mu_2)\sigma \ll v_{11}. \tag{9.72}$$

这个受到应力帮助的晶界扩散率 $v_\perp$ 或许会引起高温背景内耗或者另外一个与振幅有关的内耗峰。但是由式 (9.72) 可见，晶界迁动对于晶界内耗的贡献远小于晶界滑动的贡献。

Povolo 和 Molinas[78] 在测量多晶 Zircalory-4（含 Sn 1.41wt%，Fe 0.19wt%，

Cr 0.1%）试样的高温内耗谱时对于孙和葛提出的位错连续分布晶界模型进行了分析. 他们指出, 按照式（9.58）, 式（9.59）和式（9.61）, 内耗在 $C = 4.269$, $p = 1.4719$ 和 $q = 0.393$ 时达到最大值. 在半峰巅值时是 $C_1 = 1.4367$, $C_2 = 6.070$；$p_1 = 0.375$, $p_2 = 12.954$；$q_1 = 0.3277$, $q_2 = 0.4782$. 把（9.67）式代入（9.54）或（9.63）并取对数, 得出

$$\ln C = \ln \frac{2\pi^2(1-\nu)lfk}{b\lambda D_{b0}\mu} + \ln T + \frac{H_b}{kT}. \qquad (9.73)$$

取增量并且进行重新排列, 得出

$$\Delta(T^{-1}) = (\Delta\ln C - \Delta\ln T)k/H_b.$$

由于 $\Delta\ln C = \ln(C_2/C_1) = 2.199$, 所以

$$\Delta(T^{-1}) = (2.199 - \Delta\ln T)k/H_b.$$

一般地说, $\Delta\ln T \ll 2.199$, 从而

$$\Delta(T^{-1}) = 2.199k/H_b.$$

对于 Debye 型内耗峰来说, 则

$$\Delta(T^{-1}) = 2.635k/H.$$

可见, 由式（9.61）所预期的内耗峰较之 Debye 峰略窄些. 另外, 引入 $\tau = [\pi(1-\nu)l/4.269\mu\delta]\eta$, 就可以把具有相同的弛豫强度 Δ_μ 的 Debye 峰用下式表示:

$$Q^{-1} = 0.293\pi(1-\nu)\omega\tau/(1+\omega^2\tau^2). \qquad (9.74)$$

由式（9.73）画出的 Debye 峰（点曲线）和由式（9.61）描述的内耗峰（实曲线）分别如图 9.20 所示. 应该指出, 式（9.74）所示的内耗峰宽度只适用于具有单一的弛豫时间的标准滞弹性固体, 对于较标准滞弹性固体为复杂的其他的滞弹性, 内耗峰的实际宽度都较大. 因此, 由式（9.61）给出的内耗峰较窄并不能由弛豫时间具有分布来加以解释.

在 8.3.2 节中已经指出, Ashby[79] 认为晶界的滑动并不是连续在晶界面上每处发生的, 而是由于相关的晶界位错在晶界面上在局部地区发生的运动. 这些位错的柏氏矢量一般并不是一个点阵矢量, 而是与晶界夹角和对称性有关. 他考虑了平方点阵中的夹角为 θ 的倾斜型晶界, 其柏氏矢量 $b = 2a\cos\theta/2 = 2a$, 得出

$$\eta_B = \frac{kT}{8bD_B(\rho\lambda)},$$

λ 是一个单位长度的位错向前移动的距离.

孙宗琦和葛庭燧[71] 考虑无序原子群内的连续分布位错的总柏氏矢量为 b 时得出

$$\eta_B = kT\delta/bD_B\lambda, \qquad (9.75)$$

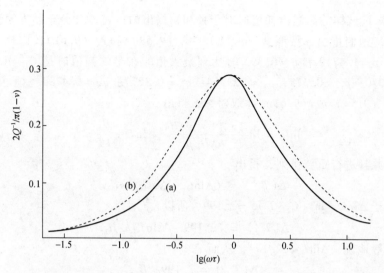

图 9.20　由方程（9.60）描画出的内耗峰（a）与由方程（9.73）画出的 Debye 峰（b）的比较[78].

这里并不含位错密度 ρ 但是却多出了晶界厚度 δ. 一种可能的解释是较厚的晶界里的晶界位错密度较低.

　　Ashby 模型指出高密度的晶界位错使晶界的黏滞度或动性大为降低. 这是由于要得到较大的晶界滑动率, 位错的平均速度必须较大, 而消耗的功率则与平均速度的平方成正比. 据此可以认为, 关于晶界滑动的黏滞系数的确切意义只在具体的晶界原子模型的框架下才能变得清楚. 也唯有如此, 才能对于晶界弛豫的原子机制得出正确的定量的解释. 在这方面还需要进行大量的探索.

　　随后, 孙宗琦等[80,81]根据连续分布位错模型进一步解释了杂质的效应以及层错能对于葛峰高度的影响, 并考虑了由于晶界杂质偏析, 晶界的非严格几何平面, 晶界上的台阶, 突起和晶界与亚结构位错墙相交点的影响, 引入了不均匀切变黏度 $\eta(x)$ 作为在晶界上的位错的函数. 考虑一个简化二维模型如图 9.21 所示. 在不同 x 处的黏度分别表示为 η_g（纯晶界区）, η_i（杂质偏析区）和 η_c（晶界上的各种缺陷处或亚结构与晶界交接处）. 控制滑动 $u(x,t)$ 的基本方程是

$$\frac{\mu}{2\pi(1-\nu)}\int_{-l/2}^{l/2}\frac{2\mathrm{d}u(x,t)}{\mathrm{d}(x-x')}+\frac{\eta(x)}{\delta}=\sigma_0\exp(\mathrm{i}\omega t).\qquad(9.76)$$

引入参数

$$C(x)=\frac{\pi l(1-\nu)}{\mu}\eta(x)\omega,$$
$$C_g=C(\eta_g),\qquad\qquad\qquad\qquad(9.77)$$

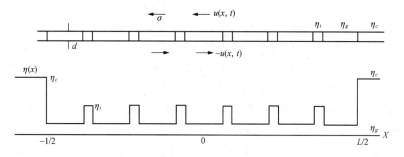

图 9.21　具有不均匀的黏滞系数 μ（x）的晶界的不均匀滑动[81].

在合理的边界条件下对于不同的 C（x）用数值法求解. 由振幅 u（x，t）的负虚数部分和实数部分的平均值分别算出内耗和 $\Delta M/M$，以纯晶界的黏滞系数 η_g 为基数，考虑了几种 η_i 和 η_c 的情况. 图 9.22 表示 η_i：$\eta_g = 100$，η_c：$\eta_g = 10000$ 的情形，其（a）和（b）分别表示内耗 Q^{-1} 和 $\Delta M/M$ 作为杂质浓度

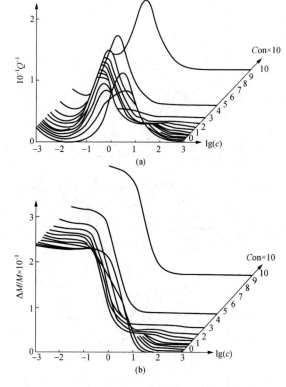

图 9.22　当 η_i：$\eta_g = 100$，η_c：$\eta_g = 10$，000 时，内耗
Q^{-1}（a）和模量亏损 $\delta M/M$（b）对于杂质浓度 C 和参数 C_g 的依赖关系[81].

（在图中用 Con 表示）和参数 C_g 的函数［在图中用 lg（c）表示］由图 9.22
（a）可见，在 C_g ＝4.3 时，出现纯金属的晶界峰（溶剂峰），随着杂质浓度的
增加，峰高迅速降低，峰位移向较高的 C_g. 根据式（9.76），在 η 值给定后，
较高的 C_g 对应着较高的振动频率（或较低的测量温度），因而图中的内耗峰
实际上表示频率内耗峰（或温度内耗峰）. 另外，在较低的 C_g 处出现另一个
峰. 这是溶质晶界峰，它的高度随着杂质浓度的增加而逐渐增加. 在杂质浓度
为 $1at\%$ 量级时，溶剂峰和溶质峰同时存在. 图 9.23（a）和（b）表示 η_i：η_g
＝0.01，η_c：η_g ＝100 的情形，这时只有溶质内耗峰出现，随着杂质浓度的增
高而向高 C_g 移动. 图 9.24（a）和（b）表示 η_i：η_g ＝1000，η_c：η_g ＝100
的情形. 这时随着杂质浓度的增加，溶剂峰迅速消失，但并不出现溶质峰，
同时低 C_g（或低频）背景内耗大大增高. 图 9.22（b）~图 9.24（b）关于
$\Delta M/M$ 的变化情况也有相对应的表现. 计算机模拟实验还表明，不同黏度的
杂质在晶界上的不同分布情况对于溶剂峰（葛峰）的峰高、峰宽和峰的对
称性都有显著的影响. 这些结果能够解释杂质对于葛峰的各种已观测到的
效应.

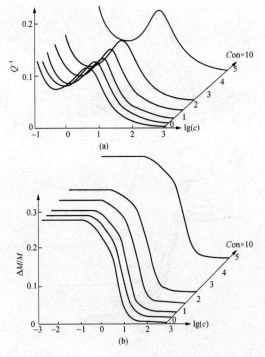

图 9.23　当 η_i：η_g ＝0.01，η_c：η_g ＝100 时的情况. （a）内耗；（b）模量亏损[81].

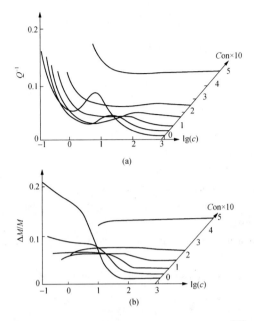

图 9.24　当 $\eta_i : \eta_g = 1000$，$\eta_c : \eta_g = 100$ 时的情况[81].

　　应该指出，上述的孙 – 葛模型实际上只是用位错的语言来描述晶界中的坏区内的原子的分布情况，因而是无序原子群模型的一种具体化. 下面简单介绍金属玻璃方面的一些类似情况，可以提供有启发性的参考.

　　1987 年，何怡贞等[82,83]在 $Pd_{77.5}Cu_6Si_{16.5}$ 金属玻璃发现了一个略低于 T_g 的表现滞弹性弛豫特征的可逆的内耗峰，随后被水嘉鹏等[84]进一步确认. 这说明可用无序原子群的概念来描述金属玻璃在 T_g 以前的结构. 何怡贞提出了团簇（cluster）的概念，意指着一个可以进行合作运动的原子集合体. 随着温度的提高，团簇的尺度减小但是数目增加. 假设内耗与各个团簇之间的切变运动直接有关，这种运动随着团簇尺度之不同而异. 从而所测得的内耗决定于团簇之间的切变强度以及参加切变运动的团簇界面的总量. 因此，大数目的小团簇以及小数目的大团簇所引起的内耗都较小，只有在中等温度当团簇的尺度和数目都达到一个临界值时，内耗将出现最大值.

参 考 文 献

[1] N. F. Mott, *Proc. Phys. Soc.* , (London), **60**, 391 (1984).

[2] T. S. Kê (葛庭燧), *J. Appl. Phys.* , **20**, 274 (1949).

[3] H. Gleiter, B. Chalmers, High-Angle Grain Boundaries, Pergamon Press, Oxford 12, (Fig. 1. 8) (1972).

[4] M. F. Ashby, *Surface Science*, **31**, 498 (1972).

[5] W. T. Read, W. Shokley, *Phys. Rev.* , **78**, 275 (1950).

[6] G. B. Olson, M. Cohen, *Acta Metall.* , **27**, 1907 (1979).

[7] R. Bennet, *Phil. Mag.* , A, **51**, 51 (1985).

[8] A. P. Sutton, W. Balluffi, Interfaces in Crystalline Materials, Clarendnon Press, Oxford, 76 (1995).

[9] F. C. Frank, Symposium on the Plastic Deformation of Crystalline Solids, Office of Naval Research, Pittsburgh, 150 (1950).

[10] B. A. Bilby, Report on the Conference on Defects in Crystalline Solids, The Physical Society, London, 123 (1955).

[11] J. W. Christian, The Theory of Transformations in Metals and Alloys, Part Ⅰ Pergamon, Oxford. Cf [8], 88.

[12] 同参 [8], p. 9.

[13] 同参 [8], p. 96.

[14] 同参 [8], p. 94.

[15] 同参 [8], p. 97.

[16] W. Bollmann, Crystal Defects and Crystalline Interfaces, Springer-Verlag, Berlin, 219 (1970).

[17] P. J. Goodhew, T. P. Dorby, R. W. Balluffi, *Scripta Metall.* , **10**, 495 (1976).

[18] V. Vitek, *Phil. Mag.* , **18**, 773 (1968).

[19] T. E. Hsieh, R. W. Balluffi, *Acta Metall.* , **37**, 1637 (1989).

[20] R. Bullough, V. K. Tewery, Dislocation in Solids, 2, ed. F. R. Nabarro, North-Holland, Amsterdam, 1. (1979).

[21] J. H. van der Merwe, *Proc. Phys. Soc.* , **A63**, 616 (1950).

[22] R. Smoluchowski, *Phys. Rev.* , **87**, 482 (1952).

[23] James C. M. Li (李振民), *J. Appl. Phys.* , **32**, 525 (1961).

[24] T. Schober, R. W. Balluffi, *Phil. Mag.* , **21**, 109 (1970).

[25] F. Cosanday, C. L. Bauer, *Phil. Mag.* , **A 44**, 391 (1981).

[26] J. S. Liu, R. W. Balluffi, *Phil. Mag.* , **A 52**, 713 (1985).

[27] J. Levy, *Phys. Stat. Sol.* , (a) **31**, 193 (1969).

[28] Y . Ishida, T. Hasegawa, F. Nagata, *J. Appl. Phys.* , **40**, 2182 (1969); Y. Ishida, *Trans. Japan Inst. Metals*, **11**, 107 (1970).

[29] T. Schober, R. W. Balluffi, *Phil. Mag.* , **24**, 165 (1971).

[30] B. Loberg, H. Norden, Grain Boundary Structure and Properties, ed. G. A. Chadwick and D. A. Smith, Academic Press, London, 23 (1976).

[31] S. I. Sass, T. Y. Tan, R. W. Balluffi, *Phil. Mag.* , **31**, 559 (1975).

[32] E. P. Kvam, R. W. Balluffi, *Phil. Mag.* , **A 56**, 137 (1987).

[33] T. E. Hsieh, R. W. Balluffi, *Acta Metall.*, **37**, 1637 (1989).

[34] C. H. Li（李卓显）, E. H. Edwards, J. Washburn, E. R. Parker, *Acta Metall.*, **1**, 323 (1954); R. W. Bainbrige, C. H. Li, E. H. Edwards, *Acta Metall.*, **2**, 322 (1954).

[35] H. Fukutomi, R. Horiuchi, *Trans. Japan Inst. Metals*, **22**, 633 (1981). H. Fukutomi, T. Kamijo, *Scripta Metall.*, **19**, 195 (1985).

[36] S. E. Babcock, R. W. Balluffi, *Acta Metall.*, **37**, 2357, 2367 (1989).

[37] D. Deng（邓德国）, A. S. Argon, S. Yip, *Phil. Trans. Royal Soc.*, *London*, **A 329**, 549, 575, 595, 613 (1989).

[38] R. Horuichi, H. Fukutomi, T. Takahashi, Fundamentals of Diffusion Bonding, ed. Y. Ishida, Elsevier, Amsterdam, 347 (1987).

[39] G. R. Kegg, C. A. P. Horton, J. M. Silcock, *Phil. Mag.*, **27**, 1041 (1973).

[40] R. W. Balluffi, Y. Komen, T. Schober, *Surf. Sci.*, **31**, 68 (1972).

[41] W. Bollmann, *Phil. Mag.*, **16**, 363, 383 (1967).

[42] R. S. Gates, *Acta Mct.*, **21**, 855 (1973).

[43] S. Pearson, L. Rotherham, *Trans. Met. Soc.*, *AIME*, **206**, 894 (1956).

[44] D. McLean, Grain Boundaries in Metals, Clarendon Press, Oxford, 293 (1957). 中译本, 杨顺华译, 科学出版社, 257 (1965).

[45] R. E. Hoffman, D. Turnbull, *J. Appl. Physics*, **22**, 634 (1957).

[46] A. L. Bell, N. B. W. Thompson, R. A. Turner, *J. Mat. Sci.*, **3**, 5240 (1968).

[47] J. L. Walter, H. E. Cline, *Trans. Met. Soc*, *AIME*, **242**, 1823 (1968).

[48] C. Zener, Elasticity and Anelasticity of Metals, University of Chicago Press. Chicago; 1948. p. 161. 中译本, 孔庆平, 周本濂等译, 科学出版社, 149 (1965).

[49] A. F. Siefert and F. T. Worrell, *J. Appl. Phys.*, **22**, 1257 (1951).

[50] G. M. Ashmarin, A. I. Zhikharev and Ye A. Shvedov, Ⅸ Conferencija Metaloznawcka PAN, Krakow, 391 (1977).

[51] Ye. A. Shvedov, A. I. Zhikharev and G. M. Ashmarin, Физикаи Химия Обработки Материалов, **5**, 62 (1979).

[52] A. V. Granato, K. L. Lücke, *J. Appl. Phys.* **27**, 583 (1956).

[53] J. P. Hirth and J. Lothe, Theory of Dislocations, 2nd edition, John Wiley, New York, 571 (1982).

[54] Y. A. Shvedov, *Scripta Met.*, **13**, 801 (1979).

[55] R. M. Thomson, R. W. Balluffi, *J. Appl. Phys.*, **33**, 803 (1962).

[56] J. Friedel, Dislocations, Pergamon Press, London, 1964, p. 165; 中译本, 王煜译, 科学出版社, 北京, 117 (1984).

[57] J. T. A. Roberts, P. Barrand, *Trans*, *Met. Soc. AIME*, **242**, 2299 (1968).

[58] C. S. Hartley, *Acta Met.*, **14**, 1133 (1966).

[59] A. S. Nowick, B. S. Berry, IBM Jour. Res. and Development, 5, 297 (1961). 可参看 Anelastic Relaxation in Crystalline Solids, Academic Press, New York, §4.5 (1972).

[60] M. W. Williams, G. M. Leak, *Acta Met.*, **15**, 1111 (1967).

[61] M. De Morton, G. M. Leak, *Acta Met.*, **14**, 1140 (1966).

[62] P. Povolo, B. J. Malinas, *Il Nuovo Cimento*, **14**D, 287 (1992).

[63] G. Szenes, *Phys. stat. sol.* (a), **22**, K17 (1974).

[64] G . M. Ashmarin, N. Y. Golubev, A. I. Zhihkarev, Y. A. Shvedov, *J. de Physique*, **48**, C8 − 401 (1987).

[65] G. M. Leak, *Proc. Roy. Soc. London*, **78**, 1520 (1961).

[66] P. Barrand, *Acta Met.*, **14**, 1247 (1966).

[67] D. R. Mosher, R. Raj, *Acta Met.*, **22**, 1469 (1974).

[68] G. M. Ashmarin, A. I. Zhikharev, Ye. A. Shvedov, Proc. 9th Intern, Conf. on Internal Friction and Ultrasonic Attenuation in Solids, ed. T. S. Kê, Intern. Academic Publ. Beijing & Pergamon Press, Oxford, 137 (1990).

[69] D. McLean, 参见 [44], p118.

[70] T. S. Kê, P. Cui (崔平), *Scripta Metall. Meter.*, **26**, 1487 (1992).

[71] Z. Q. Sun (孙宗琦), T. S. Kê, *J. de Physique*, **42**, C5 −451 (1981).

[72] E. Kröner, Kontinumstheorie der Verzetzung und Inner Spannung, Springer Verlag (1955).

[73] A. Gleiter B. Chalmmers, High-Angle Grain Bounaries, Permoan Press, 93, 222 (1972).

[74] N. A. Gjostein, Diffusion, ASM, Cleveland, Ohio, 234 (1973).

[75] T. S. Kê, P. Cui, S. C. Yan (颜世春), Q. Huang (黄强), *Phys. Stat. Sol.* (a), **86**, 593 (1984).

[76] T. S. Kê, *Phys, Rev.*, **71**, 533 (1947).

[77] T. S. Kê, *J. Appl. Phys.*, **20**, 1227 (1949).

[78] F. Povolo and B. J. Molinas. *J. Mater. Sci.*, **21**, 3539 (1986).

[79] M. F. Ashby, *Surface Science*, **31**, 498 (1972).

[80] 孙宗琦，吴平，第二次全国固体内耗与超声衰减学术会议论文集（葛庭燧，张立德等编著），原子能出版社，北京，37 (1989).

[81] Zongqi Sun (孙宗琦), Proc. 9th Intern. Conf. on Internal Friction and Ultrasonic Attenuation in Solids (ed. T. S. Kê), Intern. Academic Publ. , Beijing and Pergamon Press, Oxford, 121 (1990).

[82] He Yizhen (何怡贞), 同 [81], p. 205.

[83] He Yizhen, Li Xiaoguang (李晓光), *Phys. Stat. Sol.* (a), **99**, 115 (1987).

[84] Jiapeng Shui (水嘉鹏), Xiumei Chen (陈秀梅), Can Wang (王灿), *Phys. Stat. Sol.* (b), **196**, 309 (1996).

第十章　晶界结构的综合模型[1]

　　晶界弛豫研究在开始时是企图证明多晶金属的晶界具有黏滞性质，所考虑的晶界是平面的和平滑的，晶界的两端是晶界三叉交角．晶界的黏滞性质意指着它不能支持外加的切应力，无论这切应力是多么小．沿着晶界的平面部分的黏滞性滑动受到三叉交角的阻碍，在三叉交角处引起应力集中，从而产生一种反向应力，使滑动停止进行．因此，所测的只是晶界的起始滑动率，这决定于平面晶界的内禀黏滞系数，所展示的是晶界本身的黏滞行为．

　　实际上，真正的晶界并不总是平面的，沿着晶界会存在不规整地区．这包括锯齿、晶界坎和各种大小的突出物．不纯试样的晶界里会出现沉淀颗粒．所有这些都可能起着阻碍晶界滑动的作用．这种阻碍作用一般可以依靠在两个邻接晶粒里的弹性形变或在温度足够高时所发生的扩散过程而得到调节，使得晶界能够继续滑动．应该特别指出的是，在用小形变（一般的应变振幅小于10^{-5}）进行的滞弹性实验里所测量的只是晶界的起始滑动率，它与晶界的内禀的弛豫行为有直接的联系．

§10.1　晶界结构与晶界的黏滞性质

　　任何的晶界结构微观模型都必须能够解释晶界的宏观的黏滞性质．但是，证实了晶界具有黏滞性质并不意指着晶界是由一层表现黏滞性质的非晶态薄膜所构成的．晶界弛豫的出现表明晶界里发生了一种具有一定的激活能的热激活过程．在§2.9里对于几种金属的晶界弛豫激活能的分析发现了其数值接近于相应的体积扩散激活能．固然随后的一些实验表明，这种对应关系在若干情形下是对于晶界扩散激活能而不是对于体积扩散激活能的，但是无论如何，如果晶界弛豫与扩散过程有联系，那就可以认为，引起晶界黏滞滑动的局域结构是某种具有局域结构的缺陷，并且可把这种缺陷看成独立的单元，在各个缺陷单元之间则是较为完整的匹配得较好的区域，这表明晶界的结构是不均匀的，由"坏区"和"好区"构成．可以把被好区隔开的坏区叫做"无序原子群"．在无序原子群里的原子排列组态决定于晶界的各种取向关系，例如两个邻接晶粒的取向差和晶界面的取向，也决定于所讨论的温度．这就是无序原子群晶界结构模型的立论依据．现在从几何学和结晶学的观点来讨论这个问题．

把两个同相的晶体彼此接触到一起以形成一个晶界时，如果这两个晶体之间有取向差，则将发生一种不匹配．由于原子间力的作用，晶界面内的原子将要调节其位置以降低系统的能量．如果取向差很小，由于不匹配所产生的应变场可完全依靠在两个邻接晶体里所发生的弹性形变来加以调节．当取向差变大，使得所产生的不匹配超过弹性调节的极限时，就将发生局域的范性形变，从而这不匹配就将集中，形成一些由"好"区分隔开来的发生了畸变的"坏"区，使系统的弹性能降低．如果取向差继续增加，形成大角晶界，则随着取向差的不断增加可以发生下述三种情况：(i) 晶界面内的坏区的密度增加，但每个坏区所占据的面积不变，从而坏区之间的隔距变小．(ii) 坏区的密度不变，但它的面积增加，从而好区所占据的范围减小而坏区之间的隔距也减小．(iii) 坏区的密度和占据的面积都增加，从而好区的范围大大减小．

§10.2　晶界结构的无序原子群模型

按照无序原子群晶界模型的观点[2]，可以把晶界中的坏区看成独立单元，这些单元中的原子排列较为疏松．单元中的实际的原子排列及其自由体积决定于邻接晶体之间的取向关系．某些特殊的取向差可能产生特殊的原子排列使得能量变为最小．

无序原子群模型对于晶界弛豫和晶界黏滞滑动的解释是顺理成章的．在外加的切应力的作用下，当温度足够高时，无序原子群内的原子将要发生应力诱导的扩散型原子重新排列，这种重新排列将使得无序原子群内的一些原子移动到具有较低能量的新的平衡位置，从而引起局域切变，而两个邻接晶粒也由于这种局域切变而发生宏观的相对滑动．同时，在各个无序原子群之间的好区内也发生相对应的弹性形变，从而邻接晶体的相对滑动是各个局域切变的总和加上好区内的弹性形变，这种滞弹性形变引起所观测的内耗和滞弹性效应，而晶界的滑动率在小应力的作用下就表现牛顿滞弹性，即滑动率与外加切应力成正比．

晶界弛豫的弛豫强度随着温度的降低而变小以及在临界温度 $T_0 \approx 0.4 T_m$ 时变为零的实验事实（见第七章）说明无序原子群晶界模型不适用于 T_0 以下的温度．这显然是由于这个模型所依据的应力诱导的原子扩散过程在温度太低时不会发生．这有两种可能：第一种可能性是在 $T < T_0$ 时晶界仍具有坏区和好区结构，不过坏区并不是如无序原子群所描述的那种无序结构；第二种可能性是坏区仍然是这种无序结构但是由于温度太低，无序原子群内的原子不能发生扩散过程，从而不能引起晶界弛豫和晶界内耗．

从历史上来看，无序原子群模型是最早指出晶界具有不均匀结构即具有好区和坏区的模型. 与它大约同时提出来的小岛模型虽然也具有这种特点[3]，但它所牵涉的基本过程是熔化，因而不能解释晶界的黏滞滑动的机制（见第二章）.

随后提出的晶界模型有位错模型和重位点阵模型. 这两种模型也提出了晶界具有不均匀结构，由好区和坏区组成.

§10.3 晶界结构的位错模型

Read 和 Shockley[4] 在 1950 年提出来的位错模型较完满地描述了小角晶界的结构. 在这个模型里的坏区是位错的芯区，好区是略有畸变的完整点阵. Smoluchowski[5] 和 James Li[6] 试图把它推广到大角晶界，认为当取向差增大时，好区减小而坏区增大. 当取向差增大达到大角晶界的范畴时，由于位错非常密集，各个位错芯区交叠在一起，形成整片的连续的坏区，从而并不出现好区. 但是应当认为好区总是存在的，因为需要一定范围的好区来维持两个邻接晶粒的部分共格关系. 不然的话，这两个晶粒之间就将没有内聚性而试样就将开裂. 从另一个角度来看，各位错的长程和短程应力场也将产生一种力来抵抗交叠. 另外，当位错非常密集时，坏区内的畸变如此复杂，用位错的图像从几何学上来描述原子的排列是困难的. 因此，一个很自然的选择是用无序原子群作为一个整体单元来描述大角晶界的坏区. 根据无序原子群模型所推导出来的晶界滑动率和黏滞系数都得到了实验的证明，前者表现为牛顿黏滞性，把后者推到熔点温度时所得到的数值与熔态的数值相合.

在 9.4.1 节，9.4.2 节和 9.4.3 节介绍的三种位错晶界模型里都描述了晶界内的位错组态能够引起晶界的黏滞滑动过程. 可以认为，这些位错组态就代表前述的"坏区"的情况，问题是需要进一步说明选定这些特殊位错组态的根据. 在 9.4.3 节所述的孙–葛模型[7] 里提出用连续分布的位错来描述坏区里的原子排列情况. 一个可能的发展是尝试把连续分布位错的概念与无序原子群模型的基本思想融合到一起.

§10.4 晶界结构的重位点阵模型

现在让我们从晶界具有不均匀结构并且由好区和坏区组成的观点来讨论新近提出的并且很流行的重位点阵模型（见第八章）. 按照这个模型，具有某种取向差的两个邻接晶体之间会出现重位阵点. 这种重位阵点以一定的周期性出现，各重位阵点之间是匹配得不好的区域．按照上述的好区和坏区的语言来说，现在的好区是一个阵点，而坏区则扩展到一定的范围，但是按照 O 点阵理论，这种重位并不只是一个阵点而是匹配得较好的一条线或一个面．也有人用具有位错特征的晶界台阶的语言来描述坏区．不过，无论怎样说，根据几何学上的考虑来构建的重位点阵晶界是不稳定的，因为这将在晶界面内产生原子重叠或拥挤，从而将要发生重新排列或刚体平移，使能量减小．这样虽然仍能保持晶界的周期性，但是重位点将不与原子一致．另外，当取向差很大时或者当取向差与重位点阵取向差歧离时，所形成的坏区将极为复杂．用引入次级晶界位错的办法来加以描述，其物理概念是不清楚的，因而这种描述可能只具有数学上的意义．

对于具有给定的取向差的双晶晶界结构的分子动力学模拟的结果指出（见第七章），从原来具有重位阵点的晶界结构（在 0K）出发，当温度提高到临界温度 $T_0 \approx 0.4 T_m$ 时，这结构就变为无序的．这表明在此温度以上，重位点阵模型就不再适用．与此同时，晶界弛豫的实验指出，当测量温度降低达到 $T_0 \approx 0.4 T_m$ 时，晶界弛豫就不再发生．这表示以晶界弛豫为基础而提出的无序原子群模型在此温度以下就不再适用．把这两种情况结合起来，很自然就会意识到晶界结构在 $T = T_0$ 时发生了转变．现在的问题是说明晶界结构在 T_0 时是怎样转变的．

§10.5　晶界结构的转变温度 T_0

可以认为，重位点阵晶界结构模型的基本框架在 $T < T_0$ 时还是可用的，但是它关于好区和坏区的描述应该进行一定的修正．现在首先讨论取向差对于好区和坏区的影响．可以提出，当取向差很小时，重位阵点的尺度应当远大于 CSL 模型所规定的范围．关于这一点，或许 O 点阵的表象较为适当．另外，不匹配的区域应当大大缩小，这表明晶界要具有小得很多的周期．

当 $T > T_0$ 时，CSL 晶界模型不适用是很明显的．这个模型是根据几何学和晶体学的考虑而提出来的，并没有考虑温度的影响，因而很难由实验来证明．固然在制备取向差的双晶试样时总可以得到很准确的取向差，但是测定双晶试样的性质的实验总要在一定的温度下进行．在进行测量的过程中很难保证原来的取向差关系，因为总要发生一定程度的原子弛豫．即便用电子通道效应和 X 射线分析的方法（见 §8.7）测出双晶试样的取向差，但很难说明晶界芯区内的原子匹配情况并没有发生变化．

应当指出的是，在 $T < T_0$ 时不发生晶界弛豫并不意味着这时就不存在无序

原子群结构. 这时也可能仍然存在这种结构, 不过其中的原子不能进行扩散, 因而不能通过应力诱导扩散过程而发生晶界弛豫, 而只能按照弹性调节的形式在原子力的作用下发生原子重新排列. 只在温度大于一个临界值 $T_0 \approx 0.4T_m$ 时, 在无序原子群内才能够发生扩散过程, 从而通过应力诱导的扩散过程而发生的晶界弛豫才变得明显. 当切应力施加到晶界上时, 无序群里的一些原子将要移动到在能量上更为有利的新的平衡位置. 这种无序群内的原子重新排列将引起一个局域切变, 而若干个这种局域切变就使得两个邻接晶粒发生彼此之间的相对宏观滑动. 在无序群内的原子的新的和旧的位置之间所存在的能垒或许接近于沿着晶界而扩散的原子的不同座位之间的能垒. 这就提出了晶界弛豫的激活能与晶界扩散激活能之间的联系. 当 $T > T_0$ 时, 在 $T < T_0$ 时所建立起来的无序原子群的组态将要由于温度的提高而发生相应的变化. 无序群的无序度将要进一步增加, 自由体积也将增大, 最后, 在熔点温度的原子组态将要变为在熔态时的组态. 早在 1947 年, 参考文献 [2] 中通过晶界弛豫实验就指出晶界在熔点温度的黏滞系数等于熔态在该温度的黏滞系数[8].

§10.6　晶界结构与邻接晶体取向之间的关系

许多实验表明, 晶界性质随着取向差和晶界面方位的不同而变化. 特别是, 一些特殊的取向差的晶界表现得较之无规取向差的晶界具有较高的能量. 为了说明这个现象, 晶界模型必须把晶界结构与结晶学参数联系起来. 另外, 一个满意的晶界模型必须能够用完整晶体内把原子结合到一起的同样的力学定律的语言来说明从一个取向到另一个取向的变化. 因此, 应该讨论大角晶界无序原子群模型能否满足这种要求. 根据无序原子群内的半径有所改变的原子的无规定位的设想, 人们能够用计数在无序原子群内一定体积内所含的原子数目以及在完整晶体的相同体积内所存在的原子数目来计算与给定的取向差相对应的无序原子群的自由体积 (无规密堆积)[9]. 应用群过程理论, 关于无序原子群模型内的原子排列的数学分析是很方便的. 关于这方面还需要进行深入的定量研究与分析.

无序原子群内的原子排列决定于邻接晶体之间的取向差以及其他因素. 因此, 特殊的取向差很可能使无序原子群内的原子具有特殊的排列, 从而使能量变为最小. 从这个意义上讲, 无序原子群模型较之根据 CLS 概念所提出的模型更为普遍. 在取向差并不接近重位关系的情况下, 无序原子群模型将给出较高的能量. 这是由于无序原子群内的相对应的原子排列, 从而并不需要在重位点阵晶界里插入次级晶界位错.

Haynes 和 Smoluchowski[10]根据他们关于扩散实验的结果，分析了沿大角晶界的扩散穿透曲线上所观测的各个尖歧点时所对应的晶界结构（硬球模型），发现各种晶界的"开放度"（openness）有显著的差别. 他们假定所观测的不同穿透深度是由于晶界开放度的不同. 可以认为这代表无序原子群内的原子组态的不同.

James Li[6]在他的晶界的位错模型里提出大角晶界的力学性质受控于晶界里的无序化材料所具有的结构. 经过了一定的简化，他指出晶界滑动率 v 具有下述的对于取向差 θ 的依赖关系：

$$v/v_a = \frac{\pi}{2}\sin\theta,$$

其中的 v_a 是一系列的具有无规取向的平均滑动率. 可以用无序原子群的语言从物理学上来说明这个结果. 当两个邻接晶体的错配角增加时，无序原子群的空隙度（porosity）也将增加. 可以想象，当空隙度增加时，无序原子群内的单独原子将得到在无序原子群内移动的更多的自由度.

§10.7 晶界结构的综合模型

从上述的例子可见，CSL 模型和位错模型所能够说明的特殊大角晶界的特殊性质也都能够根据无序原子群模型而加以说明，而且更具有物理意义.

综上所述，可以提出大角晶界的一个综合模型. 这就是适用于 $T < T_0$ 的经过修正的重位点阵模型与适用于 $T > T_0$ 的无序原子群模型的组合模型.

参 考 文 献

[1]　T. S. Kê, Fifty-Year Study of Grain Boundary Relaxation, Metallurgical and Materials Transactions, **30A**, 2267 ~ 2295 (1999).

[2]　T. S. Kê, *J. Appl. Phys.* , **20**, 274 (1947).

[3]　N. F. Mott, *Proc. Phys. Soc.* (*London*), **60**, 391 (1948).

[4]　W. T. Read, W. Shockley, *Phys. Rev.* , **78**, 275 (1950).

[5]　R. Smoluchowski, *Phys. Rev.* , **87**, 482 (1952).

[6]　James C. M. Li, *J. Appl. Phys.* , **12**, 525 (1961).

[7]　Z. Q. Sun (孙宗琦), T. S. Kê, *J. de Physique*, **42**, C5 – 451 (1981).

[8]　T. S. Kê, *Phys. Rev.* , **71**, 533 (1947).

[9]　H. B. Aaron, D. G. Rolling, Grain Boundary Structure and Properties, eds. G. A. Chadwick and D. A. Smith, Academic Press, London, Chap. 5 (1967) .

[10]　C. W. Haynes, R. Smoluchowski, *Acta Metall.* , **3**, 130 (1955).

人 名 索 引

A

N. R. Adist 377, 379

L. N. Aleksandrov 120

Y. Amano , 118, 269

J. P. Amirault 165, 168

H. B. Arron 412

M. E. Ashby 11, 12, 382, 385, 386, 389, 392, 395, 397, 398, 406, 413, 414, 415, 416, 419, 421, 490, 505, 506

G. M. Ashmarin 130, 137, 491, 496, 497

A. E. Van Arkel 77

K. T. Aust 367, 433, 434, 448

B

S. E. Babcock 483

S. Baik 129

R. W. Balluffi 316, 356, 382, 423, 430, 435, 475, 477, 478, 479, 480, 483, 489, 493

P. Barrand 119, 286, 494

C. L. Bauer 475, 478

W. Beere 396

C. J. Beevers 377, 380

A. L. Bell 491

R. Bennet 458

A. Berger 449, 451

J. Bernardini 357

B. S. Berry 4, 44, 45, 67, 68, 108, 155, 319, 402

B. A. Bilby 460

F. Birch 38

C. E. Birchenall 75

M. Bisconi 437, 438

C

L

M

T

V

W

X

Y

Z

内容索引

A

B

C

D

F

G

K

重 排 后 记

本书首版出版于 2000 年。葛庭燧先生近五十年集中所有精力研究材料内耗理论，这本书倾注了其一生的心血，也是葛庭燧先生生前最后一部著作。书一出版即成为当时国内讨论固体内耗方面重要的参考文献，推动了当时此领域的人才培养。此次在国家出版基金的资助下，"中外物理学精品书系·经典系列"将本书收入，使用更加完善的技术对其重新排版，使这本著作以新的面貌重回人们的视野，再飨读者。

在重排过程中，参考了中国科学院固体物理研究所的水嘉鹏研究员对本书所做的勘误，同时更正了原来版本中的一些排版差错，在此表示诚挚的谢意。

我们希望重排本的出版，能给如今的读者提供领略老一辈物理学家的风采，学习其严谨态度和探索精神的良机，同时又是对他们最好的纪念。

北京大学出版社
2014 年 12 月